KB132629

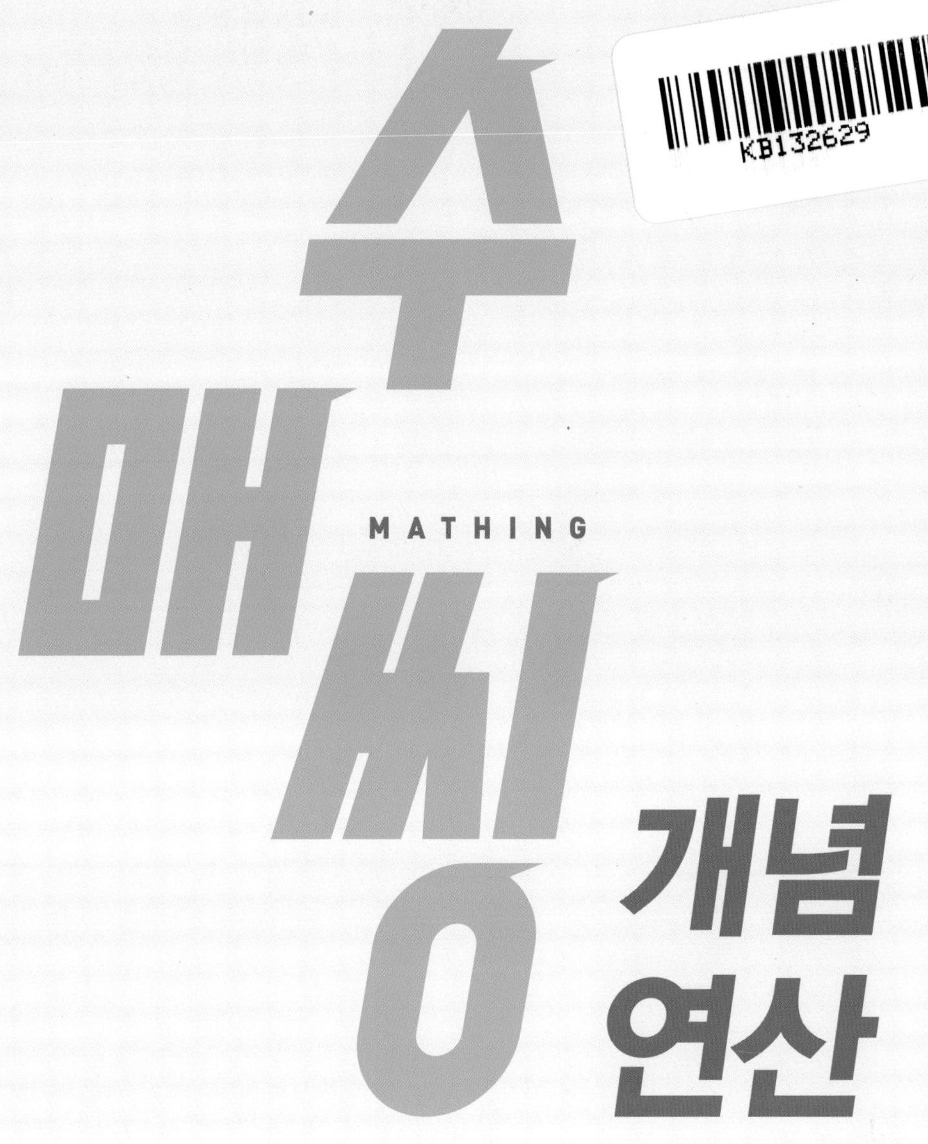

중학 수학 2·2

이 책의 개발에 도움을 주신 선생님

강유미 | 경기 광주
김국희 | 청주
김민지 | 대구
김선아 | 부산
김주영 | 서울 용산
김훈회 | 청주
노형석 | 광주
신범수 | 대전
신지예 | 대전
안성주 | 영암
양영인 | 성남
양현호 | 순천
원민희 | 대구
윤영숙 | 서울 서초
이미란 | 광양
이상일 | 서울 강서
이승열 | 광주
이승희 | 대구
이영동 | 성남
이진희 | 청주
임안철 | 안양
장영빈 | 천안
장전원 | 대전
전승환 | 안양
전지영 | 안양
정상훈 | 서울 서초
정재봉 | 광주
지승룡 | 광주
채수현 | 광주
최주현 | 부산
허문석 | 천안
홍인숙 | 안양

쌍둥이

10분 연산 TEST

특별 부록

중학 수학 2·2

동아출판

쌍둥이 10분 연산 TEST

중학 수학 2-2

Ⅰ 삼각형의 성질 ······ 2

Ⅱ 사각형의 성질 ······ 5

Ⅲ 도형의 닮음과 피타고라스 정리 ······ 9

Ⅳ 확률 ······ 14

정답 및 풀이 ······ 16

연산 능력 UP! 쌍둥이 10분 연산 TEST

[01 ~ 04] 다음 그림과 같이 $\overline{AB}=\overline{AC}$인 이등변삼각형 ABC에서 $\angle x$의 크기를 구하시오.

01

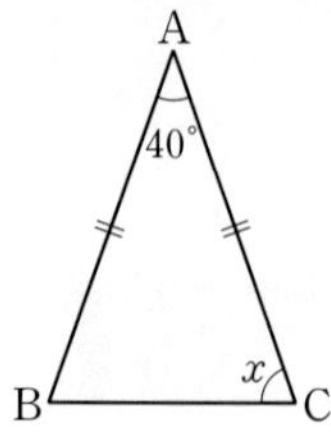

02

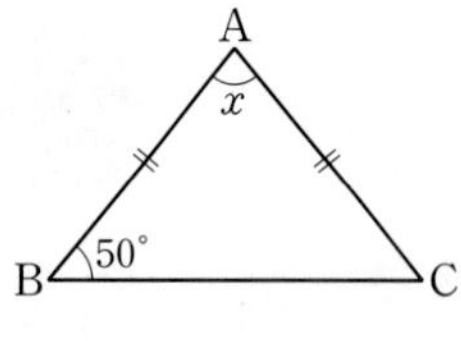

03

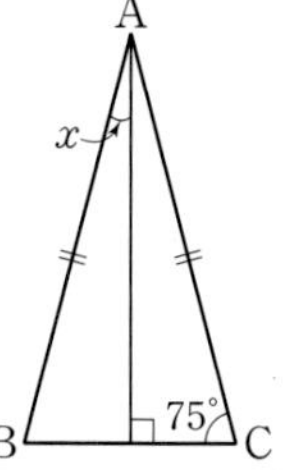

04

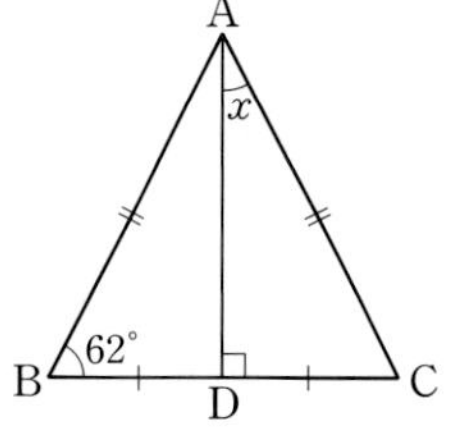

[05 ~ 06] 다음 그림과 같은 △ABC에서 x의 값을 구하시오.

05

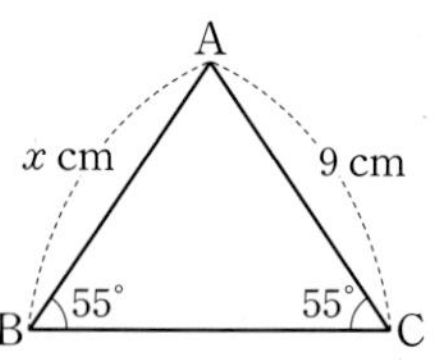

06

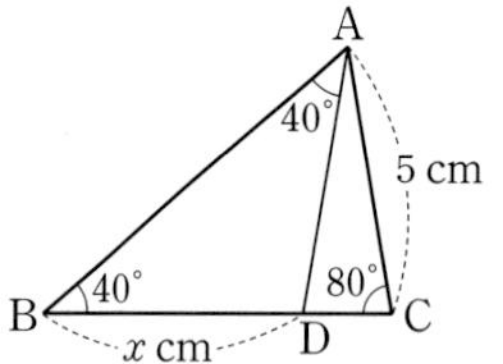

07 오른쪽 그림과 같이 직사각형 모양의 종이를 접었더니 $\overline{AC}=6\,\text{cm}$, $\overline{BC}=4\,\text{cm}$일 때, $\overline{AB}$의 길이를 구하시오.

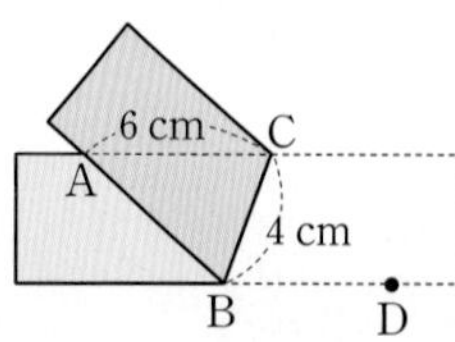

08 다음 그림에서 두 직각삼각형이 서로 합동임을 기호 ≡를 사용하여 나타내고, 그때의 합동 조건을 말하시오.

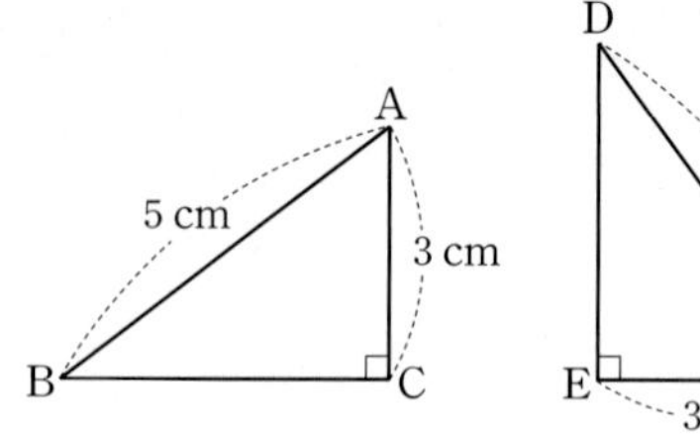

09 다음 그림과 같이 $\angle B=90^\circ$인 직각이등변삼각형 ABC의 꼭짓점 B를 지나는 직선 l을 긋고, 두 꼭짓점 A, C에서 직선 l에 내린 수선의 발을 각각 D, E라 하자. $\overline{AD}=5\,\text{cm}$, $\overline{CE}=11\,\text{cm}$일 때, $\overline{DE}$의 길이를 구하시오.

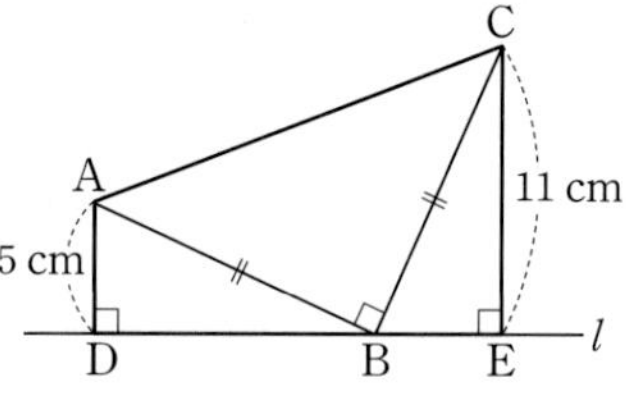

[10 ~ 11] 다음 그림과 같은 직각삼각형 ABC에서 $\angle x$의 크기를 구하시오.

10

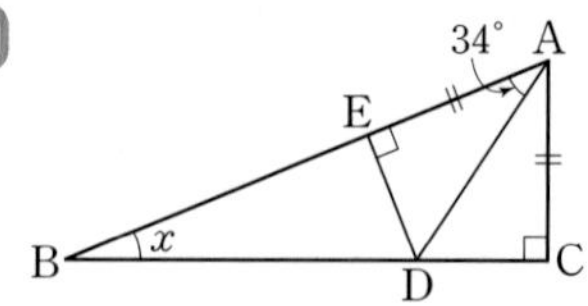

11

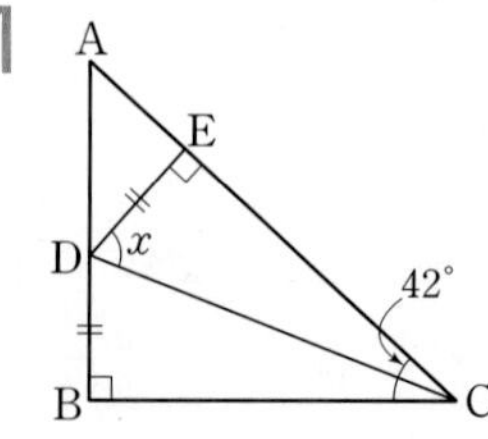

맞힌 개수 　　개/11개

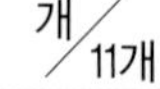

➲ 정답 및 풀이 16쪽

연산 능력 UP! 쌍둥이 10분 연산 TEST

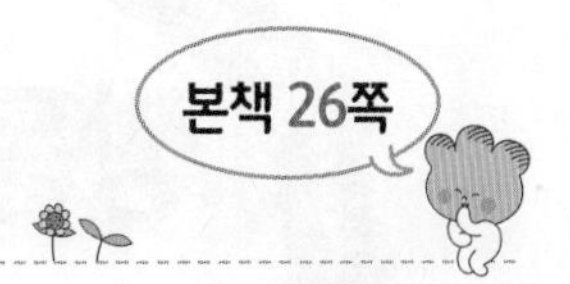

[01~06] 다음 그림에서 점 O가 △ABC의 외심일 때, x의 값을 구하시오.

01

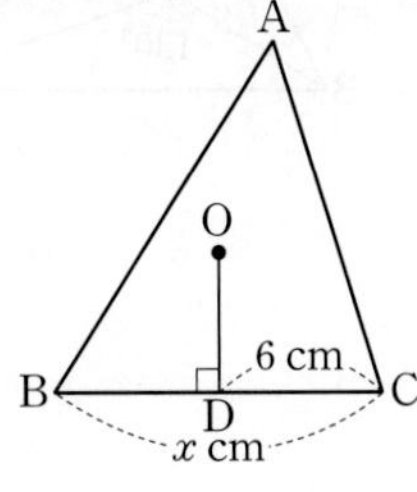

02

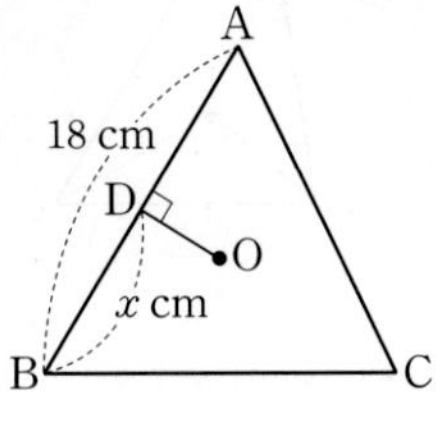

03

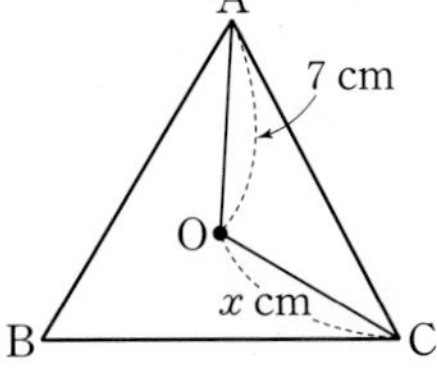

04

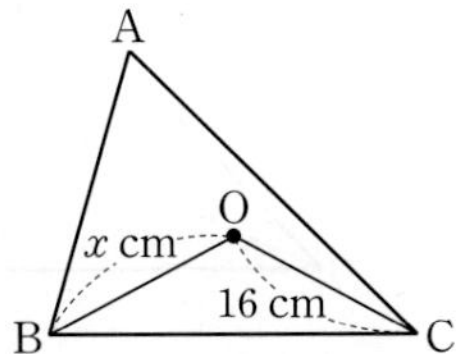

05

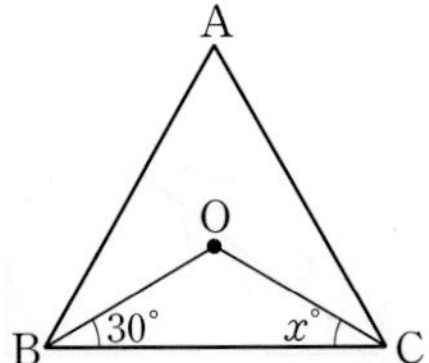

06

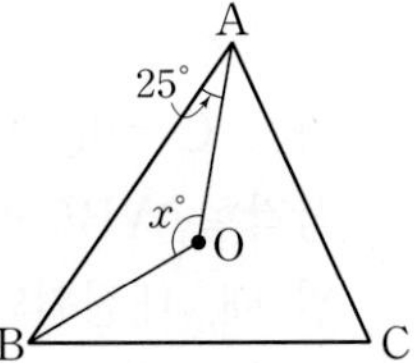

[07~08] 다음 그림에서 점 O가 직각삼각형 ABC의 빗변의 중점일 때, x의 값을 구하시오.

07

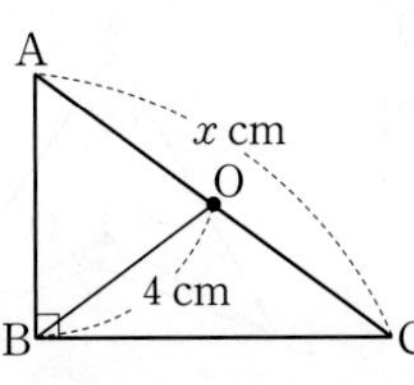

08

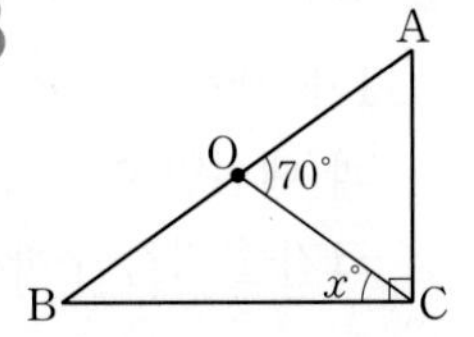

[09~16] 다음 그림에서 점 O가 △ABC의 외심일 때, $\angle x$의 크기를 구하시오.

09

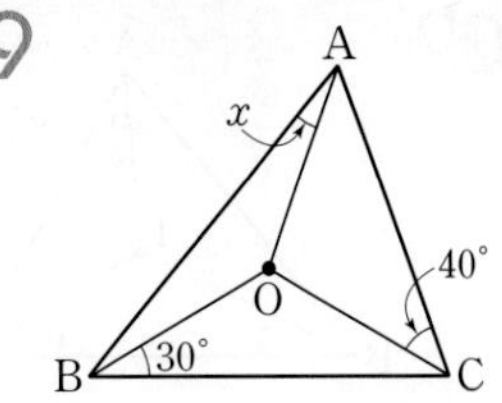

10

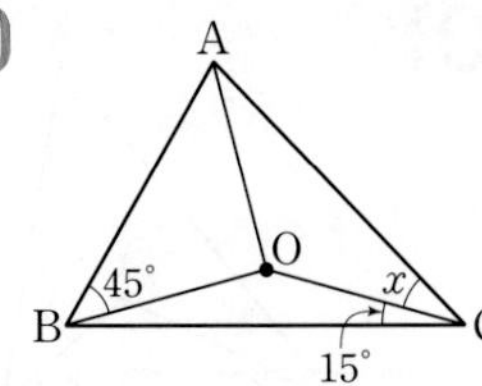

11

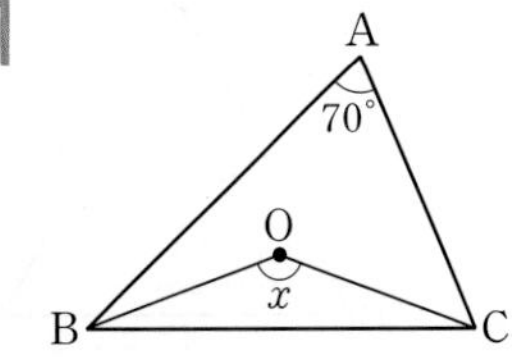

12

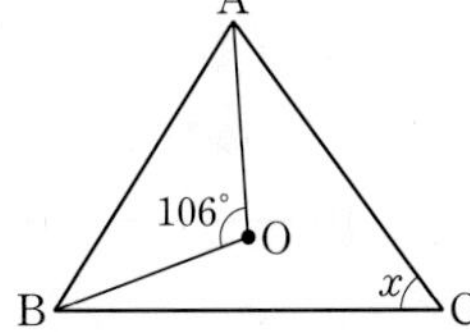

13

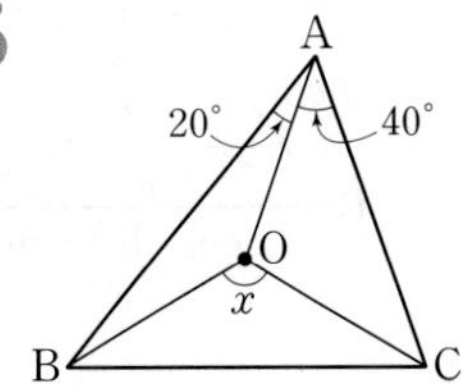

14

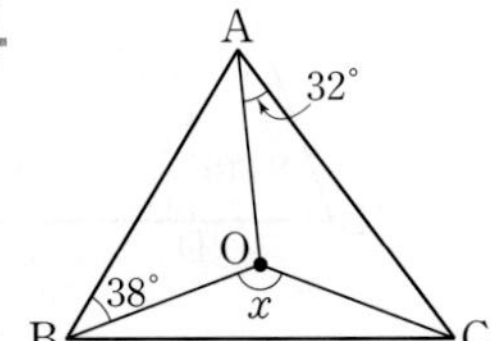

15

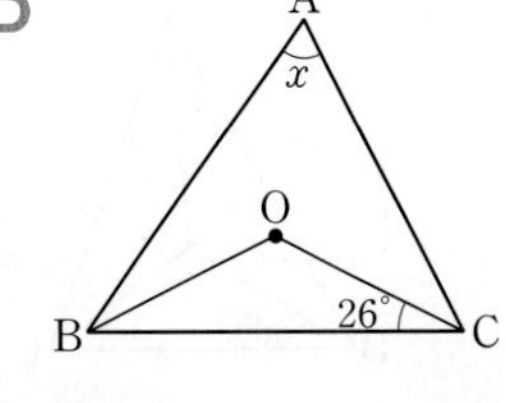

16

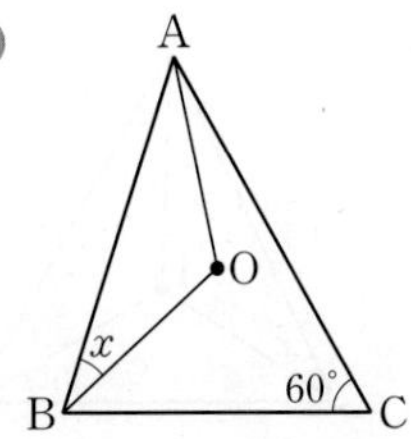

맞힌 개수 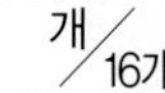 개/16개

정답 및 풀이 16쪽

[01 ~ 06] 다음 그림에서 점 I가 △ABC의 내심일 때, x의 값을 구하시오.

01

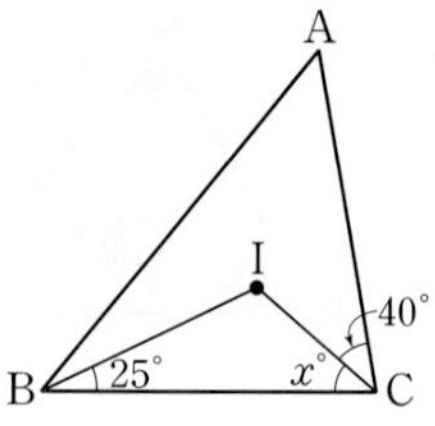

02

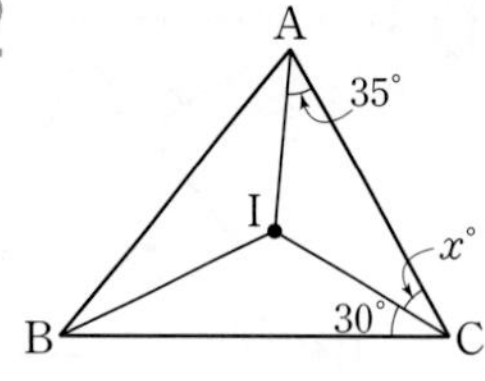

03

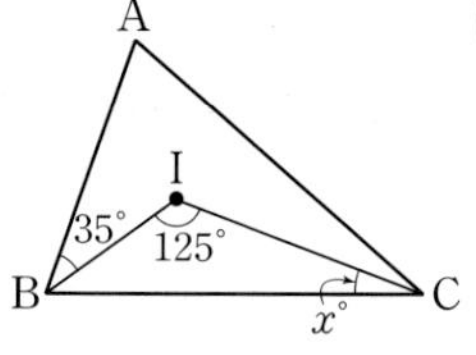

04

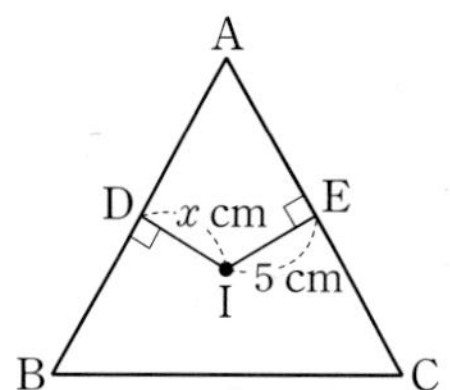

05

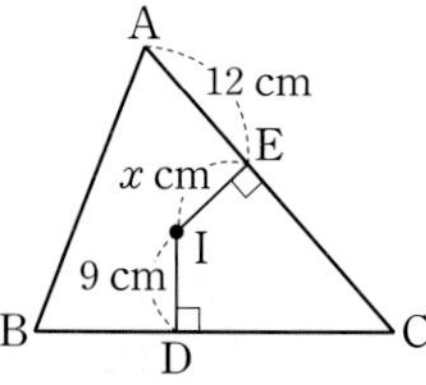

06

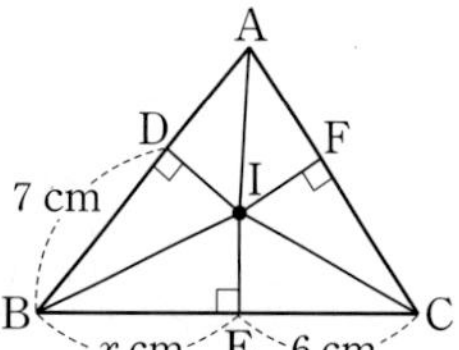

[07 ~ 12] 다음 그림에서 점 I가 △ABC의 내심일 때, $\angle x$의 크기를 구하시오.

07

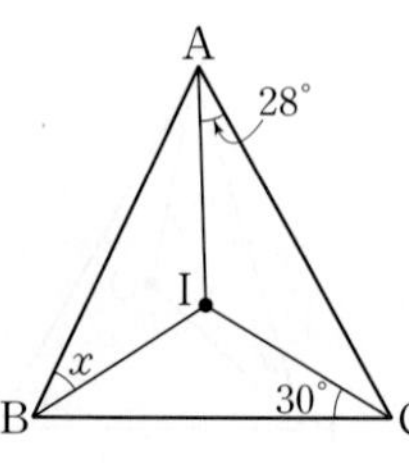

08

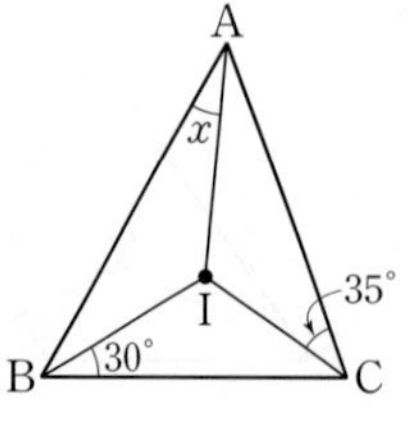

09

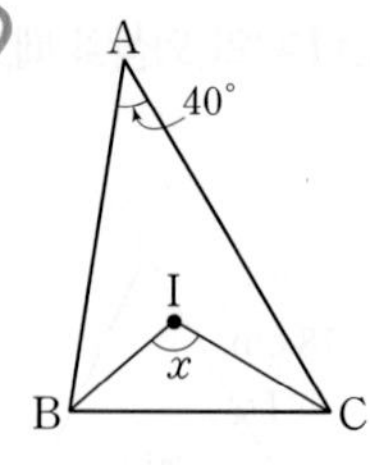

10

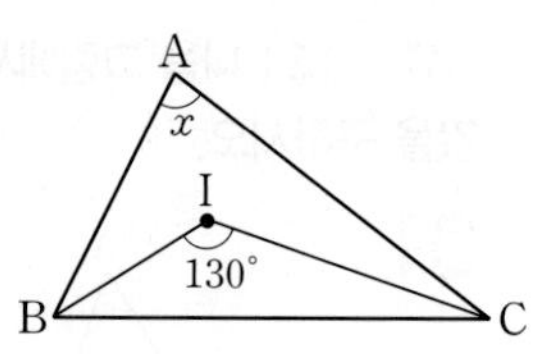

11

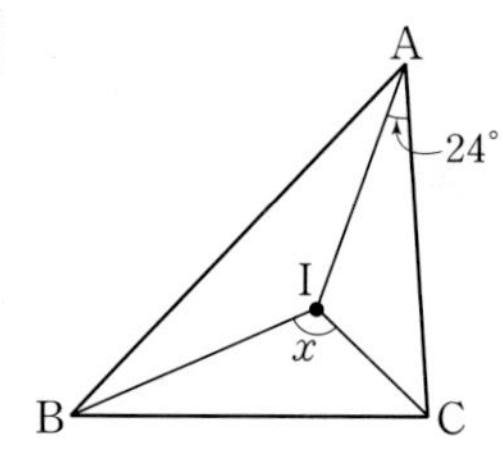

12

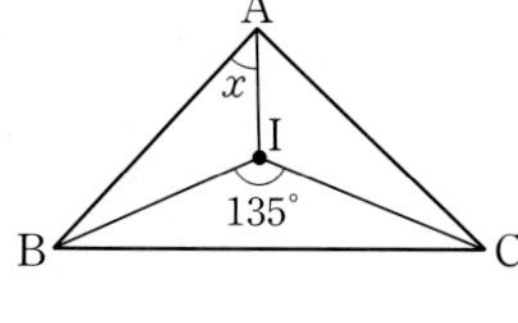

13 오른쪽 그림에서 점 I가 $\angle C=90^\circ$인 직각삼각형 ABC의 내심일 때, 내접원의 반지름의 길이를 구하시오.

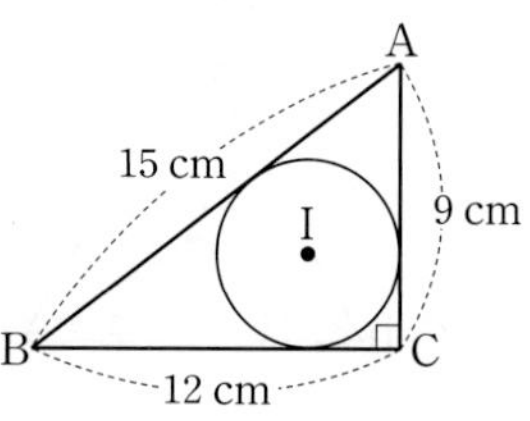

14 오른쪽 그림에서 두 점 O, I가 각각 △ABC의 외심과 내심일 때, $\angle x$, $\angle y$의 크기를 각각 구하시오.

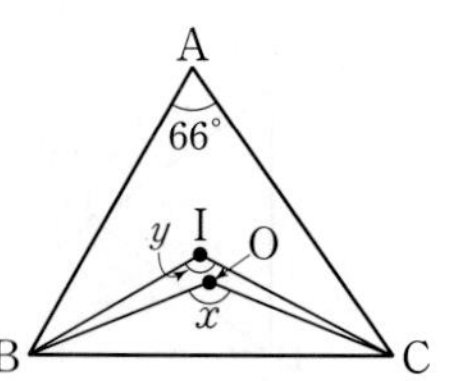

맞힌 개수 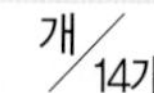 개/14개

➔ 정답 및 풀이 17쪽

[01~05] 오른쪽 그림과 같은 평행사변형 ABCD에 대하여 다음 중 옳은 것에는 ○표, 옳지 않은 것에는 ×표를 하시오. (단, 점 O는 두 대각선의 교점이다.)

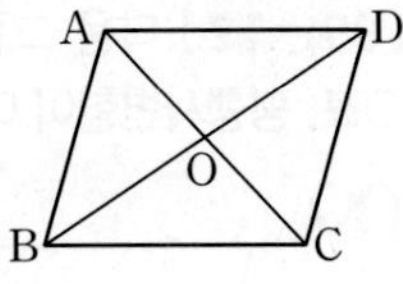

01 $\overline{AB} /\!/ \overline{DC}$ ( )

02 $\angle ADC = \angle DAB$ ( )

03 $\overline{AO} = \overline{CO}$ ( )

04 $\angle ABC + \angle DAB = 180°$ ( )

05 $\angle DAC = \angle DCA$ ( )

[06~07] 다음 그림과 같은 평행사변형 ABCD에서 $\angle x$의 크기를 구하시오. (단, 점 O는 두 대각선의 교점이다.)

06

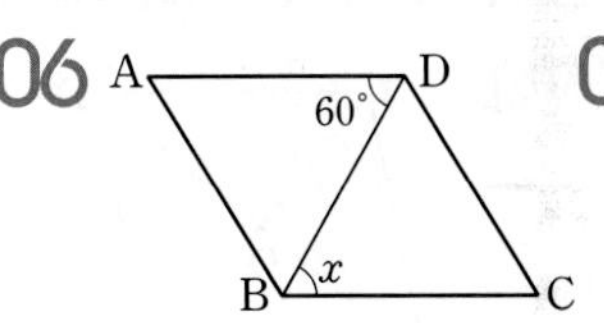

07

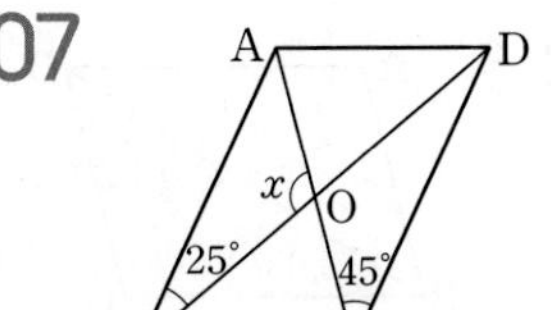

[08~09] 다음 그림과 같은 평행사변형 ABCD에서 x, y의 값을 각각 구하시오.

08

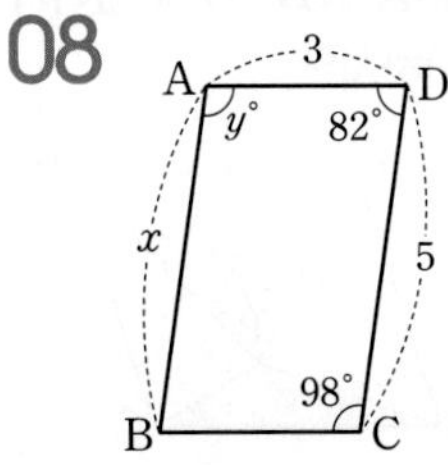

09

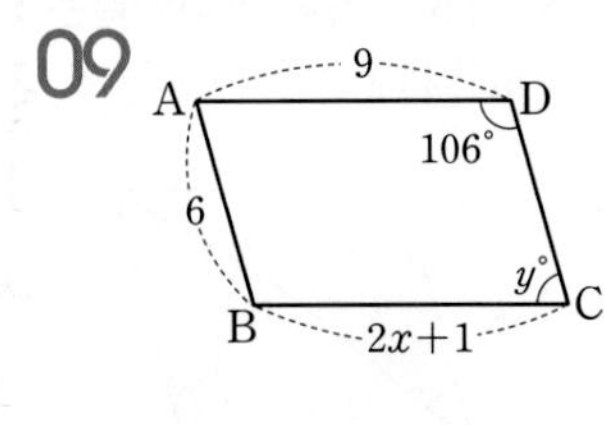

[10~13] 다음 그림과 같은 평행사변형 ABCD에서 x, y의 값을 각각 구하시오. (단, 점 O는 두 대각선의 교점이다.)

10 11

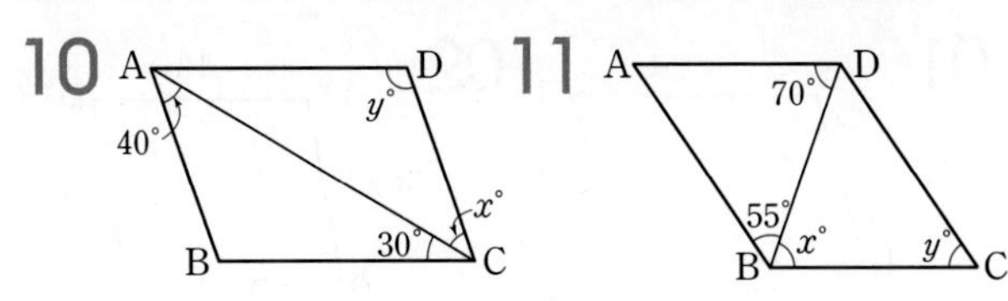

12 13

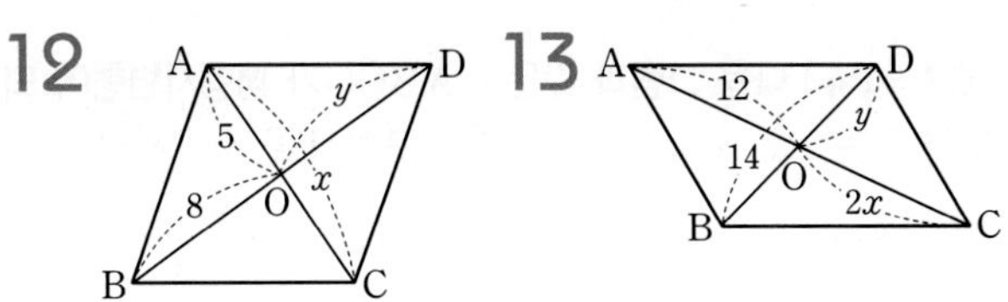

[14~15] 다음 그림과 같은 평행사변형 ABCD에서 x의 값을 구하시오.

14 15

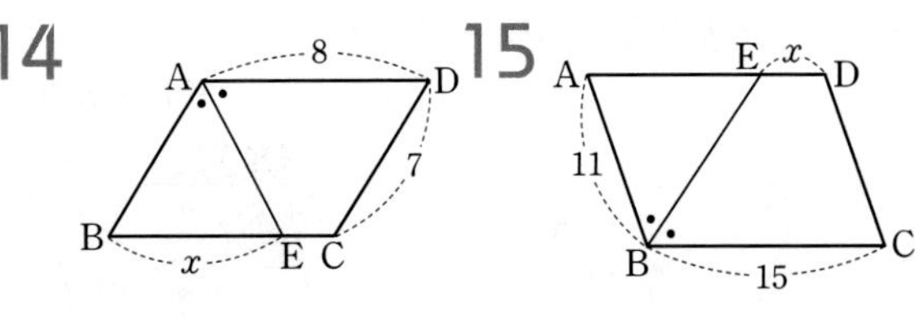

[16~17] 다음 그림과 같은 평행사변형 ABCD에서 x의 값을 구하시오.

16 17

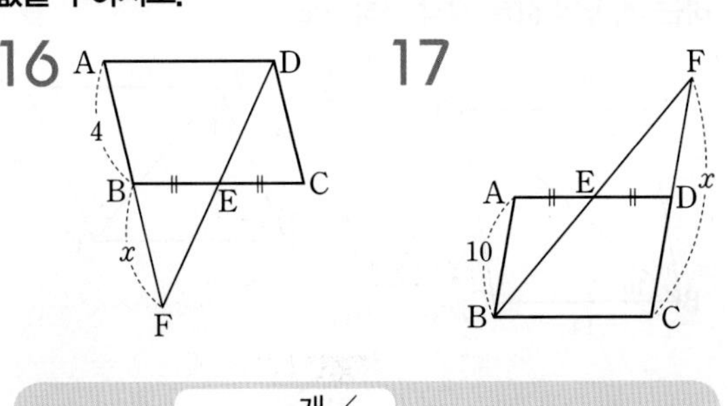

맞힌 개수 개/17개

➡ 정답 및 풀이 17쪽

연산 능력 UP!

쌍둥이 10분 연산 TEST

[01 ~ 02] 다음 그림과 같은 □ABCD가 평행사변형이 되도록 하는 x, y의 값을 각각 구하시오.

01 02

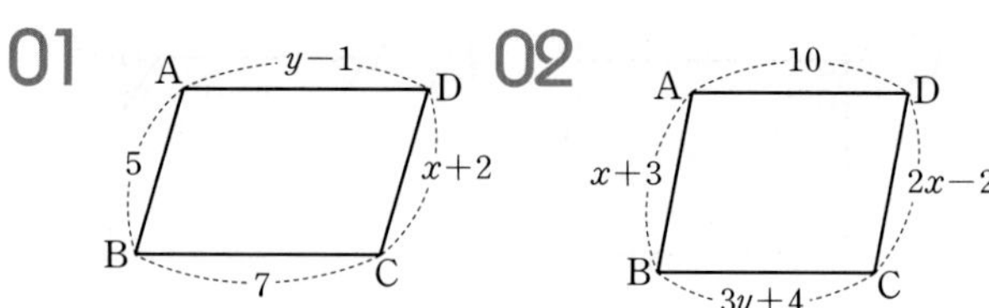

[03 ~ 04] 다음 그림과 같은 □ABCD가 평행사변형이 되도록 하는 ∠x, ∠y의 크기를 각각 구하시오.

03 04

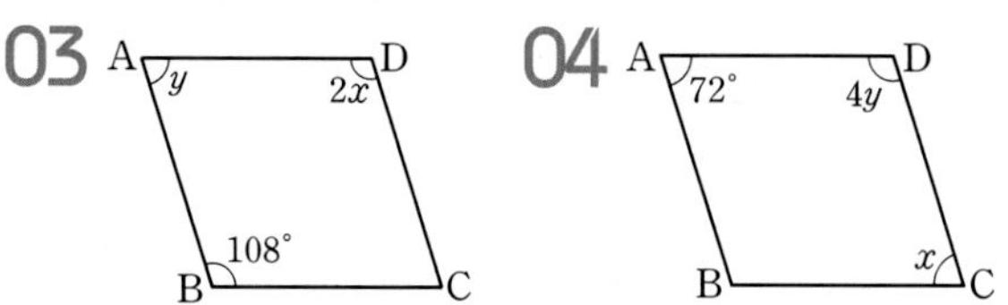

[05 ~ 06] 다음 그림과 같은 □ABCD가 평행사변형이 되도록 하는 x, y의 값을 각각 구하시오.

(단, 점 O는 두 대각선의 교점이다.)

05 06

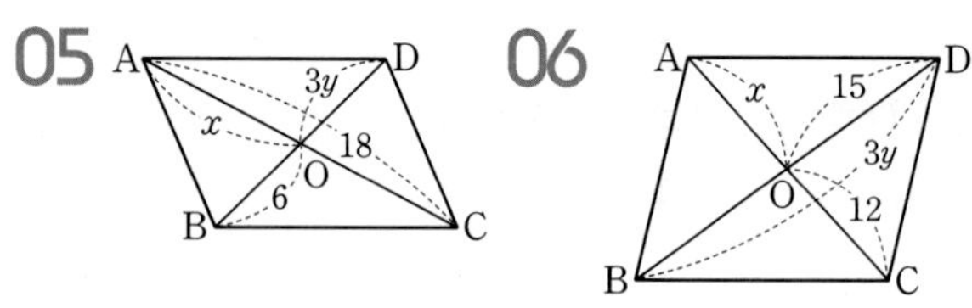

[07 ~ 08] 다음 그림과 같은 □ABCD가 평행사변형이 되도록 하는 x, y의 값을 각각 구하시오.

07 08

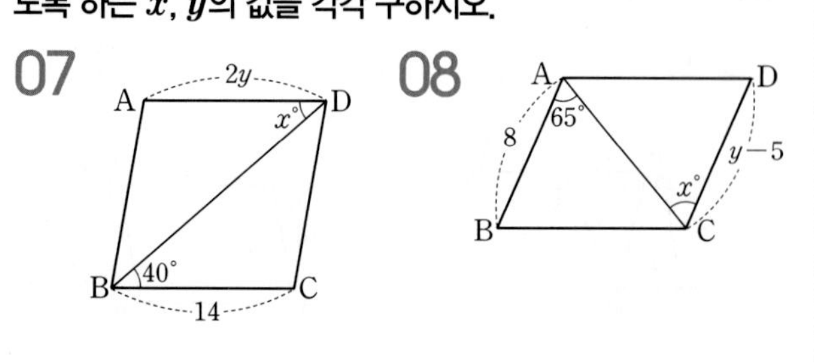

[09 ~ 12] 다음 그림의 □ABCD가 평행사변형인 것에는 ○표, 평행사변형이 아닌 것에는 ×표를 하시오.

09 10

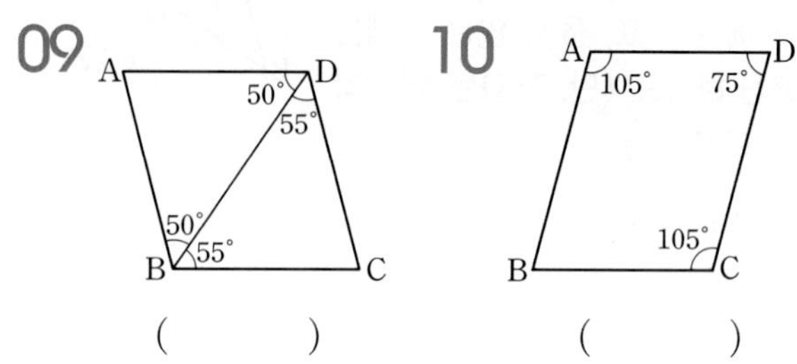

( ) ( )

11 12

( ) ( )

[13 ~ 14] 다음 그림과 같은 평행사변형 ABCD의 넓이가 56 cm²일 때, 색칠한 부분의 넓이를 구하시오.

(단, 점 O는 두 대각선의 교점이다.)

13 14

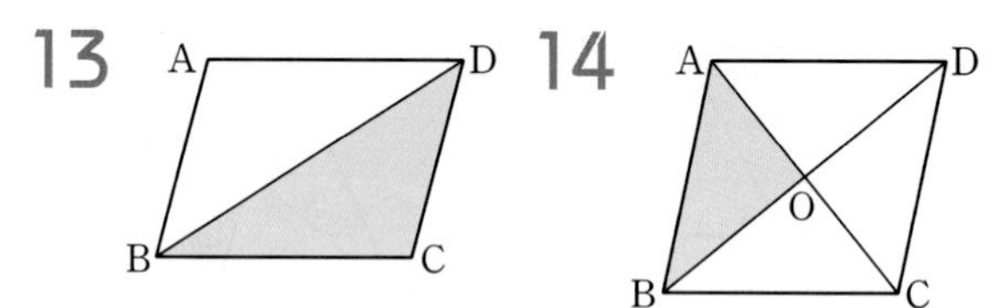

[15 ~ 16] 다음 그림과 같은 평행사변형 ABCD의 넓이가 70 cm²일 때, 색칠한 부분의 넓이를 구하시오.

15 16

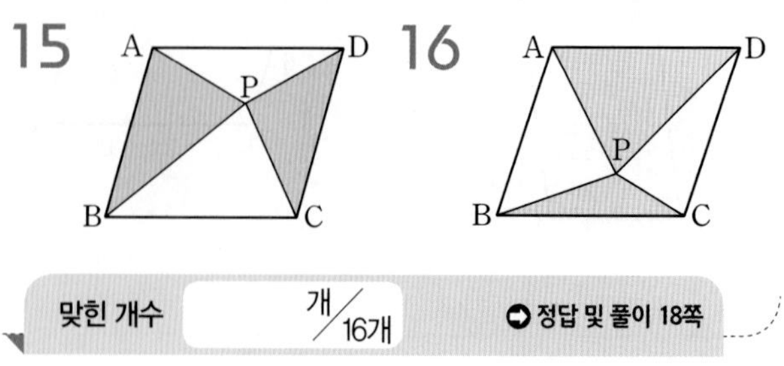

맞힌 개수 개/16개

➲ 정답 및 풀이 18쪽

연산 능력 UP! 쌍둥이 10분 연산 TEST

[01~02] 다음 그림과 같은 직사각형 ABCD에서 x, y의 값을 각각 구하시오. (단, 점 O는 두 대각선의 교점이다.)

01
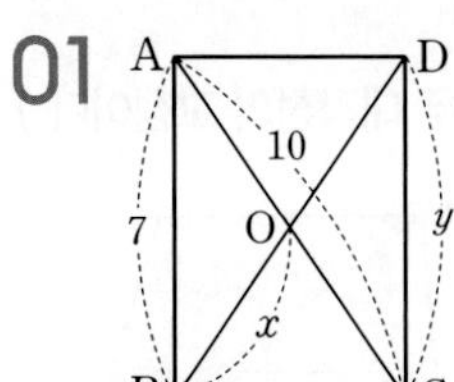

02
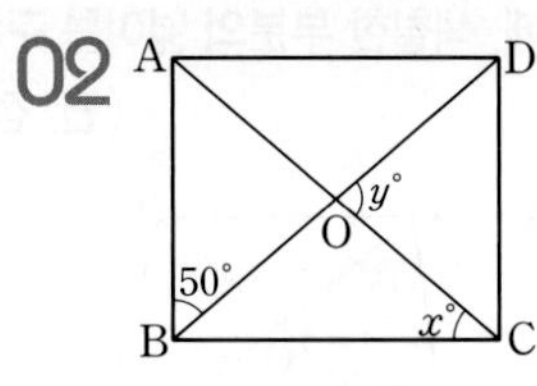

[03~04] 다음 그림과 같은 평행사변형 ABCD가 직사각형이 되도록 하는 조건을 □ 안에 써넣으시오. (단, 점 O는 두 대각선의 교점이다.)

03
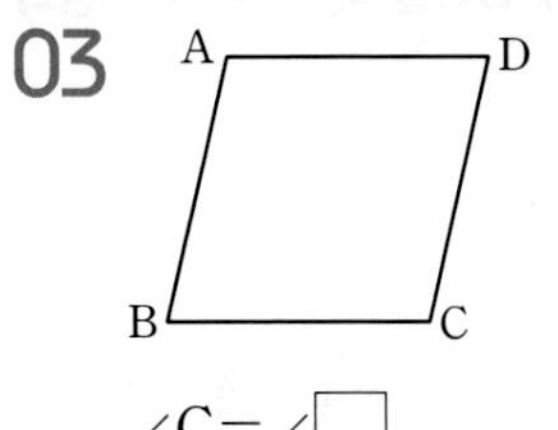

$\angle C=\angle$□
또는 $\angle C=\angle D$

04
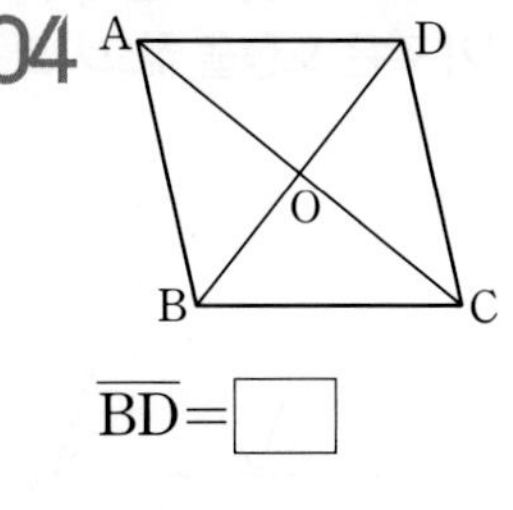

$\overline{BD}=$□

[05~06] 다음 그림과 같은 마름모 ABCD에서 x, y의 값을 각각 구하시오. (단, 점 O는 두 대각선의 교점이다.)

05
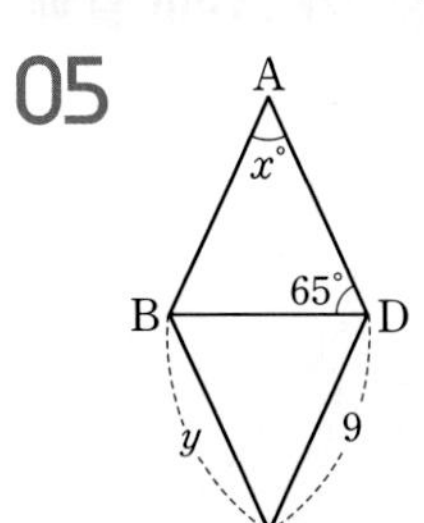

06
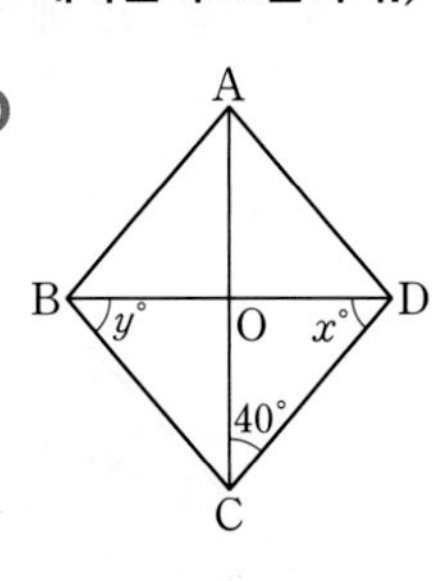

[07~08] 다음 그림과 같은 평행사변형 ABCD가 마름모가 되도록 하는 조건을 □ 안에 써넣으시오. (단, 점 O는 두 대각선의 교점이다.)

07
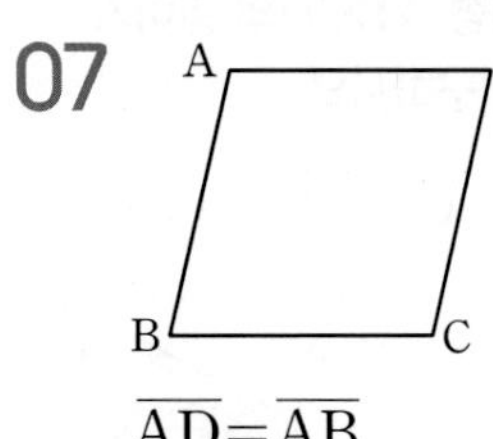

$\overline{AD}=\overline{AB}$
또는 $\overline{AD}=$□

08
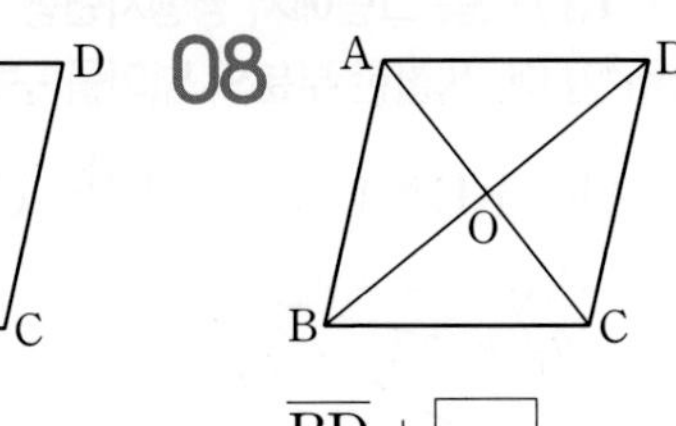
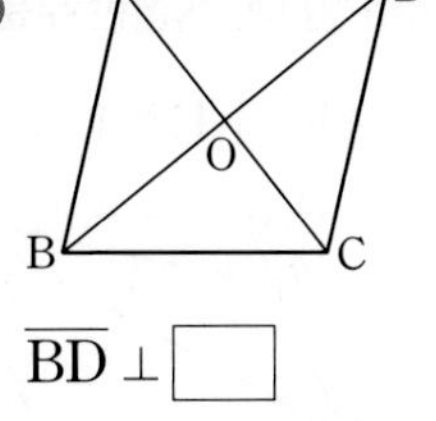

$\overline{BD}\perp$□

[09~10] 다음 그림과 같은 정사각형 ABCD에서 x, y의 값을 각각 구하시오. (단, 점 O는 두 대각선의 교점이다.)

09
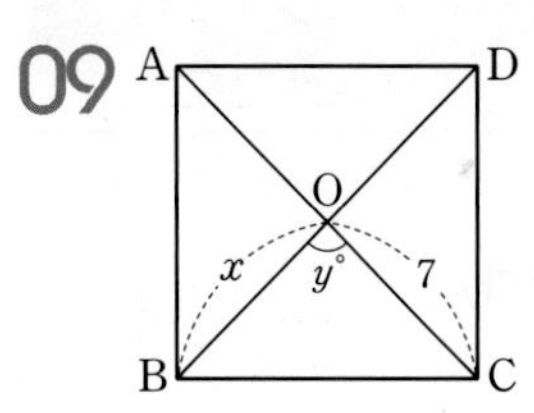

10
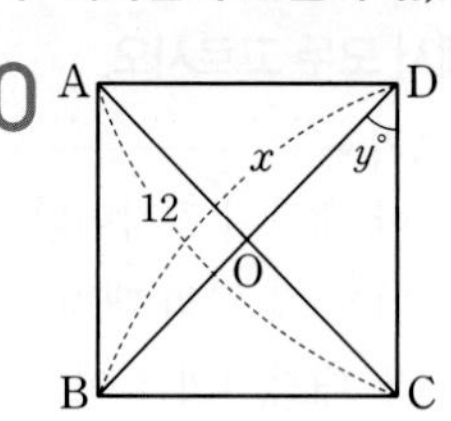

[11~12] 다음 그림과 같은 직사각형 ABCD와 마름모 EFGH가 정사각형이 되도록 하는 조건을 □ 안에 써넣으시오. (단, 점 O는 두 대각선의 교점이다.)

11 12
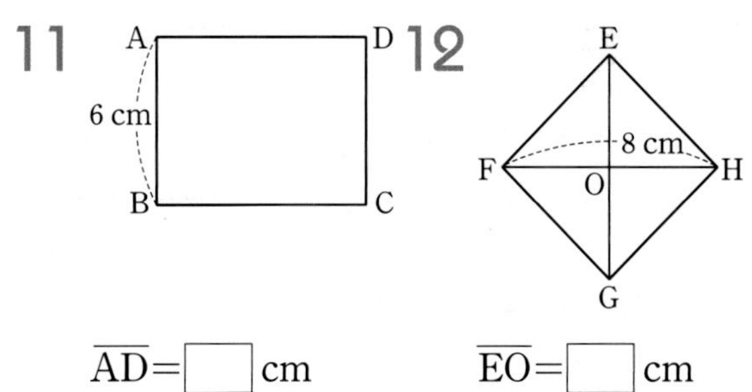

$\overline{AD}=$□ cm　　$\overline{EO}=$□ cm

[13~16] 다음 그림과 같이 $\overline{AD}/\!/\overline{BC}$인 등변사다리꼴 ABCD에서 x, y의 값을 각각 구하시오. (단, 점 O는 두 대각선의 교점이다.)

13 14
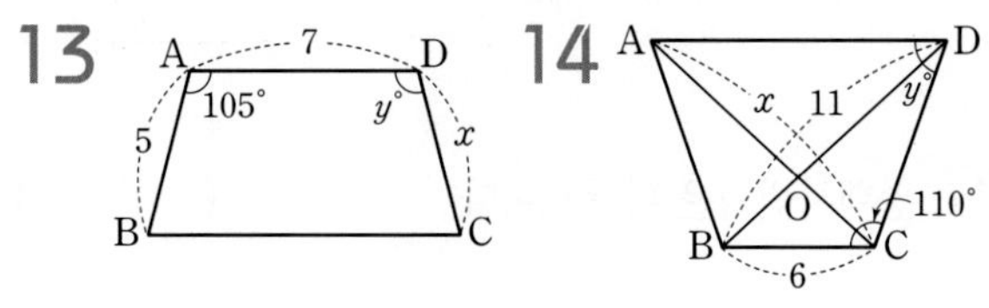

15 16
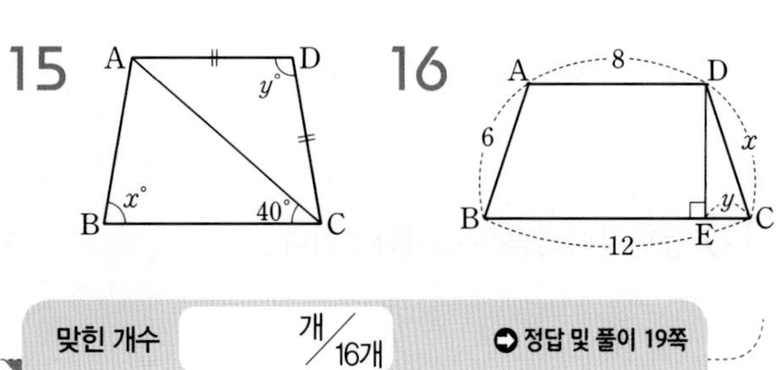

맞힌 개수 　개/16개　 ➲ 정답 및 풀이 19쪽

연산 능력 UP! 쌍둥이 10분 연산 TEST

[01 ~ 05] 다음과 같이 어떤 사각형에 변 또는 각에 대한 조건을 추가하면 다른 모양의 사각형이 된다. 알맞은 조건을 보기에서 모두 고르시오.

보기
ㄱ. 한 내각이 직각이다.
ㄴ. 다른 한 쌍의 대변이 평행하다.
ㄷ. 두 대각선의 길이가 같다.
ㄹ. 두 대각선이 서로 수직이다.
ㅁ. 이웃하는 두 변의 길이가 같다.

01 평행사변형 → 마름모 ______

02 사다리꼴 → 평행사변형 ______

03 직사각형 → 정사각형 ______

04 평행사변형 → 직사각형 ______

05 마름모 → 정사각형 ______

[06 ~ 10] 다음 설명 중 옳은 것에는 ○표, 옳지 않은 것에는 ×표를 하시오.

06 정사각형은 사다리꼴이다. (　　)

07 평행사변형은 마름모이다. (　　)

08 마름모는 직사각형이다. (　　)

09 정사각형은 평행사변형이다. (　　)

10 등변사다리꼴은 직사각형이다. (　　)

[11 ~ 12] 다음 그림과 같이 $\overline{AD} /\!/ \overline{BC}$인 사다리꼴 ABCD에서 $\triangle ACD = 20\text{ cm}^2$, $\triangle AOD = 6\text{ cm}^2$, $\triangle OBC = 30\text{ cm}^2$일 때, 색칠한 부분의 넓이를 구하시오.
(단, 점 O는 두 대각선의 교점이다.)

11
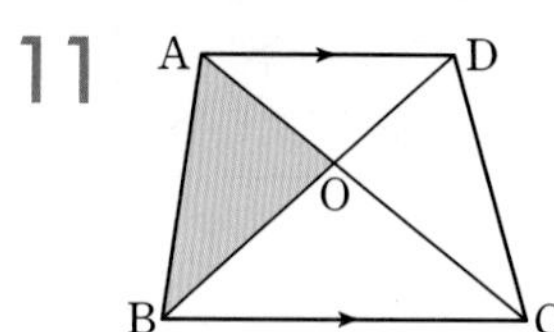

12
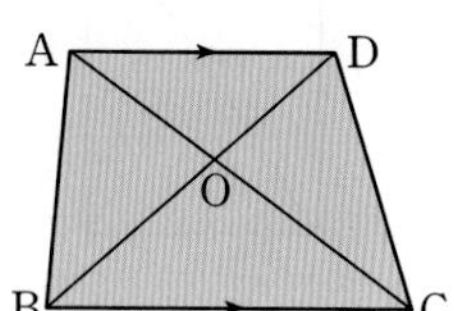

[13 ~ 14] 다음 그림에서 $\overline{AC} /\!/ \overline{DE}$일 때, 색칠한 도형과 넓이가 같은 도형을 찾으시오.

13
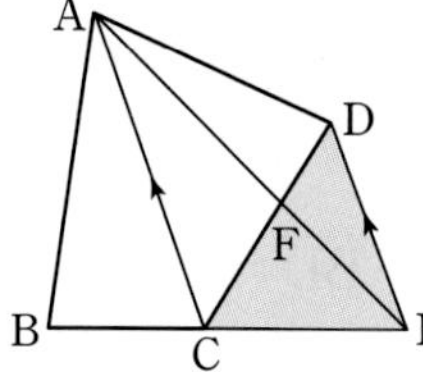

14
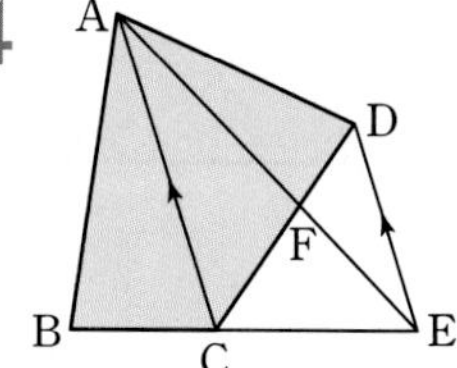

[15 ~ 16] 다음 그림에서 △ABD의 넓이가 45 cm^2일 때, 색칠한 부분의 넓이를 구하시오.

15 $\overline{BC} : \overline{CD} = 2 : 1$
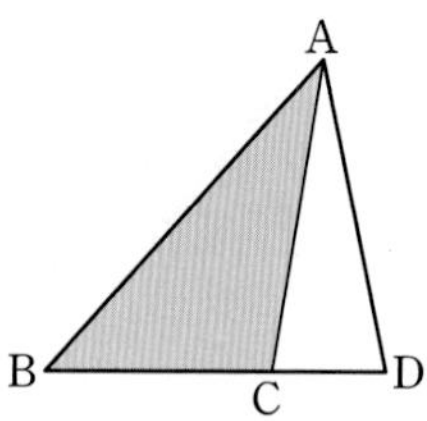

16 $\overline{BC} : \overline{CD} = 4 : 5$
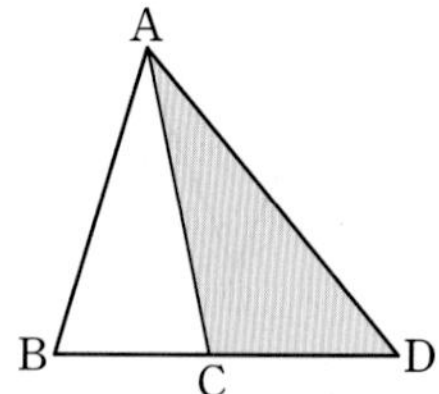

[17 ~ 18] 다음 그림에서 평행사변형 ABCD의 넓이가 84 cm^2일 때, 색칠한 부분의 넓이를 구하시오.

17 $\overline{AE} : \overline{EB} = 1 : 2$
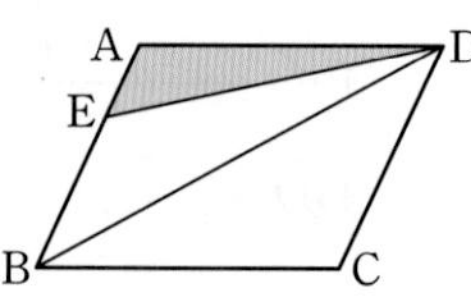

18 $\overline{AE} : \overline{EC} = 3 : 4$
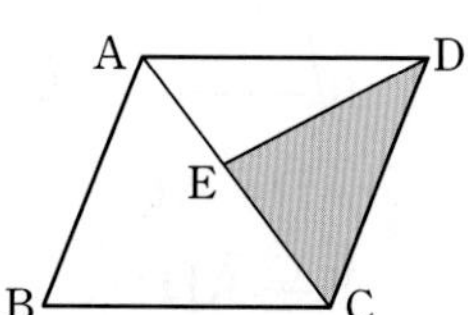

맞힌 개수 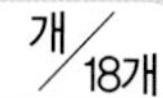 개/18개

➲ 정답 및 풀이 19쪽

[01 ~ 04] 아래 그림에서 △ABC ∽ △DEF일 때, 다음을 구하시오.

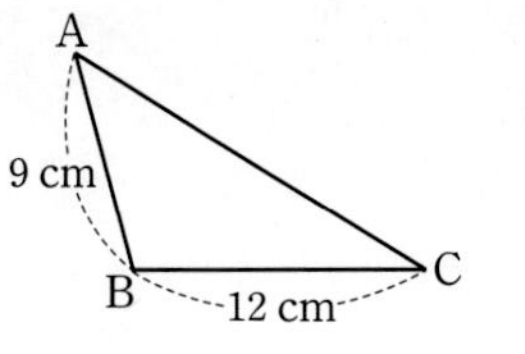

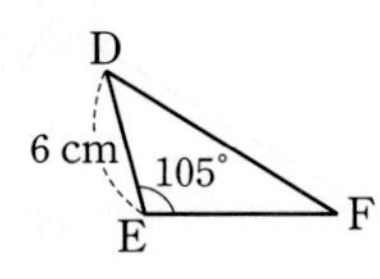

01 $\overline{AC}$의 대응변

02 △ABC와 △DEF의 닮음비

03 $\overline{EF}$의 길이

04 ∠B의 크기

[05 ~ 08] 아래 그림에서 두 삼각기둥은 서로 닮은 도형이고 $\overline{AB}$에 대응하는 모서리가 $\overline{GH}$일 때, 다음을 구하시오.

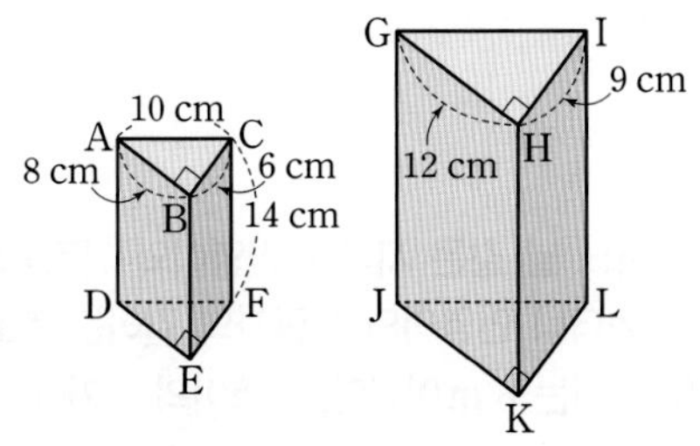

05 면 BEFC에 대응하는 면

06 두 삼각기둥의 닮음비

07 $\overline{GI}$의 길이

08 $\overline{IL}$의 길이

[09 ~ 12] 아래 그림에서 □ABCD ∽ □EFGH일 때, 다음을 구하시오.

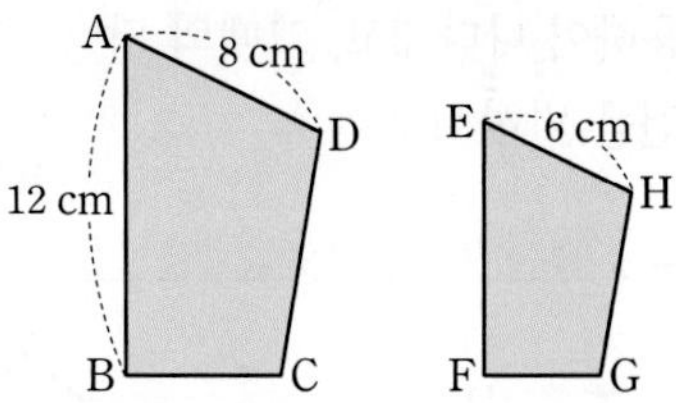

09 □ABCD와 □EFGH의 닮음비

10 □ABCD와 □EFGH의 둘레의 길이의 비

11 □ABCD와 □EFGH의 넓이의 비

12 □ABCD의 넓이가 $80\ cm^2$일 때, □EFGH의 넓이

[13 ~ 16] 아래 그림에서 두 직육면체 ㈎, ㈏는 서로 닮은 도형이고 □ABCD ∽ □IJKL일 때, 다음을 구하시오.

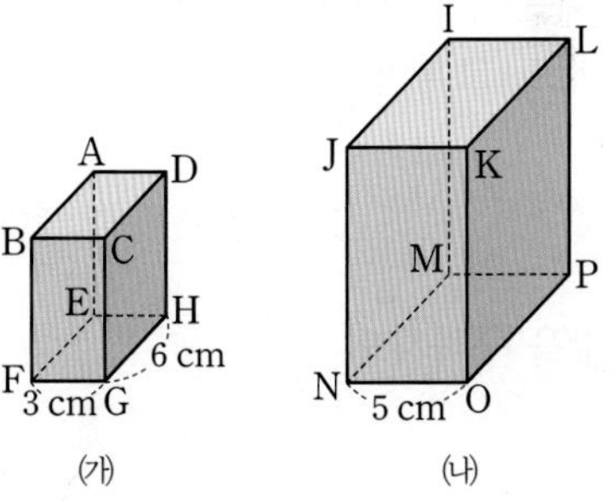

13 두 직육면체 ㈎, ㈏의 닮음비

14 두 직육면체 ㈎, ㈏의 겉넓이의 비

15 두 직육면체 ㈎, ㈏의 부피의 비

16 직육면체 ㈏의 부피가 $250\ cm^3$일 때, 직육면체 ㈎의 부피

맞힌 개수 　 개/16개

➲ 정답 및 풀이 20쪽

연산 능력 UP! 쌍둥이 10분 연산 TEST

01 오른쪽 그림의 △ABC와 닮은 삼각형을 **보기**에서 찾아 기호 ∽를 사용하여 나타내고, 그때의 닮음 조건을 말하시오.

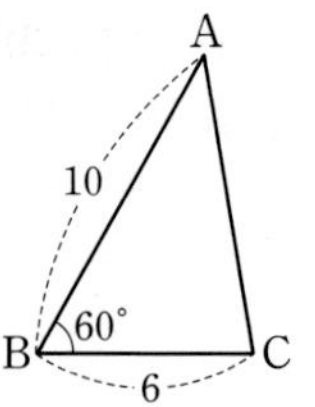

보기

[02 ~ 03] 오른쪽 그림에 대하여 다음 물음에 답하시오.

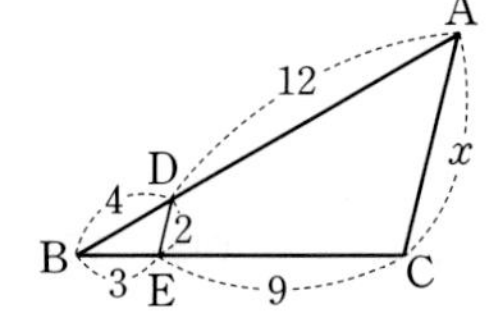

02 서로 닮은 두 삼각형을 찾아 기호 ∽를 사용하여 나타내고, 그때의 닮음 조건을 말하시오.

03 x의 값을 구하시오.

[04 ~ 05] 오른쪽 그림에 대하여 다음 물음에 답하시오.

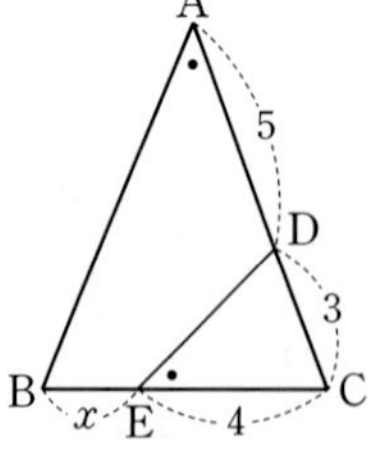

04 서로 닮은 두 삼각형을 찾아 기호 ∽를 사용하여 나타내고, 그때의 닮음 조건을 말하시오.

05 x의 값을 구하시오.

[06 ~ 08] 다음 그림과 같이 $\angle A=90^\circ$인 직각삼각형 ABC에서 $\overline{AD}\perp\overline{BC}$일 때, x의 값을 구하시오.

06

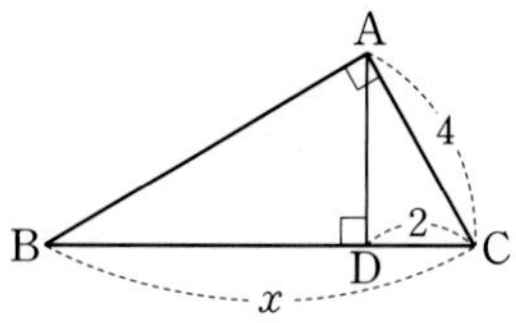

07

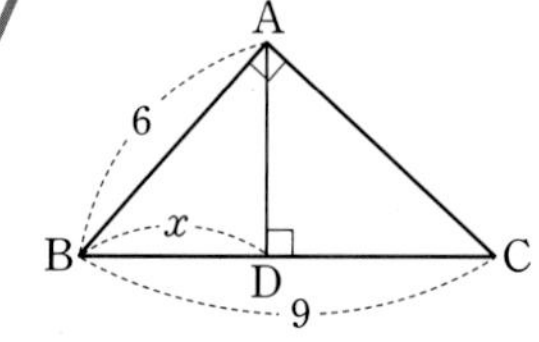

08

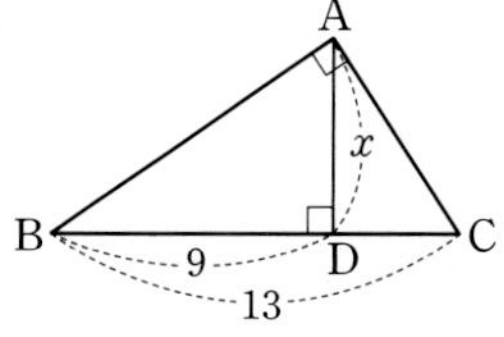

[09 ~ 10] 어느 날 같은 시각에 민영이와 가로등의 그림자의 길이를 재었더니 민영이의 그림자의 길이는 2 m, 가로등의 그림자의 길이는 6 m이었다. 민영이의 키가 1.5 m일 때, 다음 물음에 답하시오.

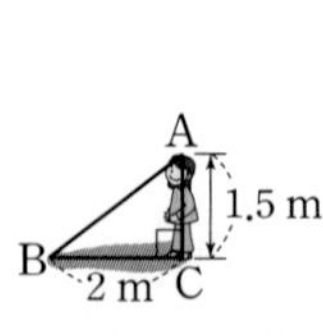

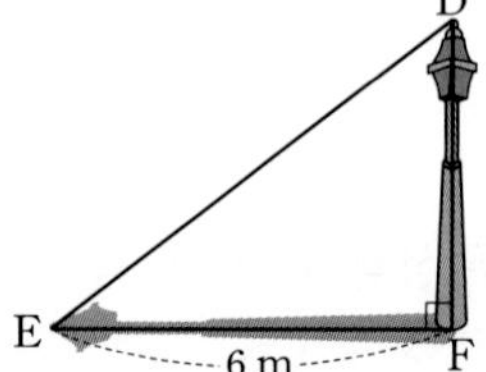

09 △ABC와 닮은 삼각형을 찾고, 닮음비를 구하시오.

10 가로등의 높이는 몇 m인지 구하시오.

맞힌 개수 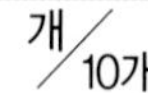 개/10개

➡ 정답 및 풀이 20쪽

연산 능력 UP! 쌍둥이 10분 연산 TEST

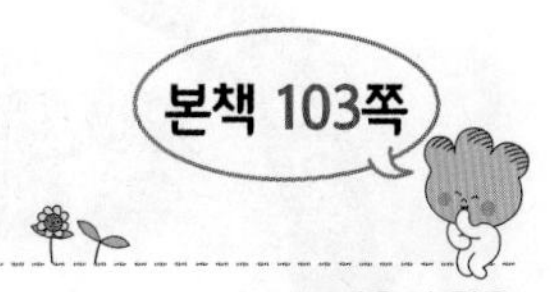

[01 ~ 04] 다음 그림에서 $\overline{BC} /\!/ \overline{DE}$일 때, x의 값을 구하시오.

01
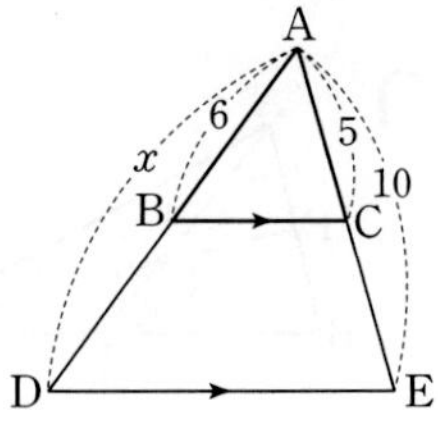

02
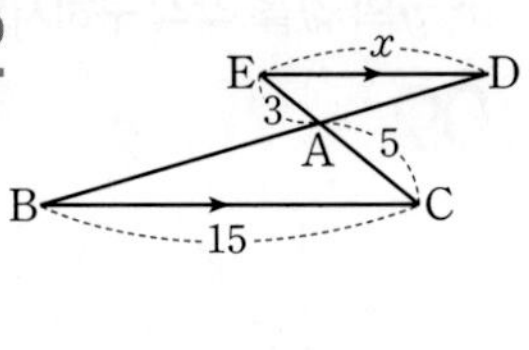

03
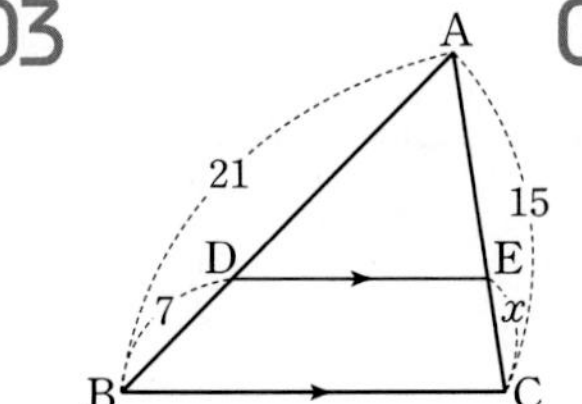

04
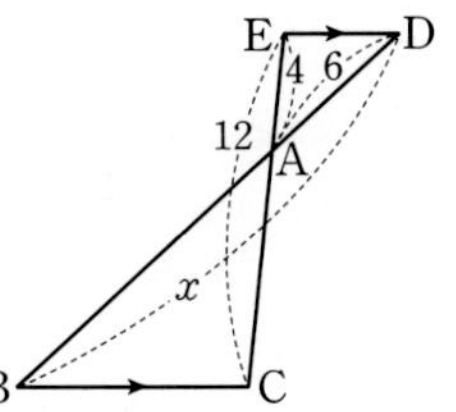

[05 ~ 06] 다음 그림에서 $\overline{BC} /\!/ \overline{DE}$인 것에는 ○표, 아닌 것에는 ×표를 하시오.

05
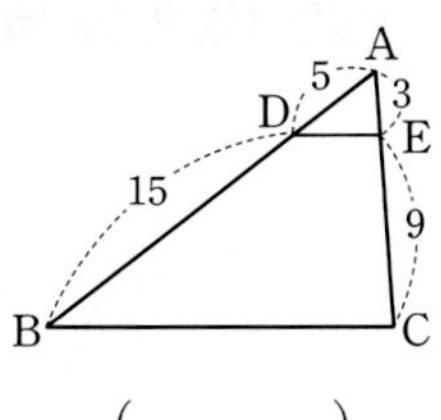

(　　　)

06
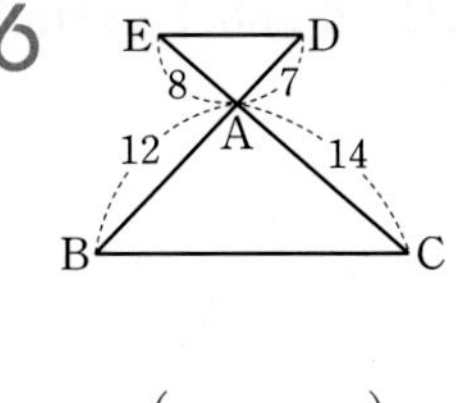

(　　　)

[07 ~ 08] 다음 그림과 같은 △ABC에서 $\overline{AD}$가 ∠A의 이등분선일 때, x의 값을 구하시오.

07
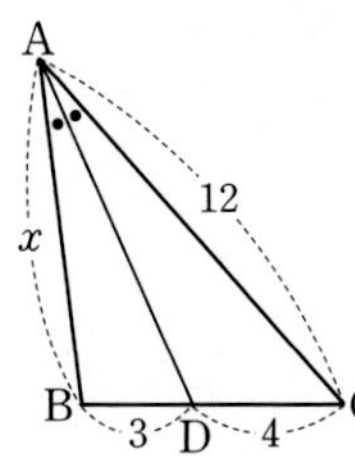

08
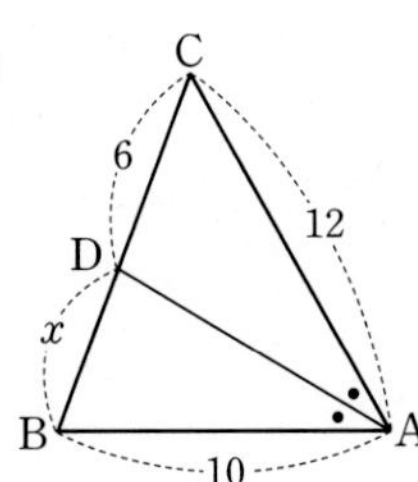

[09 ~ 10] 다음 그림과 같은 △ABC에서 $\overline{AD}$가 ∠A의 외각의 이등분선일 때, x의 값을 구하시오.

09
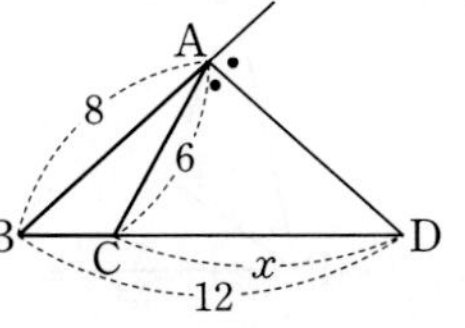

10
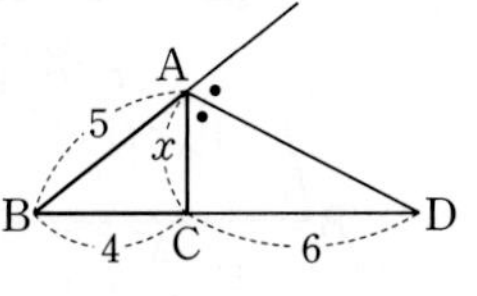

[11 ~ 12] 다음 그림에서 $l /\!/ m /\!/ n$일 때, x의 값을 구하시오.

11

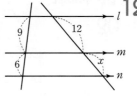

12
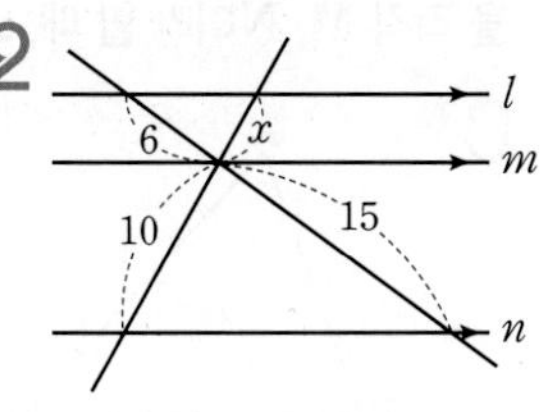

13 오른쪽 그림과 같은 사다리꼴 ABCD에서 $\overline{AD} /\!/ \overline{EF} /\!/ \overline{BC}$, $\overline{AH} /\!/ \overline{DC}$일 때, x의 값을 구하시오.

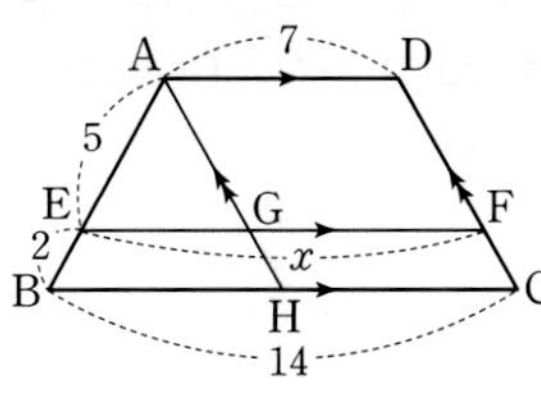

14 오른쪽 그림과 같은 사다리꼴 ABCD에서 $\overline{AD} /\!/ \overline{EF} /\!/ \overline{BC}$일 때, x의 값을 구하시오.

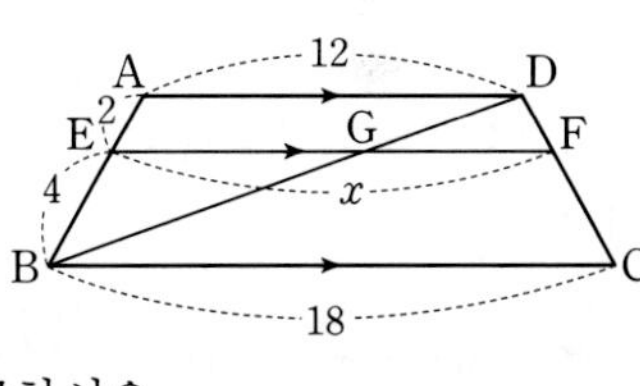

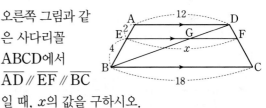

[15 ~ 16] 다음 그림에서 $\overline{AB} /\!/ \overline{EF} /\!/ \overline{DC}$일 때, x의 값을 구하시오.

15
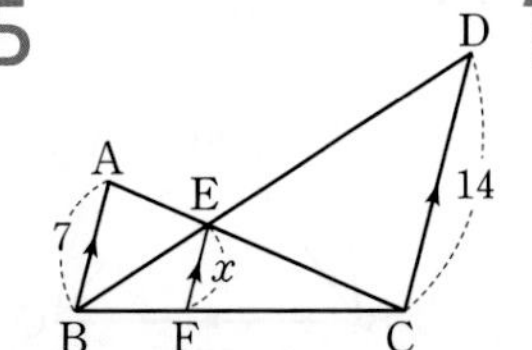

16
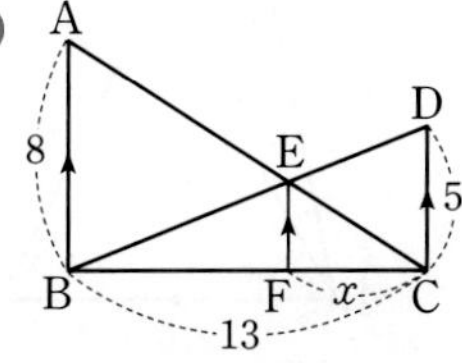

맞힌 개수　　개/16개

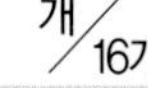

➲ 정답 및 풀이 21쪽

[01 ~ 02] 다음 그림과 같은 △ABC에서 $\overline{AB}$, $\overline{AC}$의 중점을 각각 M, N이라 할 때, x의 값을 구하시오.

01

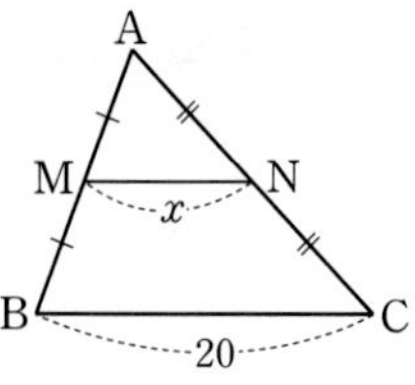

02

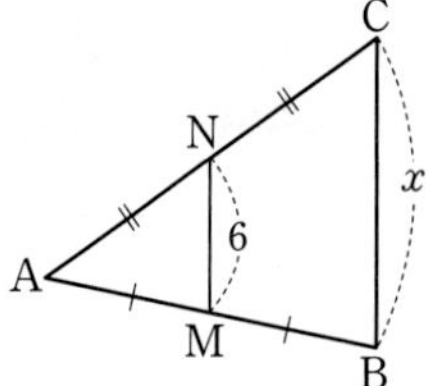

[03 ~ 04] 다음 그림과 같은 △ABC에서 점 M은 $\overline{AB}$의 중점이고 $\overline{MN} /\!/ \overline{BC}$일 때, x의 값을 구하시오.

03

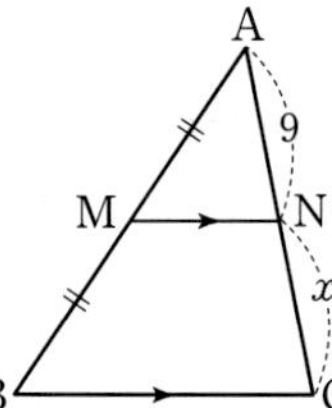

04

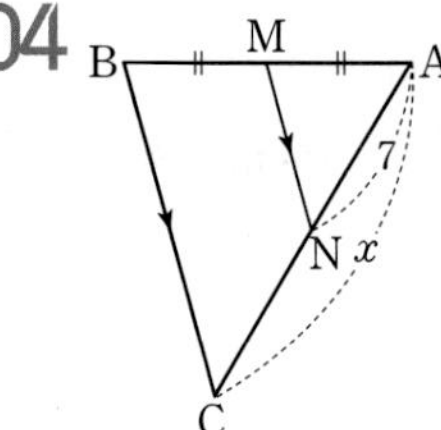

[05 ~ 08] 다음 그림과 같이 $\overline{AD} /\!/ \overline{BC}$인 사다리꼴 ABCD에서 $\overline{AB}$, $\overline{DC}$의 중점을 각각 M, N이라 할 때, x의 값을 구하시오.

05

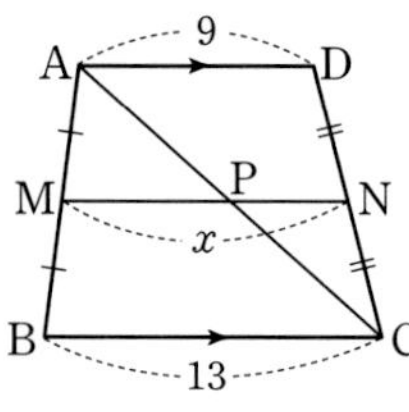

06

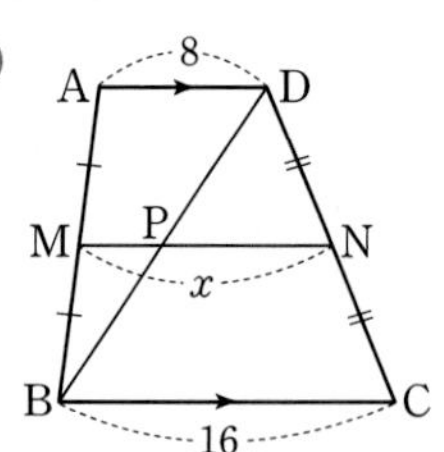

07

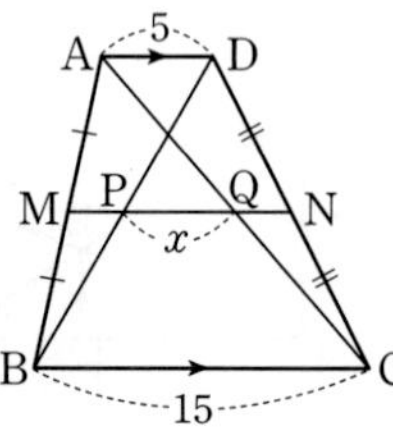

08

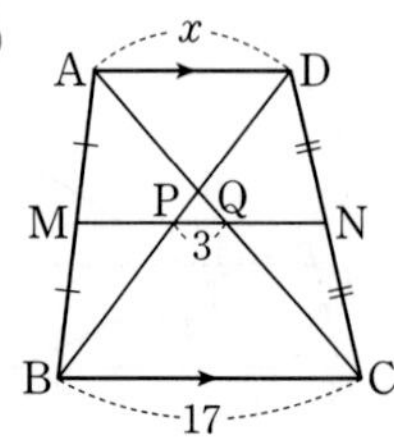

[09 ~ 10] 다음 그림에서 점 G가 △ABC의 무게중심일 때, x, y의 값을 각각 구하시오.

09

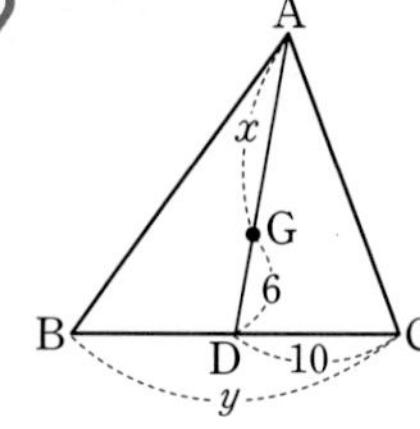

10

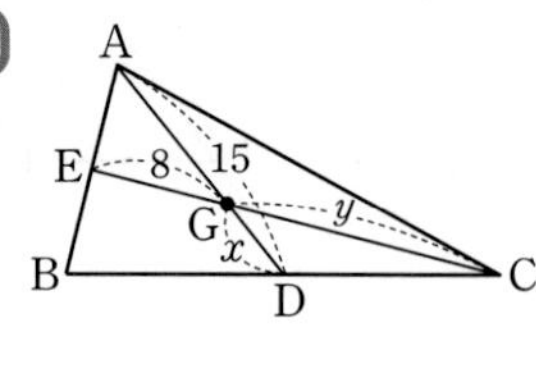

[11 ~ 12] 다음 그림에서 점 G는 △ABC의 무게중심이고 △ABC의 넓이가 48 cm²일 때, 색칠한 부분의 넓이를 구하시오.

11

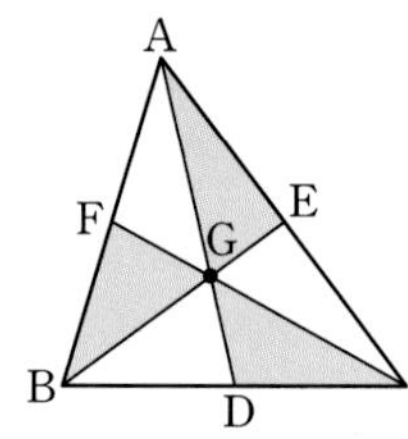

12

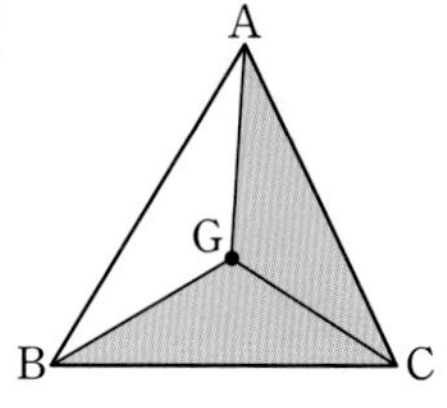

[13 ~ 14] 다음 그림과 같은 평행사변형 ABCD에서 $\overline{BC}$, $\overline{CD}$의 중점을 각각 M, N이라 할 때, x의 값을 구하시오.

(단, 점 O는 두 대각선의 교점이다.)

13

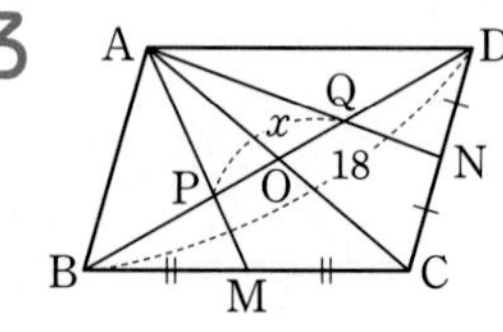

14

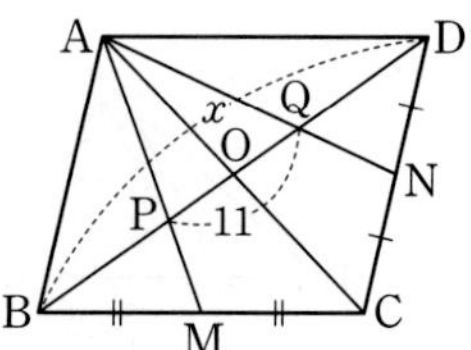

맞힌 개수 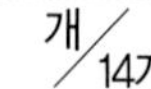 개/14개

➲ 정답 및 풀이 22쪽

연산 능력 UP! 쌍둥이 10분 연산 TEST

[01 ~ 02] 다음 직각삼각형에서 x의 값을 구하시오.

01
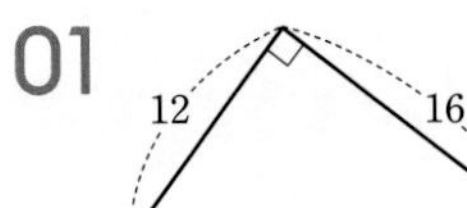

02
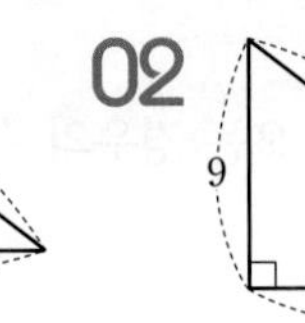

[03 ~ 04] 다음 그림에서 x, y의 값을 각각 구하시오.

03
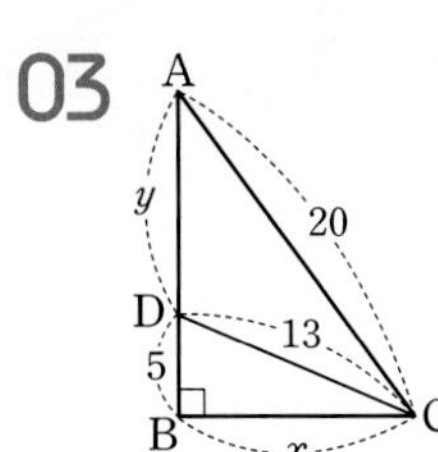

04
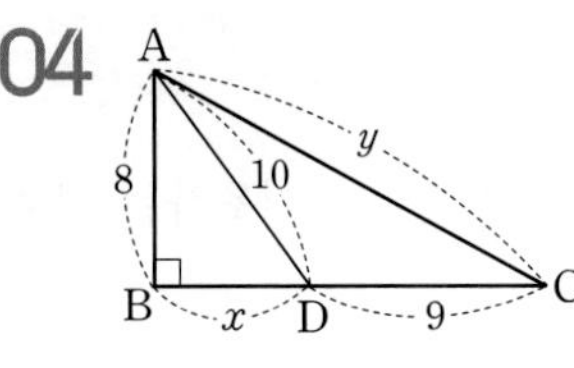

[05 ~ 06] 다음은 직각삼각형 ABC의 각 변을 한 변으로 하는 세 정사각형을 그린 것이다. 색칠한 부분의 넓이를 구하시오.

05
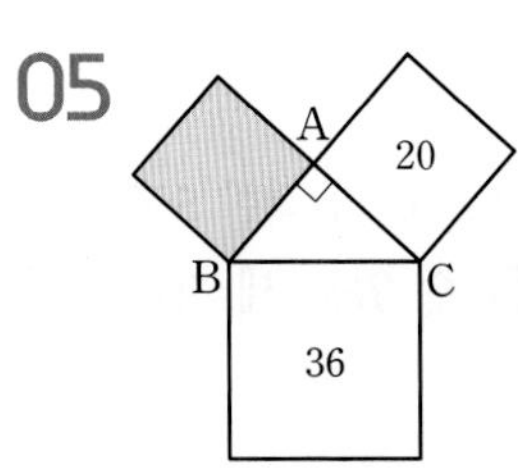

06
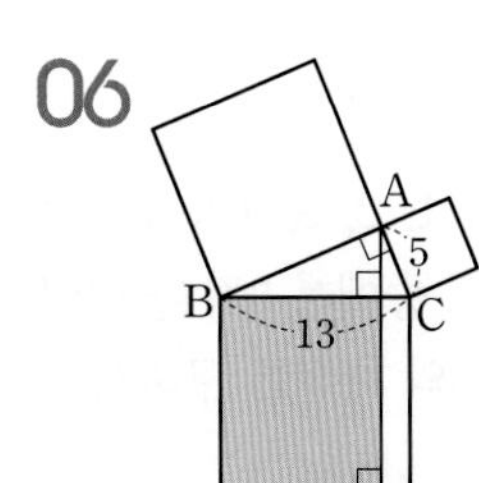

[07 ~ 08] 다음 그림에서 □ABCD는 정사각형이고 4개의 직각삼각형은 모두 합동일 때, □EFGH의 넓이를 구하시오.

07
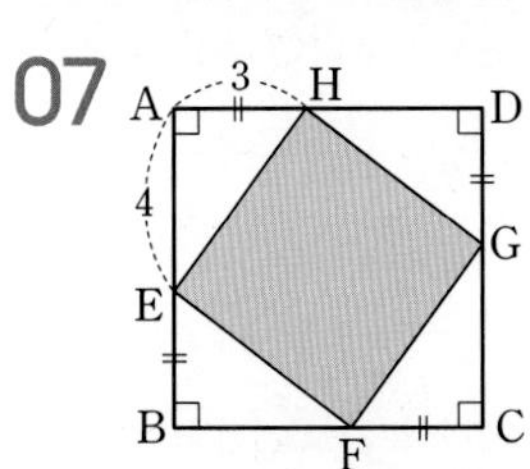

08
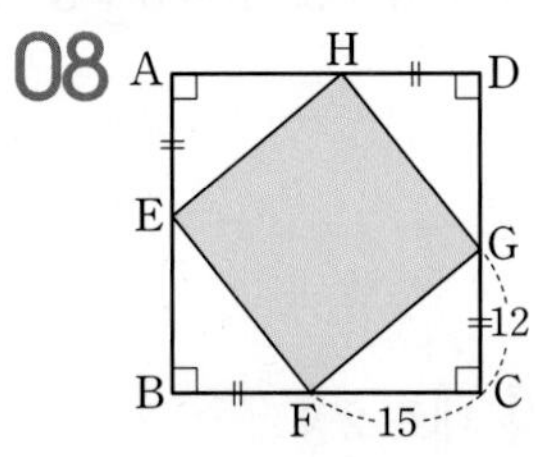

[09 ~ 11] 세 변의 길이가 각각 다음과 같은 삼각형 중에서 직각삼각형인 것에는 ○표, 직각삼각형이 아닌 것에는 ×표를 하시오.

09 12 cm, 15 cm, 20 cm ( )

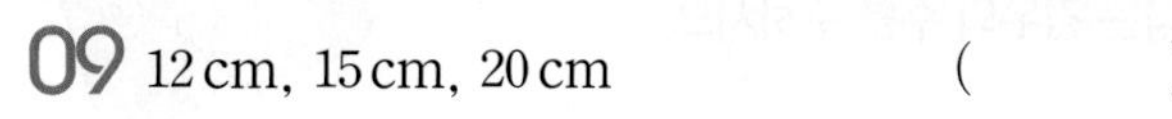

10 10 cm, 24 cm, 26 cm ( )

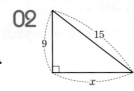

11 7 cm, 24 cm, 25 cm ( )

[12 ~ 13] 다음 그림에서 x, y의 값을 각각 구하시오.

12
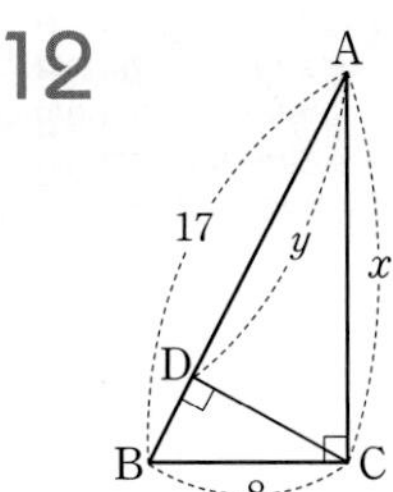

13
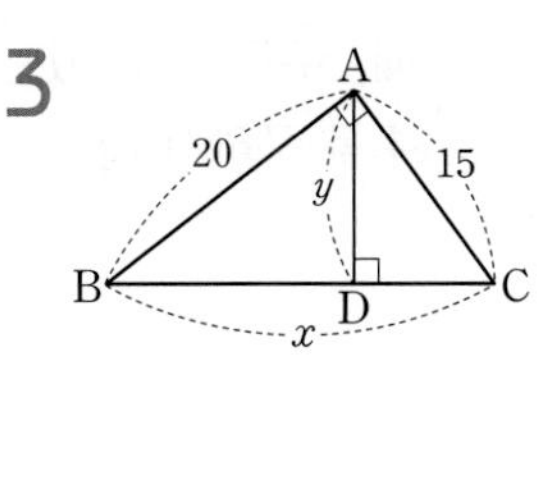

[14 ~ 15] 다음 그림에서 x^2의 값을 구하시오.

14
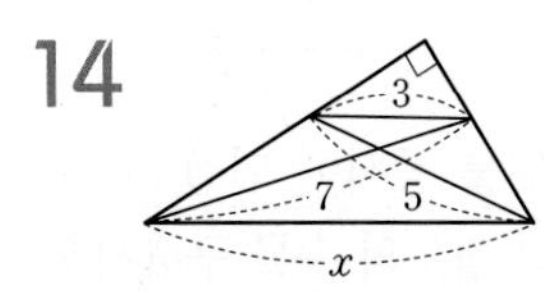

15
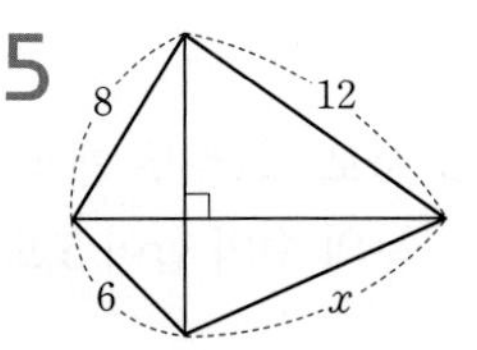

[16 ~ 17] 다음은 직각삼각형 ABC의 각 변을 지름으로 하는 세 반원을 그린 것이다. 색칠한 부분의 넓이를 구하시오.

16
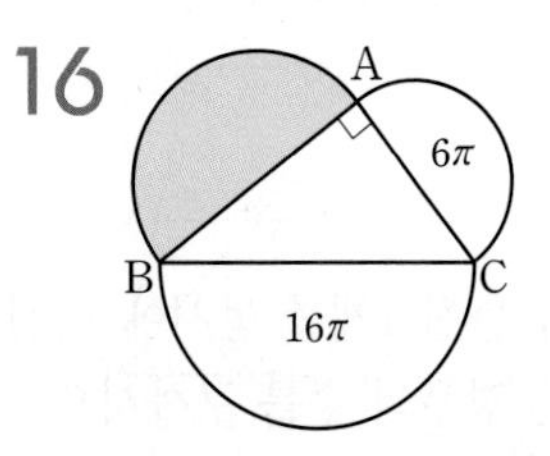

17
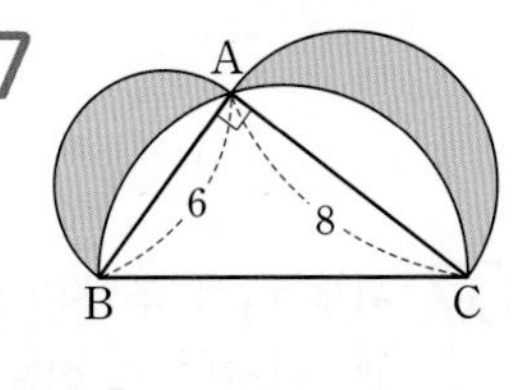

맞힌 개수 개/17개

➲ 정답 및 풀이 22쪽

연산 능력 UP!

쌍둥이 10분 연산 TEST

[01 ~ 02] 각 면에 1부터 8까지의 자연수가 각각 하나씩 적힌 정팔면체 모양의 주사위를 던질 때, 다음 사건이 일어나는 경우의 수를 구하시오.

01 4의 배수가 나온다.

02 3보다 크고 8보다 작은 수가 나온다.

03 오른쪽 그림과 같은 메뉴에서 2500원 이상 3000원 이하인 주스를 하나 주문할 때, 주문할 수 있는 경우의 수를 구하시오.

주스	
딸기	2500원
바나나	2800원
파인애플	3300원
오렌지	3300원
블루베리	2800원
딸기바나나	3000원
초코바나나	3500원

04 어느 공 보관함에 서로 다른 축구공 6개와 서로 다른 농구공 4개가 들어 있다. 이 중에서 축구공 또는 농구공을 한 개 꺼내는 경우의 수를 구하시오.

05 서로 다른 두 개의 주사위를 동시에 던질 때, 두 눈의 수의 합이 5 또는 8인 경우의 수를 구하시오.

06 3개의 자음 ㄱ, ㄴ, ㄷ과 3개의 모음 ㅏ, ㅓ, ㅗ 중에서 자음 1개와 모음 1개를 짝 지어 만들 수 있는 받침이 없는 글자의 수를 구하시오.

07 서로 다른 주사위 2개와 동전 1개를 동시에 던질 때, 일어날 수 있는 모든 경우의 수를 구하시오.

[08 ~ 10] t, i, g, e, r 5개의 문자를 한 줄로 나열할 때, 다음을 구하시오.

08 t가 맨 뒤에 오는 경우의 수

09 r가 가운데에 오는 경우의 수

10 g, e가 이웃하는 경우의 수

11 1부터 6까지의 숫자가 각각 하나씩 적힌 6장의 카드 중에서 2장을 뽑아 두 자리의 자연수를 만들 때, 40 이상인 자연수의 개수를 구하시오.

12 0, 1, 2, 3, 4의 숫자가 각각 하나씩 적힌 5장의 카드 중에서 3장을 뽑아 만들 수 있는 세 자리의 홀수의 개수를 구하시오.

[13 ~ 14] 남학생 2명과 여학생 4명 중에서 다음과 같이 대표를 뽑을 때, 경우의 수를 구하시오.

13 회장 1명, 부회장 1명

14 대표 2명

맞힌 개수 개/14개

➲ 정답 및 풀이 23쪽

[01~06] 다음을 구하시오.

01 모양과 크기가 같은 검은 바둑돌 6개와 흰 바둑돌 3개가 들어 있는 주머니에서 한 개의 바둑돌을 꺼낼 때, 흰 바둑돌이 나올 확률

02 서로 다른 두 개의 동전을 동시에 던질 때, 뒷면이 한 개 나올 확률

03 A, B, C, D, E 5명을 한 줄로 세울 때, A가 맨 뒤에 설 확률

04 빨간 공 10개가 들어 있는 주머니에서 한 개의 공을 꺼낼 때, 노란 공이 나올 확률

05 어느 날이 월요일일 때, 그 다음날이 화요일일 확률

06 내일 눈이 올 확률이 $\frac{3}{5}$일 때, 내일 눈이 오지 않을 확률

[07~08] 서로 다른 두 개의 주사위를 동시에 던질 때, 다음을 구하시오.

07 두 눈의 수의 합이 4가 아닐 확률

08 적어도 한 개는 소수의 눈이 나올 확률

09 1부터 15까지의 자연수가 각각 하나씩 적힌 15장의 카드 중에서 한 장을 뽑을 때, 3의 배수 또는 7의 배수가 적힌 카드가 나올 확률을 구하시오.

10 자유투 성공률이 각각 $\frac{3}{5}$, $\frac{5}{8}$인 두 농구 선수가 각각 한 번씩 자유투를 할 때, 두 선수 모두 자유투를 성공할 확률을 구하시오.

[11~13] A, B 두 공장에서 어떤 제품을 만드는데 불량품을 만들 확률이 각각 $\frac{1}{6}$, $\frac{2}{11}$일 때, 다음을 구하시오.

11 A, B 모두 불량품을 만들지 않을 확률

12 한 공장만 불량품을 만들 확률

13 적어도 한 공장은 불량품을 만들 확률

[14~15] 25개의 제비 중 5개의 당첨 제비가 들어 있는 주머니에서 연속하여 두 개의 제비를 뽑을 때, 다음 각 경우에 대하여 두 번째만 당첨 제비를 뽑을 확률을 구하시오.

14 처음 뽑은 제비를 다시 넣을 때

15 처음 뽑은 제비를 다시 넣지 않을 때

맞힌 개수   개/15개   ➲ 정답 및 풀이 24쪽

정답 및 풀이

I 삼각형의 성질

1. 삼각형의 성질

쌍둥이 10분 연산 TEST 2쪽

01 70° **02** 80° **03** 15° **04** 28° **05** 9
06 5 **07** 6 cm **08** △ABC≡△FDE, RHS 합동
09 16 cm **10** 22° **11** 69°

01 △ABC가 $\overline{AB}=\overline{AC}$인 이등변삼각형이므로 ∠B=∠C
∴ $\angle x=\frac{1}{2}\times(180°-40°)=70°$

02 △ABC가 $\overline{AB}=\overline{AC}$인 이등변삼각형이므로
∠C=∠B=50°
∴ $\angle x=180°-2\times50°=80°$

03 △ABC가 $\overline{AB}=\overline{AC}$인 이등변삼각형이므로
∠B=∠C=75°
∴ $\angle x=180°-(90°+75°)=15°$

04 △ABD에서 ∠BAD=180°−(62°+90°)=28°
∠CAD=∠BAD이므로 $\angle x$=∠BAD=28°

05 △ABC에서 ∠B=∠C=55°이므로
$\overline{AB}=\overline{AC}$=9 cm ∴ $x=9$

06 △ABD에서 ∠ADC=40°+40°=80°
△ADC에서 ∠ADC=∠C이므로 $\overline{AD}=\overline{AC}$=5 cm
이때 ∠DAB=∠DBA이므로
$\overline{DB}=\overline{DA}$=5 cm ∴ $x=5$

07 ∠ABC=∠DBC (접은 각)
$\overline{AC}$ // $\overline{BD}$이므로 ∠ACB=∠DBC (엇각)
∴ ∠ABC=∠ACB
즉, △ABC는 이등변삼각형이므로
$\overline{AB}=\overline{AC}$=6 cm

08 ∠C=∠E=90°, $\overline{AC}=\overline{FE}$, $\overline{AB}=\overline{FD}$
이므로 △ABC≡△FDE (RHS 합동)

09 △ADB≡△BEC (RHA 합동)이므로
$\overline{DE}=\overline{DB}+\overline{BE}$=11+5=16 (cm)

10 △AED≡△ACD (RHS 합동)이므로
∠CAD=∠EAD
∴ ∠EAC=2∠EAD=2×34°=68°
△ABC에서 $\angle x=180°-(68°+90°)=22°$

11 $\overline{DB}=\overline{DE}$이면 ∠DCB=∠DCE이므로
∠DCE=$\frac{1}{2}$∠ACB=$\frac{1}{2}\times42°=21°$
△DCE에서 $\angle x=180°-(21°+90°)=69°$

2. 삼각형의 외심과 내심

쌍둥이 10분 연산 TEST 3쪽

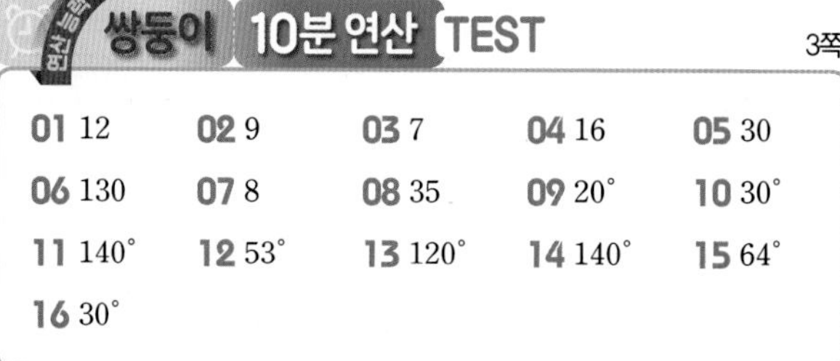

01 12 **02** 9 **03** 7 **04** 16 **05** 30
06 130 **07** 8 **08** 35 **09** 20° **10** 30°
11 140° **12** 53° **13** 120° **14** 140° **15** 64°
16 30°

01 $\overline{BD}=\overline{CD}$이므로
$\overline{BC}=2\overline{CD}$=2×6=12 (cm) ∴ $x=12$

02 $\overline{BD}=\frac{1}{2}\overline{AB}=\frac{1}{2}\times18=9$(cm) ∴ $x=9$

03 $\overline{OC}=\overline{OA}$=7 cm ∴ $x=7$

04 $\overline{OB}=\overline{OC}$=16 cm ∴ $x=16$

05 △OBC는 $\overline{OB}=\overline{OC}$인 이등변삼각형이므로
∠OCB=∠OBC=30° ∴ $x=30$

06 △OAB는 $\overline{OA}=\overline{OB}$인 이등변삼각형이므로
∠AOB=180°−2×25°=130° ∴ $x=130$

07 점 O가 직각삼각형 ABC의 외심이므로
$\overline{OA}=\overline{OB}=\overline{OC}$
따라서 $\overline{AC}=2\overline{OB}$=2×4=8 (cm) ∴ $x=8$

08 △OBC에서 ∠OBC=∠OCB이므로
∠OBC+∠OCB=70°, 2∠OCB=70°
∴ ∠OCB=35° ∴ $x=35$

09 $\angle x+30^\circ+40^\circ=90^\circ$ $\quad\therefore \angle x=20^\circ$

10 $45^\circ+15^\circ+\angle x=90^\circ$ $\quad\therefore \angle x=30^\circ$

11 $\angle x=2\angle A=2\times 70^\circ=140^\circ$

12 $\angle x=\frac{1}{2}\angle AOB=\frac{1}{2}\times 106^\circ=53^\circ$

13 $\angle BAC=20^\circ+40^\circ=60^\circ$이므로
$\angle x=2\angle BAC=2\times 60^\circ=120^\circ$

14 $\angle BAO=\angle ABO=38^\circ$이므로
$\angle BAC=38^\circ+32^\circ=70^\circ$
$\therefore \angle x=2\angle BAC=2\times 70^\circ=140^\circ$

15 $\triangle OBC$는 $\overline{OB}=\overline{OC}$인 이등변삼각형이므로
$\angle BOC=180^\circ-2\times 26^\circ=128^\circ$
$\therefore \angle x=\frac{1}{2}\angle BOC=\frac{1}{2}\times 128^\circ=64^\circ$

16 $\angle AOB=2\angle C=2\times 60^\circ=120^\circ$
$\triangle OAB$는 $\overline{OA}=\overline{OB}$인 이등변삼각형이므로
$\angle x=\frac{1}{2}\times(180^\circ-120^\circ)=30^\circ$

연산 능력 UP! 쌍둥이 10분 연산 TEST 4쪽

01 40	**02** 30	**03** 20	**04** 5	**05** 9
06 7	**07** 32°	**08** 25°	**09** 110°	**10** 80°
11 114°	**12** 45°	**13** 3 cm		
14 $\angle x=132^\circ$, $\angle y=123^\circ$				

01 $\angle ICB=\angle ICA=40^\circ$ $\quad\therefore x=40$

02 $\angle ICA=\angle ICB=30^\circ$ $\quad\therefore x=30$

03 $\angle IBC=\angle IBA=35^\circ$이므로
$\triangle IBC$에서 $x=180-(125+35)=20$

04 $\overline{ID}=\overline{IE}=5$ cm $\quad\therefore x=5$

05 $\overline{IE}=\overline{ID}=9$ cm $\quad\therefore x=9$

06 $\triangle IBE\equiv\triangle IBD$ (RHA 합동)이므로
$\overline{BE}=\overline{BD}=7$ cm $\quad\therefore x=7$

07 $\angle x+30^\circ+28^\circ=90^\circ$ $\quad\therefore \angle x=32^\circ$

08 $\angle x+30^\circ+35^\circ=90^\circ$ $\quad\therefore \angle x=25^\circ$

09 $\angle x=90^\circ+\frac{1}{2}\angle A=90^\circ+\frac{1}{2}\times 40^\circ=90^\circ+20^\circ=110^\circ$

10 $90^\circ+\frac{1}{2}\angle x=130^\circ$이므로 $\frac{1}{2}\angle x=40^\circ$ $\quad\therefore \angle x=80^\circ$

11 $\angle x=90^\circ+\frac{1}{2}\angle BAC=90^\circ+\angle IAC=90^\circ+24^\circ=114^\circ$

12 $90^\circ+\frac{1}{2}\angle BAC=135^\circ$이므로
$90^\circ+\angle x=135^\circ$ $\quad\therefore \angle x=45^\circ$

13 $\triangle ABC=\frac{1}{2}\times 12\times 9=54\,(\text{cm}^2)$
$\triangle ABC$의 내접원의 반지름의 길이를 r cm라 하면
$\frac{1}{2}\times r\times(15+12+9)=54$
$18r=54$ $\quad\therefore r=3$
따라서 내접원의 반지름의 길이는 3 cm이다.

14 점 O가 $\triangle ABC$의 외심이므로
$\angle x=2\angle A=2\times 66^\circ=132^\circ$
점 I가 $\triangle ABC$의 내심이므로
$\angle y=90^\circ+\frac{1}{2}\angle A=90^\circ+\frac{1}{2}\times 66^\circ$
$=90^\circ+33^\circ=123^\circ$

II 사각형의 성질

1. 평행사변형

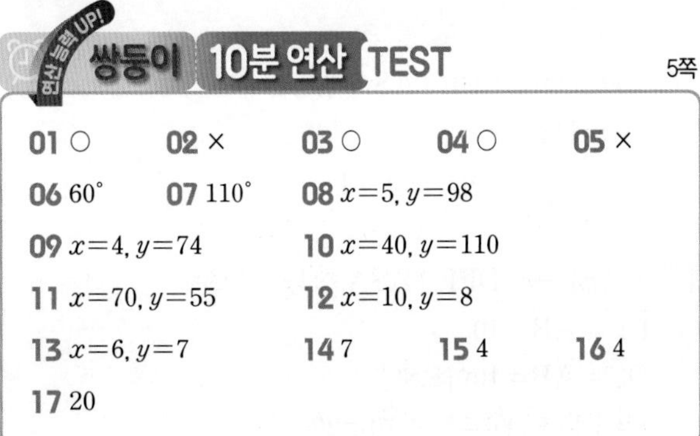
연산 능력 UP! 쌍둥이 10분 연산 TEST 5쪽

01 ○	**02** ×	**03** ○	**04** ○	**05** ×
06 60°	**07** 110°	**08** $x=5, y=98$		
09 $x=4, y=74$		**10** $x=40, y=110$		
11 $x=70, y=55$		**12** $x=10, y=8$		
13 $x=6, y=7$		**14** 7	**15** 4	**16** 4
17 20				

06 $\overline{AD} /\!/ \overline{BC}$이므로 $\angle x=\angle ADB=60°$ (엇각)

07 $\overline{AB} /\!/ \overline{DC}$이므로 $\angle BAC=\angle DCA=45°$ (엇각)
$\triangle AOB$에서 $\angle x=180°-(45°+25°)=110°$

08 $x=\overline{DC}=5$, $\angle A=\angle C$이므로 $y=98$

09 $2x+1=9$이므로 $x=4$
$\angle C+\angle D=180°$이므로 $\angle C=180°-106°=74°$
$\therefore y=74$

10 $\overline{AB} /\!/ \overline{DC}$이므로
$\angle DCA=\angle BAC=40°$ (엇각) $\therefore x=40$
$\angle BCD+\angle D=180°$이므로
$(30°+40°)+\angle D=180°$
$\angle D=180°-70°=110°$ $\therefore y=110$

11 $\overline{AD} /\!/ \overline{BC}$이므로
$\angle DBC=\angle BDA=70°$ (엇각) $\therefore x=70$
$\angle ABC+\angle C=180°$이므로
$(55°+70°)+\angle C=180°$
$\angle C=180°-125°=55°$ $\therefore y=55$

12 $\overline{AC}=2\overline{OA}$이므로 $x=2\times5=10$
$\overline{OD}=\overline{OB}$이므로 $y=8$

13 $\overline{OC}=\overline{OA}$이므로 $2x=12$ $\therefore x=6$
$\overline{OD}=\frac{1}{2}\overline{BD}$이므로 $y=\frac{1}{2}\times14=7$

14 $\angle DAE=\angle BEA$ (엇각)이므로
$\triangle BAE$는 이등변삼각형이다.
따라서 $\overline{BE}=\overline{BA}$이고 $\overline{BA}=\overline{CD}=7$이므로 $x=7$

15 $\angle AEB=\angle CBE$ (엇각)이므로
$\triangle BAE$는 이등변삼각형이다.
따라서 $\overline{AE}=\overline{AB}=11$이고 $\overline{AD}=\overline{BC}=15$이므로
$x=\overline{AD}-\overline{AE}=15-11=4$

16 $\triangle DEC\equiv\triangle FEB$ (ASA 합동)이므로
$\overline{FB}=\overline{DC}=x$
$\overline{DC}=\overline{AB}=4$이므로 $x=4$

17 $\triangle ABE\equiv\triangle DFE$ (ASA 합동)이므로
$\overline{DF}=\overline{AB}=10$
$\overline{DC}=\overline{AB}=10$이므로
$x=\overline{FD}+\overline{DC}=10+10=20$

연산능력 UP! 쌍둥이 10분 연산 TEST

6쪽

01 $x=3$, $y=8$	**02** $x=5$, $y=2$		
03 $\angle x=54°$, $\angle y=72°$	**04** $\angle x=72°$, $\angle y=27°$		
05 $x=9$, $y=2$	**06** $x=12$, $y=10$		
07 $x=40$, $y=7$	**08** $x=65$, $y=13$	**09** ×	
10 ○	**11** ×	**12** ○	**13** $28\,cm^2$
14 $14\,cm^2$	**15** $35\,cm^2$	**16** $35\,cm^2$	

01 $\overline{AB}=\overline{DC}$이어야 하므로 $5=x+2$ $\therefore x=3$
$\overline{AD}=\overline{BC}$이어야 하므로 $y-1=7$ $\therefore y=8$

02 $\overline{AB}=\overline{DC}$이어야 하므로 $x+3=2x-2$ $\therefore x=5$
$\overline{AD}=\overline{BC}$이어야 하므로 $3y+4=10$ $\therefore y=2$

03 $\angle A=\angle C$, $\angle B=\angle D$이어야 하므로
$2\angle x=108°$ $\therefore \angle x=54°$
$\angle A+\angle B=180°$에서 $\angle y=180°-108°=72°$

04 $\angle A=\angle C$, $\angle B=\angle D$이어야 하므로 $\angle x=72°$
$\angle A+\angle D=180°$에서
$4\angle y=180°-72°=108°$ $\therefore \angle y=27°$

05 $\overline{OA}=\overline{OC}$이어야 하므로 $x=\frac{1}{2}\times18=9$
$\overline{OB}=\overline{OD}$이어야 하므로 $3y=6$ $\therefore y=2$

06 $\overline{OA}=\overline{OC}$이어야 하므로 $x=12$
$\overline{OB}=\overline{OD}$이어야 하므로
$3y=2\times15=30$ $\therefore y=10$

07 $\overline{AD} /\!/ \overline{BC}$이어야 하므로
$\angle ADB=\angle CBD=40°$ (엇각) $\therefore x=40$
$\overline{AD}=\overline{BC}$이어야 하므로 $2y=14$ $\therefore y=7$

08 $\overline{AB} /\!/ \overline{DC}$이어야 하므로
$\angle DCA=\angle BAC=65°$ (엇각) $\therefore x=65$
$\overline{DC}=\overline{AB}$이어야 하므로
$y-5=8$ $\therefore y=13$

13 $\triangle BCD=\frac{1}{2}\square ABCD=\frac{1}{2}\times56=28\,(cm^2)$

14 $\triangle OAB=\frac{1}{4}\square ABCD=\frac{1}{4}\times56=14\,(cm^2)$

15 $\triangle PAB+\triangle PCD=\frac{1}{2}\square ABCD=\frac{1}{2}\times70=35\,(cm^2)$

16 $\triangle PAD+\triangle PBC=\frac{1}{2}\square ABCD=\frac{1}{2}\times70=35\,(cm^2)$

2. 여러 가지 사각형

쌍둥이 10분 연산 TEST 7쪽

01 $x=5$, $y=7$	02 $x=40$, $y=80$	03 B
04 $\overline{AC}$	05 $x=50$, $y=9$	06 $x=50$, $y=50$
07 $\overline{DC}$	08 $\overline{AC}$	09 $x=7$, $y=90$
10 $x=12$, $y=45$	11 6	12 4
13 $x=5$, $y=105$	14 $x=11$, $y=70$	
15 $x=80$, $y=100$	16 $x=6$, $y=2$	

01 $\overline{BD}=\overline{AC}$이므로 $x=\frac{1}{2}\times10=5$
$\overline{DC}=\overline{AB}$이므로 $y=7$

02 $\angle ABC=90°$이므로 $\angle OBC=90°-50°=40°$
$\triangle OBC$는 $\overline{OB}=\overline{OC}$인 이등변삼각형이므로
$\angle OCB=\angle OBC=40°$ $\therefore x=40$
$\triangle OBC$에서 외각의 성질에 의하여
$\angle COD=40°+40°=80°$ $\therefore y=80$

05 $\overline{AB}=\overline{AD}$이므로 $\angle ABD=\angle ADB=65°$
$\triangle ABD$에서
$\angle BAD=180°-2\times65°=50°$ $\therefore x=50$
$\overline{BC}=\overline{CD}$이므로 $y=9$

06 $\triangle CDO$에서 $\angle COD=90°$이므로
$\angle CDO=180°-(40°+90°)=50°$ $\therefore x=50$
$\overline{CB}=\overline{CD}$이므로
$\angle CBD=\angle CDB=50°$ $\therefore y=50$

09 $\overline{BO}=\overline{CO}$이므로 $x=7$
정사각형의 두 대각선은 서로 다른 것을 수직이등분하므로 $\angle BOC=90°$
$\therefore y=90$

10 $\overline{AC}=\overline{BD}$이므로 $x=12$
$\triangle OCD$에서 $\angle COD=90°$이고 $\overline{OC}=\overline{OD}$이므로
$\angle ODC=\frac{1}{2}\times(180°-90°)=45°$ $\therefore y=45$

13 $\overline{DC}=\overline{AB}$이므로 $x=5$
$\angle D=\angle A$이므로 $y=105$

14 $\overline{AC}=\overline{BD}$이므로 $x=11$
$\angle BCD+\angle ADC=180°$이므로
$\angle ADC=180°-110°=70°$ $\therefore y=70$

15 $\overline{AD}/\!/\overline{BC}$이므로 $\angle DAC=\angle BCA=40°$ (엇각)
이때 $\triangle DAC$는 $\overline{DA}=\overline{DC}$인 이등변삼각형이므로
$\angle DCA=\angle DAC=40°$
따라서 $\angle DCB=40°+40°=80°$이므로
$\angle ABC=\angle DCB=80°$ $\therefore x=80$
$\angle D+\angle DCB=180°$이므로
$\angle D=180°-80°=100°$ $\therefore y=100$

16 $\overline{DC}=\overline{AB}$이므로 $x=6$
오른쪽 그림과 같이 점 A에서 $\overline{BC}$에 내린 수선의 발을 F라 하면 $\overline{FE}=\overline{AD}=8$
$\triangle ABF\equiv\triangle DCE$ (RHA 합동)
이므로 $\overline{BF}=\overline{CE}$
$\therefore y=\frac{1}{2}\times(12-8)=2$

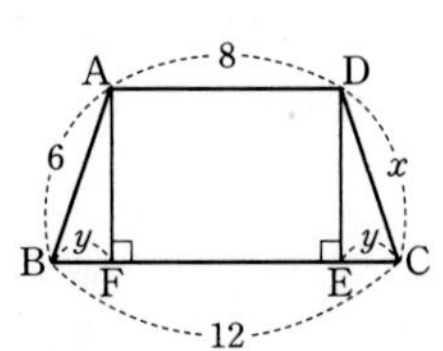

쌍둥이 10분 연산 TEST 8쪽

01 ㄹ, ㅁ	02 ㄴ	03 ㄹ, ㅁ	04 ㄱ, ㄷ	05 ㄱ, ㄷ
06 ○	07 ×	08 ×	09 ○	10 ×
11 $14\,cm^2$	12 $64\,cm^2$	13 $\triangle AED$	14 $\triangle ABE$	
15 $30\,cm^2$	16 $25\,cm^2$	17 $14\,cm^2$	18 $24\,cm^2$	

11 $\triangle AOB=\triangle ABD-\triangle AOD=\triangle ACD-\triangle AOD$
$=20-6=14\,(cm^2)$

12 $\triangle AOB=\triangle ABD-\triangle AOD=\triangle ACD-\triangle AOD$
$=20-6=14\,(cm^2)$
$\therefore \square ABCD=\triangle ACD+\triangle AOB+\triangle OBC$
$=20+14+30=64\,(cm^2)$

13 $\overline{AC}/\!/\overline{DE}$이므로 $\triangle CED=\triangle AED$

14 $\overline{AC}/\!/\overline{DE}$이므로 $\triangle ACD=\triangle ACE$
$\therefore \square ABCD=\triangle ABC+\triangle ACD$
$=\triangle ABC+\triangle ACE$
$=\triangle ABE$

15 $\triangle ABC:\triangle ACD=\overline{BC}:\overline{CD}=2:1$이므로
$\triangle ABC=\frac{2}{2+1}\triangle ABD$
$=\frac{2}{3}\times45=30\,(cm^2)$

16 $\triangle ABC:\triangle ACD=\overline{BC}:\overline{CD}=4:5$이므로
$\triangle ACD=\frac{5}{4+5}\triangle ABD=\frac{5}{9}\times45=25\,(cm^2)$

17 $\triangle DAB=\frac{1}{2}\square ABCD=\frac{1}{2}\times 84=42\,(cm^2)$
$\triangle DAE : \triangle DEB=\overline{AE} : \overline{EB}=1 : 2$이므로
$\triangle DAE=\frac{1}{1+2}\triangle DAB=\frac{1}{3}\times 42=14\,(cm^2)$

18 $\triangle ACD=\frac{1}{2}\square ABCD=\frac{1}{2}\times 84=42\,(cm^2)$
$\triangle ADE : \triangle EDC=\overline{AE} : \overline{EC}=3 : 4$이므로
$\triangle EDC=\frac{4}{3+4}\triangle ACD=\frac{4}{7}\times 42=24\,(cm^2)$

III 도형의 닮음과 피타고라스 정리

1. 도형의 닮음

연산 능력 UP! 쌍둥이 10분 연산 TEST 9쪽

01 $\overline{DF}$ 02 3 : 2 03 8 cm 04 105°
05 면 HKLI 06 2 : 3 07 15 cm
08 21 cm 09 4 : 3 10 4 : 3 11 16 : 9
12 45 cm^2 13 3 : 5 14 9 : 25 15 27 : 125
16 54 cm^3

02 $\overline{AB}$의 대응변은 $\overline{DE}$이므로 닮음비는
$\overline{AB} : \overline{DE}=9 : 6=3 : 2$

03 $\overline{BC} : \overline{EF}=3 : 2$이므로
$12 : \overline{EF}=3 : 2$, $3\overline{EF}=24$ $\quad\therefore \overline{EF}=8\,(cm)$

06 $\overline{AB}$에 대응하는 모서리는 $\overline{GH}$이므로 닮음비는
$\overline{AB} : \overline{GH}=8 : 12=2 : 3$

07 $\overline{AC} : \overline{GI}=2 : 3$이므로
$10 : \overline{GI}=2 : 3$, $2\overline{GI}=30$ $\quad\therefore \overline{GI}=15\,(cm)$

08 $\overline{CF} : \overline{IL}=2 : 3$이므로
$14 : \overline{IL}=2 : 3$, $2\overline{IL}=42$ $\quad\therefore \overline{IL}=21\,(cm)$

09 $\overline{AD}$의 대응변은 $\overline{EH}$이므로 닮음비는
$\overline{AD} : \overline{EH}=8 : 6=4 : 3$

10 □ABCD와 □EFGH의 둘레의 길이의 비는 닮음비와 같으므로 4 : 3이다.

11 □ABCD와 □EFGH의 닮음비가 4 : 3이므로 넓이의 비는 $4^2 : 3^2=16 : 9$

12 □EFGH의 넓이를 $x\,cm^2$라 하면
$80 : x=16 : 9$, $16x=720$ $\quad\therefore x=45$
따라서 □EFGH의 넓이는 45 cm^2이다.

13 $\overline{FG}$의 대응하는 모서리는 $\overline{NO}$이므로
두 직육면체 (가), (나)의 닮음비는 $\overline{FG} : \overline{NO}=3 : 5$

14 두 직육면체 (가), (나)의 닮음비가 3 : 5이므로 겉넓이의 비는 $3^2 : 5^2=9 : 25$

15 두 직육면체 (가), (나)의 닮음비가 3 : 5이므로 부피의 비는 $3^3 : 5^3=27 : 125$

16 직육면체 (가)의 부피를 $x\,cm^3$라 하면
$x : 250=27 : 125$, $125x=6750$ $\quad\therefore x=54$
따라서 직육면체 (가)의 부피는 54 cm^3이다.

연산 능력 UP! 쌍둥이 10분 연산 TEST 10쪽

01 $\triangle ABC \backsim \triangle OMN$, SAS 닮음
02 $\triangle ABC \backsim \triangle DBE$, SAS 닮음 03 8
04 $\triangle ABC \backsim \triangle EDC$, AA 닮음 05 2 06 8
07 4 08 6 09 $\triangle DEF$, 1 : 3
10 4.5 m

01 △ABC와 △OMN에서
$\overline{AB} : \overline{OM}=10 : 15=2 : 3$, $\overline{BC} : \overline{MN}=6 : 9=2 : 3$
$\angle B=\angle M=60°$
$\therefore \triangle ABC \backsim \triangle OMN$ (SAS 닮음)

02 △ABC와 △DBE에서
$\overline{AB} : \overline{DB}=16 : 4=4 : 1$, $\overline{BC} : \overline{BE}=12 : 3=4 : 1$
∠B는 공통
$\therefore \triangle ABC \backsim \triangle DBE$ (SAS 닮음)

03 $\overline{AC} : \overline{DE}=4 : 1$이므로 $x : 2=4 : 1$ $\quad\therefore x=8$

04 △ABC와 △EDC에서
$\angle BAC=\angle DEC$, ∠C는 공통
$\therefore \triangle ABC \backsim \triangle EDC$ (AA 닮음)

05 $\overline{AC} : \overline{EC}=\overline{BC} : \overline{DC}$이므로
$8 : 4=(x+4) : 3$, $4(x+4)=24$
$4x+16=24$, $4x=8$ $\quad\therefore x=2$

06 $\overline{AC}^2=\overline{CD}\times\overline{CB}$이므로
$4^2=2x$, $2x=16$ $\therefore x=8$

07 $\overline{AB}^2=\overline{BD}\times\overline{BC}$이므로
$6^2=9x$, $9x=36$ $\therefore x=4$

08 $\overline{DC}=\overline{BC}-\overline{BD}=13-9=4$
$\overline{AD}^2=\overline{BD}\times\overline{DC}$이므로
$x^2=9\times4=36$ $\therefore x=6$ ($\because x>0$)

09 △ABC와 △DEF에서
∠C=∠F=90°, ∠B=∠E
이므로 △ABC∽△DEF (AA 닮음)
△ABC와 △DEF의 닮음비는
$\overline{BC}:\overline{EF}=2:6=1:3$

10 $\overline{AC}:\overline{DF}=1:3$이므로
$1.5:\overline{DF}=1:3$ $\therefore \overline{DF}=4.5$(m)
따라서 가로등의 높이는 4.5 m이다.

2. 닮음의 활용

연산 능력 UP! 쌍둥이 10분 연산 TEST

11쪽

01 12	02 9	03 5	04 18	05 ○
06 ×	07 9	08 5	09 9	10 3
11 8	12 4	13 12	14 14	15 $\frac{14}{3}$
16 5				

01 $\overline{AB}:\overline{AD}=\overline{AC}:\overline{AE}$이므로
$6:x=5:10$, 즉 $6:x=1:2$ $\therefore x=12$

02 $\overline{AC}:\overline{AE}=\overline{BC}:\overline{DE}$이므로
$5:3=15:x$, $5x=45$ $\therefore x=9$

03 $\overline{AB}:\overline{DB}=\overline{AC}:\overline{EC}$이므로
$21:7=15:x$, 즉 $3:1=15:x$
$3x=15$ $\therefore x=5$

04 $\overline{AD}:\overline{DB}=\overline{AE}:\overline{EC}$이므로
$6:x=4:12$, 즉 $6:x=1:3$ $\therefore x=18$

05 $\overline{AD}:\overline{DB}=5:15=1:3$
$\overline{AE}:\overline{EC}=3:9=1:3$
$\therefore \overline{AD}:\overline{DB}=\overline{AE}:\overline{EC}$
따라서 $\overline{BC}/\!/\overline{DE}$이다.

06 $\overline{AB}:\overline{AD}=12:7$
$\overline{AC}:\overline{AE}=14:8=7:4$
$\therefore \overline{AB}:\overline{AD}\neq\overline{AC}:\overline{AE}$
따라서 $\overline{BC}$와 $\overline{DE}$는 평행하지 않다.

07 $\overline{AB}:\overline{AC}=\overline{BD}:\overline{CD}$이므로
$x:12=3:4$, $4x=36$ $\therefore x=9$

08 $\overline{AC}:\overline{AB}=\overline{CD}:\overline{BD}$이므로
$12:10=6:x$, 즉 $6:5=6:x$ $\therefore x=5$

09 $\overline{AB}:\overline{AC}=\overline{BD}:\overline{CD}$이므로
$8:6=12:x$, 즉 $4:3=12:x$
$4x=36$ $\therefore x=9$

10 $\overline{AB}:\overline{AC}=\overline{BD}:\overline{CD}$이므로
$5:x=(4+6):6$, 즉 $5:x=10:6$
$5:x=5:3$ $\therefore x=3$

11 $9:6=12:x$, 즉 $3:2=12:x$
$3x=24$ $\therefore x=8$

12 $6:15=x:10$, 즉 $2:5=x:10$
$5x=20$ $\therefore x=4$

13 □AHCD에서 $\overline{HC}=\overline{AD}=7$이므로
$\overline{BH}=\overline{BC}-\overline{HC}=14-7=7$
△ABH에서 $\overline{AE}:\overline{AB}=\overline{EG}:\overline{BH}$이므로
$5:(5+2)=\overline{EG}:7$, 즉 $5:7=\overline{EG}:7$ $\therefore \overline{EG}=5$
□AGFD에서 $\overline{GF}=\overline{AD}=7$이므로
$x=\overline{EG}+\overline{GF}=5+7=12$

14 △BDA에서 $\overline{BE}:\overline{BA}=\overline{EG}:\overline{AD}$이므로
$4:(4+2)=\overline{EG}:12$, 즉 $2:3=\overline{EG}:12$
$3\overline{EG}=24$ $\therefore \overline{EG}=8$
△DBC에서 $\overline{DG}:\overline{DB}=\overline{GF}:\overline{BC}$이므로
$2:(2+4)=\overline{GF}:18$, 즉 $1:3=\overline{GF}:18$
$3\overline{GF}=18$ $\therefore \overline{GF}=6$
$\therefore x=\overline{EG}+\overline{GF}=8+6=14$

15 $\overline{BE}:\overline{DE}=\overline{AB}:\overline{CD}=7:14=1:2$
△BCD에서 $\overline{BE}:\overline{BD}=\overline{EF}:\overline{DC}$이므로
$1:(1+2)=x:14$, 즉 $1:3=x:14$
$3x=14$ $\therefore x=\frac{14}{3}$

16 $\overline{AE}:\overline{CE}=\overline{AB}:\overline{CD}=8:5$
△CAB에서 $\overline{CE}:\overline{CA}=\overline{CF}:\overline{CB}$이므로
$5:(5+8)=x:13$, 즉 $5:13=x:13$
$\therefore x=5$

연산 능력 UP! 쌍둥이 10분 연산 TEST

12쪽

01 10 02 12 03 9 04 14 05 11
06 12 07 5 08 11 09 $x=12$, $y=20$
10 $x=5$, $y=16$ 11 24 cm² 12 32 cm² 13 6
14 33

01 $\overline{MN}=\frac{1}{2}\overline{BC}$이므로 $x=\frac{1}{2}\times 20=10$

02 $\overline{BC}=2\overline{MN}$이므로 $x=2\times 6=12$

03 $\overline{AN}=\overline{NC}$이므로 $x=9$

04 $\overline{AN}=\overline{NC}$이므로 $x=2\times 7=14$

05 △ABC에서 $\overline{MP}=\frac{1}{2}\overline{BC}=\frac{1}{2}\times 13=\frac{13}{2}$
△CDA에서 $\overline{PN}=\frac{1}{2}\overline{AD}=\frac{1}{2}\times 9=\frac{9}{2}$
$\therefore x=\overline{MP}+\overline{PN}=\frac{13}{2}+\frac{9}{2}=11$

06 △BDA에서 $\overline{MP}=\frac{1}{2}\overline{AD}=\frac{1}{2}\times 8=4$
△DBC에서 $\overline{PN}=\frac{1}{2}\overline{BC}=\frac{1}{2}\times 16=8$
$\therefore x=\overline{MP}+\overline{PN}=4+8=12$

07 △ABC에서 $\overline{MQ}=\frac{1}{2}\overline{BC}=\frac{1}{2}\times 15=\frac{15}{2}$
△BDA에서 $\overline{MP}=\frac{1}{2}\overline{AD}=\frac{1}{2}\times 5=\frac{5}{2}$
$\therefore x=\overline{MQ}-\overline{MP}=\frac{15}{2}-\frac{5}{2}=5$

08 △ABC에서 $\overline{MQ}=\frac{1}{2}\overline{BC}=\frac{1}{2}\times 17=\frac{17}{2}$
$\therefore \overline{MP}=\overline{MQ}-\overline{PQ}=\frac{17}{2}-3=\frac{11}{2}$
△BDA에서 $\overline{AD}=2\overline{MP}=2\times\frac{11}{2}=11$

09 $\overline{AG}:\overline{GD}=2:1$이므로
$x:6=2:1$ $\therefore x=12$
$\overline{BD}=\overline{DC}$이므로 $y=2\times 10=20$

10 $\overline{AD}:\overline{GD}=3:1$이므로 $x=\frac{1}{3}\overline{AD}=\frac{1}{3}\times 15=5$
$\overline{CG}:\overline{GE}=2:1$이므로 $y:8=2:1$ $\therefore y=16$

11 △GBF+△GCD+△GAE
$=3\times\frac{1}{6}\triangle ABC=\frac{1}{2}\triangle ABC$
$=\frac{1}{2}\times 48=24\,(\text{cm}^2)$

12 △GBC+△GCA
$=2\times\frac{1}{3}\triangle ABC=\frac{2}{3}\triangle ABC$
$=\frac{2}{3}\times 48=32\,(\text{cm}^2)$

13 $x=\frac{1}{3}\overline{BD}=\frac{1}{3}\times 18=6$

14 $x=3\overline{PQ}=3\times 11=33$

3. 피타고라스 정리

연산 능력 UP! 쌍둥이 10분 연산 TEST

13쪽

01 20 02 12 03 $x=12$, $y=11$
04 $x=6$, $y=17$ 05 16 06 144
07 25 08 369 09 × 10 ○ 11 ○
12 $x=15$, $y=\frac{225}{17}$ 13 $x=25$, $y=12$ 14 65
15 116 16 10π 17 24

01 $12^2+16^2=x^2$, $x^2=400$ $\therefore x=20$ ($\because x>0$)

02 $9^2+x^2=15^2$, $x^2=144$ $\therefore x=12$ ($\because x>0$)

03 △DBC에서
$5^2+x^2=13^2$, $x^2=144$ $\therefore x=12$ ($\because x>0$)
△ABC에서
$(y+5)^2+12^2=20^2$, $(y+5)^2=256$
$y+5=16$ ($\because y+5>0$)
$\therefore y=11$

04 △ABD에서
$8^2+x^2=10^2$, $x^2=36$ $\therefore x=6$ ($\because x>0$)
△ABC에서
$8^2+(6+9)^2=y^2$, $y^2=289$ $\therefore y=17$ ($\because y>0$)

05 (색칠한 부분의 넓이)$=36-20=16$

06 $\triangle$ABC에서
$\overline{AB}^2+5^2=13^2$, $\overline{AB}^2=144$ $\quad\therefore \overline{AB}=12$ ($\because \overline{AB}>0$)
$\therefore$ (색칠한 부분의 넓이)$=12^2=144$

07 $\triangle$AEH에서 $\overline{EH}^2=3^2+4^2=25$
$\therefore \square EFGH=\overline{EH}^2=25$

08 $\triangle$FCG에서 $\overline{FG}^2=15^2+12^2=369$
$\therefore \square EFGH=\overline{FG}^2=369$

09 $20^2\neq12^2+15^2$이므로 직각삼각형이 아니다.

10 $26^2=10^2+24^2$이므로 직각삼각형이다.

11 $25^2=7^2+24^2$이므로 직각삼각형이다.

12 $\triangle$ABC에서
$17^2=x^2+8^2$, $x^2=225$ $\quad\therefore x=15$ ($\because x>0$)
$\overline{AC}^2=\overline{AD}\times\overline{AB}$이므로
$15^2=y\times17$ $\quad\therefore y=\frac{225}{17}$

13 $\triangle$ABC에서
$x^2=20^2+15^2=625$ $\quad\therefore x=25$ ($\because x>0$)
$\overline{AB}\times\overline{AC}=\overline{BC}\times\overline{AD}$이므로
$20\times15=25\times y$ $\quad\therefore y=12$

14 $3^2+x^2=7^2+5^2$ $\quad\therefore x^2=65$

15 $8^2+x^2=6^2+12^2$ $\quad\therefore x^2=116$

16 (색칠한 부분의 넓이)$=16\pi-6\pi=10\pi$

17 (색칠한 부분의 넓이)$=\frac{1}{2}\times6\times8=24$

IV 확률

1. 경우의 수

연산 능력 UP! 쌍둥이 10분 연산 TEST

14쪽

01 2	02 4	03 4	04 10	05 9
06 9	07 72	08 24	09 24	10 48
11 15	12 18	13 30	14 15	

01 4의 배수는 4, 8이므로 구하는 경우의 수는 2이다.

02 3보다 크고 8보다 작은 수는 4, 5, 6, 7이므로 구하는 경우의 수는 4이다.

03 2500원 이상 3000원 이하인 주스는 딸기, 바나나, 블루베리, 딸기바나나이므로 구하는 경우의 수는 4이다.

04 축구공을 꺼내는 경우의 수는 6이고, 농구공을 꺼내는 경우의 수는 4이므로 구하는 경우의 수는 $6+4=10$

05 두 눈의 수의 합이 5인 경우는
(1, 4), (2, 3), (3, 2), (4, 1)의 4가지
두 눈의 수의 합이 8인 경우는
(2, 6), (3, 5), (4, 4), (5, 3), (6, 2)의 5가지
따라서 구하는 경우의 수는 $4+5=9$

06 $3\times3=9$

07 $6\times6\times2=72$

08 t를 제외한 나머지 4개를 한 줄로 나열하는 경우와 같으므로 $4\times3\times2\times1=24$

09 r를 제외한 나머지 4개를 한 줄로 나열하는 경우와 같으므로 $4\times3\times2\times1=24$

10 g, e를 하나로 묶어 t, i, (g, e), r를 한 줄로 나열하는 경우의 수는 $4\times3\times2\times1=24$
g, e가 자리를 바꾸는 경우의 수는 $2\times1=2$
따라서 구하는 경우의 수는 $24\times2=48$

11 십의 자리에 올 수 있는 숫자는 4, 5, 6의 3가지
일의 자리에 올 수 있는 숫자는 십의 자리에 온 숫자를 제외한 5가지
따라서 만들 수 있는 40 이상인 자연수의 개수는
$3\times5=15$

12 일의 자리에 올 수 있는 숫자는 1, 3의 2가지
백의 자리에 올 수 있는 숫자는 일의 자리에 온 숫자와 0을 제외한 3가지
십의 자리에 올 수 있는 숫자는 백의 자리에 온 숫자와 일의 자리에 온 숫자를 제외한 3가지
따라서 만들 수 있는 세 자리의 홀수의 개수는
$2\times3\times3=18$

13 회장이 될 수 있는 학생은 6명

부회장이 될 수 있는 학생은 회장을 제외한 5명
따라서 구하는 경우의 수는 $6\times5=30$

14 6명 중에서 자격이 같은 대표 2명을 뽑는 경우의 수는
$\frac{6\times5}{2}=15$

2. 확률

쌍둥이 10분 연산 TEST

15쪽

01 $\frac{1}{3}$	02 $\frac{1}{2}$	03 $\frac{1}{5}$	04 0	05 1
06 $\frac{2}{5}$	07 $\frac{11}{12}$	08 $\frac{3}{4}$	09 $\frac{7}{15}$	10 $\frac{3}{8}$
11 $\frac{15}{22}$	12 $\frac{19}{66}$	13 $\frac{7}{22}$	14 $\frac{4}{25}$	15 $\frac{1}{6}$

01 모든 경우의 수는 $6+3=9$
흰 바둑돌이 나오는 경우의 수는 3
따라서 구하는 확률은 $\frac{3}{9}=\frac{1}{3}$

02 모든 경우의 수는 $2\times2=4$
뒷면이 한 개 나오는 경우는
(앞면, 뒷면), (뒷면, 앞면)의 2가지
따라서 구하는 확률은 $\frac{2}{4}=\frac{1}{2}$

03 모든 경우의 수는 $5\times4\times3\times2\times1=120$
A가 맨 뒤에 서는 경우의 수는 $4\times3\times2\times1=24$
따라서 구하는 확률은 $\frac{24}{120}=\frac{1}{5}$

06 $1-\frac{3}{5}=\frac{2}{5}$

07 두 눈의 수의 합이 4인 경우는
(1, 3), (2, 2), (3, 1)의 3가지이므로
그 확률은 $\frac{3}{36}=\frac{1}{12}$
따라서 두 눈의 수의 합이 4가 아닐 확률은
1−(두 눈의 수의 합이 4일 확률)
$=1-\frac{1}{12}=\frac{11}{12}$

08 두 개 모두 소수가 아닌 눈이 나오는 경우의 수는
$3\times3=9$이므로 그 확률은 $\frac{9}{36}=\frac{1}{4}$
따라서 적어도 한 개는 소수의 눈이 나올 확률은
1−(모두 소수가 아닌 눈이 나올 확률)
$=1-\frac{1}{4}=\frac{3}{4}$

09 모든 경우의 수는 15
3의 배수가 적힌 카드가 나오는 경우는 3, 6, 9, 12, 15의 5가지이므로 그 확률은 $\frac{5}{15}=\frac{1}{3}$
7의 배수가 적힌 카드가 나오는 경우는 7, 14의 2가지이므로 그 확률은 $\frac{2}{15}$
따라서 구하는 확률은 $\frac{1}{3}+\frac{2}{15}=\frac{7}{15}$

10 $\frac{3}{5}\times\frac{5}{8}=\frac{3}{8}$

11 A, B가 불량품을 만들지 않을 확률은 각각
$1-\frac{1}{6}=\frac{5}{6}$, $1-\frac{2}{11}=\frac{9}{11}$
따라서 구하는 확률은 $\frac{5}{6}\times\frac{9}{11}=\frac{15}{22}$

12 A는 불량품을 만들고, B는 불량품을 만들지 않을 확률은
$\frac{1}{6}\times\left(1-\frac{2}{11}\right)=\frac{1}{6}\times\frac{9}{11}=\frac{3}{22}$
A는 불량품을 만들지 않고, B는 불량품을 만들 확률은
$\left(1-\frac{1}{6}\right)\times\frac{2}{11}=\frac{5}{6}\times\frac{2}{11}=\frac{5}{33}$
따라서 구하는 확률은 $\frac{3}{22}+\frac{5}{33}=\frac{19}{66}$

13 적어도 한 공장은 불량품을 만들 확률은
1−(A, B 모두 불량품을 만들지 않을 확률)
$=1-\frac{15}{22}=\frac{7}{22}$

14 첫 번째에 당첨 제비를 뽑지 않을 확률은 $\frac{20}{25}=\frac{4}{5}$
두 번째에 당첨 제비를 뽑을 확률은 $\frac{5}{25}=\frac{1}{5}$
따라서 구하는 확률은 $\frac{4}{5}\times\frac{1}{5}=\frac{4}{25}$

15 첫 번째에 당첨 제비를 뽑지 않을 확률은 $\frac{20}{25}=\frac{4}{5}$
두 번째에 당첨 제비를 뽑을 확률은 $\frac{5}{24}$
따라서 구하는 확률은 $\frac{4}{5}\times\frac{5}{24}=\frac{1}{6}$

수
매
MATHING
씽
개념
연산

함께 해줄 누군가가 있다는 것

구성과 특징
Structure

1 step 개념을 한눈에! 개념 한바닥!

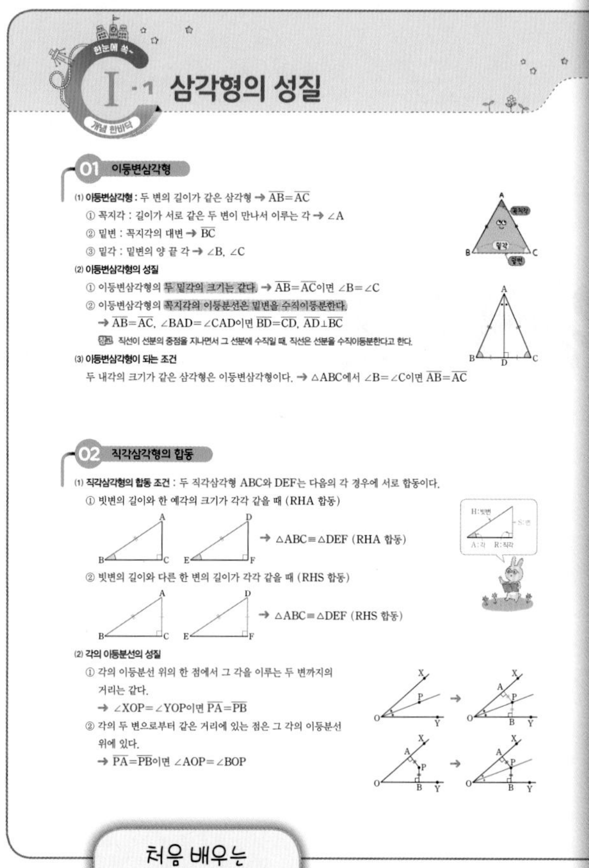

처음 배우는 수학 내용에서는 정의와 약속을 꼭 확인해.

2 step 연산 원리로 이해 쏙쏙! 연산 훈련으로 기본기 팍팍!

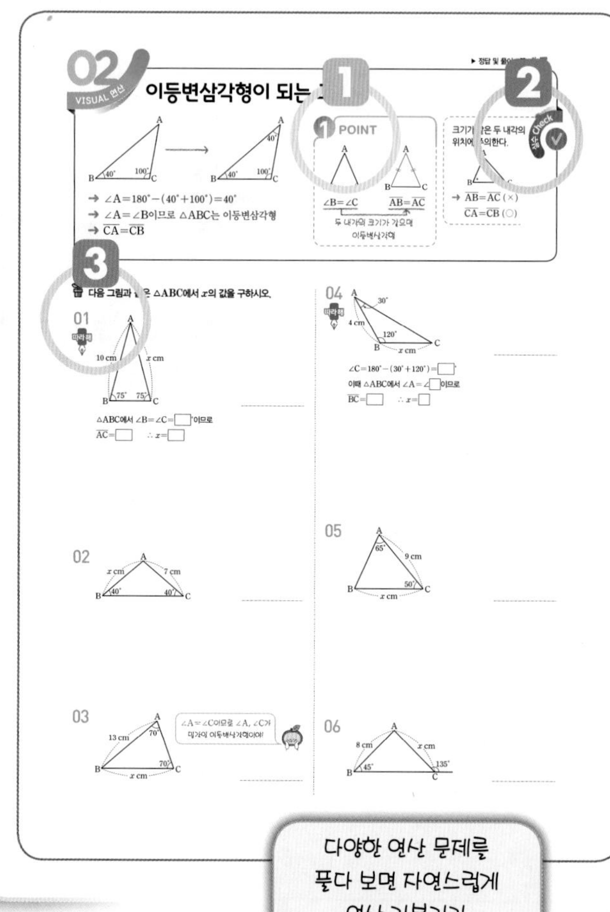

다양한 연산 문제를 풀다 보면 자연스럽게 연산 기본기가 올라갈 거야~ 믿어 봐!

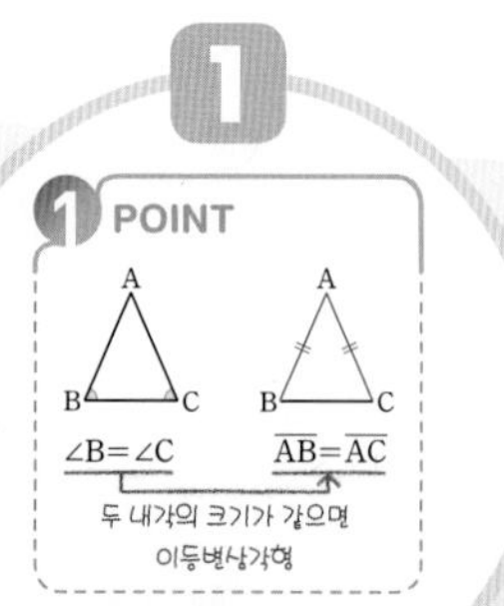

POINT
∠B=∠C
AB=AC
두 내각의 크기가 같으면 이등변삼각형

POINT

꼭 알아야 할 내용을 한 마디로 정리했어요.

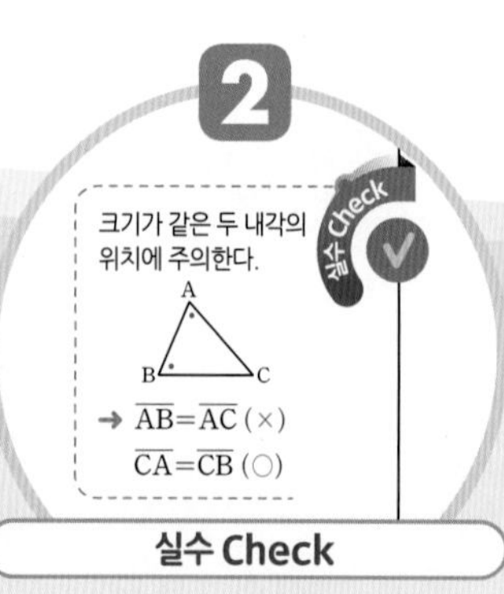

크기가 같은 두 내각의 위치에 주의한다.
→ AB=AC (×)
CA=CB (○)
실수 Check

실수 Check

자주 실수하는 부분을 미리 짚어 주었어요. 실수하지 마세요.

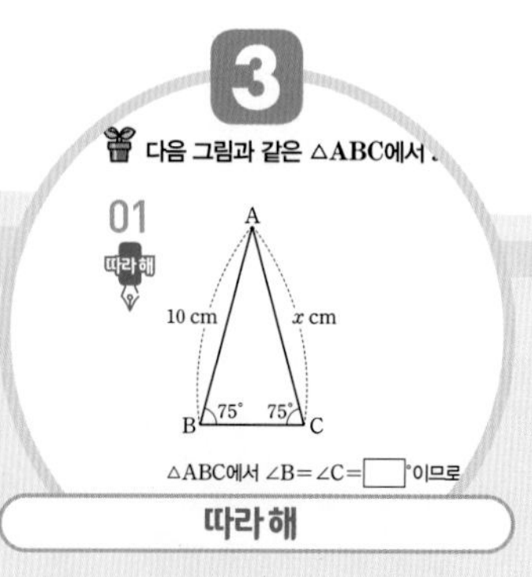

따라해

문제 해결 과정을 따라가면서 문제 푸는 방법을 익힐 수 있게 했어요.

3 step 빠르고 정확한 계산을 위한 10분 연산 TEST

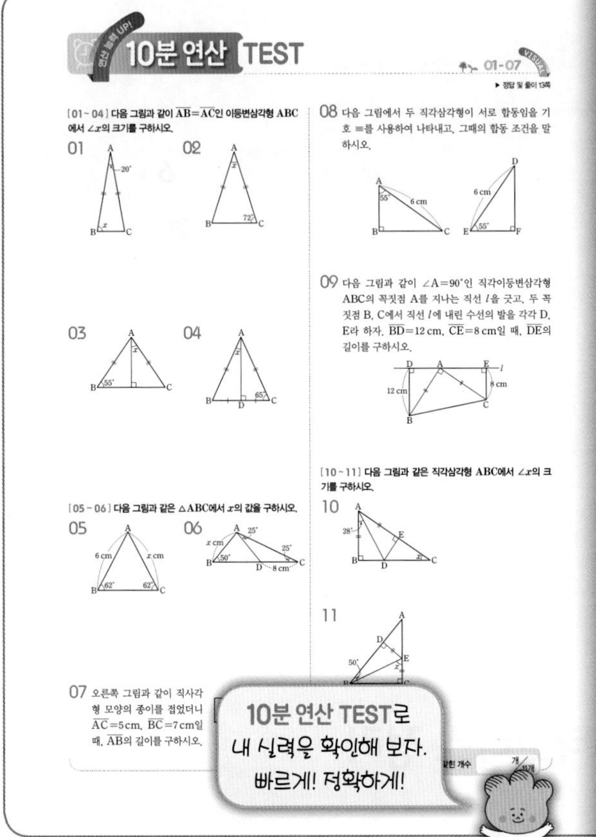

4 step 실전 문제를 미리 보는 학교 시험 PREVIEW

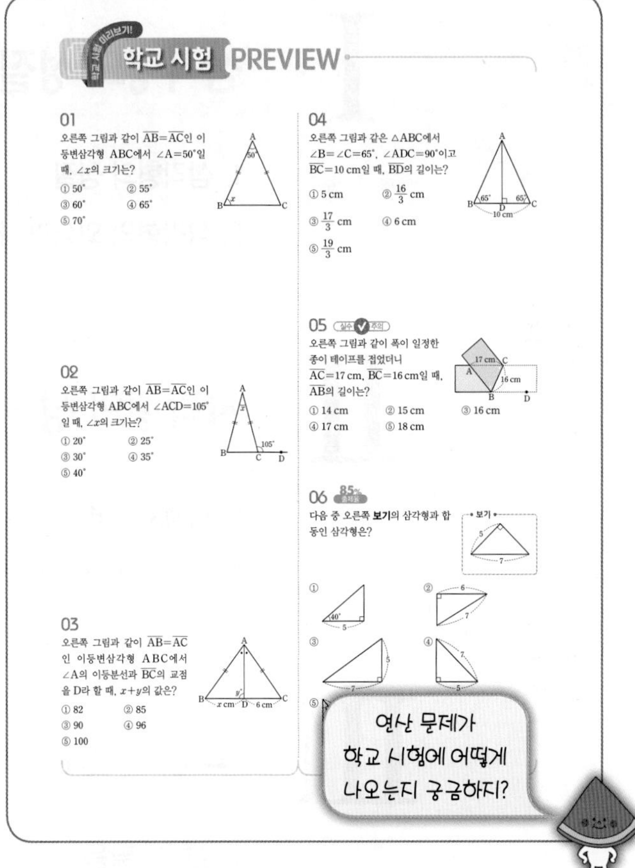

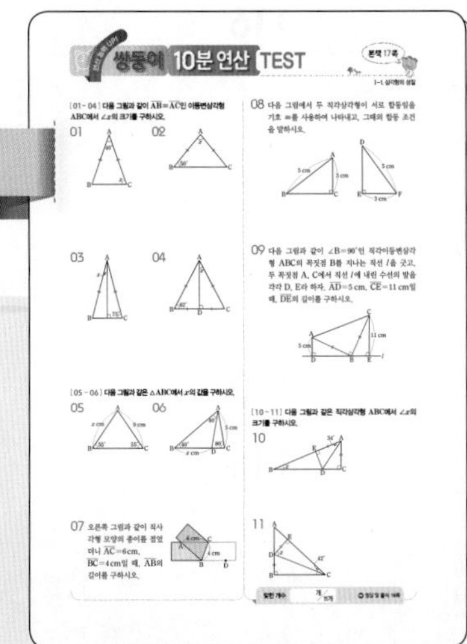

부록 쌍둥이 10분 연산 TEST

한 번 더 〈10분 연산 TEST〉를 풀어 볼 수 있도록 제공되는 부록이에요.
〈10분 연산 TEST〉에서 틀린 문제를 다시 풀면서 연산 실력을 높일 수 있어요.

차례

Contents

I 삼각형의 성질

1. 삼각형의 성질 6
2. 삼각형의 외심과 내심 20

II 사각형의 성질

1. 평행사변형 38
2. 여러 가지 사각형 54

III 도형의 닮음과 피타고라스 정리

1. 도형의 닮음 74
2. 닮음의 활용 92
3. 피타고라스 정리 116

IV 확률

1. 경우의 수 130
2. 확률 146

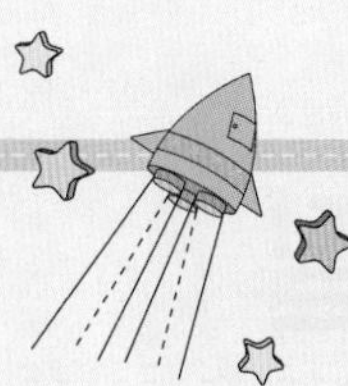

삼각형의 성질

삼각형의 성질을 배우고 나면 초등학교에서 배운 이등변삼각형의 성질을 알 수 있고, 중학교 수학1에서 배운 삼각형의 합동 조건을 이용하여 직각삼각형의 합동 조건을 알 수 있어요. 도형의 성질에 대한 이해는 다양한 분야의 실생활 문제를 해결하는 데 기초가 되지요.

삼각형의 성질

01 이등변삼각형

(1) **이등변삼각형 :** 두 변의 길이가 같은 삼각형 ➜ $\overline{AB}=\overline{AC}$

① 꼭지각 : 길이가 서로 같은 두 변이 만나서 이루는 각 ➜ $\angle A$

② 밑변 : 꼭지각의 대변 ➜ $\overline{BC}$

③ 밑각 : 밑변의 양 끝 각 ➜ $\angle B$, $\angle C$

(2) **이등변삼각형의 성질**

① 이등변삼각형의 두 밑각의 크기는 같다. ➜ $\overline{AB}=\overline{AC}$이면 $\angle B=\angle C$

② 이등변삼각형의 꼭지각의 이등분선은 밑변을 수직이등분한다.

➜ $\overline{AB}=\overline{AC}$, $\angle BAD=\angle CAD$이면 $\overline{BD}=\overline{CD}$, $\overline{AD}\perp\overline{BC}$

참고 직선이 선분의 중점을 지나면서 그 선분에 수직일 때, 직선은 선분을 수직이등분한다고 한다.

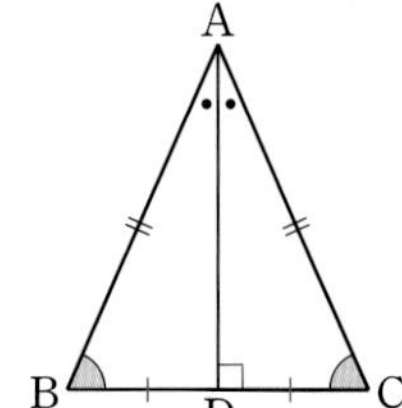

(3) **이등변삼각형이 되는 조건**

두 내각의 크기가 같은 삼각형은 이등변삼각형이다. ➜ $\triangle ABC$에서 $\angle B=\angle C$이면 $\overline{AB}=\overline{AC}$

02 직각삼각형의 합동

(1) **직각삼각형의 합동 조건 :** 두 직각삼각형 ABC와 DEF는 다음의 각 경우에 서로 합동이다.

① 빗변의 길이와 한 예각의 크기가 각각 같을 때 (RHA 합동)

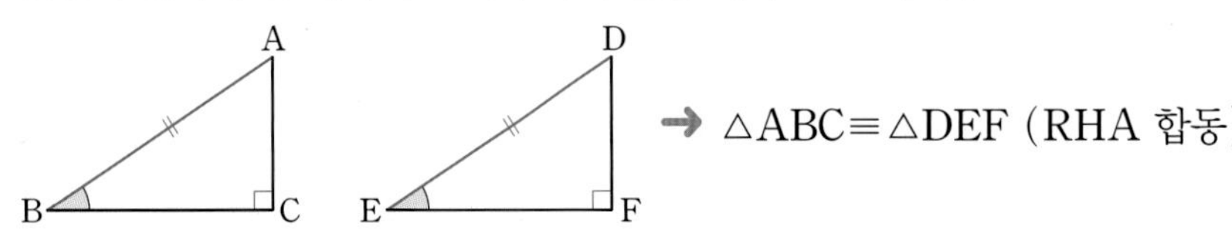

➜ $\triangle ABC\equiv\triangle DEF$ (RHA 합동)

② 빗변의 길이와 다른 한 변의 길이가 각각 같을 때 (RHS 합동)

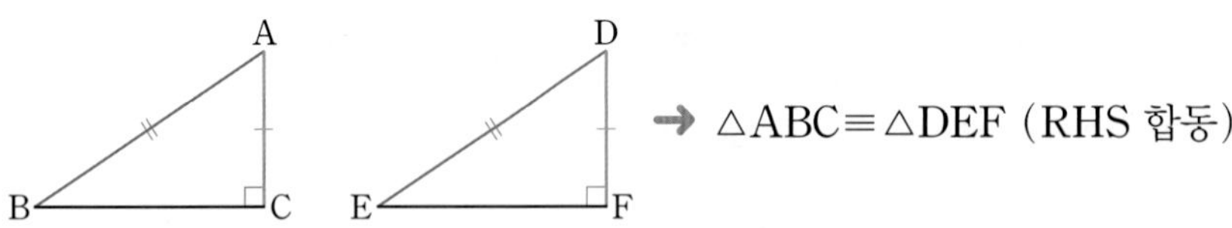

➜ $\triangle ABC\equiv\triangle DEF$ (RHS 합동)

(2) **각의 이등분선의 성질**

① 각의 이등분선 위의 한 점에서 그 각을 이루는 두 변까지의 거리는 같다.

➜ $\angle XOP=\angle YOP$이면 $\overline{PA}=\overline{PB}$

② 각의 두 변으로부터 같은 거리에 있는 점은 그 각의 이등분선 위에 있다.

➜ $\overline{PA}=\overline{PB}$이면 $\angle AOP=\angle BOP$

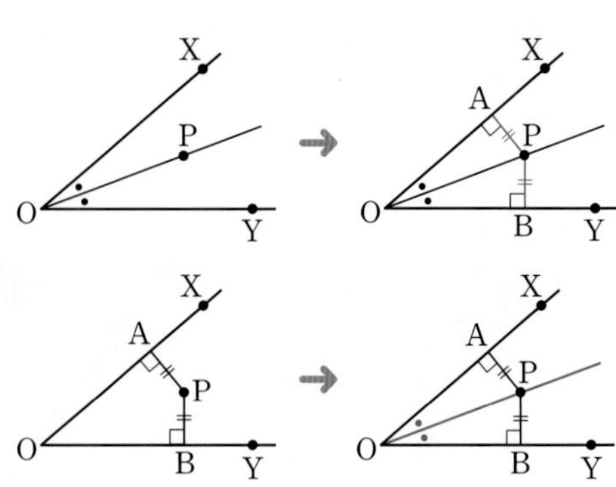

▶ 정답 및 풀이 11쪽

이등변삼각형의 성질

직선이 선분의 중점을 지나면서 그 선분에 수직일 때, 직선은 선분을 수직이등분한다고 해.

이등변삼각형

두 변의 길이가 같은 삼각형

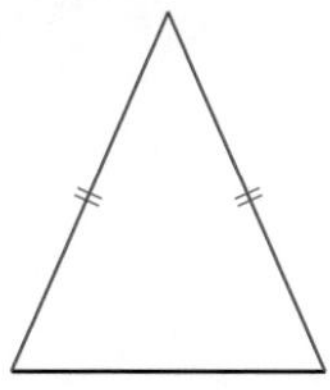

참고 정삼각형은 세 변의 길이가 같으므로 이등변삼각형이다.

이등변삼각형의 성질

(1) 두 밑각의 크기는 같다.

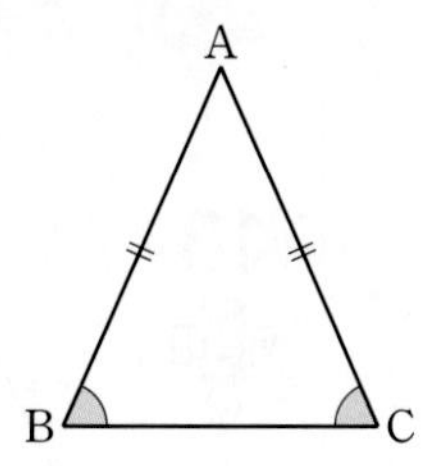

➜ $\angle B = \angle C$

(2) 꼭지각의 이등분선은 밑변을 수직이등분한다.

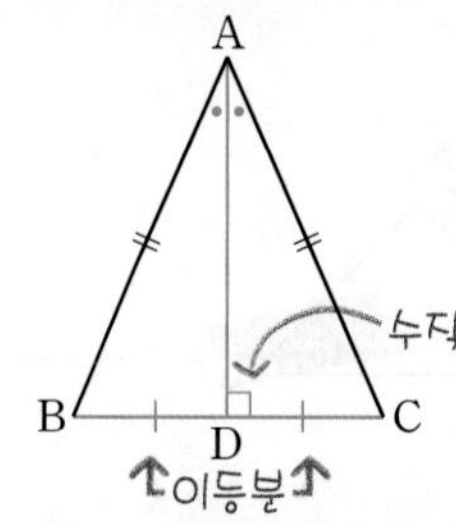

➜ $\overline{BD} = \overline{CD}$, $\overline{AD} \perp \overline{BC}$

이등변삼각형

다음 그림과 같이 $\angle A$가 꼭지각인 이등변삼각형 ABC에서 x의 값을 구하시오.

01

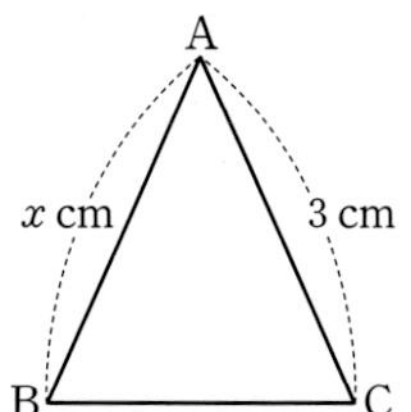

02

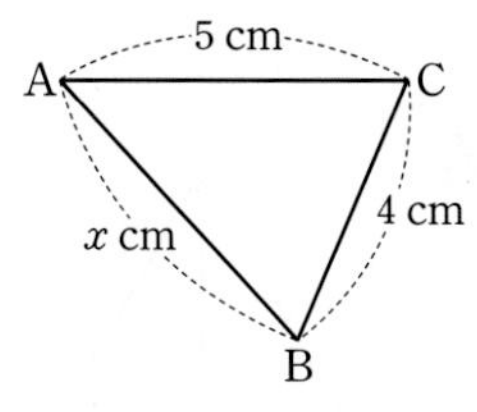

이등변삼각형의 성질 (1)

다음 그림과 같이 $\overline{AB} = \overline{AC}$인 이등변삼각형 ABC에서 $\angle x$의 크기를 구하시오.

03 따라해

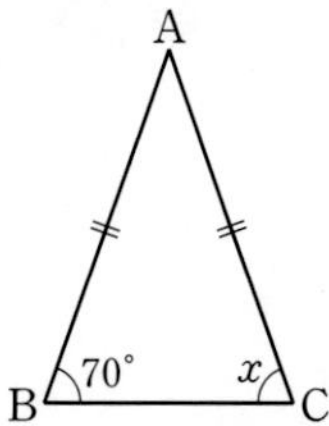

△ABC가 $\overline{AB} = \overline{AC}$인 이등변삼각형이므로 두 ☐의 크기는 같다.

➜ $\angle C = \angle$☐ ∴ $\angle x =$☐°

04

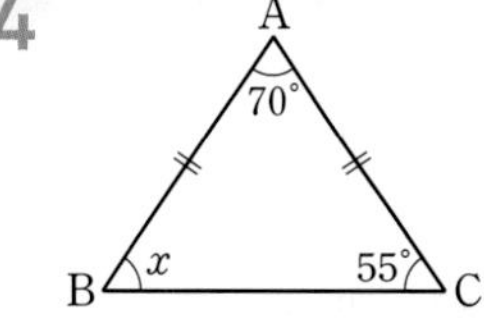

05 따라해

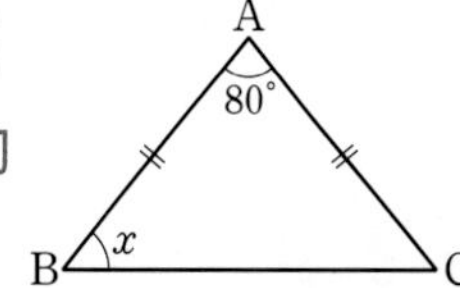

△ABC가 $\overline{AB} = \overline{AC}$인 이등변삼각형이므로 $\angle B = \angle$☐

이때 세 내각의 크기의 합이 ☐°이므로

$\angle x = \frac{1}{2} \times (\square° - 80°) = \square°$

06

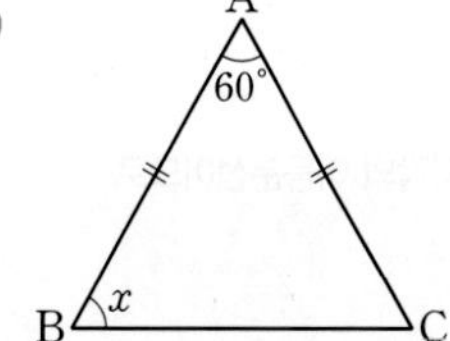

07

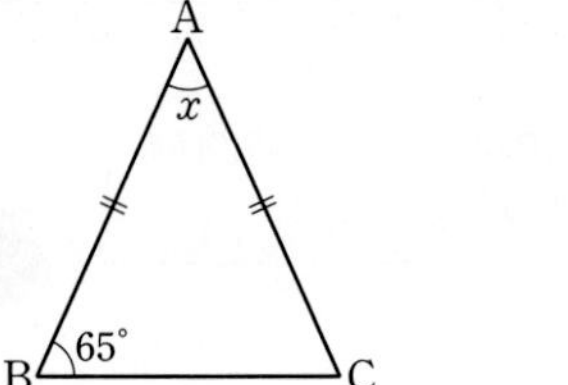

08

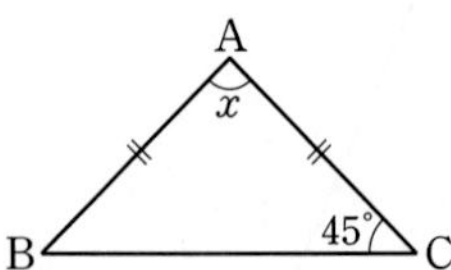

09 따라해

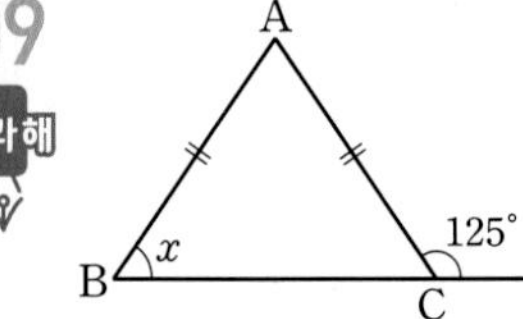

평각의 크기가 180°임을 이용하자!

$\angle ACB = 180° - \square° = \square°$

이때 $\triangle ABC$가 $\overline{AB} = \overline{AC}$인 이등변삼각형이므로

$\angle B = \angle ACB$　　$\therefore \angle x = \square°$

10

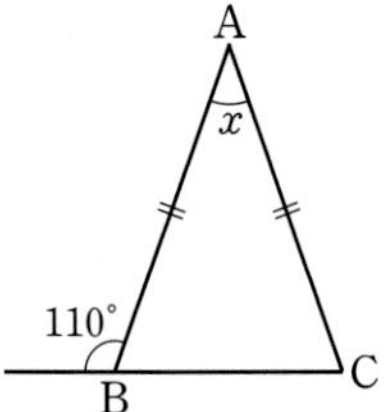

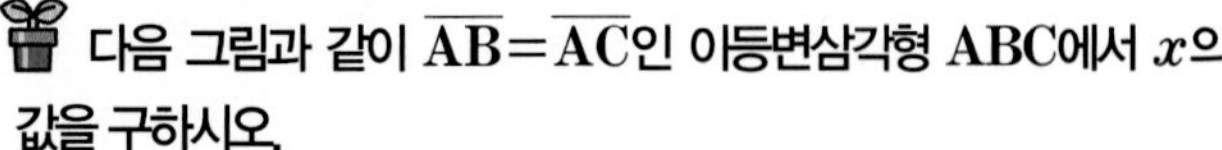

다음 그림과 같이 $\overline{AB} = \overline{AC}$인 이등변삼각형 ABC에서 x의 값을 구하시오.

11 따라해

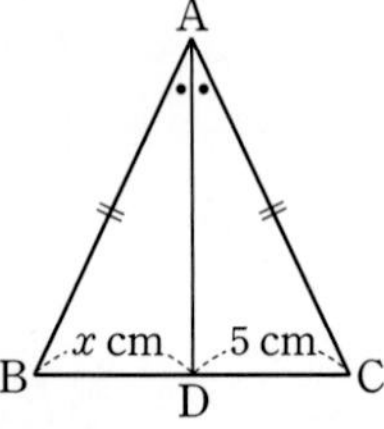

이등변삼각형 ABC에서 $\square$는 꼭지각의 이등분선이므로

밑변 $\overline{BC}$를 이등분한다.

→ $\overline{BD} = \square$　　$\therefore x = \square$

12

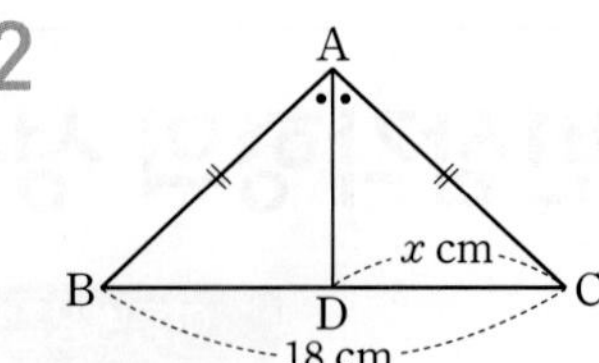

13 따라해

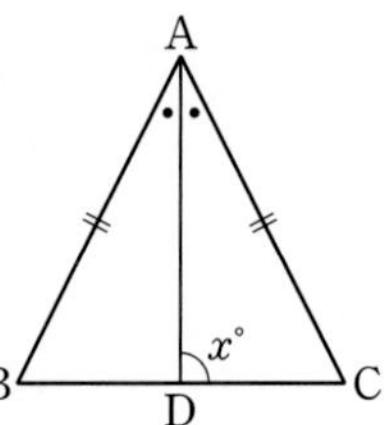

이등변삼각형 ABC에서 $\square$는 꼭지각의 이등분선이므로

밑변 $\overline{BC}$와 $\square$으로 만난다.

→ $x = \square$

14

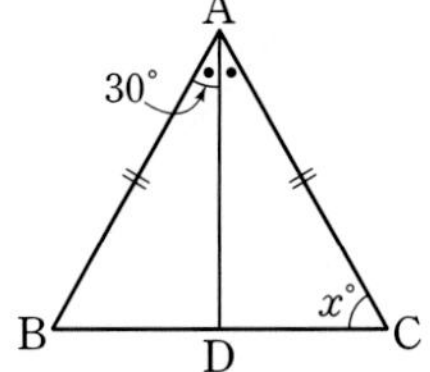
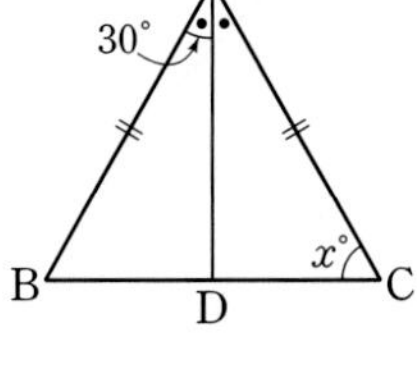

15

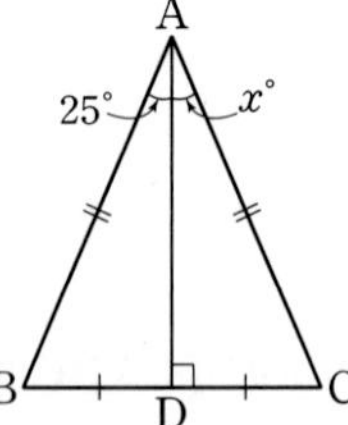

$\overline{AD}$가 $\overline{BC}$의 수직이등분선이야!

16

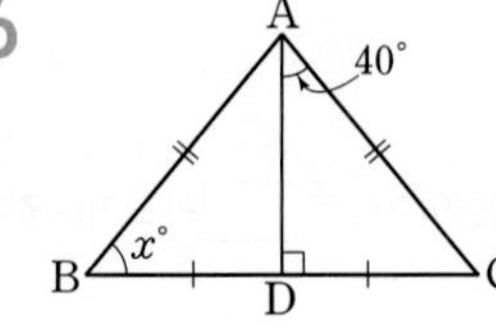

이등변삼각형의 성질의 활용

다음 그림과 같이 $\overline{AB}=\overline{AC}$인 이등변삼각형 ABC에서 $\angle x$의 크기를 구하시오.

17

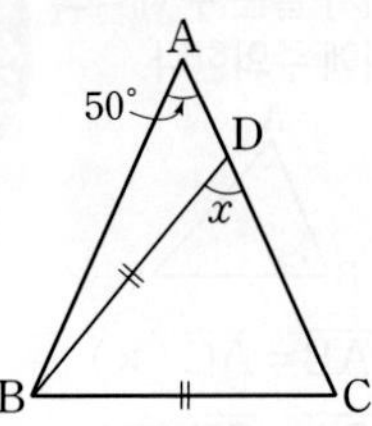

$\triangle$ABC에서 $\overline{AB}=\overline{AC}$이므로

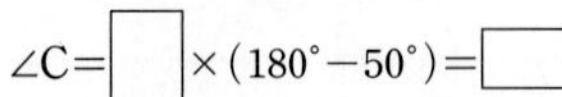

$\angle C=\square\times(180^\circ-50^\circ)=\square^\circ$

$\triangle$BCD에서 $\overline{BC}=\overline{BD}$이므로

$\angle BDC=\angle\square$ $\quad\therefore \angle x=\square^\circ$

18

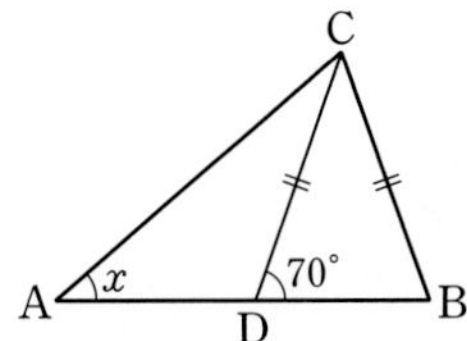

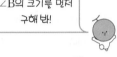

∠B의 크기를 먼저 구해 봐!

19

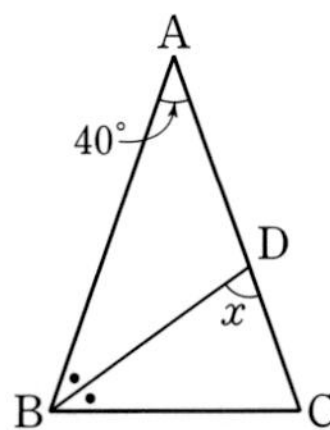

$\triangle$ABC에서 $\overline{AB}=\overline{AC}$이므로

$\angle ABC=\frac{1}{2}\times(180^\circ-\square^\circ)=\square^\circ$

$\therefore \angle ABD=\frac{1}{2}\times\square^\circ=\square^\circ$

$\triangle$ABD에서

$\angle x=40^\circ+\square^\circ=\square^\circ$

20

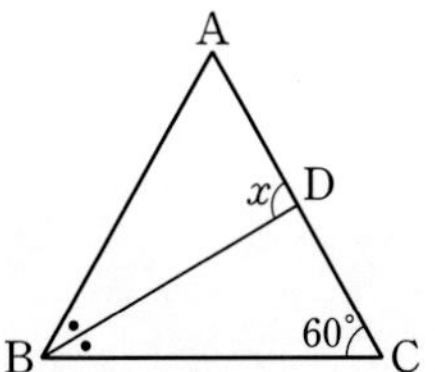

다음 그림과 같은 $\triangle$ABC에서 $\angle x$의 크기를 구하시오.

21 따라해

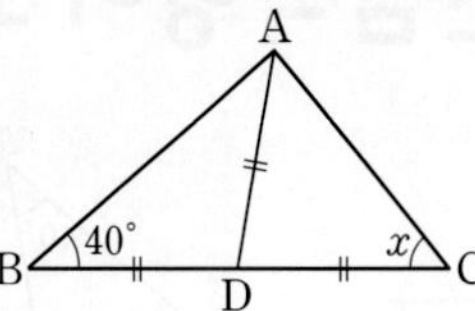

$\triangle$ABD에서 $\overline{DA}=\overline{DB}$이므로

$\angle BAD=\angle\square=\square^\circ$

$\therefore \angle ADC=40^\circ+\square^\circ=\square^\circ$

$\triangle$ADC에서 $\overline{DA}=\overline{DC}$이므로

$\angle x=\frac{1}{2}\times(180^\circ-\square^\circ)=\square^\circ$

22

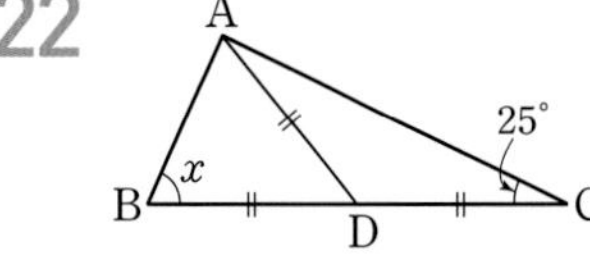

23 따라해

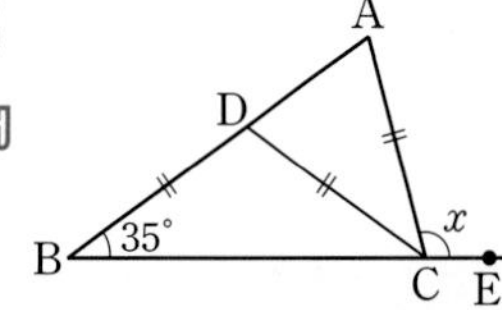

$\triangle$DBC에서 $\overline{DB}=\overline{DC}$이므로

$\angle DCB=\angle\square=\square^\circ$

$\therefore \angle CDA=35^\circ+\square^\circ=\square^\circ$

$\triangle$DCA에서 $\overline{CA}=\overline{CD}$이므로

$\angle A=\angle CDA=\square^\circ$

$\triangle$ABC에서 $\angle x=35^\circ+\square^\circ=\square^\circ$

24

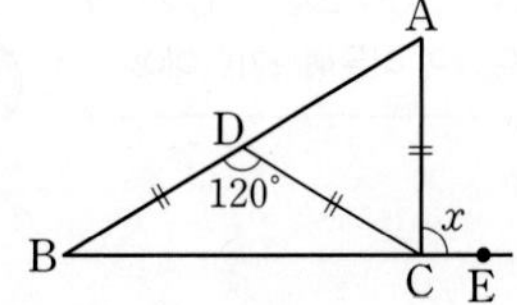

▶ 정답 및 풀이 11쪽 

02 VISUAL 연산

이등변삼각형이 되는 조건

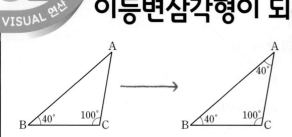

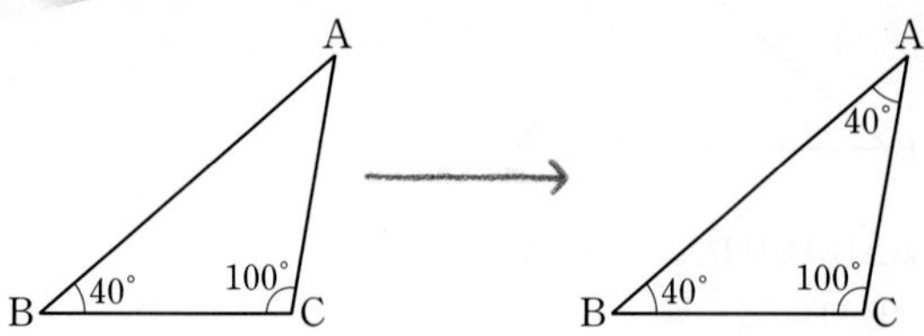

→ $\angle A = 180^\circ - (40^\circ + 100^\circ) = 40^\circ$
→ $\angle A = \angle B$이므로 $\triangle ABC$는 이등변삼각형
→ $\overline{CA} = \overline{CB}$

POINT

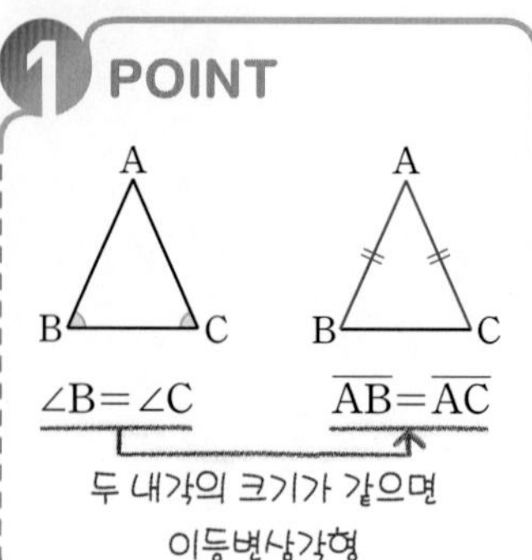

실수 Check

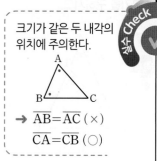

크기가 같은 두 내각의 위치에 주의한다.

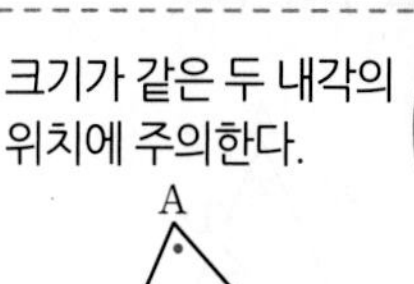

→ $\overline{AB} = \overline{AC}$ (×)
$\overline{CA} = \overline{CB}$ (○)

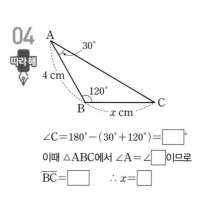

다음 그림과 같은 $\triangle ABC$에서 x의 값을 구하시오.

01 따라해

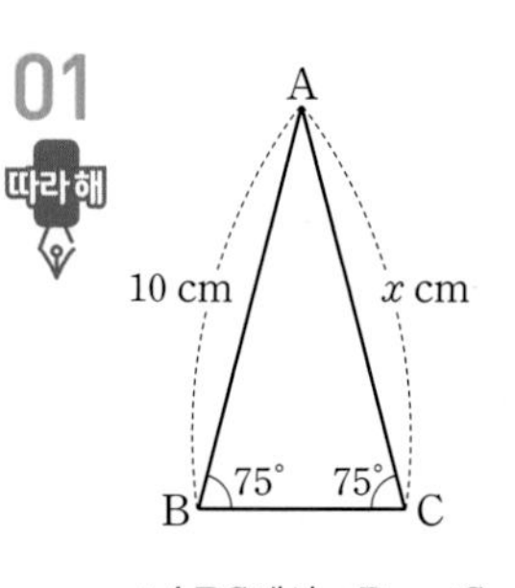

$\triangle ABC$에서 $\angle B = \angle C =$ ☐°이므로
$\overline{AC} =$ ☐ $\therefore x =$ ☐

02

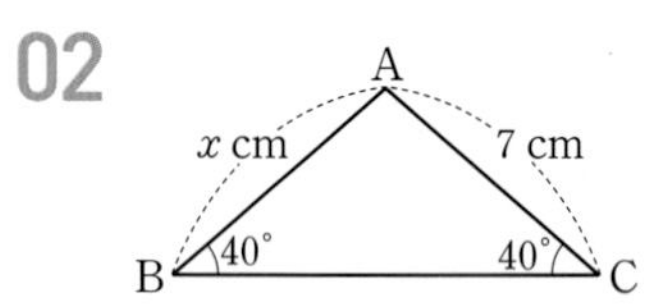

03

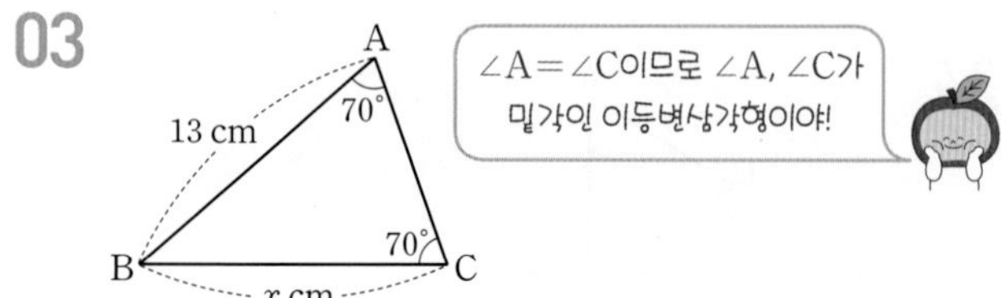

04 따라해

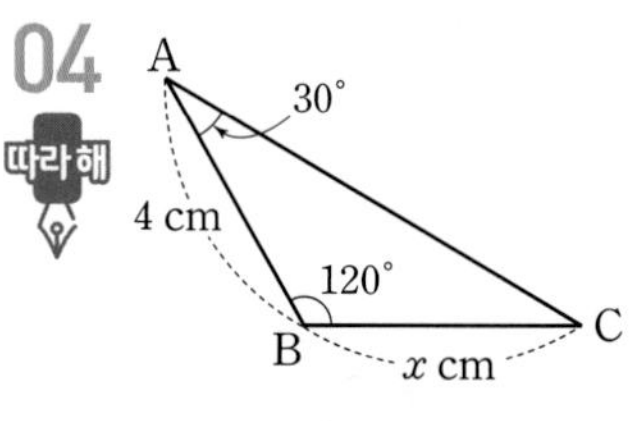

$\angle C = 180^\circ - (30^\circ + 120^\circ) =$ ☐°
이때 $\triangle ABC$에서 $\angle A = \angle$☐이므로
$\overline{BC} =$ ☐ $\therefore x =$ ☐

05

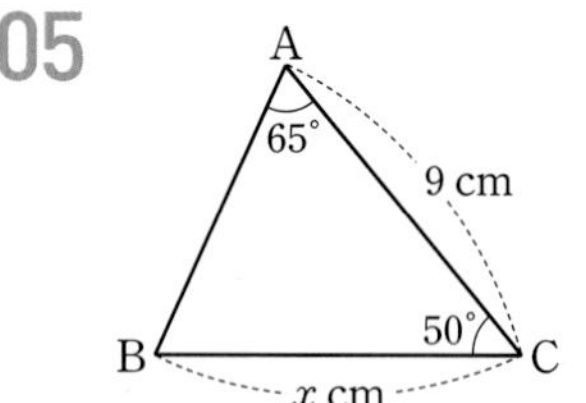

06

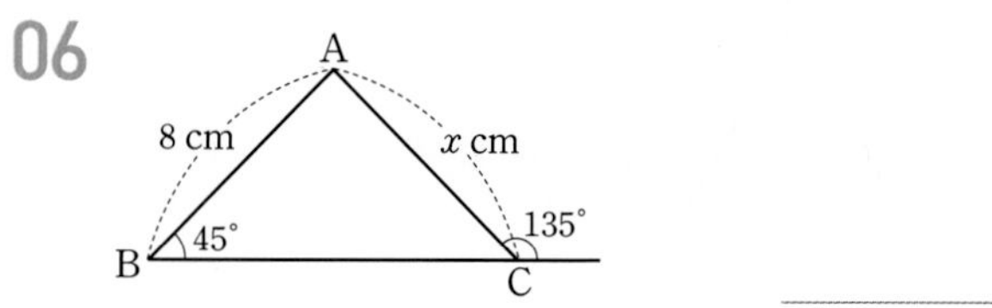

07

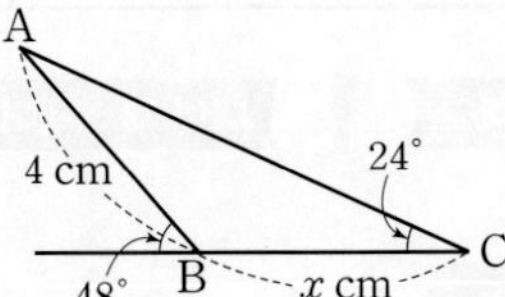

11

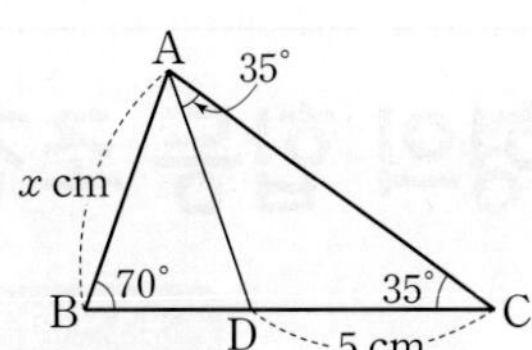

다음 그림과 같은 $\triangle ABC$에서 x의 값을 구하시오.

08 따라해

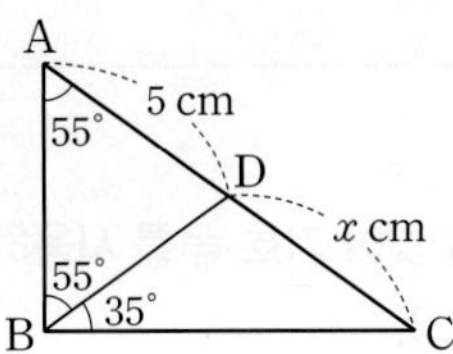

$\triangle DAB$에서 $\overline{DB}=\overline{DA}=\square$ cm

$\triangle ABC$에서 $\angle C=180°-(55°+55°+35°)=\square°$

$\triangle DBC$에서 $\angle DBC=\angle\square$이므로

$\overline{DC}=\square$ $\therefore x=\square$

09

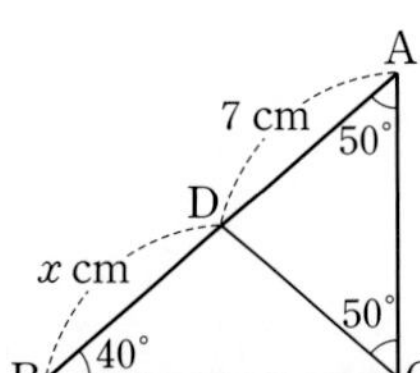

10

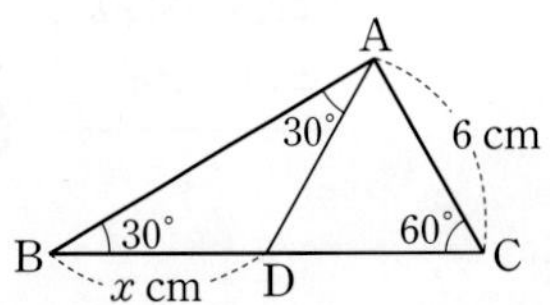

폭이 일정한 종이접기

다음 그림과 같이 직사각형 모양의 종이를 접었을 때, x의 값을 구하시오.

12 따라해

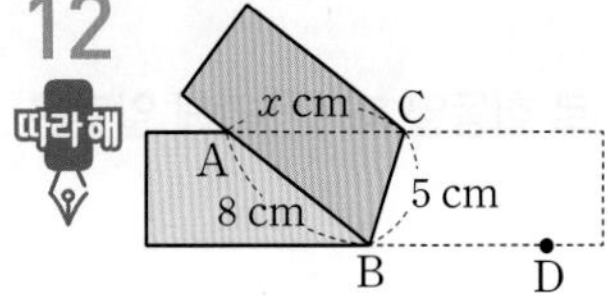

$\angle ABC=\angle\square$ (접은 각)

$\overline{AC}\,/\!/\,\overline{BD}$이므로

$\angle ACB=\angle\square$ (엇각)

$\therefore \angle ABC=\angle ACB$

즉, $\triangle ABC$는 이등변삼각형이므로

$\overline{AC}=\square$ $\therefore x=\square$

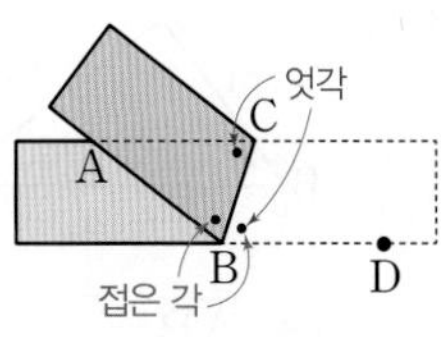

13

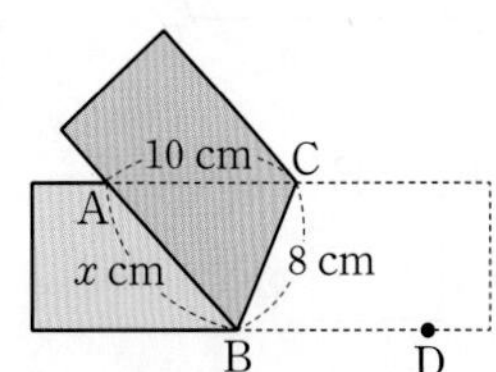

14

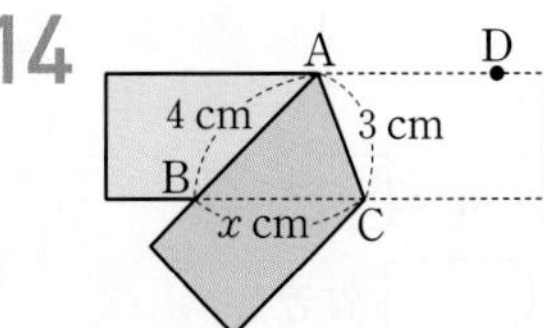

▶ 정답 및 풀이 12쪽

삼각형의 합동 조건

중학교 1 학년 때 배웠어요!

SSS 합동

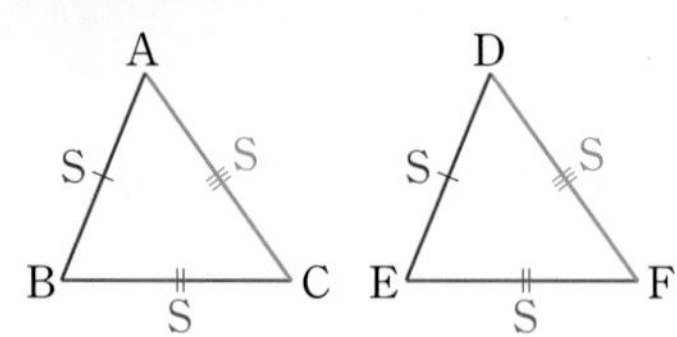

→ 대응하는 세 변의 길이가 각각 같다.

SAS 합동

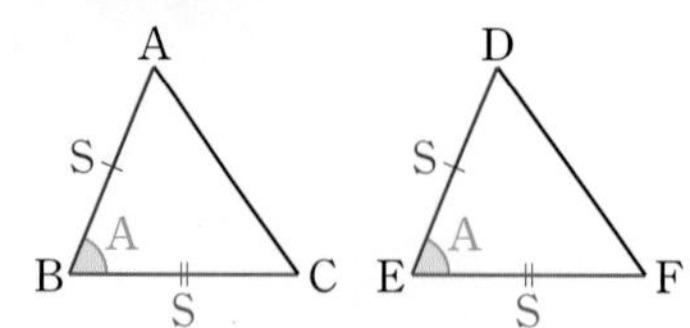

→ 대응하는 두 변의 길이가 각각 같고, 그 끼인각의 크기가 같다.

ASA 합동

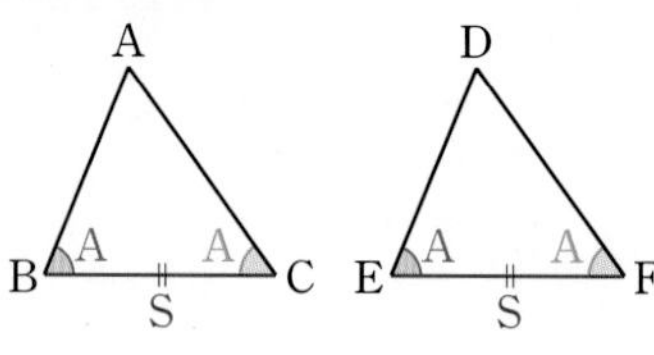

→ 대응하는 한 변의 길이가 같고, 그 양 끝 각의 크기가 각각 같다.

$\triangle ABC \equiv \triangle DEF$

다음 그림에서 두 삼각형이 서로 합동일 때, □ 안에 알맞은 것을 써넣으시오.

01

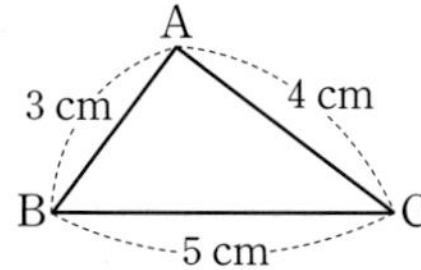

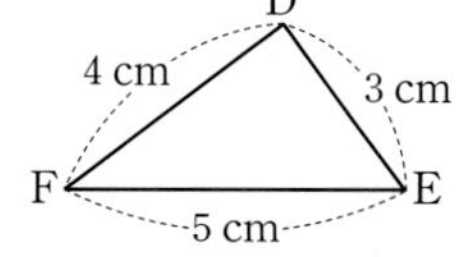

→ $\overline{AB}=$□, $\overline{BC}=\overline{EF}$, □$=\overline{DF}$

∴ $\triangle ABC \equiv \triangle DEF$ (□ 합동)

02

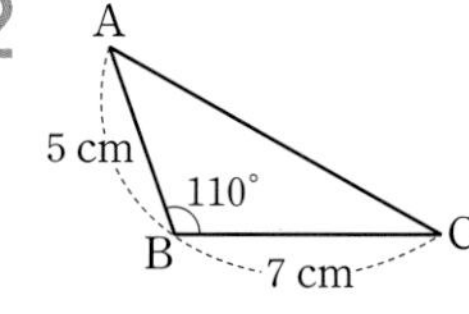

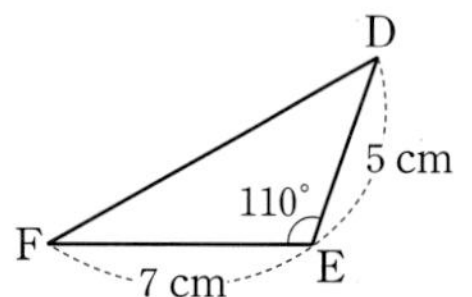

→ $\overline{AB}=\overline{DE}$, □$=\overline{EF}$, $\angle B=\angle$□

∴ $\triangle ABC \equiv \triangle DEF$ (□ 합동)

03

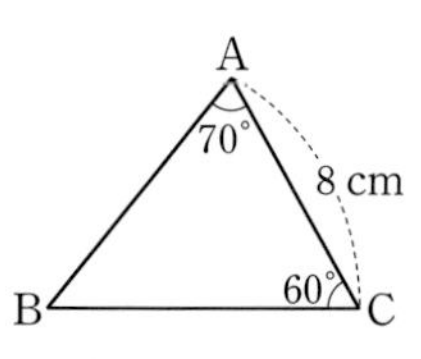

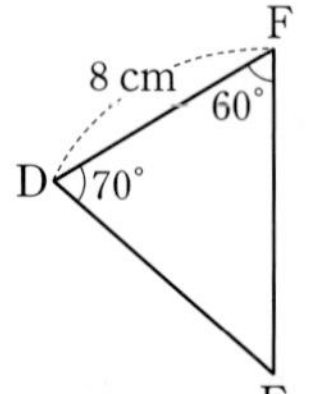

→ □$=\overline{DF}$, $\angle A=\angle$□, $\angle$□$=\angle F$

∴ $\triangle ABC \equiv \triangle DEF$ (□ 합동)

다음 그림에서 합동인 삼각형을 찾아 기호 ≡를 사용하여 나타내고, 그때의 합동 조건을 말하시오.

04 따라해

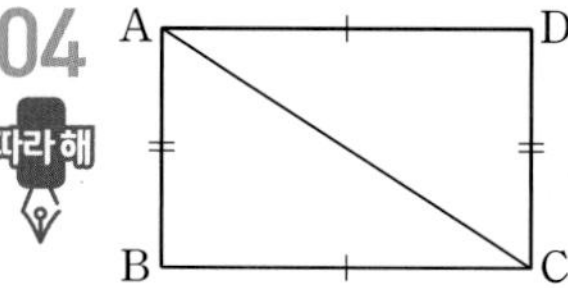

$\triangle ABC$와 $\triangle CDA$에서

$\overline{AB}=\overline{CD}$, $\overline{BC}=$□, □는 공통

∴ $\triangle ABC \equiv \triangle CDA$ (□ 합동)

삼각형의 합동을 기호로 나타낼 때, 꼭짓점을 대응하는 순서로 써야 해.

05

06

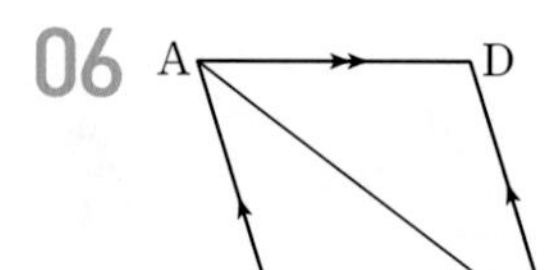

평행하면 엇각의 크기가 같아!

04
VISUAL 연산

직각삼각형의 합동 조건

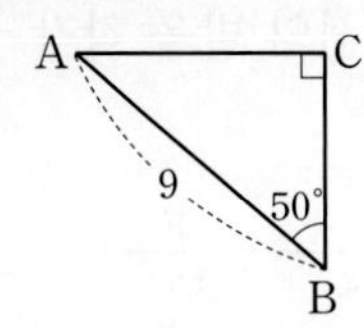
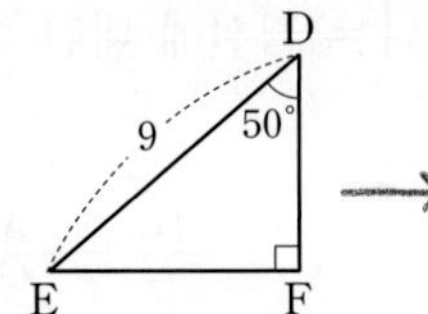
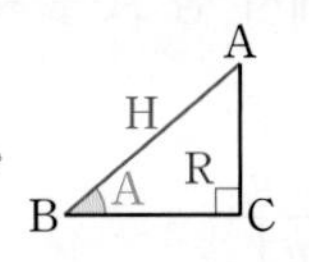
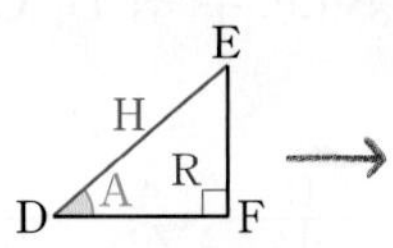

직각삼각형의 빗변의 길이와 한 예각의 크기가 각각 같으면 합동이다.
(R: 직각, H: 빗변, A: 예각)

→ △ABC≡△EDF (RHA 합동)

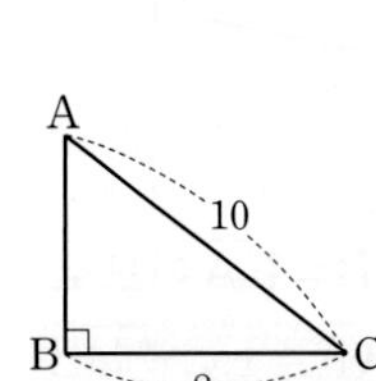
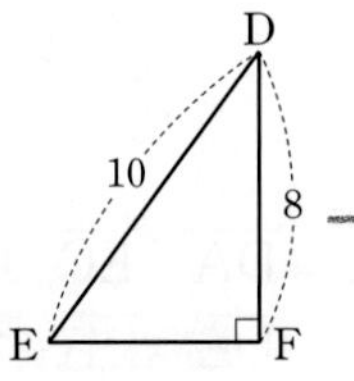
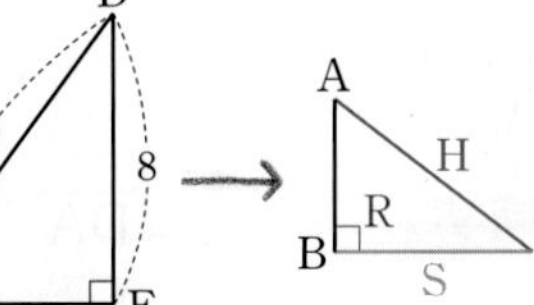
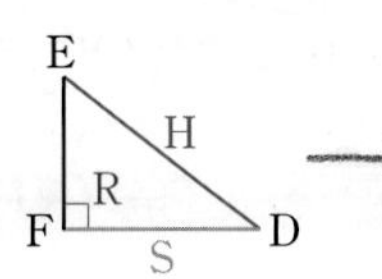

직각삼각형의 빗변의 길이와 다른 한 변의 길이가 각각 같으면 합동이다.
(R: 직각, H: 빗변, S: 변)

→ △ABC≡△EFD (RHS 합동)

다음 그림에서 두 직각삼각형이 서로 합동임을 기호 ≡를 사용하여 나타내고, 그때의 합동 조건을 말하시오.

01 따라해

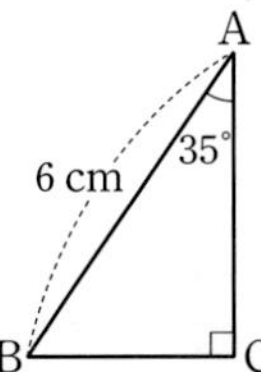
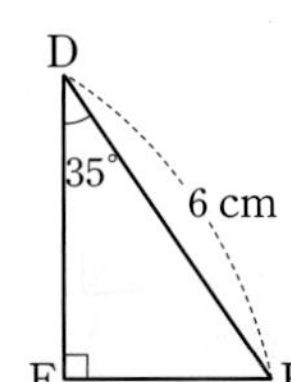

→ ∠C=∠F=☐°, $\overline{AB}=\overline{DE}$, ∠A=∠☐이므로
△ABC≡☐ (☐ 합동)

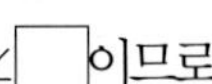

02 따라해

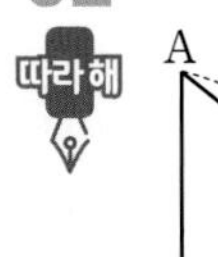
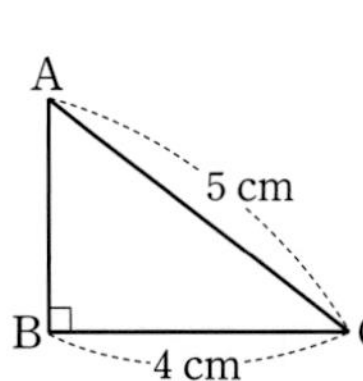
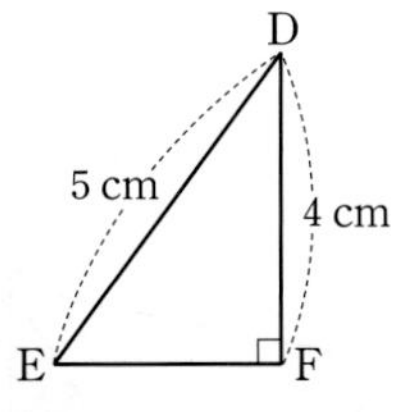

→ ∠B=∠F=☐°, $\overline{AC}=\overline{ED}$, $\overline{BC}$=☐이므로
△ABC≡☐ (☐ 합동)

03

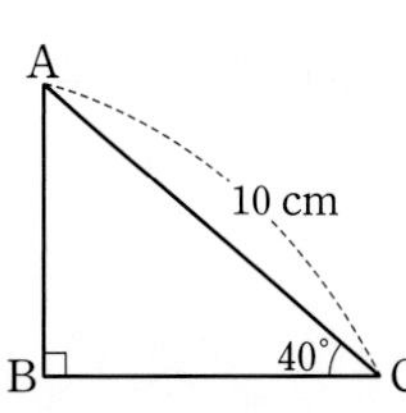
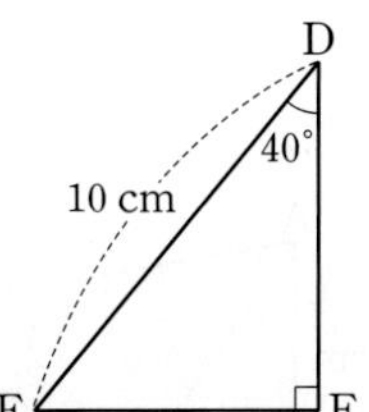

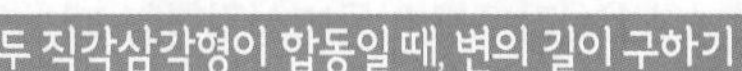
두 직각삼각형이 합동일 때, 변의 길이 구하기

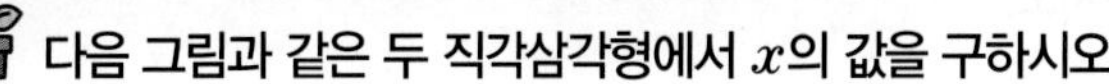
다음 그림과 같은 두 직각삼각형에서 x의 값을 구하시오.

04 따라해

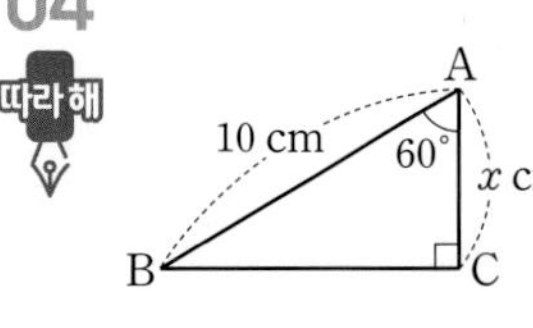
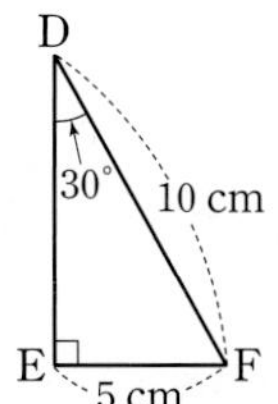

△ABC≡△FDE (RHA 합동)이므로
$\overline{AC}$=☐ ∴ x=☐

05

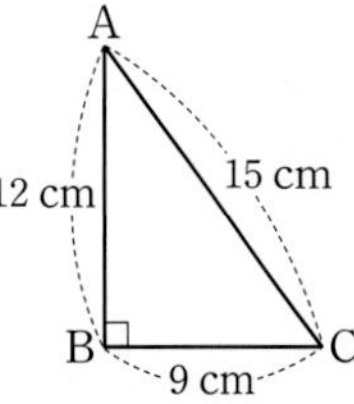
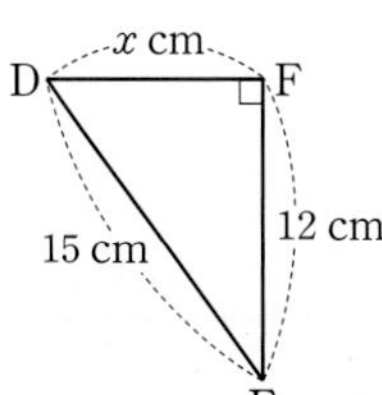

06

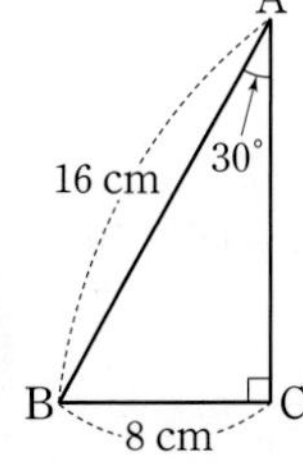
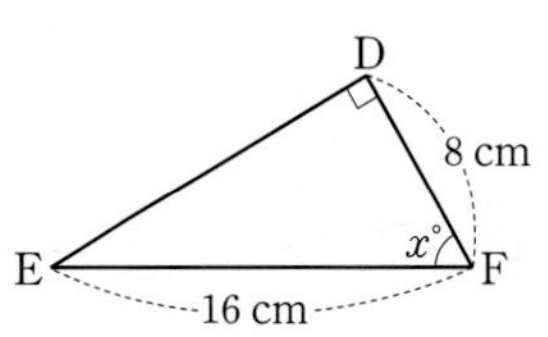

▶ 정답 및 풀이 12쪽

직각삼각형의 합동 조건의 활용-RHA 합동

△ABC가 $\overline{AB}=\overline{AC}$인 직각이등변삼각형이고 두 점 B, C에서 점 A를 지나는 직선에 내린 수선의 발을 각각 D, E라 할 때

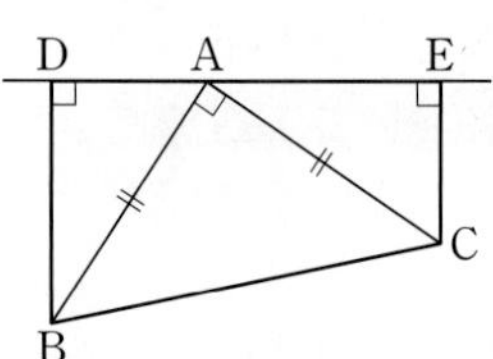

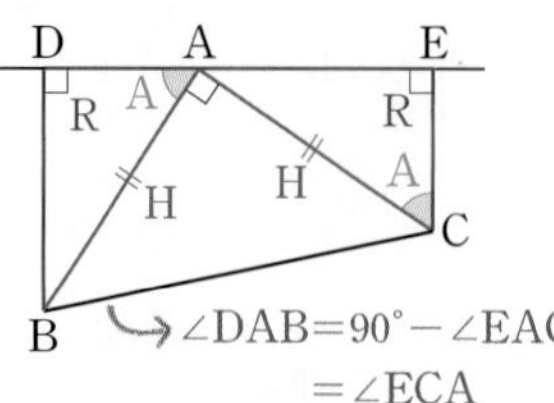

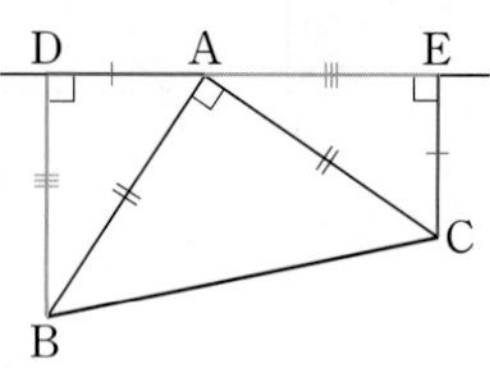

△ADB≡△CEA (RHA 합동)

$\overline{DA}=\overline{EC}$, $\overline{DB}=\overline{EA}$이므로

$\overline{DE}=\overline{DA}+\overline{AE}=\overline{EC}+\overline{DB}$

 다음 그림에서 △ABC가 직각이등변삼각형일 때, x의 값을 구하시오.

01 따라해

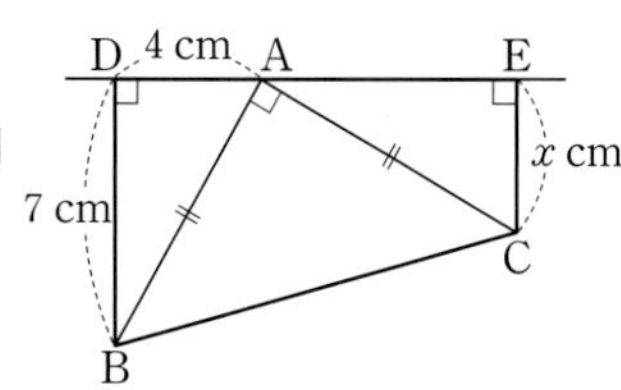

△ADB와 △CEA에서

∠D=∠E=☐°, $\overline{AB}$=☐

∠DAB=90°−∠EAC=∠☐이므로

△ADB≡△CEA (RHA 합동)

→ $\overline{EC}$=☐ ∴ x=☐

02

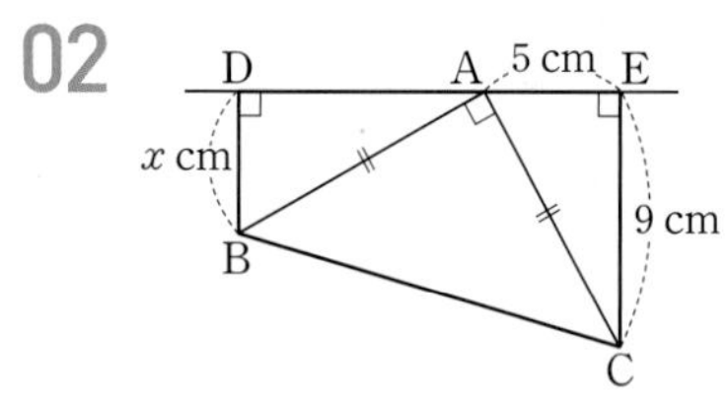

03

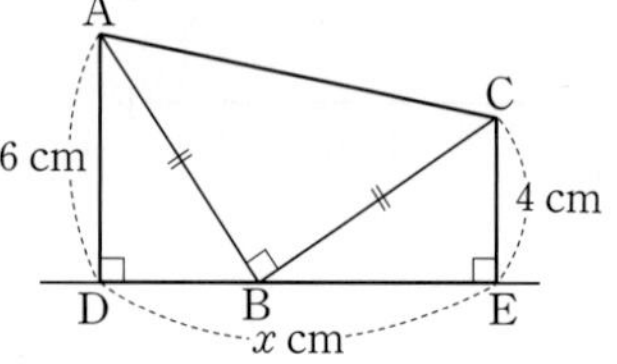

다음 그림에서 △ABC가 직각이등변삼각형일 때, 색칠한 부분의 넓이를 구하시오.

04 따라해

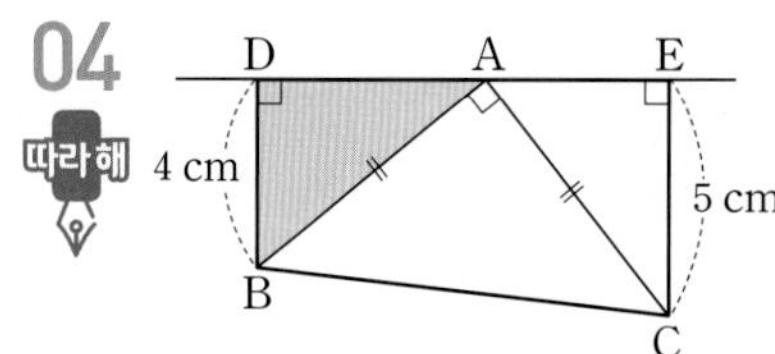

△ADB≡△CEA (RHA 합동)이므로

$\overline{DA}$=☐=☐cm

∴ (△ADB의 넓이)$=\frac{1}{2}\times$☐$\times 4=$☐(cm^2)

05

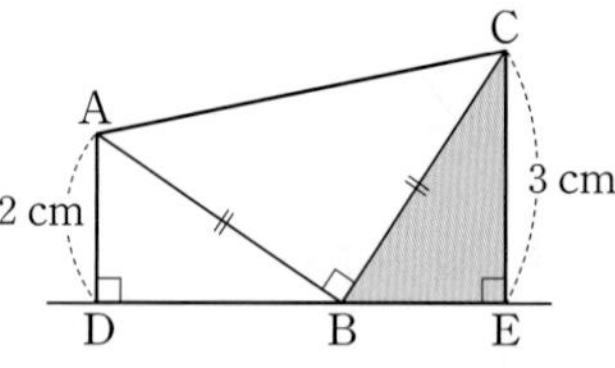

06

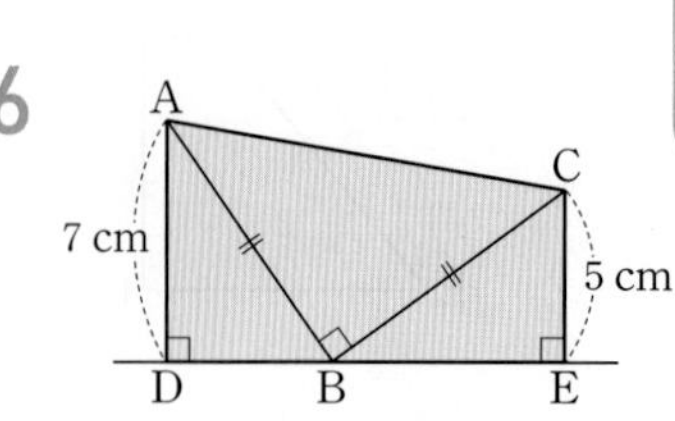

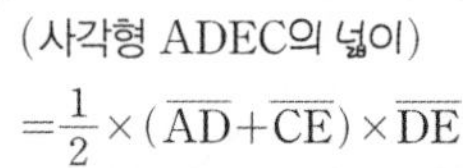

▶ 정답 및 풀이 13쪽

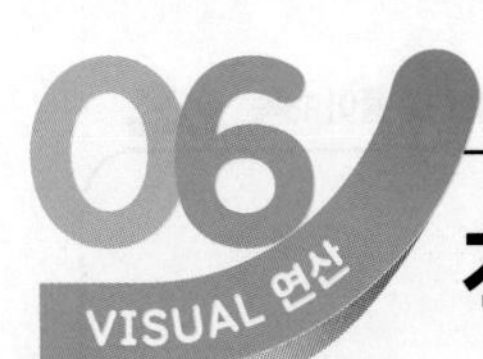

직각삼각형의 합동 조건의 활용-RHS 합동

$\angle B=90^\circ$인 $\triangle ABC$에서 $\overline{AB}=\overline{AE}$, $\overline{AC}\perp\overline{DE}$일 때

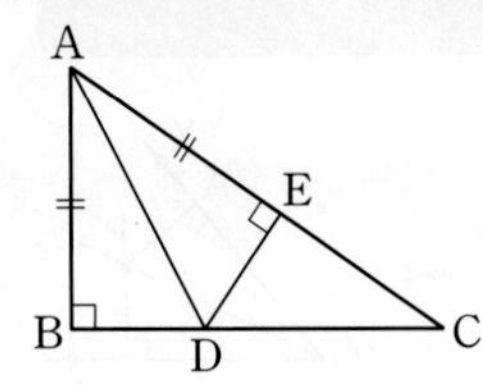
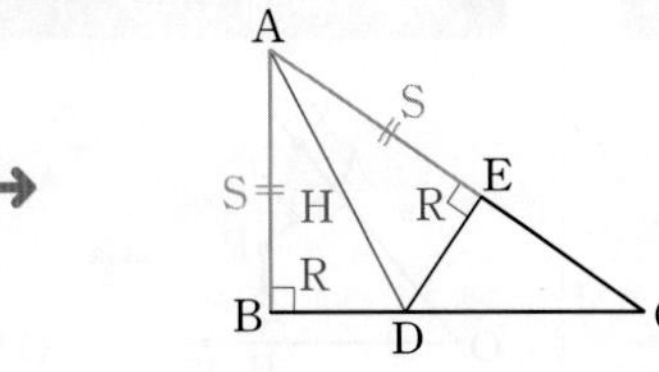
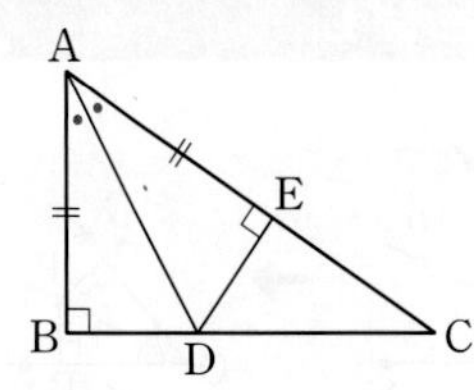

$\triangle ABD\equiv\triangle AED$ (RHS 합동)

$\angle BAD=\angle EAD$, $\angle BAC=2\angle BAD$

다음 그림과 같은 직각삼각형 ABC에서 $\angle x$의 크기를 구하시오.

01

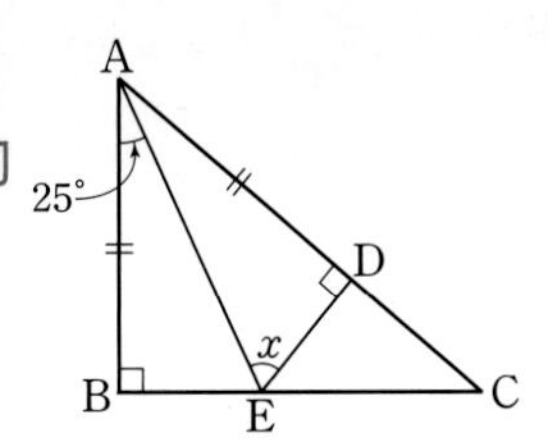

$\triangle ABE$와 $\triangle ADE$에서

$\angle B=\angle ADE=$ $\square$°, $\overline{AE}$는 공통, $\overline{AB}=$ $\square$이므로

$\triangle ABE\equiv\triangle ADE$ (RHS 합동)

$\therefore \angle DAE=\angle$ $\square$ $=$ $\square$°

$\triangle ADE$에서 $\angle x=180^\circ-($ $\square$ $^\circ+90^\circ)=$ $\square$°

02

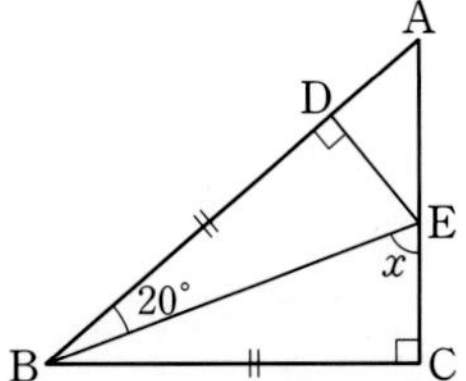

03

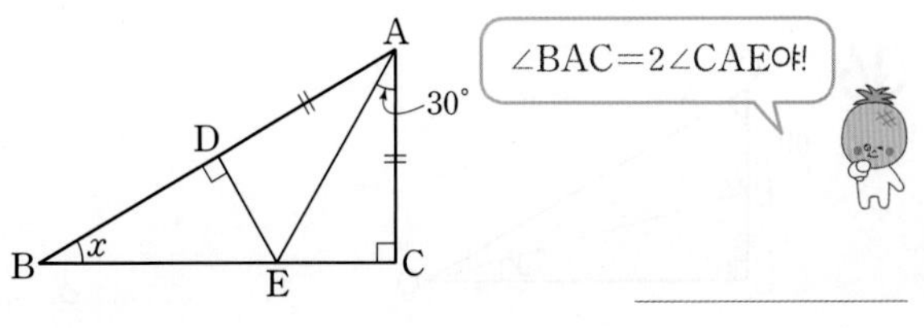

04

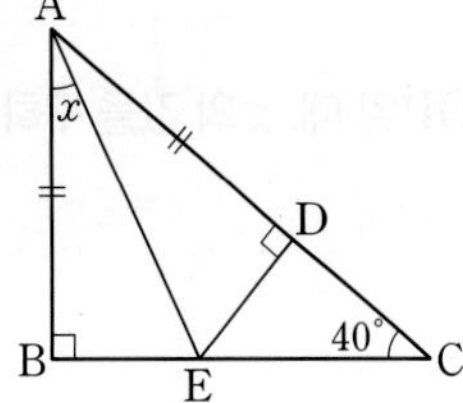
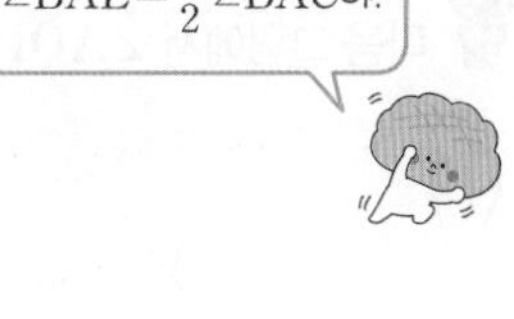

05

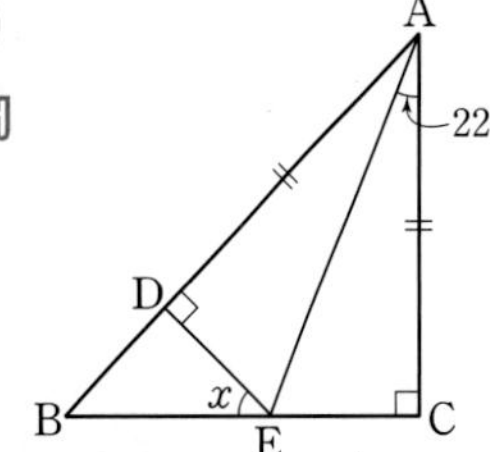

$\triangle ADE\equiv\triangle ACE$ (RHS 합동)이므로

$\angle BAC=$ $\square$ $\times 22^\circ=$ $\square$°

$\triangle ABC$에서 $\angle B=180^\circ-(90^\circ+$ $\square$ $^\circ)=$ $\square$°

$\triangle BED$에서 $\angle x=180^\circ-(90^\circ+$ $\square$ $^\circ)=$ $\square$°

06

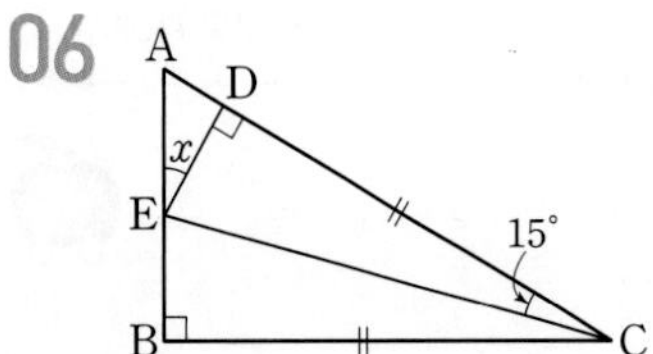

각의 이등분선의 성질

(1) 각의 이등분선 위의 한 점에서 그 각을 이루는 두 변까지의 거리는 같다.

$\angle XOP=\angle YOP$이면 $\triangle AOP\equiv\triangle BOP$ (RHA 합동) $\overline{PA}=\overline{PB}$

(2) 각의 두 변으로부터 같은 거리에 있는 점은 그 각의 이등분선 위에 있다.

$\overline{PA}=\overline{PB}$이면 $\triangle AOP\equiv\triangle BOP$ (RHS 합동) $\angle AOP=\angle BOP$

다음 그림에서 $\angle AOP=\angle BOP$일 때, x의 값을 구하시오.

01

02

03

다음 그림에서 $\overline{PA}=\overline{PB}$일 때, $\angle x$의 크기를 구하시오.

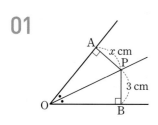

04

05

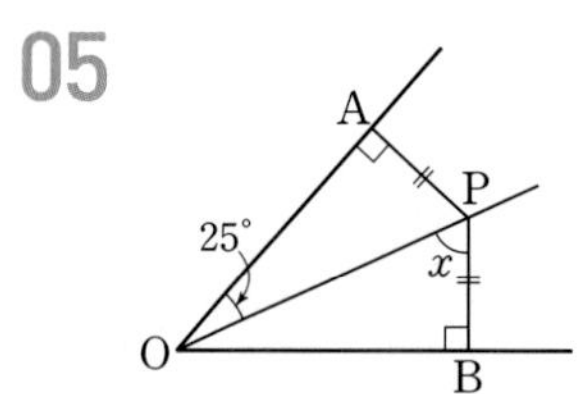

06

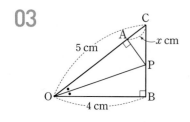

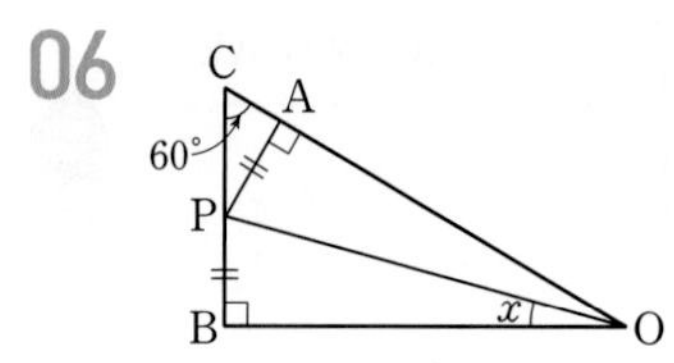

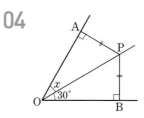

연산 능력 UP!

10분 연산 TEST

▶ 정답 및 풀이 13쪽

[01 ~ 04] 다음 그림과 같이 $\overline{AB}=\overline{AC}$인 이등변삼각형 ABC에서 $\angle x$의 크기를 구하시오.

01

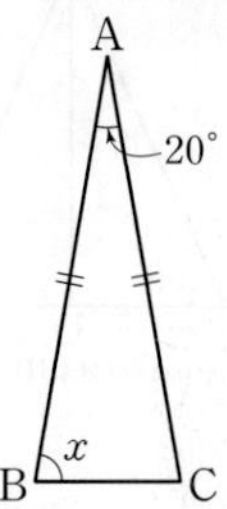

02

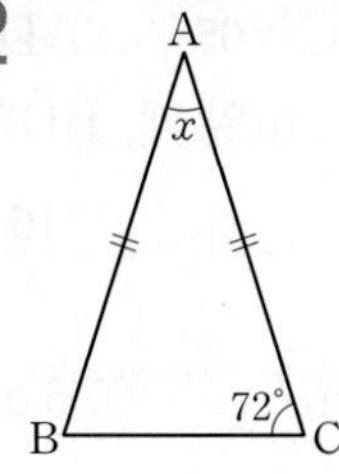

03

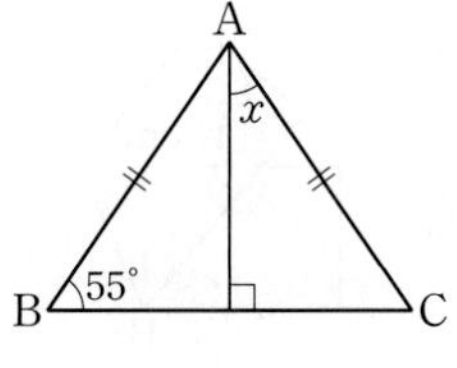

04

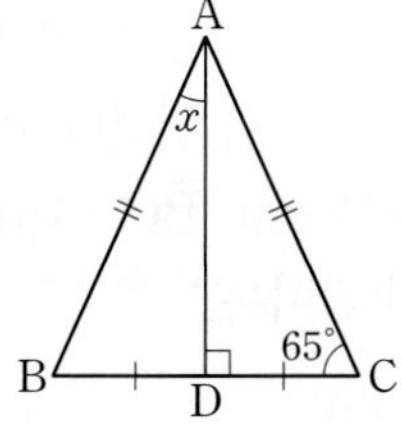

[05 ~ 06] 다음 그림과 같은 $\triangle ABC$에서 x의 값을 구하시오.

05

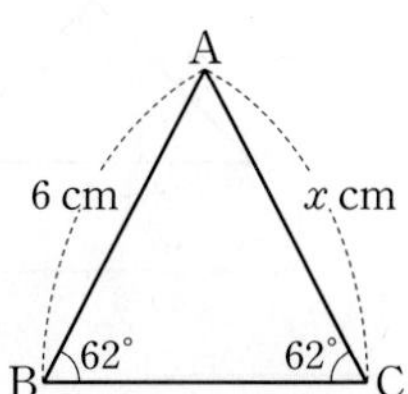

06

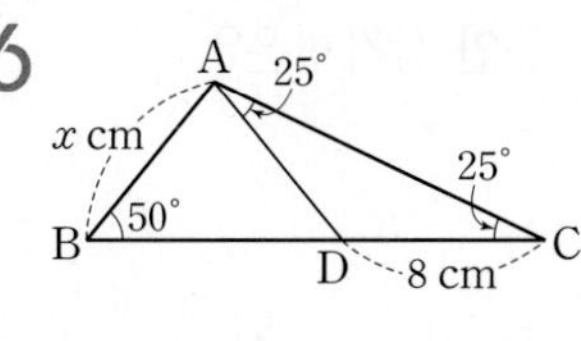

07 오른쪽 그림과 같이 직사각형 모양의 종이를 접었더니 $\overline{AC}=5\,\text{cm}$, $\overline{BC}=7\,\text{cm}$일 때, $\overline{AB}$의 길이를 구하시오.

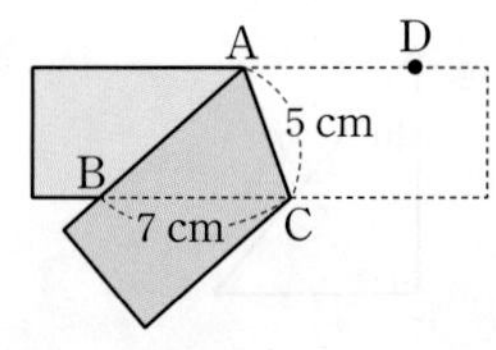

08 다음 그림에서 두 직각삼각형이 서로 합동임을 기호 ≡를 사용하여 나타내고, 그때의 합동 조건을 말하시오.

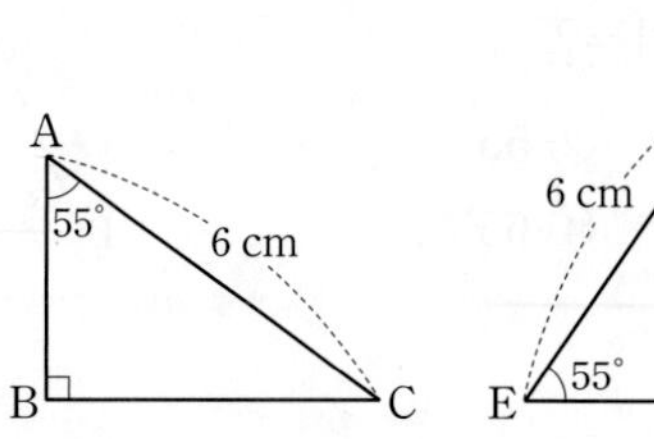

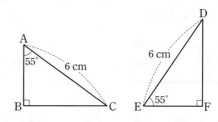

09 다음 그림과 같이 $\angle A=90°$인 직각이등변삼각형 ABC의 꼭짓점 A를 지나는 직선 l을 긋고, 두 꼭짓점 B, C에서 직선 l에 내린 수선의 발을 각각 D, E라 하자. $\overline{BD}=12\,\text{cm}$, $\overline{CE}=8\,\text{cm}$일 때, $\overline{DE}$의 길이를 구하시오.

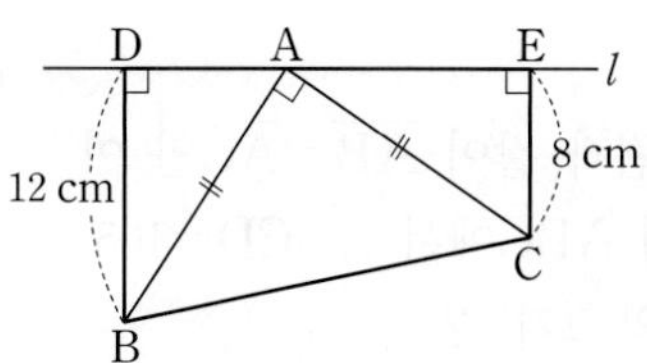

[10 ~ 11] 다음 그림과 같은 직각삼각형 ABC에서 $\angle x$의 크기를 구하시오.

10

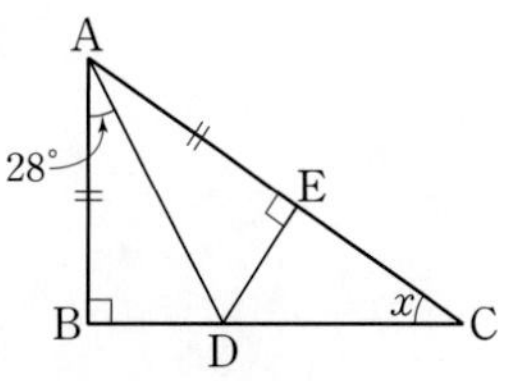

11

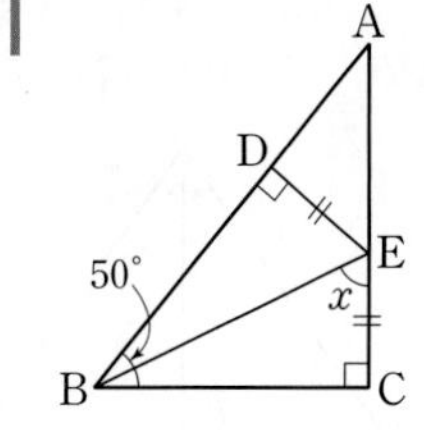

맞힌 개수 개/11개

학교 시험 PREVIEW

학교 시험 미리보기!

01

오른쪽 그림과 같이 $\overline{AB}=\overline{AC}$인 이등변삼각형 ABC에서 $\angle A=50^\circ$일 때, $\angle x$의 크기는?

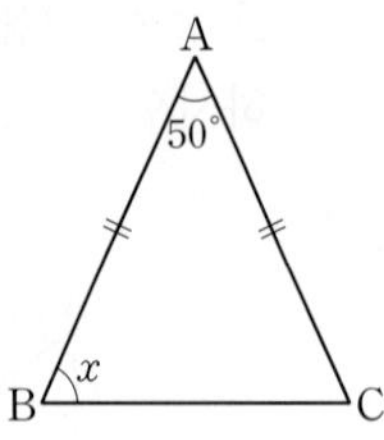

① 50° ② 55°
③ 60° ④ 65°
⑤ 70°

02

오른쪽 그림과 같이 $\overline{AB}=\overline{AC}$인 이등변삼각형 ABC에서 $\angle ACD=105^\circ$일 때, $\angle x$의 크기는?

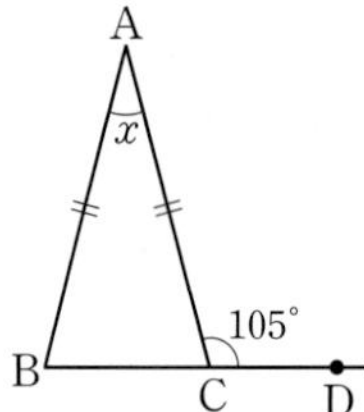

① 20° ② 25°
③ 30° ④ 35°
⑤ 40°

03

오른쪽 그림과 같이 $\overline{AB}=\overline{AC}$인 이등변삼각형 ABC에서 $\angle A$의 이등분선과 $\overline{BC}$의 교점을 D라 할 때, $x+y$의 값은?

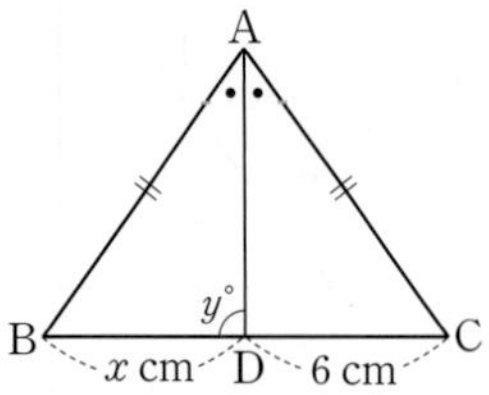

A, B, C, D, y°, x cm, 6 cm

① 82 ② 85
③ 90 ④ 96
⑤ 100

04

오른쪽 그림과 같은 △ABC에서 $\angle B=\angle C=65^\circ$, $\angle ADC=90^\circ$이고 $\overline{BC}=10$ cm일 때, $\overline{BD}$의 길이는?

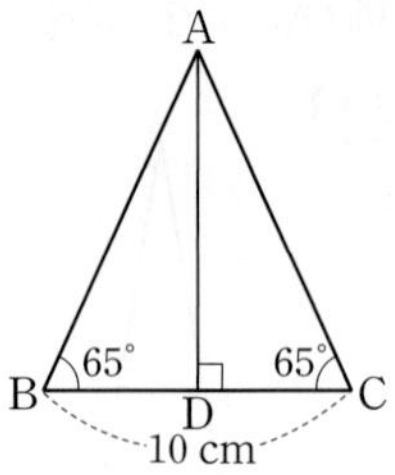

A, B, C, D, 65°, 65°, 10 cm

① 5 cm ② $\frac{16}{3}$ cm
③ $\frac{17}{3}$ cm ④ 6 cm
⑤ $\frac{19}{3}$ cm

05 

오른쪽 그림과 같이 폭이 일정한 종이 테이프를 접었더니 $\overline{AC}=17$ cm, $\overline{BC}=16$ cm일 때, $\overline{AB}$의 길이는?

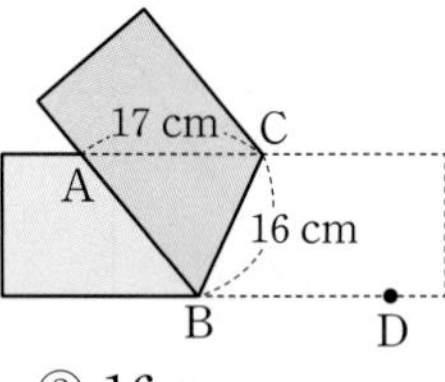

① 14 cm ② 15 cm ③ 16 cm
④ 17 cm ⑤ 18 cm

06 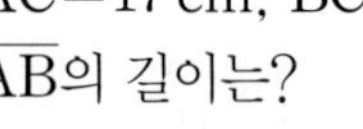

85% 출제율

다음 중 오른쪽 **보기**의 삼각형과 합동인 삼각형은?

보기

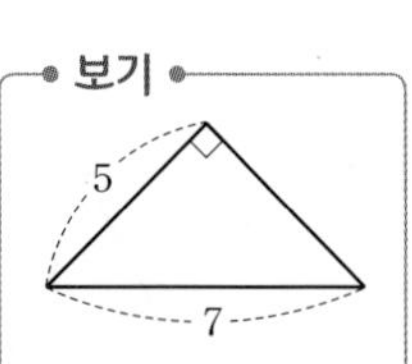

① 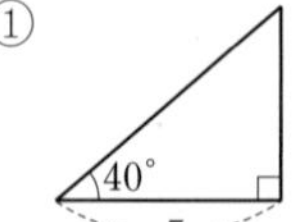

② 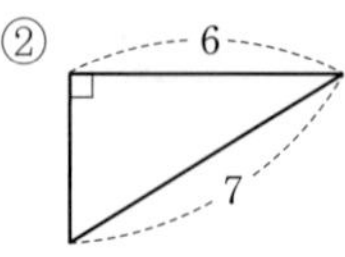

③ 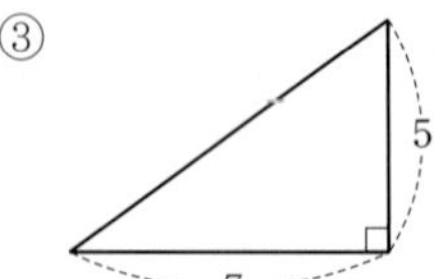

④ 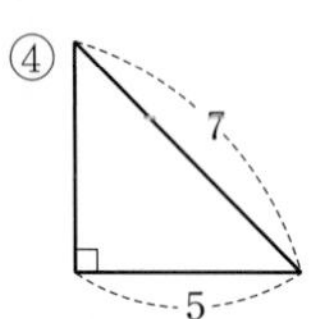

⑤ 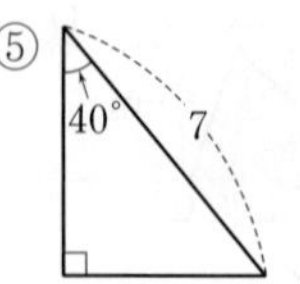

▶ 정답 및 풀이 14쪽

07

오른쪽 그림과 같이 두 점 A, B에서 선분 AB의 중점 M을 지나는 직선 l에 내린 수선의 발을 각각 C, D라 하자. $\overline{AC}=4$ cm, $\overline{CM}=5$ cm일 때, $\overline{BD}$의 길이는?

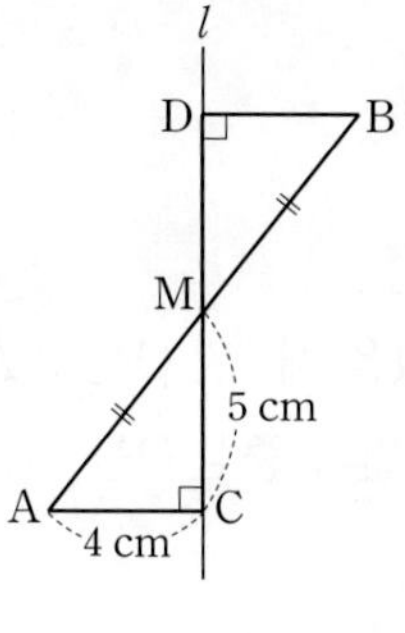

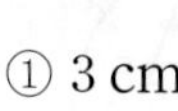
① 3 cm　② $\frac{7}{2}$ cm

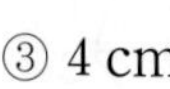
③ 4 cm　④ $\frac{9}{2}$ cm

⑤ 5 cm

08

다음 중 오른쪽 그림과 같이 $\angle C=\angle F=90°$인 두 직각삼각형 ABC와 DEF가 RHS 합동이 되기 위한 조건은?

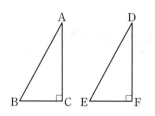

① $\overline{AB}=\overline{DE}$, $\overline{BC}=\overline{EF}$

② $\overline{AB}=\overline{DE}$, $\angle A=\angle D$

③ $\overline{AC}=\overline{DF}$, $\overline{BC}=\overline{EF}$

④ $\overline{AC}=\overline{DF}$, $\angle A=\angle D$

⑤ $\overline{BC}=\overline{EF}$, $\angle B=\angle E$

09

오른쪽 그림과 같이 $\angle B=90°$인 직각삼각형 ABC에서 $\overline{AB}=\overline{AE}$, $\overline{AC}\perp\overline{DE}$이고 $\angle C=36°$일 때, $\angle x$의 크기는?

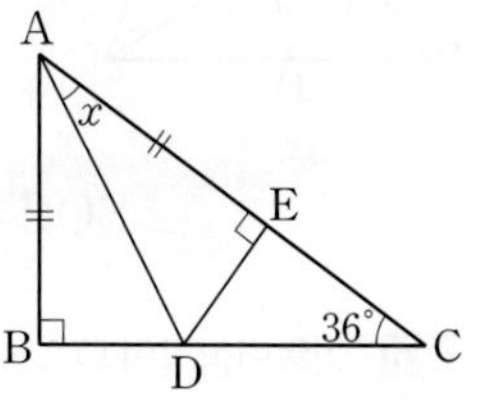

① 24°　② 25°

③ 26°　④ 27°

⑤ 28°

10

오른쪽 그림과 같이 $\angle C=90°$인 직각삼각형 ABC에서 $\overline{BE}$가 $\angle B$의 이등분선이고 $\overline{AB}\perp\overline{DE}$, $\overline{AB}=12$ cm, $\overline{BC}=8$ cm일 때, $\overline{AD}$의 길이는?

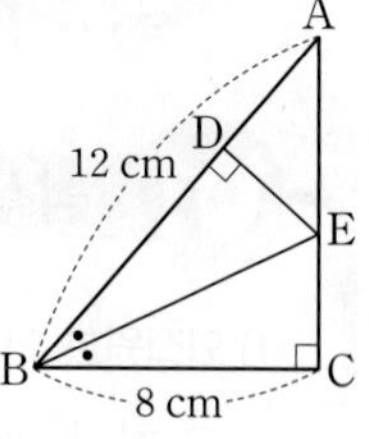

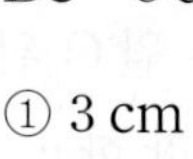
① 3 cm　② $\frac{7}{2}$ cm

③ 4 cm　④ $\frac{9}{2}$ cm

⑤ 5 cm

11 80% 출제율

오른쪽 그림에서 $\overline{PQ}\perp\overline{OA}$, $\overline{PR}\perp\overline{OB}$이고 $\overline{PQ}=\overline{PR}$일 때, 다음 중 옳지 않은 것은?

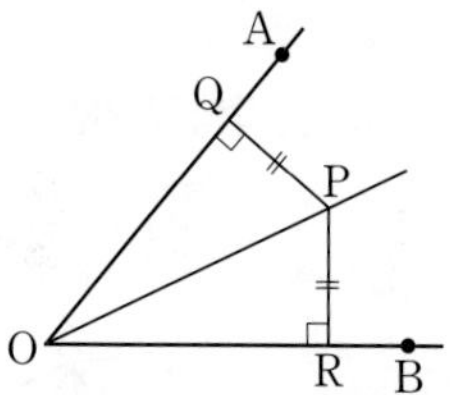

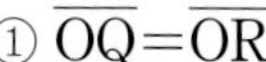
① $\overline{OQ}=\overline{OR}$

② $\angle OPQ=\angle OPR$

③ $\angle POQ=\angle POR$

④ $2\angle QOR=\angle QPR$

⑤ $\triangle POQ\equiv\triangle POR$

12 서술형

오른쪽 그림과 같이 $\angle B=90°$인 직각이등변삼각형 ABC의 꼭짓점 B를 지나는 직선 l을 긋고, 두 꼭짓점 A, C에서 직선 l에 내린 수선의 발을 각각 D, E라 하자. $\overline{AD}=6$ cm, $\overline{CE}=4$ cm일 때, 사각형 ADEC의 넓이를 구하시오.

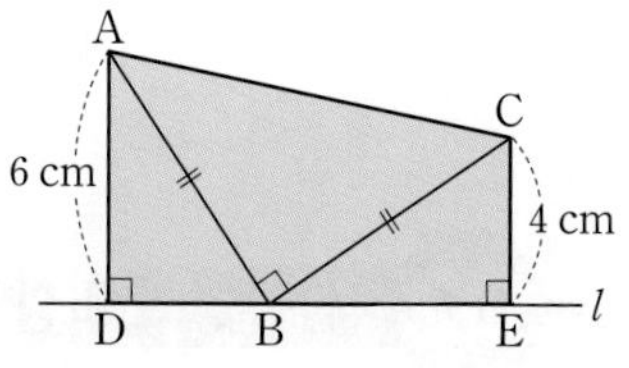

채점 기준 1 합동인 두 삼각형 찾기

채점 기준 2 $\overline{DE}$의 길이 구하기

채점 기준 3 사각형 ADEC의 넓이 구하기

Ⅰ-2 삼각형의 외심과 내심

01 삼각형의 외심

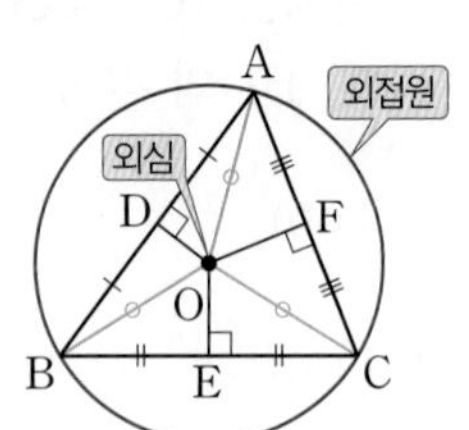

(1) **외접원과 외심** : △ABC의 세 꼭짓점이 모두 원 O 위에 있을 때, 원 O는 △ABC에 **외접**한다고 한다. 이때 원 O를 △ABC의 **외접원**이라 하고, 외접원의 중심 O를 △ABC의 **외심**이라 한다.

(2) **삼각형의 외심의 성질**

① 삼각형의 세 변의 수직이등분선은 한 점(외심)에서 만난다.

② 삼각형의 외심에서 세 꼭짓점에 이르는 거리는 모두 같다.

→ $\overline{OA}=\overline{OB}=\overline{OC}$=(외접원의 반지름의 길이)

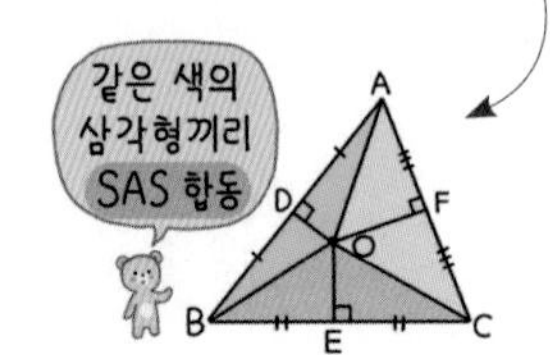

(3) **삼각형의 외심의 위치**

예각삼각형	직각삼각형	둔각삼각형
→ 삼각형의 내부	→ 빗변의 중점	→ 삼각형의 외부

02 삼각형의 외심의 활용

점 O가 △ABC의 외심일 때

(1)

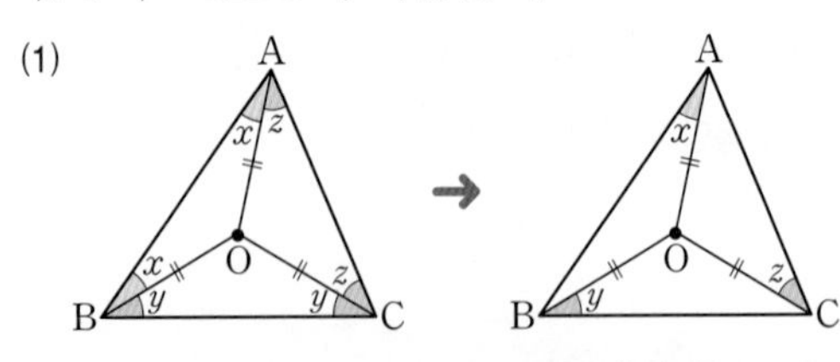

$\angle x+\angle y+\angle z=90°$

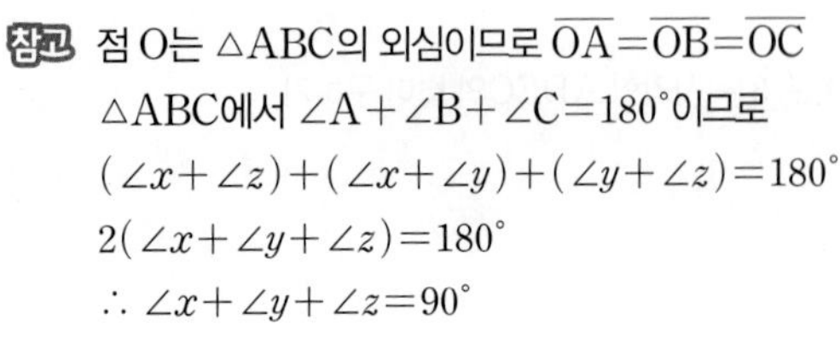

참고 점 O는 △ABC의 외심이므로 $\overline{OA}=\overline{OB}=\overline{OC}$

△ABC에서 ∠A+∠B+∠C=180°이므로

$(\angle x+\angle z)+(\angle x+\angle y)+(\angle y+\angle z)=180°$

$2(\angle x+\angle y+\angle z)=180°$

$\therefore \angle x+\angle y+\angle z=90°$

(2)

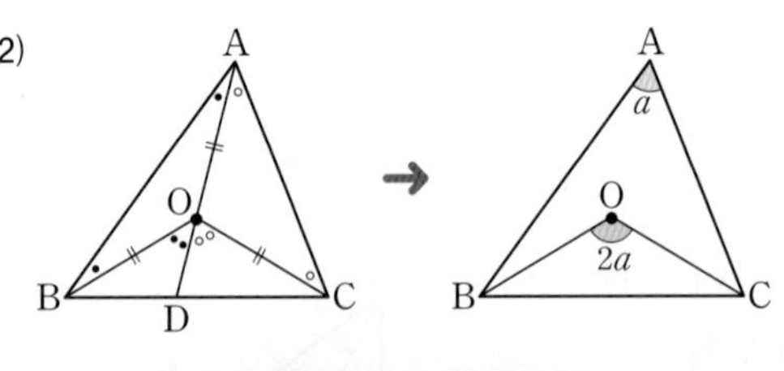

∠BOC=2∠A

참고 이등변삼각형 OAB에서

∠BOD=∠OAB+∠OBA=2∠OAB

마찬가지로 이등변삼각형 OCA에서

∠COD=∠OAC+∠OCA=2∠OAC

∴ ∠BOC=∠BOD+∠COD

=2(∠OAB+∠OAC)=2∠A

03 삼각형의 내심

(1) **접선과 접점** : 원과 직선이 한 점에서 만날 때, 이 직선은 원에 **접한다**고 한다. 이때 이 직선을 원의 **접선**이라 하고, 접선이 원과 만나는 점을 **접점**이라 한다.

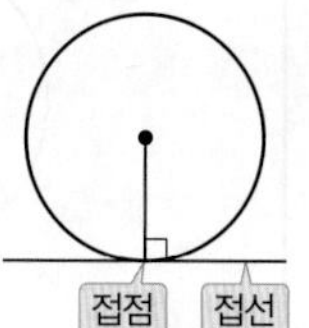

참고 원의 접선은 그 접점을 지나는 반지름과 항상 수직이다.

(2) **내접원과 내심** : 원 I가 △ABC의 세 변에 모두 접할 때, 원 I는 △ABC에 **내접**한다고 한다. 이때 원 I를 △ABC의 **내접원**이라 하고, 내접원의 중심 I를 △ABC의 **내심**이라 한다.

(3) **삼각형의 내심의 성질**

① 삼각형의 세 내각의 이등분선은 한 점(내심)에서 만난다.

② 삼각형의 내심에서 세 변에 이르는 거리는 모두 같다.

→ $\overline{\text{ID}}=\overline{\text{IE}}=\overline{\text{IF}}=$(내접원의 반지름의 길이)

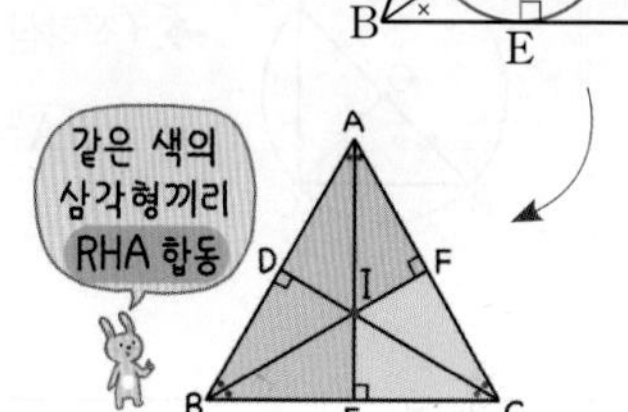

(4) 모든 삼각형의 내심은 삼각형의 내부에 있다.

04 삼각형의 내심의 활용

점 I가 △ABC의 내심일 때

(1)

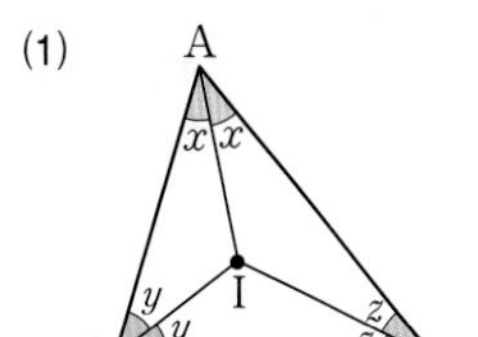

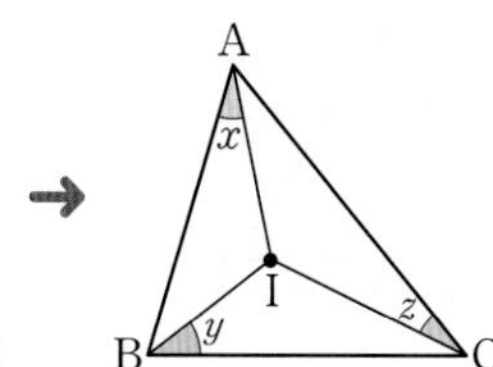

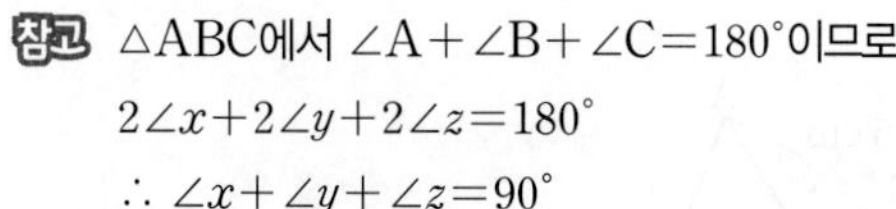

$\angle x+\angle y+\angle z=90^\circ$

참고 △ABC에서 $\angle A+\angle B+\angle C=180^\circ$이므로
$2\angle x+2\angle y+2\angle z=180^\circ$
$\therefore \angle x+\angle y+\angle z=90^\circ$

(2)

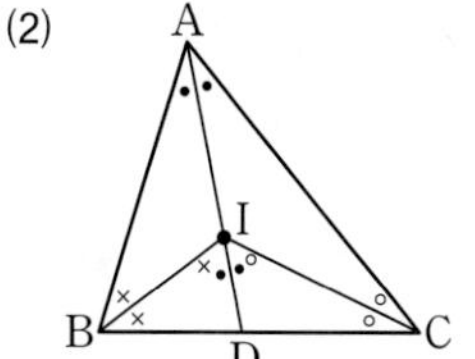

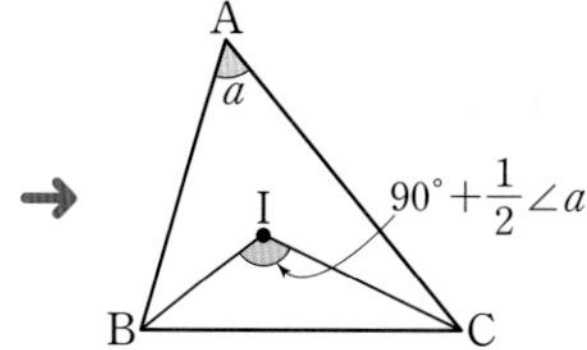

$\angle \text{BIC}=90^\circ+\frac{1}{2}\angle \text{A}$

참고 △IAB에서 $\angle \text{BID}=\angle \text{IAB}+\angle \text{IBA}$
△IAC에서 $\angle \text{CID}=\angle \text{IAC}+\angle \text{ICA}$
$\therefore \angle \text{BIC}=\angle \text{BID}+\angle \text{CID}$
$=(\underline{\angle \text{IAB}+\angle \text{IBA}+\angle \text{ICA}})+\angle \text{IAC}$ (→ 90°)
$=90^\circ+\frac{1}{2}\angle \text{A}$

05 삼각형의 내심과 내접원

점 I가 △ABC의 내심이고 내접원의 반지름의 길이가 r일 때

$$\triangle \text{ABC}=\frac{1}{2}r(\overline{\text{AB}}+\overline{\text{BC}}+\overline{\text{CA}})$$

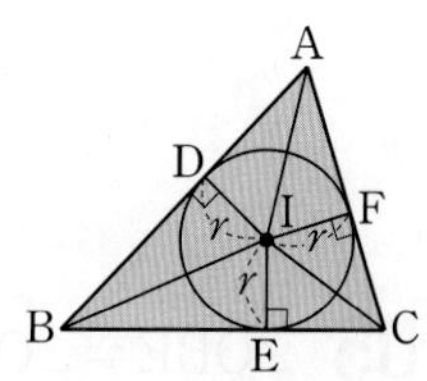

참고 $\triangle \text{ABC}=\triangle \text{IAB}+\triangle \text{IBC}+\triangle \text{ICA}$
$=\frac{1}{2}r\overline{\text{AB}}+\frac{1}{2}r\overline{\text{BC}}+\frac{1}{2}r\overline{\text{CA}}=\frac{1}{2}r(\overline{\text{AB}}+\overline{\text{BC}}+\overline{\text{CA}})$

▶ 정답 및 풀이 15쪽

삼각형의 외심

삼각형의 외심

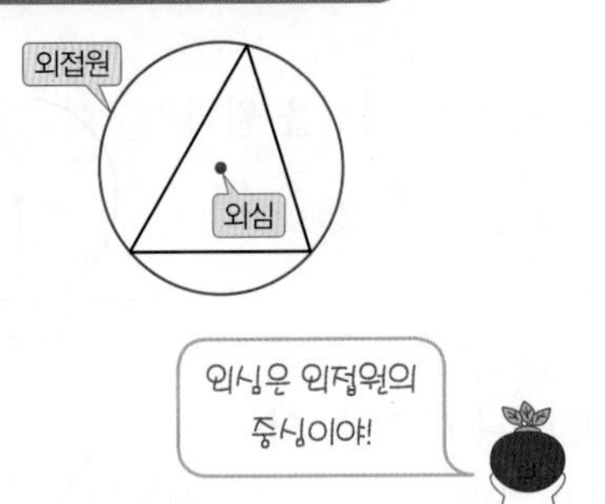

삼각형의 외심의 성질

(1) 세 변의 수직이등분선은 한 점에서 만난다. (한 점 ← 외심)

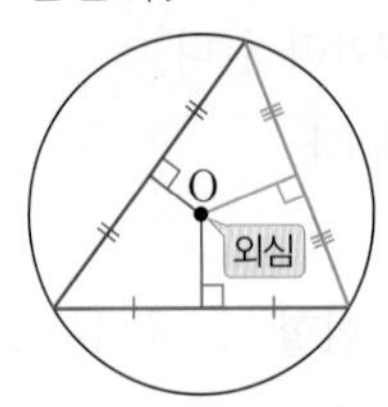

(2) 외심에서 세 꼭짓점에 이르는 거리는 모두 같다.

참고 직각삼각형의 외심은 빗변의 중점이다.

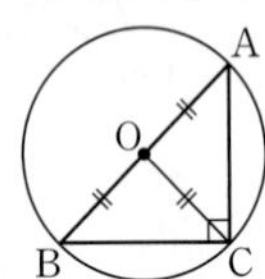

→ (직각삼각형 ABC의 외접원의 반지름의 길이)

$=\overline{OA}=\overline{OB}=\overline{OC}=\frac{1}{2}\overline{AB}$

→ (외접원의 반지름의 길이) $=\frac{1}{2}\times$(빗변의 길이)

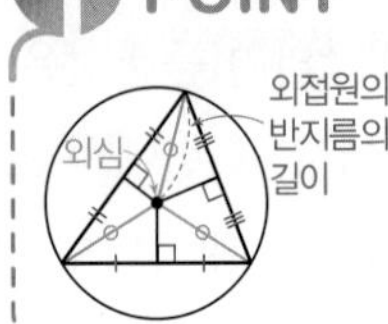

(외심)
=(외접원의 중심)
=(수직이등분선의 교점)

오른쪽 그림에서 점 O가 $\triangle ABC$의 외심일 때, 다음 중 옳은 것에는 ○표, 옳지 않은 것에는 ×표를 하시오.

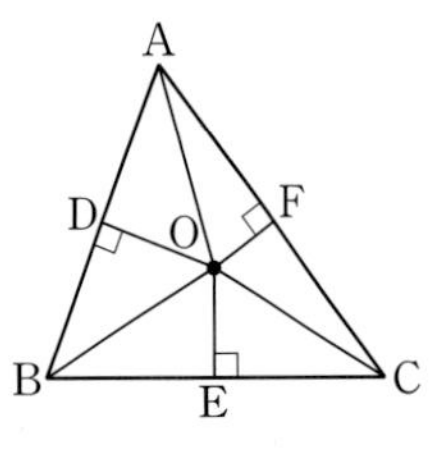

01 $\overline{AD}=\overline{BD}$ (　　)

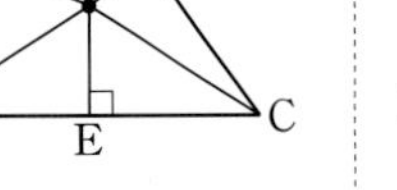

02 $\overline{OD}=\overline{OE}=\overline{OF}$ (　　)

03 $\overline{OA}=\overline{OB}=\overline{OC}$ (　　)

04 $\angle OAD=\angle OAF$ (　　)

외심의 성질을 이용하여
이등변삼각형을 찾아봐!

05 $\angle OBE=\angle OCE$ (　　)

다음 그림에서 점 O가 $\triangle ABC$의 외심일 때, x의 값을 구하시오.

06

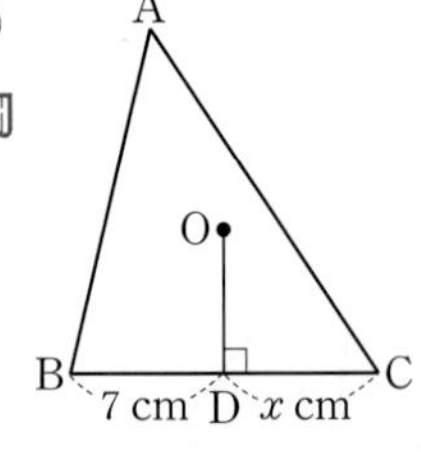

삼각형의 외심은 삼각형의 세 변의 [　　　　] 의 교점이므로

$\overline{CD}=\overline{BD}$　∴ $x=$[　]

07

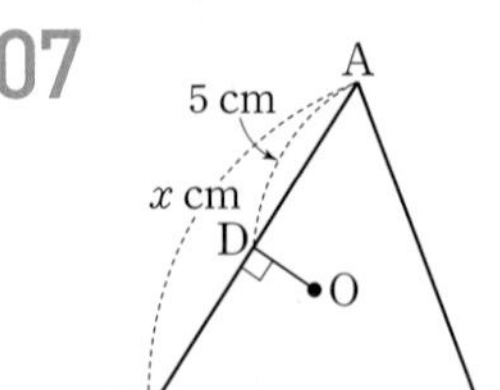

08

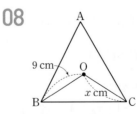

A, 9 cm, O, x cm, B, C

삼각형의 외심에서 세 꼭짓점에
이르는 거리는 모두 같아!

다음 그림에서 점 O가 $\triangle ABC$의 외심일 때, $\angle x$의 크기를 구하시오.

09 따라해

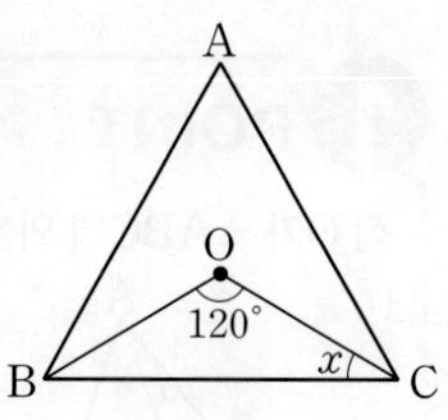

$\triangle OBC$는 $\overline{OB}=\overline{OC}$인 □ 삼각형이므로

$\angle x=\frac{1}{2}\times(□^\circ-120^\circ)=□^\circ$

10

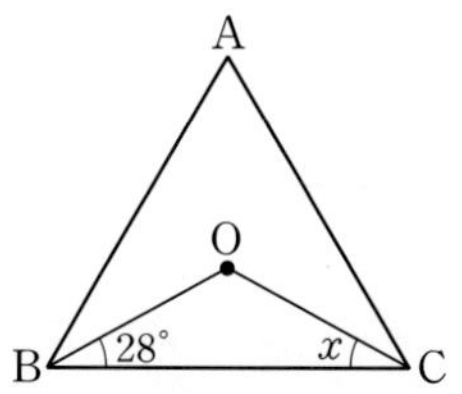

11

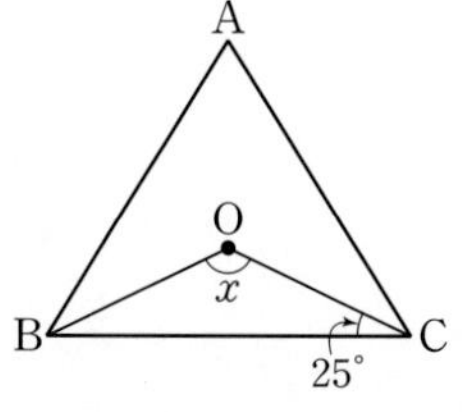

12

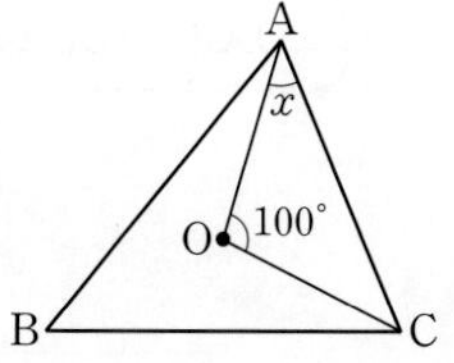

직각삼각형의 외심

다음 그림에서 점 O가 직각삼각형 ABC의 빗변의 중점일 때, x의 값을 구하시오.

13 따라해

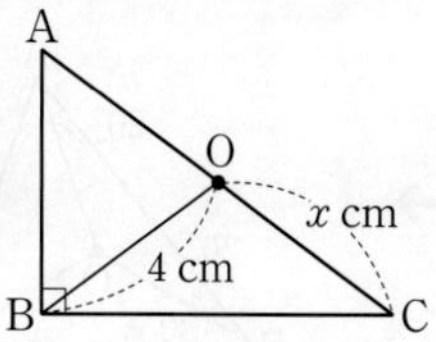

A, O, x cm, 4 cm, B, C

점 O가 직각삼각형 ABC의 외심이므로

$\overline{OC}=□$ $\therefore x=□$

14

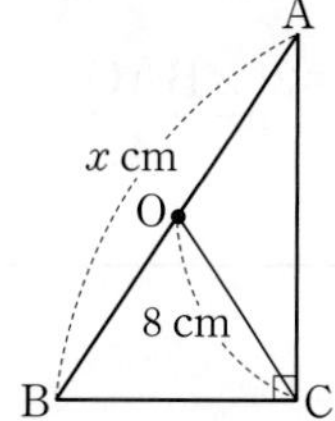

$\overline{OA}=\overline{OB}=\overline{OC}$야!

15 따라해

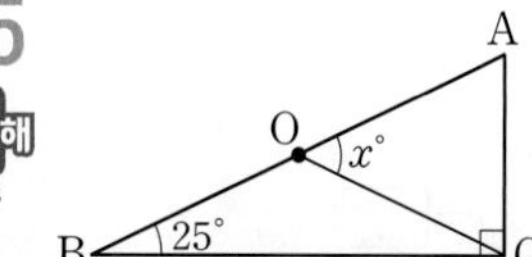

점 O가 직각삼각형 ABC의 외심이므로

$\triangle OBC$는 $\overline{OB}=□$인 이등변삼각형이다.

$\angle OCB=\angle OBC=□^\circ$이므로

$\angle AOC=\angle OBC+\angle OCB=25^\circ+□^\circ=□^\circ$ $\therefore x=□$

16

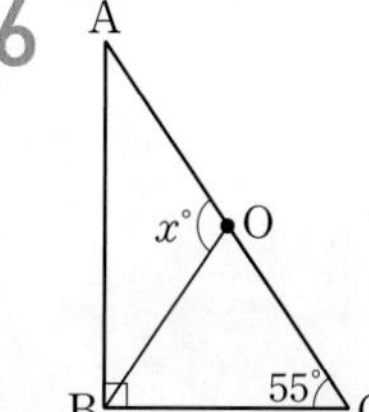

02
VISUAL 연산

삼각형의 외심의 활용

다음 그림에서 점 O가 △ABC의 외심일 때, ∠x의 크기를 구해 보자.

(1)

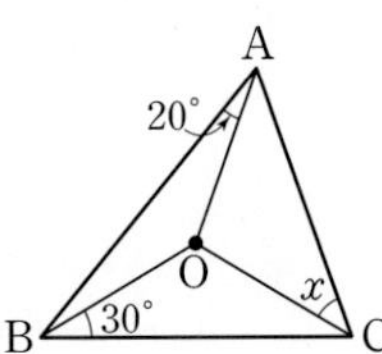

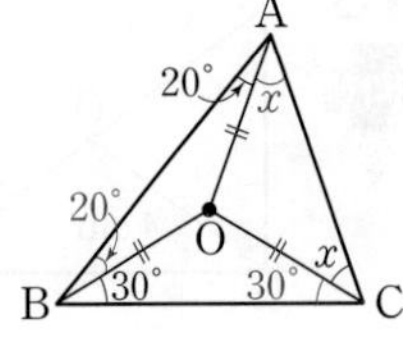

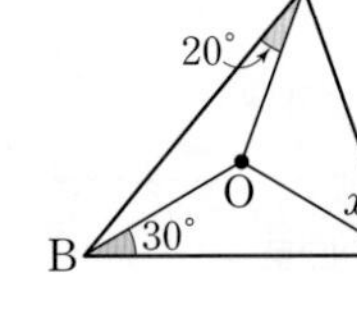

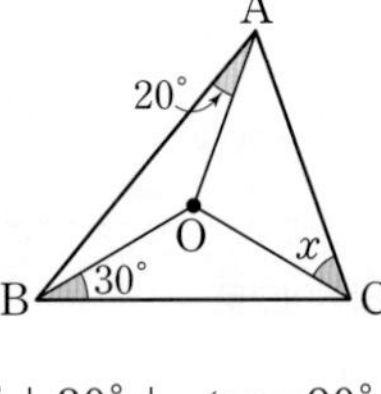

$2(20^\circ+30^\circ+\angle x)=180^\circ$ → $\angle A+\angle B+\angle C=180^\circ$

$20^\circ+30^\circ+\angle x=90^\circ$

$\therefore \angle x=40^\circ$

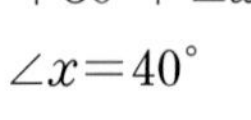

(2)

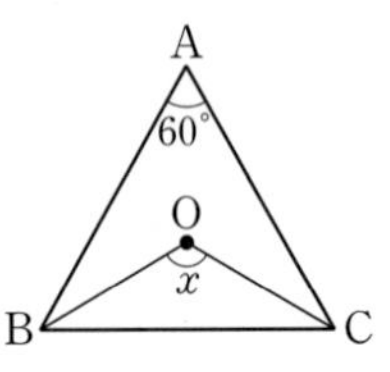

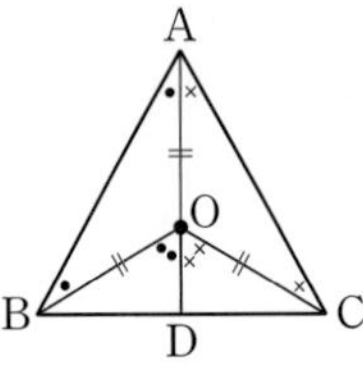

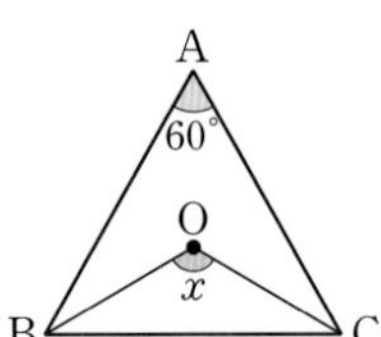

$\angle x=2(\angle BAO+\angle CAO)$ → $\angle A$

$\angle x=2\times 60^\circ=120^\circ$

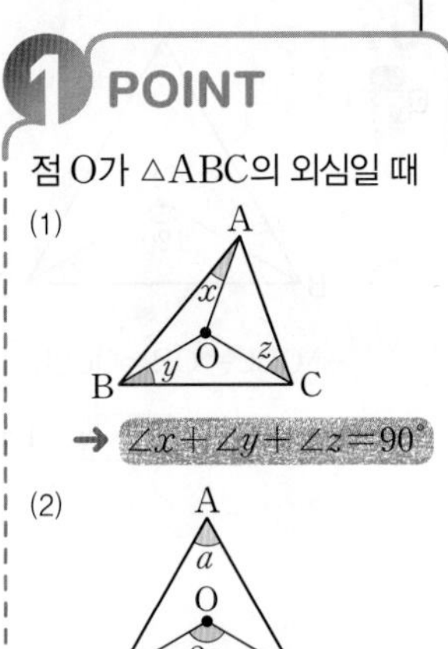
POINT
점 O가 △ABC의 외심일 때
(1)
→ ∠x+∠y+∠z=90°
(2)
→ ∠BOC=2∠A

다음 그림에서 점 O가 △ABC의 외심일 때, ∠x의 크기를 구하시오.

01

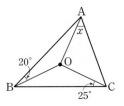

따라해

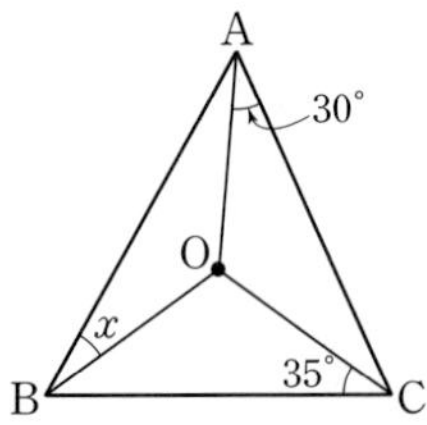

$\angle x+35^\circ+30^\circ=\square^\circ$ $\therefore \angle x=\square^\circ$

02

03

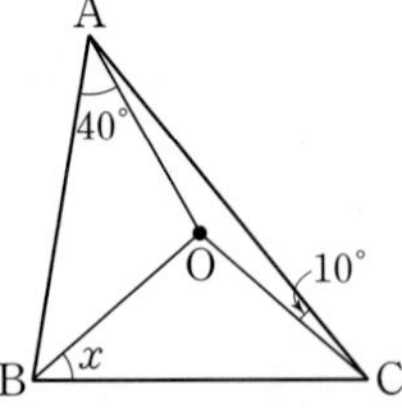

04

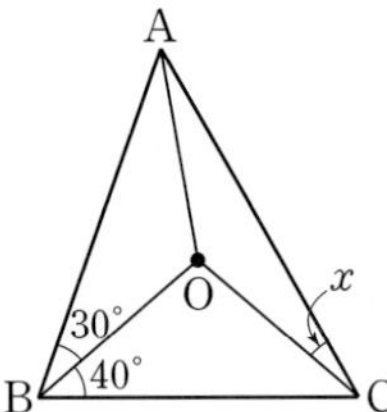

05

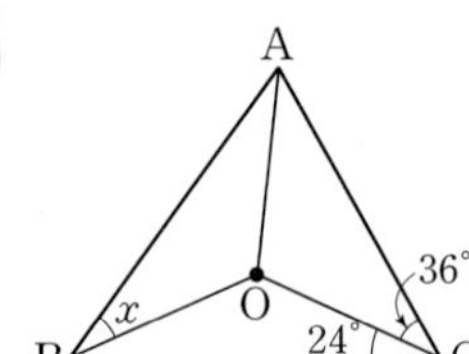

06

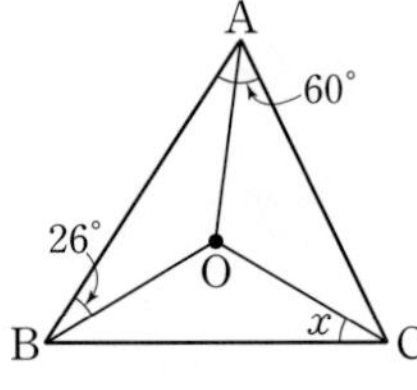

∠OAB=∠OBA야!

다음 그림에서 점 O가 $\triangle ABC$의 외심일 때, $\angle x$의 크기를 구하시오.

07 따라해

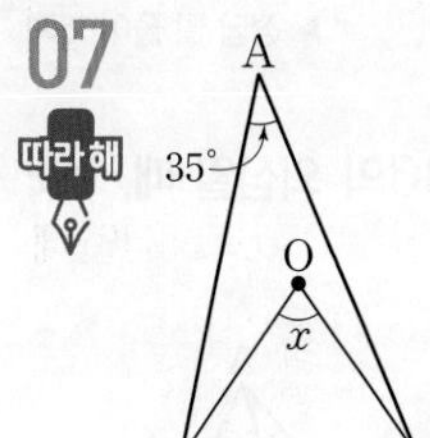

$\angle x=\square\angle A=\square\times 35^\circ=\square^\circ$

08

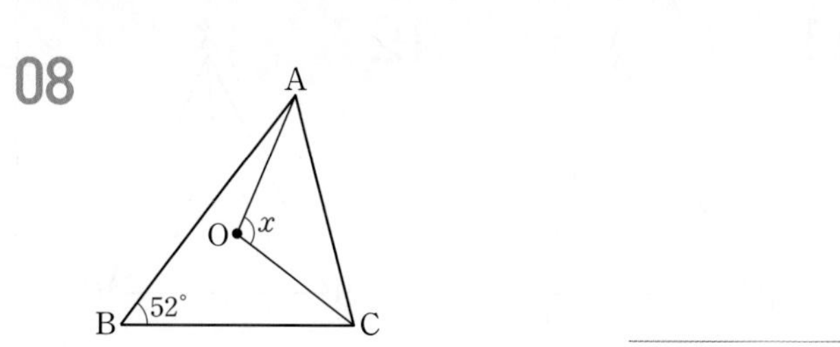

09 따라해

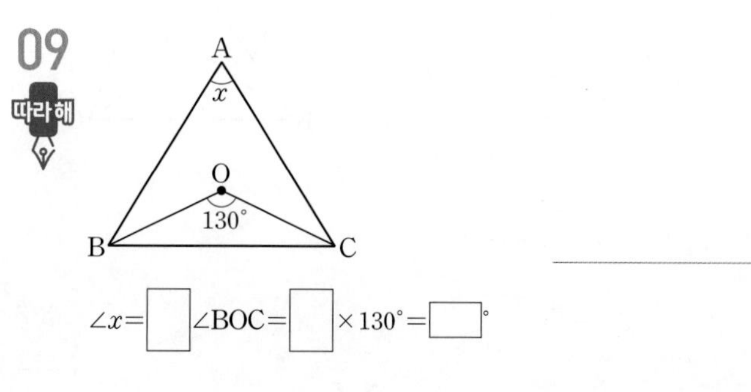

$\angle x=\square\angle BOC=\square\times 130^\circ=\square^\circ$

10

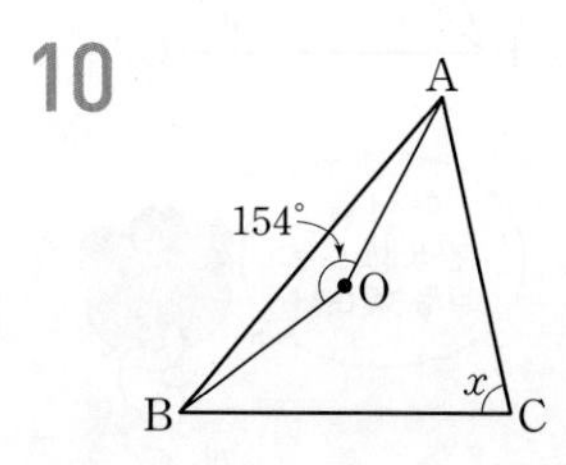

11

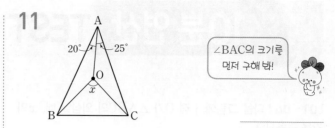

$\angle BAC$의 크기를 먼저 구해 봐!

12

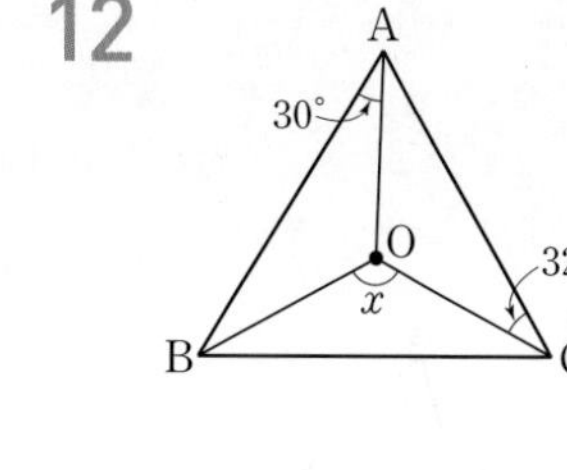

13 따라해

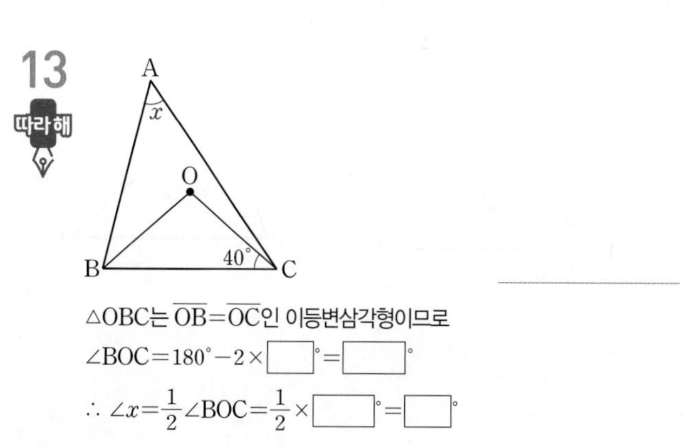

$\triangle OBC$는 $\overline{OB}=\overline{OC}$인 이등변삼각형이므로

$\angle BOC=180^\circ-2\times\square^\circ=\square^\circ$

$\therefore \angle x=\frac{1}{2}\angle BOC=\frac{1}{2}\times\square^\circ=\square^\circ$

14

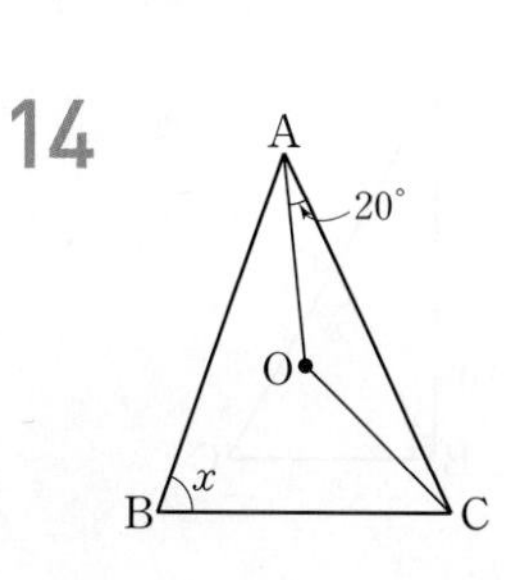

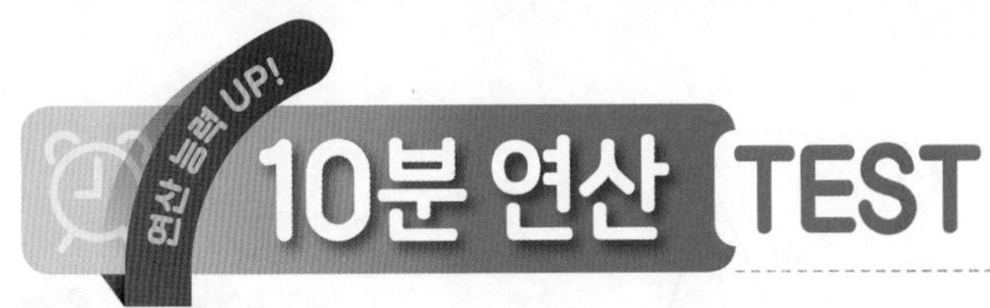

▶ 정답 및 풀이 15쪽

[01 ~ 06] 다음 그림에서 점 O가 △ABC의 외심일 때, x의 값을 구하시오.

01
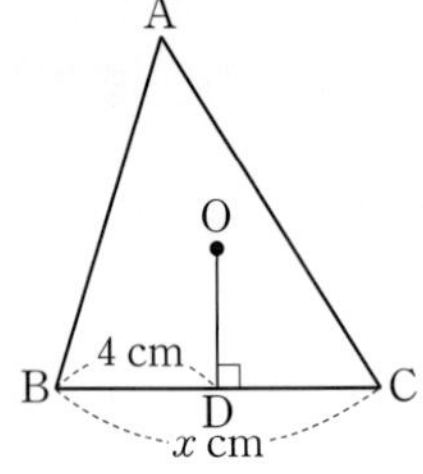

02
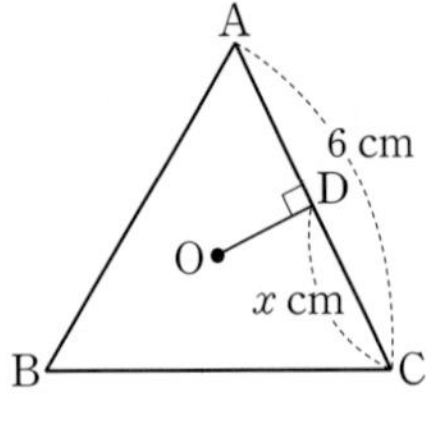

03
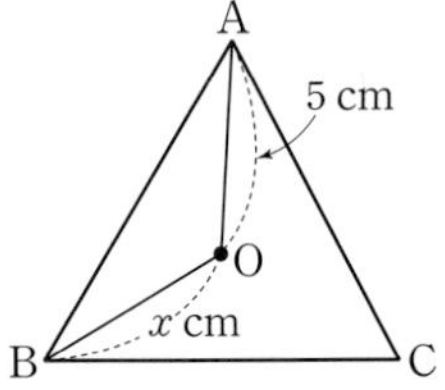

04
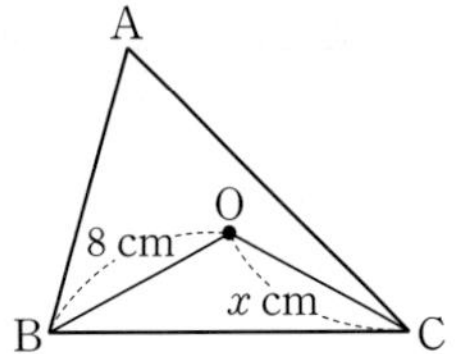

05
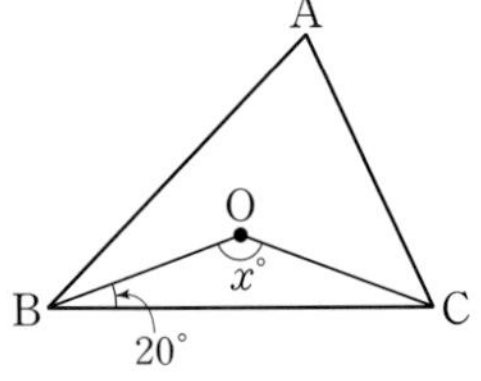

06
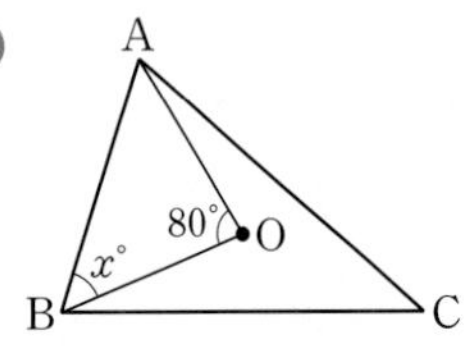

[07 ~ 08] 다음 그림에서 점 O가 직각삼각형 ABC의 빗변의 중점일 때, x의 값을 구하시오.

07
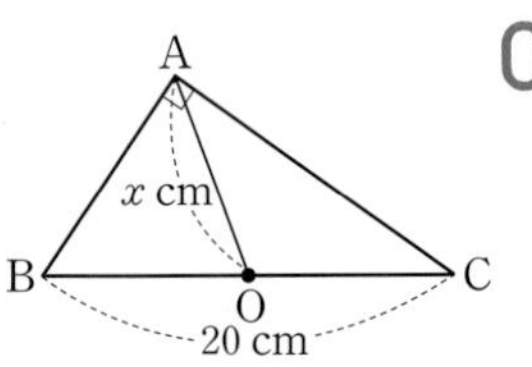

08
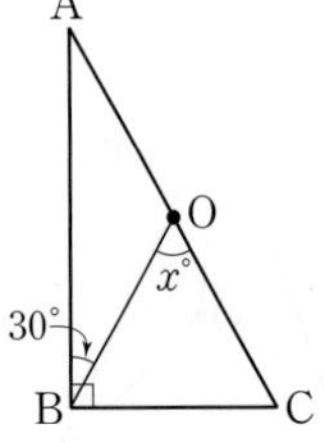

[09 ~ 16] 다음 그림에서 점 O가 △ABC의 외심일 때, $\angle x$의 크기를 구하시오.

09
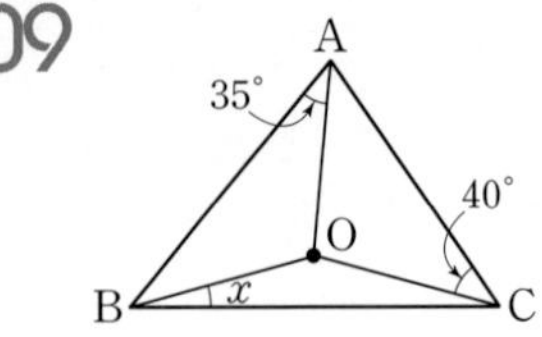

10
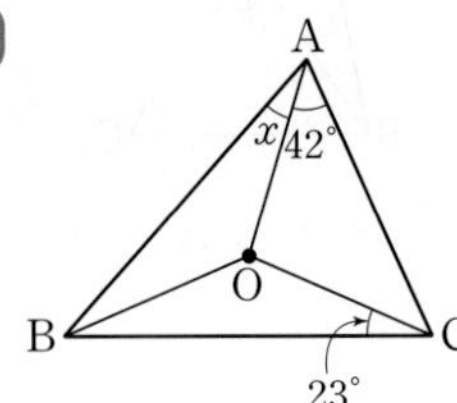

11
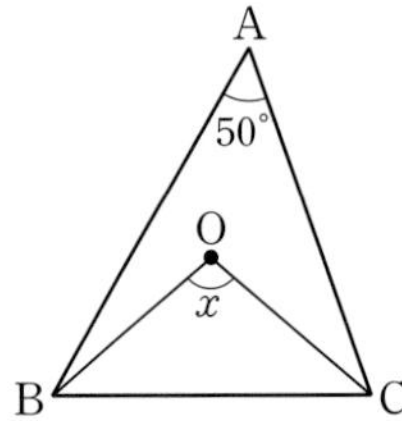

12
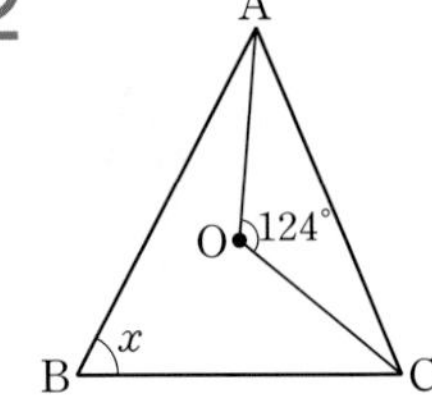

13
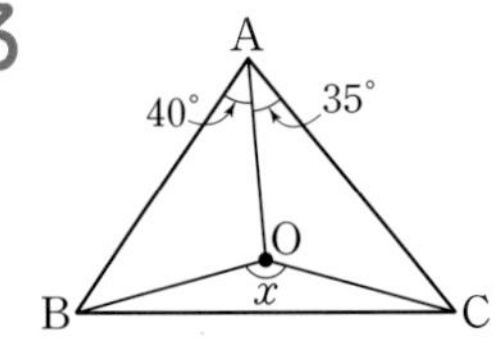

14
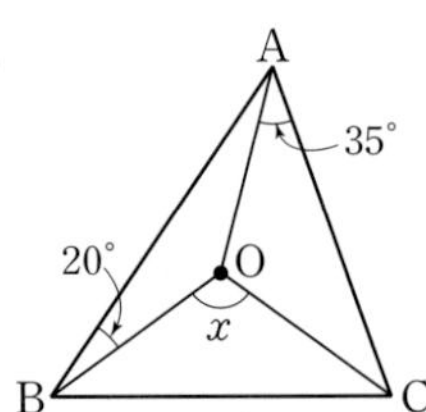

15
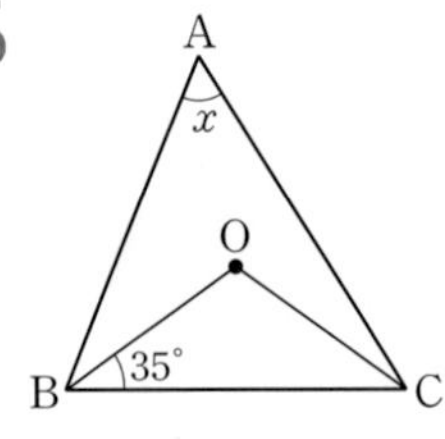

16
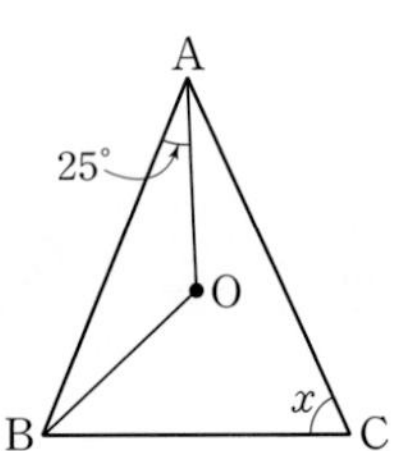

맞힌 개수 개/16개
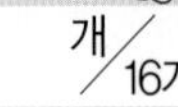

삼각형의 내심

삼각형의 내심

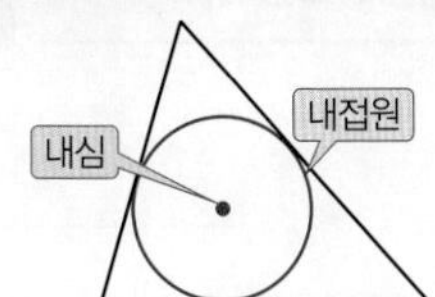

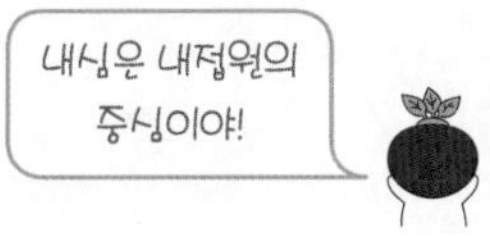

삼각형의 내심의 성질

(1) 세 내각의 이등분선은 한 점에서 만난다. (↑ 내심)

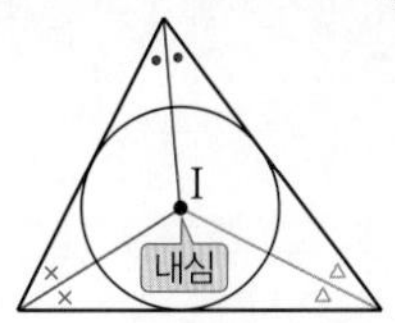

(2) 내심에서 세 변에 이르는 거리는 모두 같다.

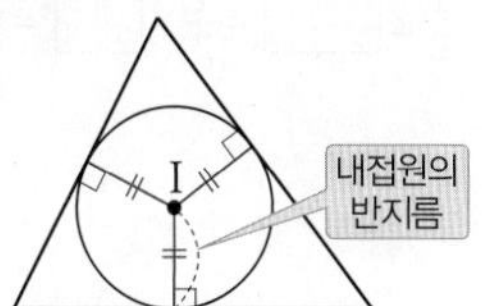

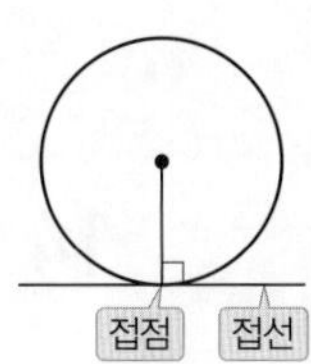

참고 원과 직선이 한 점에서 만날 때, 이 직선은 원에 접한다고 한다. 이때 이 직선을 원의 접선이라 하고, 접선이 원과 만나는 점을 접점이라 한다.

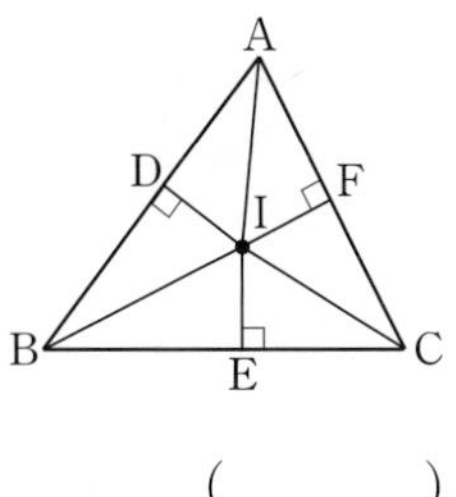

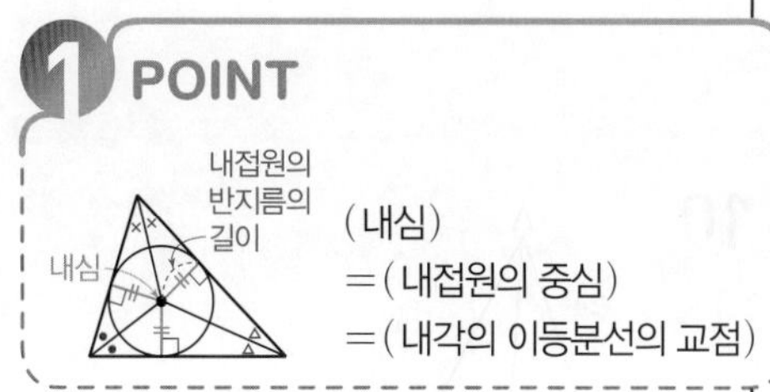

POINT

(내심)
=(내접원의 중심)
=(내각의 이등분선의 교점)

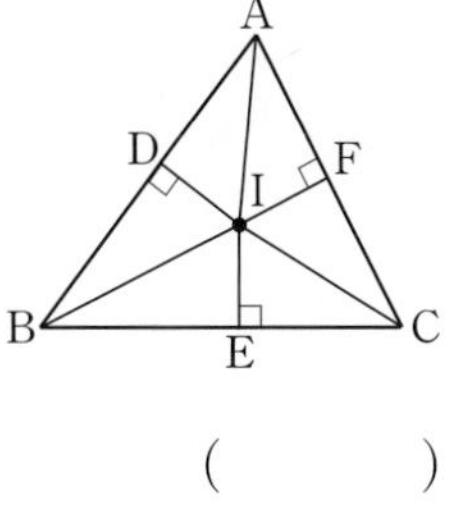

오른쪽 그림에서 점 I가 △ABC의 내심일 때, 다음 중 옳은 것에는 ○표, 옳지 않은 것에는 ×표를 하시오.

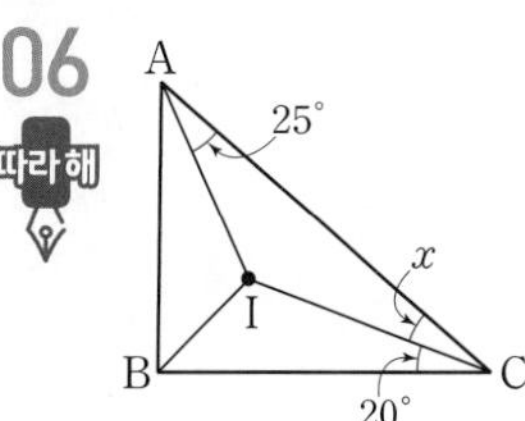

01 $\overline{AD}=\overline{BD}$ (　　)

02 $\overline{ID}=\overline{IE}=\overline{IF}$ (　　)

03 $\overline{IA}=\overline{IB}=\overline{IC}$ (　　)

04 $\angle IAD=\angle IAF$ (　　)

05 $\triangle IBD\equiv\triangle IBE$ (　　)

다음 그림에서 점 I가 △ABC의 내심일 때, $\angle x$의 크기를 구하시오.

06 따라해

A, 25°, x, I, B, C, 20°

삼각형의 내심은 삼각형의 세 내각의 [　　] 의 교점이므로

$\angle ICA=\angle$[　　]　∴ $\angle x=$[　　]°

07

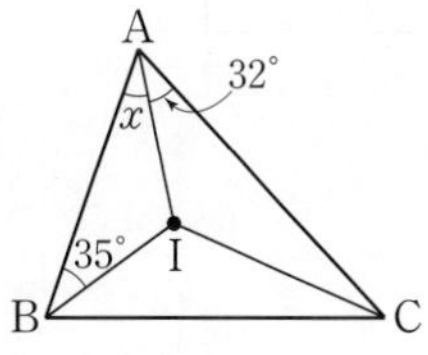

A, 32°, x, 35°, I, B, C

08

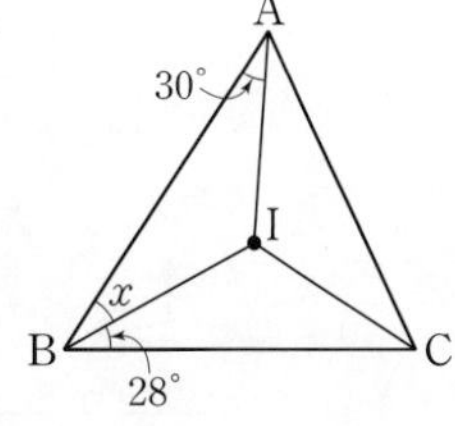

09

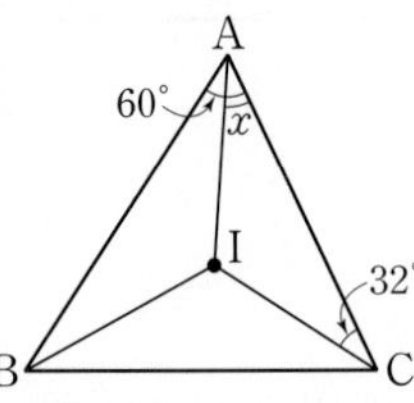

$\angle IAC = \angle$ ☐ 이므로

$\angle x = \frac{1}{2}\angle$ ☐ $= \frac{1}{2} \times$ ☐$° =$ ☐$°$

10

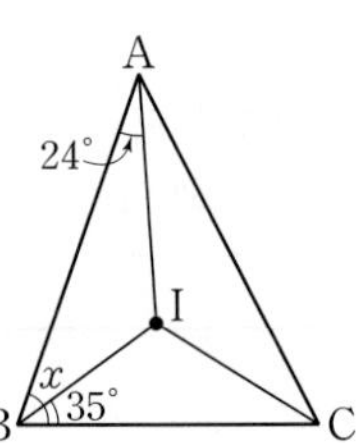

11

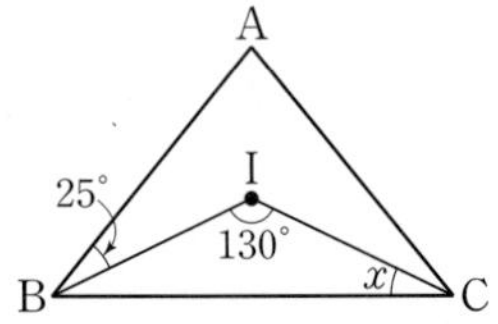

$\angle IBC = \angle IBA =$ ☐$°$이므로

$\triangle IBC$에서 $\angle x = 180° - (130° +$ ☐$°) =$ ☐$°$

12

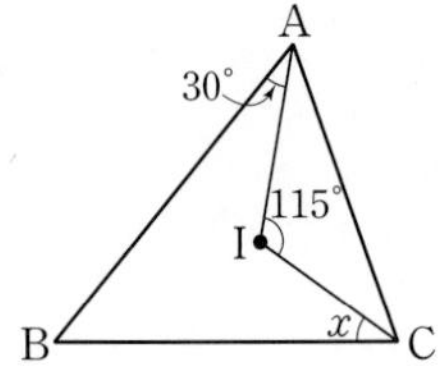

다음 그림에서 점 I가 $\triangle ABC$의 내심일 때, x의 값을 구하시오.

13

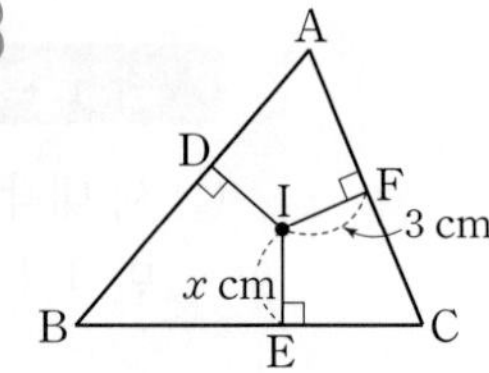

삼각형의 내심에서 세 변에 이르는 거리는 모두 같아!

14

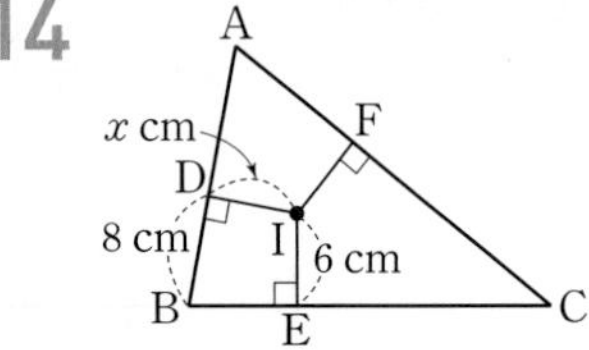

15

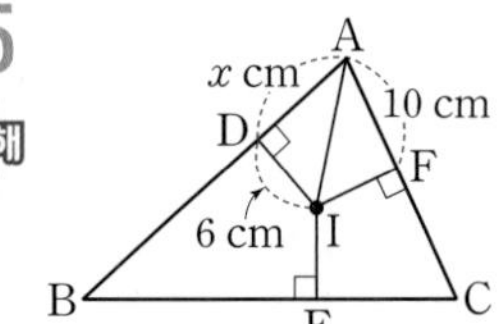

$\triangle IAD \equiv \triangle$ ☐ (RHA 합동)이므로

$\overline{AD} =$ ☐ $\therefore x =$ ☐

16

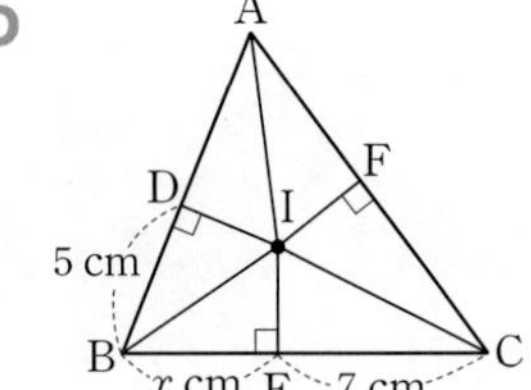

삼각형의 내심의 활용

다음 그림에서 점 I가 △ABC의 내심일 때, ∠x의 크기를 구해 보자.

(1)

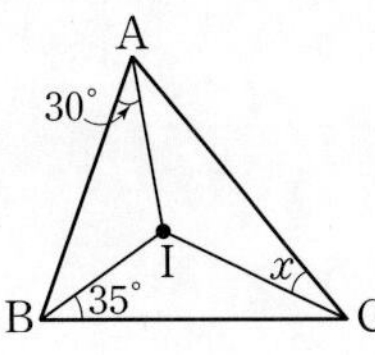

→

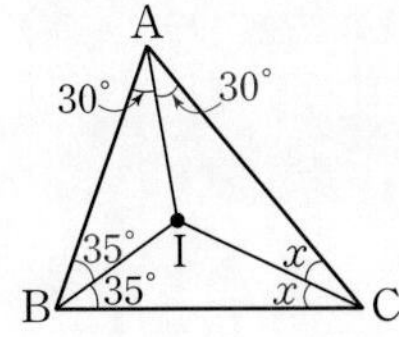

$2(30^\circ+35^\circ+\angle x)=180^\circ$

→ $\angle A+\angle B+\angle C=180^\circ$

→

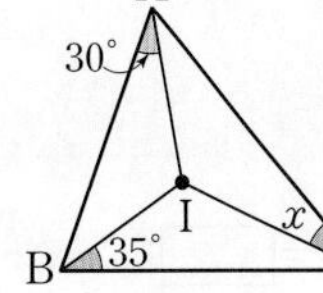

$30^\circ+35^\circ+\angle x=90^\circ$

$\therefore \angle x=25^\circ$

(2)

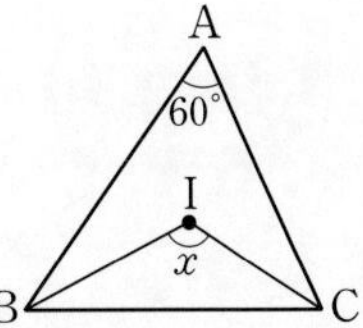

→

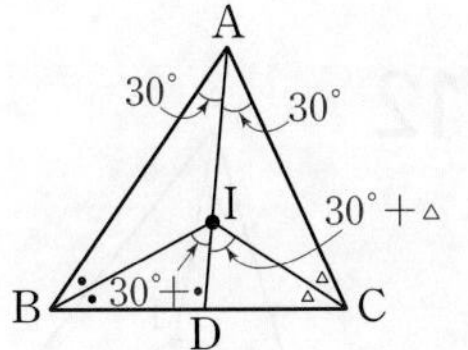

$\angle x=(30^\circ+\bullet)+(\triangle+30^\circ)$

→ 90° → $\frac{1}{2}\angle A$

→

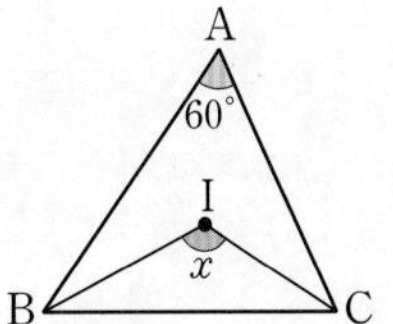

$\angle x=90^\circ+30^\circ=120^\circ$

POINT

점 I가 △ABC의 내심일 때

(1)

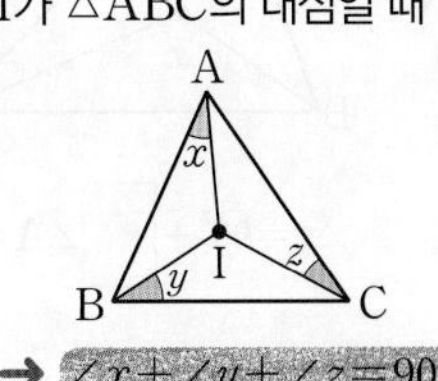

→ $\angle x+\angle y+\angle z=90^\circ$

(2)

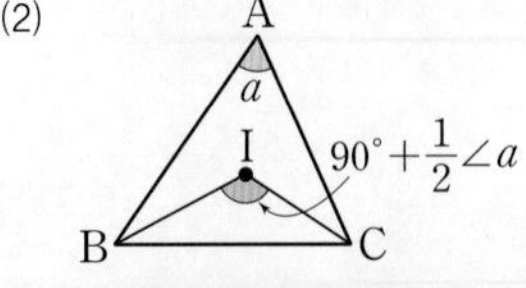

→ $\angle BIC=90^\circ+\frac{1}{2}\angle A$

다음 그림에서 점 I가 △ABC의 내심일 때, ∠x의 크기를 구하시오.

01

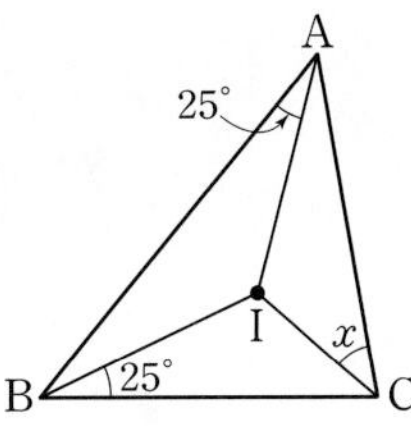

$25^\circ+25^\circ+\angle x=$ □° $\quad\therefore \angle x=$ □°

02

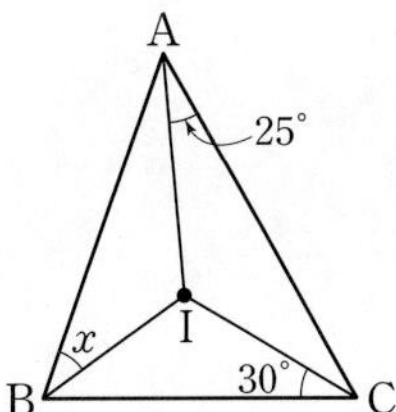

03

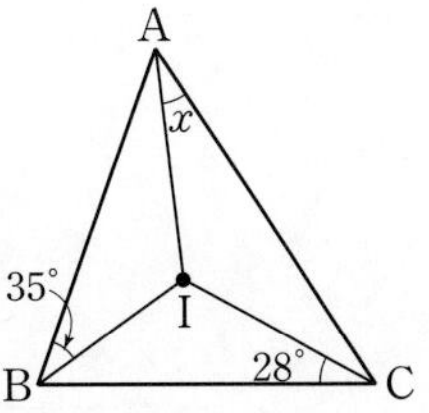

04

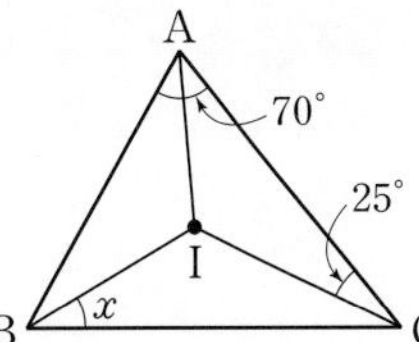

$\angle BAI=\frac{1}{2}\angle BAC$야!

05

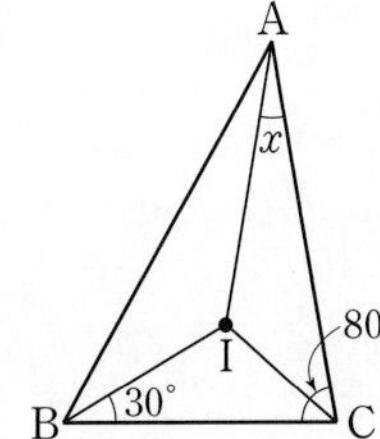

06

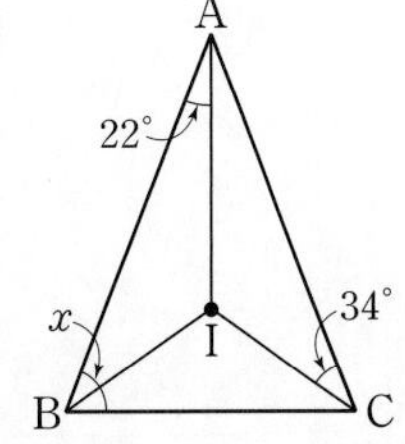

 다음 그림에서 점 I가 △ABC의 내심일 때, $\angle x$의 크기를 구하시오.

07 따라해

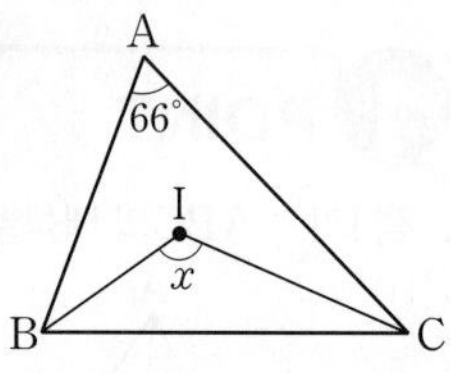

$\angle x = 90^\circ + \square\angle A = 90^\circ + \square \times 66^\circ = \square^\circ$

08

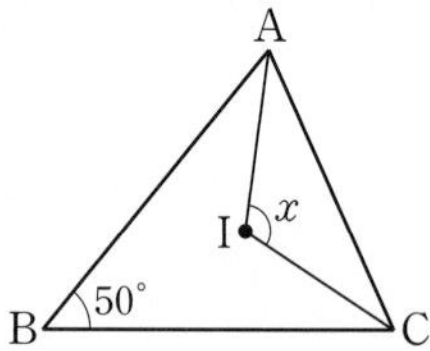

09 따라해

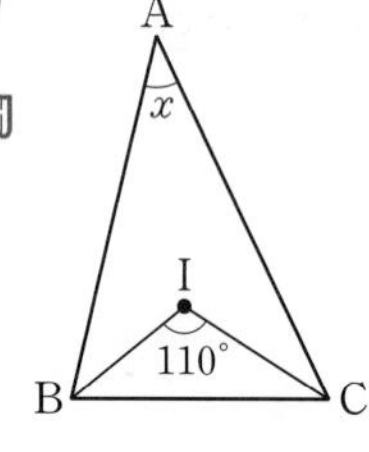

$90^\circ + \frac{1}{2}\angle x = \square^\circ \qquad \therefore \angle x = \square^\circ$

10

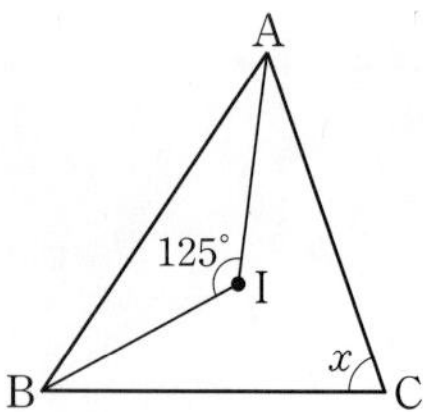

11

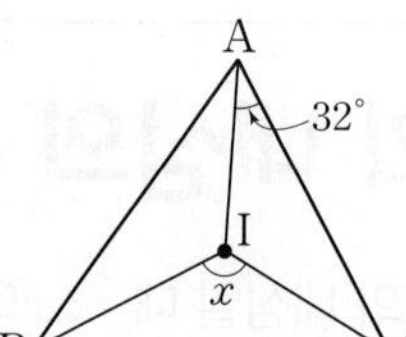

12

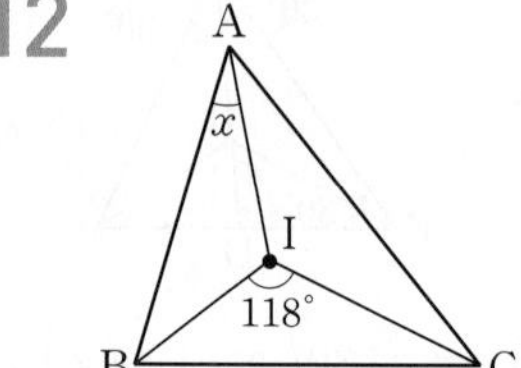

13 따라해

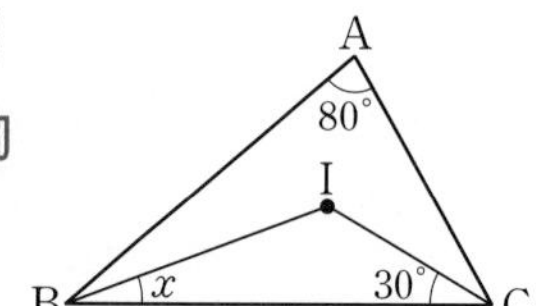

$\angle BIC = 90^\circ + \frac{1}{2} \times \square^\circ = \square^\circ$

△IBC에서 $\angle x = 180^\circ - (\square^\circ + 30^\circ) = \square^\circ$

14

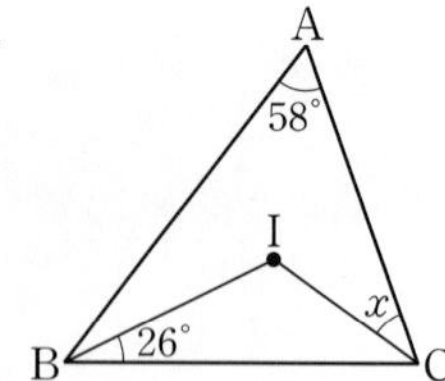

삼각형의 내심과 내접원

다음 그림에서 점 I가 △ABC의 내심이고 △ABC의 내접원의 반지름의 길이가 3 cm일 때, △ABC의 넓이를 구해 보자.

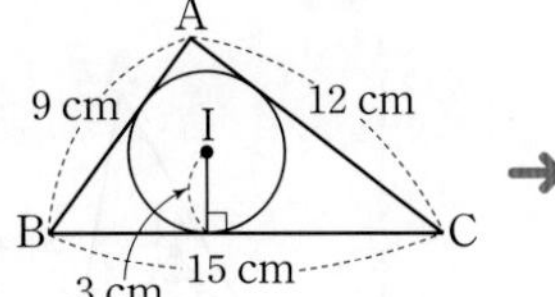

→

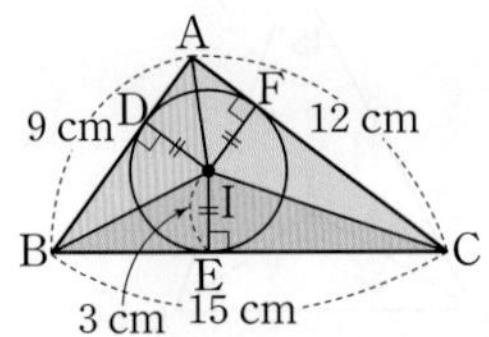

→

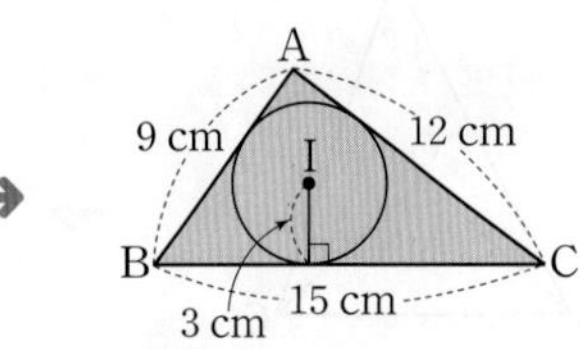

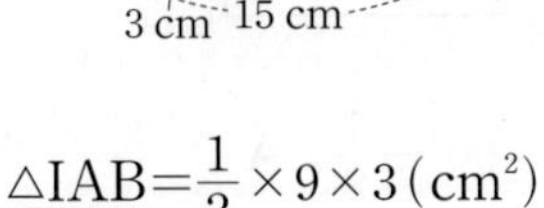

$\triangle IAB=\frac{1}{2}\times 9\times 3\,(\text{cm}^2)$

$\triangle IBC=\frac{1}{2}\times 15\times 3\,(\text{cm}^2)$

$\triangle ICA=\frac{1}{2}\times 12\times 3\,(\text{cm}^2)$

$\triangle ABC$
$=\triangle IAB+\triangle IBC+\triangle ICA$
$=\frac{1}{2}\times 3\times(9+15+12)$
$=54\,(\text{cm}^2)$

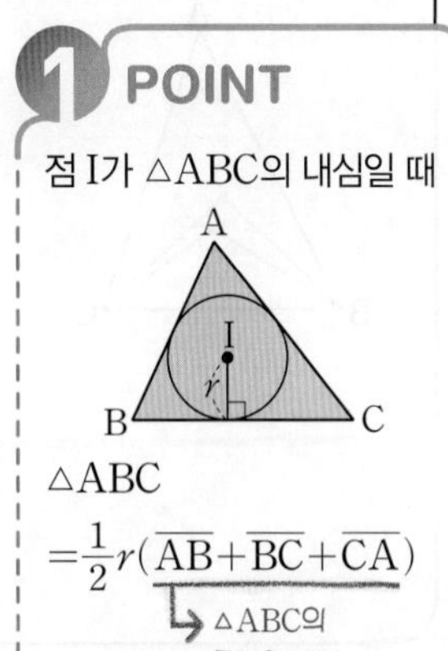

$\triangle ABC$
$=\frac{1}{2}r(\overline{AB}+\overline{BC}+\overline{CA})$
↳ △ABC의 둘레의 길이

다음 그림에서 점 I가 △ABC의 내심일 때, △ABC의 넓이를 구하시오.

01

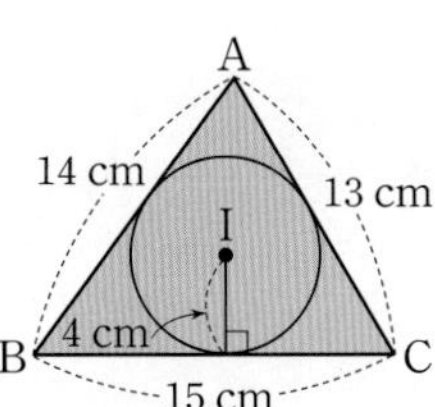

$\triangle ABC=\frac{1}{2}\times 4\times(14+\square+13)=\square\,(\text{cm}^2)$

02

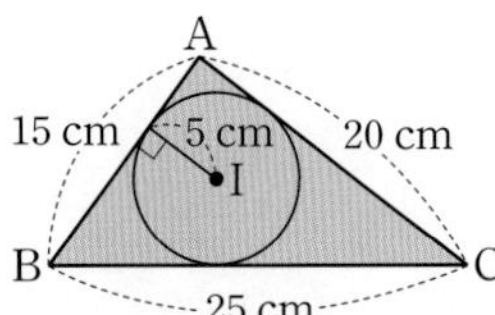

아래 그림에서 점 I는 △ABC의 내심이고 △ABC의 넓이가 다음과 같을 때, △ABC의 둘레의 길이를 구하시오.

03 $\triangle ABC=22\text{ cm}^2$

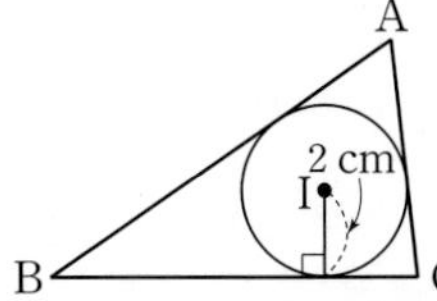

$\triangle ABC=\frac{1}{2}\times\square\times(\overline{AB}+\overline{BC}+\overline{CA})=\square\,(\text{cm}^2)$

$\therefore \overline{AB}+\overline{BC}+\overline{CA}=\square\,(\text{cm})$

04 $\triangle ABC=48\text{ cm}^2$

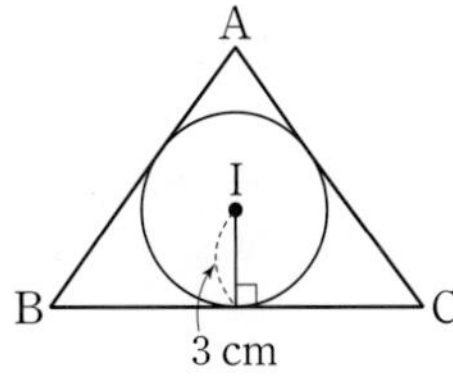

다음 그림에서 점 I가 △ABC의 내심일 때, 내접원의 반지름의 길이를 구하시오.

05

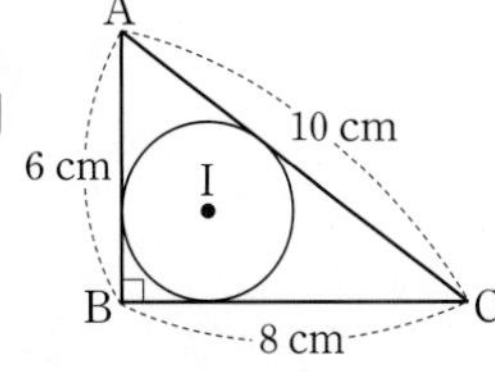

$\triangle ABC=\frac{1}{2}\times 8\times\square=\square\,(\text{cm}^2)$

△ABC의 내접원의 반지름의 길이를 r cm라 하면

$\triangle ABC=\frac{1}{2}\times r\times(6+\square+10)=\square r\,(\text{cm}^2)$

즉, $\square r=\square$이므로 $r=\square$

06

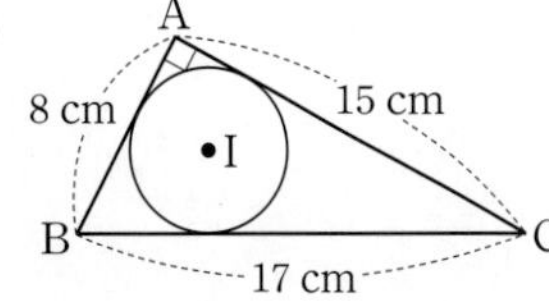

▶ 정답 및 풀이 17쪽

삼각형의 외심과 내심

다음 그림에서 두 점 O, I가 각각 △ABC의 외심과 내심일 때, ∠BOC, ∠BIC의 크기를 각각 구해 보자.

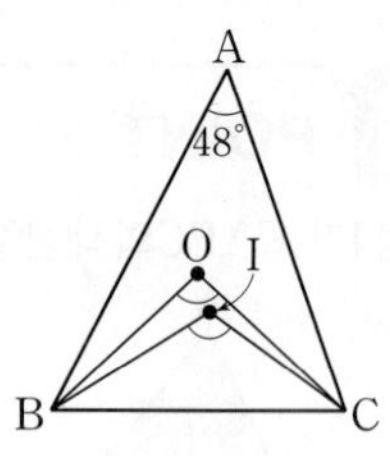

➜

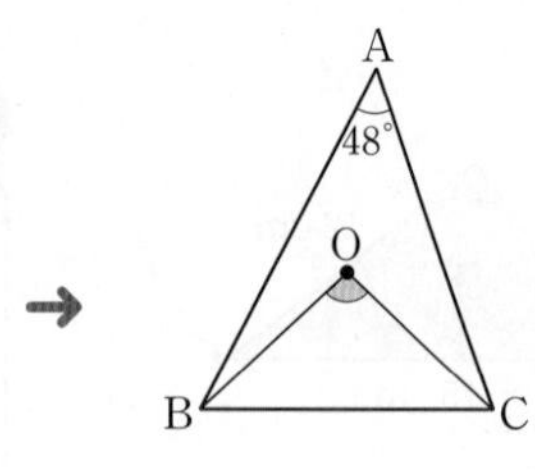

$\angle BOC = 2\angle A$
$= 2\times 48° = 96°$

➜

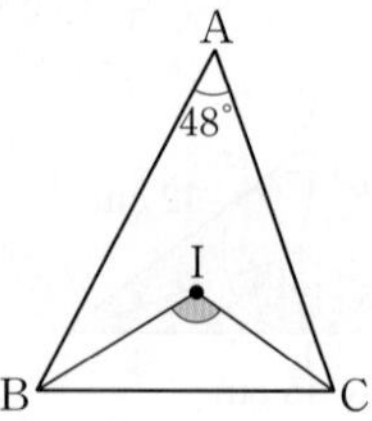

$\angle BIC = 90° + \frac{1}{2}\angle A$
$= 90° + \frac{1}{2}\times 48° = 114°$

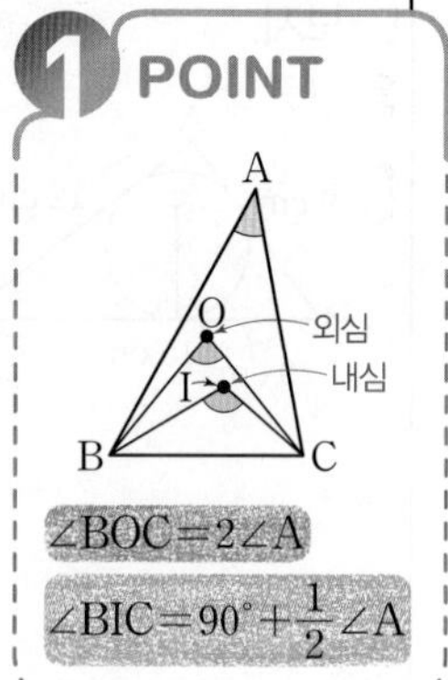

$\angle BOC = 2\angle A$

$\angle BIC = 90° + \frac{1}{2}\angle A$

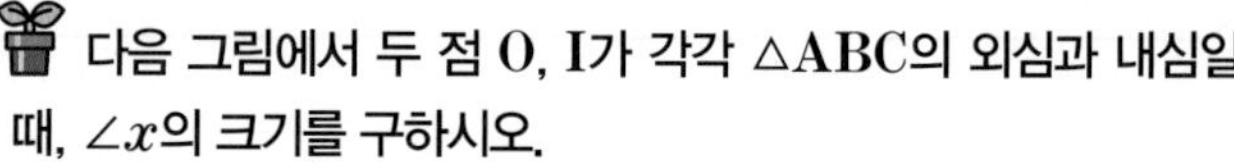

다음 그림에서 두 점 O, I가 각각 △ABC의 외심과 내심일 때, $\angle x$, $\angle y$의 크기를 각각 구하시오.

01

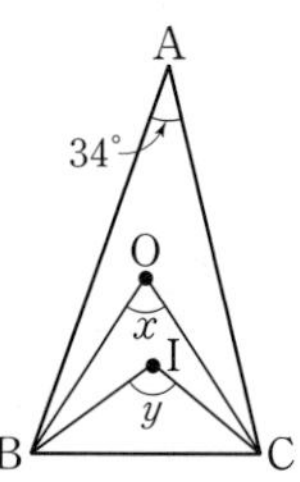

점 O는 △ABC의 외심이므로

$\angle x = 2\angle A = 2\times$ ☐ $° =$ ☐ $°$

점 I는 △ABC의 내심이므로

$\angle y =$ ☐ $° + \frac{1}{2}\angle A =$ ☐ $° + \frac{1}{2}\times$ ☐ $°$

$=$ ☐ $°$

02

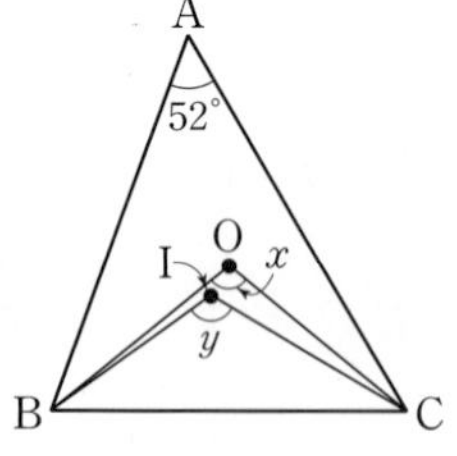

다음 그림에서 두 점 O, I가 각각 △ABC의 외심과 내심일 때, $\angle x$의 크기를 구하시오.

03

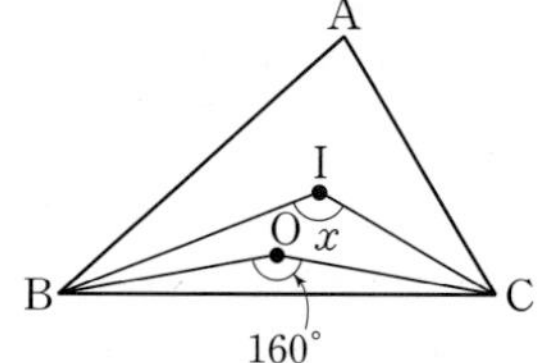

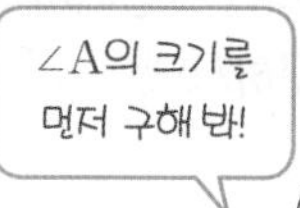

04

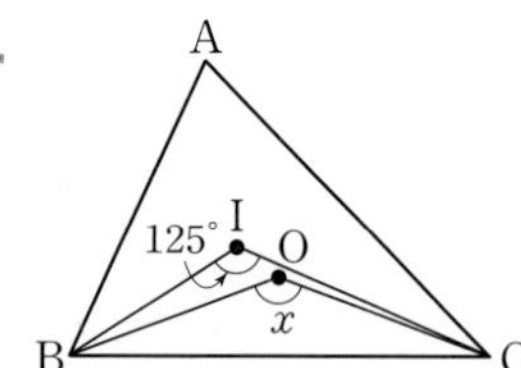

05

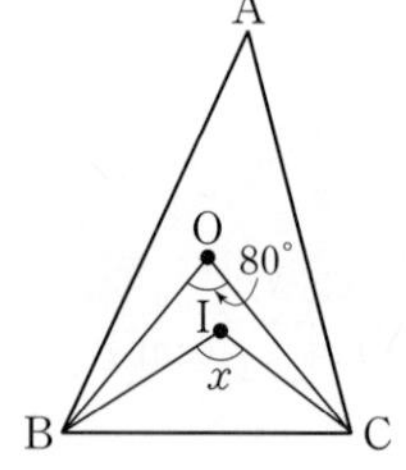

▶ 정답 및 풀이 17쪽

[01 ~ 06] 다음 그림에서 점 I가 $\triangle ABC$의 내심일 때, x의 값을 구하시오.

01

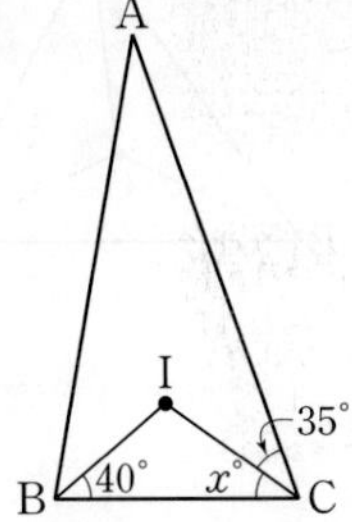

02

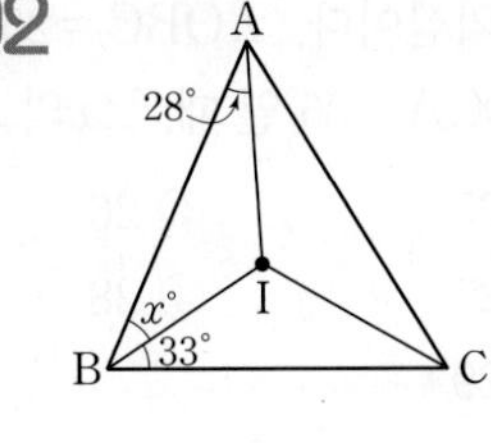

03

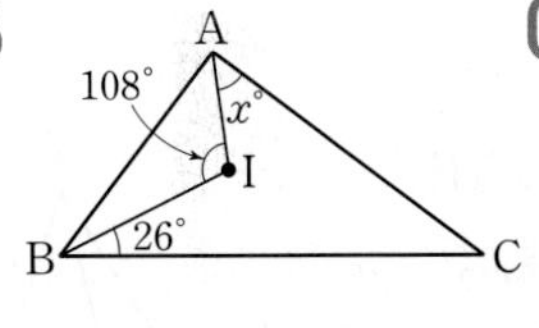

04

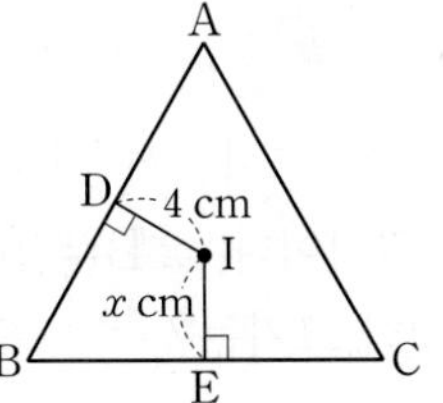

05

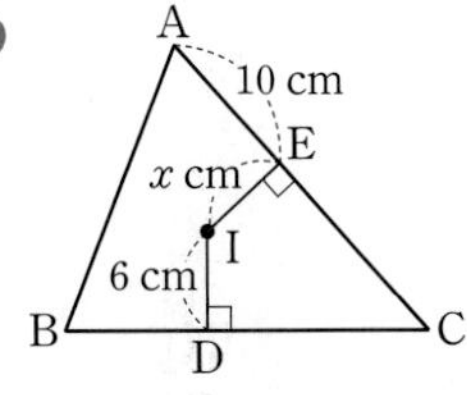

06

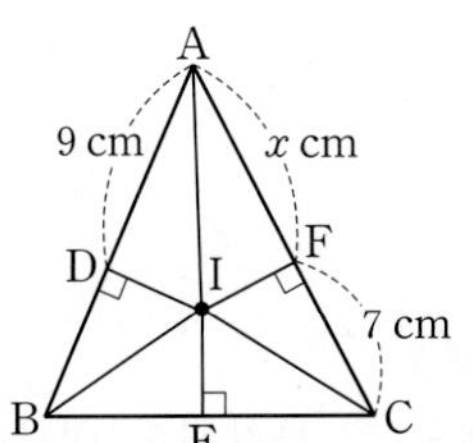

[07 ~ 12] 다음 그림에서 점 I가 $\triangle ABC$의 내심일 때, $\angle x$의 크기를 구하시오.

07

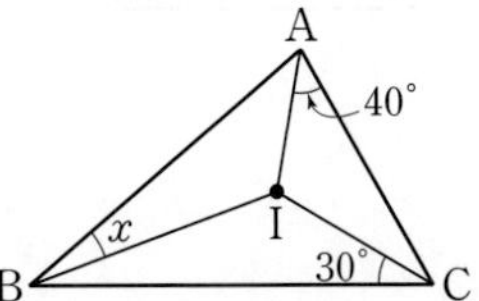

08

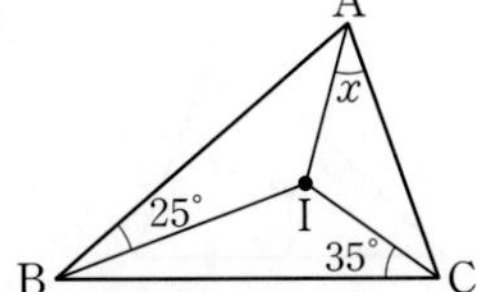

09

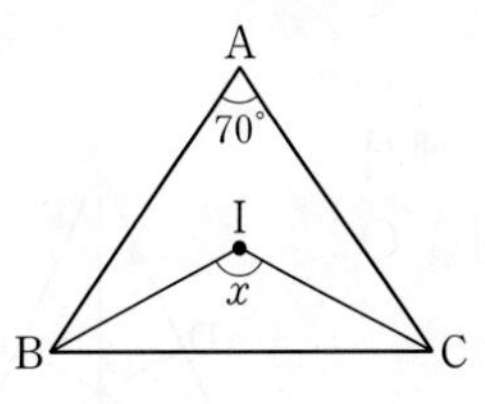

10

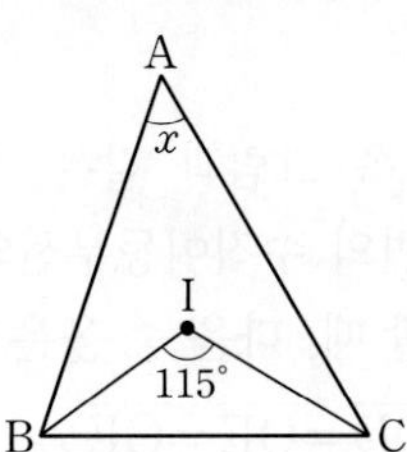

11

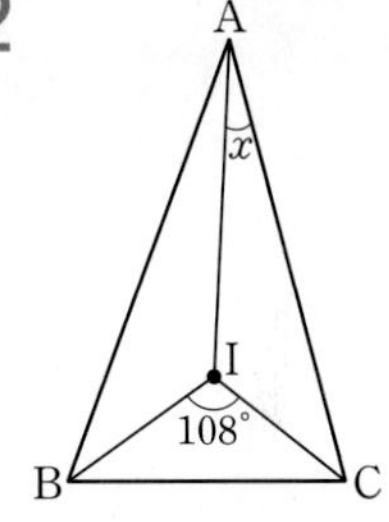

12

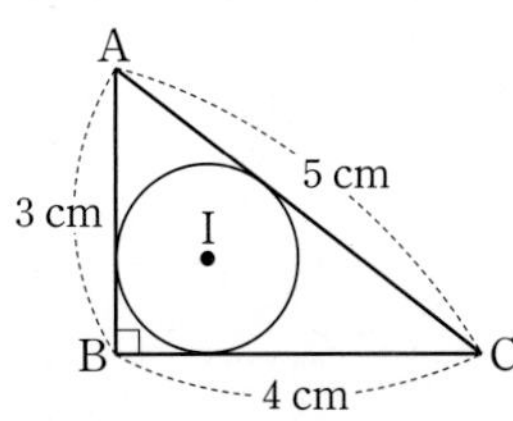

13 오른쪽 그림에서 점 I가 $\angle B=90°$인 직각삼각형 ABC의 내심일 때, 내접원의 반지름의 길이를 구하시오.

A
5 cm
3 cm
I
B
C
4 cm

14 오른쪽 그림에서 두 점 O, I가 각각 $\triangle ABC$의 외심과 내심일 때, $\angle x$, $\angle y$의 크기를 각각 구하시오.

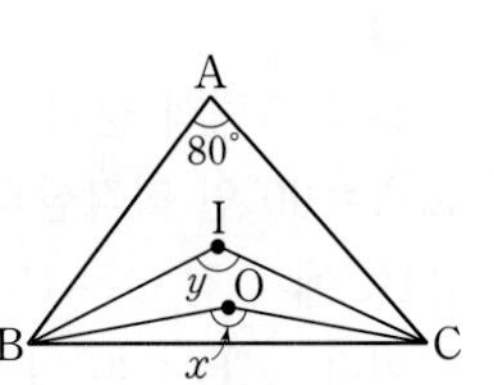

한 번 더
연산테스트는
부록 4쪽에서

맞힌 개수 개/14개

학교 시험 미리보기!

학교 시험 PREVIEW

01

오른쪽 그림과 같은 △ABC에서 세 변의 수직이등분선의 교점을 O라 할 때, 다음 중 옳은 것은?

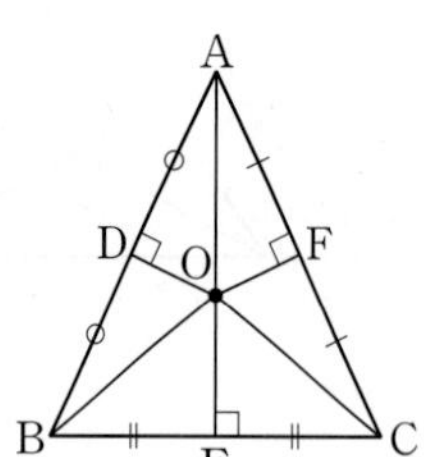

① $\overline{OD}=\overline{OE}=\overline{OF}$
② $\angle OAD=\angle OAF$
③ $\overline{AD}=\overline{AF}$
④ △AOD≡△BOD
⑤ △COE≡△COF

02

다음 중 외심이 항상 삼각형의 외부에 있는 것은?

① 직각삼각형 ② 예각삼각형
③ 둔각삼각형 ④ 이등변삼각형
⑤ 정삼각형

03

오른쪽 그림과 같이 $\angle A=90°$인 직각삼각형 ABC에서 점 O는 $\overline{BC}$의 중점이다. $\angle B=30°$일 때, $\angle x$의 크기는?

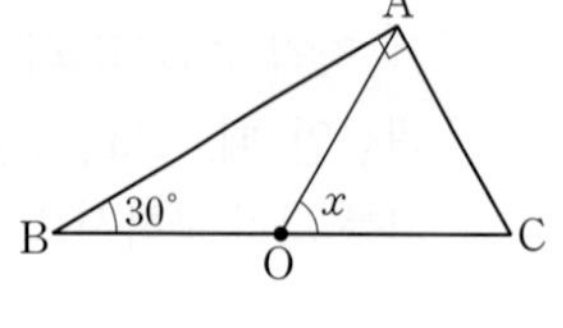

① 50° ② 55° ③ 60°
④ 65° ⑤ 70°

04

오른쪽 그림에서 점 O는 △ABC의 외심이다. $\angle OBC=25°$, $\angle OCA=36°$일 때, $\angle x$의 크기는?

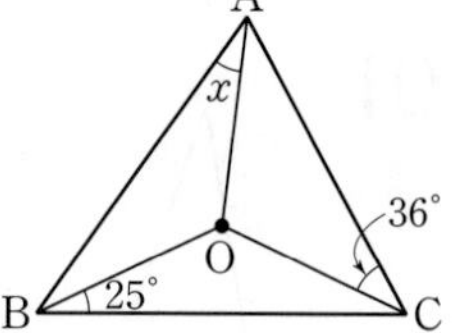

① 25° ② 26°
③ 27° ④ 28°
⑤ 29°

05 80% 출제율

오른쪽 그림에서 점 O는 △ABC의 외심이다. $\angle B=56°$일 때, $\angle x$의 크기는?

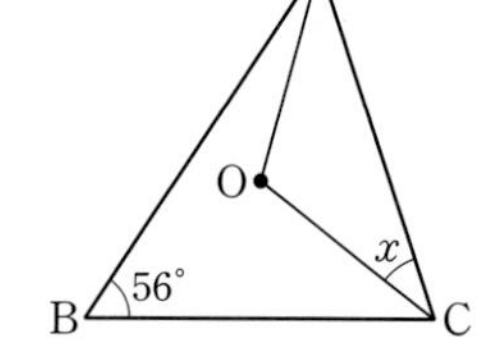

① 30° ② 32°
③ 34° ④ 36°
⑤ 38°

06

다음 중 삼각형의 내부에서 세 선분이 만나는 점이 삼각형의 내심인 것은?

①

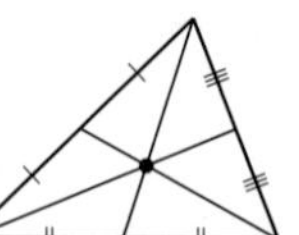

②

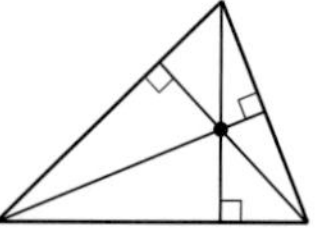

③

④
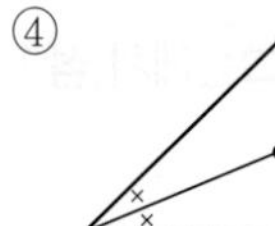

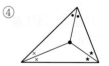

⑤
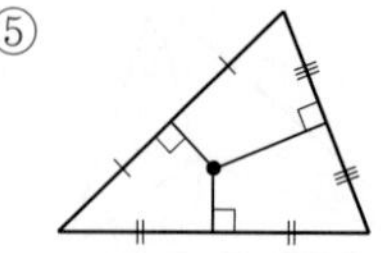

▶ 정답 및 풀이 18쪽

07 실수 ✓ 주의

오른쪽 그림에서 점 I가 △ABC의 내심일 때, 다음 **보기** 중 옳은 것을 모두 고른 것은?

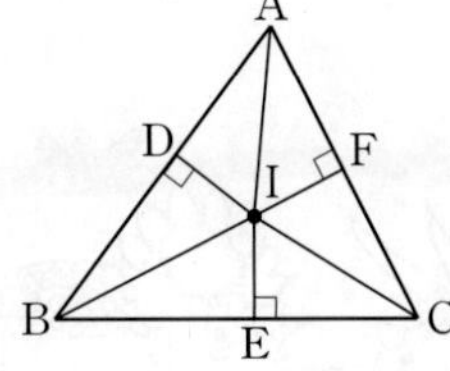

보기

ㄱ. $\overline{AF}=\overline{CF}$ ㄴ. $\overline{IE}=\overline{IF}$

ㄷ. $\angle ICE=\angle ICF$ ㄹ. $\triangle BIE\equiv\triangle CIE$

① ㄱ, ㄴ ② ㄱ, ㄹ ③ ㄴ, ㄷ
④ ㄴ, ㄹ ⑤ ㄷ, ㄹ

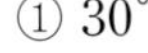

08

오른쪽 그림에서 점 I는 △ABC의 내심이다. $\angle IAB=24°$, $\angle IBA=31°$일 때, $\angle x$의 크기는?

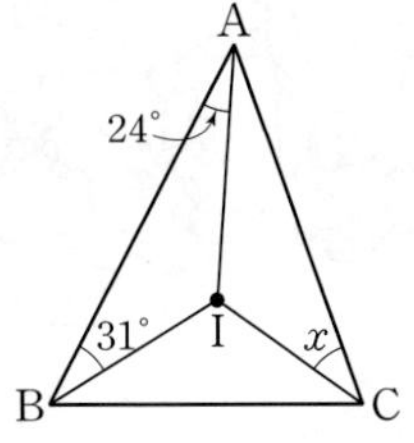

① 30° ② 32°
③ 35° ④ 38°
⑤ 40°

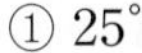

09

오른쪽 그림에서 점 I는 △ABC의 내심이다. $\angle BIC=120°$일 때, $\angle x$의 크기는?

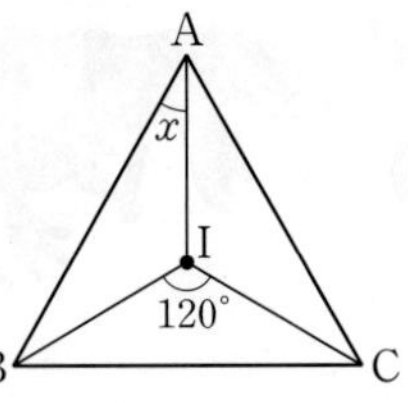

① 25° ② 30°
③ 35° ④ 40°
⑤ 45°

10

오른쪽 그림에서 점 I는 △ABC의 내심이다. $\overline{AB}=\overline{AC}=10$ cm, $\overline{BC}=12$ cm이고 △ABC의 넓이가 48 cm²일 때, 내접원의 반지름의 길이는?

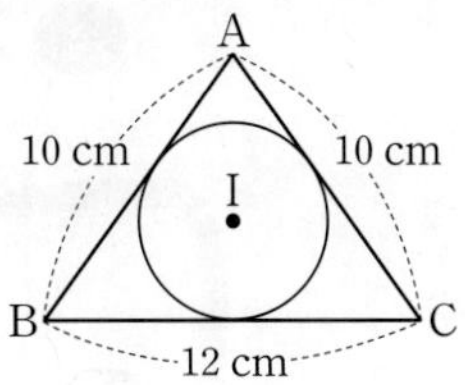

① 2 cm ② $\frac{5}{2}$ cm ③ 3 cm
④ $\frac{7}{2}$ cm ⑤ 4 cm

11 80% 출제율

오른쪽 그림에서 두 점 O, I는 각각 △ABC의 외심과 내심이다. $\angle BOC=72°$일 때, $\angle BIC$의 크기는?

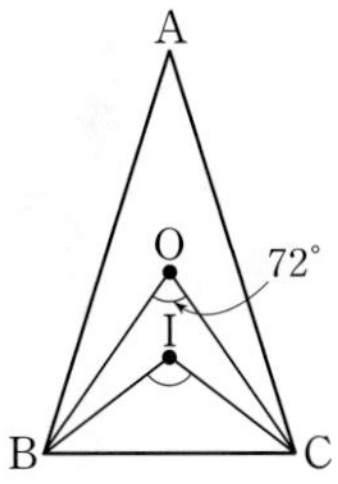

① 100° ② 102°
③ 104° ④ 106°
⑤ 108°

12 서술형

오른쪽 그림에서 점 I는 $\angle C=90°$인 직각삼각형 ABC의 내심이다. $\overline{AB}=13$ cm, $\overline{BC}=12$ cm, $\overline{CA}=5$ cm일 때, △ABC의 내접원의 넓이를 구하시오.

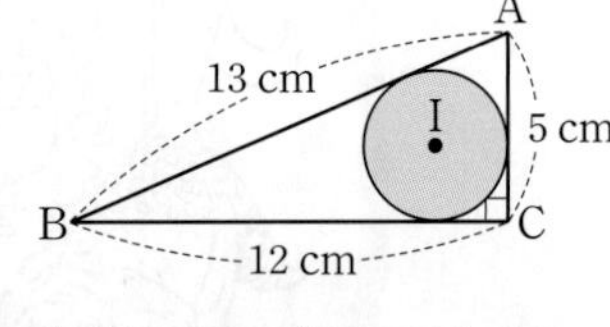

채점 기준 1 △ABC의 내접원의 반지름의 길이 구하기

채점 기준 2 △ABC의 내접원의 넓이 구하기

같은 그림이 몇 개나 있을까?

개	개	개	개	개

개수는 차례대로 7, 15, 8, 10, 12

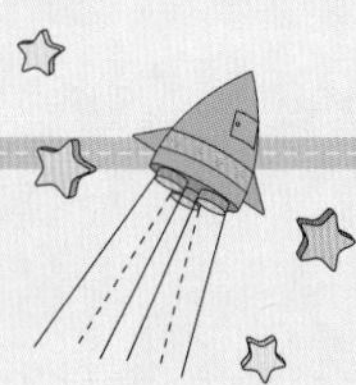

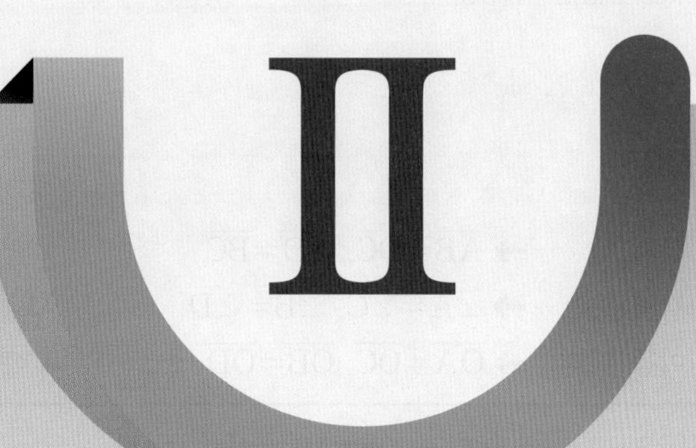

Ⅱ 사각형의 성질

사각형의 성질을 배우고 나면 초등학교에서 배운 평행사변형의 성질을 알 수 있고, 여러 가지 사각형의 성질과 그 사이의 관계를 이해할 수 있어요. 도형의 성질을 탐구하는 경험은 수학적 소양을 기르는 데 도움이 되지요.

Ⅱ-1 평행사변형

01 평행사변형

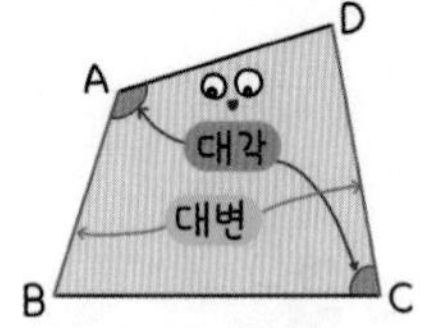

(1) 사각형 ABCD를 기호로 □**ABCD**와 같이 나타낸다.

참고 사각형에서 서로 마주 보는 변을 대변, 서로 마주 보는 각을 대각이라 한다.

(2) **평행사변형 :** 두 쌍의 대변이 각각 평행한 사각형

→ $\overline{AB}/\!/\overline{DC}$, $\overline{AD}/\!/\overline{BC}$

02 평행사변형의 성질

(1) 두 쌍의 대변의 길이는 각각 같다. → $\overline{AB}=\overline{DC}$, $\overline{AD}=\overline{BC}$

(2) 두 쌍의 대각의 크기는 각각 같다. → $\angle A=\angle C$, $\angle B=\angle D$

(3) 두 대각선은 서로 다른 것을 이등분한다. → $\overline{OA}=\overline{OC}$, $\overline{OB}=\overline{OD}$ ← 두 대각선의 교점을 O라 하자.

(1) 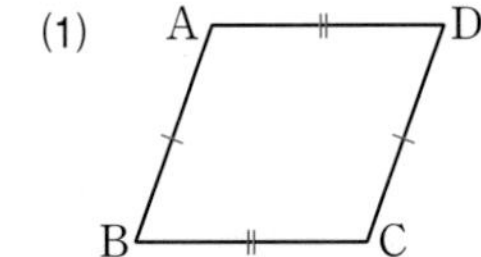

(2) 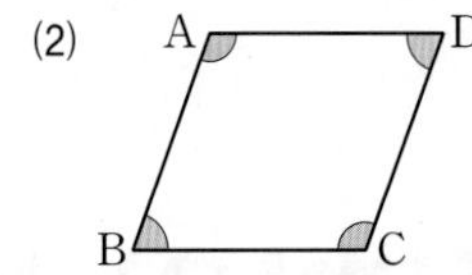

(3) 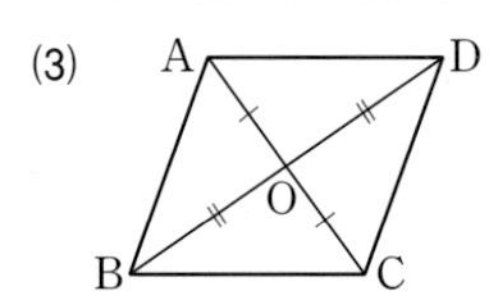

참고 평행사변형에서 이웃하는 두 내각의 크기의 합은 180°이다. → $\angle A+\angle B=\angle B+\angle C=\angle C+\angle D=\angle D+\angle A=180°$

03 평행사변형이 되는 조건

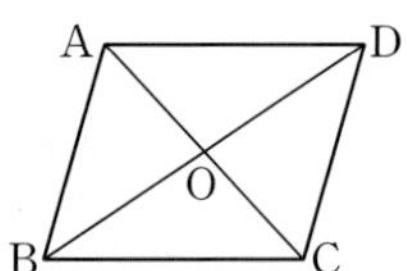

다음의 어느 한 조건을 만족시키는 사각형은 평행사변형이다.

(1) 두 쌍의 대변이 각각 평행하다. → $\overline{AB}/\!/\overline{DC}$, $\overline{AD}/\!/\overline{BC}$

(2) 두 쌍의 대변의 길이가 각각 같다. → $\overline{AB}=\overline{DC}$, $\overline{AD}=\overline{BC}$

(3) 두 쌍의 대각의 크기가 각각 같다. → $\angle A=\angle C$, $\angle B=\angle D$

(4) 두 대각선이 서로 다른 것을 이등분한다. → $\overline{OA}=\overline{OC}$, $\overline{OB}=\overline{OD}$

(5) 한 쌍의 대변이 평행하고, 그 길이가 같다. → $\overline{AB}/\!/\overline{DC}$, $\overline{AB}=\overline{DC}$ ← 또는 $\overline{AD}/\!/\overline{BC}$, $\overline{AD}=\overline{BC}$

04 평행사변형과 넓이

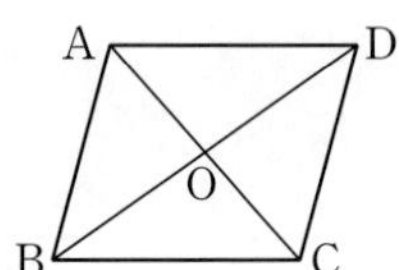

(1) 평행사변형의 넓이는 한 대각선에 의하여 이등분된다.

→ $\triangle ABC=\triangle CDA=\frac{1}{2}\square ABCD$ ← 또는 $\triangle ABD=\triangle CDB=\frac{1}{2}\square ABCD$

(2) 평행사변형의 넓이는 두 대각선에 의하여 사등분된다.

→ $\triangle ABO=\triangle BCO=\triangle CDO=\triangle DAO=\frac{1}{4}\square ABCD$

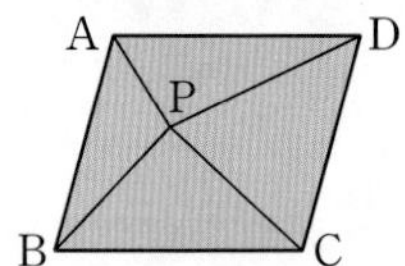

(3) 평행사변형 내부의 임의의 한 점 P에 대하여

$\triangle PAB+\triangle PCD=\triangle PBC+\triangle PDA=\frac{1}{2}\square ABCD$

평행사변형의 뜻

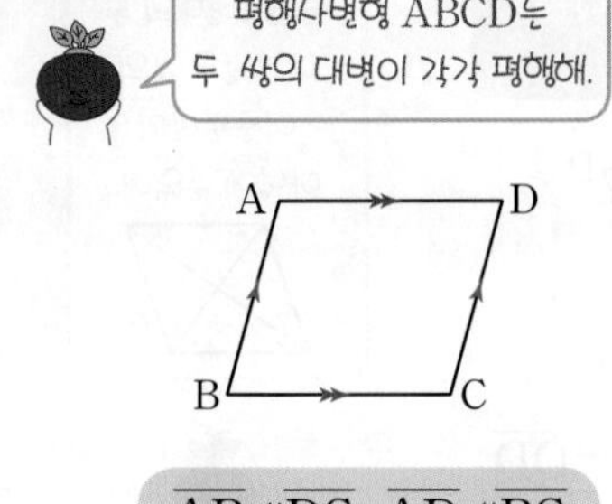

$\overline{AB} /\!/ \overline{DC}$, $\overline{AD} /\!/ \overline{BC}$

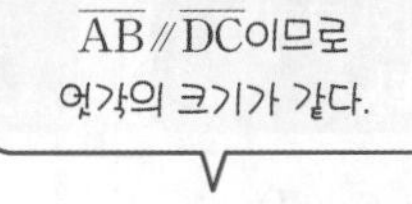

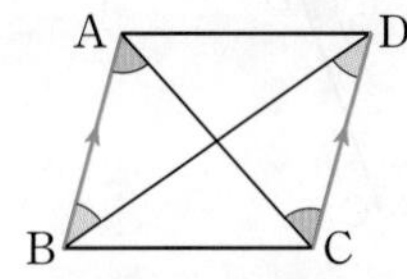

$\angle BAC = \angle DCA$
$\angle ABD = \angle CDB$

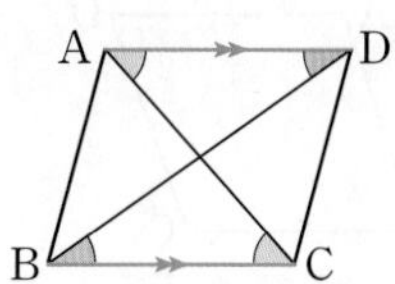

AD∥BC이므로
엇각의 크기가 같다.

$\angle DAC = \angle BCA$
$\angle ADB = \angle CBD$

다음 그림과 같은 평행사변형 ABCD에서 $\angle x$, $\angle y$의 크기를 각각 구하시오.

01

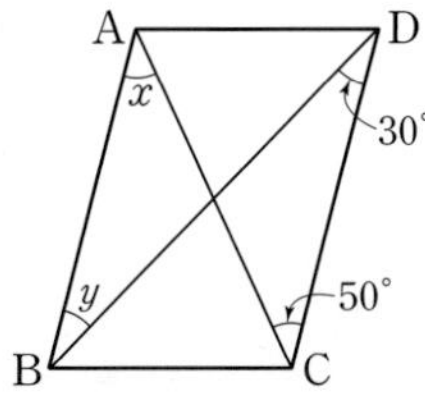

$\overline{AB} /\!/ \overline{DC}$이므로
$\angle x = \angle DCA = \square°$ (엇각), $\angle y = \angle CDB = \square°$ (엇각)

02

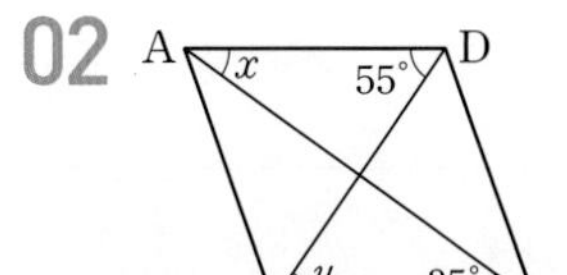

03

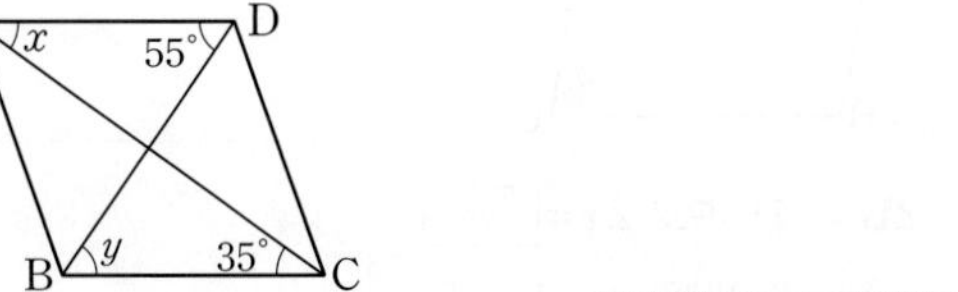

다음 그림과 같은 평행사변형 ABCD에서 $\angle x$의 크기를 구하시오. (단, 점 O는 두 대각선의 교점이다.)

04

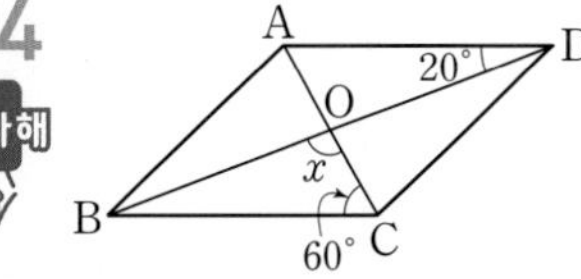

$\overline{AD} /\!/ \overline{BC}$이므로 $\angle CBD = \angle ADB = \square°$ (엇각)
$\triangle OBC$에서 $\angle x = 180° - (\square° + 60°) = \square°$

05

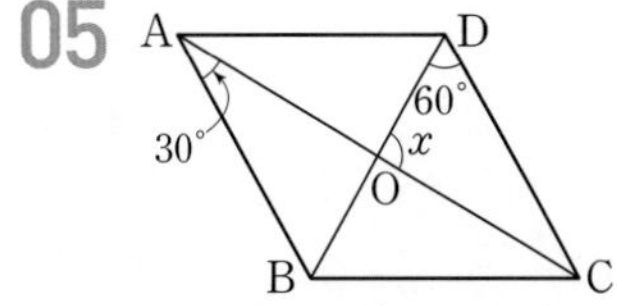

06

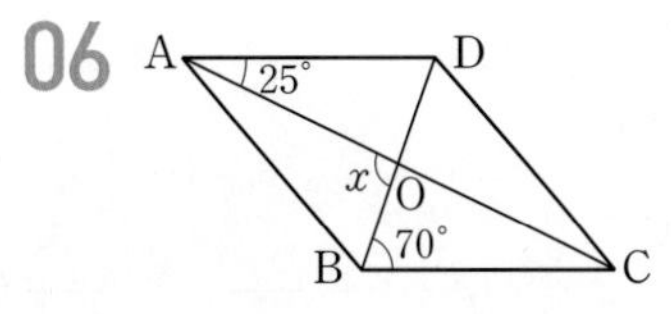

△AOD에서 외각의 성질을 이용해 봐!

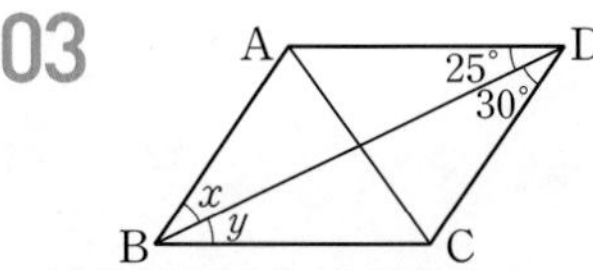

평행사변형의 성질

(1) 두 쌍의 대변의 길이는 각각 같다.

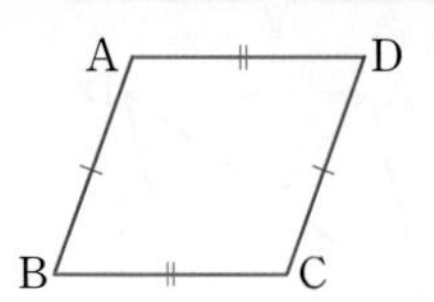

→ $\overline{AB}=\overline{DC}$, $\overline{AD}=\overline{BC}$

(2) 두 쌍의 대각의 크기는 각각 같다.

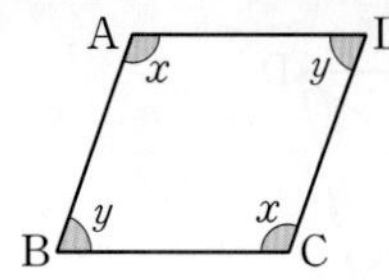

→ $\angle A=\angle C$, $\angle B=\angle D$

□ABCD의 내각의 크기의 합은 360°이므로 $\angle x+\angle y=180°$

(3) 두 대각선은 서로 다른 것을 이등분한다.

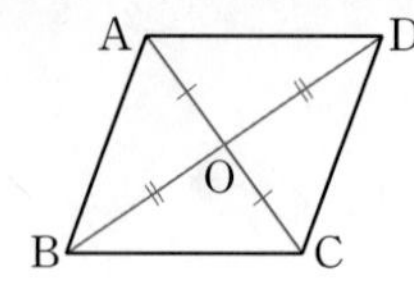

→ $\overline{OA}=\overline{OC}$, $\overline{OB}=\overline{OD}$

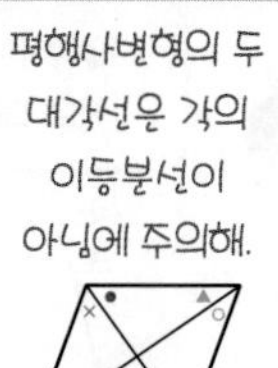

평행사변형의 두 대각선은 각의 이등분선이 아님에 주의해.

평행사변형의 성질 (1) - 두 쌍의 대변의 길이

다음 그림과 같은 평행사변형 ABCD에서 x, y의 값을 각각 구하시오.

01

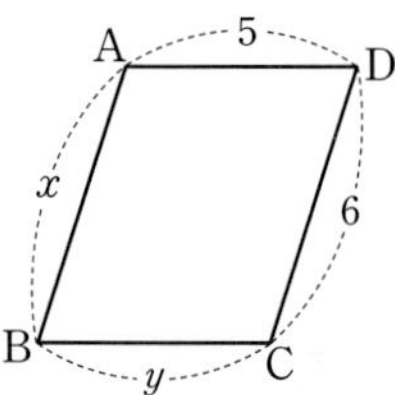

$\overline{AB}=\overline{DC}$이므로 $x=\overline{DC}=$□

$\overline{AD}=\overline{BC}$이므로 $y=\overline{AD}=$□

02

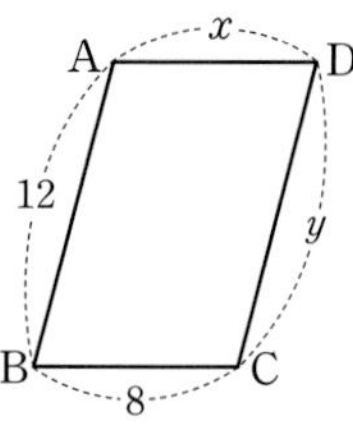

03

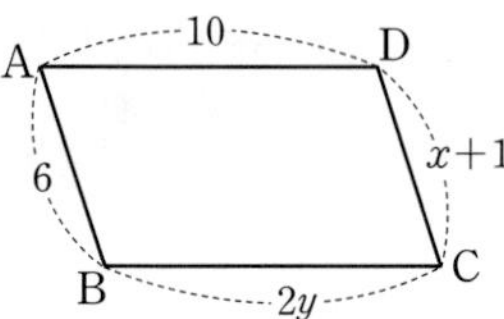

04

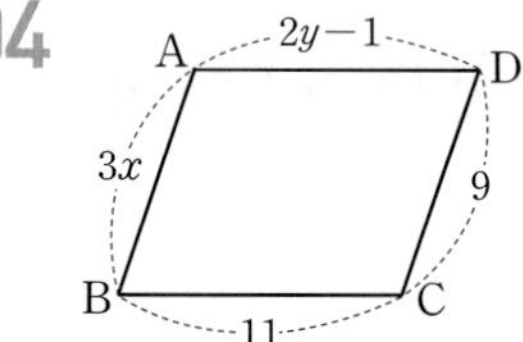

평행사변형의 성질 (2) - 두 쌍의 대각의 크기

다음 그림과 같은 평행사변형 ABCD에서 $\angle x$, $\angle y$의 크기를 각각 구하시오.

05

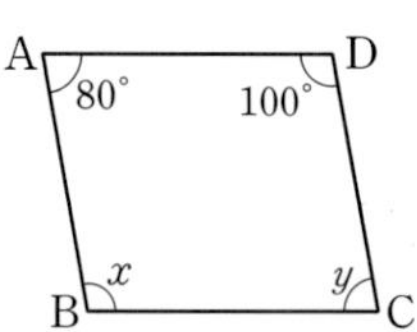

$\angle B=\angle D$이므로 $\angle x=$□°

$\angle A=\angle C$이므로 $\angle y=$□°

06

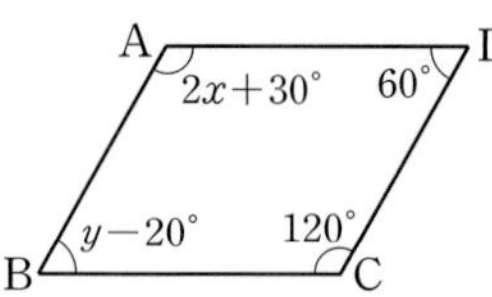

07 따라해

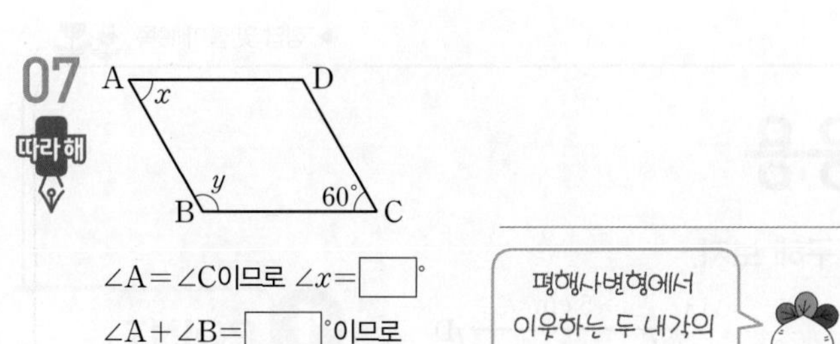

$\angle A = \angle C$이므로 $\angle x =$ ☐°

$\angle A + \angle B =$ ☐°이므로

$\angle y =$ ☐° $-$ ☐° $=$ ☐°

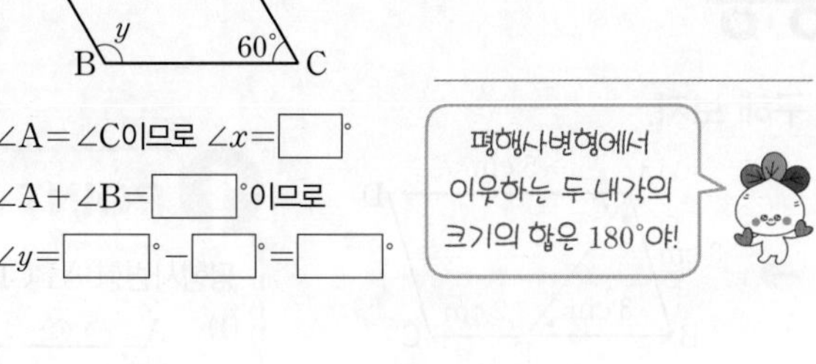

평행사변형에서
이웃하는 두 내각의
크기의 합은 180°야!

08

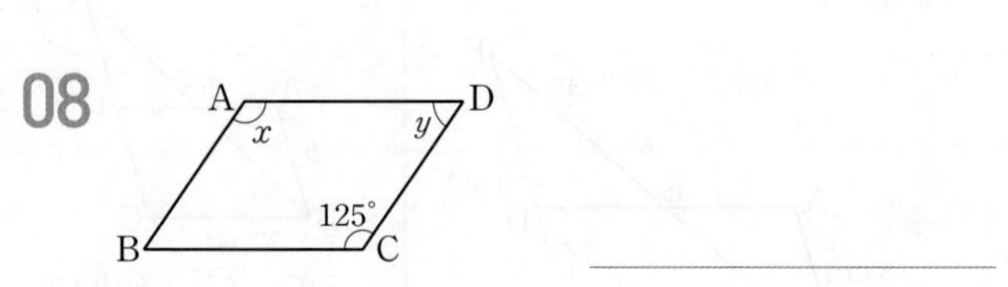

09

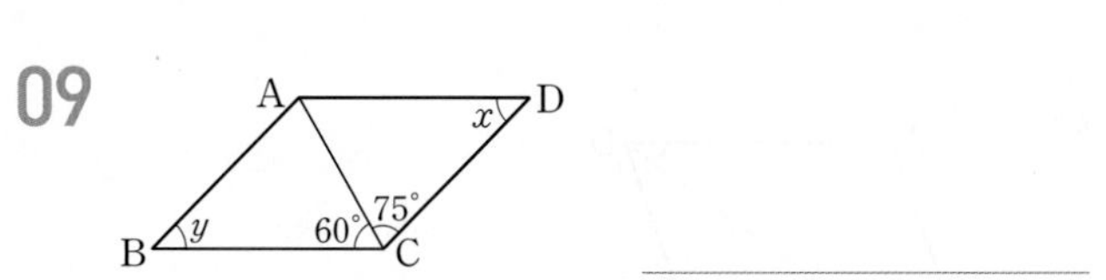

10

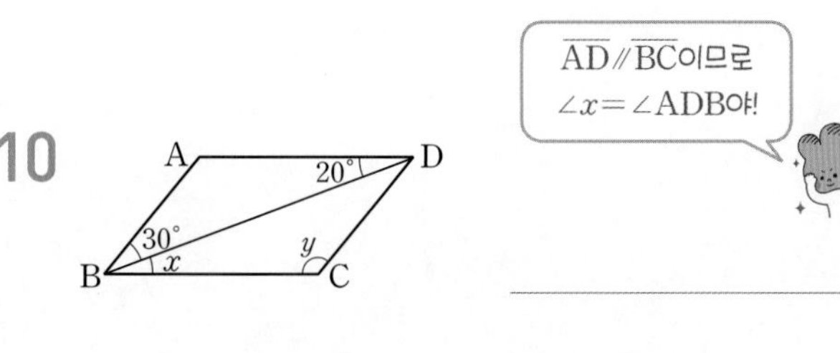

$\overline{AD} /\!/ \overline{BC}$이므로
$\angle x = \angle ADB$야!

11

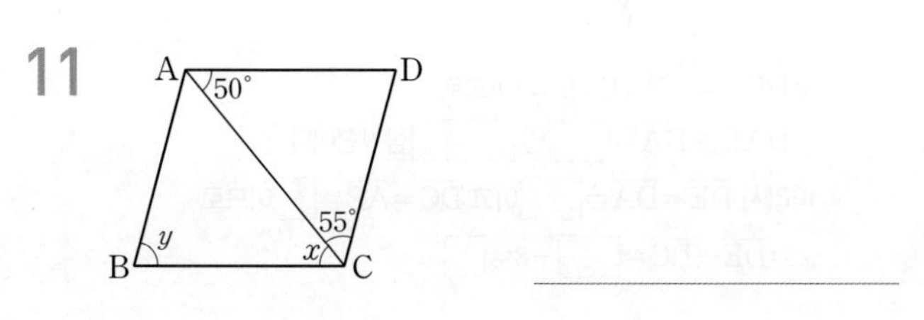

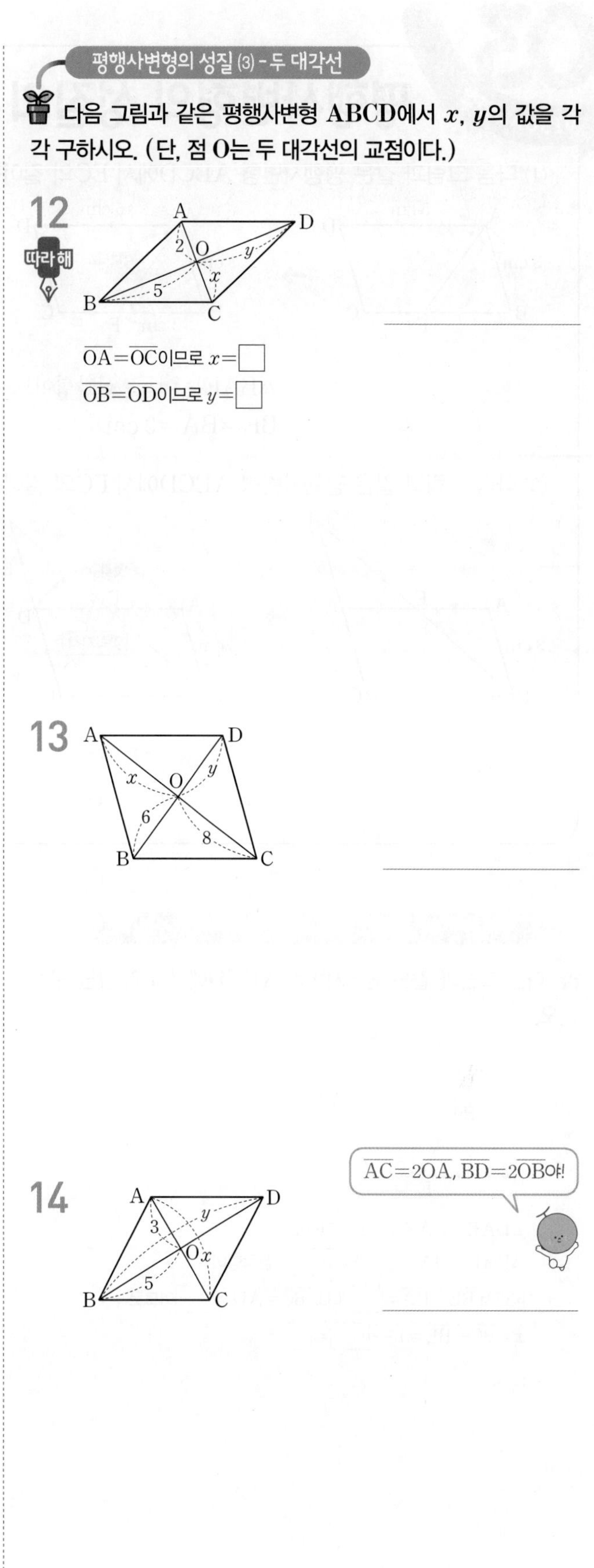

평행사변형의 성질 (3) - 두 대각선

다음 그림과 같은 평행사변형 ABCD에서 x, y의 값을 각각 구하시오. (단, 점 O는 두 대각선의 교점이다.)

12 따라해

$\overline{OA} = \overline{OC}$이므로 $x =$ ☐

$\overline{OB} = \overline{OD}$이므로 $y =$ ☐

13

14

$\overline{AC} = 2\overline{OA}$, $\overline{BD} = 2\overline{OB}$야!

15

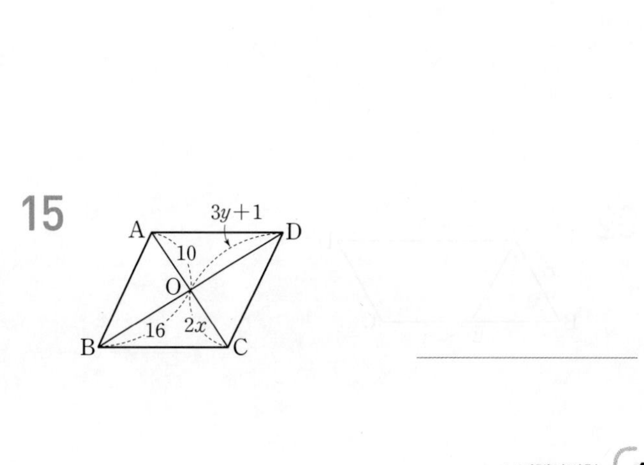

▶ 정답 및 풀이 19쪽

평행사변형의 성질의 응용

(1) 다음 그림과 같은 평행사변형 ABCD에서 $\overline{EC}$의 길이를 구해 보자.

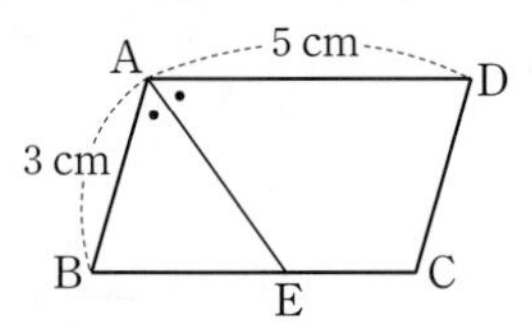

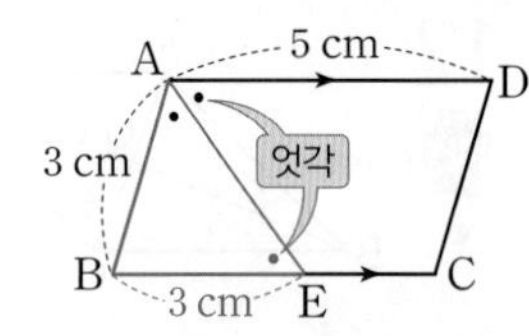

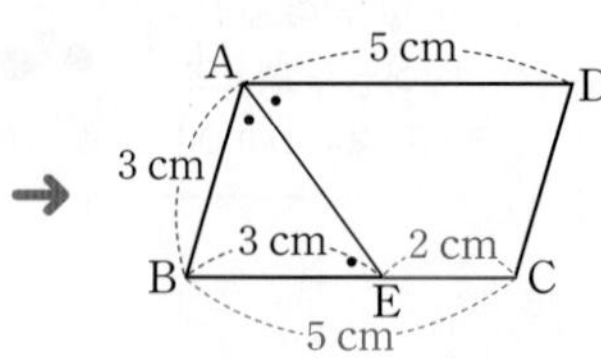

$\triangle$BAE는 이등변삼각형이므로 $\overline{BE}=\overline{BA}=3$ cm

$\overline{BC}=\overline{AD}=5$ cm이므로 $\overline{EC}=5-3=2$(cm)

(2) 다음 그림과 같은 평행사변형 ABCD에서 $\overline{FC}$의 길이를 구해 보자.

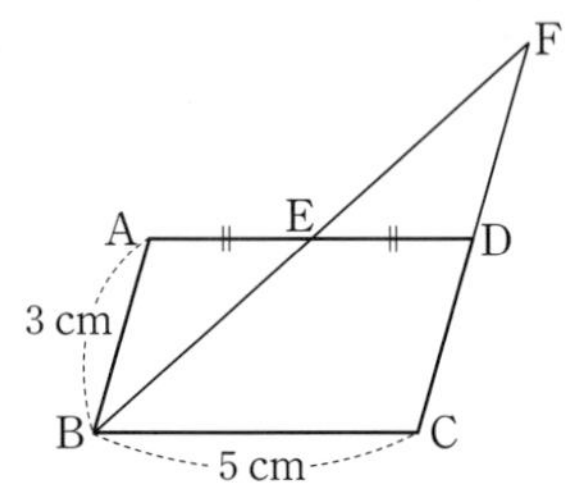

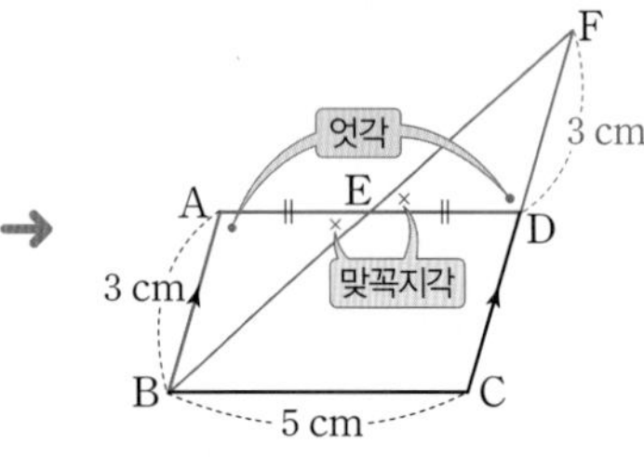

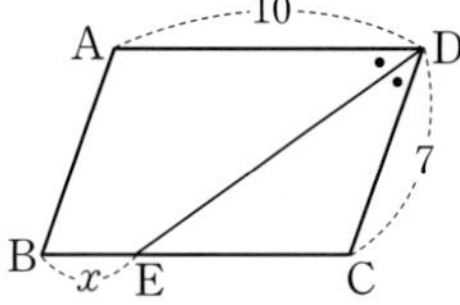

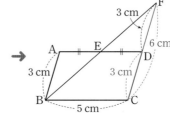

$\triangle ABE \equiv \triangle DFE$ (ASA 합동) 이므로 $\overline{DF}=\overline{AB}=3$ cm

$\overline{DC}=\overline{AB}=3$ cm이므로 $\overline{FC}=3+3=6$(cm)

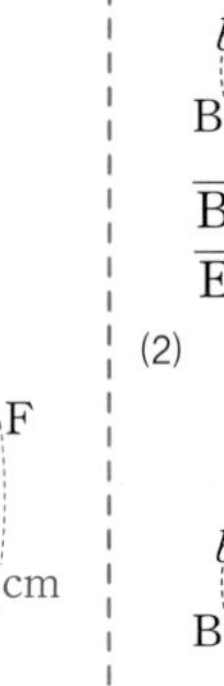

평행사변형 ABCD에서

(1)

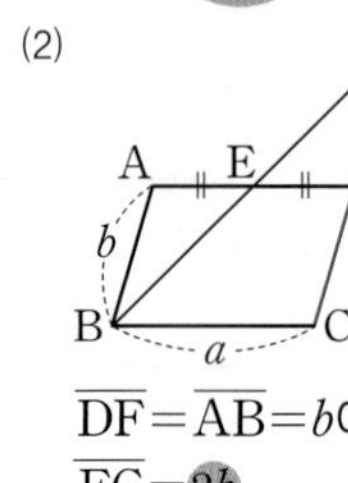

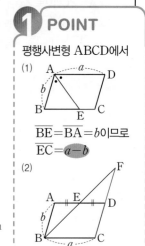

$\overline{BE}=\overline{BA}=b$이므로
$\overline{EC}=a-b$

(2)

A E F D b B a C

$\overline{DF}=\overline{AB}=b$이므로
$\overline{FC}=2b$

평행사변형의 성질의 응용 - 각의 이등분선이 주어질 때

다음 그림과 같은 평행사변형 ABCD에서 x의 값을 구하시오.

01

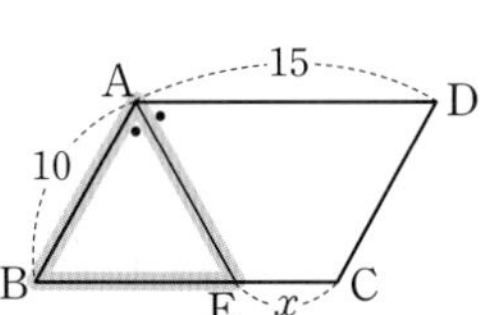

$\angle DAE=\angle AEB$ (엇각)이므로
$\triangle$BAE는 $\overline{BA}=$☐인 ☐삼각형이다.
따라서 $\overline{BE}=\overline{BA}=$☐이고 $\overline{BC}=\overline{AD}=$☐이므로
$x=\overline{BC}-\overline{BE}=15-$☐$=$☐

02

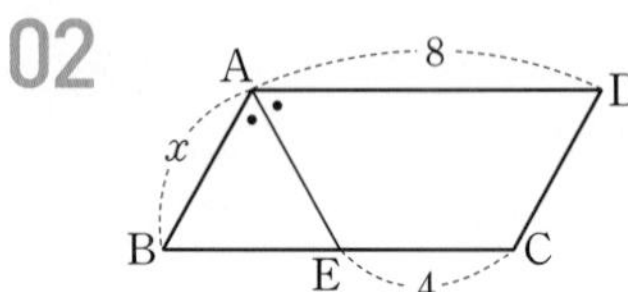

03

A 10 D 7 B x E C

04

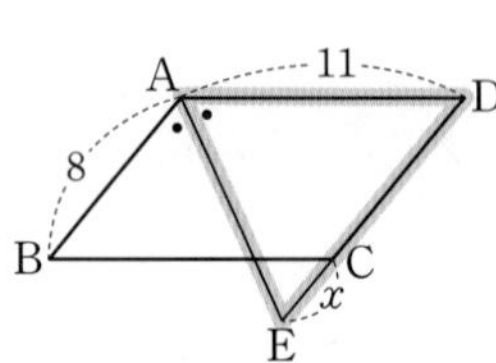

$\angle DEA=\angle BAE$ (엇각)이므로
$\triangle$DAE는 $\overline{DA}=$☐인 ☐삼각형이다.
따라서 $\overline{DE}=\overline{DA}=$☐이고 $\overline{DC}=\overline{AB}=$☐이므로
$x=\overline{DE}-\overline{DC}=$☐$-8=$☐

05

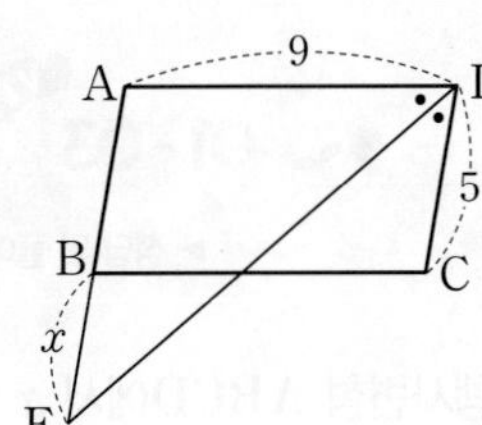

평행사변형의 성질의 응용 - 중점을 지나는 선분이 주어질 때

다음 그림과 같은 평행사변형 ABCD에서 x의 값을 구하시오.

06

따라 해

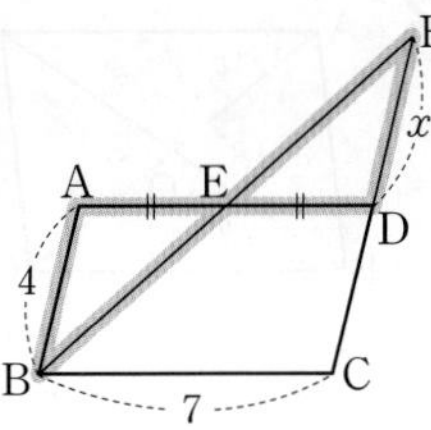

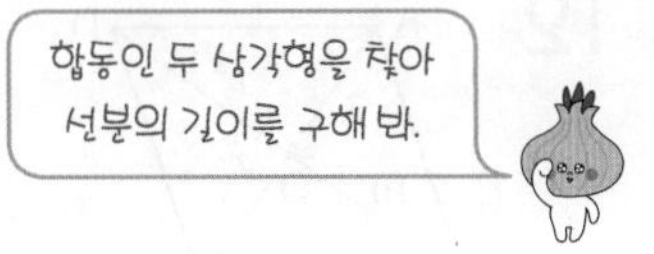

합동인 두 삼각형을 찾아 선분의 길이를 구해 봐.

$\triangle ABE$와 $\triangle DFE$에서

$\overline{AE}=\overline{DE}$, $\angle BAE=\angle FDE$ (□), $\angle AEB=\angle DEF$ (맞꼭지각)

이므로 $\triangle ABE \equiv \triangle DFE$ (□ 합동)

$\therefore x=\overline{AB}=$□

07

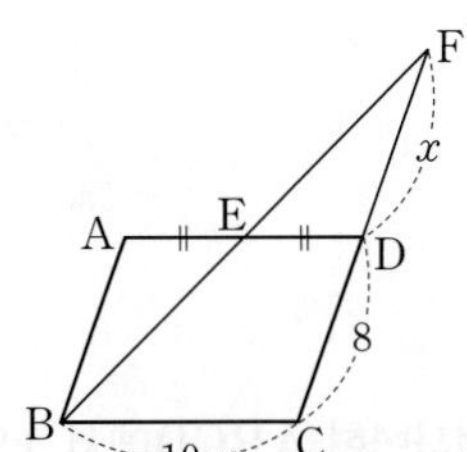

08

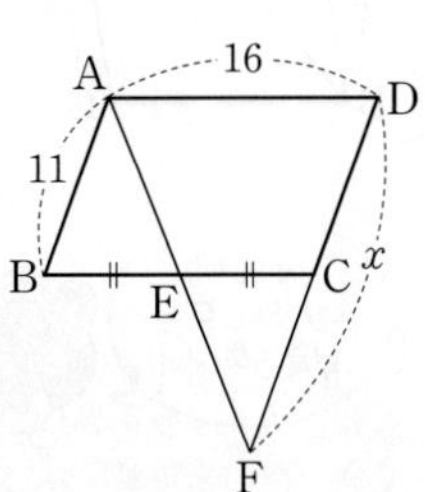

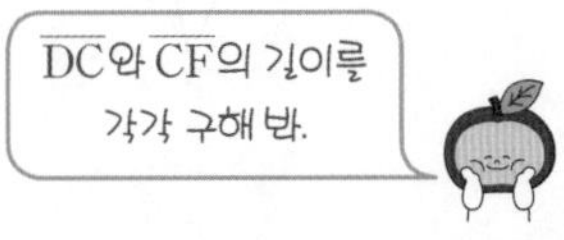

$\overline{DC}$와 $\overline{CF}$의 길이를 각각 구해 봐.

평행사변형의 성질의 응용 - 각의 크기의 비가 주어질 때

아래 그림과 같은 평행사변형 ABCD에서 각의 크기의 비가 다음과 같을 때, $\angle x$의 크기를 구하시오.

09

따라 해

$\angle A : \angle B = 2 : 1$ (내항, 외항)

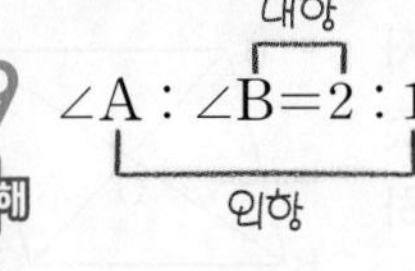

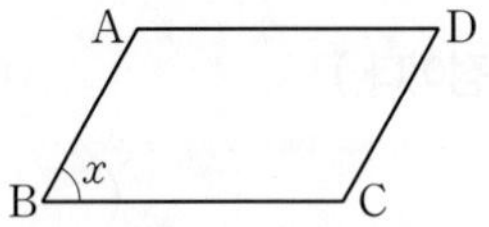

$\angle A : \angle B = 2:1$이므로

$\angle A =$□$\angle B$

$\angle A + \angle B = 180^\circ$이므로

□$\angle B + \angle B = 180^\circ$ $\therefore \angle B =$□$^\circ$

$\therefore \angle x = \angle B =$□$^\circ$

10

$\angle B : \angle C = 1 : 3$

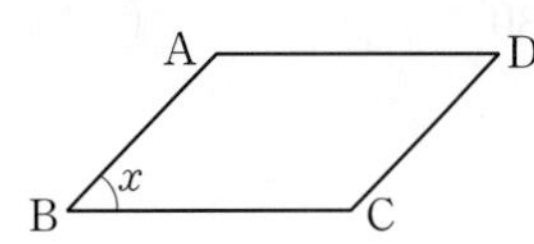

11

$\angle A : \angle B = 3 : 2$

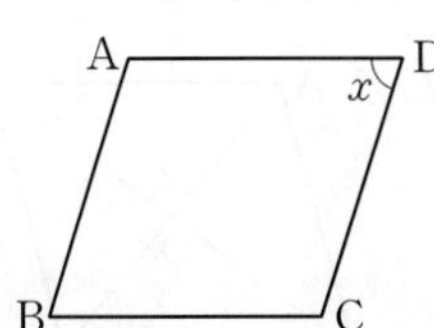

$\angle B = \angle D = \angle x$이므로 $\angle B$의 크기를 구해 봐!

12

$\angle A : \angle B = 4 : 5$

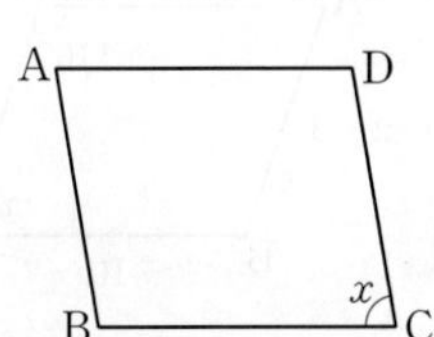

10분 연산 TEST

▶ 정답 및 풀이 20쪽

[01~05] 오른쪽 그림과 같은 평행사변형 ABCD에 대하여 다음 중 옳은 것에는 ○표, 옳지 않은 것에는 ×표를 하시오.
(단, 점 O는 두 대각선의 교점이다.)

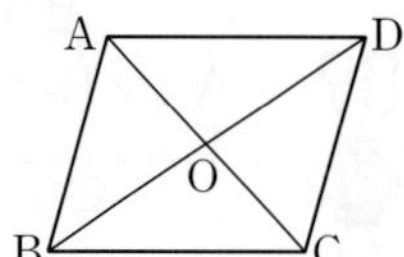

01 $\overline{AD}=\overline{BC}$ ( )

02 $\angle BAD=\angle BCD$ ( )

03 $\angle ABD=\angle ADB$ ( )

04 $\angle ABC+\angle BCD=180°$ ( )

05 $\overline{CO}=\overline{DO}$ ( )

[06~07] 다음 그림과 같은 평행사변형 ABCD에서 $\angle x$의 크기를 구하시오. (단, 점 O는 두 대각선의 교점이다.)

06

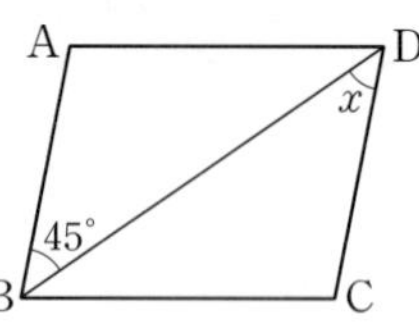

07

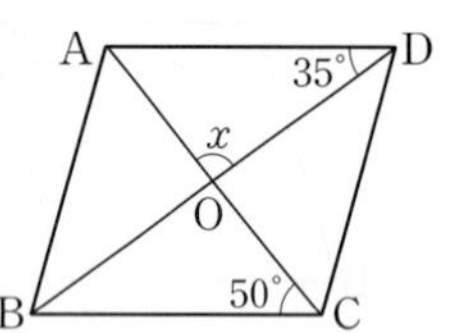

[08~09] 다음 그림과 같은 평행사변형 ABCD에서 x, y의 값을 각각 구하시오.

08

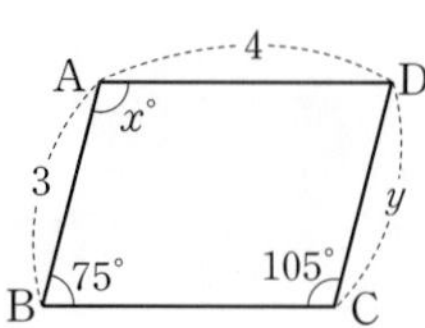

09

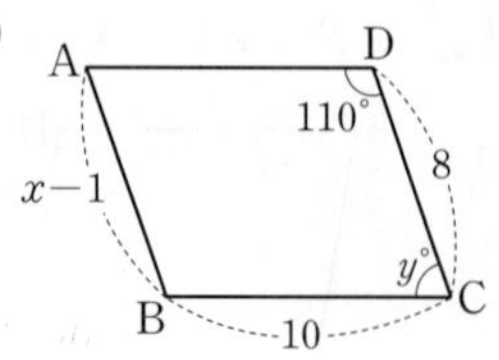

[10~13] 다음 그림과 같은 평행사변형 ABCD에서 x, y의 값을 각각 구하시오. (단, 점 O는 두 대각선의 교점이다.)

10

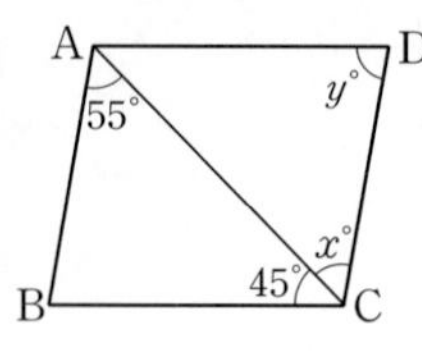

11

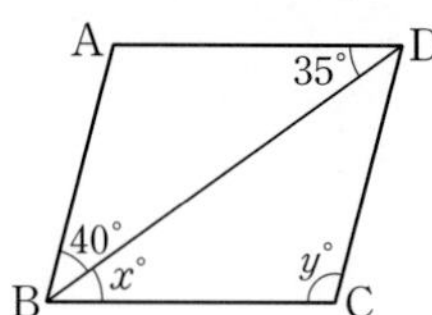

12

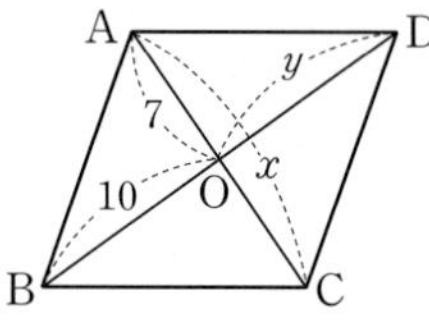

13

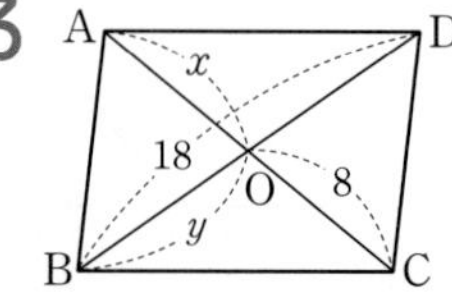

[14~15] 다음 그림과 같은 평행사변형 ABCD에서 x의 값을 구하시오.

14

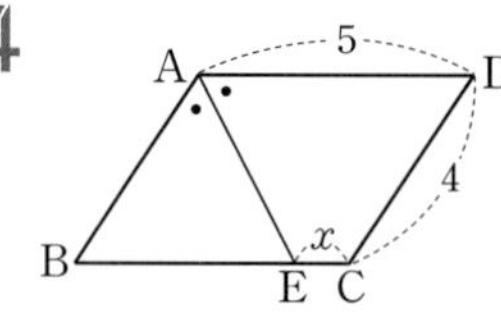

15

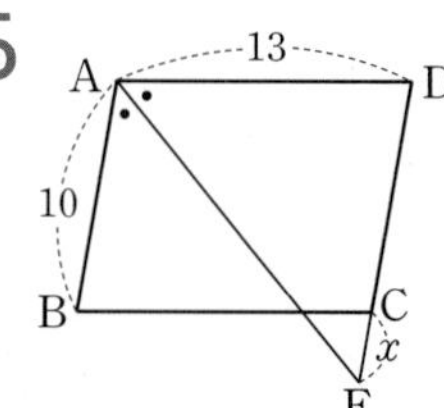

[16~17] 다음 그림과 같은 평행사변형 ABCD에서 x의 값을 구하시오.

16

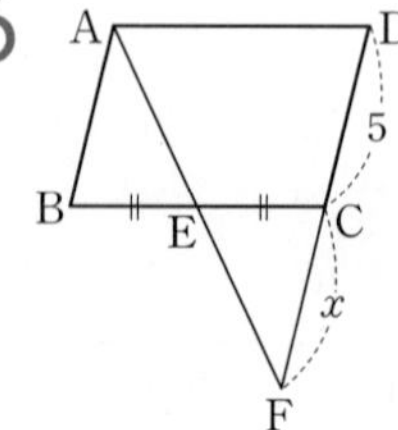

17

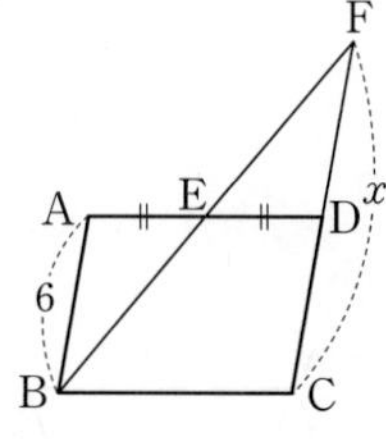

맞힌 개수 개/17개

▶ 정답 및 풀이 21쪽

평행사변형이 되는 조건

다음의 어느 한 조건을 만족시키는 사각형은 평행사변형이다.

(1) 두 쌍의 대변이 각각 평행하다.

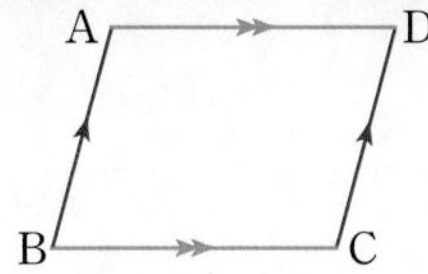

→ $\overline{AB} /\!/ \overline{DC}$, $\overline{AD} /\!/ \overline{BC}$

(2) 두 쌍의 대변의 길이가 각각 같다.

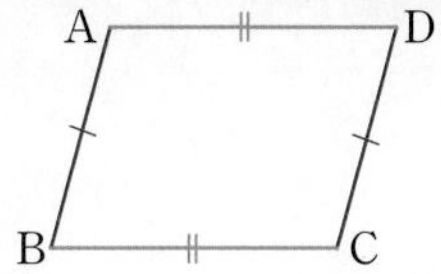

→ $\overline{AB}=\overline{DC}$, $\overline{AD}=\overline{BC}$

(3) 두 쌍의 대각의 크기가 각각 같다.

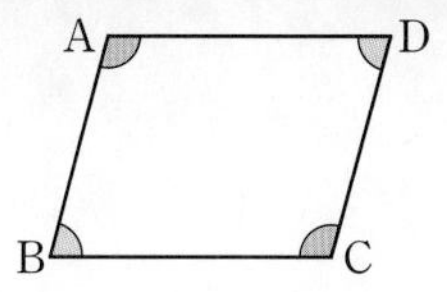

→ $\angle A=\angle C$, $\angle B=\angle D$

(4) 두 대각선이 서로 다른 것을 이등분한다.

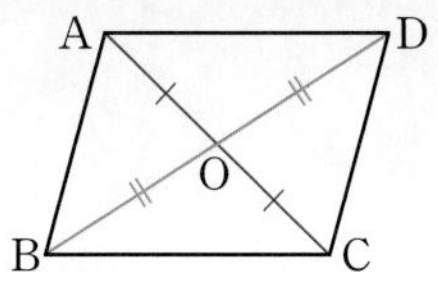

→ $\overline{OA}=\overline{OC}$, $\overline{OB}=\overline{OD}$

(5) 한 쌍의 대변이 평행하고, 그 길이가 같다.

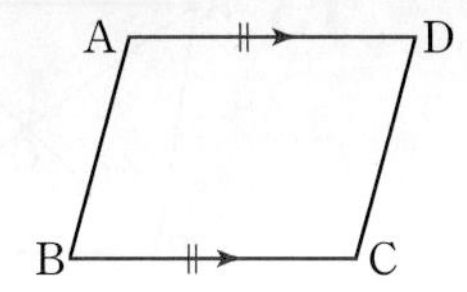

→ $\overline{AD} /\!/ \overline{BC}$, $\overline{AD}=\overline{BC}$
또는 $\overline{AB} /\!/ \overline{DC}$, $\overline{AB}=\overline{DC}$

실수 Check

한 쌍의 대변이 평행하고 다른 한 쌍의 대변의 길이가 같으면 평행사변형이 되지 않을 수 있다.

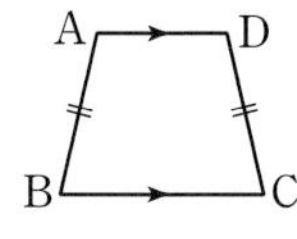

→ $\overline{AD} /\!/ \overline{BC}$, $\overline{AB}=\overline{DC}$ 이지만 평행사변형이 아니다.

평행사변형이 되는 조건

다음은 오른쪽 그림과 같은 □ABCD가 평행사변형이 되는 조건이다. □ 안에 알맞은 것을 써넣으시오.
(단, 점 O는 두 대각선의 교점이다.)

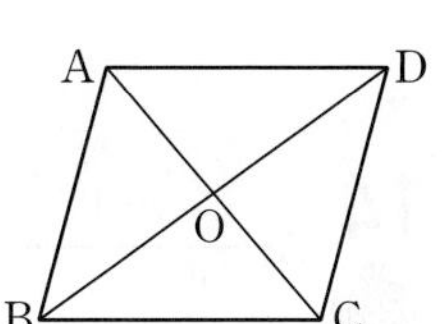

01 $\overline{AB} /\!/ \overline{DC}$, $\overline{AD} /\!/$ □

02 $\overline{AB}=$ □, $\overline{AD}=\overline{BC}$

03 $\angle BAD=\angle BCD$, □ $=\angle ADC$

04 □ $=\overline{OC}$, $\overline{OB}=\overline{OD}$

05 $\overline{AB} /\!/ \overline{DC}$, $\overline{AB}=$ □

평행사변형이 되도록 하는 미지수의 값 구하기

다음 그림과 같은 □ABCD가 평행사변형이 되도록 하는 x, y의 값을 각각 구하시오.
(단, 점 O는 두 대각선의 교점이다.)

06 따라해

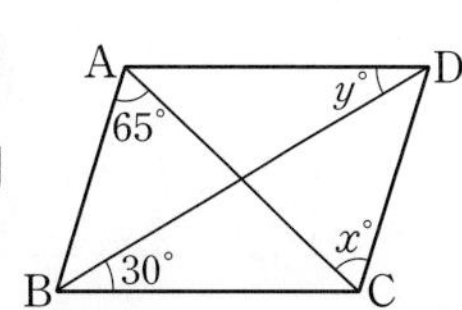

두 쌍의 대변이 각각 평행하려면 ….

$\overline{AB} /\!/ \overline{DC}$이어야 하므로
$\angle DCA=\angle BAC=$ □° (엇각) $\therefore x=$ □
$\overline{AD} /\!/ \overline{BC}$이어야 하므로
$\angle ADB=\angle CBD=$ □° (엇각) $\therefore y=$ □

07

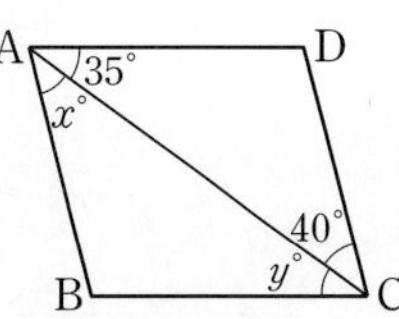

08 따라해

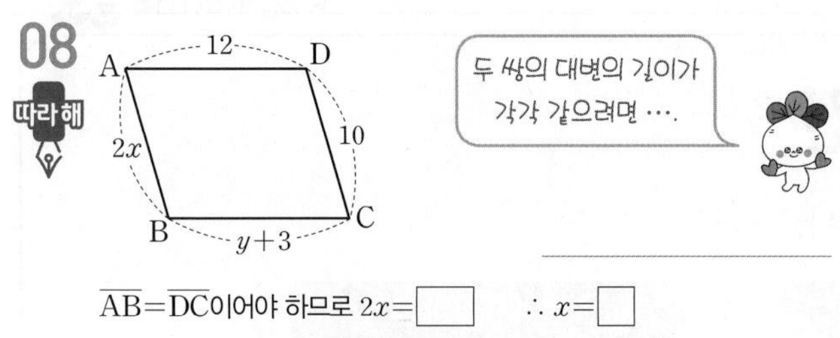

$\overline{AB}=\overline{DC}$이어야 하므로 $2x=\square$ $\therefore x=\square$

$\overline{AD}=\overline{BC}$이어야 하므로 $\square=y+3$ $\therefore y=\square$

09

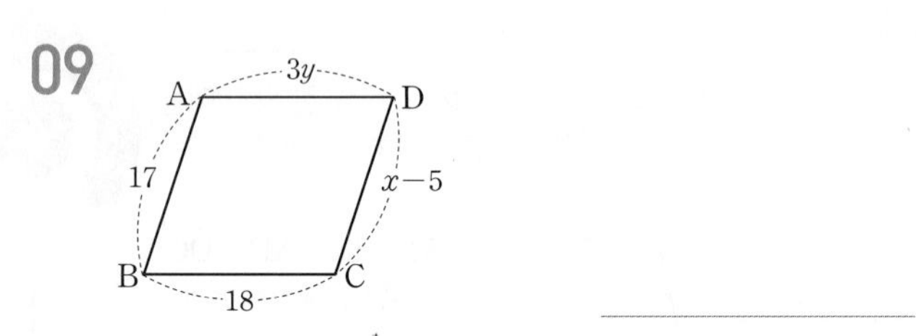

10 따라해

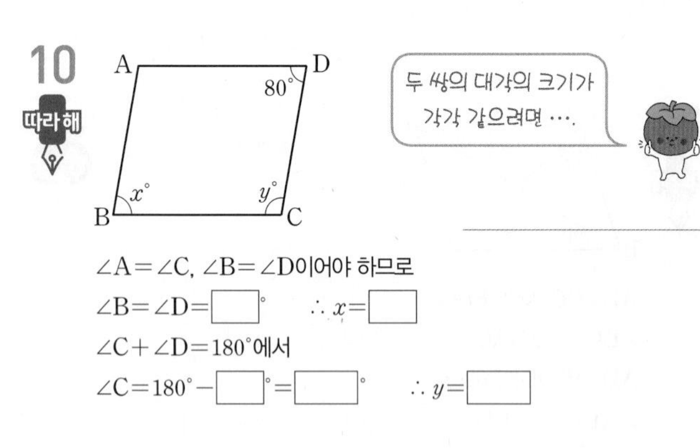

$\angle A=\angle C$, $\angle B=\angle D$이어야 하므로

$\angle B=\angle D=\square^\circ$ $\therefore x=\square$

$\angle C+\angle D=180^\circ$에서

$\angle C=180^\circ-\square^\circ=\square^\circ$ $\therefore y=\square$

11

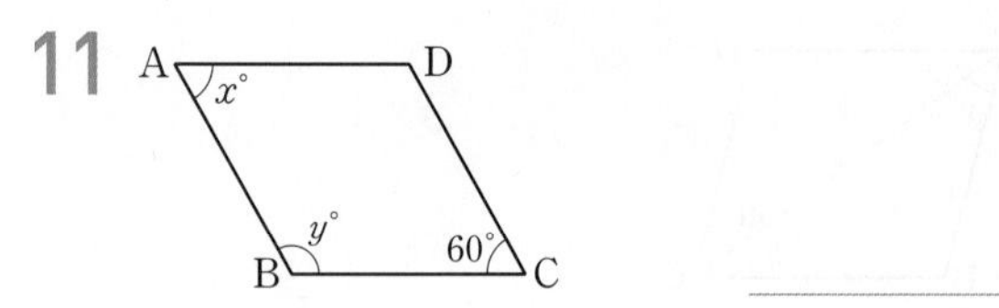

12 따라해

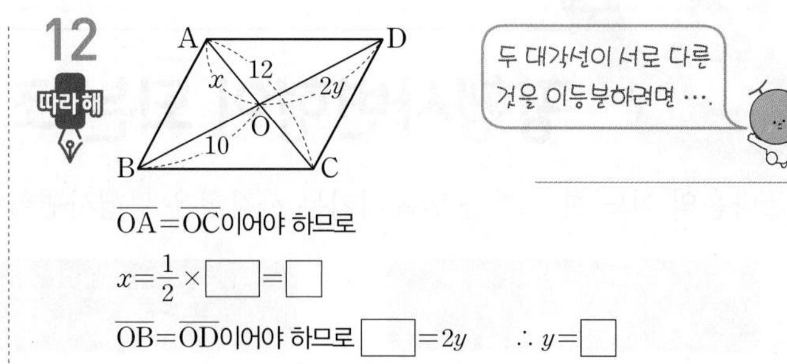

$\overline{OA}=\overline{OC}$이어야 하므로

$x=\frac{1}{2}\times\square=\square$

$\overline{OB}=\overline{OD}$이어야 하므로 $\square=2y$ $\therefore y=\square$

13

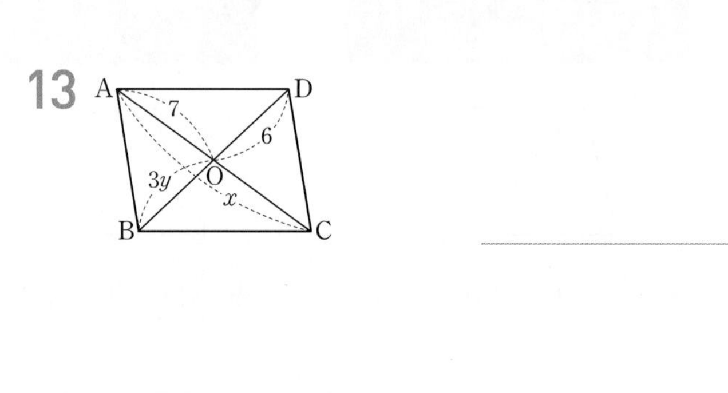

14 따라해

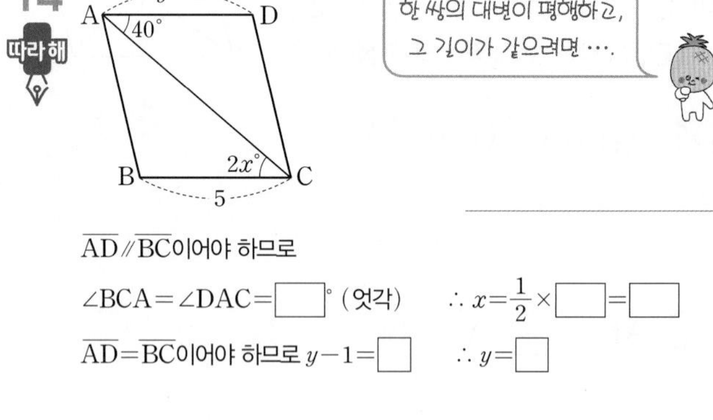

$\overline{AD}/\!/\overline{BC}$이어야 하므로

$\angle BCA=\angle DAC=\square^\circ$ (엇각) $\therefore x=\frac{1}{2}\times\square=\square$

$\overline{AD}=\overline{BC}$이어야 하므로 $y-1=\square$ $\therefore y=\square$

15

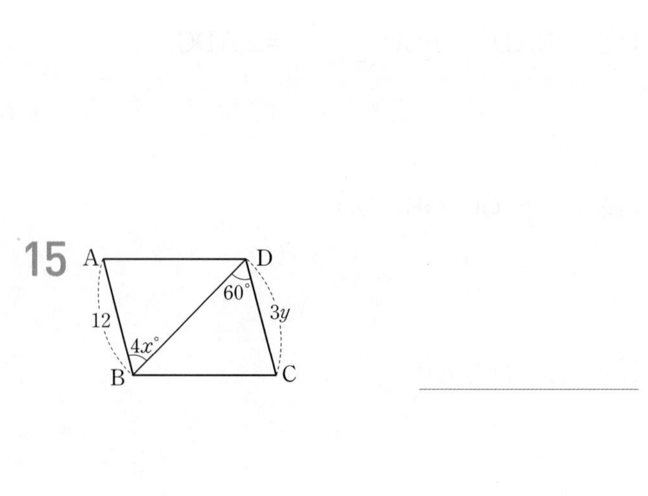

평행사변형인 것 고르기

다음 그림과 같은 □ABCD가 평행사변형인 것에는 ○표, 평행사변형이 아닌 것에는 ×표를 ( ) 안에 써넣고, 평행사변형인 것은 평행사변형이 되는 조건을 보기에서 고르시오.

(단, 점 O는 두 대각선의 교점이다.)

보기

ㄱ. 두 쌍의 대변이 각각 평행하다.
ㄴ. 두 쌍의 대변의 길이가 각각 같다.
ㄷ. 두 쌍의 대각의 크기가 각각 같다.
ㄹ. 두 대각선이 서로 다른 것을 이등분한다.
ㅁ. 한 쌍의 대변이 평행하고, 그 길이가 같다.

16 

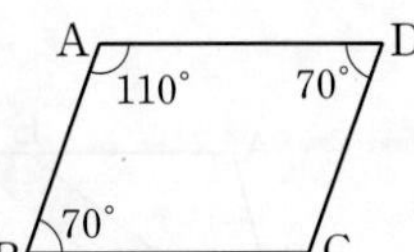

( )

사각형의 내각의 크기의 합은 360°이므로

$\angle C = 360° - (110° + 70° + 70°) = \square°$

따라서 □ABCD는 두 쌍의 □의 크기가 각각 같으므로

□이다.

17

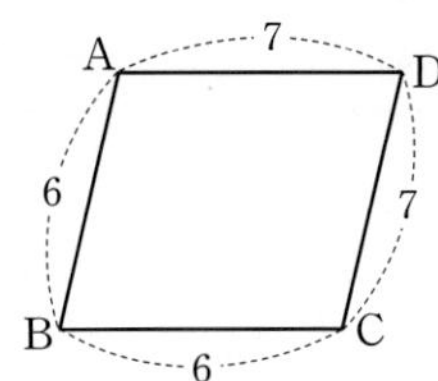

( )

18

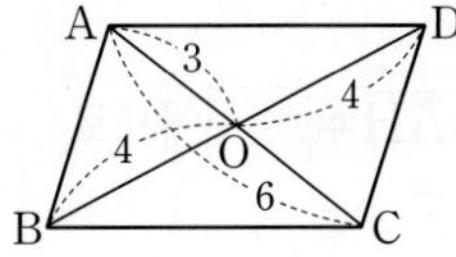

( )

19

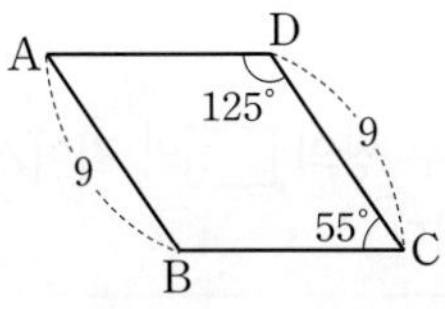

A, D, 125°, 9, 9, 55°, B, C

( )

다음 중 □ABCD가 평행사변형인 것에는 ○표, 평행사변형이 아닌 것에는 ×표를 ( ) 안에 써넣으시오.

(단, 점 O는 두 대각선의 교점이다.)

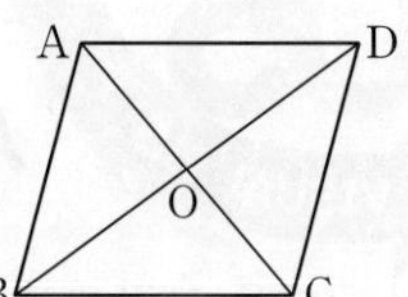

20 $\overline{AB}=6$, $\overline{BC}=8$, $\overline{DC}=6$, $\overline{AD}=8$ ( )

21 $\angle DAB=120°$, $\angle ABC=60°$, $\angle BCD=60°$ ( )

22 $\angle BCA=\angle DAC=40°$, $\angle BAC=\angle DCA=60°$ ( )

23 $\overline{OA}=7$, $\overline{OB}=7$, $\overline{OC}=4$, $\overline{OD}=4$ ( )

24 $\overline{AB}=4$, $\overline{DC}=4$, $\overline{AB} /\!/ \overline{DC}$ ( )

25 $\overline{AB}=6$, $\overline{DC}=6$, $\overline{AD} /\!/ \overline{BC}$ ( )

26 $\overline{AD}=5$, $\overline{BC}=5$, $\angle A=100°$, $\angle B=80°$ ( )

▶ 정답 및 풀이 21쪽

새로운 사각형이 평행사변형이 되는 조건

다음 그림에서 □ABCD가 평행사변형일 때, 색칠한 사각형은 모두 평행사변형이 된다.

(1)
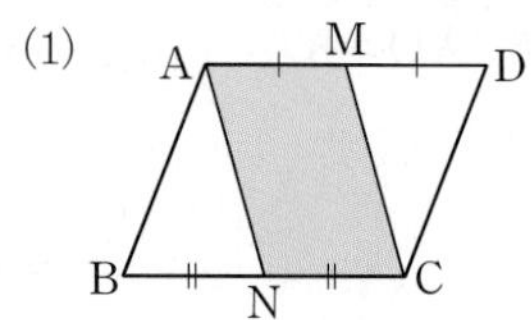

$\overline{AM} /\!/ \overline{NC}$, $\overline{AM}=\overline{NC}$

(2)
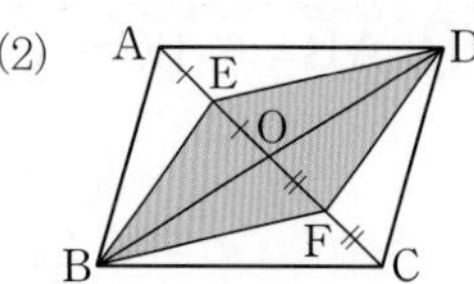

$\overline{OB}=\overline{OD}$, $\overline{OE}=\overline{OF}$

(3)
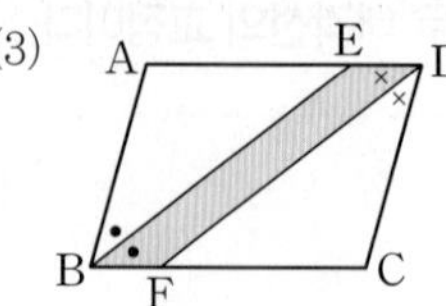

$\angle EBF=\angle EDF$

$\angle BED=\angle BFD$

(4)
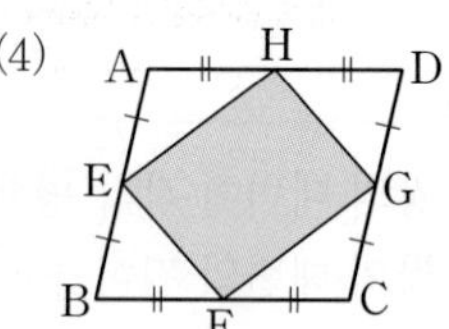

$\overline{EH}=\overline{GF}$, $\overline{FE}=\overline{HG}$

평행사변형이 되는 조건의 활용

아래는 다음 그림과 같은 평행사변형 ABCD에서 색칠한 사각형이 평행사변형임을 보이는 과정이다. □ 안에 알맞은 것을 써넣으시오. (단, 점 O는 두 대각선의 교점이다.)

01

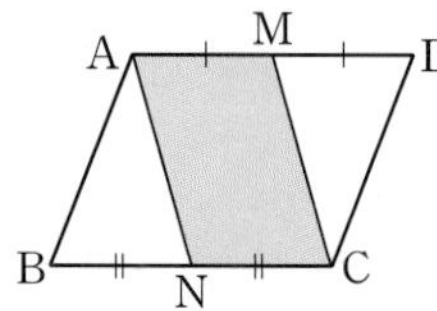

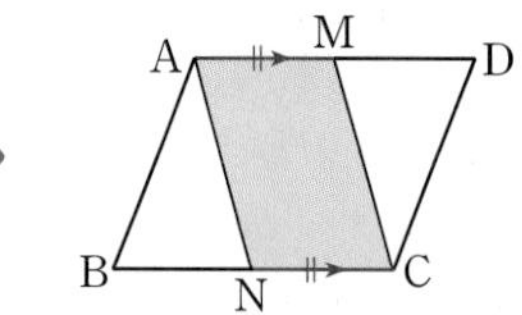

$\overline{AD} /\!/ \overline{BC}$이므로 $\overline{AM} /\!/$ □ ...... ㉠

또, $\overline{AD}=\overline{BC}$이므로

$\overline{AM}=\frac{1}{2}\overline{AD}=\frac{1}{2}\overline{BC}=$ □ ...... ㉡

㉠, ㉡에서 □ANCM은 한 쌍의 대변이 □하고 그 □가 같으므로 평행사변형이다.

02

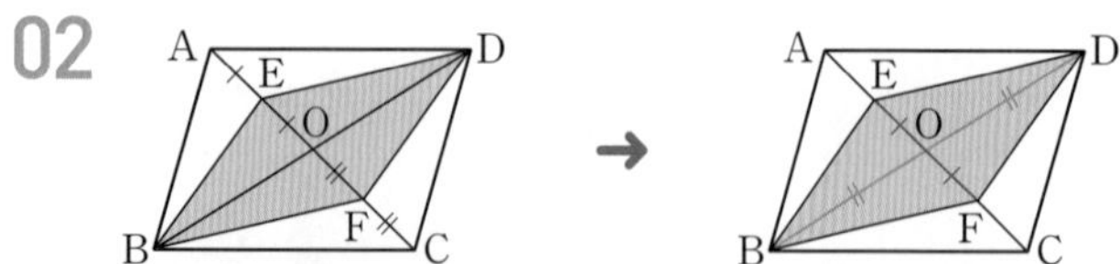

□ABCD가 평행사변형이므로

$\overline{OA}=\overline{OC}$, $\overline{OB}=$ □ ...... ㉠

두 점 E, F가 각각 $\overline{OA}$, $\overline{OC}$의 중점이므로

$\overline{OE}=\frac{1}{2}\overline{OA}=\frac{1}{2}\overline{OC}=$ □ ...... ㉡

㉠, ㉡에서 □EBFD는 두 대각선이 서로 다른 것을 □하므로 평행사변형이다.

03

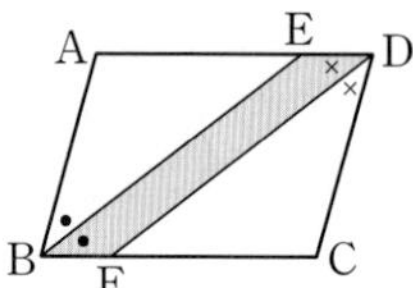

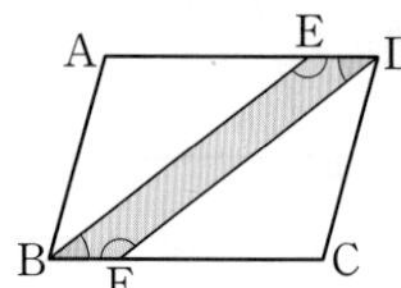

$\angle ABC=\angle ADC$이므로

$\angle EBF=\frac{1}{2}\angle ABC=\frac{1}{2}\angle ADC=$ □ ...... ㉠

또, $\overline{AD} /\!/ \overline{BC}$이므로 $\angle AEB=\angle EBF$ (엇각),

$\angle EDF=\angle DFC$ (엇각)에서 $\angle AEB=\angle DFC$

$\therefore \angle BED=$ □ ...... ㉡

㉠, ㉡에서 □EBFD는 두 쌍의 □의 크기가 각각 같으므로 평행사변형이다.

04

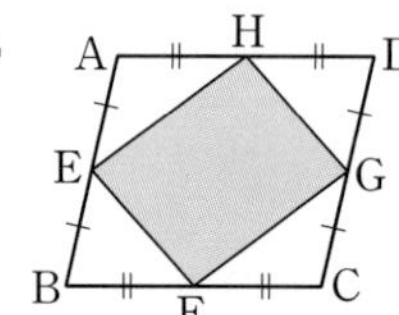

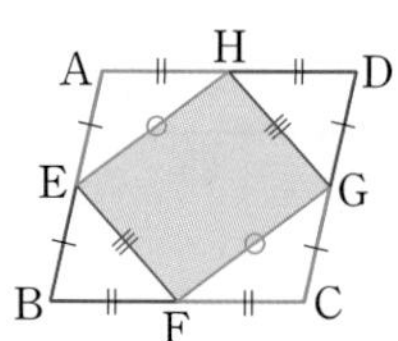

□ABCD가 평행사변형이므로

$\angle A=$ □, $\angle B=$ □

△AEH와 △CGF에서

$\angle A=$ □, $\overline{AE}=\overline{CG}$, $\overline{AH}=$ □이므로

△AEH≡△CGF (□ 합동)

$\therefore \overline{EH}=\overline{GF}$ ...... ㉠

△BFE와 △DHG에서

$\angle B=$ □, $\overline{BF}=\overline{DH}$, $\overline{BE}=$ □이므로

△BFE≡△DHG (□ 합동)

$\therefore \overline{FE}=$ □ ...... ㉡

㉠, ㉡에서 □EFGH는 두 쌍의 □의 길이가 각각 같으므로 평행사변형이다.

평행사변형과 넓이

(1) 평행사변형 ABCD에서

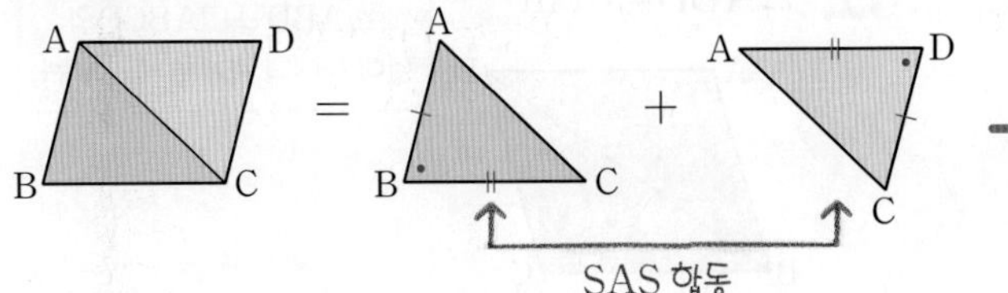

→ $\triangle ABC = \triangle CDA = \frac{1}{2}\square ABCD$

→ 평행사변형의 넓이는 한 대각선에 의하여 이등분된다.

SAS 합동 밑변($\overline{OC}$, $\overline{OA}$)의 길이와 높이가 각각 같다.

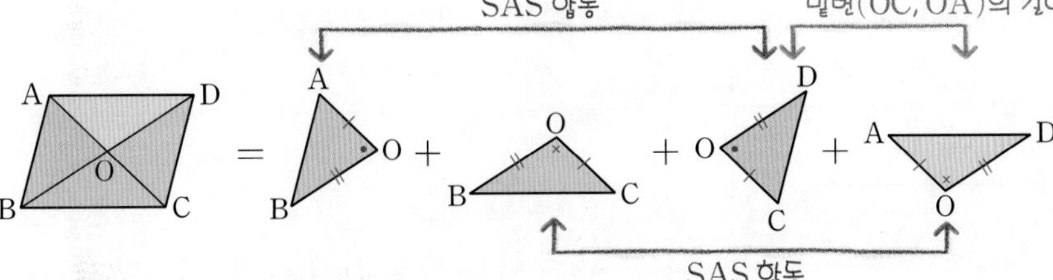

→ $\triangle ABO = \triangle BCO = \triangle CDO = \triangle DAO = \frac{1}{4}\square ABCD$ → 평행사변형의 넓이는 두 대각선에 의하여 사등분된다.

(2) 평행사변형 ABCD의 내부의 임의의 한 점 P에 대하여

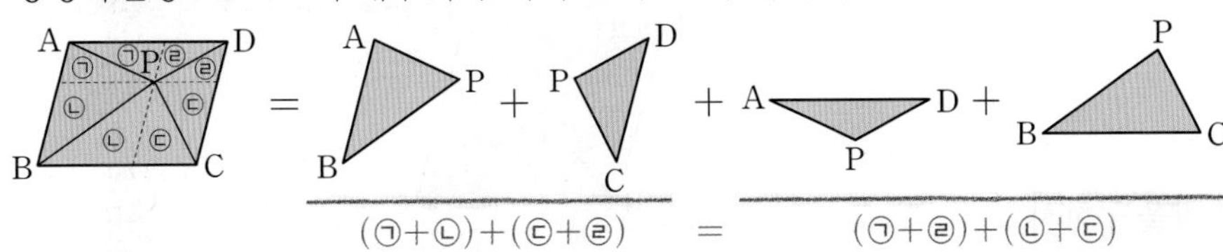

→ $\triangle PAB + \triangle PCD = \triangle PDA + \triangle PBC = \frac{1}{2}\square ABCD$

평행사변형과 넓이 (1)

다음 그림과 같은 평행사변형 ABCD의 넓이가 36 cm²일 때, 색칠한 부분의 넓이를 구하시오.

(단, 점 O는 두 대각선의 교점이다.)

01 따라해

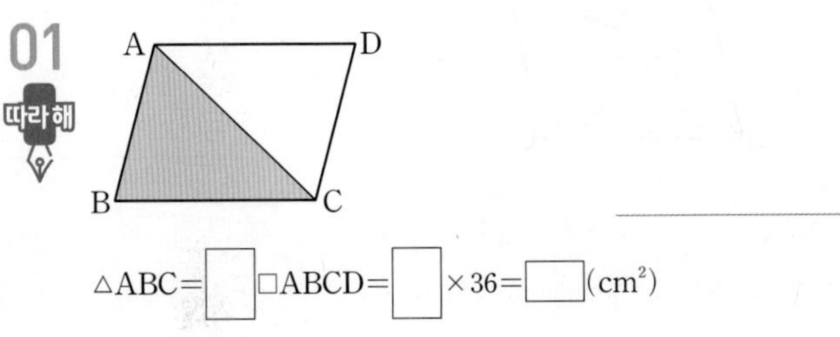

$\triangle ABC = \square\ \square ABCD = \square \times 36 = \square (cm^2)$

02

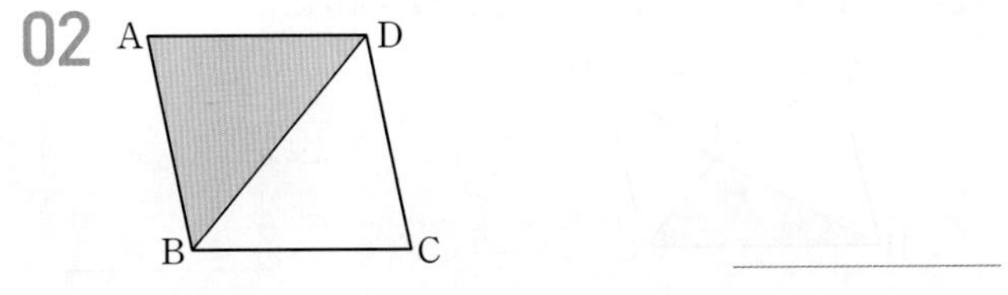

03

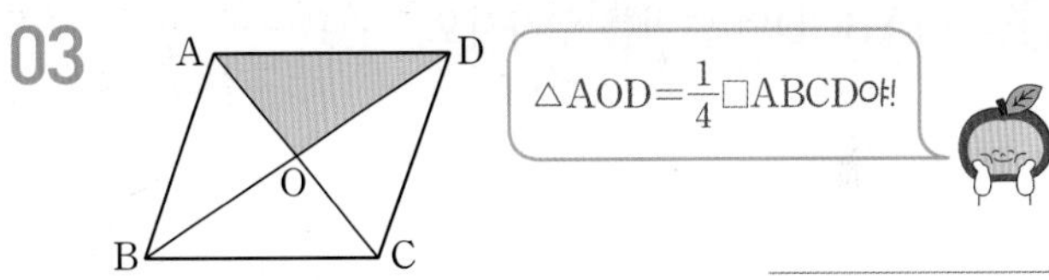

04

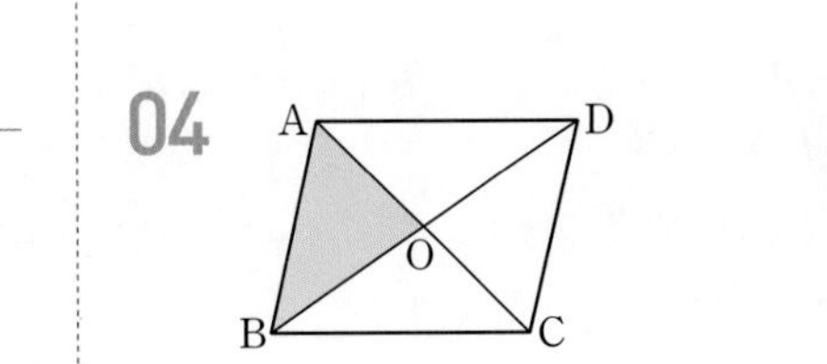

05

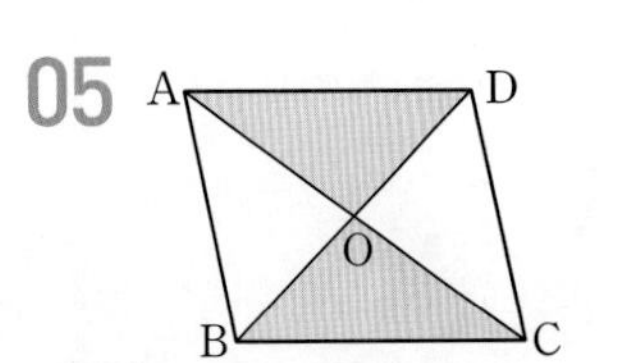

평행사변형과 넓이 (2)

아래 그림은 평행사변형 ABCD의 내부의 한 점 P를 지나고 변 AB, 변 BC에 평행한 두 선분 EF, GH를 그은 것이다. 다음 물음에 답하시오.

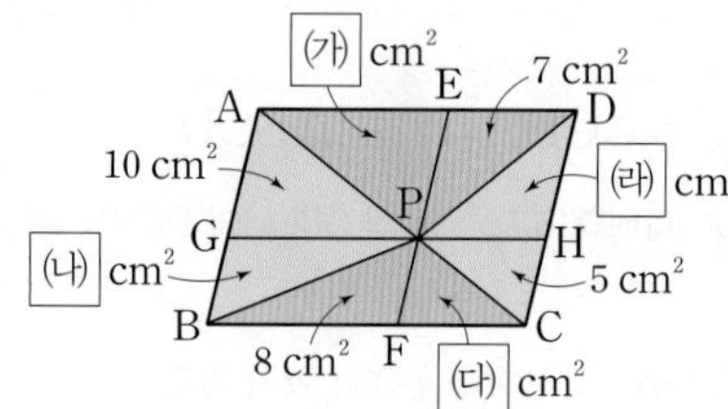

06 (가)~(라)에 알맞은 수를 구하시오.

07 △PAB와 △PCD의 넓이의 합을 구하시오.

08 △PBC와 △PDA의 넓이의 합을 구하시오.

09 □ABCD의 넓이를 구하시오.

다음 그림과 같은 평행사변형 ABCD의 넓이가 $50\ \text{cm}^2$일 때, 색칠한 부분의 넓이를 구하시오.

10 따라해

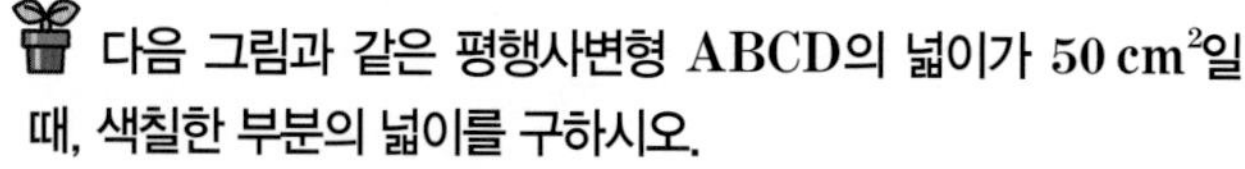

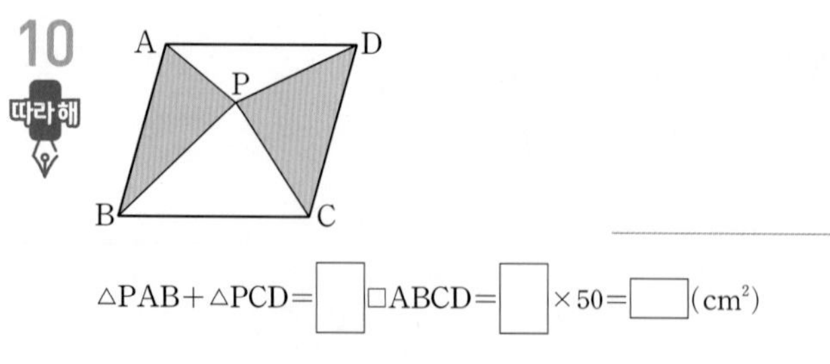

△PAB+△PCD=□□ABCD=□×50=□(cm²)

11

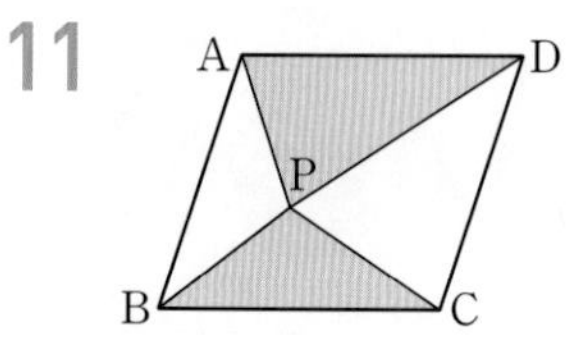

아래 그림과 같은 평행사변형 ABCD에서 삼각형 또는 사각형의 넓이가 다음과 같을 때, 색칠한 부분의 넓이를 구하시오.
(단, 점 O는 두 대각선의 교점이다.)

12 $\triangle ABD = 8\ \text{cm}^2$

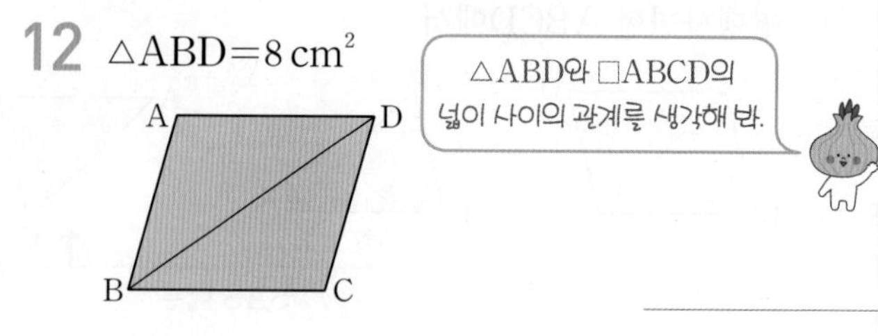

13 $\triangle OBC = 5\ \text{cm}^2$

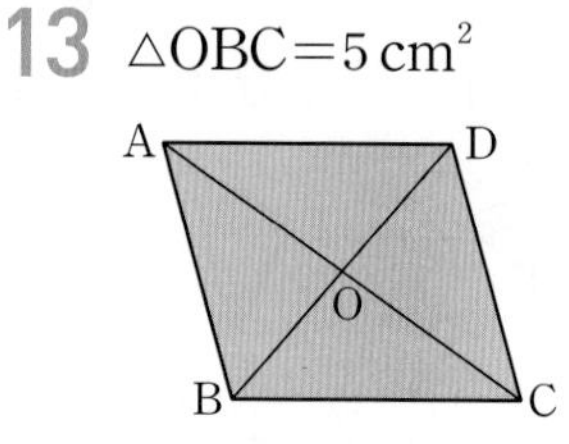

14 $\triangle PAB = 10\ \text{cm}^2$, $\triangle PCD = 13\ \text{cm}^2$

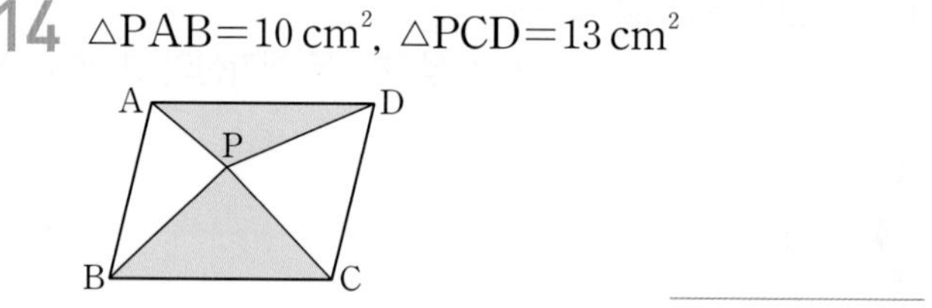

15 $\square ABCD = 60\ \text{cm}^2$, $\triangle PAD = 14\ \text{cm}^2$

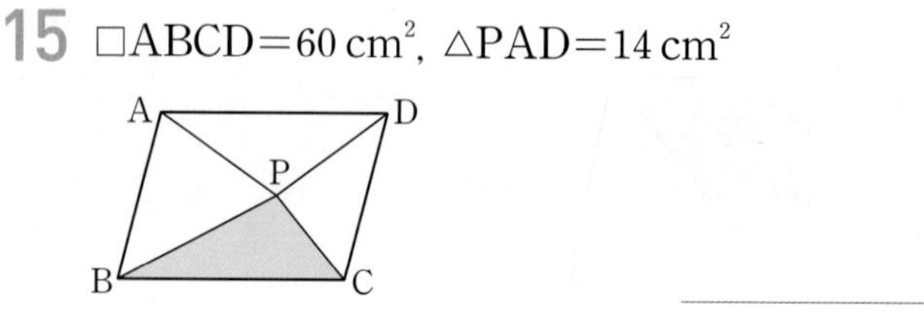

▶ 정답 및 풀이 22쪽

[01 ~ 02] 다음 그림과 같은 □ABCD가 평행사변형이 되도록 하는 x, y의 값을 각각 구하시오.

01

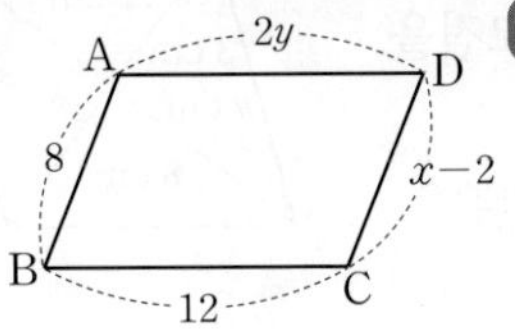

02

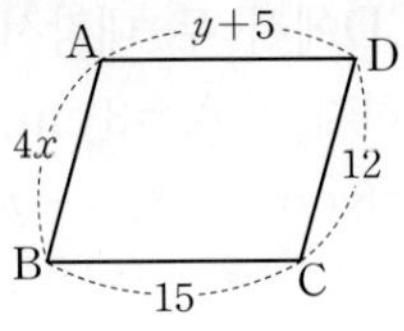

[03 ~ 04] 다음 그림과 같은 □ABCD가 평행사변형이 되도록 하는 $\angle x$, $\angle y$의 크기를 각각 구하시오.

03

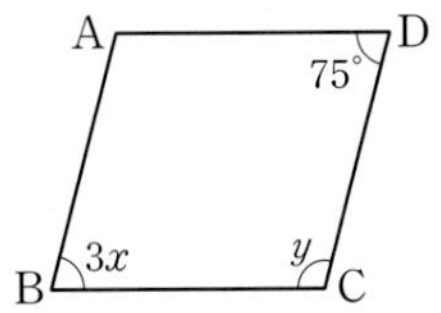

04

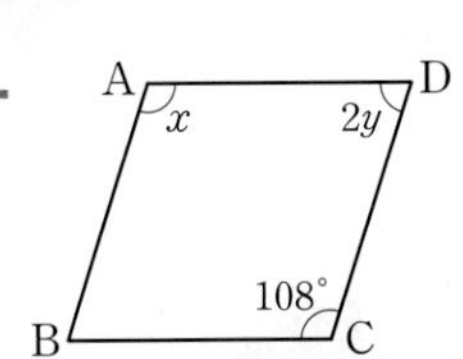

[05 ~ 06] 다음 그림과 같은 □ABCD가 평행사변형이 되도록 하는 x, y의 값을 각각 구하시오.

(단, 점 O는 두 대각선의 교점이다.)

05

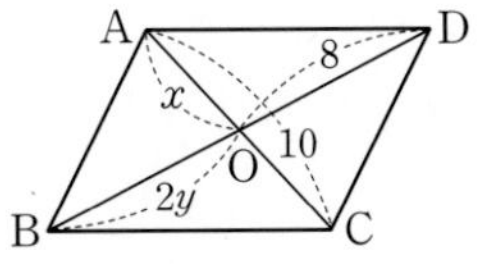

06

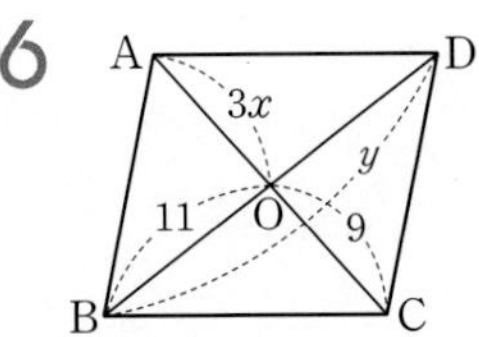

[07 ~ 08] 다음 그림과 같은 □ABCD가 평행사변형이 되도록 하는 x, y의 값을 각각 구하시오.

07

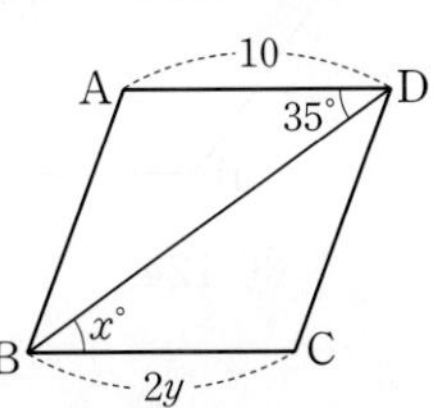

08

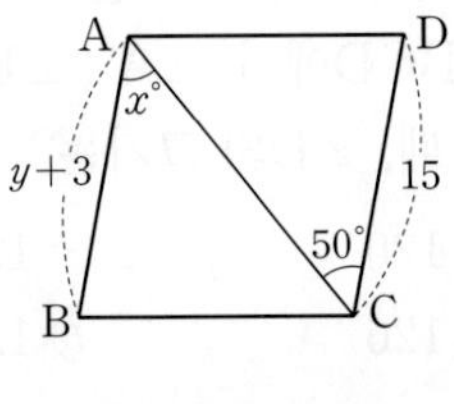

[09 ~ 12] 다음 그림의 □ABCD가 평행사변형인 것에는 ○표, 평행사변형이 아닌 것에는 ×표를 하시오.

(단, 점 O는 두 대각선의 교점이다.)

09

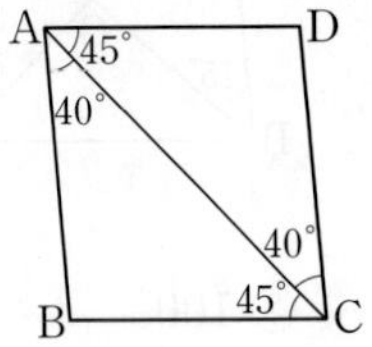

( )

10

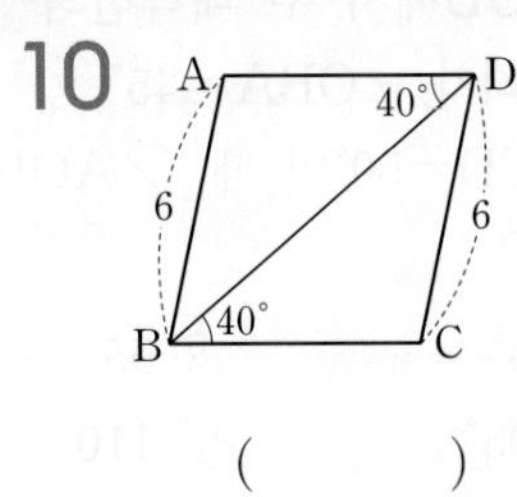

( )

11

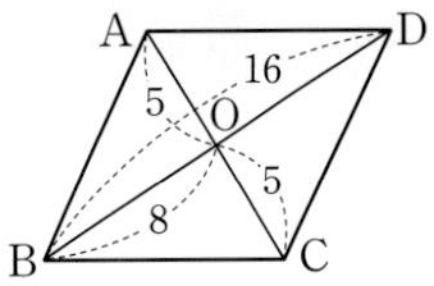

( )

12

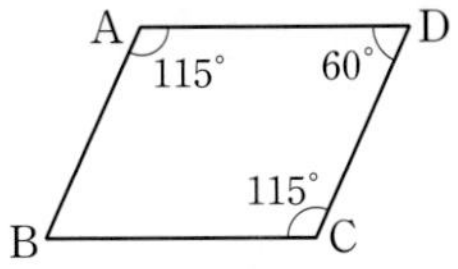

( )

[13 ~ 14] 다음 그림과 같은 평행사변형 ABCD의 넓이가 48 cm²일 때, 색칠한 부분의 넓이를 구하시오.

(단, 점 O는 두 대각선의 교점이다.)

13

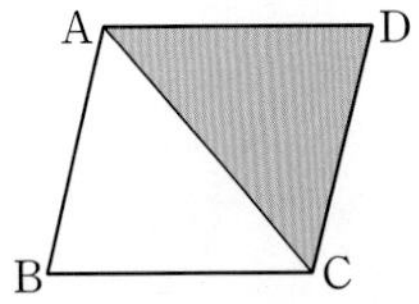

14

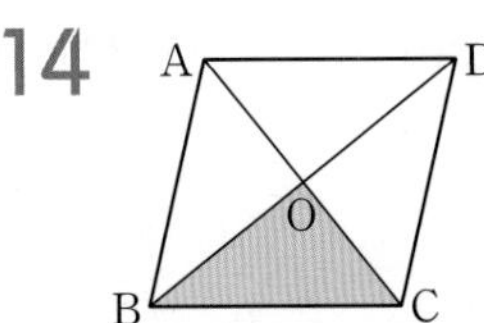

[15 ~ 16] 다음 그림과 같은 평행사변형 ABCD의 넓이가 60 cm²일 때, 색칠한 부분의 넓이를 구하시오.

15

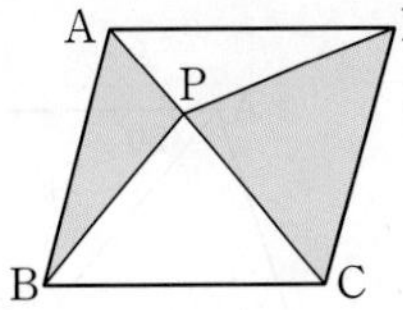

16

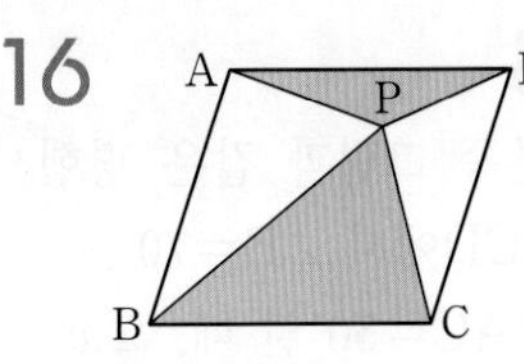

맞힌 개수 개/16개

학교 시험 미리보기!

학교 시험 PREVIEW

01

오른쪽 그림과 같은 평행사변형 ABCD에서 두 대각선의 교점을 O라 하자. $\angle OBA=45°$, $\angle OCD=50°$일 때, $\angle AOD$의 크기는?

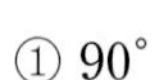

① 90°　② 95°　③ 100°　④ 105°　⑤ 110°

02

오른쪽 그림과 같은 평행사변형 ABCD에서 $\overline{AB}=4\,cm$, $\overline{BC}=6\,cm$일 때, □ABCD의 둘레의 길이는?

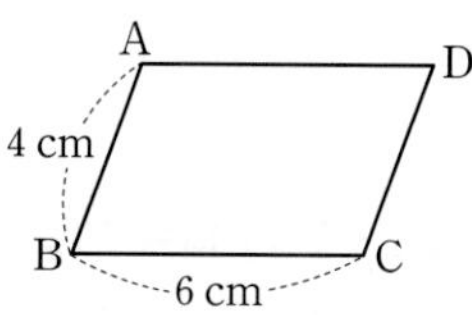

① 14 cm　② 16 cm　③ 18 cm　④ 20 cm　⑤ 22 cm

03

오른쪽 그림과 같은 평행사변형 ABCD에서 $\angle B=70°$, $\angle DAC=50°$일 때, $\angle x-\angle y$의 크기는?

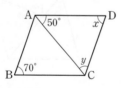

① 5°　② 10°　③ 15°　④ 20°　⑤ 25°

04

오른쪽 그림과 같은 평행사변형 ABCD에서 두 대각선의 교점을 O라 하자. $\overline{OA}=3\,cm$, $\overline{BD}=8\,cm$일 때, $x-y$의 값은?

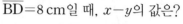

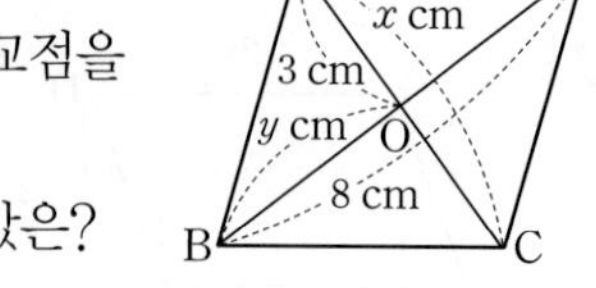

① 1　② 2　③ 3　④ 4　⑤ 5

05 80% 출제율

오른쪽 그림과 같은 평행사변형 ABCD에서 $\angle B$의 이등분선과 $\overline{AD}$의 교점을 E라 하자. $\overline{AB}=6\,cm$, $\overline{BC}=10\,cm$일 때, $\overline{ED}$의 길이는?

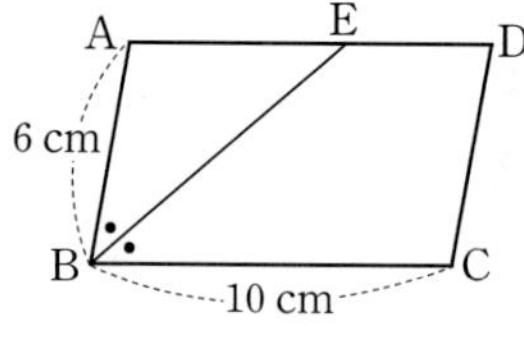

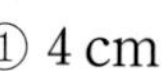

① 4 cm　② 5 cm　③ 6 cm　④ 7 cm　⑤ 8 cm

06 실수 주의

오른쪽 그림과 같은 평행사변형 ABCD에서 $\angle A:\angle B=3:7$일 때, $\angle D$의 크기는?

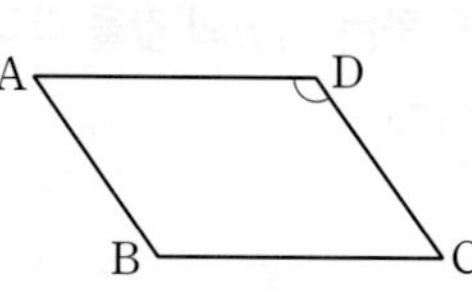

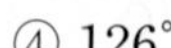

① 120°　② 122°　③ 124°　④ 126°　⑤ 128°

▶ 정답 및 풀이 22쪽

07

다음 중 평행사변형이 아닌 것은?

①
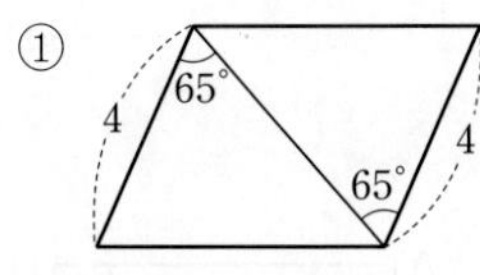

②
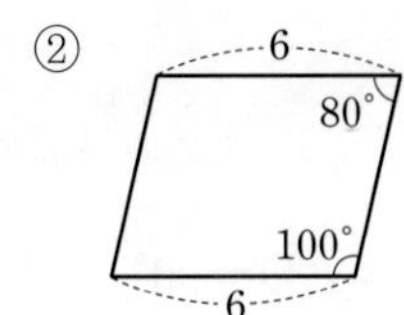

③
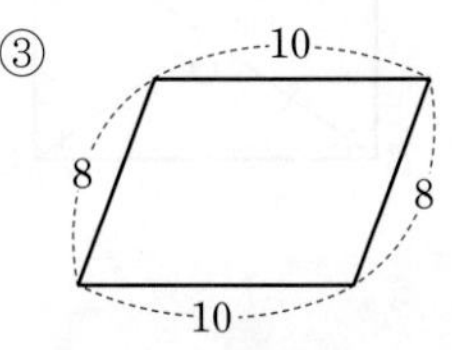

④
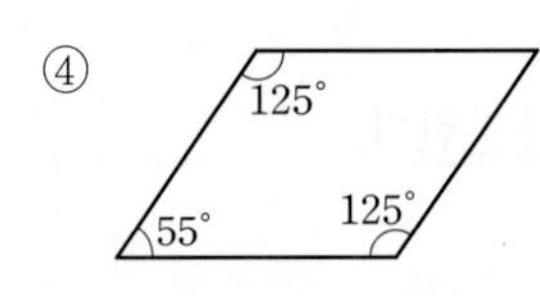

⑤
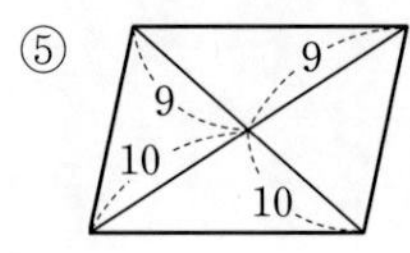

08 85% 출제율

다음 중 □ABCD가 평행사변형인 것은? (단, 점 O는 두 대각선의 교점이다.)

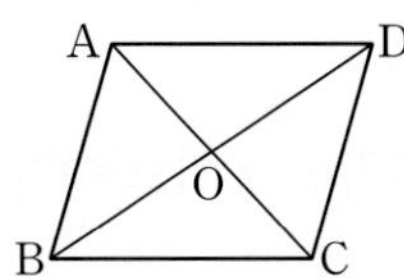

① $\overline{AB} /\!/ \overline{DC}$, $\overline{AD}=\overline{BC}=12$ cm
② $\angle BAD=130°$, $\angle ABC=50°$, $\angle BCD=130°$
③ $\overline{OA}=\overline{OB}=8$ cm, $\overline{OC}=\overline{OD}=10$ cm
④ $\overline{AB}\perp\overline{AD}$, $\overline{AD}\perp\overline{CD}$
⑤ $\angle BAD=100°$, $\angle ABC=80°$, $\angle BCD=80°$

09

다음 그림과 같은 □ABCD가 평행사변형이 되도록 하는 $\overline{AB}$의 길이는?

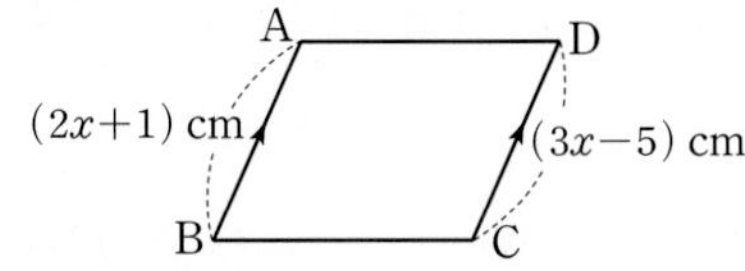

① 11 cm ② 12 cm ③ 13 cm
④ 14 cm ⑤ 15 cm

10

오른쪽 그림과 같은 평행사변형 ABCD에서 $\overline{OA}$, $\overline{OB}$, $\overline{OC}$, $\overline{OD}$의 중점을 각각 E, F, G, H라 할 때, 다음 중 □EFGH가 평행사변형이 되는 조건으로 가장 알맞은 것은?

(단, 점 O는 두 대각선의 교점이다.)

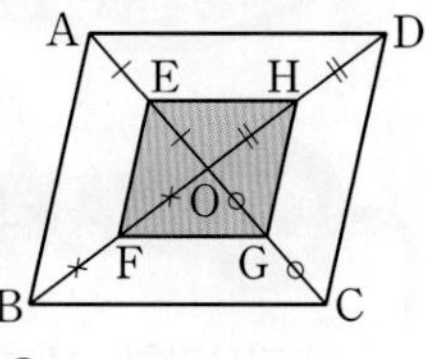

① 두 쌍의 대변이 각각 평행하다.
② 두 쌍의 대변의 길이가 각각 같다.
③ 두 쌍의 대각의 크기가 각각 같다.
④ 두 대각선이 서로 다른 것을 이등분한다.
⑤ 한 쌍의 대변이 평행하고, 그 길이가 같다.

11

오른쪽 그림과 같은 평행사변형 ABCD에서 두 대각선의 교점을 O라 하자. △OAB의 넓이가 20 cm^2일 때, □ABCD의 넓이는?

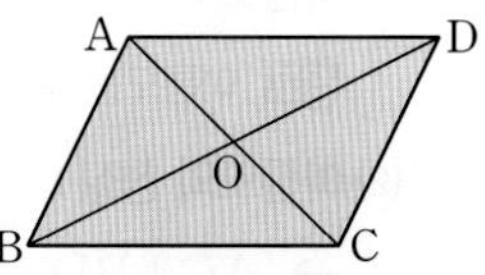

① 40 cm^2 ② 50 cm^2 ③ 60 cm^2
④ 70 cm^2 ⑤ 80 cm^2

12 서술형

오른쪽 그림과 같은 평행사변형 ABCD의 내부의 한 점을 P라 하자. $\overline{BC}=10$ cm, $\overline{DH}=8$ cm이고 △PCD의 넓이가 16 cm^2일 때, △PAB의 넓이를 구하시오.

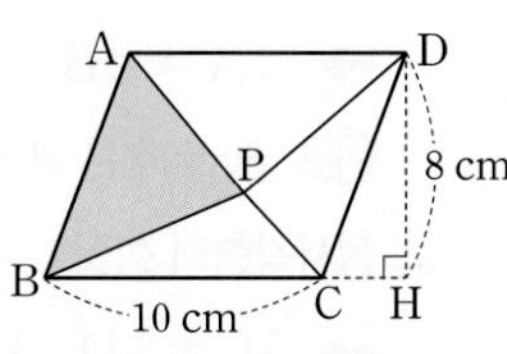

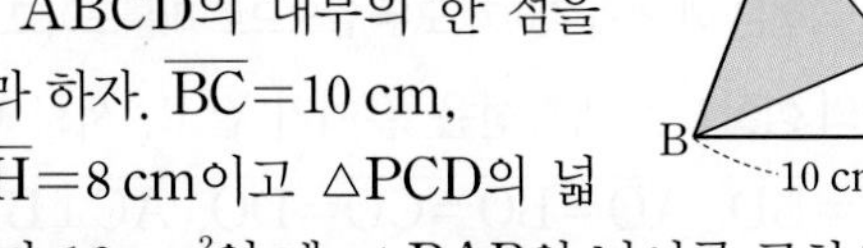

채점 기준 1 □ABCD의 넓이 구하기

채점 기준 2 △PAB+△PCD의 넓이 구하기

채점 기준 3 △PAB의 넓이 구하기

Ⅱ-2 여러 가지 사각형

01 직사각형

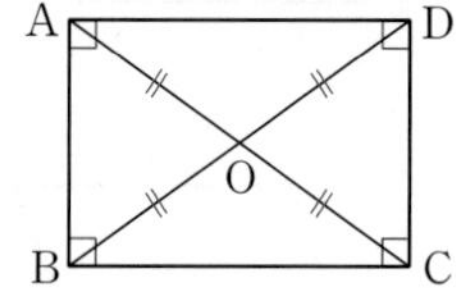

(1) **직사각형 :** 네 내각의 크기가 모두 같은 사각형 ➜ $\angle A=\angle B=\angle C=\angle D=90^\circ$

참고 직사각형은 두 쌍의 대각의 크기가 각각 같으므로 평행사변형이다.

(2) **직사각형의 성질 :** 두 대각선은 길이가 같고, 서로 다른 것을 이등분한다.

➜ $\overline{AC}=\overline{BD}$, $\overline{AO}=\overline{BO}=\overline{CO}=\overline{DO}$

(3) **평행사변형이 직사각형이 되는 조건**

① 한 내각이 직각이다. ② 두 대각선의 길이가 같다.

02 마름모

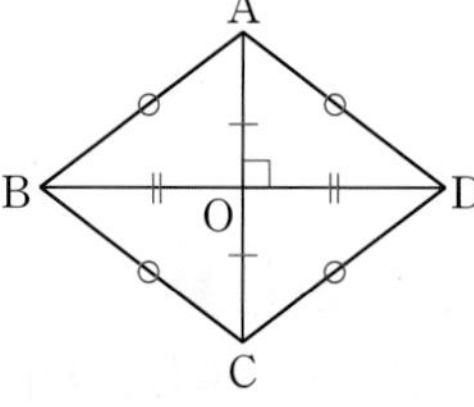

(1) **마름모 :** 네 변의 길이가 모두 같은 사각형 ➜ $\overline{AB}=\overline{BC}=\overline{CD}=\overline{DA}$

참고 마름모는 두 쌍의 대변의 길이가 각각 같으므로 평행사변형이다.

(2) **마름모의 성질 :** 두 대각선은 서로 다른 것을 수직이등분한다.

➜ $\overline{AC}\perp\overline{BD}$, $\overline{AO}=\overline{CO}$, $\overline{BO}=\overline{DO}$

(3) **평행사변형이 마름모가 되는 조건**

① 이웃하는 두 변의 길이가 같다. ② 두 대각선이 서로 수직이다.

03 정사각형

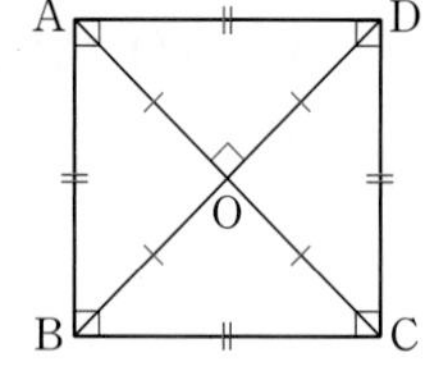

(1) **정사각형 :** 네 내각의 크기가 모두 같고, 네 변의 길이가 모두 같은 사각형

➜ $\angle A=\angle B=\angle C=\angle D=90^\circ$, $\overline{AB}=\overline{BC}=\overline{CD}=\overline{DA}$

참고 정사각형은 네 변의 길이가 모두 같으므로 마름모이고, 네 내각의 크기가 모두 같으므로 직사각형이다.

(2) **정사각형의 성질 :** 두 대각선은 길이가 같고, 서로 다른 것을 수직이등분한다.

➜ $\overline{AC}=\overline{BD}$, $\overline{AO}=\overline{BO}=\overline{CO}=\overline{DO}$, $\overline{AC}\perp\overline{BD}$

(3) **직사각형이 정사각형이 되는 조건**

① 이웃하는 두 변의 길이가 같다. ② 두 대각선이 서로 수직이다.

(4) **마름모가 정사각형이 되는 조건**

① 한 내각이 직각이다. ② 두 대각선의 길이가 같다.

04 등변사다리꼴

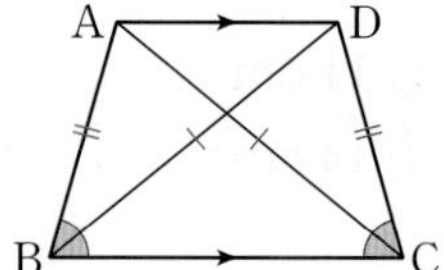

(1) **등변사다리꼴 :** 아랫변의 양 끝 각의 크기가 같은 사다리꼴 ➜ $\angle B=\angle C$

↳ 한 쌍의 대변이 평행한 사각형

(2) **등변사다리꼴의 성질**

① 평행하지 않은 한 쌍의 대변의 길이가 같다. ➜ $\overline{AB}=\overline{DC}$

② 두 대각선의 길이가 같다. ➜ $\overline{AC}=\overline{BD}$

05 여러 가지 사각형 사이의 관계

(1) 여러 가지 사각형 사이의 관계

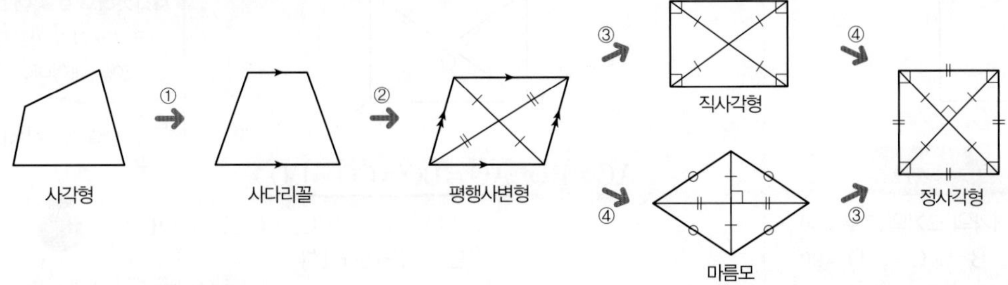

① 한 쌍의 대변이 평행하다.

② 다른 한 쌍의 대변이 평행하다.

③ 한 내각이 직각이거나 두 대각선의 길이가 같다.

④ 이웃하는 두 변의 길이가 같거나 두 대각선이 서로 수직이다.

참고 여러 가지 사각형의 대각선의 성질

① 평행사변형 : 서로 다른 것을 이등분한다.

② 직사각형 : 길이가 같고, 서로 다른 것을 이등분한다.

③ 마름모 : 서로 다른 것을 수직이등분한다.

④ 정사각형 : 길이가 같고, 서로 다른 것을 수직이등분한다.

⑤ 등변사다리꼴 : 길이가 같다.

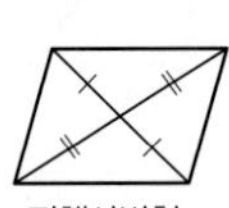
평행사변형

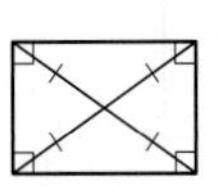
직사각형

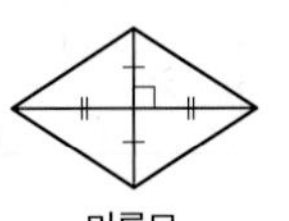
마름모

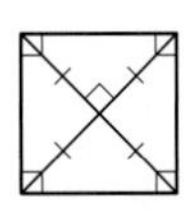
정사각형

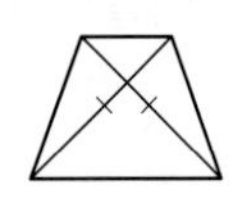
등변사다리꼴

그림을 잘 기억하자!	평행사변형	직사각형	마름모	정사각형	등변사다리꼴
두 대각선이 서로 다른 것을 이등분한다.	○	○	○	○	×
두 대각선의 길이가 같다.	×	○	×	○	○
두 대각선이 서로 수직이다.	×	×	○	○	×

06 평행선과 넓이

(1) 평행선과 삼각형의 넓이

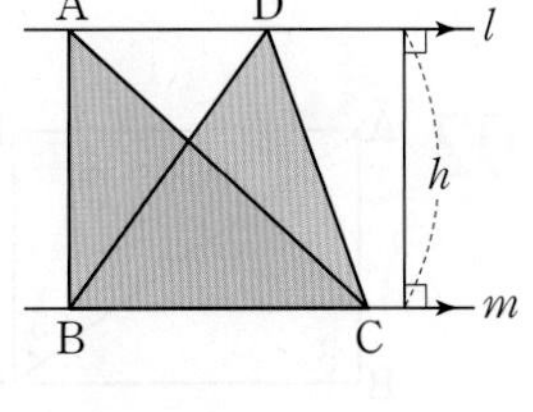

오른쪽 그림에서 두 직선 l과 m이 평행할 때, $\triangle ABC$와 $\triangle DBC$는 밑변이 $\overline{BC}$로 같고, 높이가 h로 같으므로 두 삼각형의 넓이는 같다.

→ $l /\!/ m$이면 $\triangle ABC = \triangle DBC$

참고 (1) $\overline{AD} /\!/ \overline{BC}$이면

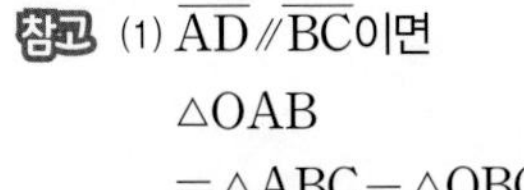

$\triangle OAB$
$= \triangle ABC - \triangle OBC$
$= \triangle DBC - \triangle OBC$
$= \triangle ODC$

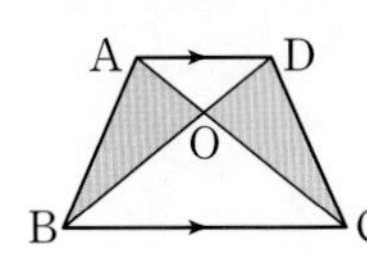

(2) $\overline{AC} /\!/ \overline{DE}$이면
$\triangle ACD = \triangle ACE$
이므로
$\square ABCD = \triangle ABE$

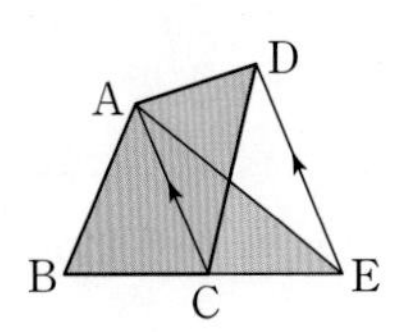

(2) 높이가 같은 두 삼각형의 넓이의 비

높이가 같은 두 삼각형의 넓이의 비는 밑변의 길이의 비와 같다.

→ $\triangle ABC : \triangle ACD = \overline{BC} : \overline{CD}$

참고 $\triangle ABC : \triangle ACD = \left(\frac{1}{2} \times \overline{BC} \times h\right) : \left(\frac{1}{2} \times \overline{CD} \times h\right) = \overline{BC} : \overline{CD}$

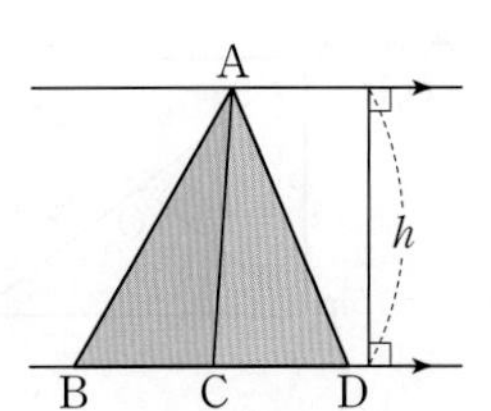

▶ 정답 및 풀이 23쪽

직사각형

직사각형의 뜻

네 내각의 크기가 모두 같은 사각형

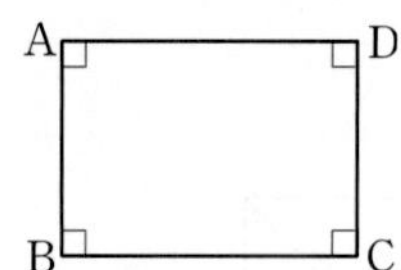

$\angle A=\angle B=\angle C=\angle D$

→ 사각형의 내각의 크기의 합은 360°

$\therefore \angle A=\angle B=\angle C=\angle D=90^\circ$

직사각형의 성질

두 대각선은 길이가 같고 서로 다른 것을 이등분한다.

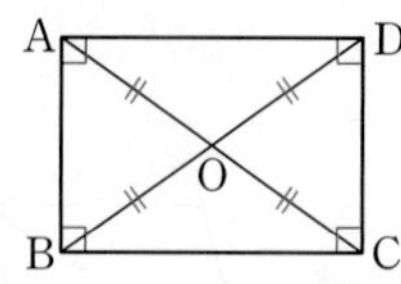

$\overline{AC}=\overline{BD}$, $\overline{AO}=\overline{BO}=\overline{CO}=\overline{DO}$

→ $\triangle OAB$, $\triangle OBC$, $\triangle OCD$, $\triangle ODA$ 모두 이등변삼각형

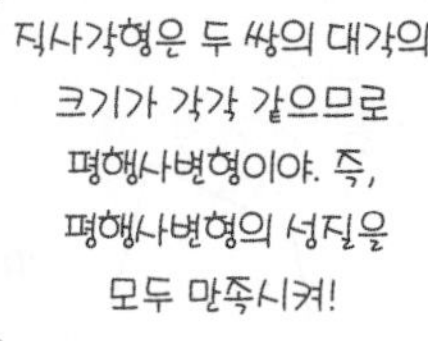

평행사변형이 직사각형이 되는 조건

평행사변형 → ① 한 내각이 직각이다. ($\angle A=90^\circ$) 또는 ② 두 대각선의 길이가 같다. ($\overline{AC}=\overline{BD}$) → 직사각형

→ $\angle A=90^\circ$이면 $\angle A=\angle B=\angle C=\angle D=90^\circ$

직사각형의 뜻과 성질

다음 그림과 같은 직사각형 ABCD에서 x, y의 값을 각각 구하시오. (단, 점 O는 두 대각선의 교점이다.)

01

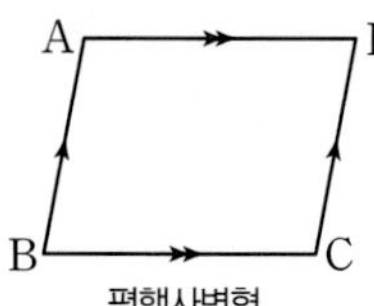

02

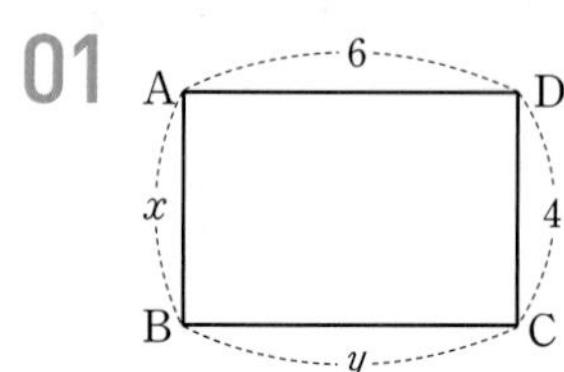

03

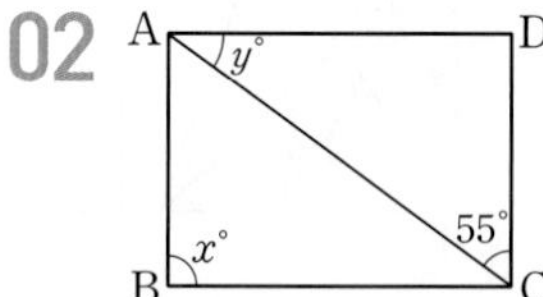

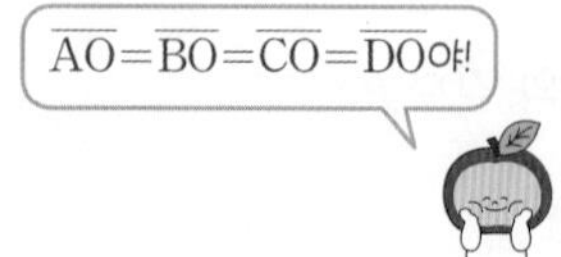

04

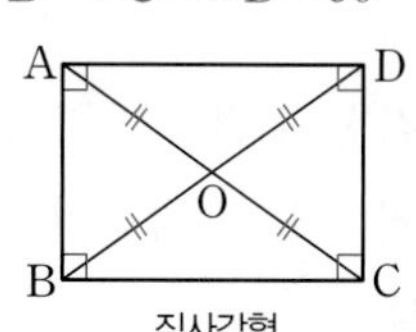

05

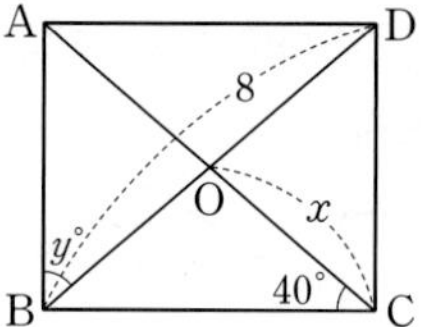

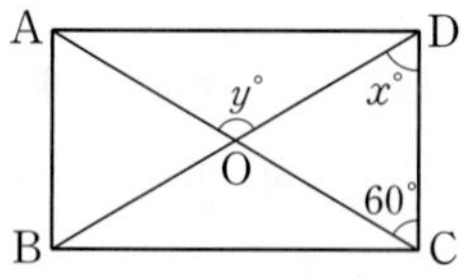

06

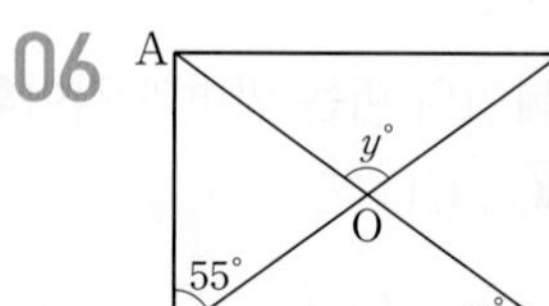

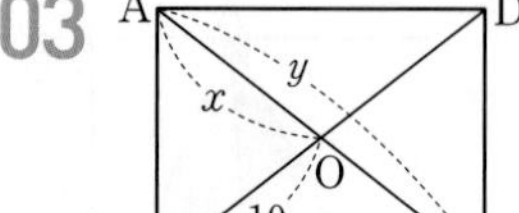

평행사변형이 직사각형이 되는 조건

다음 중 오른쪽 그림과 같은 평행사변형 ABCD가 직사각형이 되는 것에는 ○표, 되지 않는 것에는 ×표를 하시오.

(단, 점 O는 두 대각선의 교점이다.)

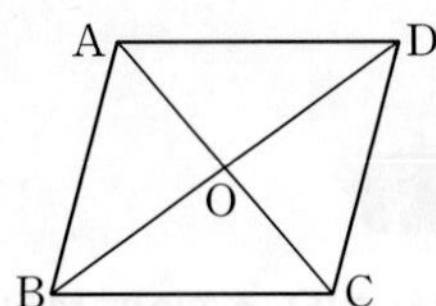

07 $\angle BCD=90^\circ$ (　　)

08 $\overline{AB}=\overline{AD}$ (　　)

09 $\angle ABC=\angle ADC$ (　　)

10 $\angle BAD=\angle ABC$ (　　)

11 $\overline{AC}=\overline{BD}$ (　　)

12 $\overline{AO}=\overline{BO}$ (　　)

13 $\overline{AO}=\overline{CO}$ (　　)

다음 그림과 같은 평행사변형 ABCD가 직사각형이 되도록 하는 조건을 □ 안에 써넣으시오.

(단, 점 O는 두 대각선의 교점이다.)

14 따라해

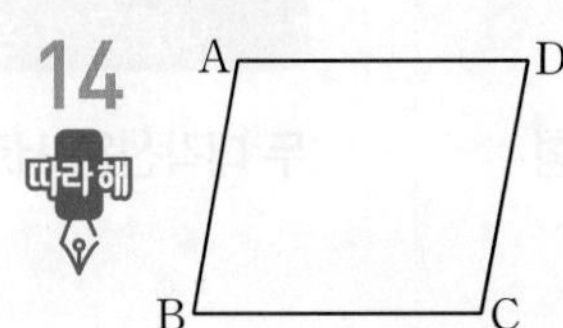

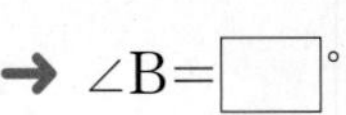

→ $\angle B=\square^\circ$

한 내각이 □인 평행사변형은 직사각형이다.

15 따라해

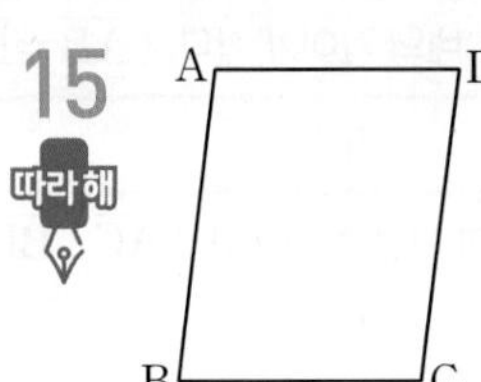

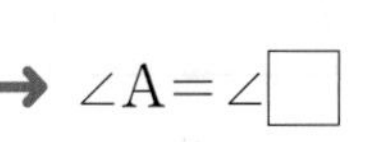

→ $\angle A=\angle\square$

또는 $\angle A=\angle\square$

이웃하는 두 내각의 크기가 같은 평행사변형은 □이다.

16 따라해

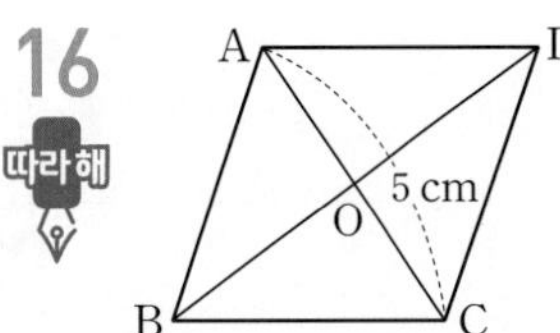

→ $\overline{BD}=\square$ cm

두 □의 길이가 같은 평행사변형은 직사각형이다.

17

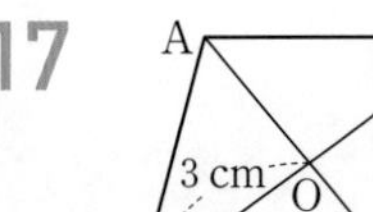

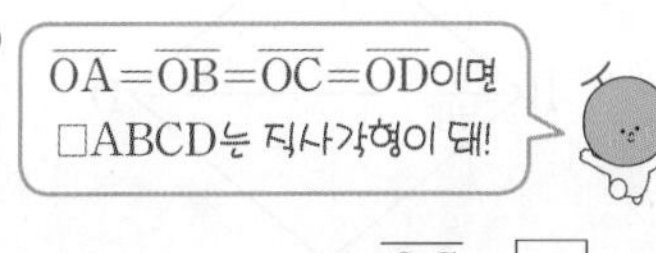

$\overline{OA}=\overline{OB}=\overline{OC}=\overline{OD}$이면
□ABCD는 직사각형이 돼!

→ $\overline{OC}=\square$ cm

▶ 정답 및 풀이 24쪽

마름모

마름모의 뜻

네 변의 길이가 모두 같은 사각형

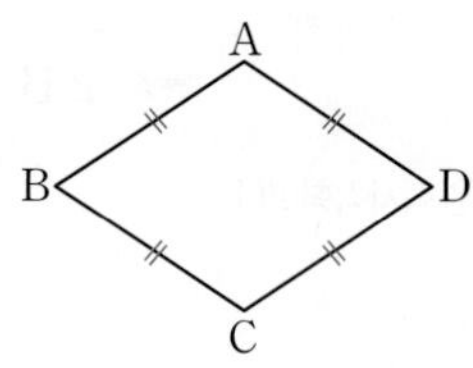

$\overline{AB}=\overline{BC}=\overline{CD}=\overline{DA}$

마름모의 성질

두 대각선은 서로 다른 것을 수직이등분한다.

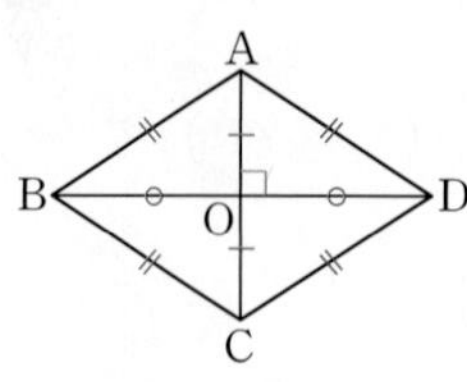

마름모는 두 쌍의 대변의 길이가 각각 같으므로 평행사변형이야. 즉, 평행사변형의 성질을 모두 만족시켜!

$\overline{AC}\perp\overline{BD}$, $\overline{AO}=\overline{CO}$, $\overline{BO}=\overline{DO}$

→ $\triangle ABO\equiv\triangle CBO\equiv\triangle CDO\equiv\triangle ADO$ (SAS 합동)

평행사변형이 마름모가 되는 조건

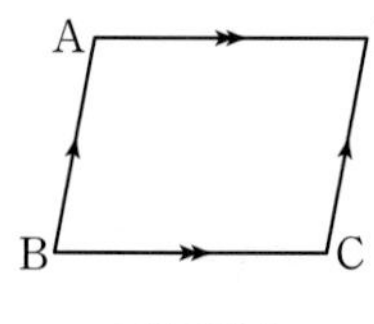

평행사변형

① 이웃하는 두 변의 길이가 같다. ($\overline{AB}=\overline{BC}$)

또는

② 두 대각선이 서로 수직이다. ($\overline{AC}\perp\overline{BD}$)

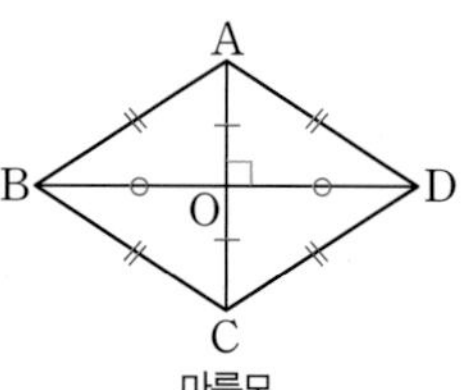

마름모

마름모의 뜻과 성질

다음 그림과 같은 마름모 ABCD에서 x, y의 값을 각각 구하시오. (단, 점 O는 두 대각선의 교점이다.)

01

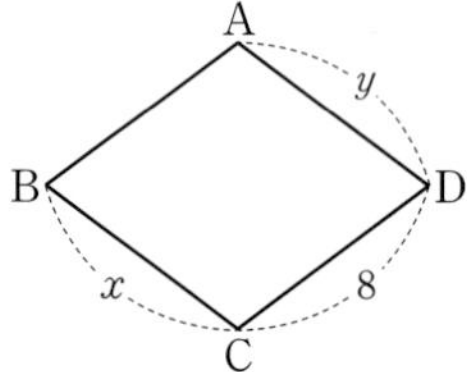

02

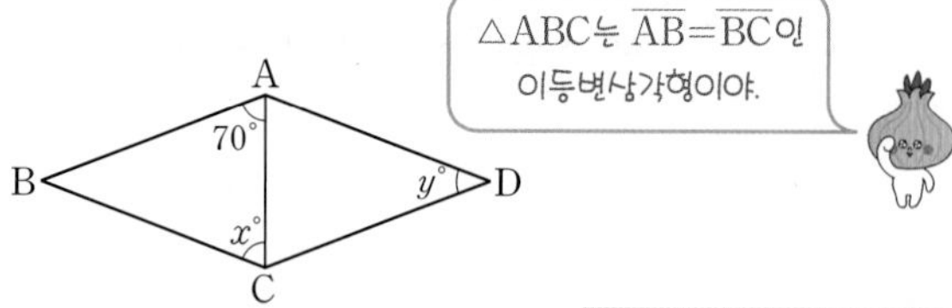
△ABC는 $\overline{AB}=\overline{BC}$인 이등변삼각형이야.

03

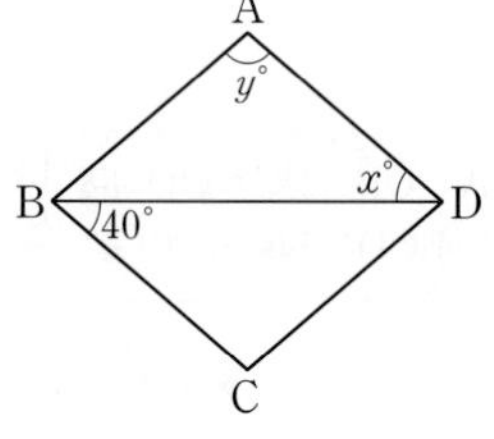

04

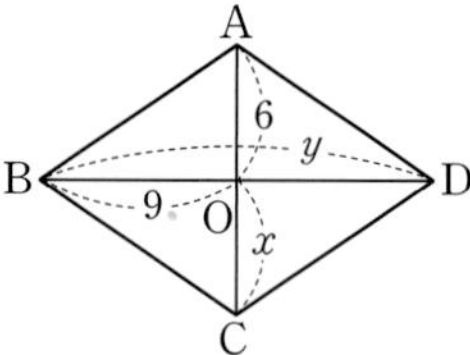

$\overline{AO}=\overline{CO}$, $\overline{BO}=\overline{DO}$야!

05

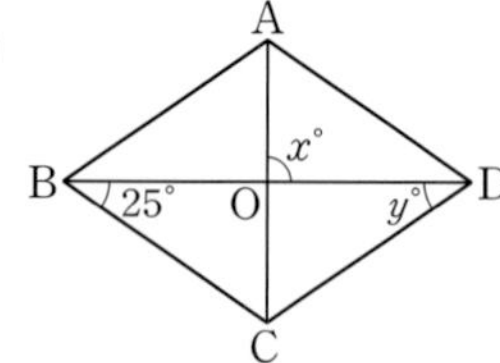

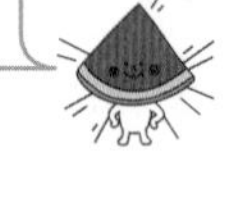
$\overline{AC}\perp\overline{BD}$야!

06

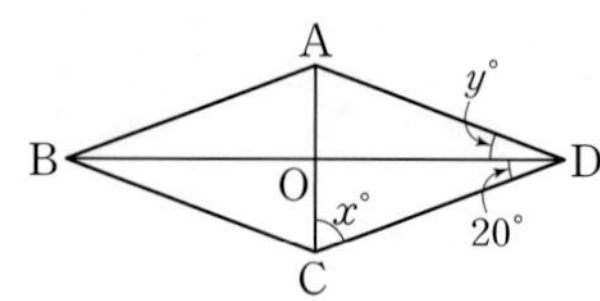

평행사변형이 마름모가 되는 조건

다음 중 오른쪽 그림과 같은 평행사변형 ABCD가 마름모가 되는 것에는 ○표, 되지 않는 것에는 ×표를 하시오. (단, 점 O는 두 대각선의 교점이다.)

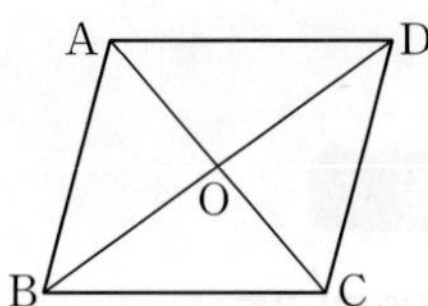

07 $\overline{AB}=\overline{AD}$ (　　)

08 $\angle BOC=90°$ (　　)

09 $\angle ADC=\angle BCD$ (　　)

10 $\overline{BO}=\overline{CO}$ (　　)

11 $\overline{AC}\perp\overline{BD}$ (　　)

12 $\angle OAB=\angle OBA$ (　　)

13 $\angle ACB=\angle ACD$ (　　)

다음 그림과 같은 평행사변형 ABCD가 마름모가 되도록 하는 조건을 □ 안에 써넣으시오. (단, 점 O는 두 대각선의 교점이다.)

14 따라해

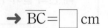

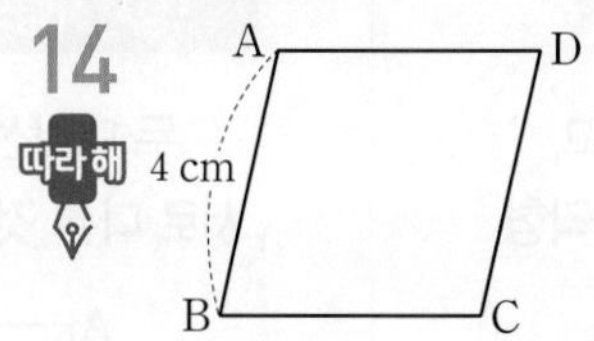

→ $\overline{BC}=$□ cm

이웃하는 두 변의 길이가 같은 평행사변형은 □이다.

15

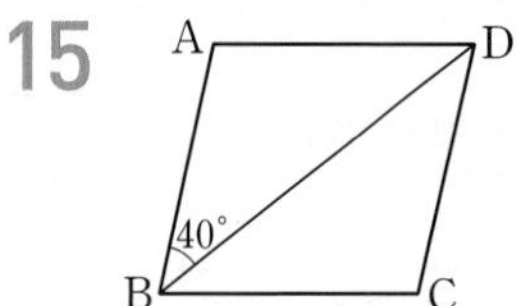

→ $\angle ADB=$□°

16 따라해

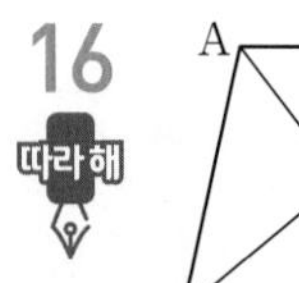

→ $\angle AOD=$□°

두 대각선이 서로 □인 평행사변형은 마름모이다.

17

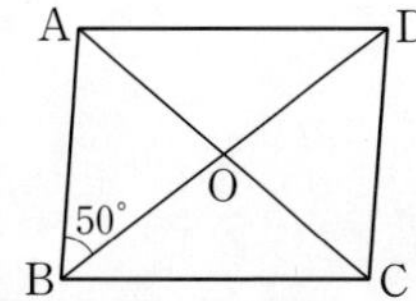

→ $\angle OAB=$□°

정사각형

정사각형의 뜻

네 내각의 크기가 모두 같고,
네 변의 길이가 모두 같은 사각형

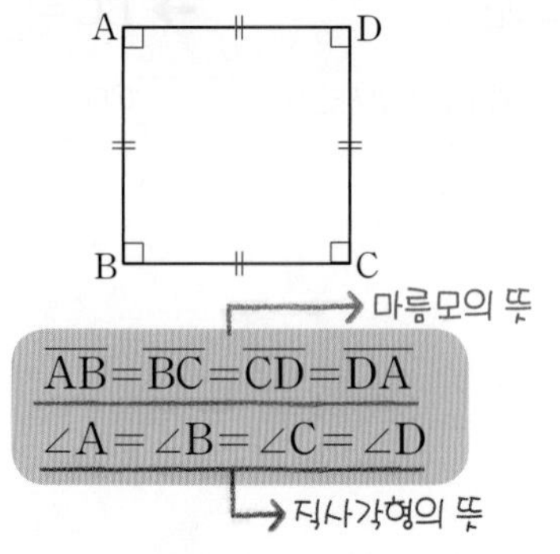

정사각형의 성질

두 대각선은 길이가 같고,
서로 다른 것을 수직이등분한다.

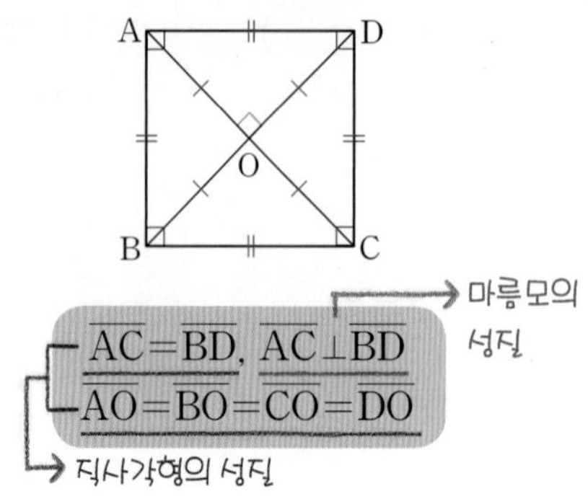

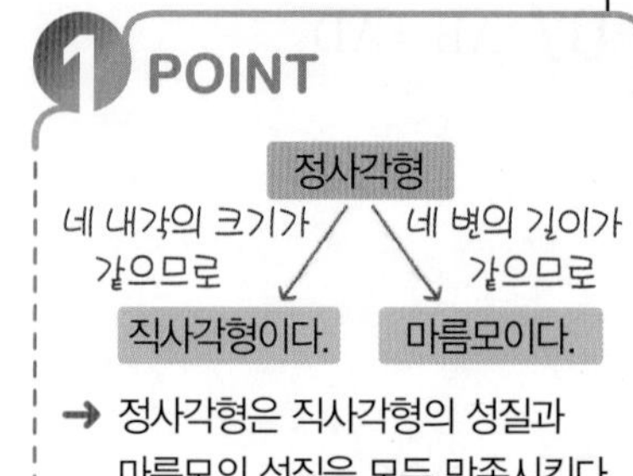

→ 정사각형은 직사각형의 성질과 마름모의 성질을 모두 만족시킨다.

직사각형 또는 마름모가 정사각형이 되는 조건

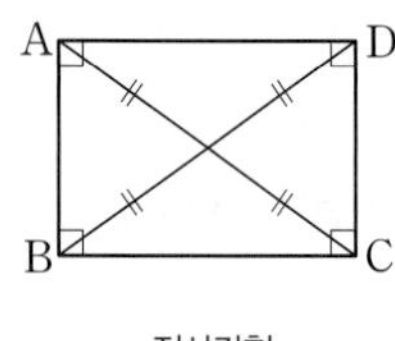
직사각형

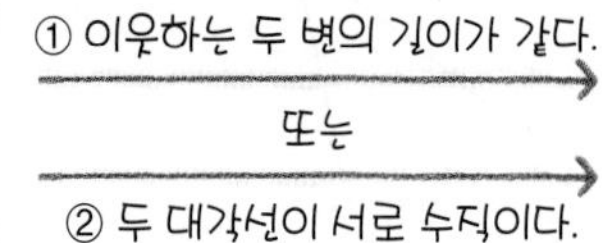

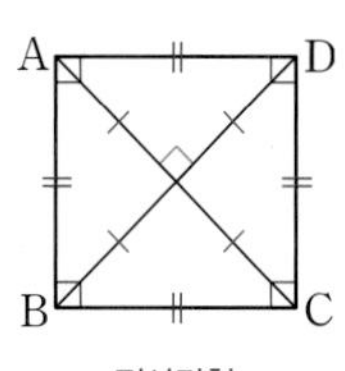
정사각형

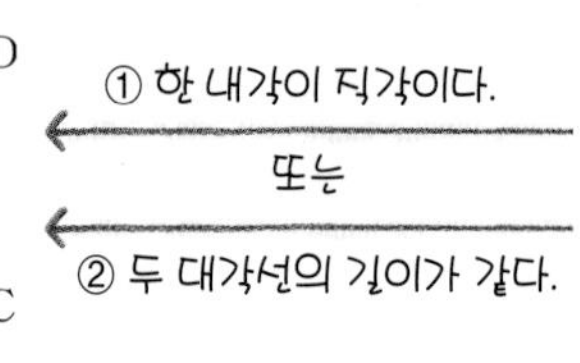

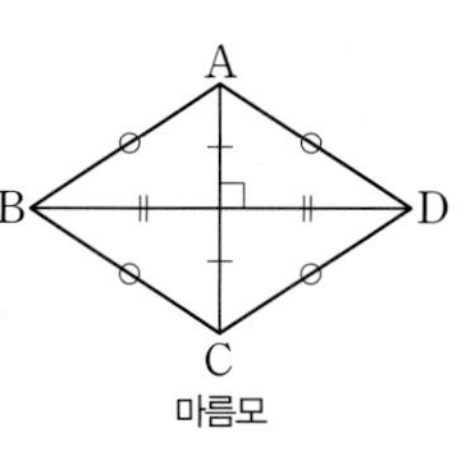
마름모

정사각형의 뜻과 성질

다음 그림과 같은 정사각형 ABCD에서 x, y의 값을 각각 구하시오. (단, 점 O는 두 대각선의 교점이다.)

01

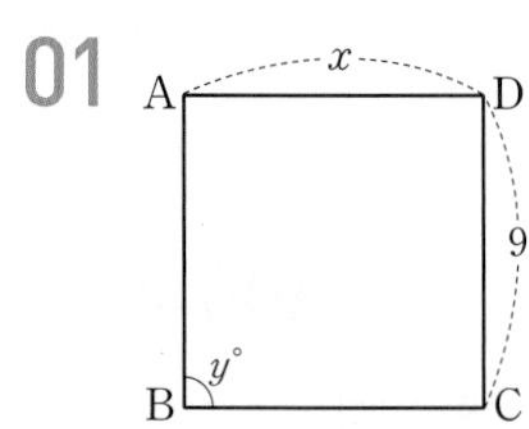

02

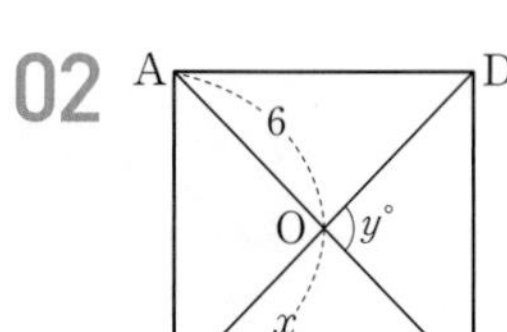

03

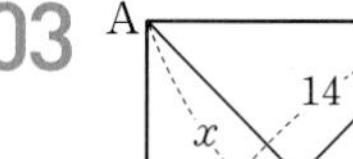

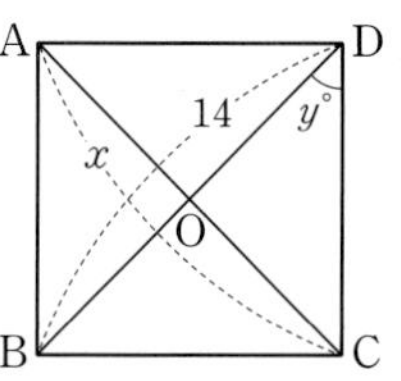

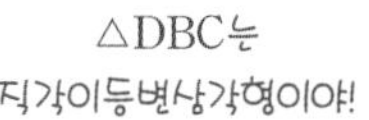

04

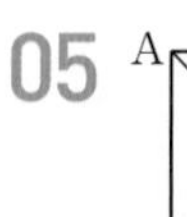

05

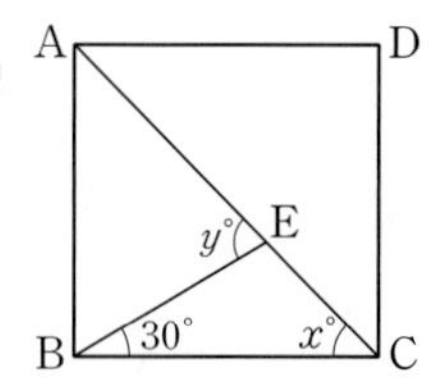

정사각형이 되는 조건

다음 중 오른쪽 그림과 같은 직사각형 ABCD가 정사각형이 되는 것에는 ○표, 되지 않는 것에는 ×표를 하시오.
(단, 점 O는 두 대각선의 교점이다.)

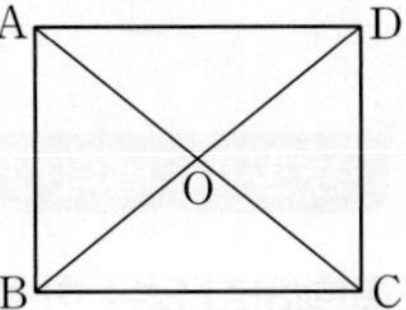

06 $\overline{AB}=\overline{AD}$ (　　)

07 $\overline{AC}=\overline{BD}$ (　　)

08 $\angle BOC=90°$ (　　)

09 $\overline{AO}=\overline{BO}$ (　　)

다음 그림과 같은 직사각형 ABCD가 정사각형이 되도록 하는 조건을 □ 안에 써넣으시오.
(단, 점 O는 두 대각선의 교점이다.)

10

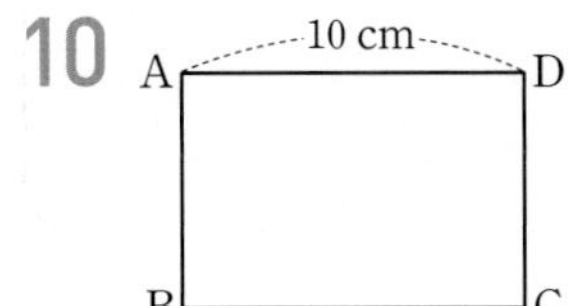

→ $\overline{AB}=$□ cm

11

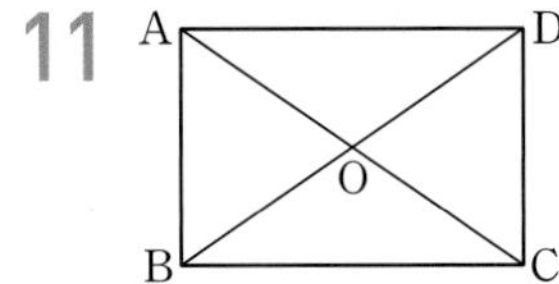

→ $\angle AOD=$□°

다음 중 오른쪽 그림과 같은 마름모 ABCD가 정사각형이 되는 것에는 ○표, 되지 않는 것에는 ×표를 하시오. (단, 점 O는 두 대각선의 교점이다.)

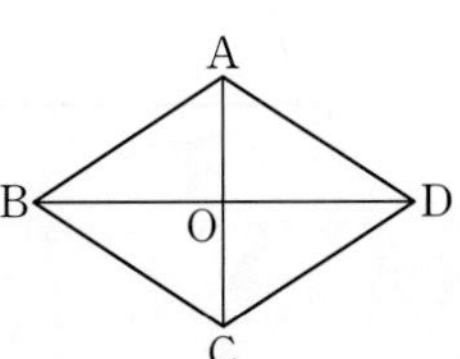

12 $\angle BAD=\angle ABC$ (　　)

13 $\angle BCA=\angle DCA$ (　　)

14 $\overline{AC}\perp\overline{BD}$ (　　)

15 $\overline{AO}=\overline{BO}$ (　　)

다음 그림과 같은 마름모 ABCD가 정사각형이 되도록 하는 조건을 □ 안에 써넣으시오.
(단, 점 O는 두 대각선의 교점이다.)

16

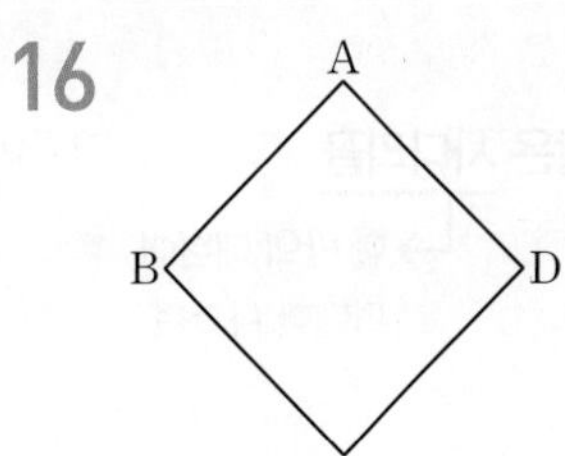

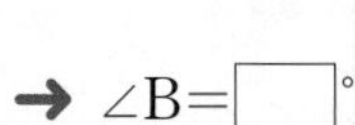

→ $\angle B=$□°

17

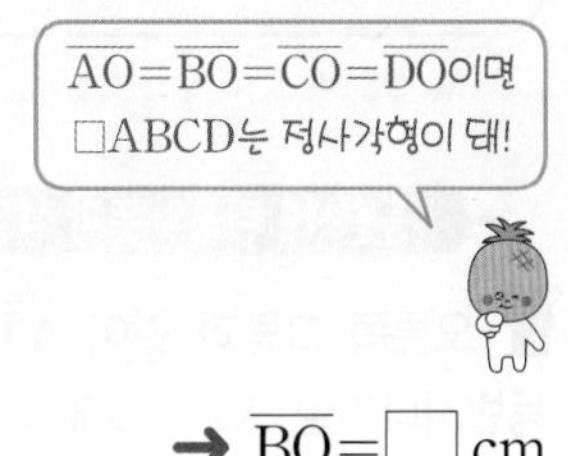

$\overline{AO}=\overline{BO}=\overline{CO}=\overline{DO}$이면 □ABCD는 정사각형이 돼!

→ $\overline{BO}=$□ cm

다음 중 오른쪽 그림과 같은 평행사변형 ABCD가 정사각형이 되는 것에는 ○표, 되지 않는 것에는 ×표를 하시오. (단, 점 O는 두 대각선의 교점이다.)

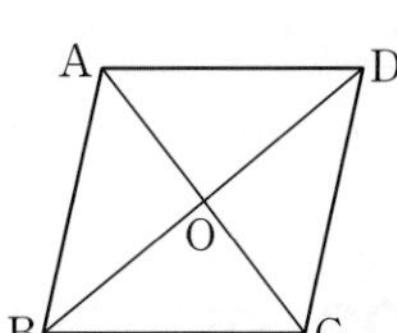

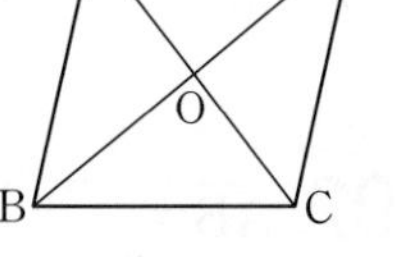

18 $\angle BAD=90°$ (　　)

19 $\angle AOD=90°$, $\overline{AB}=\overline{BC}$ (　　)

20 $\angle BAD=\angle ABC$, $\overline{BC}=\overline{DC}$ (　　)

21 $\overline{AC}=\overline{BD}$, $\overline{AC}\perp\overline{BD}$ (　　)

22 $\angle ADC=90°$, $\overline{AO}=\overline{DO}$ (　　)

등변사다리꼴

등변사다리꼴의 뜻

아랫변의 양 끝 각의 크기가 같은 사다리꼴

→ 한 쌍의 대변이 평행한 사각형

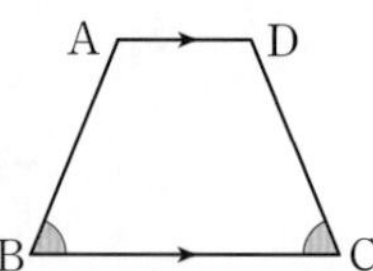

$\angle B = \angle C$

등변사다리꼴의 성질

평행하지 않은 한 쌍의 대변의 길이가 같고,
두 대각선의 길이가 같다.

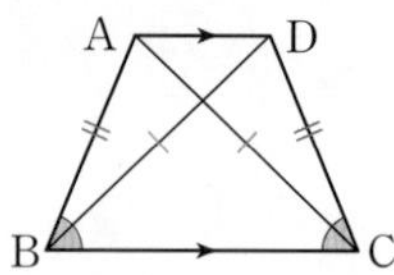

$\overline{AB} = \overline{DC}$, $\overline{AC} = \overline{DB}$

등변사다리꼴의 뜻과 성질

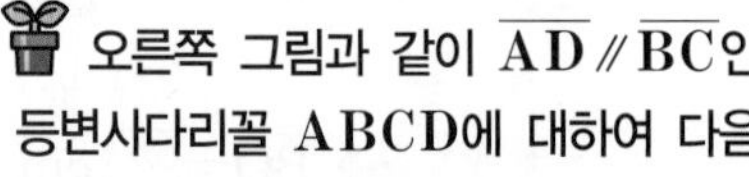
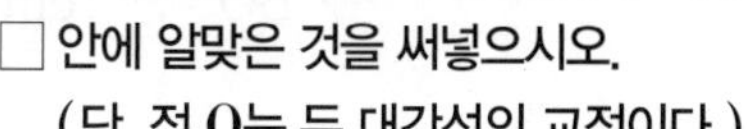
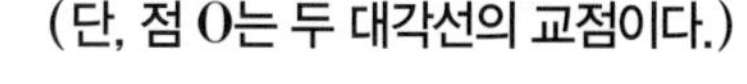

오른쪽 그림과 같이 $\overline{AD} /\!/ \overline{BC}$인 등변사다리꼴 ABCD에 대하여 다음 □ 안에 알맞은 것을 써넣으시오.
(단, 점 O는 두 대각선의 교점이다.)

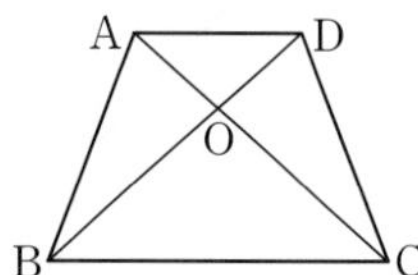

01 $\angle ABC =$ □

02 $\overline{AB} =$ □

03 $\overline{AC} =$ □

04 $\angle BAD =$ □

05 $\angle OBC =$ □

△ABC≡△DCB야!

06 $\overline{OA} =$ □

다음 그림과 같이 $\overline{AD} /\!/ \overline{BC}$인 등변사다리꼴 ABCD에서 x의 값을 구하시오. (단, 점 O는 두 대각선의 교점이다.)

07

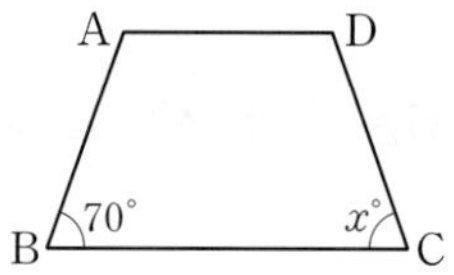

(그림: A, D, B, C, 70°, $x°$)

08

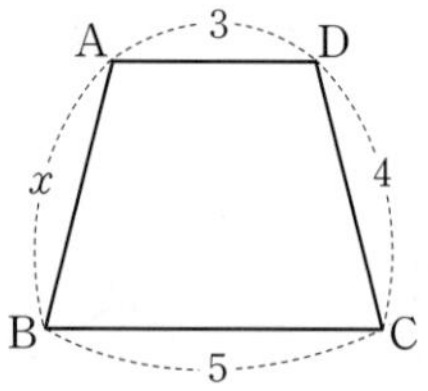

(그림: A, D, B, C, 3, 4, 5, x)

09

(그림: A, D, O, B, C, 10, x, 8)

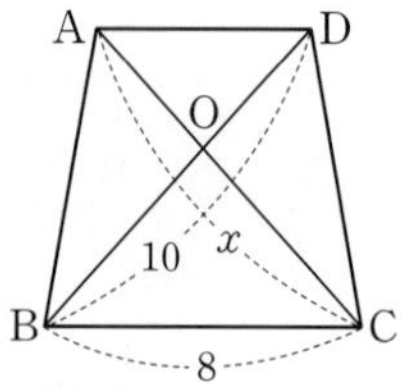

10

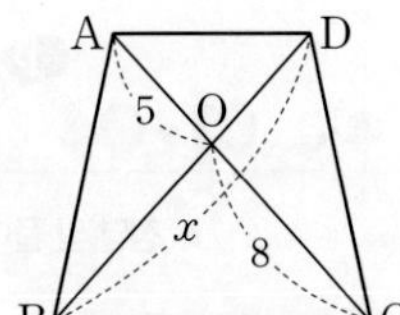

11

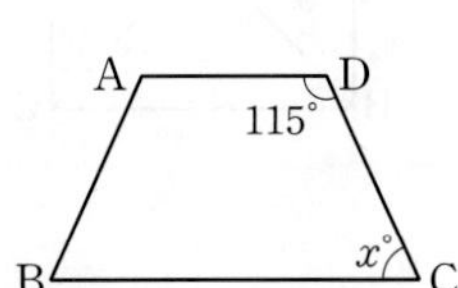

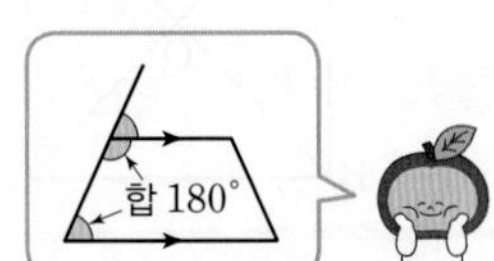

다음 그림과 같이 $\overline{AD}/\!/\overline{BC}$인 등변사다리꼴 ABCD에서 $\angle x$의 크기를 구하시오.

12

따라해

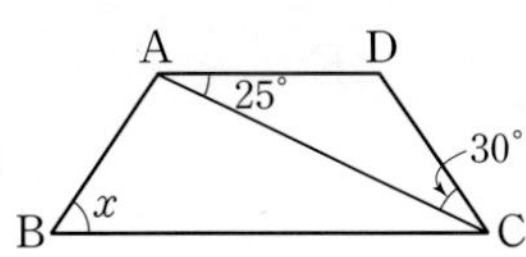

$\overline{AD}/\!/\overline{BC}$이므로 $\angle ACB=\angle DAC=$ ☐ ° (엇각)

따라서 $\angle DCB=$ ☐ $°+30°=$ ☐ °이므로

$\angle x=\angle DCB=$ ☐ °

13

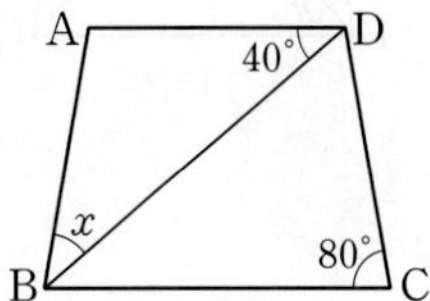

14

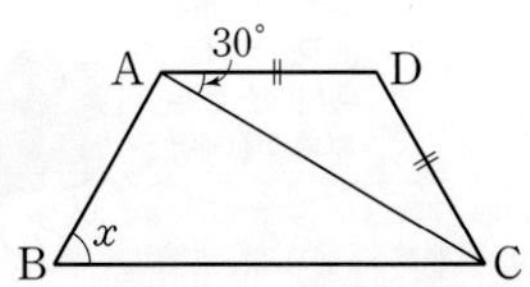

등변사다리꼴의 성질의 활용

다음 그림과 같이 $\overline{AD}/\!/\overline{BC}$인 등변사다리꼴 ABCD에서 x의 값을 구하시오.

15

따라해

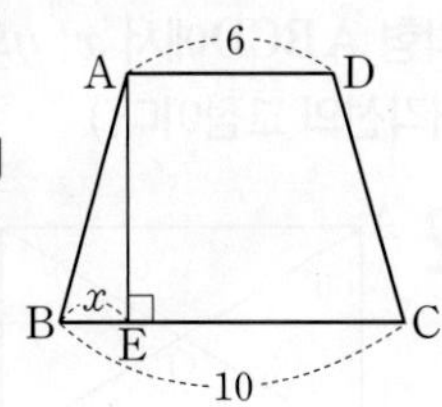

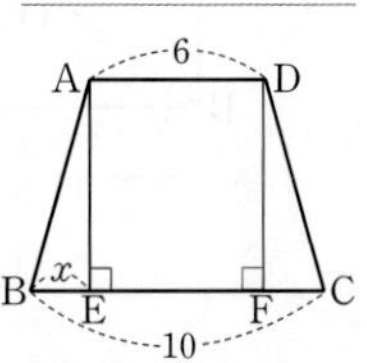

오른쪽 그림과 같이 점 D에서 $\overline{BC}$에서 내린 수선의 발을 F라 하면 $\overline{EF}=\overline{AD}=$ ☐

$\triangle ABE\equiv\triangle DCF$(RHA 합동)이므로

$\overline{BE}=$ ☐

$\therefore x=\frac{1}{2}\times(10-$ ☐ $)=$ ☐

16

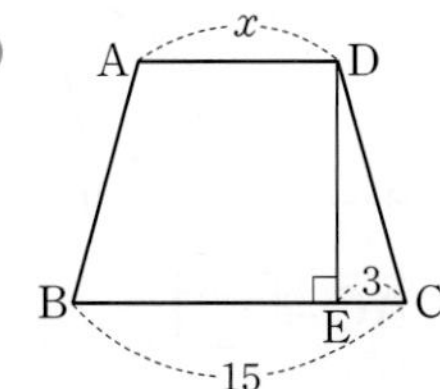

17

따라해

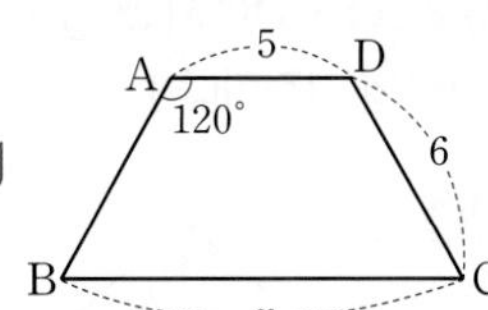

오른쪽 그림과 같이 $\overline{AB}$와 평행한 $\overline{DE}$를 그으면 □ABED는 평행사변형이므로

$\overline{BE}=\overline{AD}=$ ☐

$\angle A+\angle B=180°$이므로

$\angle B=180°-$ ☐ $°=$ ☐ °

$\angle C=\angle B=$ ☐ °이고 $\overline{AB}/\!/\overline{DE}$이므로

$\angle DEC=\angle B=$ ☐ ° (동위각)

즉, $\triangle DEC$는 정삼각형이므로 $\overline{DE}=\overline{EC}=\overline{CD}=$ ☐

$\therefore x=\overline{BE}+\overline{EC}=$ ☐ + ☐ = ☐

18

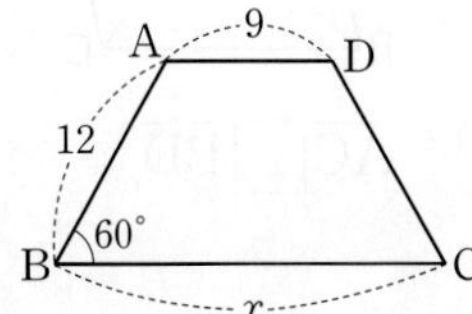

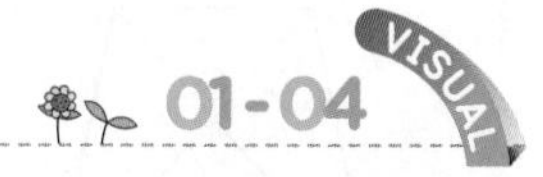

▶ 정답 및 풀이 26쪽

[01 ~ 02] 다음 그림과 같은 직사각형 ABCD에서 x, y의 값을 각각 구하시오. (단, 점 O는 두 대각선의 교점이다.)

01
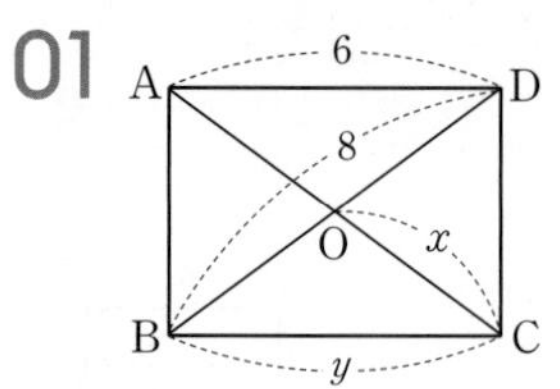

02
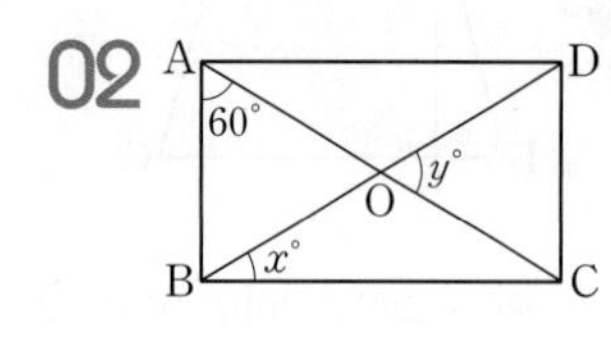

[09 ~ 10] 다음 그림과 같은 정사각형 ABCD에서 x, y의 값을 각각 구하시오. (단, 점 O는 두 대각선의 교점이다.)

09
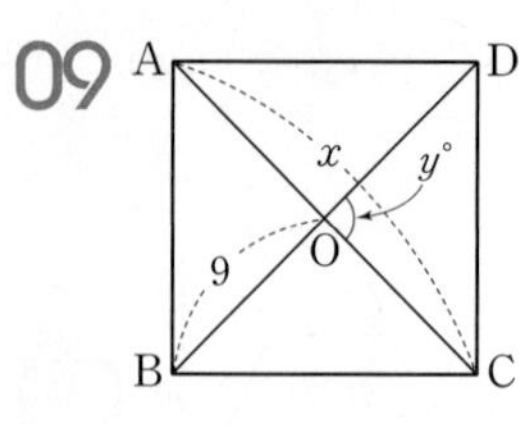

10
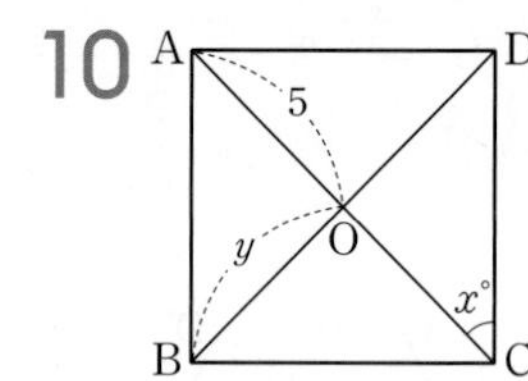

[03 ~ 04] 다음 그림과 같은 평행사변형 ABCD가 직사각형이 되도록 하는 조건을 □ 안에 써넣으시오.
(단, 점 O는 두 대각선의 교점이다.)

03
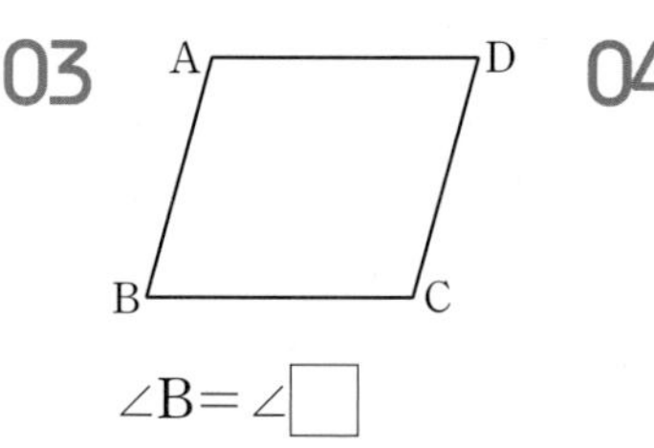

$\angle B = \angle$ □
또는 $\angle B = \angle C$

04
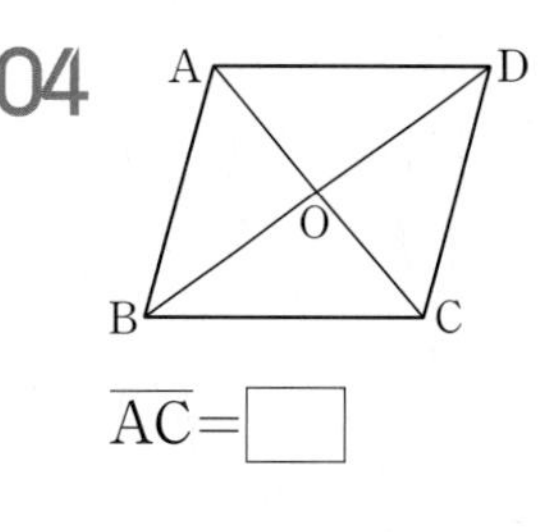

$\overline{AC} =$ □

[11 ~ 12] 다음 그림과 같은 직사각형 ABCD와 마름모 EFGH가 정사각형이 되도록 하는 조건을 □ 안에 써넣으시오.
(단, 점 O는 두 대각선의 교점이다.)

11
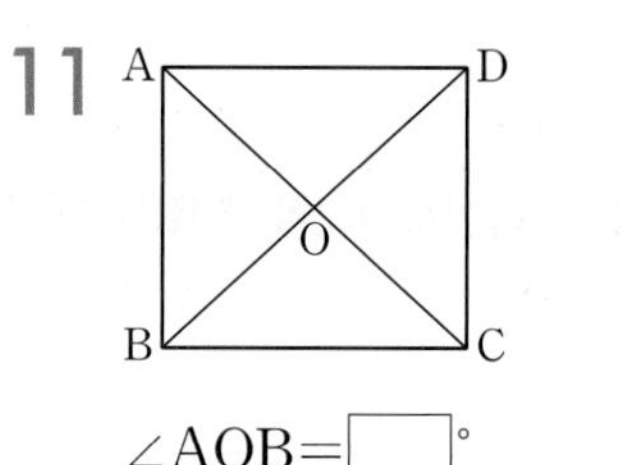

$\angle AOB =$ □$^\circ$

12
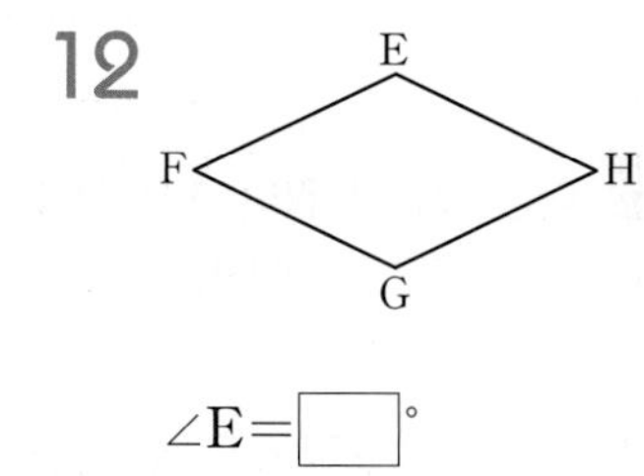

$\angle E =$ □$^\circ$

[05 ~ 06] 다음 그림과 같은 마름모 ABCD에서 x, y의 값을 각각 구하시오. (단, 점 O는 두 대각선의 교점이다.)

05 06
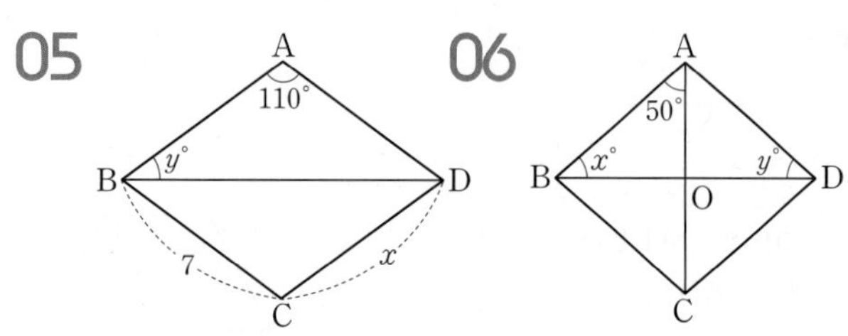

[13 ~ 16] 다음 그림과 같이 $\overline{AD} /\!/ \overline{BC}$인 등변사다리꼴 ABCD에서 x, y의 값을 각각 구하시오.
(단, 점 O는 두 대각선의 교점이다.)

13
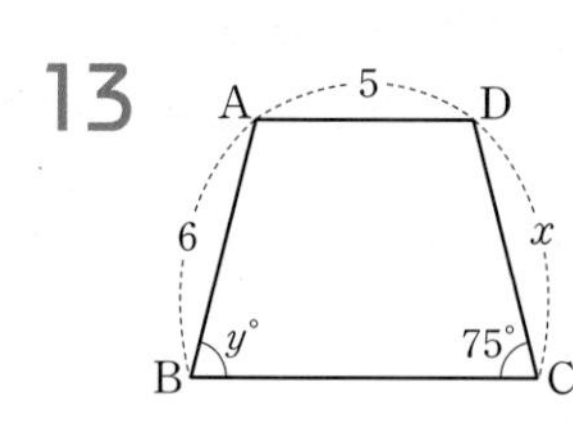

14
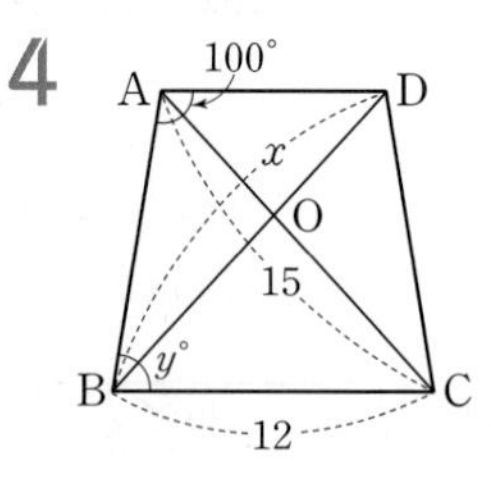

[07 ~ 08] 다음 그림과 같은 평행사변형 ABCD가 마름모가 되도록 하는 조건을 □ 안에 써넣으시오.
(단, 점 O는 두 대각선의 교점이다.)

07 08
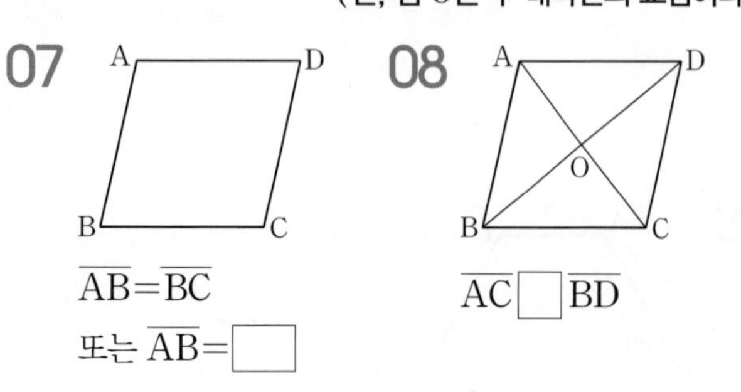

07 $\overline{AB} = \overline{BC}$
또는 $\overline{AB} =$ □

08 $\overline{AC}$ □ $\overline{BD}$

15 16
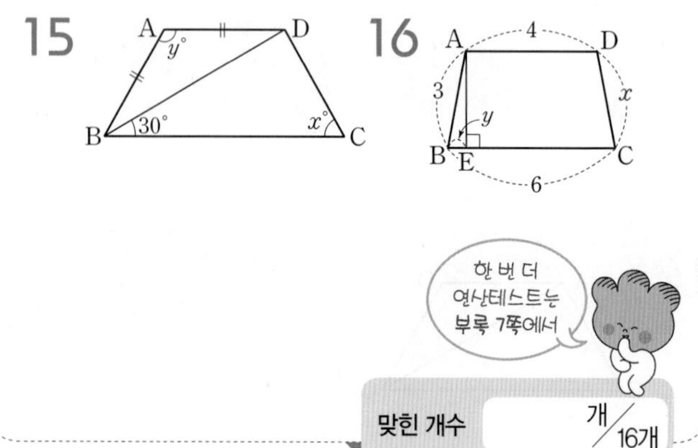

맞힌 개수 개/16개

05 VISUAL 연산 여러 가지 사각형 사이의 관계

여러 가지 사각형 사이의 관계

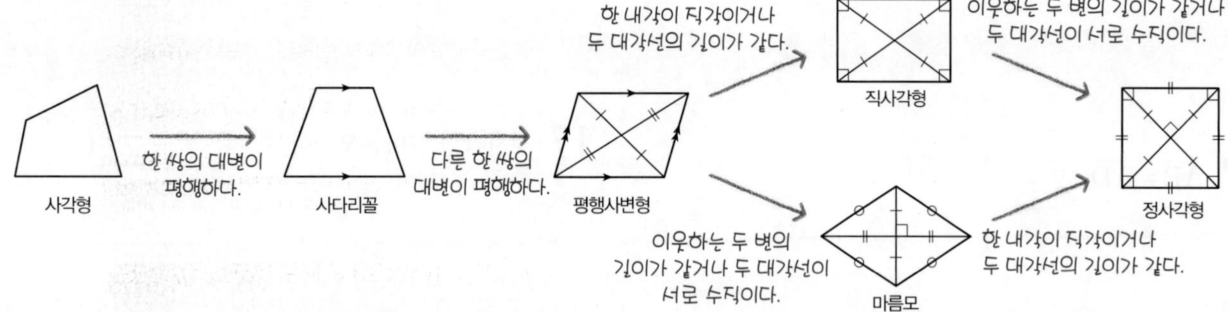

여러 가지 사각형의 대각선의 성질

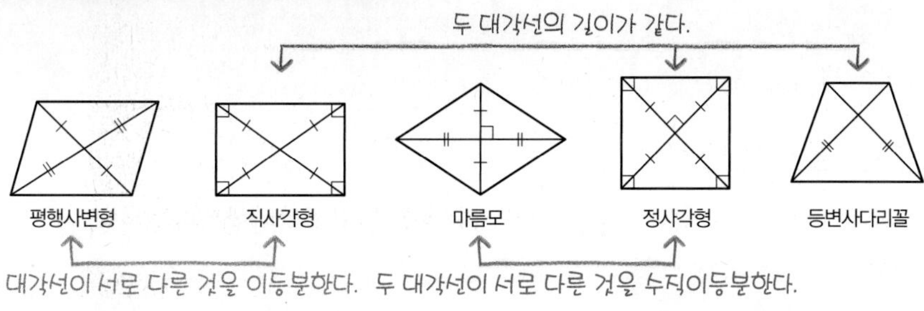

여러 가지 사각형 사이의 관계

아래 그림과 같이 어떤 사각형에 변 또는 각에 대한 조건을 추가하면 다른 모양의 사각형이 된다. 다음에 알맞은 조건을 **보기**에서 모두 고르시오.

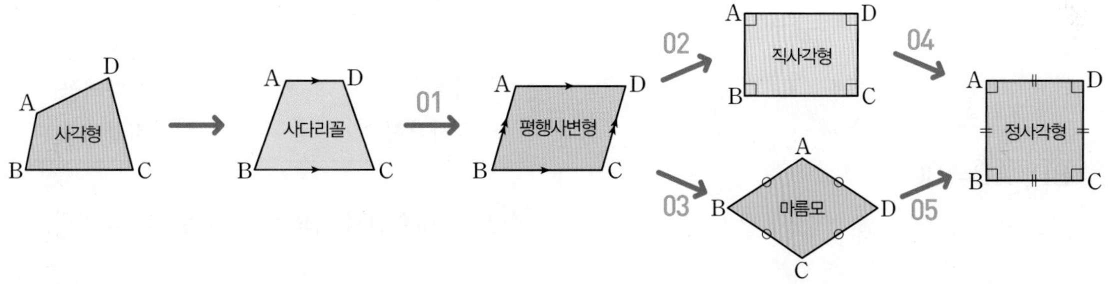

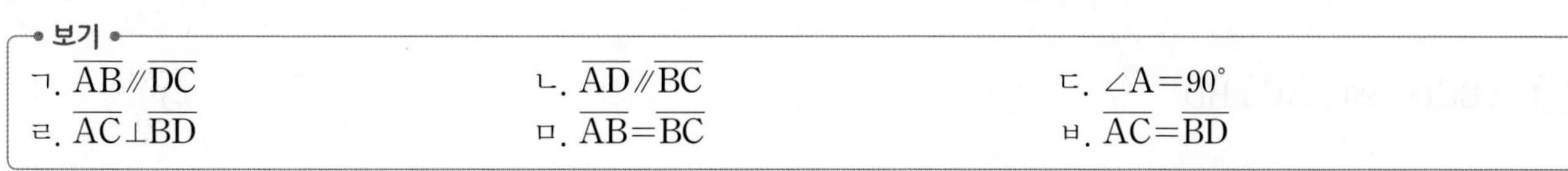

보기

ㄱ. $\overline{AB} /\!/ \overline{DC}$　　ㄴ. $\overline{AD} /\!/ \overline{BC}$　　ㄷ. $\angle A = 90^\circ$

ㄹ. $\overline{AC} \perp \overline{BD}$　　ㅁ. $\overline{AB} = \overline{BC}$　　ㅂ. $\overline{AC} = \overline{BD}$

01 ________　　02 ________　　03 ________

04 ________　　05 ________

오른쪽 그림과 같은 평행사변형 ABCD가 다음 조건을 만족시키면 어떤 사각형이 되는지 말하시오.
(단, 점 O는 두 대각선의 교점이다.)

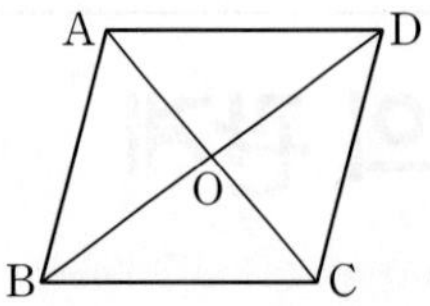

A D O B C

06 $\overline{AC}=\overline{BD}$ ________

07 $\overline{AB}=\overline{AD}$ ________

08 $\angle ABC=90°$ ________

09 $\overline{AC}\perp\overline{BD}$ ________

10 $\overline{BO}=\overline{CO}$ ________

11 $\overline{AC}=\overline{BD}$, $\overline{AC}\perp\overline{BD}$ ________

12 $\overline{AC}=\overline{BD}$, $\overline{AB}=\overline{BC}$ ________

13 $\angle BCD=90°$, $\overline{AC}\perp\overline{BD}$ ________

14 $\overline{AB}=\overline{BC}$, $\angle AOB=90°$ ________

15 $\angle ADC=90°$, $\overline{AD}=\overline{DC}$ ________

다음 설명 중 옳은 것에는 ○표, 옳지 않은 것에는 ×표를 하시오.

16 직사각형은 평행사변형이다. ( )

17 정사각형은 마름모이다. ( )

18 직사각형은 정사각형이다. ( )

19 등변사다리꼴은 평행사변형이다. ( )

여러 가지 사각형의 대각선의 성질

다음에 알맞은 사각형을 보기에서 모두 고르시오.

보기

ㄱ. 평행사변형	ㄴ. 직사각형
ㄷ. 마름모	ㄹ. 등변사다리꼴
ㅁ. 정사각형	ㅂ. 사다리꼴

20 두 대각선이 서로 다른 것을 이등분한다. ________

21 두 대각선이 서로 수직이다. ________

22 두 대각선의 길이가 같다. ________

▶ 정답 및 풀이 27쪽

평행선과 넓이

평행선과 삼각형의 넓이

$l /\!/ m$이고 $\triangle ABC=10\text{ cm}^2$일 때

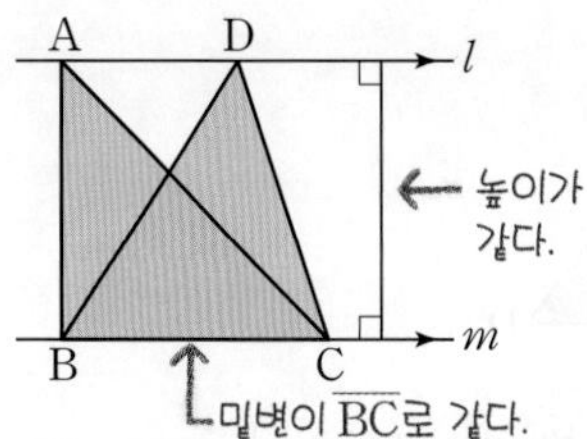

$\triangle ABC$와 $\triangle DBC$는 밑변의 길이와 높이가 각각 같다.

→ $\triangle DBC=\triangle ABC=10\text{ cm}^2$

높이가 같은 두 삼각형의 넓이의 비

$\overline{BC}=6\text{ cm}$, $\overline{CD}=3\text{ cm}$일 때

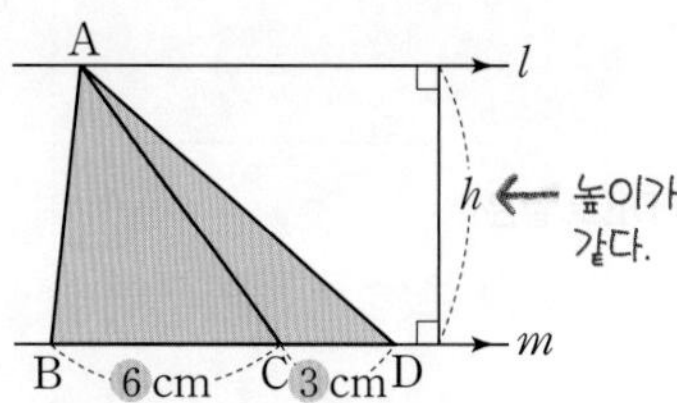

$\triangle ABC : \triangle ACD$

$=\left(\frac{1}{2}\times 6\times h\right) : \left(\frac{1}{2}\times 3\times h\right)$

$=2:1$ ← 밑변의 길이의 비와 같다.

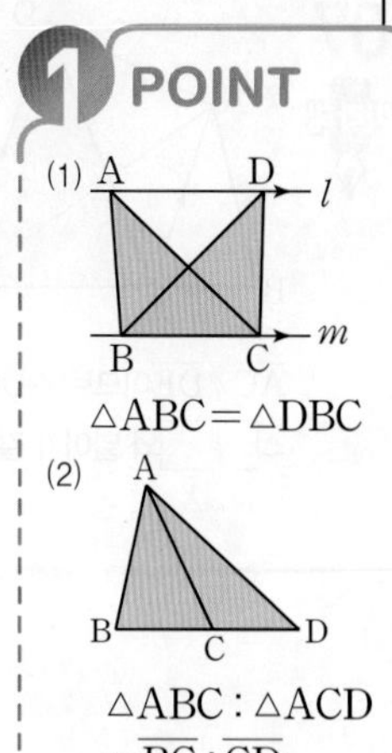

평행선과 삼각형의 넓이

 다음 그림과 같이 $\overline{AD} /\!/ \overline{BC}$인 사다리꼴 ABCD에서 색칠한 삼각형과 넓이가 같은 삼각형을 찾으시오. (단, 점 O는 두 대각선의 교점이다.)

01 따라해

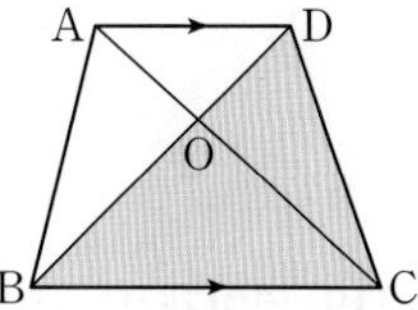

$\overline{AD} /\!/ \overline{BC}$이므로 $\triangle DBC$는 밑변이 $\overline{BC}$로 같은 $\triangle$☐와 넓이가 같다.

02

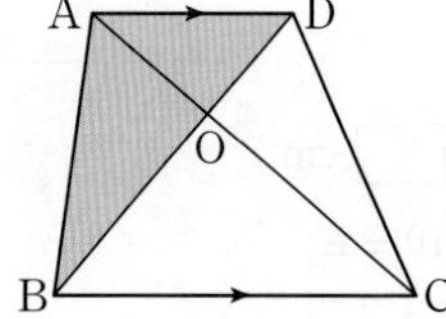

03

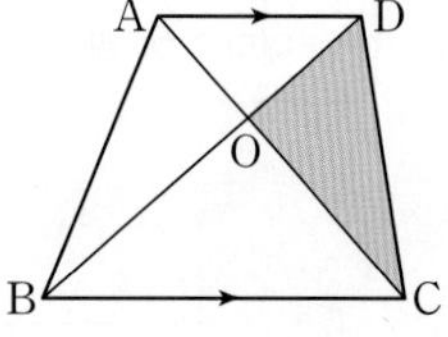

 다음 그림과 같이 $\overline{AD} /\!/ \overline{BC}$인 사다리꼴 ABCD에서 색칠한 부분의 넓이를 구하시오. (단, 점 O는 두 대각선의 교점이다.)

04 따라해 $\triangle ABC=30\text{ cm}^2$, $\triangle DOC=10\text{ cm}^2$

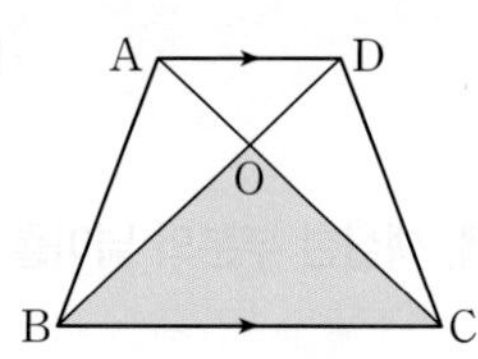

$\overline{AD} /\!/ \overline{BC}$이므로 $\triangle DBC=\triangle ABC=$☐$\text{cm}^2$

$\therefore \triangle OBC=\triangle DBC-\triangle DOC=$☐$-10=$☐$(\text{cm}^2)$

05 $\triangle ABD=20\text{ cm}^2$, $\triangle AOD=8\text{ cm}^2$

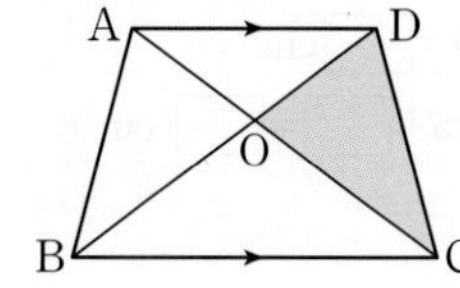

06 $\triangle DBC=28\text{ cm}^2$, $\triangle AOD=9\text{ cm}^2$, $\triangle OBC=16\text{ cm}^2$

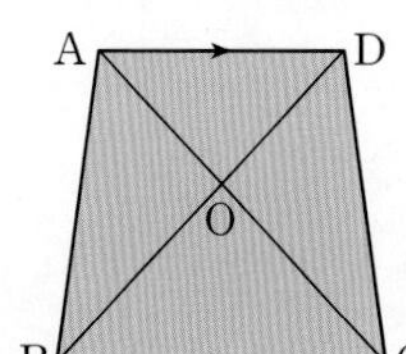

△AOB와 △DOC의 넓이를 먼저 구해 봐!

 다음 그림에서 $\overline{AC} /\!/ \overline{DE}$일 때, 색칠한 도형과 넓이가 같은 도형을 찾으시오.

07 따라해

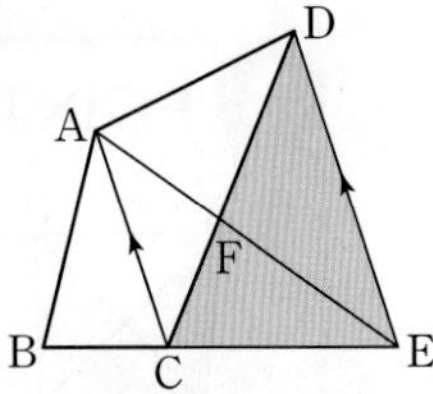

$\overline{AC} /\!/ \overline{DE}$이므로 △DCE는 밑변이 $\overline{DE}$로 같은 △☐와 넓이가 같다.

08

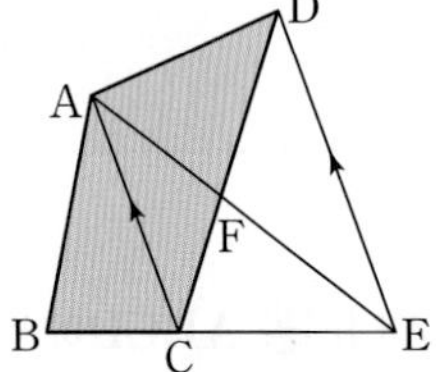

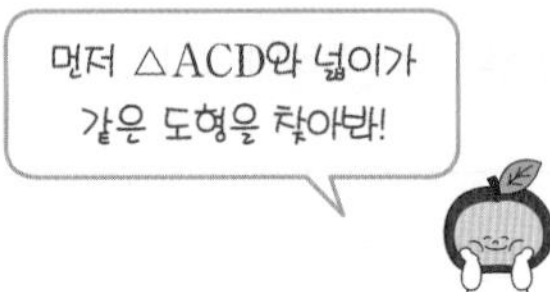

 다음 그림에서 $\overline{AC} /\!/ \overline{DE}$일 때, 색칠한 부분의 넓이를 구하시오.

09 △ABC=15 cm², △ACD=16 cm² 따라해

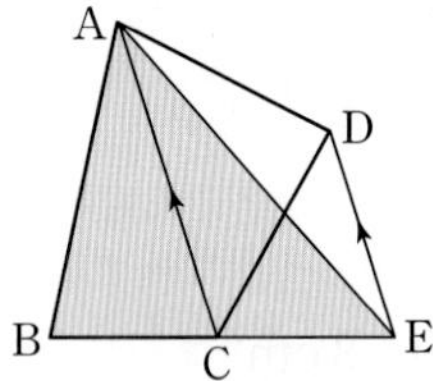

$\overline{AC} /\!/ \overline{DE}$이므로 △ACE=△ACD=☐ cm²

∴ △ABE=△ABC+△ACE=15+☐=☐(cm²)

10 △ABE=50 cm², △ABC=22 cm²

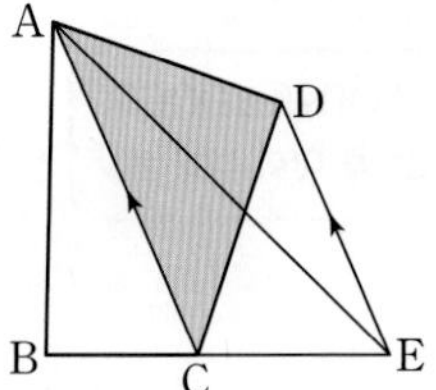

높이가 같은 두 삼각형의 넓이의 비

 다음 그림에서 △ABD의 넓이가 30 cm²일 때, 색칠한 부분의 넓이를 구하시오.

11 $\overline{BC} : \overline{CD} = 2 : 1$ 따라해

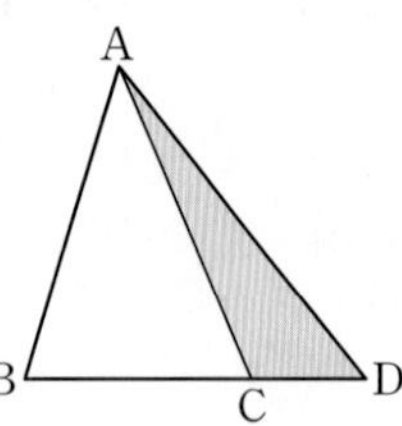

△ABC : △ACD = $\overline{BC} : \overline{CD}$ = 2 : 1이므로

△ACD = $\frac{1}{2+1}$△ABD = $\frac{1}{3}$ × ☐ = ☐(cm²)

12 $\overline{BC} : \overline{CD} = 3 : 2$

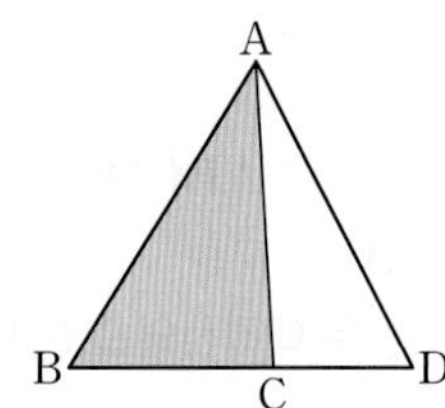

 다음 그림에서 평행사변형 ABCD의 넓이가 24 cm²일 때, 색칠한 부분의 넓이를 구하시오.

13 $\overline{BE} : \overline{EC} = 3 : 1$ 따라해

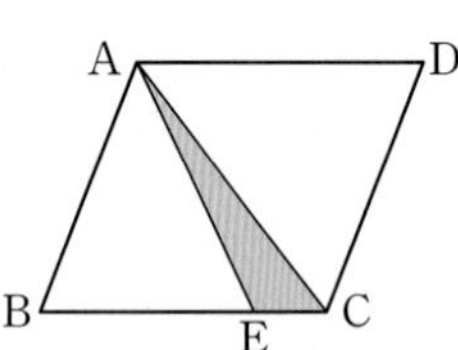

△ABC = $\frac{1}{2}$□ABCD = $\frac{1}{2}$ × 24 = ☐(cm²)

△ABE : △AEC = $\overline{BE} : \overline{EC}$ = 3 : 1이므로

△AEC = $\frac{1}{3+1}$△ABC = $\frac{1}{4}$ × ☐ = ☐(cm²)

14 $\overline{BE} : \overline{ED} = 1 : 2$

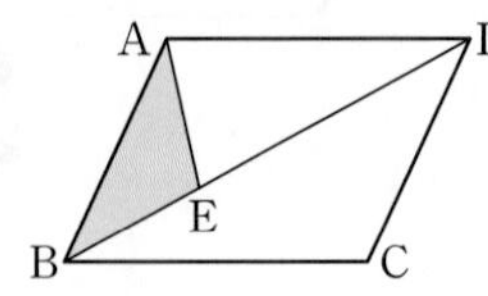

△ABD의 넓이를 먼저 구해 봐!

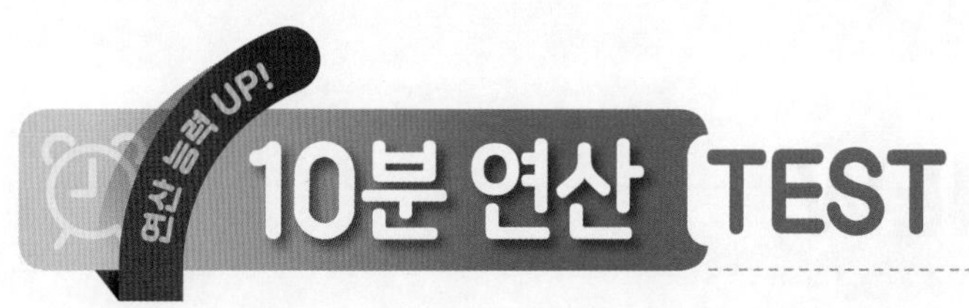

▶ 정답 및 풀이 27쪽

[01 ~ 05] 다음과 같이 어떤 사각형에 변 또는 각에 대한 조건을 추가하면 다른 모양의 사각형이 된다. 알맞은 조건을 보기에서 모두 고르시오.

보기
ㄱ. 다른 한 쌍의 대변이 평행하다.
ㄴ. 한 내각이 직각이다.
ㄷ. 이웃하는 두 변의 길이가 같다.
ㄹ. 두 대각선의 길이가 같다.
ㅁ. 두 대각선이 서로 수직이다.

01 사다리꼴 ➜ 평행사변형 ____________

02 평행사변형 ➜ 마름모 ____________

03 평행사변형 ➜ 직사각형 ____________

04 마름모 ➜ 정사각형 ____________

05 직사각형 ➜ 정사각형 ____________

[06 ~ 10] 다음 설명 중 옳은 것에는 ○표, 옳지 않은 것에는 ×표를 하시오.

06 사다리꼴은 평행사변형이다. (　　　)

07 평행사변형은 사다리꼴이다. (　　　)

08 직사각형은 마름모이다. (　　　)

09 정사각형은 직사각형이다. (　　　)

10 마름모는 평행사변형이다. (　　　)

[11 ~ 12] 다음 그림과 같이 $\overline{AD}/\!/\overline{BC}$인 사다리꼴 ABCD에서 $\triangle ABD = 14\,cm^2$, $\triangle AOD = 4\,cm^2$, $\triangle OBC = 25\,cm^2$일 때, 색칠한 부분의 넓이를 구하시오.
(단, 점 O는 두 대각선의 교점이다.)

11
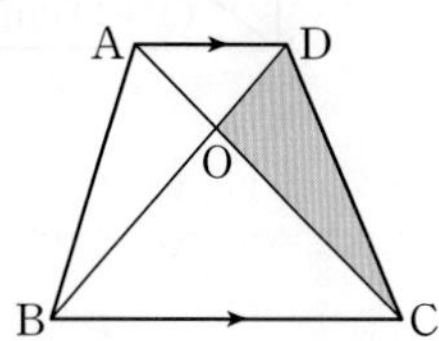

12
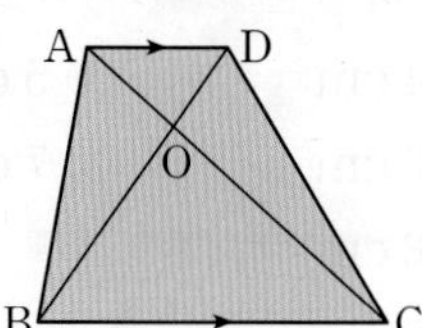

[13 ~ 14] 다음 그림에서 $\overline{AC}/\!/\overline{DE}$일 때, 색칠한 삼각형과 넓이가 같은 도형을 찾으시오.

13
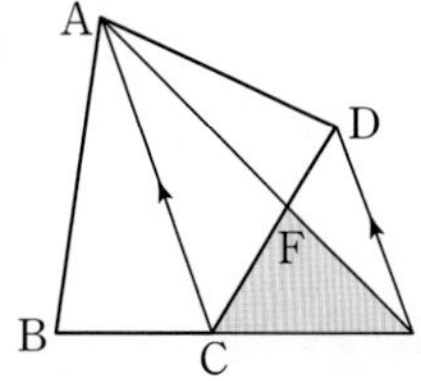

14
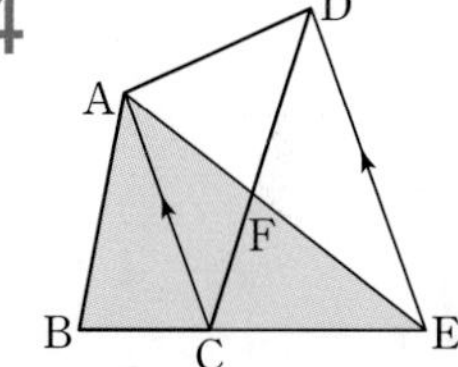

[15 ~ 16] 다음 그림에서 △ABD의 넓이가 $42\,cm^2$일 때, 색칠한 부분의 넓이를 구하시오.

15 $\overline{BC} : \overline{CD} = 1 : 1$
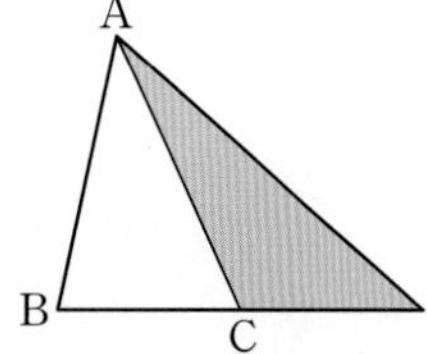

16 $\overline{BC} : \overline{CD} = 4 : 3$
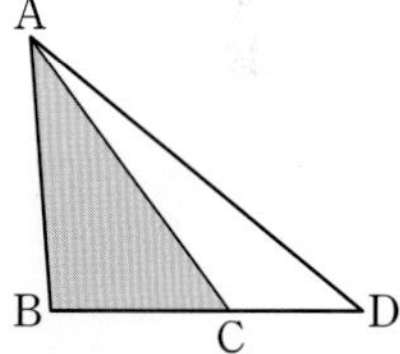

[17 ~ 18] 다음 그림에서 평행사변형 ABCD의 넓이가 $60\,cm^2$일 때, 색칠한 부분의 넓이를 구하시오.

17 $\overline{BE} : \overline{EC} = 1 : 2$
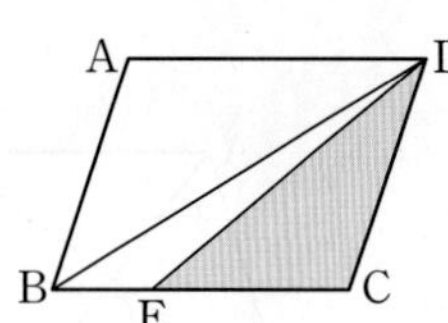

18 $\overline{AE} : \overline{EC} = 2 : 3$
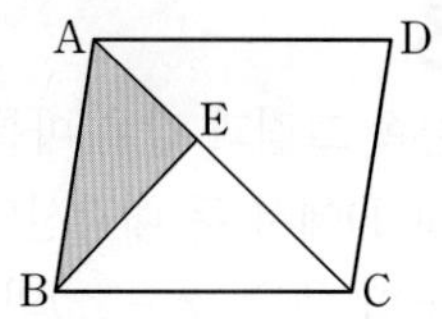

맞힌 개수 　　개/18개

학교 시험 미리보기! 학교 시험 PREVIEW

01

오른쪽 그림과 같이 직사각형 ABCD의 두 대각선의 교점을 O라 할 때, $\overline{BD}$의 길이는?

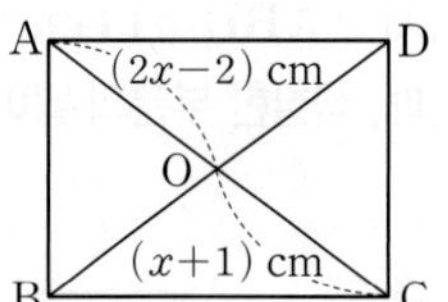

① 4 cm ② 5 cm

③ 6 cm ④ 7 cm

⑤ 8 cm

02

다음 중 오른쪽 그림과 같은 평행사변형 ABCD가 직사각형이 되는 조건이 아닌 것은? (단, 점 O는 두 대각선의 교점이다.)

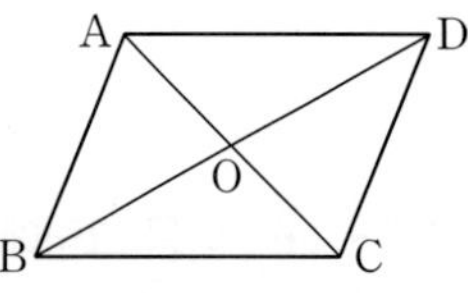

① $\angle BAD=90^\circ$ ② $\angle BAD+\angle BCD=180^\circ$

③ $\overline{OA}=\overline{OD}$ ④ $\overline{AC}\perp\overline{BD}$

⑤ $\overline{AC}=\overline{BD}$

03

오른쪽 그림과 같은 마름모 ABCD에서 두 대각선의 교점을 O라 할 때, $\angle x+\angle y$의 크기는?

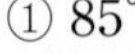
① 85° ② 90°

③ 95° ④ 100°

⑤ 105°

04

오른쪽 그림과 같은 평행사변형 ABCD에서 두 대각선의 교점을 O라 하자. 다음 중 평행사변형 ABCD가 마름모가 되는 조건을 모두 고르면? (정답 2개)

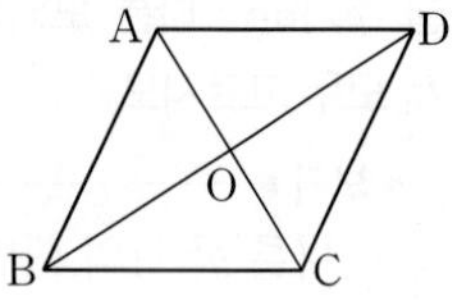

① $\overline{AC}\perp\overline{BD}$

② $\angle BAD=\angle ABC$

③ $\overline{AB}=\overline{AD}$

④ $\overline{OA}=\overline{OC}$, $\overline{OB}=\overline{OD}$

⑤ $\overline{OA}=\overline{OB}=\overline{OC}=\overline{OD}$

05 실수 주의

오른쪽 그림과 같은 정사각형 ABCD에서 두 대각선의 교점을 O라 하자. $\overline{AC}=8$ cm일 때, $\triangle OBC$의 넓이는?

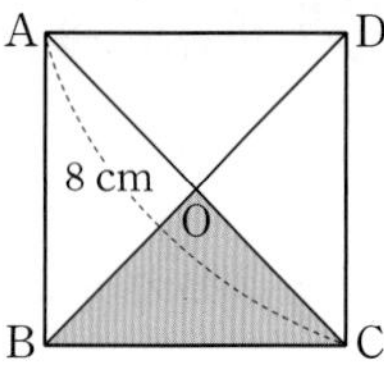

① 6 cm^2 ② 8 cm^2

③ 10 cm^2 ④ 12 cm^2

⑤ 14 cm^2

06

오른쪽 그림과 같이 $\overline{AD}/\!/\overline{BC}$인 등변사다리꼴 ABCD에서 두 대각선의 교점을 O라 할 때, 다음 중 옳지 않은 것은?

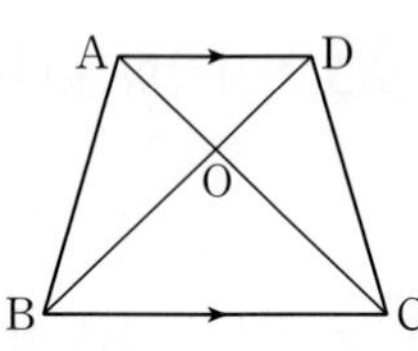

① $\overline{OA}=\overline{OD}$ ② $\overline{AB}=\overline{DC}$

③ $\overline{AC}=\overline{BD}$ ④ $\overline{AC}\perp\overline{BD}$

⑤ $\angle ABD=\angle DCA$

▶ 정답 및 풀이 28쪽

07 85% 출제율

다음 **보기**에서 오른쪽 그림과 같은 평행사변형 ABCD가 정사각형이 되는 조건을 모두 고른 것은? (단, 점 O는 두 대각선의 교점이다.)

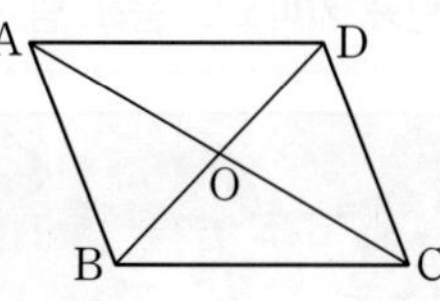

보기

ㄱ. $\overline{AB}=\overline{AD}$, $\angle BAD=90°$
ㄴ. $\overline{AB}=\overline{DC}$, $\angle BAD=90°$
ㄷ. $\overline{AC}=\overline{BD}$, $\overline{OB}=\overline{OD}$
ㄹ. $\overline{AC}\perp\overline{BD}$, $\overline{OA}=\overline{OC}$
ㅁ. $\overline{AC}\perp\overline{BD}$, $\overline{AC}=\overline{BD}$

① ㄱ, ㄴ ② ㄱ, ㄷ ③ ㄱ, ㅁ
④ ㄷ, ㄹ ⑤ ㄹ, ㅁ

08

다음 중 사각형에 대한 설명으로 옳지 않은 것은?

① 한 내각의 크기가 90°인 마름모는 정사각형이다.
② 이웃하는 두 변의 길이가 같은 직사각형은 정사각형이다.
③ 두 대각선이 서로 수직인 평행사변형은 마름모이다.
④ 이웃하는 두 내각의 크기가 같은 평행사변형은 직사각형이다.
⑤ 두 대각선의 길이가 같은 평행사변형은 마름모이다.

09

다음 중 두 대각선의 길이가 같은 사각형이 아닌 것을 모두 고르면? (정답 2개)

① 평행사변형 ② 직사각형
③ 마름모 ④ 정사각형
⑤ 등변사다리꼴

10 80% 출제율

오른쪽 그림에서 $\overline{AE}\,/\!/\,\overline{DB}$이고, $\square ABCD=38\text{ cm}^2$, $\triangle DBC=20\text{ cm}^2$일 때, $\triangle EBD$의 넓이는?

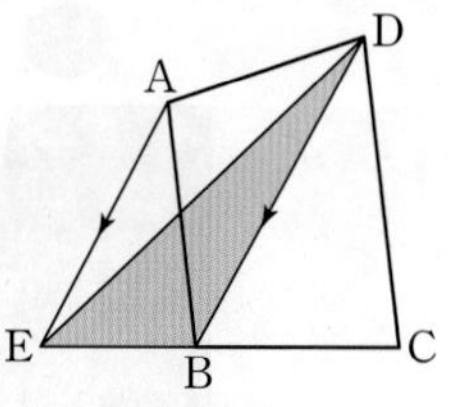

① 12 cm^2 ② 14 cm^2
③ 16 cm^2 ④ 18 cm^2
⑤ 20 cm^2

11

오른쪽 그림과 같은 평행사변형 ABCD에서 $\overline{AE}:\overline{EC}=5:2$이다. $\square ABCD=56\text{ cm}^2$일 때, $\triangle DEC$의 넓이는?

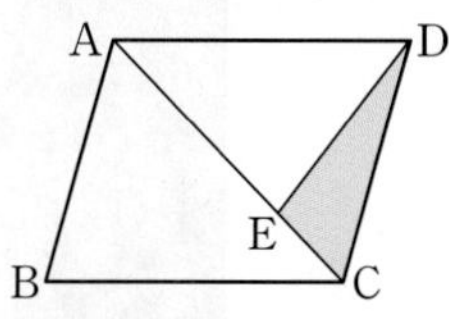

① 4 cm^2 ② 5 cm^2 ③ 6 cm^2
④ 8 cm^2 ⑤ 9 cm^2

12 서술형

오른쪽 그림과 같은 정사각형 ABCD에서 대각선 BD 위에 $\angle DAP=25°$가 되도록 점 P를 잡을 때, $\angle x$의 크기를 구하시오.

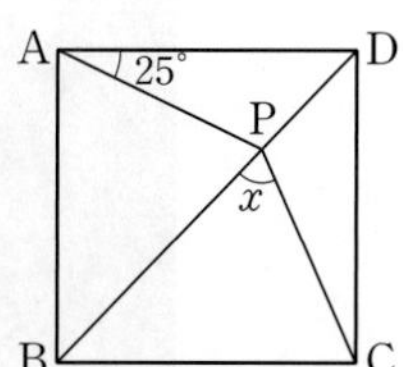

채점 기준 1 합동인 두 삼각형 찾기

채점 기준 2 $\angle DCP$의 크기 구하기

채점 기준 3 $\angle x$의 크기 구하기

자, 컴퍼스, 실타래, 컵, 털모자, 종이학, 배드민턴공, 커피포트, 음표, 밤, 성냥, 포크

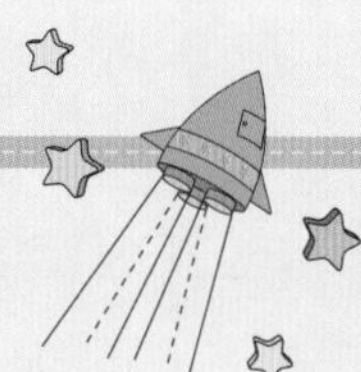

III

도형의 닮음과 피타고라스 정리

도형의 닮음을 배우고 나면 주어진 두 도형이 닮음인지 판별할 수 있어요. 또, 피타고라스 정리를 배우고 나면 두 변의 길이가 주어진 직각삼각형의 나머지 한 변의 길이를 구할 수 있어요. 도형의 성질에 대한 이해는 실생활 문제를 해결하는 중요한 도구가 되지요.

도형의 닮음과 피타고라스 정리는 왜 배우나요?

III-1 도형의 닮음

01 닮음과 닮은 도형

(1) **닮음 :** 한 도형을 일정한 비율로 확대 또는 축소한 도형이 다른 도형과 합동일 때, 두 도형은 서로 닮음인 관계에 있다고 한다.

(2) **닮은 도형 :** 서로 닮음인 관계에 있는 두 도형

(3) $\triangle ABC$와 $\triangle DEF$가 서로 닮은 도형일 때, 기호를 사용하여 $\triangle ABC \backsim \triangle DEF$와 같이 나타낸다.

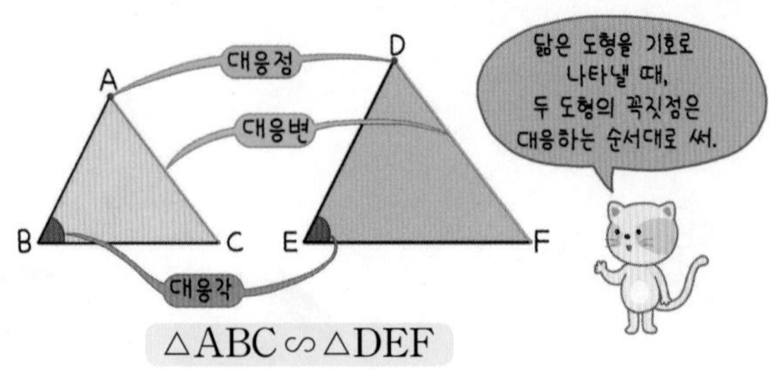

02 닮음의 성질

(1) 서로 닮은 두 평면도형에서

① 대응변의 길이의 비는 일정하다. ➜ $\overline{AB} : \overline{DE} = \overline{BC} : \overline{EF} = \overline{CA} : \overline{FD}$

② 대응각의 크기는 각각 같다. ➜ $\angle A = \angle D$, $\angle B = \angle E$, $\angle C = \angle F$

(2) **닮음비 :** 닮은 두 도형에서 대응변의 길이의 비

(3) 서로 닮은 두 입체도형에서

① 대응하는 모서리의 길이의 비는 일정하다.

➜ $\overline{AB} : \overline{EF} = \overline{BC} : \overline{FG} = \cdots$

② 대응하는 면은 서로 닮은 도형이다.

➜ $\triangle ABC \backsim \triangle EFG$, $\triangle ACD \backsim \triangle EGH$, $\cdots$

참고 입체도형의 닮음비는 대응하는 모서리의 길이의 비이다.

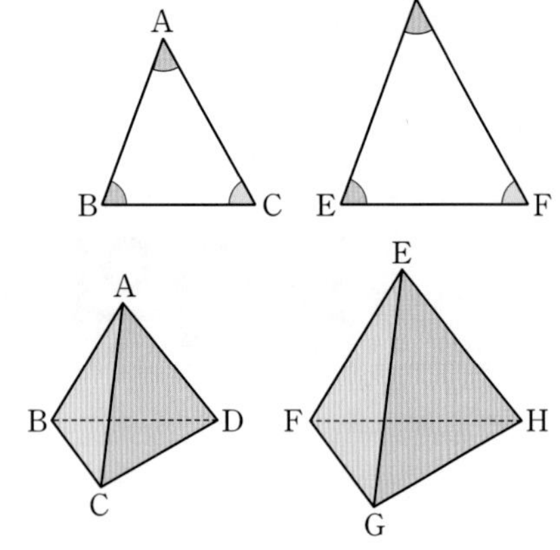

03 닮은 두 평면도형에서의 비

서로 닮은 두 평면도형의 닮음비가 $m : n$이면

(1) 둘레의 길이의 비 ➜ $m : n$ ◀ 서로 닮은 두 평면도형에서 (둘레의 길이의 비)=(닮음비)

(2) 넓이의 비 ➜ $m^2 : n^2$

참고 서로 닮은 두 평면도형의 닮음비가 $m : n$일 때, 대응변의 길이의 비는 모두 $m : n$이므로
① 밑변의 길이의 비 ➜ $m : n$ ② 높이의 비 ➜ $m : n$

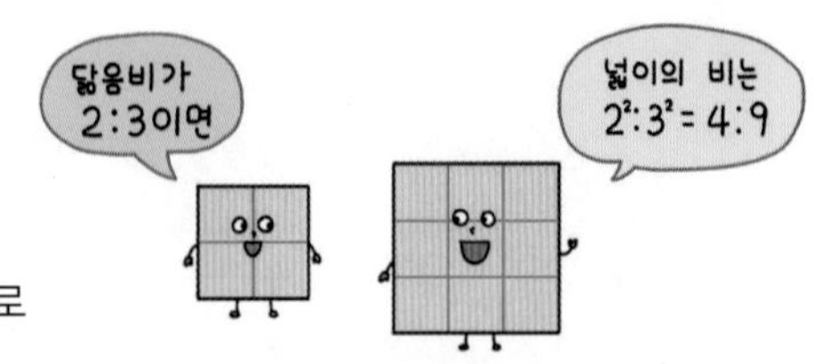

04 닮은 두 입체도형에서의 비

서로 닮은 두 입체도형의 닮음비가 $m : n$이면

(1) 겉넓이의 비 ➜ $m^2 : n^2$

(2) 부피의 비 ➜ $m^3 : n^3$

참고 서로 닮은 두 입체도형의 닮음비가 $m : n$일 때, 대응하는 두 면의 넓이의 비는 모두 $m^2 : n^2$이므로
① 밑넓이의 비 ➜ $m^2 : n^2$ ② 옆넓이의 비 ➜ $m^2 : n^2$

05 삼각형의 닮음 조건

삼각형의 닮음 조건 : 두 삼각형이 다음 조건 중 어느 하나를 만족시키면 서로 닮은 도형이다.

(1) 세 쌍의 대응변의 길이의 비가 같다. (SSS 닮음)

→ $\overline{AB}:\overline{A'B'}=\overline{BC}:\overline{B'C'}=\overline{CA}:\overline{C'A'}$

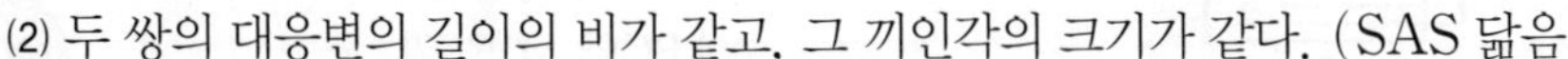

(2) 두 쌍의 대응변의 길이의 비가 같고, 그 끼인각의 크기가 같다. (SAS 닮음)

→ $\overline{AB}:\overline{A'B'}=\overline{BC}:\overline{B'C'}$, $\angle B=\angle B'$

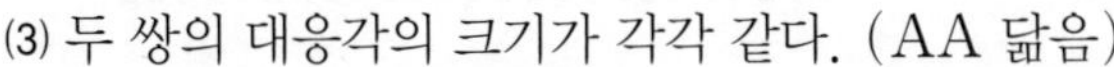

(3) 두 쌍의 대응각의 크기가 각각 같다. (AA 닮음)

→ $\angle B=\angle B'$, $\angle C=\angle C'$

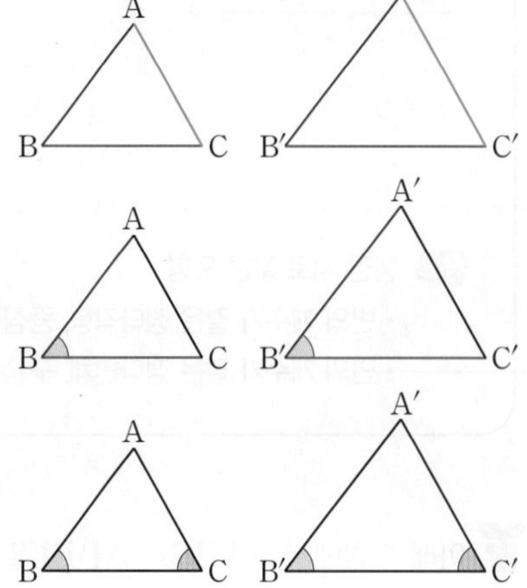

06 직각삼각형의 닮음

$\angle A=90°$인 직각삼각형 ABC의 꼭짓점 A에서 빗변 BC에 내린 수선의 발을 D라 할 때,

$\triangle ABC \backsim \triangle DBA \backsim \triangle DAC$ (AA 닮음)

(1) $\triangle ABC \backsim \triangle DBA$이므로 $\overline{AB}:\overline{DB}=\overline{BC}:\overline{BA}$ $\quad\therefore \overline{AB}^2=\overline{BD}\times\overline{BC}$

(2) $\triangle ABC \backsim \triangle DAC$이므로 $\overline{BC}:\overline{AC}=\overline{AC}:\overline{DC}$ $\quad\therefore \overline{AC}^2=\overline{CD}\times\overline{CB}$

(3) $\triangle DBA \backsim \triangle DAC$이므로 $\overline{BD}:\overline{AD}=\overline{AD}:\overline{CD}$ $\quad\therefore \overline{AD}^2=\overline{DB}\times\overline{DC}$

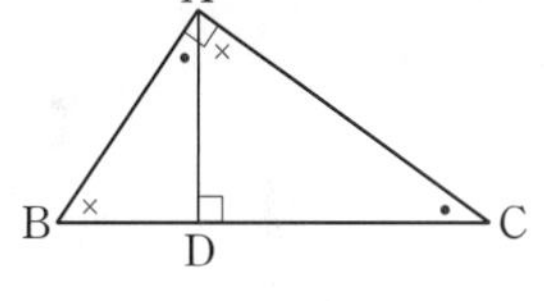

참고 직각삼각형 ABC의 넓이에서 $\frac{1}{2}\times\overline{AB}\times\overline{AC}=\frac{1}{2}\times\overline{BC}\times\overline{AD}$이므로 $\overline{AB}\times\overline{AC}=\overline{BC}\times\overline{AD}$

07 실생활에서 닮음의 활용

직접 측정하기 어려운 거리나 높이 등은 닮음을 이용하여 간접적으로 측정할 수 있다.

(1) 축도 : 어떤 도형을 일정한 비율로 줄인 그림

(2) 축척 : 축도에서의 길이와 실제 길이의 비율

① $(\text{축척})=\dfrac{(\text{축도에서의 길이})}{(\text{실제 길이})}$

② $(\text{실제 길이})=\dfrac{(\text{축도에서의 길이})}{(\text{축척})}$

③ (축도에서의 길이)=(실제 길이)×(축척)

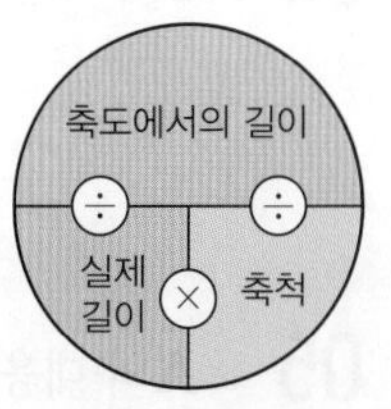

▶ 정답 및 풀이 29쪽

닮은 도형

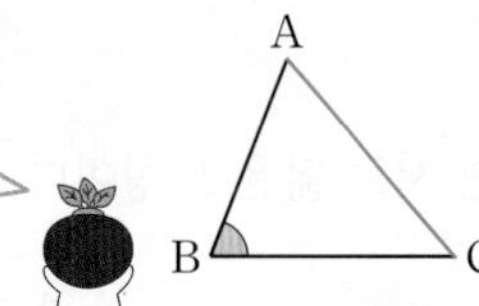

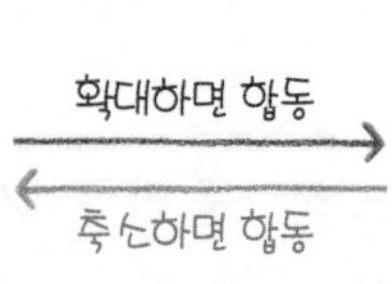

확대하면 합동

축소하면 합동

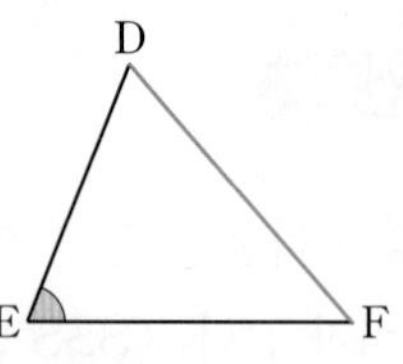

→ △ABC와 △DEF는 서로 닮은 도형이다.

→ △ABC ∽ △DEF

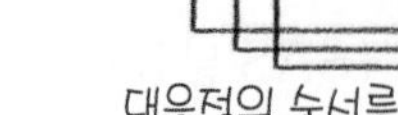

대응점의 순서를 맞추어 쓴다.

참고 항상 서로 닮은 도형

- 변의 개수가 같은 정다각형, 중심각의 크기가 같은 부채꼴, 원, 직각이등변삼각형
- 면의 개수가 같은 정다면체, 구

실수 Check

△ABC와 △DEF가
① 합동이다. → △ABC≡△DEF
② 넓이가 같다. → △ABC=△DEF
③ 닮음이다. → △ABC∽△DEF

아래 그림에서 △ABC ∽ △DEF일 때, 다음을 구하시오.

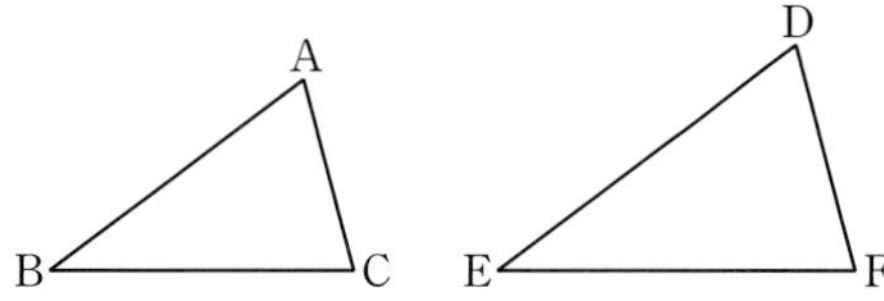

01 점 C의 대응점 ______

따라해 △ABC ∽ △DEF이므로 점 C의 대응점은 점 ☐이다.

02 점 B의 대응점 ______

03 $\overline{BC}$의 대응변 ______

따라해 △ABC ∽ △DEF이므로 $\overline{BC}$의 대응변은 ☐이다.

04 $\overline{AC}$의 대응변 ______

05 ∠A의 대응각 ______

아래 그림에서 □ABCD ∽ □EFGH일 때, 다음을 구하시오.

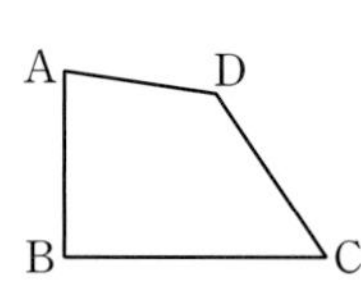

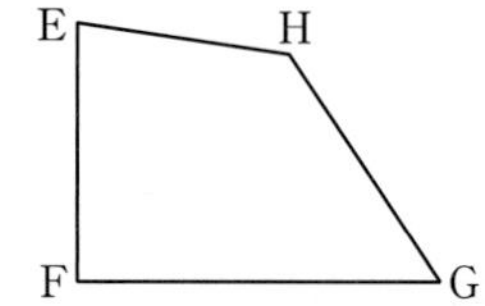

06 점 B의 대응점 ______

07 $\overline{AD}$의 대응변 ______

08 ∠C의 대응각 ______

다음 중 항상 서로 닮은 도형인 것에는 ○표, 아닌 것에는 ×표를 하시오.

09 두 직각삼각형 (　　)

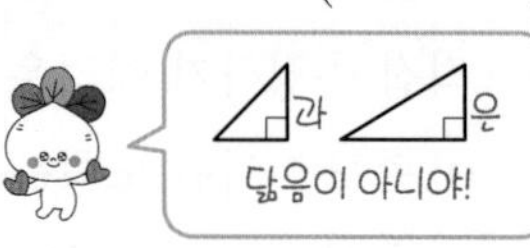

10 두 정사각형 (　　)

11 두 부채꼴 (　　)

닮음의 성질

평면도형에서 닮음의 성질

다음 그림에서 △ABC∽△DEF일 때

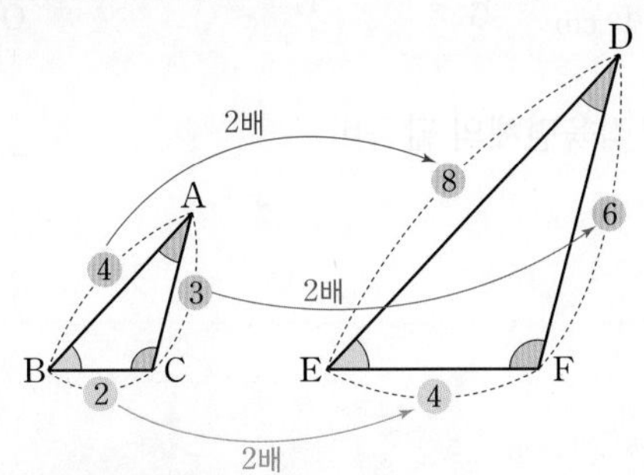

닮음비
① 대응변의 길이의 비는 일정하다.

→ 4 : 8=2 : 4=3 : 6=1 : 2

② 대응각의 크기는 각각 같다.

→ ∠A=∠D, ∠B=∠E, ∠C=∠F

입체도형에서 닮음의 성질

다음 두 직육면체는 서로 닮은 도형이고 $\overline{AB}$에 대응하는 모서리가 $\overline{IJ}$일 때

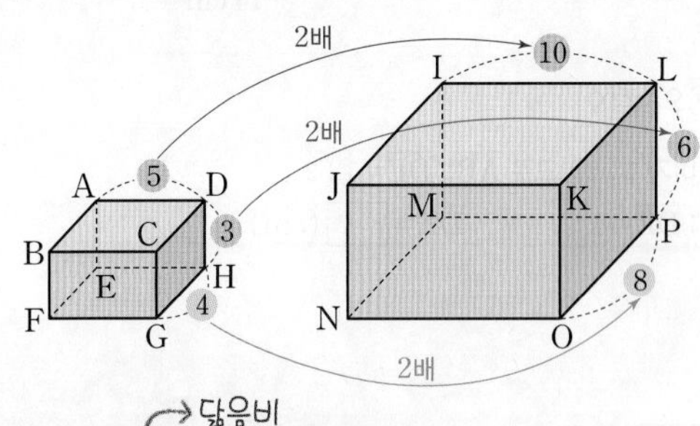

닮음비
① 대응하는 모서리의 길이의 비는 일정하다.

→ 5 : 10=3 : 6=4 : 8=1 : 2

② 대응하는 면은 서로 닮은 도형이다.

→ □ABCD∽□IJKL,
□CGHD∽□KOPL, ⋯

참고 • 닮음비는 일반적으로 가장 간단한 자연수의 비로 나타낸다.
• 합동인 두 도형은 닮음비가 1 : 1인 닮은 도형이라 생각할 수 있다.

평면도형에서 닮음의 성질

 **아래 그림에서 △ABC∽△DEF일 때, 다음을 구하시오.**

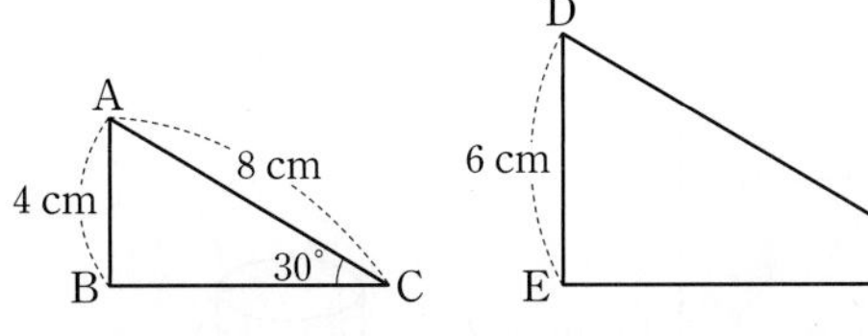

01 △ABC와 △DEF의 닮음비

$\overline{AB}$의 대응변은 ☐이므로
(닮음비)=$\overline{AB}$: ☐=4 : ☐=2 : ☐

02 $\overline{DF}$의 길이

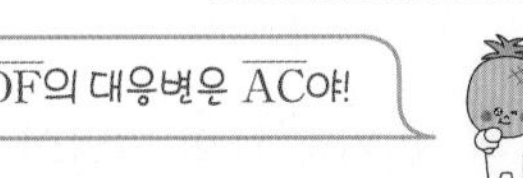

03 ∠F의 크기

아래 그림에서 □ABCD∽□EFGH일 때, 다음을 구하시오.

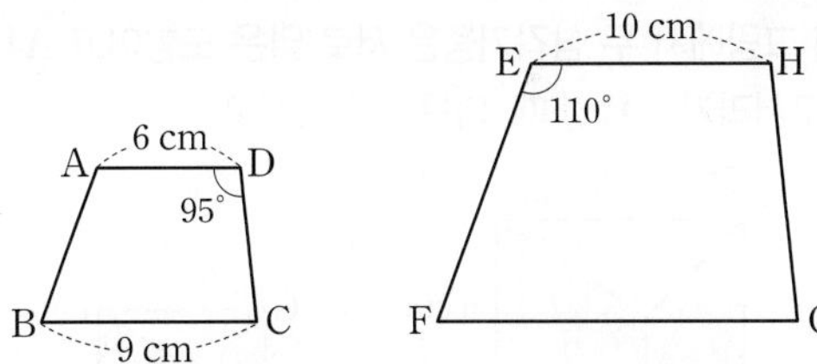

04 □ABCD와 □EFGH의 닮음비

05 $\overline{FG}$의 길이

06 ∠A의 크기

07 ∠H의 크기

아래 그림에서 △ABC∽△DEF이고 닮음비가 1 : 2일 때, 다음을 구하시오.

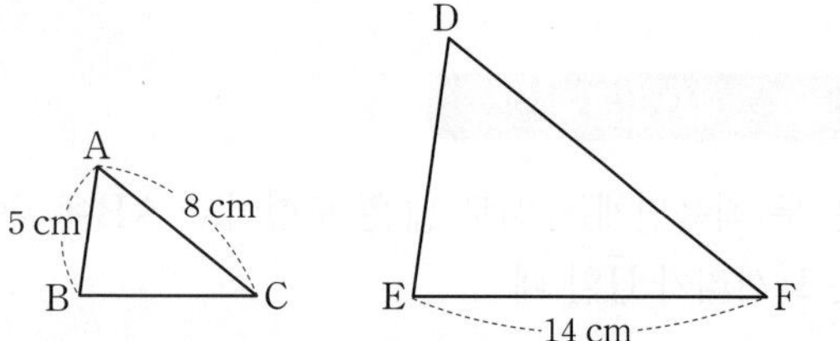

08 $\overline{DE}$의 길이 ______

따라해 닮음비가 1 : 2이므로 $\overline{AB}:\overline{DE}=1:2$

$\square:\overline{DE}=1:2$ $\quad\therefore \overline{DE}=\square$(cm)

09 $\overline{DF}$의 길이 ______

10 $\overline{BC}$의 길이 ______

입체도형에서 닮음의 성질

아래 그림에서 두 삼각기둥은 서로 닮은 도형이고 $\overline{AB}$에 대응하는 모서리가 $\overline{GH}$일 때, 다음을 구하시오.

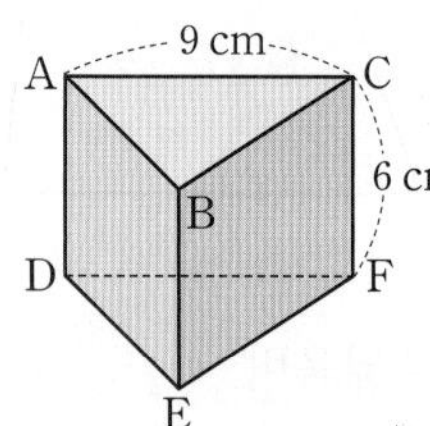

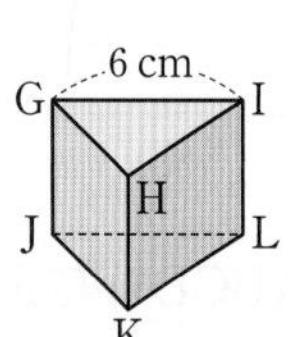

11 면 ADFC에 대응하는 면 ______

12 두 삼각기둥의 닮음비 ______

$\overline{AC}$에 대응하는 모서리는 $\overline{GI}$이므로

(닮음비)$=\overline{AC}:\square=9:\square=3:\square$

13 $\overline{IL}$의 길이 ______

아래 그림에서 두 직육면체는 서로 닮은 도형이고 □ABCD∽□IJKL일 때, 다음을 구하시오.

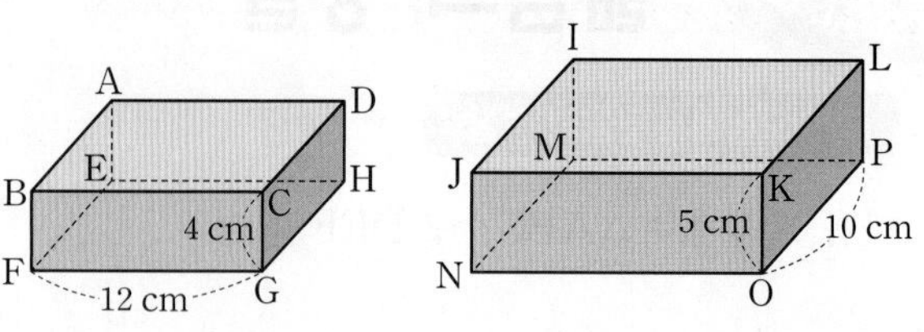

14 두 직육면체의 닮음비 ______

15 $\overline{NO}$의 길이 ______

16 $\overline{GH}$의 길이 ______

아래 그림에서 두 원기둥 (가), (나)가 서로 닮은 도형일 때, 다음을 구하시오.

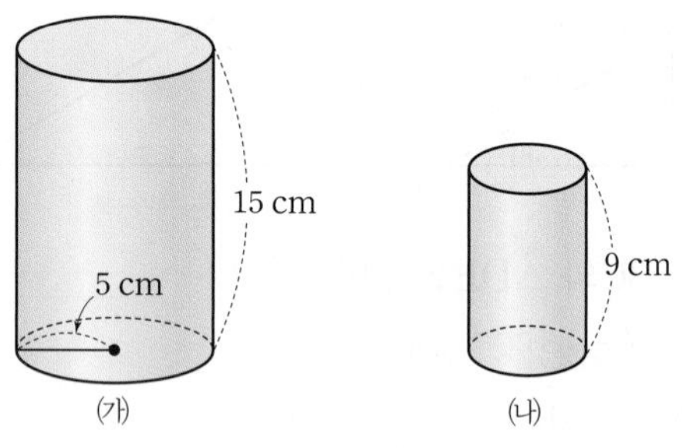

17 두 원기둥 (가), (나)의 닮음비 ______

18 원기둥 (나)의 밑면의 반지름의 길이 ______

원기둥 (나)의 밑면의 반지름의 길이를 r cm라 하고 비례식을 세워 봐!

▶ 정답 및 풀이 29쪽

닮은 두 평면도형에서의 비

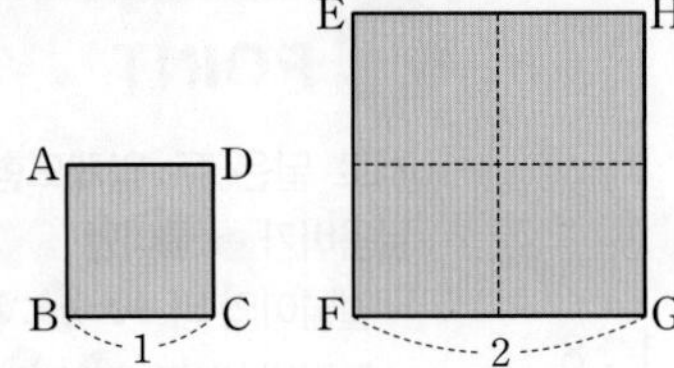

두 정사각형 ABCD와 EFGH에서

- 닮음비 ➜ 1 : 2
- 둘레의 길이의 비 ➜ $(4\times1):(4\times2)=\underline{1:2}$ (닮음비와 같다.)
- 넓이의 비 ➜ $(1\times1):(2\times2)=1^2:2^2$
  $=1:4$

1 POINT

서로 닮은 두 평면도형의 닮음비가 $a:b$이면

- 둘레의 길이의 비 ➜ $a:b$
- 넓이의 비 ➜ $a^2:b^2$

아래 그림에서 △ABC∽△DEF일 때, 다음을 구하시오.

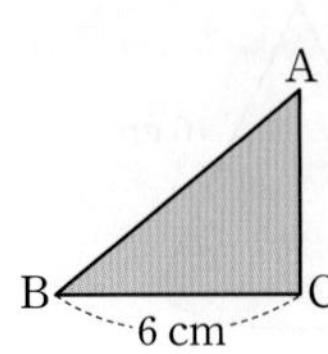

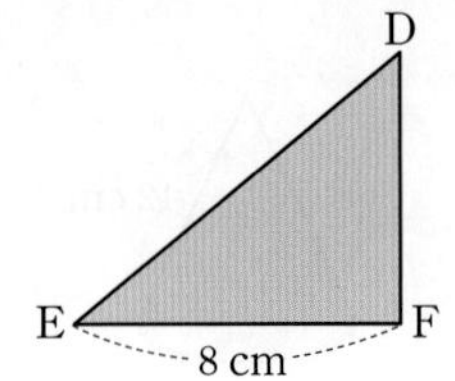

01 △ABC와 △DEF의 닮음비 ________

02 △ABC와 △DEF의 둘레의 길이의 비 ________

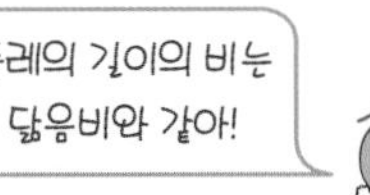

03 △ABC와 △DEF의 넓이의 비 ________

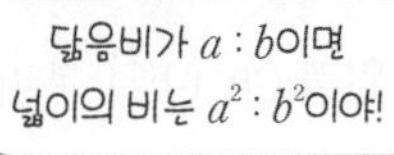

04 △ABC의 둘레의 길이가 18 cm일 때, △DEF의 둘레의 길이 ________

△DEF의 둘레의 길이를 x cm라 하면

$18:x=\square:4$ $\quad\therefore x=\square$

따라서 △DEF의 둘레의 길이는 $\square$ cm이다.

아래 그림에서 □ABCD∽□EFGH일 때, 다음을 구하시오.

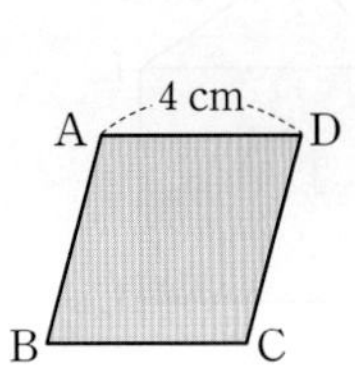

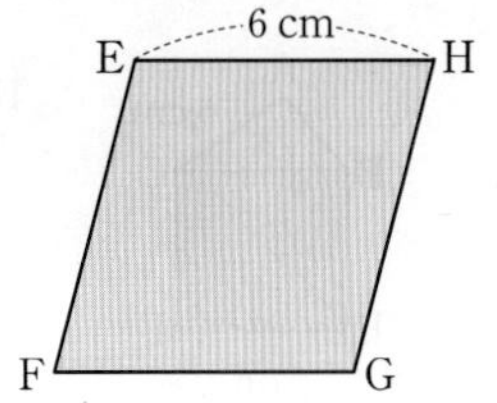

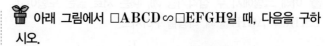

05 □ABCD와 □EFGH의 닮음비 ________

06 □ABCD와 □EFGH의 둘레의 길이의 비 ________

07 □ABCD와 □EFGH의 넓이의 비 ________

08 □EFGH의 넓이가 36 cm²일 때, □ABCD의 넓이 ________

□ABCD의 넓이를 $x\text{ cm}^2$라 하고 비례식을 세워 봐!

▶ 정답 및 풀이 30쪽

닮은 두 입체도형에서의 비

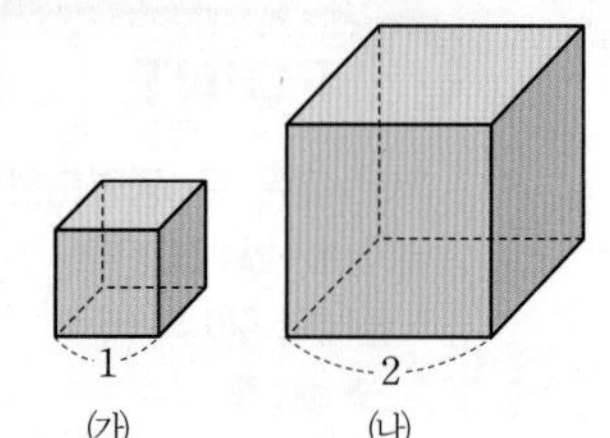

두 정육면체 (가), (나)에서

- 닮음비 → $1:2$
- 겉넓이의 비 → $(6\times1^2):(6\times2^2)=1^2:2^2=1:4$
- 부피의 비 → $(1\times1\times1):(2\times2\times2)=1^3:2^3=1:8$

서로 닮은 두 입체도형의 닮음비가 $a:b$이면

- 겉넓이의 비 → $a^2:b^2$
- 부피의 비 → $a^3:b^3$

아래 그림에서 두 삼각기둥 (가), (나)는 서로 닮은 도형이고 $\triangle ABC \backsim \triangle GHI$일 때, 다음을 구하시오.

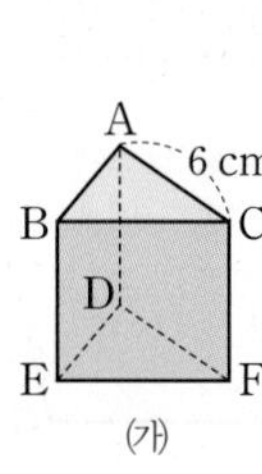

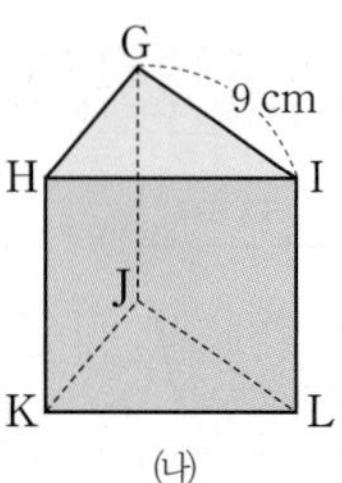

01 두 삼각기둥 (가), (나)의 닮음비 ______

02 두 삼각기둥 (가), (나)의 밑넓이의 비 ______

03 두 삼각기둥 (가), (나)의 겉넓이의 비 ______

닮음비가 $a:b$이면 겉넓이의 비는 $a^2:b^2$이야!

04 두 삼각기둥 (가), (나)의 부피의 비 ______

닮음비가 $a:b$이면 부피의 비는 $a^3:b^3$이야!

05 삼각기둥 (가)의 겉넓이가 100 cm^2일 때, 삼각기둥 (나)의 겉넓이 ______

삼각기둥 (나)의 겉넓이를 $x\text{ cm}^2$라 하면

$100:x=$ ☐ $:9$ $\quad \therefore x=$ ☐

따라서 삼각기둥 (나)의 겉넓이는 ☐ cm^2이다.

아래 그림에서 두 원뿔 (가), (나)가 서로 닮은 도형일 때, 다음을 구하시오.

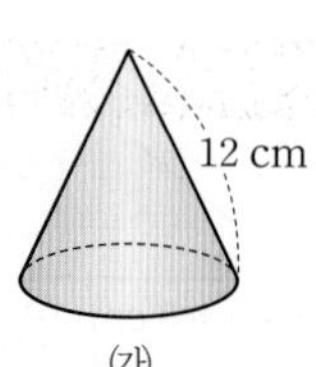

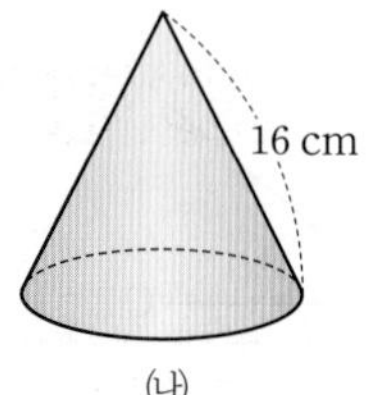

06 두 원뿔 (가), (나)의 닮음비 ______

서로 닮은 두 원뿔의 닮음비는 대응하는 모선의 길이의 비야!

07 두 원뿔 (가), (나)의 밑면의 둘레의 길이의 비 ______

08 두 원뿔 (가), (나)의 겉넓이의 비 ______

09 두 원뿔 (가), (나)의 부피의 비 ______

10 원뿔 (나)의 부피가 $128\pi\text{ cm}^3$일 때, 원뿔 (가)의 부피 ______

원뿔 (가)의 부피를 $x\text{ cm}^3$라 하고 비례식을 세워 봐!

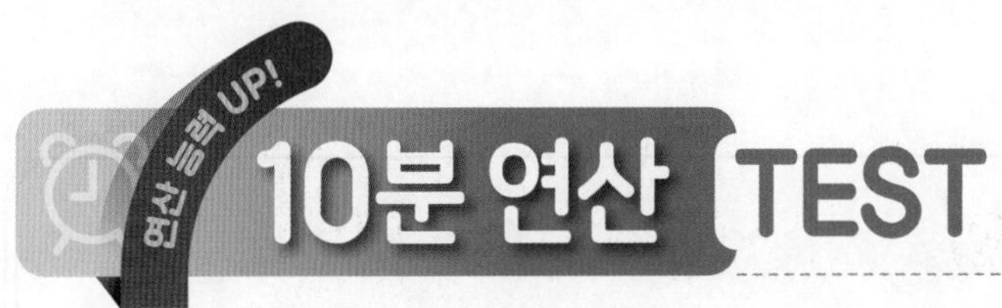

▶ 정답 및 풀이 30쪽

[01~04] 아래 그림에서 □ABCD ∽ □EFGH일 때, 다음을 구하시오.

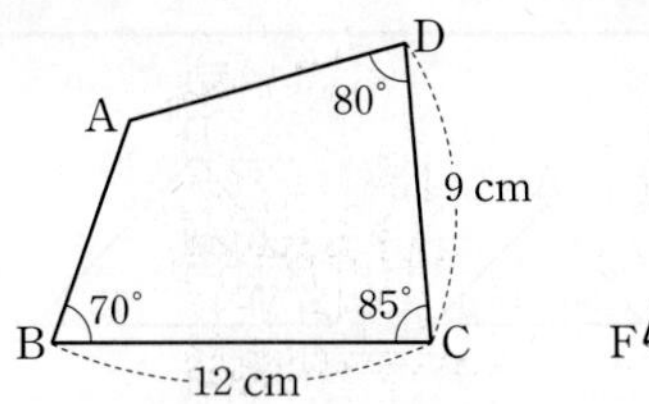

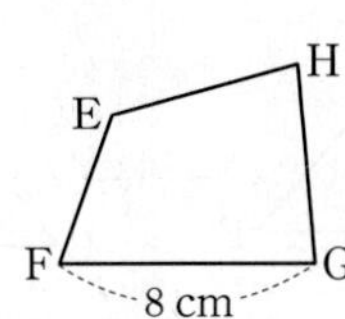

01 $\overline{BC}$의 대응변

02 □ABCD와 □EFGH의 닮음비

03 $\overline{HG}$의 길이

04 ∠E의 크기

[05~08] 아래 그림에서 두 직육면체는 서로 닮은 도형이고 $\overline{AB}$에 대응하는 모서리가 $\overline{IJ}$일 때, 다음을 구하시오.

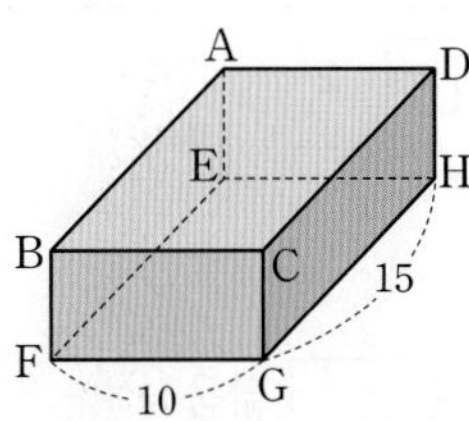

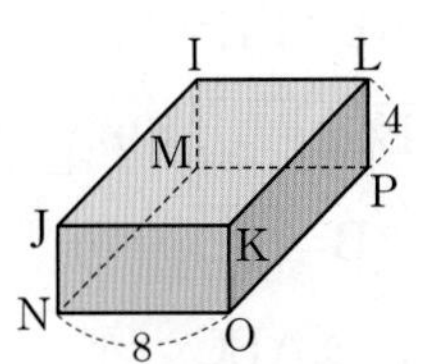

05 면 ABFE에 대응하는 면

06 두 직육면체의 닮음비

07 $\overline{DH}$의 길이

08 $\overline{OP}$의 길이

[09~12] 아래 그림에서 △ABC ∽ △DEF일 때, 다음을 구하시오.

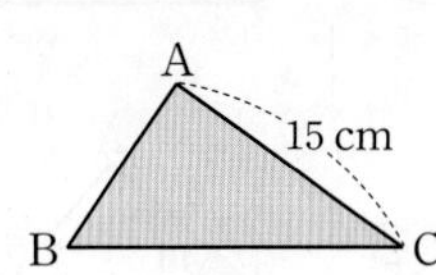

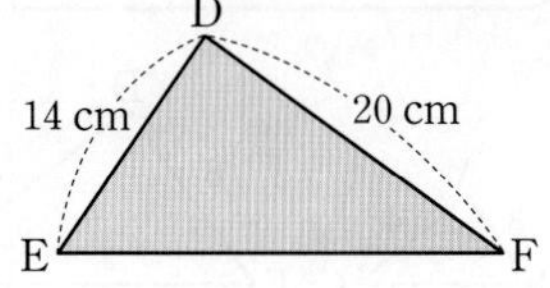

09 △ABC와 △DEF의 닮음비

10 △ABC와 △DEF의 둘레의 길이의 비

11 △ABC와 △DEF의 넓이의 비

12 △ABC의 넓이가 72 cm^2일 때, △DEF의 넓이

[13~16] 아래 그림에서 두 사각뿔 (가), (나)는 서로 닮은 도형이고 □BCDE ∽ □GHIJ일 때, 다음을 구하시오.

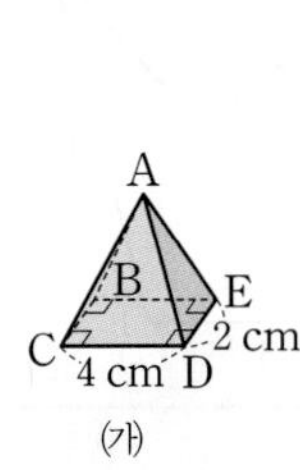

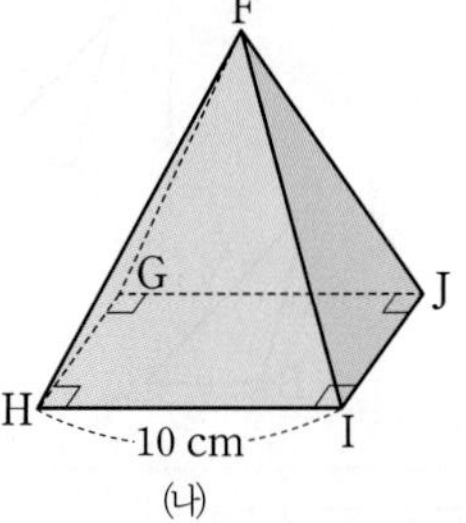

13 두 사각뿔 (가), (나)의 닮음비

14 두 사각뿔 (가), (나)의 겉넓이의 비

15 두 사각뿔 (가), (나)의 부피의 비

16 사각뿔 (나)의 부피가 250 cm^3일 때, 사각뿔 (가)의 부피

맞힌 개수 개/16개

▶ 정답 및 풀이 31쪽

삼각형의 닮음 조건

SSS 닮음

세 쌍의 대응변의 길이의 비가 같다.

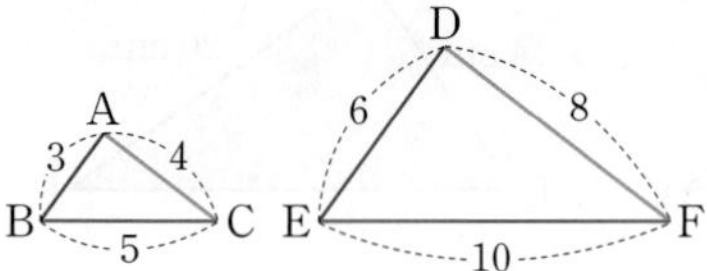

$\underline{3:6}=\underline{5:10}=\underline{4:8}=1:2$ (S, S, S, ↳ 닮음비)

→ $\triangle ABC \backsim \triangle DEF$ (SSS 닮음)

SAS 닮음

두 쌍의 대응변의 길이의 비가 같고, 그 끼인각의 크기가 같다.

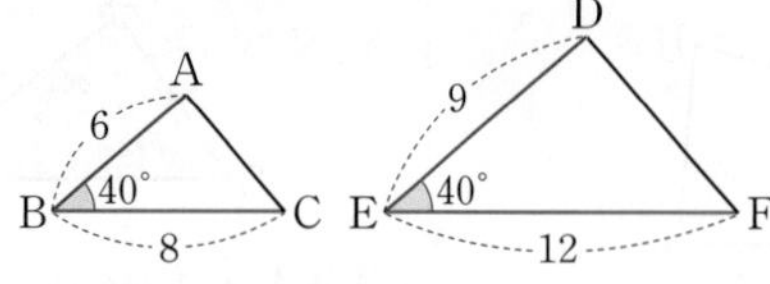

$\underline{6:9}=\underline{8:12}=2:3$, (S, S, ↳ 닮음비)

$\underline{\angle B=\angle E=40^\circ}$ (A)

→ $\triangle ABC \backsim \triangle DEF$ (SAS 닮음)

AA 닮음

두 쌍의 대응각의 크기가 각각 같다.

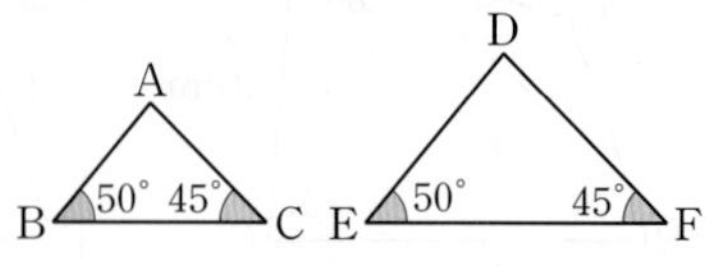

$\underline{\angle B=\angle E=50^\circ}$, $\underline{\angle C=\angle F=45^\circ}$ (A, A)

→ $\triangle ABC \backsim \triangle DEF$ (AA 닮음)

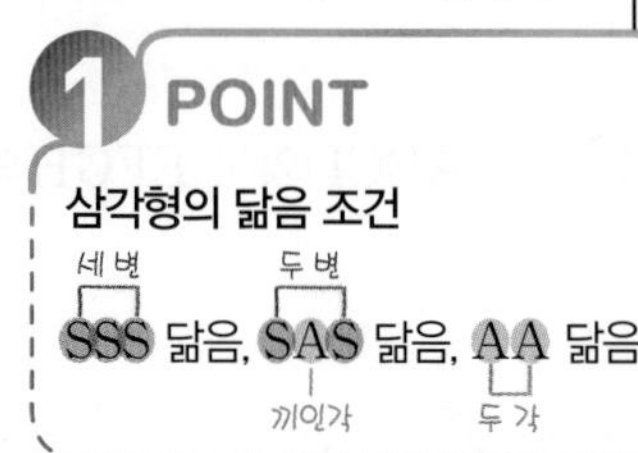

1 POINT
삼각형의 닮음 조건
세 변
두 변
SSS 닮음, SAS 닮음, AA 닮음
끼인각
두 각

참고 합동 조건은 대응변의 길이가 같고, 닮음 조건은 대응변의 길이의 비가 같다.

다음 그림에서 두 삼각형이 서로 닮은 도형일 때, □ 안에 알맞은 것을 써넣으시오.

01

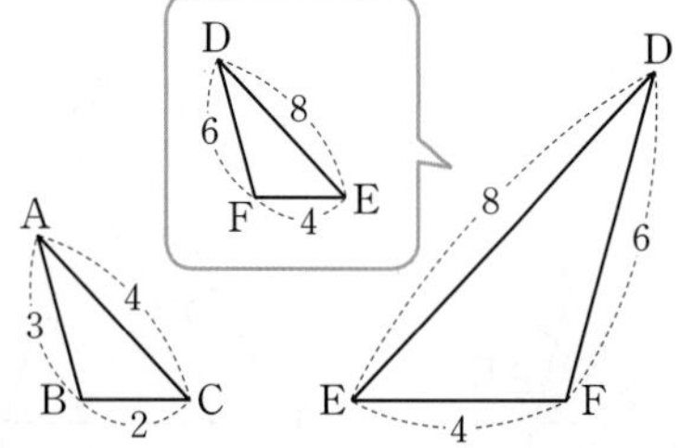

$\overline{AB}:\overline{DF}=3:6=1:$□

$\overline{BC}:\overline{FE}=2:4=1:$□

$\overline{AC}:\overline{DE}=4:$□$=1:$□

$\therefore \triangle ABC \backsim$□ (□ 닮음)

02

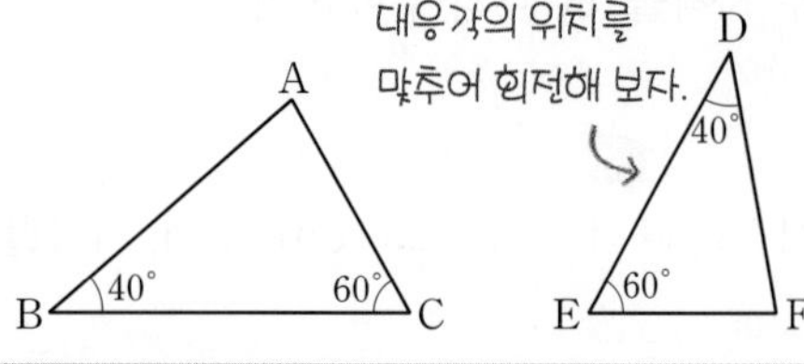

$\angle B=\angle D=$□$^\circ$, $\angle C=$□$=$□$^\circ$

$\therefore \triangle ABC \backsim$□ (□ 닮음)

03

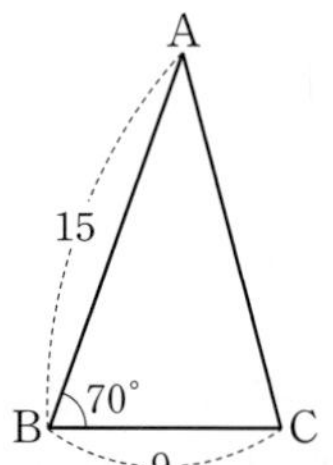

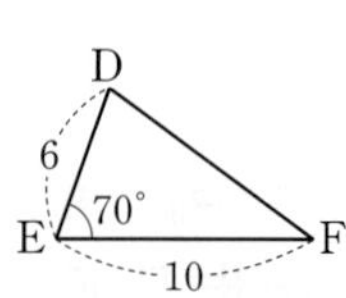

$\overline{AB}:\overline{FE}=15:10=$□$:2$

$\overline{BC}:$□$=9:$□$=3:$□

$\angle B=$□$=70^\circ$

$\therefore \triangle ABC \backsim$□ (□ 닮음)

04

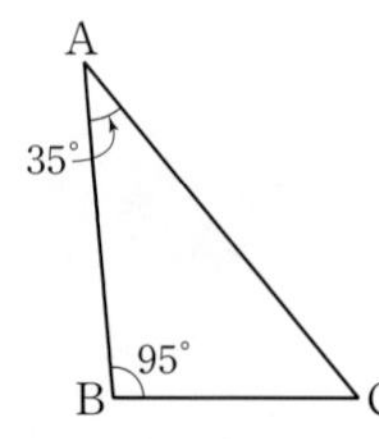

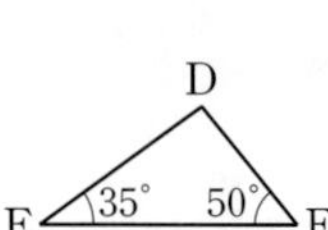

$\triangle DEF$에서 $\angle D=180^\circ-(35^\circ+50^\circ)=$□$^\circ$

$\angle A=\angle E=$□$^\circ$, $\angle B=$□$=$□$^\circ$

$\therefore \triangle ABC \backsim$□ (□ 닮음)

닮은 삼각형 찾기

다음 주어진 삼각형과 닮은 삼각형을 **보기**에서 찾아 기호 ∽를 사용하여 나타내고, 그때의 닮음 조건을 말하시오.

보기

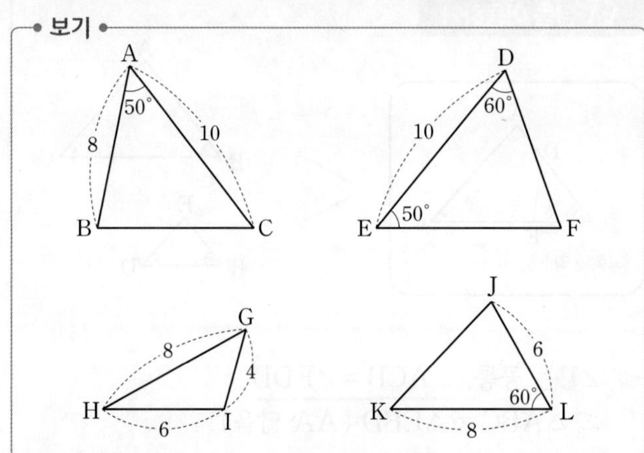

05 따라해

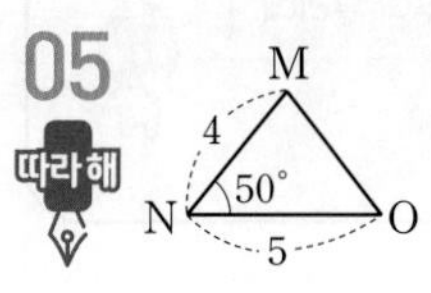

△MNO와 △BAC에서

$\overline{MN}:\overline{BA}=\overline{NO}:\overline{AC}=1:$☐

∠N=∠A=50°

∴ △MNO∽☐ (☐ 닮음)

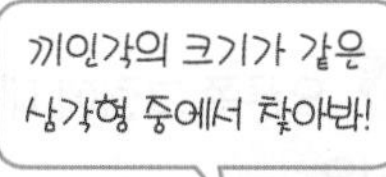

끼인각의 크기가 같은 삼각형 중에서 찾아봐!

06

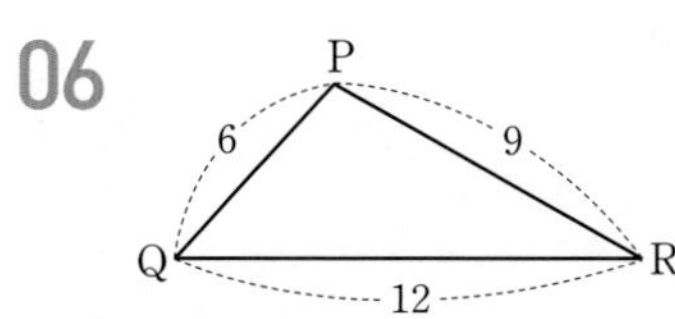

07

S

T 60° 70° U

나머지 한 내각의 크기를 먼저 구해 봐.

다음 그림에서 △ABC와 닮은 삼각형을 찾아 기호 ∽를 사용하여 나타내고, 그때의 닮음 조건을 말하시오.

08 따라해

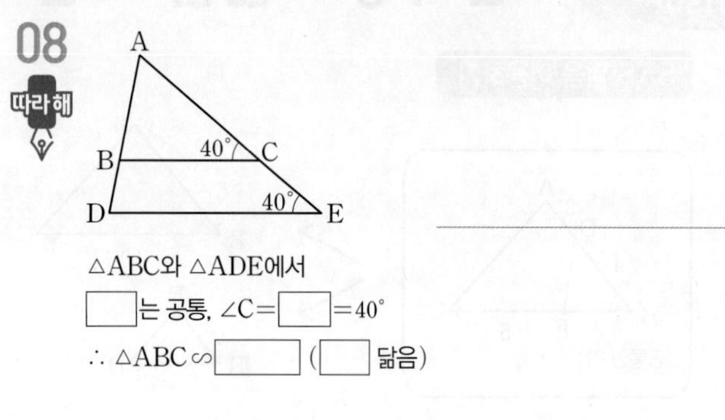

△ABC와 △ADE에서

☐는 공통, ∠C=☐=40°

∴ △ABC∽☐ (☐ 닮음)

09

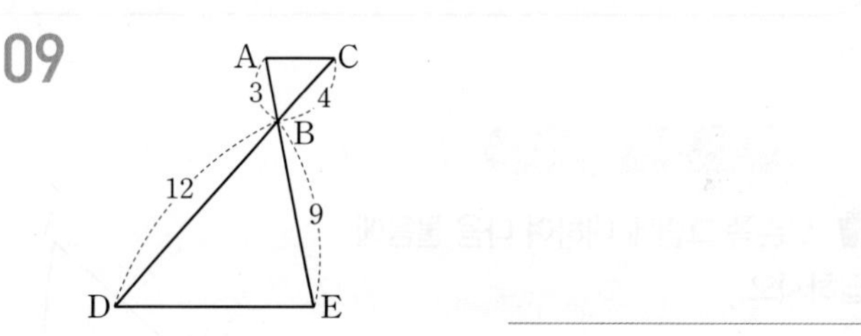

10

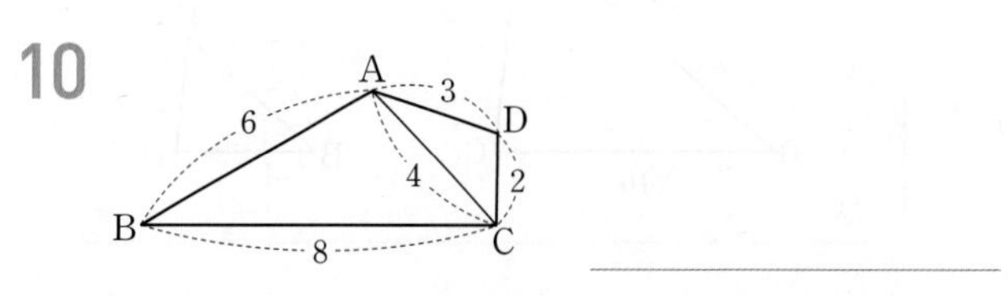

11

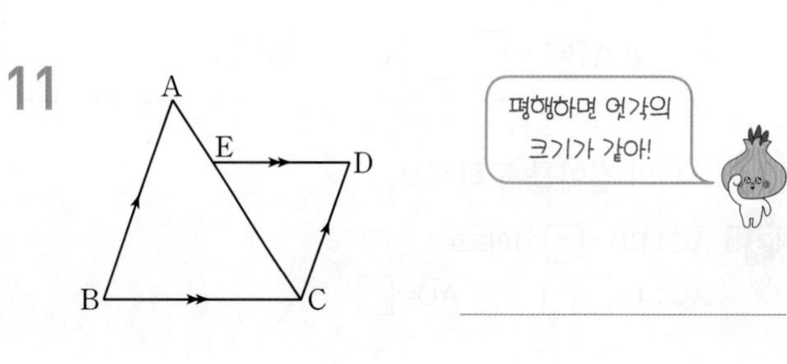

평행하면 엇각의 크기가 같아!

삼각형의 닮음 조건의 응용

SAS 닮음 이용하기

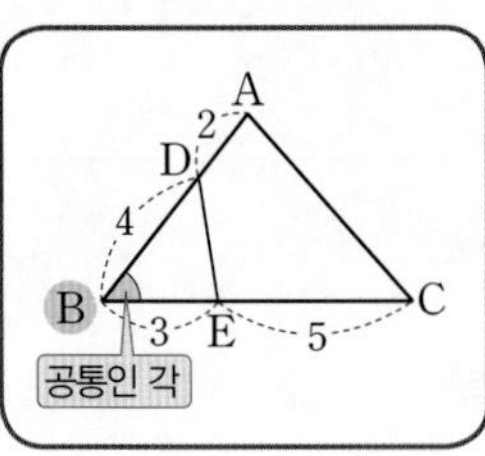

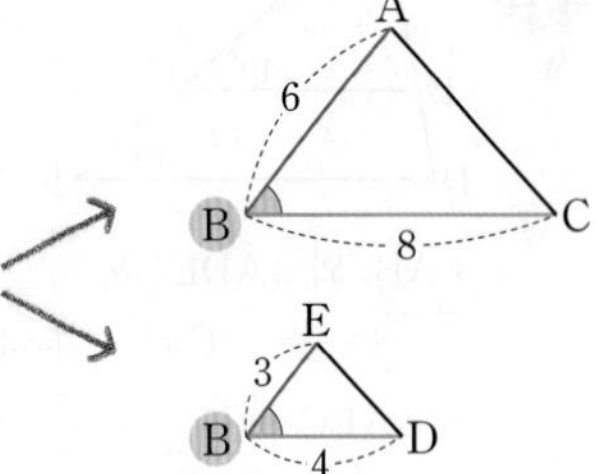

➜ $\overline{AB}:\overline{EB}=\overline{BC}:\overline{BD}=2:1$, ∠B는 공통 (닮음비)

∴ △ABC ∽ △EBD (SAS 닮음)

공통인 각과 두 대응변의 위치를 맞추어 분리해.

AA 닮음 이용하기

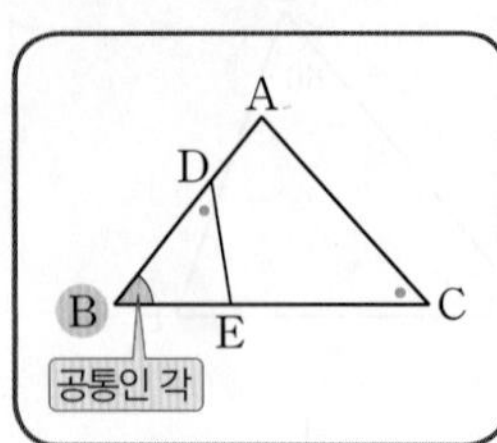

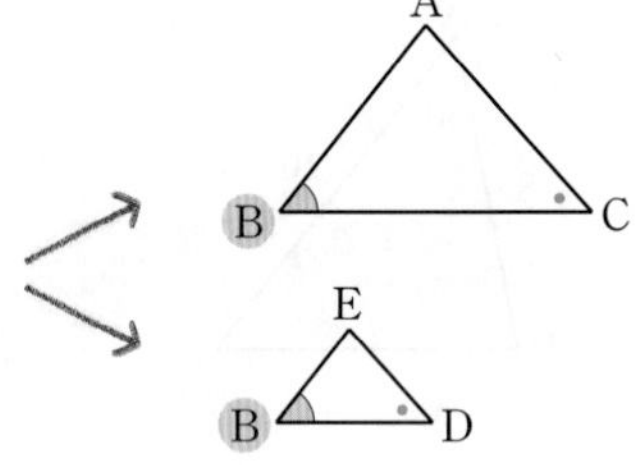

➜ ∠B는 공통, ∠ACB=∠EDB

∴ △ABC ∽ △EBD (AA 닮음)

공통인 각과 다른 한 내각의 위치를 맞추어 분리해.

SAS 닮음 이용하기

오른쪽 그림에 대하여 다음 물음에 답하시오.

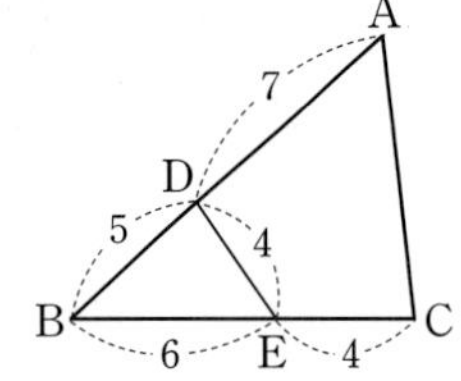

01 다음 □ 안에 알맞은 수를 써넣으시오.

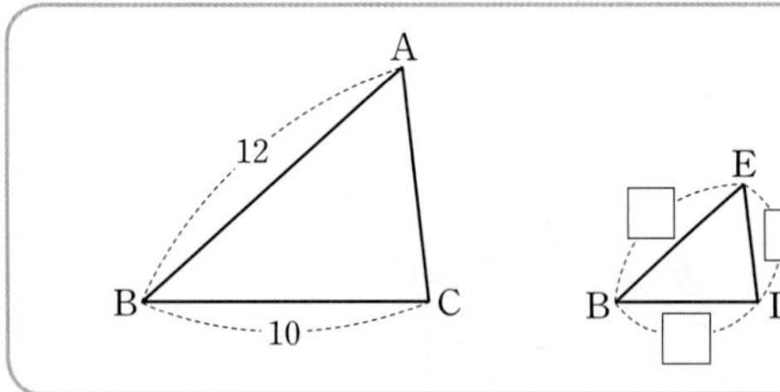

02 위의 01의 두 삼각형이 서로 닮음임을 보이시오.

△ABC와 △EBD에서

$\overline{AB}:\overline{EB}=12:$ □ $=2:$ □

$\overline{BC}:\overline{BD}=10:$ □ $=2:$ □

□는 공통

∴ △ABC ∽ □ (□ 닮음)

03 $\overline{AC}$의 길이를 구하시오. ________

따라해 $\overline{AC}:\overline{ED}=$ □ $:1$이므로

$\overline{AC}:4=$ □ $:1$ ∴ $\overline{AC}=$ □

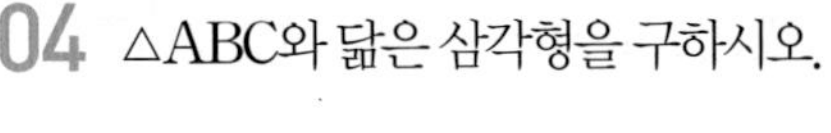

오른쪽 그림에 대하여 다음 물음에 답하시오.

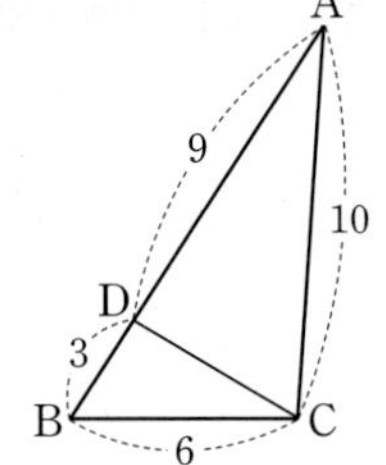

04 △ABC와 닮은 삼각형을 구하시오. ________

05 $\overline{CD}$의 길이를 구하시오. ________

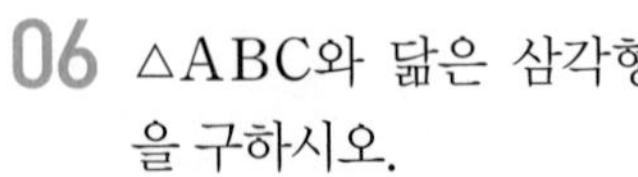

오른쪽 그림에 대하여 다음 물음에 답하시오.

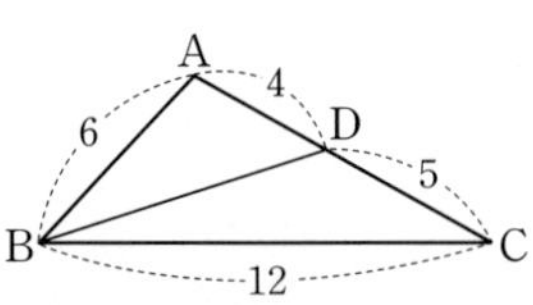

06 △ABC와 닮은 삼각형을 구하시오. ________

07 $\overline{BD}$의 길이를 구하시오. ________

다음 그림에서 x의 값을 구하시오.

08

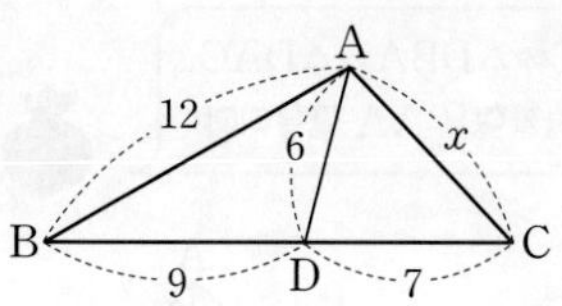

09

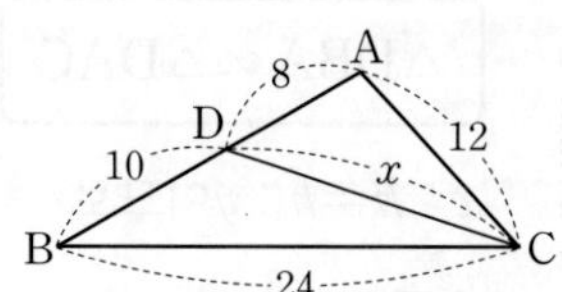

AA 닮음 이용하기

오른쪽 그림에 대하여 다음 물음에 답하시오.

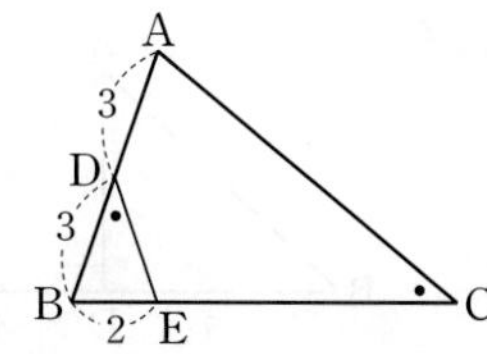

10 다음 □ 안에 알맞은 수를 써넣으시오.

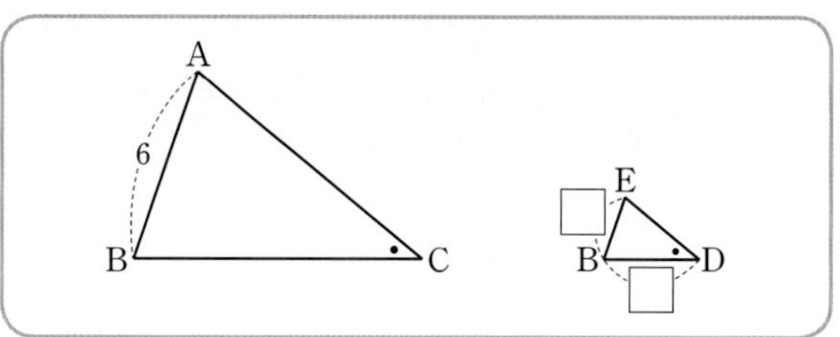

11 위의 10의 두 삼각형이 서로 닮음임을 보이시오.

△ABC와 △EBD에서
∠ACB=∠EDB, □는 공통
∴ △ABC∽□ (□ 닮음)

12 $\overline{BC}$의 길이를 구하시오.

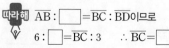

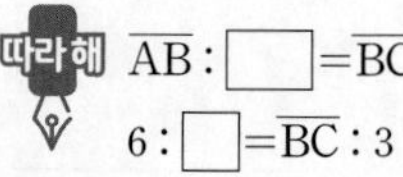
따라해 $\overline{AB}$: □ $=\overline{BC}:\overline{BD}$이므로
6 : □ $=\overline{BC}:3$ ∴ $\overline{BC}=$ □

오른쪽 그림에 대하여 다음 물음에 답하시오.

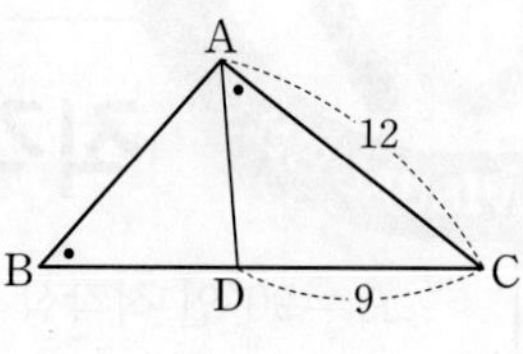

13 △ABC와 닮은 삼각형을 구하시오.

14 $\overline{BC}$의 길이를 구하시오.

오른쪽 그림에 대하여 다음 물음에 답하시오.

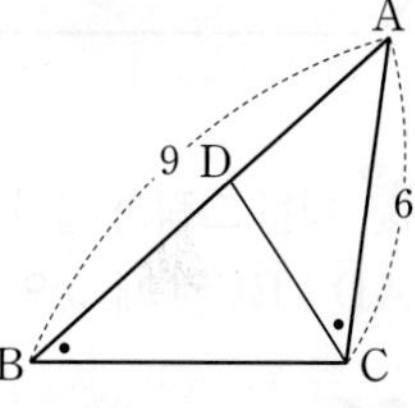

15 △ABC와 닮은 삼각형을 구하시오.

16 $\overline{AD}$의 길이를 구하시오.

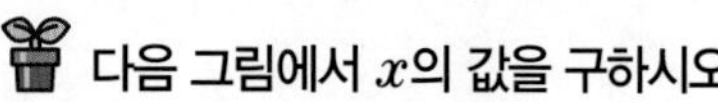
다음 그림에서 x의 값을 구하시오.

17

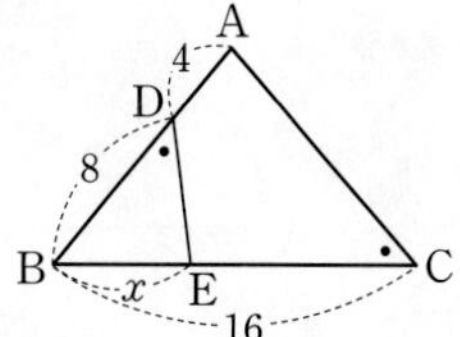

18

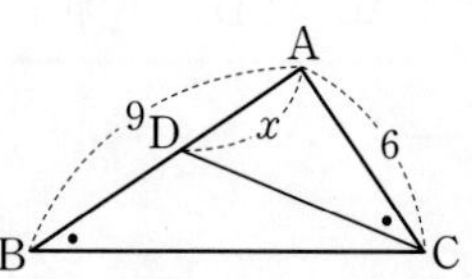

직각삼각형의 닮음

$\triangle ABC \backsim \triangle DBA \backsim \triangle DAC$
네 직각삼각형은 AA 닮음이야!

$\angle A=90^\circ$인 직각삼각형 ABC에서 $\overline{AD}\perp\overline{BC}$일 때

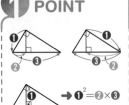

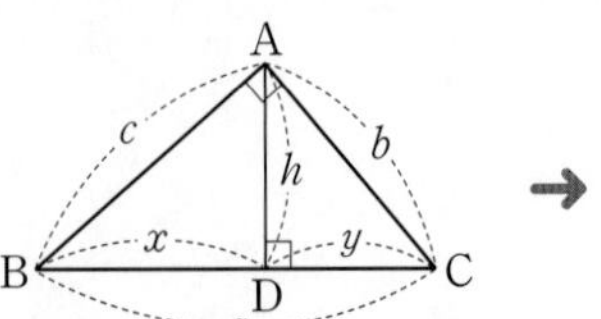

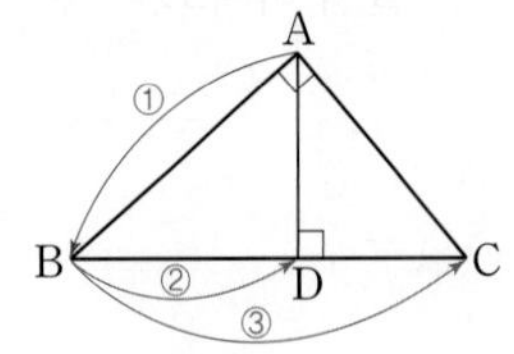

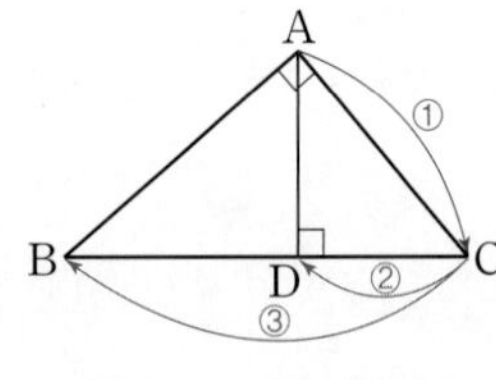

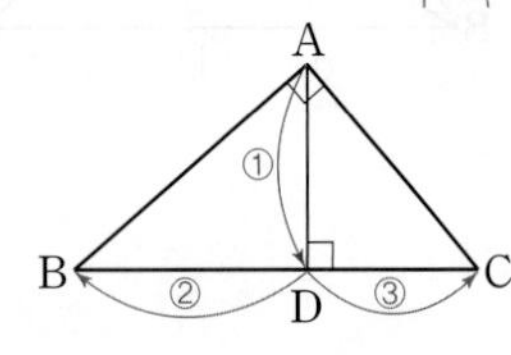

POINT

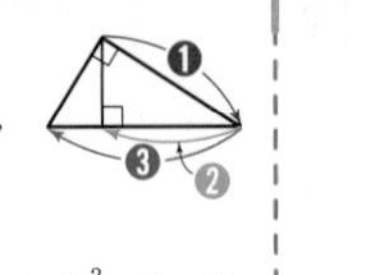

$\to$ ❶^2=❷×❸

$\triangle ABC \backsim \triangle DBA$

$c : x = a : c$이므로

$c^2 = ax$

$\therefore$ ①^2=②×③

$\triangle ABC \backsim \triangle DAC$

$b : y = a : b$이므로

$b^2 = ay$

$\therefore$ ①^2=②×③

$\triangle DBA \backsim \triangle DAC$

$x : h = h : y$이므로

$h^2 = xy$

$\therefore$ ①^2=②×③

다음 그림과 같이 $\angle A=90^\circ$인 직각삼각형 ABC에서 $\overline{AD}\perp\overline{BC}$일 때, x의 값을 구하시오.

01

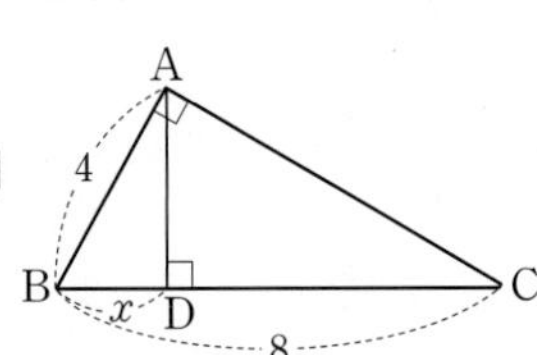

$\overline{AB}^2=\overline{BD}\times$ □이므로

$4^2=$ □ $\therefore x=$ □

02

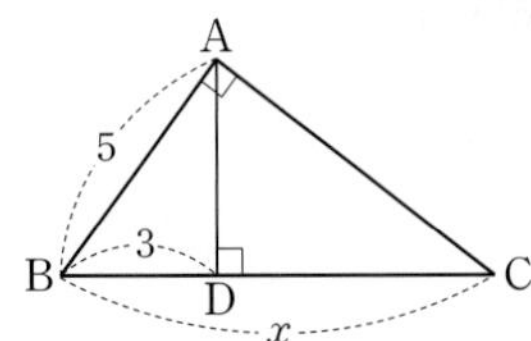

03

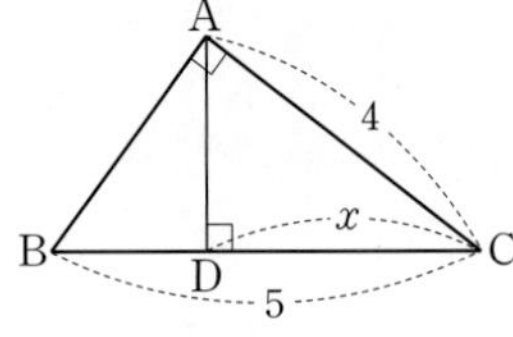

04

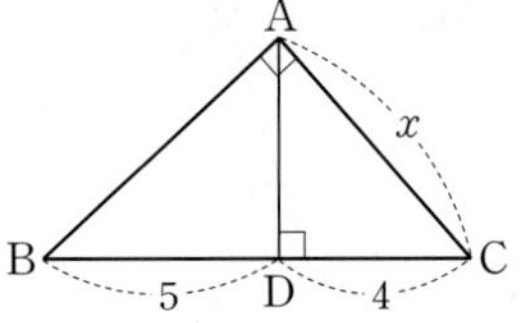

05

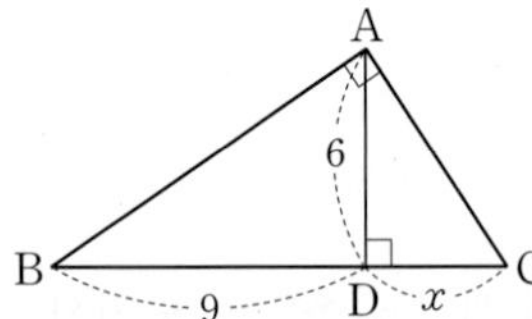

$\overline{AD}^2=\overline{BD}\times\overline{CD}$야!

06

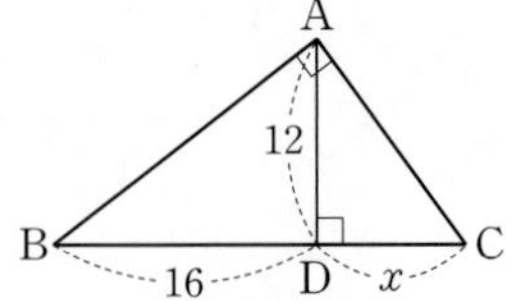

▶ 정답 및 풀이 32쪽

실생활에서 닮음의 활용

닮음을 이용하여 높이 구하기

어느 날 같은 시각에 탑과 막대의 그림자의 길이를 재었더니 각각 6 m, 1.5 m이었을 때, 탑의 높이를 구해 보자.

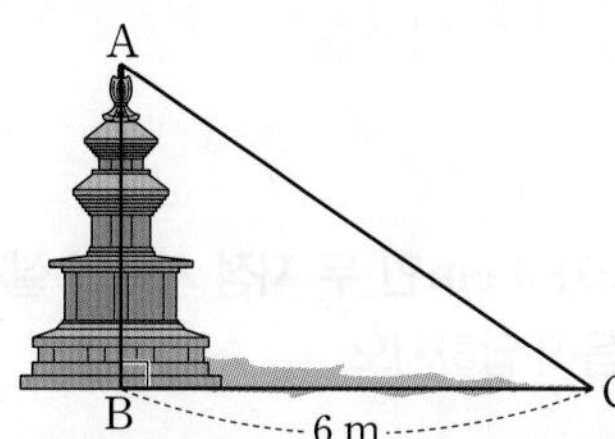

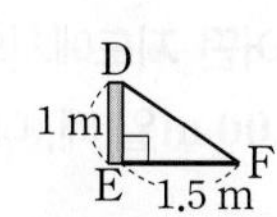

❶ 서로 닮은 두 도형 찾기 ➔ $\triangle ABC \backsim \triangle DEF$ (AA 닮음)

❷ 닮음비 구하기 ➔ $\overline{BC} : \overline{EF} = 6 : 1.5 = 4 : 1$

❸ 탑의 높이 구하기 ➔ $\overline{AB} : \overline{DE} = 4 : 1$이므로

$\overline{AB} : 1 = 4 : 1 \quad \therefore \overline{AB} = 4(\text{m})$

따라서 탑의 높이는 4 m이다.

축척을 이용하여 거리 구하기

실제 거리 0.5 km를 5 cm로 나타낸 지도에 대하여

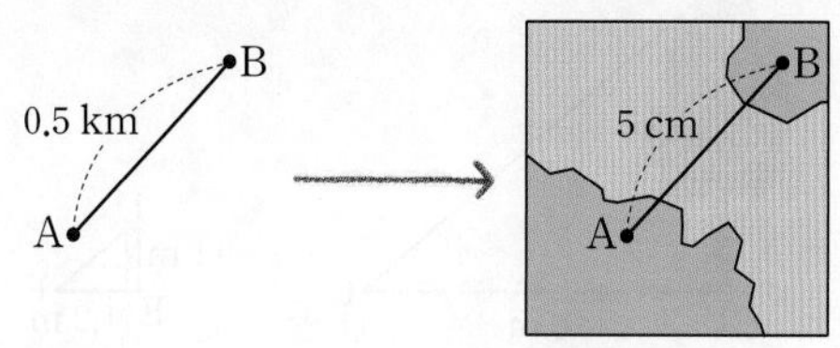

축척 ➔ 0.5 km=500 m=50000 cm이므로

$\frac{5}{50000} = \frac{1}{10000}$

➔ 지도에서의 거리와 실제 거리의 비가 1 : 10000

$(\text{축척}) = \frac{(\text{축도에서의 길이})}{(\text{실제 길이})}$

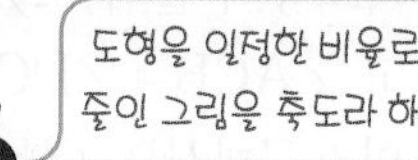

도형을 일정한 비율로 줄인 그림을 축도라 해.

높이의 측정

키가 1.2 m인 현서가 오른쪽 그림과 같이 나무의 그림자의 끝과 현서의 그림자의 끝이 일치하도록 나무로부터 3 m 떨어진 곳에 섰다. 현서의 그림자의 길이가 1 m이고 $\triangle ABC \backsim \triangle DBE$일 때, 다음을 구하려고 한다. □ 안에 알맞은 것을 써넣으시오.

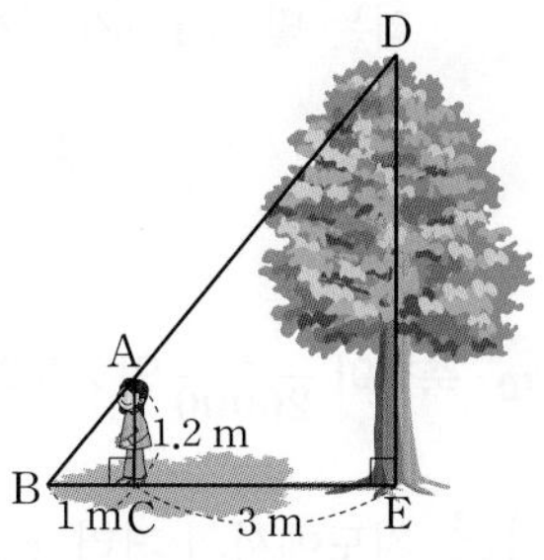

01 $\triangle ABC$와 $\triangle DBE$의 닮음비

> $\overline{BC}$의 대응변은 □이므로
> $\overline{BC} : □ = 1 : (□ + 3) = 1 : □$

02 나무의 높이

> $\overline{AC} : \overline{DE} = 1 : □$이므로 $1.2 : \overline{DE} = 1 : □$
> $\therefore \overline{DE} = □(\text{m})$
> 따라서 나무의 높이는 □ m이다.

어떤 건물의 높이를 구하기 위하여 다음 그림과 같이 건물의 그림자의 끝 A 지점에서 2 m 떨어진 B 지점에 길이가 1.5 m인 막대를 세웠더니 그 그림자의 끝이 건물의 그림자의 끝과 일치하였다. 다음 물음에 답하시오.

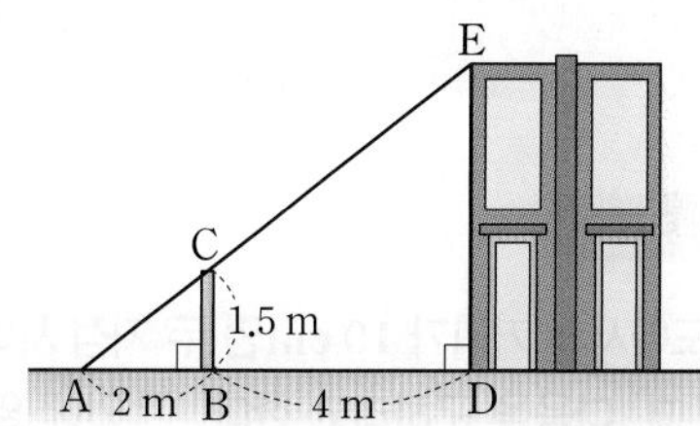

03 $\triangle ABC$와 닮은 삼각형을 찾고, 닮음비를 구하시오.

04 건물의 높이를 구하시오.

05 나무의 높이를 구하기 위하여 다음 그림과 같이 길이가 1 m인 막대를 지면에 수직으로 세웠다. 이 막대의 그림자의 길이가 1.2 m가 될 때, 나무의 그림자의 길이는 6 m이었다. 이때 나무의 높이는 몇 m인지 구하시오.

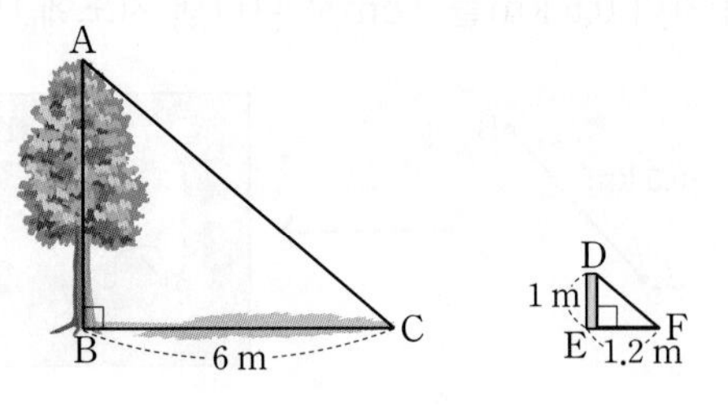

06 정민이가 가로등에서 10 m 떨어진 지점에 거울을 놓고, 거울에서 2.5 m 떨어진 지점에 섰더니 거울에 가로등의 끝이 보였다. 정민이의 눈높이가 1.6 m이고 ∠ACB=∠DCE일 때, 가로등의 높이는 몇 m인지 구하시오. (단, 거울의 두께는 생각하지 않는다.)

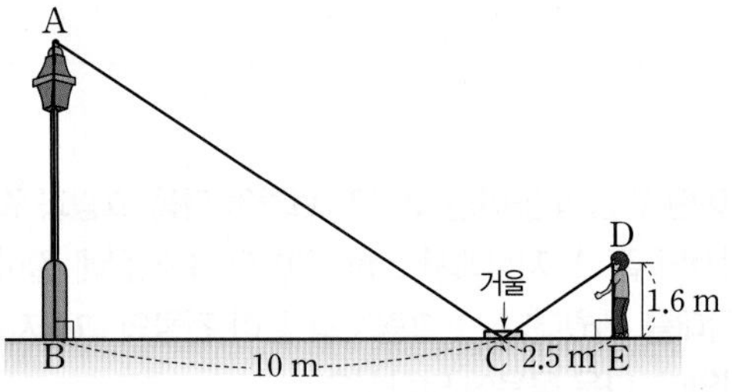

축도와 축척

어떤 지도에서의 거리가 10 cm인 두 지점 사이의 실제 거리가 1 km일 때, 다음을 구하려고 한다. □ 안에 알맞은 수를 써넣으시오.

07 지도의 축척

> 1 km=□ m=□ cm이므로
>
> (축척)$=\dfrac{10}{\square}=\dfrac{1}{\square}$

08 지도에서의 거리가 12 cm인 두 지점 사이의 실제 거리(km)

> (실제 거리)$=12\div\dfrac{1}{\square}=\square$(cm)
>
> 즉, □ km

09 실제 거리가 1.5 km인 두 지점 사이의 지도에서의 거리(cm)

> 1.5 km=□ m=□ cm이므로
>
> (지도에서의 거리)$=150000\times\dfrac{1}{\square}$
>
> $=\square$(cm)

어떤 지도에서의 거리가 4 cm인 두 지점 사이의 실제 거리가 100 m일 때, 다음 물음에 답하시오.

10 지도의 축척을 구하시오.

11 지도에서의 거리가 6 cm인 두 지점 사이의 실제 거리는 몇 km인지 구하시오.

12 실제 거리가 5 km인 두 지점 사이의 지도에서의 거리는 몇 cm인지 구하시오.

축척이 $\dfrac{1}{20000}$인 지도에 대하여 다음 물음에 답하시오.

13 지도에서의 거리가 10 cm인 두 지점 사이의 실제 거리는 몇 km인지 구하시오.

14 지도에서의 거리가 4 cm인 두 지점 사이의 실제 거리는 몇 m인지 구하시오.

15 실제 거리가 2 km인 두 지점 사이의 지도에서의 거리는 몇 cm인지 구하시오.

16 실제 거리가 3.8 km인 두 지점 사이의 지도에서의 거리는 몇 cm인지 구하시오.

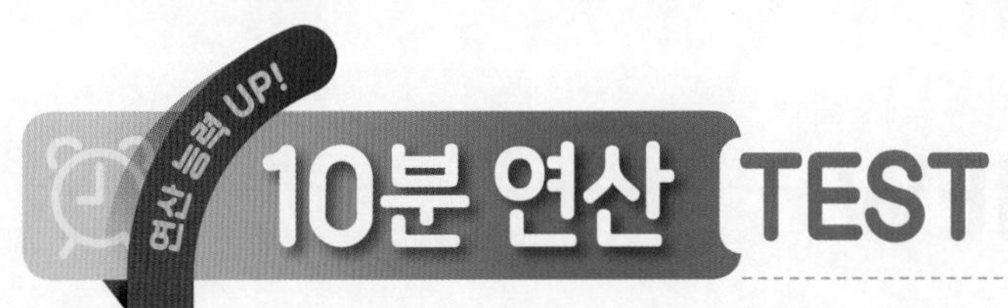

▶ 정답 및 풀이 33쪽

01 오른쪽 그림의 $\triangle ABC$와 닮은 삼각형을 **보기**에서 찾아 기호 $\backsim$를 사용하여 나타내고, 그때의 닮음 조건을 말하시오.

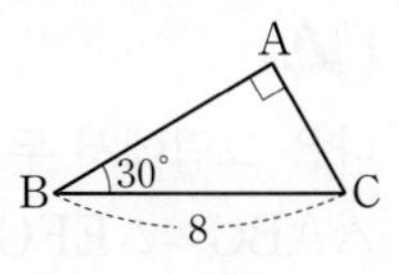

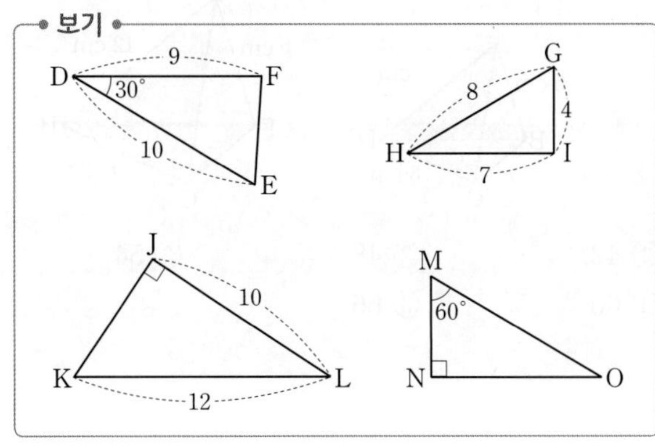

[02~03] 오른쪽 그림에 대하여 다음 물음에 답하시오.

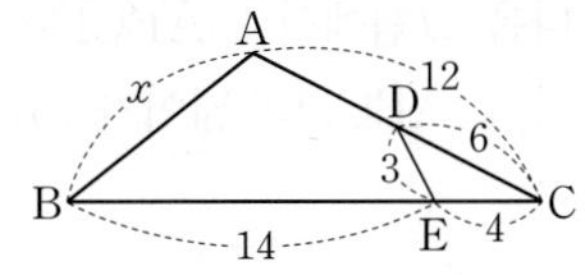

02 서로 닮은 두 삼각형을 찾아 기호 $\backsim$를 사용하여 나타내고, 그때의 닮음 조건을 말하시오.

03 x의 값을 구하시오.

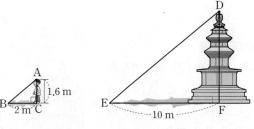

[04~05] 오른쪽 그림에 대하여 다음 물음에 답하시오.

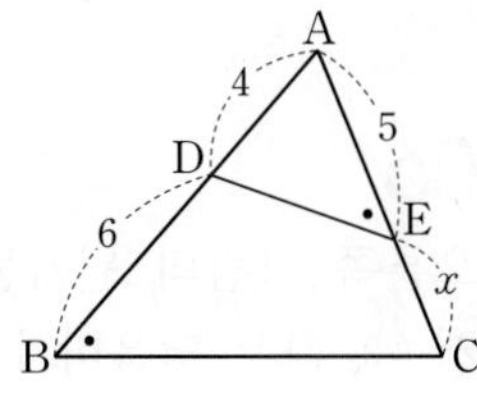

04 서로 닮은 두 삼각형을 찾아 기호 $\backsim$를 사용하여 나타내고, 그때의 닮음 조건을 말하시오.

05 x의 값을 구하시오.

[06~08] 다음 그림과 같이 $\angle A=90°$인 직각삼각형 ABC에서 $\overline{AD}\perp\overline{BC}$일 때, x의 값을 구하시오.

06

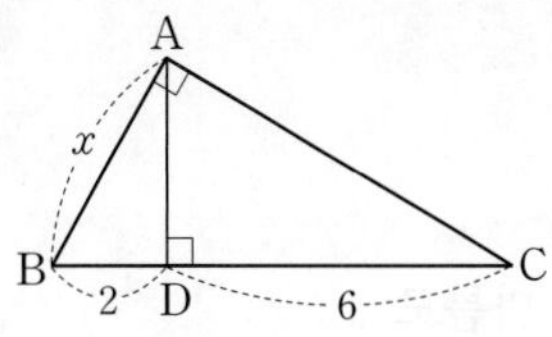

07

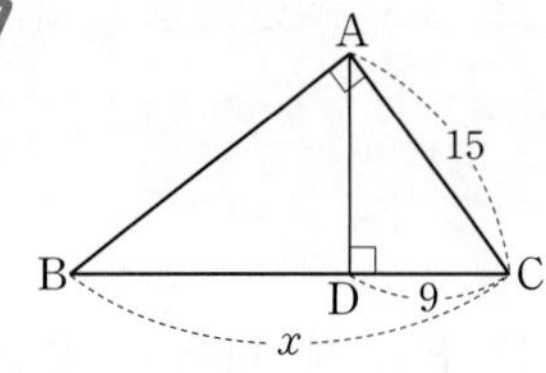

08

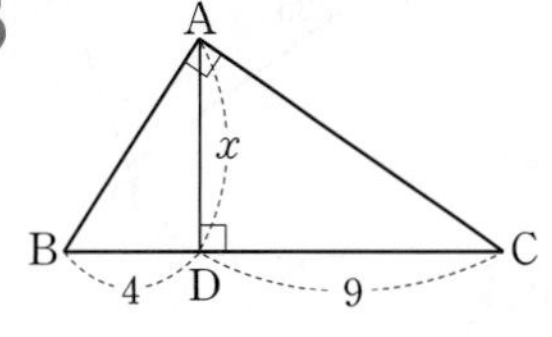

[09~10] 어느 날 같은 시각에 수만이와 탑의 그림자의 길이를 재었더니 수만이의 그림자의 길이는 2 m, 탑의 그림자의 길이는 10 m이었다. 수만이의 키가 1.6 m일 때, 다음 물음에 답하시오.

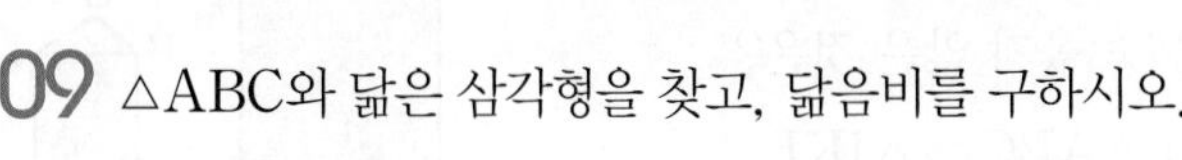

09 $\triangle ABC$와 닮은 삼각형을 찾고, 닮음비를 구하시오.

10 탑의 높이는 몇 m인지 구하시오.

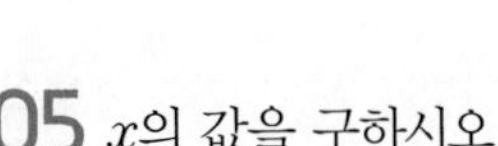

맞힌 개수 개/10개

학교 시험 미리보기!

학교 시험 PREVIEW

01

다음 중 항상 서로 닮은 도형이라 할 수 없는 것은?

① 두 원
② 두 정삼각형
③ 두 정육면체
④ 한 변의 길이가 같은 두 마름모
⑤ 중심각의 크기가 같은 두 부채꼴

02

아래 그림에서 △ABC∽△DEF일 때, 다음 중 옳은 것을 모두 고르면? (정답 2개)

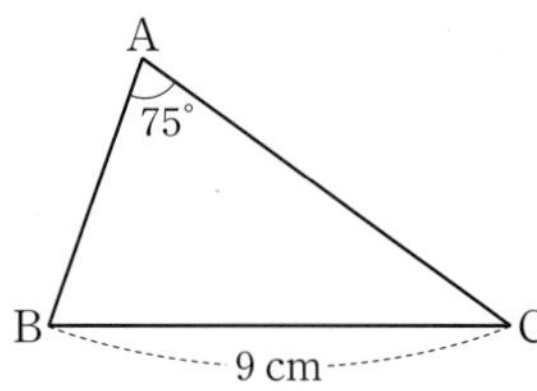

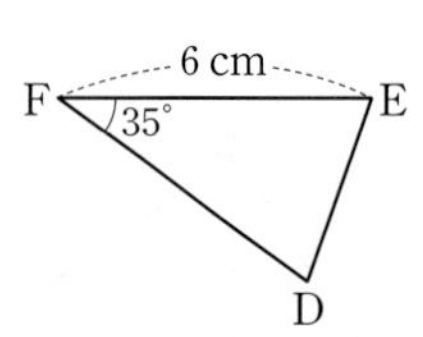

① 점 A의 대응점은 점 D이다.
② $\angle B=60°$
③ $\overline{AC}$의 대응변은 $\overline{EF}$이다.
④ $\overline{AB}:\overline{DE}=3:2$
⑤ $\overline{DF}=6$ cm

03 85% 출제율

오른쪽 그림에서 두 삼각기둥은 서로 닮은 도형이고, $\overline{AB}$에 대응하는 모서리가 $\overline{GH}$일 때, 다음 중 옳지 않은 것은?

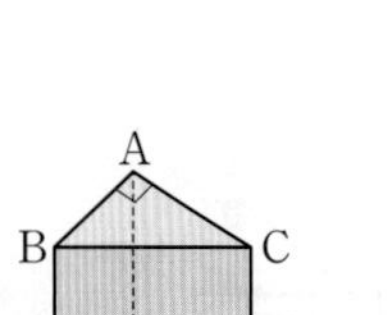

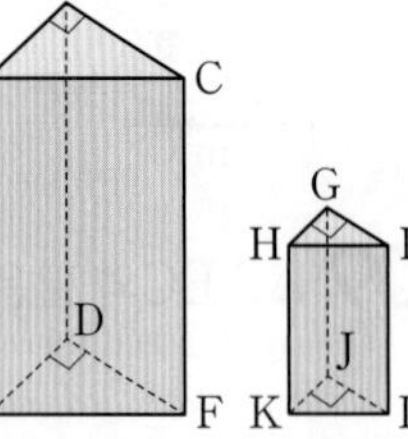

① △ABC∽△JKL
② $\angle ADF=\angle GJL$
③ $\angle DFE=\angle JLK$
④ $\overline{BC}:\overline{HI}=\overline{AC}:\overline{GI}$
⑤ □BEDA∽□GJLI

04

다음 그림에서 두 사면체는 서로 닮은 도형이고, △ABC∽△EFG일 때, xy의 값은?

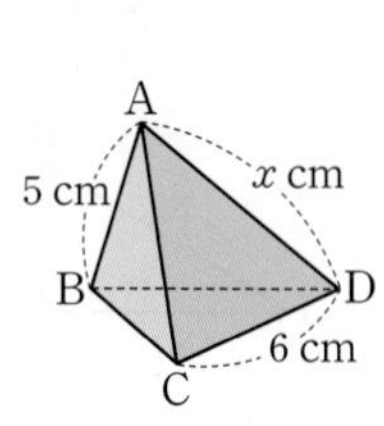

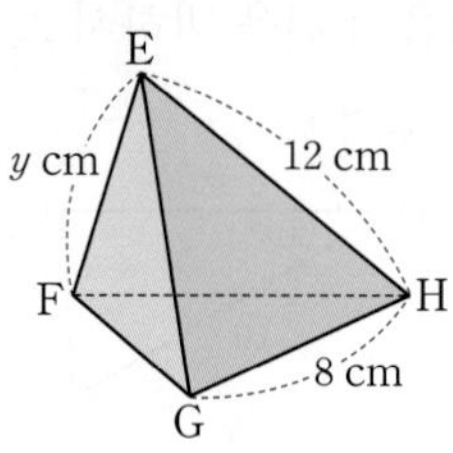

① 42 ② 48 ③ 54
④ 60 ⑤ 66

05

다음 그림에서 □ABCD∽□EFGH이고 닮음비가 2 : 5이다. □ABCD의 넓이가 16 cm^2일 때, □EFGH의 넓이는?

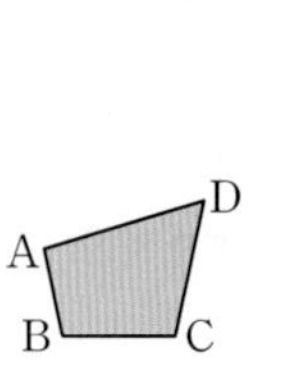

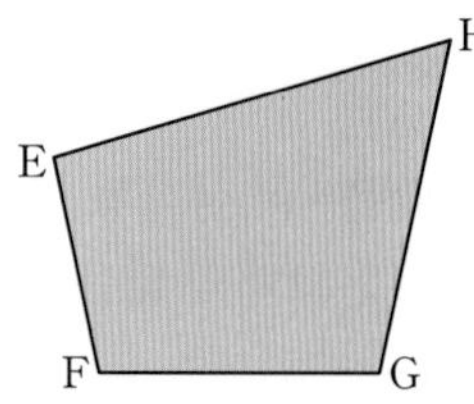

① 40 cm^2 ② 60 cm^2 ③ 80 cm^2
④ 100 cm^2 ⑤ 120 cm^2

06

오른쪽 그림의 원기둥 모양의 두 캔 (가), (나)는 닮음비가 3 : 4인 닮은 도형이다. 캔 (나)의 부피가 512 cm^3일 때, 캔 (가)의 부피는?

(가)

(나)

① 72 cm^3 ② 135 cm^3
③ 216 cm^3 ④ 270 cm^3
⑤ 324 cm^3

▶ 정답 및 풀이 33쪽

07 실수 주의

축척이 $\frac{1}{20000}$인 지도에서의 거리가 15 cm일 때, 두 지점 사이의 실제 거리는?

① 2 km ② 3 km ③ 4 km
④ 5 km ⑤ 6 km

08 80% 출제율

다음 중 오른쪽 그림의 △ABC와 닮은 삼각형은?

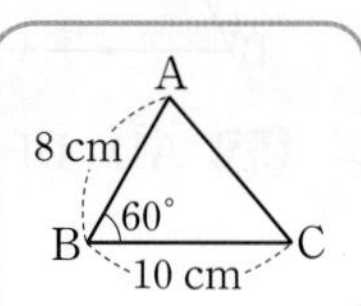

①
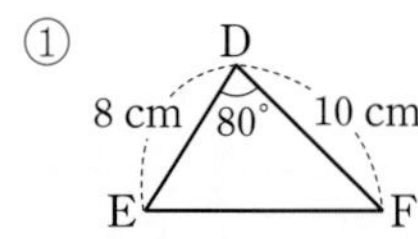

②
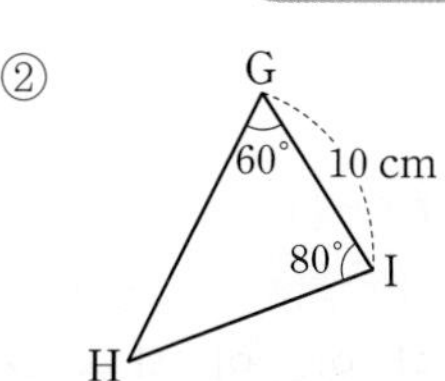

③
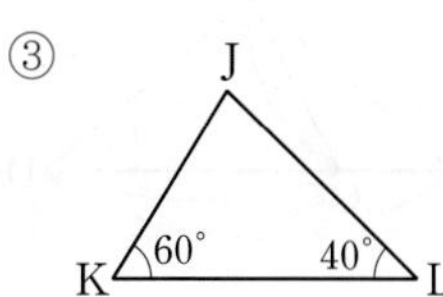

④
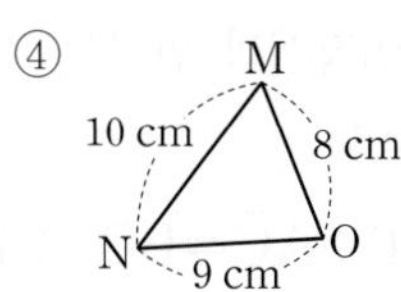

⑤
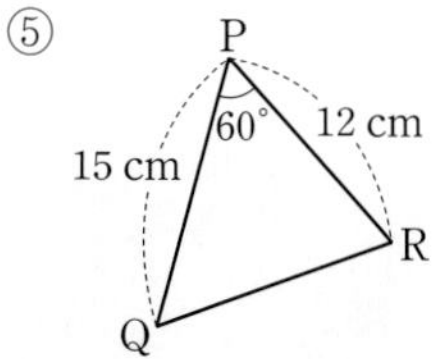

09

오른쪽 그림에서 점 O는 $\overline{AB}$와 $\overline{CD}$의 교점이고, $\overline{AC} /\!/ \overline{BD}$이다. $\overline{AO}=3$ cm, $\overline{BO}=5$ cm, $\overline{AC}=6$ cm일 때, $\overline{BD}$의 길이는?

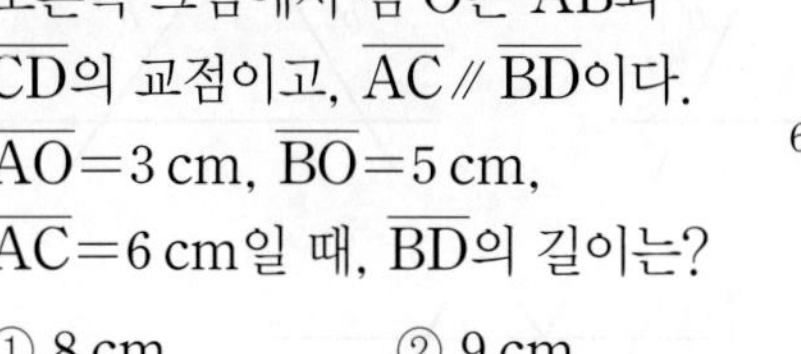

① 8 cm ② 9 cm
③ 10 cm ④ 11 cm
⑤ 12 cm

10

오른쪽 그림에서 $\overline{AB}$의 길이는?

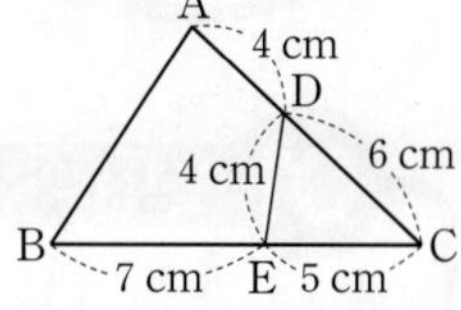

① 6 cm ② $\frac{13}{2}$ cm
③ 7 cm ④ $\frac{15}{2}$ cm
⑤ 8 cm

11

오른쪽 그림과 같이 $\angle A=90°$인 직각삼각형 ABC에서 $\overline{AH}\perp\overline{BC}$일 때, 다음 중 옳지 <u>않은</u> 것은?

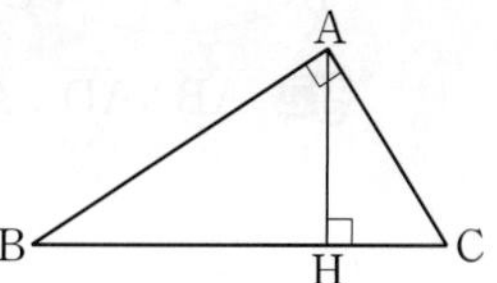

① $\triangle ABC \backsim \triangle HAC$
② $\angle B=\angle CAH$
③ $\angle C=\angle BAH$
④ $\overline{AB}\times\overline{AC}=\overline{BC}\times\overline{AH}$
⑤ $\overline{AB}^2=\overline{BH}\times\overline{HC}$

12 서술형

오른쪽 그림과 같이 $\angle A=90°$인 직각삼각형 ABC에서 $\overline{AD}\perp\overline{BC}$이고 $\overline{AD}=12$, $\overline{AC}=20$, $\overline{DC}=16$일 때, $x+y$의 값을 구하시오.

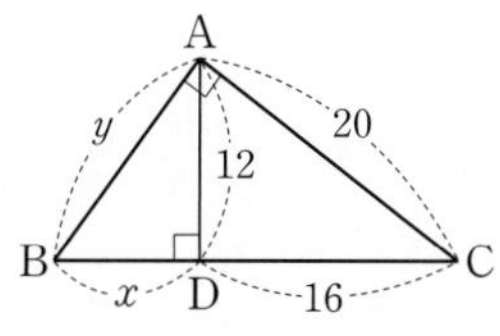

채점 기준 1 x의 값 구하기

채점 기준 2 y의 값 구하기

채점 기준 3 $x+y$의 값 구하기

III-2 닮음의 활용

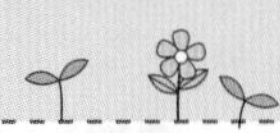

01 삼각형에서 평행선과 선분의 길이의 비

△ABC에서 $\overline{AB}$, $\overline{AC}$ 또는 그 연장선 위의 점을 각각 D, E라 할 때, $\overline{BC} /\!/ \overline{DE}$이면

(1) $\overline{AB} : \overline{AD} = \overline{AC} : \overline{AE} = \overline{BC} : \overline{DE}$

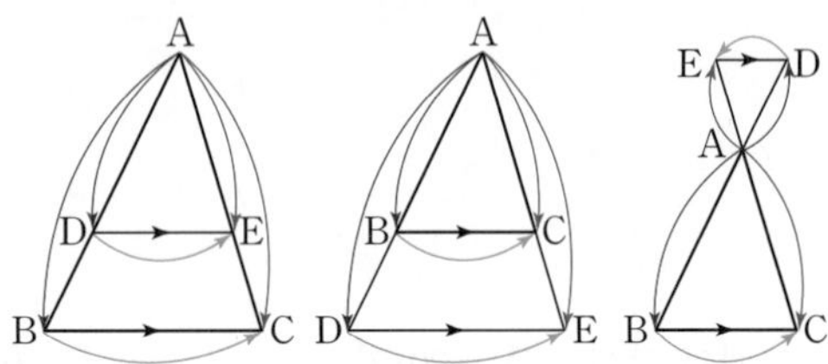

참고 $\overline{AB} : \overline{AD} = \overline{AC} : \overline{AE} = \overline{BC} : \overline{DE}$이면 $\overline{BC} /\!/ \overline{DE}$이다.

(2) $\overline{AD} : \overline{DB} = \overline{AE} : \overline{EC}$

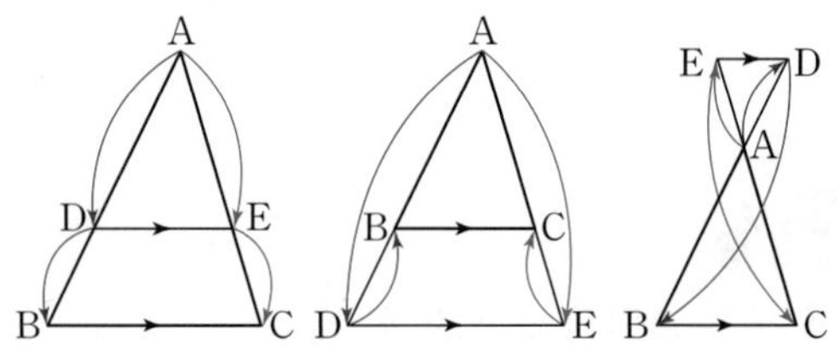

참고 $\overline{AD} : \overline{DB} = \overline{AE} : \overline{EC}$이면 $\overline{BC} /\!/ \overline{DE}$이다.

02 삼각형의 각의 이등분선

△ABC에서

(1) ∠A의 이등분선이 $\overline{BC}$와 만나는 점을 D라 하면

$\overline{AB} : \overline{AC} = \overline{BD} : \overline{CD}$

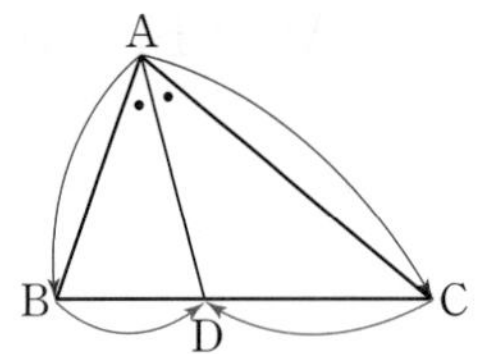

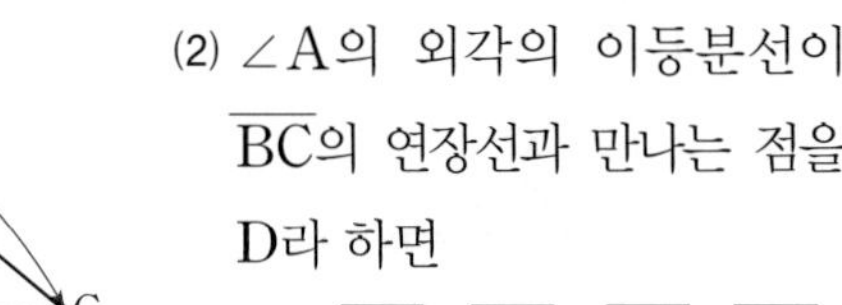
(2) ∠A의 외각의 이등분선이 $\overline{BC}$의 연장선과 만나는 점을 D라 하면

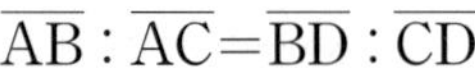
$\overline{AB} : \overline{AC} = \overline{BD} : \overline{CD}$

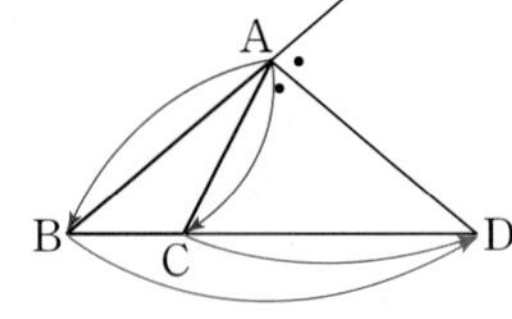

참고 △ABC에서 $\overline{AD}$가 ∠A의 이등분선이면

△ABD : △ACD $= \overline{BD} : \overline{CD} = \overline{AB} : \overline{AC} = a : b$

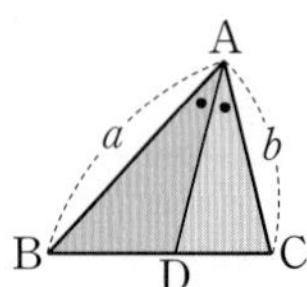

03 평행선 사이의 선분의 길이의 비

(1) **평행선 사이의 선분의 길이의 비**

세 개의 평행선이 다른 두 직선과 만나서 생긴 선분의 길이의 비는 같다.

→ $l /\!/ m /\!/ n$이면 $a : b = a' : b'$

(2) **사다리꼴에서 평행선과 선분의 길이의 비**

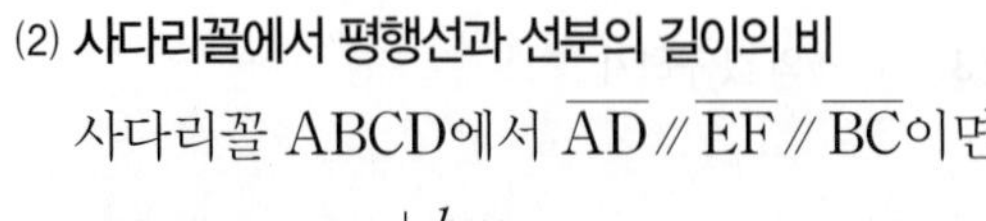
사다리꼴 ABCD에서 $\overline{AD} /\!/ \overline{EF} /\!/ \overline{BC}$이면

$$\overline{EF} = \frac{an+bm}{m+n}$$

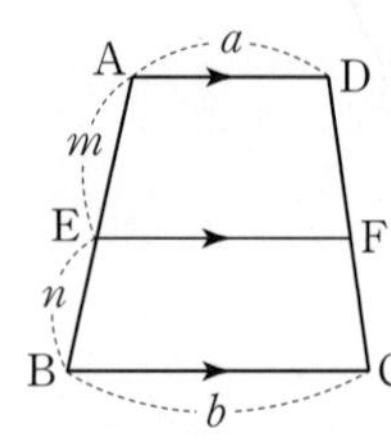

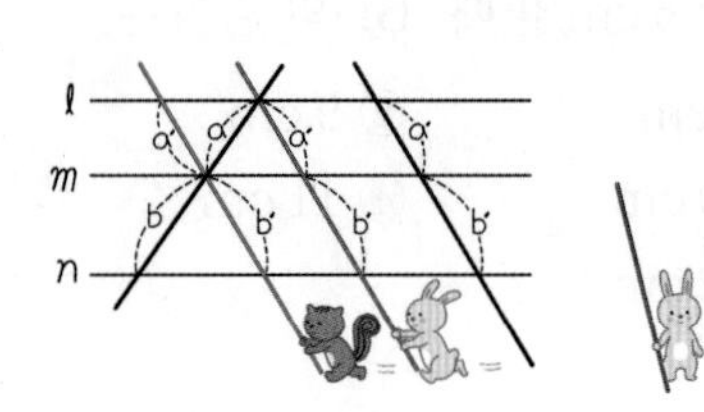

04 삼각형의 두 변의 중점을 연결한 선분의 성질

(1) $\triangle ABC$에서 두 변 AB, AC의 중점을 각각 M, N이라 하면, 즉 $\overline{AM}=\overline{MB}$, $\overline{AN}=\overline{NC}$이면

$$\overline{MN} /\!/ \overline{BC},\ \overline{MN}=\frac{1}{2}\overline{BC}$$

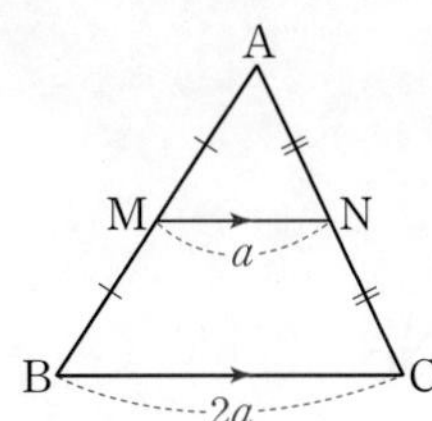

(2) $\triangle ABC$에서 변 AB의 중점 M을 지나고 변 BC에 평행한 직선과 변 AC의 교점을 N이라 하면, 즉 $\overline{AM}=\overline{MB}$, $\overline{MN} /\!/ \overline{BC}$이면

$$\overline{AN}=\overline{NC}$$

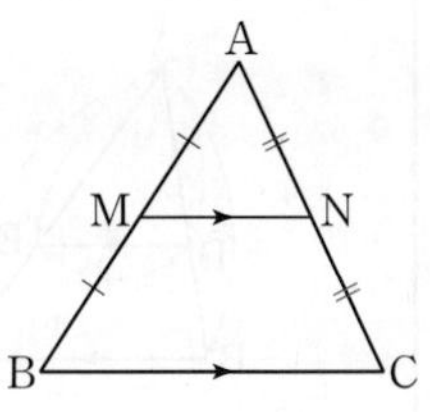

05 사다리꼴에서 두 변의 중점을 연결한 선분의 성질

$\overline{AD} /\!/ \overline{BC}$인 사다리꼴 ABCD에서 $\overline{AB}$, $\overline{DC}$의 중점을 각각 M, N이라 하면

(1) $\overline{AD} /\!/ \overline{MN} /\!/ \overline{BC}$

(2) $\overline{MN}=\overline{MP}+\overline{PN}=\frac{1}{2}\overline{AD}+\frac{1}{2}\overline{BC}=\frac{1}{2}(\overline{AD}+\overline{BC})$

(3) $\overline{PQ}=\overline{MQ}-\overline{MP}=\frac{1}{2}\overline{BC}-\frac{1}{2}\overline{AD}=\frac{1}{2}(\overline{BC}-\overline{AD})$ (단, $\overline{BC}>\overline{AD}$)

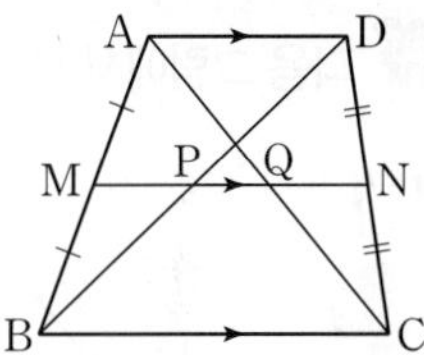

06 삼각형의 중선과 무게중심

(1) **중선 :** 삼각형에서 한 꼭짓점과 그 대변의 중점을 이은 선분

(2) **삼각형의 중선의 성질 :** 삼각형의 한 중선은 그 삼각형의 넓이를 이등분한다.

➜ $\triangle ABD=\triangle ADC=\frac{1}{2}\triangle ABC$

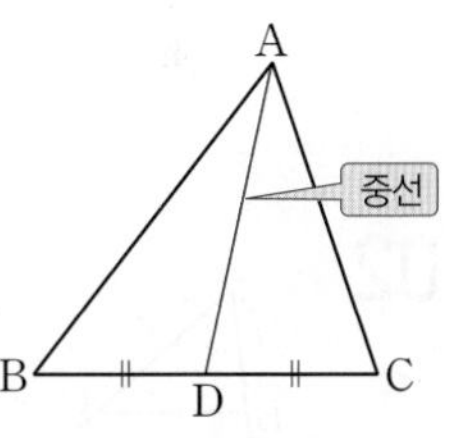

(3) **무게중심 :** 삼각형의 세 중선의 교점

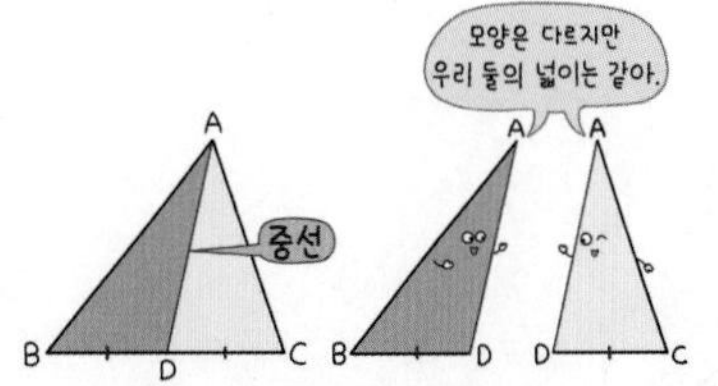

(4) **삼각형의 무게중심의 성질**

① 삼각형의 세 중선은 한 점(무게중심)에서 만난다.

② 삼각형의 무게중심은 세 중선의 길이를 각 꼭짓점으로부터 각각 2 : 1로 나눈다.

➜ $\overline{AG}:\overline{GD}=\overline{BG}:\overline{GE}=\overline{CG}:\overline{GF}=2:1$

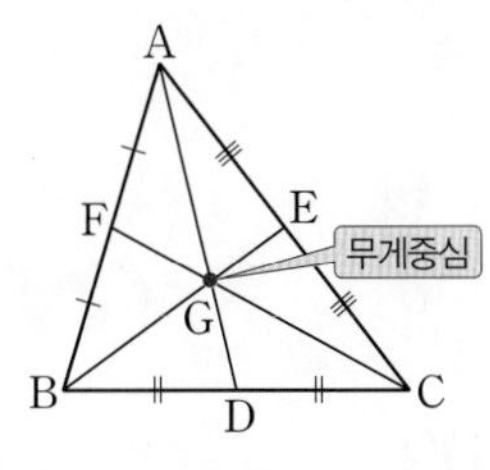

(5) **삼각형의 무게중심과 넓이**

① 삼각형의 세 중선에 의하여 삼각형의 넓이는 6등분된다.

➜ $\triangle GAF=\triangle GFB=\triangle GBD=\triangle GDC=\triangle GCE=\triangle GEA=\frac{1}{6}\triangle ABC$

② 삼각형의 무게중심과 세 꼭짓점을 이어서 생기는 세 삼각형의 넓이는 같다.

➜ $\triangle GAB=\triangle GBC=\triangle GCA=\frac{1}{3}\triangle ABC$

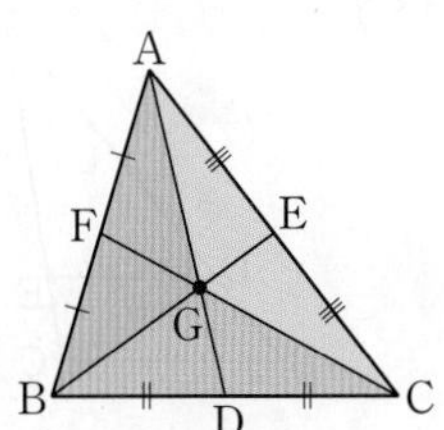

▶ 정답 및 풀이 34쪽

삼각형에서 평행선과 선분의 길이의 비 (1)

△ABC에서 $\overline{AB}$, $\overline{AC}$ 또는 그 연장선 위의 점을 각각 D, E라 할 때,

$\overline{BC} /\!/ \overline{DE}$이면 $\overline{AB} : \overline{AD} = \overline{AC} : \overline{AE} = \overline{BC} : \overline{DE}$

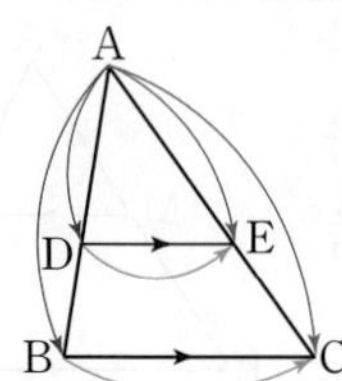
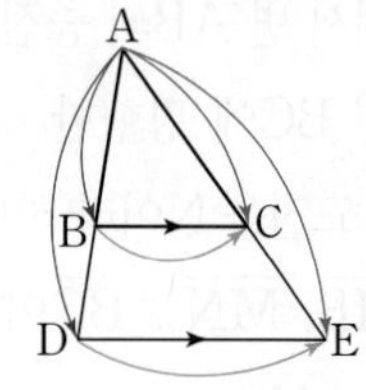
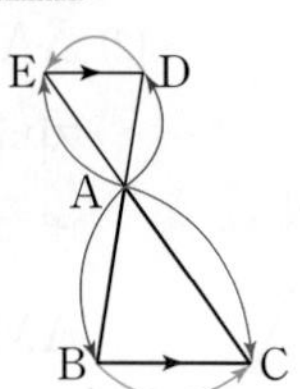

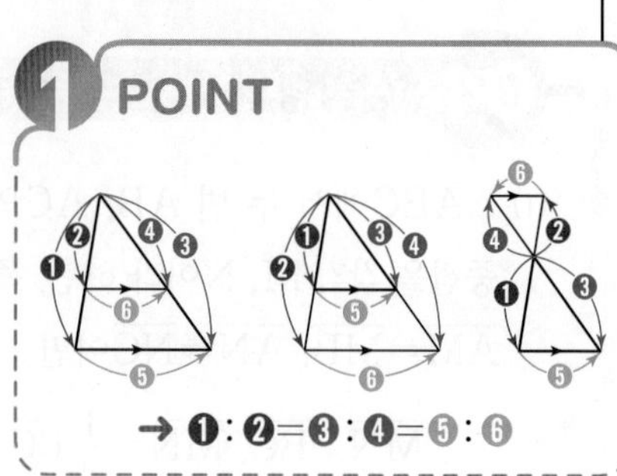

참고

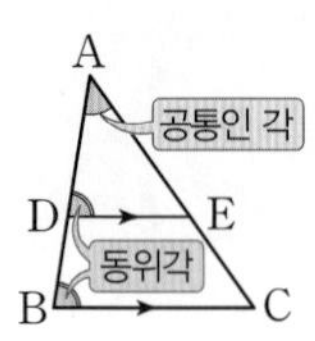

△ABC와 △ADE에서
∠B=∠ADE (동위각), ∠A는 공통
∴ △ABC∽△ADE (AA 닮음)
→ $\overline{AB} : \overline{AD} = \overline{AC} : \overline{AE} = \overline{BC} : \overline{DE}$

다음 그림에서 $\overline{BC} /\!/ \overline{DE}$일 때, x의 값을 구하시오.

01 따라해

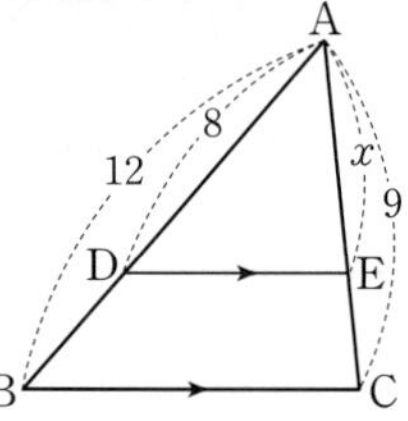

$\overline{AB} : \overline{AD} = \overline{AC} : \overline{AE}$이므로
$12 : 8 = \square : x \quad \therefore x = \square$

02

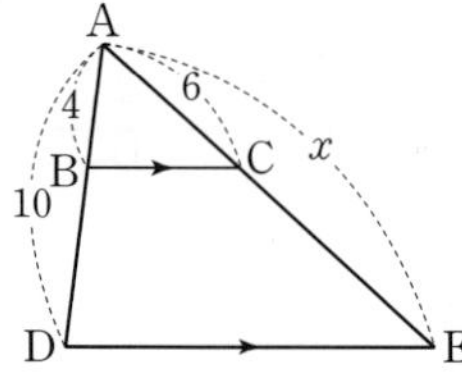

03

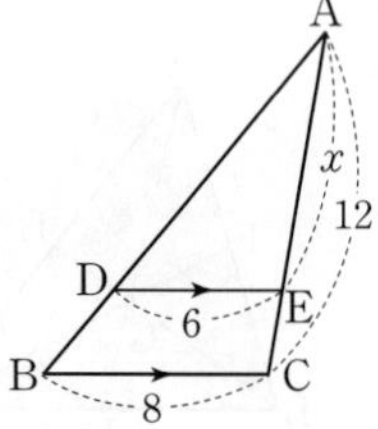

04

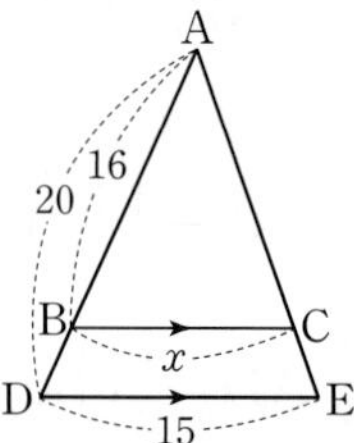

05 따라해

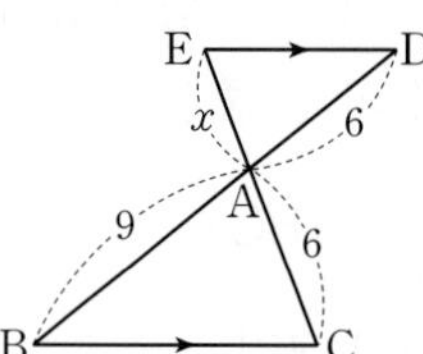

$\overline{AB} : \overline{AD} = \overline{AC} : \overline{AE}$이므로
$9 : \square = 6 : x \quad \therefore x = \square$

06

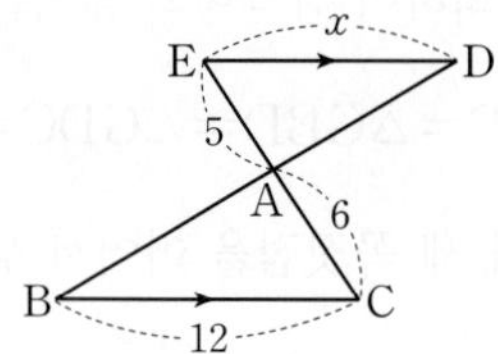

삼각형에서 평행선과 선분의 길이의 비 (2)

△ABC에서 $\overline{AB}$, $\overline{AC}$ 또는 그 연장선 위의 점을 각각 D, E라 할 때,

$\overline{BC} /\!/ \overline{DE}$이면 $\overline{AD} : \overline{DB} = \overline{AE} : \overline{EC}$

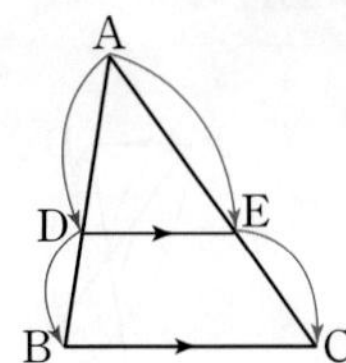

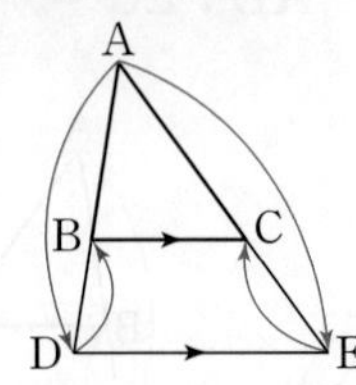

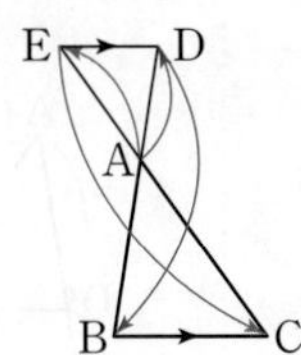

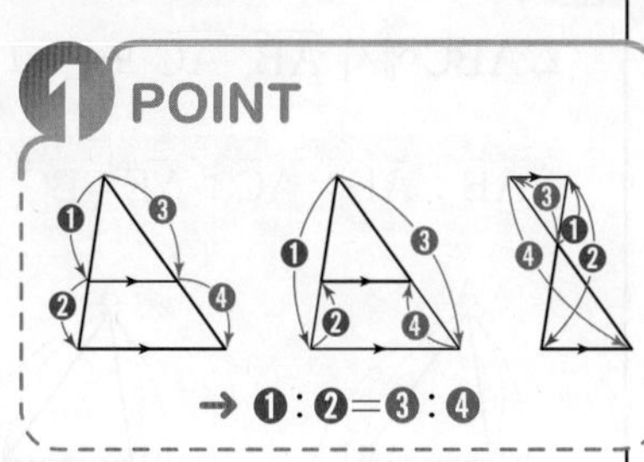

참고

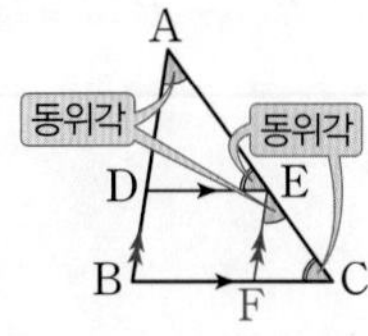

점 E에서 $\overline{BD}$에 평행한 $\overline{EF}$를 그으면 △ADE와 △EFC에서

∠A = ∠FEC (동위각), ∠AED = ∠C (동위각)

∴ △ADE ∽ △EFC (AA 닮음)

→ $\overline{AD} : \overline{EF} = \overline{AE} : \overline{EC}$

→ $\overline{AD} : \overline{DB} = \overline{AE} : \overline{EC}$

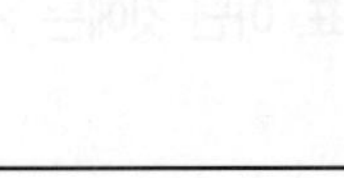

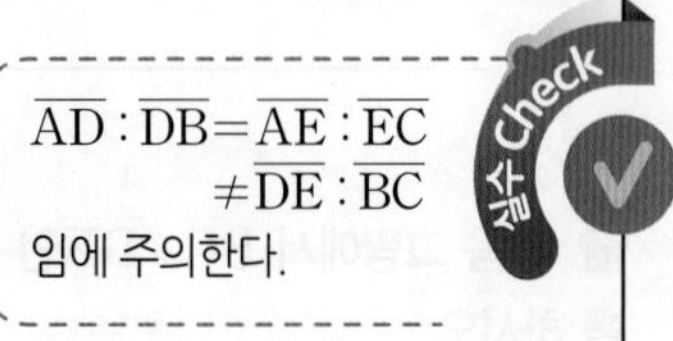

$\overline{AD} : \overline{DB} = \overline{AE} : \overline{EC}$
$\neq \overline{DE} : \overline{BC}$
임에 주의한다.

다음 그림에서 $\overline{BC} /\!/ \overline{DE}$일 때, x의 값을 구하시오.

01 따라해

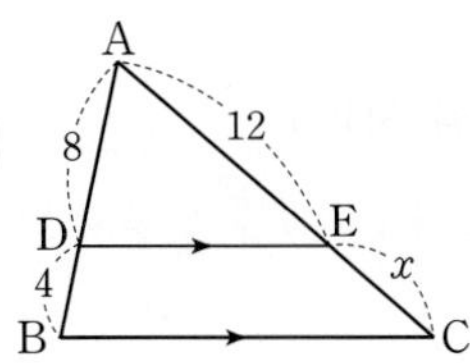

$\overline{AD} : \overline{DB} = \overline{AE} : \overline{EC}$이므로

$8 : 4 = \square : x$ $\therefore x = \square$

02

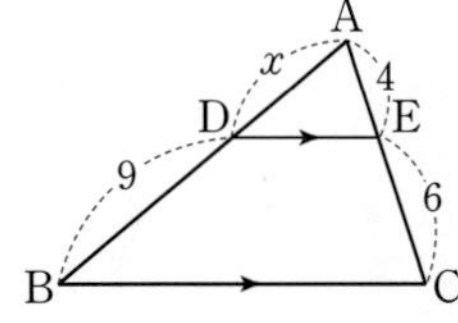

03 따라해

$\overline{AD} : \overline{DB} = \overline{AE} : \overline{EC}$이므로

$14 : \square = x : 8$ $\therefore x = \square$

04

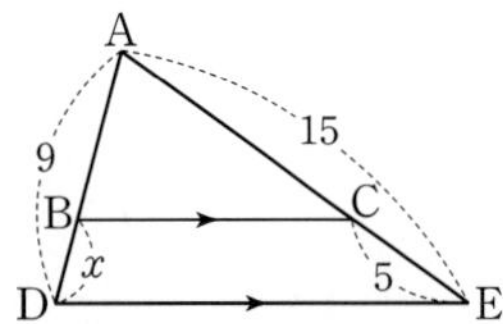

05 따라해

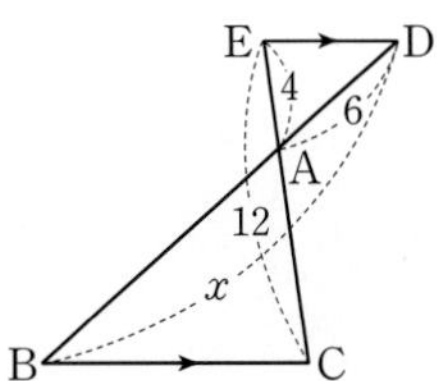

$\overline{AD} : \overline{DB} = \overline{AE} : \overline{EC}$이므로

$6 : x = \square : 12$ $\therefore x = \square$

06

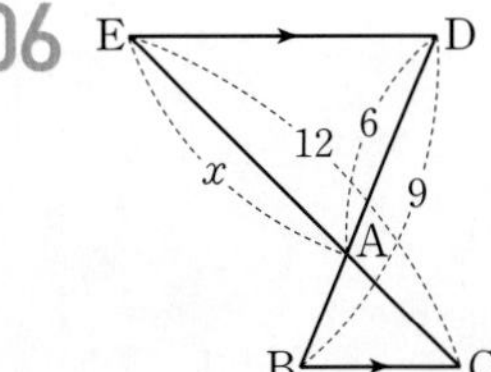

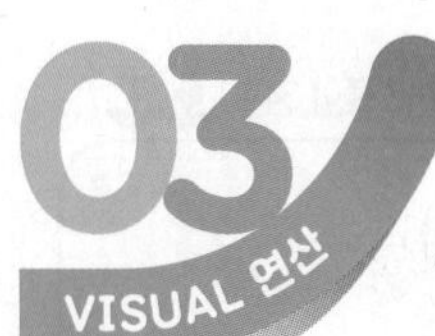

삼각형에서 평행선 찾기

삼각형에서 선분의 길이의 비가 일정하면 $\overline{BC} /\!/ \overline{DE}$야!

△ABC에서 $\overline{AB}$, $\overline{AC}$ 또는 그 연장선 위의 점을 각각 D, E라 할 때,

$\overline{AB} : \overline{AD} = \overline{AC} : \overline{AE} = \overline{BC} : \overline{DE} \rightarrow \overline{BC} /\!/ \overline{DE}$

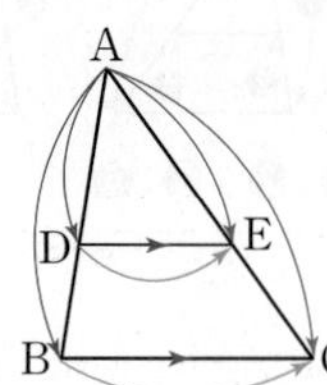
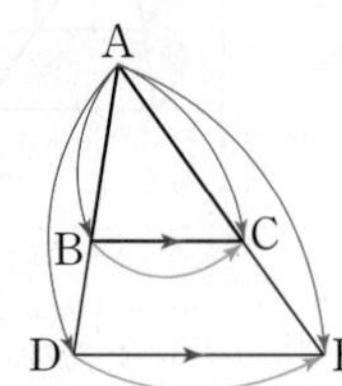
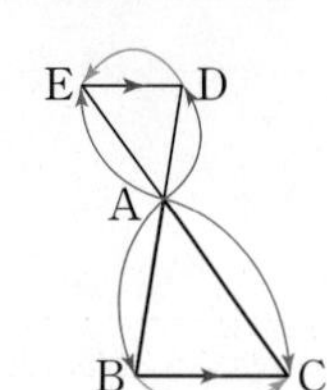

$\overline{AD} : \overline{DB} = \overline{AE} : \overline{EC} \rightarrow \overline{BC} /\!/ \overline{DE}$

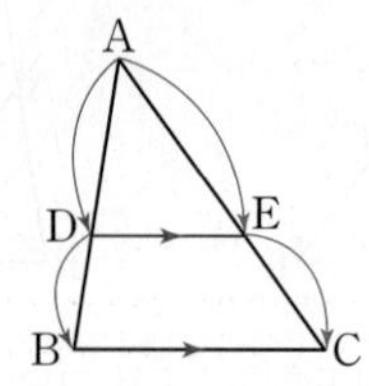
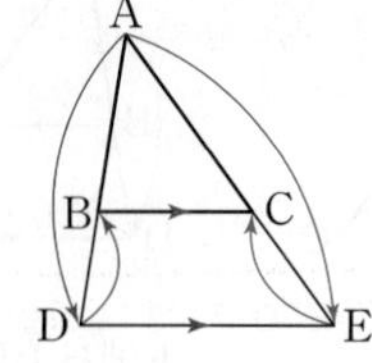
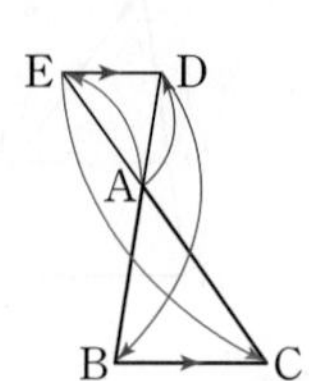

다음 그림에서 $\overline{BC} /\!/ \overline{DE}$인 것에는 ○표, 아닌 것에는 ×표를 하시오.

01 따라해

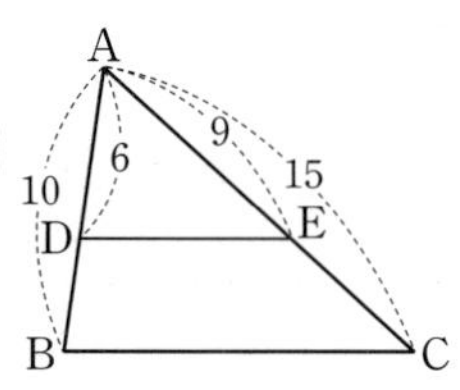

(　　　)

$\overline{AB} : \overline{AD} = 10 : 6 = \square : 3$

$\overline{AC} : \overline{AE} = 15 : 9 = \square : 3$

따라서 $\overline{BC}$와 $\overline{DE}$는 (평행하다, 평행하지 않다).

02

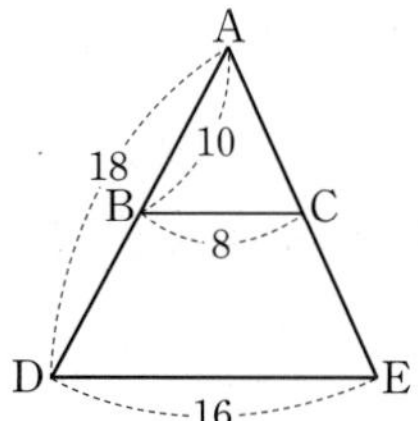

(　　　)

03

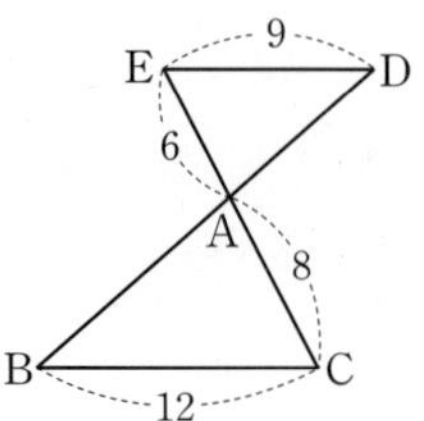

(　　　)

04 따라해

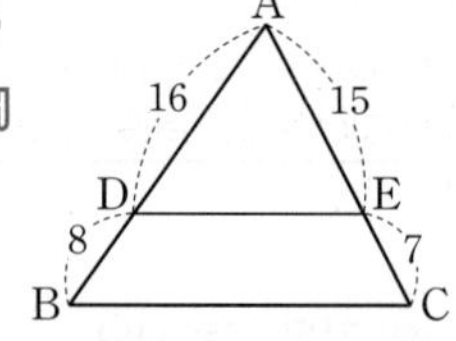

(　　　)

$\overline{AD} : \overline{DB} = 16 : 8 = \square : 1$

$\overline{AE} : \overline{EC} = 15 : \square$

따라서 $\overline{BC}$와 $\overline{DE}$는 (평행하다, 평행하지 않다).

05

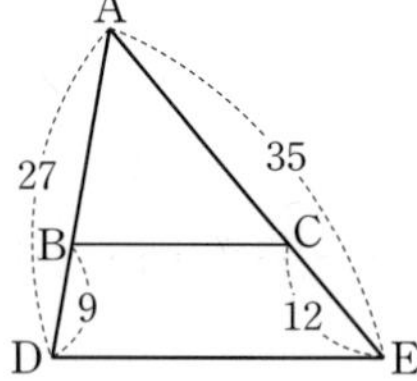

(　　　)

06

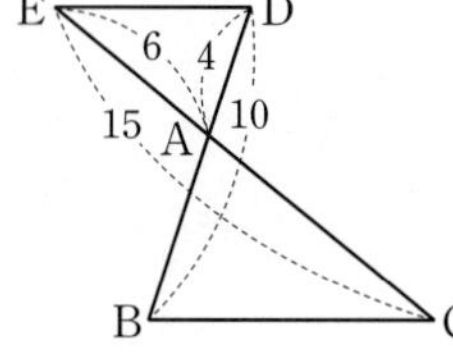

(　　　)

삼각형의 각의 이등분선

삼각형의 내각의 이등분선

△ABC에서 ∠A의 이등분선이 $\overline{BC}$와 만나는 점을 D라 하면

$\overline{AB} : \overline{AC} = \overline{BD} : \overline{CD}$
① : ② ③ : ④

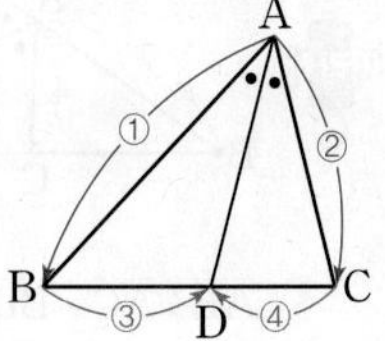
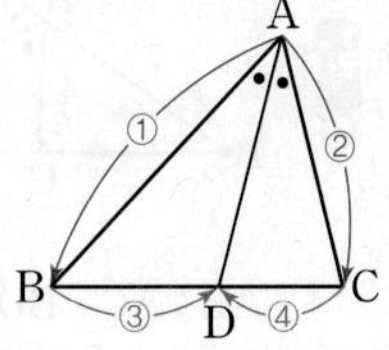

참고 ❶ ❷

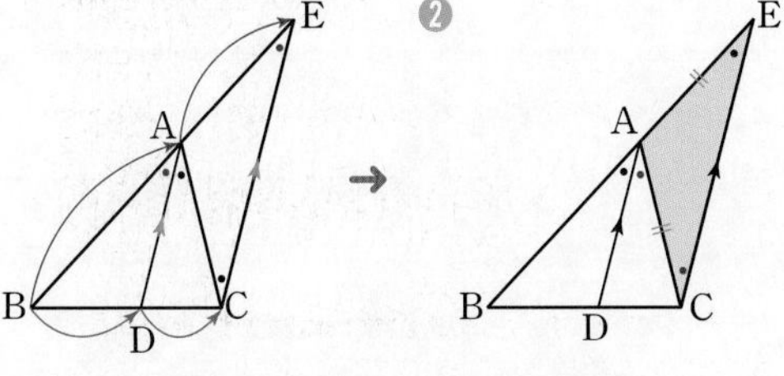

❶ △BCE에서 $\overline{AD} /\!/ \overline{EC}$이므로 $\overline{BA} : \overline{AE} = \overline{BD} : \overline{DC}$
❷ △ACE는 이등변삼각형이므로 $\overline{AC} = \overline{AE}$
∴ $\overline{AB} : \overline{AC} = \overline{BD} : \overline{CD}$

삼각형의 외각의 이등분선

△ABC에서 ∠A의 외각의 이등분선이 $\overline{BC}$의 연장선과 만나는 점을 D라 하면

$\overline{AB} : \overline{AC} = \overline{BD} : \overline{CD}$
① : ② ③ : ④

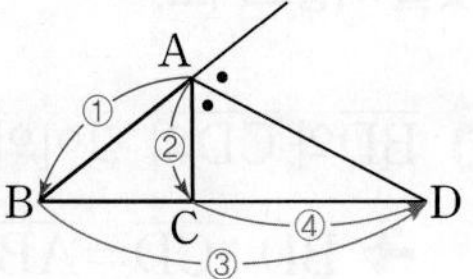

참고 ❶ ❷

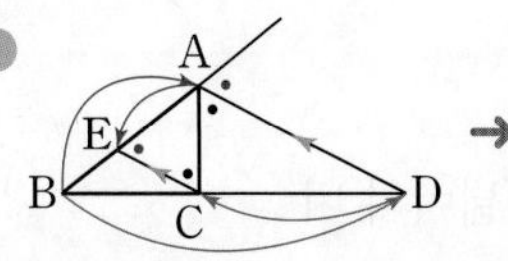
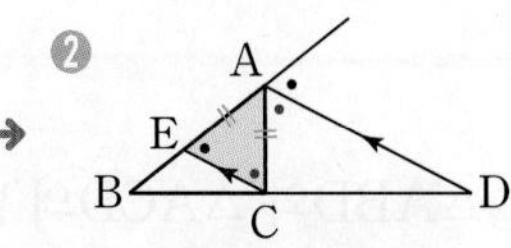

❶ △BDA에서 $\overline{EC} /\!/ \overline{AD}$이므로 $\overline{BA} : \overline{AE} = \overline{BD} : \overline{DC}$
❷ △AEC는 이등변삼각형이므로 $\overline{AE} = \overline{AC}$
∴ $\overline{AB} : \overline{AC} = \overline{BD} : \overline{CD}$

삼각형의 내각의 이등분선

다음 그림과 같은 △ABC에서 $\overline{AD}$가 ∠A의 이등분선일 때, x의 값을 구하시오.

01 따라해

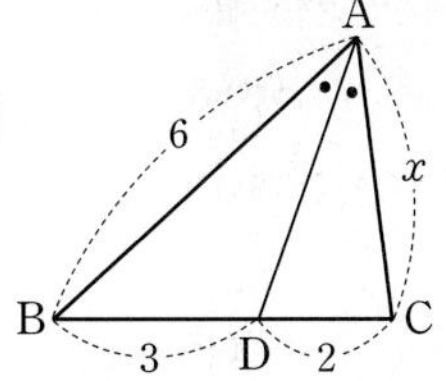

$\overline{AB} : \overline{AC} = \square : \overline{CD}$이므로
$6 : x = \square : 2$ ∴ $x = \square$

02

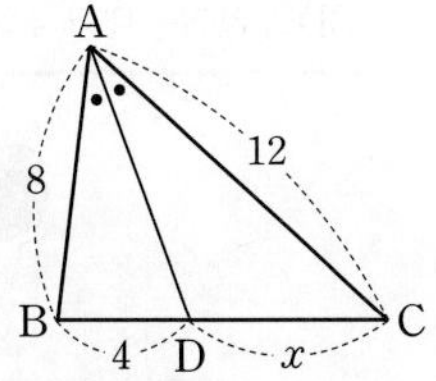

03

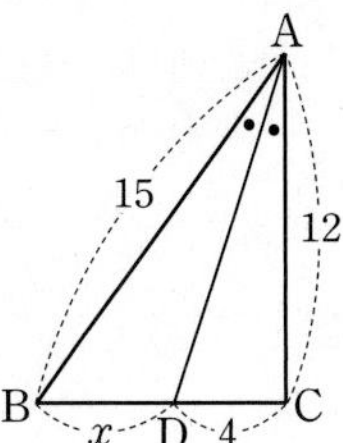

04

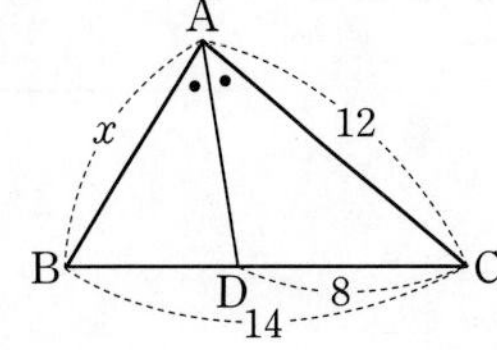

삼각형의 내각의 이등분선과 넓이

오른쪽 그림과 같은 △ABC에서 $\overline{AD}$가 ∠A의 이등분선일 때, 다음을 구하려고 한다. □ 안에 알맞은 것을 써넣으시오.

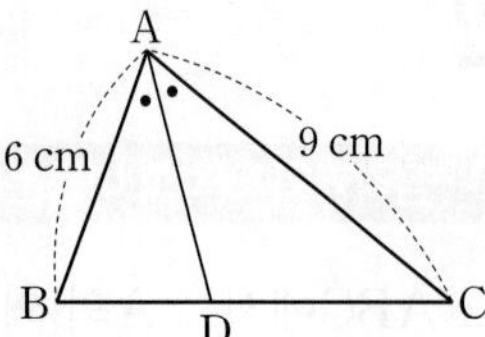

05 $\overline{BD}$와 $\overline{CD}$의 길이의 비

➜ $\overline{BD}:\overline{CD}=\overline{AB}:$□

=6 : □=2 : □

06 △ABD와 △ACD의 넓이의 비

➜ △ABD : △ACD=□ : $\overline{CD}$=□ : 3

07 △ABD=10 cm^2일 때 △ACD의 넓이

➜ △ABD : △ACD=□ : 3이므로

10 : △ACD=□ : 3

∴ △ACD=□(cm^2)

오른쪽 그림과 같은 △ABC에서 $\overline{AD}$가 ∠A의 이등분선일 때, 다음 물음에 답하시오.

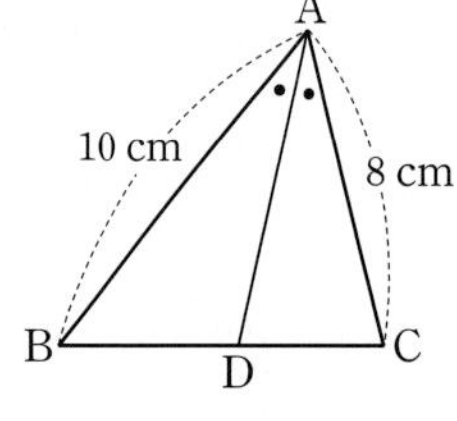

08 $\overline{BD}:\overline{CD}$를 가장 간단한 자연수의 비로 나타내시오.

09 △ABD : △ACD를 가장 간단한 자연수의 비로 나타내시오.

10 △ACD=16 cm^2일 때, △ABD의 넓이를 구하시오.

삼각형의 외각의 이등분선

다음 그림과 같은 △ABC에서 $\overline{AD}$가 ∠A의 외각의 이등분선일 때, x의 값을 구하시오.

11 따라해

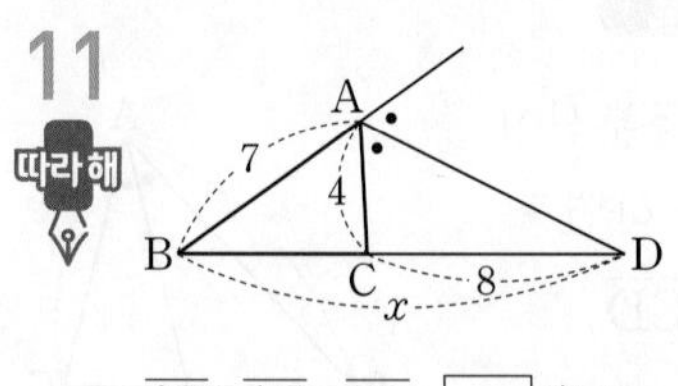

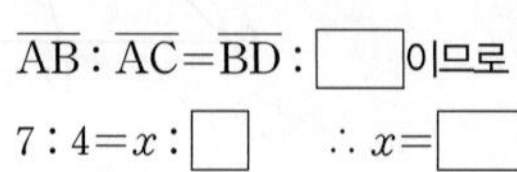

$\overline{AB}:\overline{AC}=\overline{BD}:$□이므로

7 : 4=x : □ ∴ x=□

12

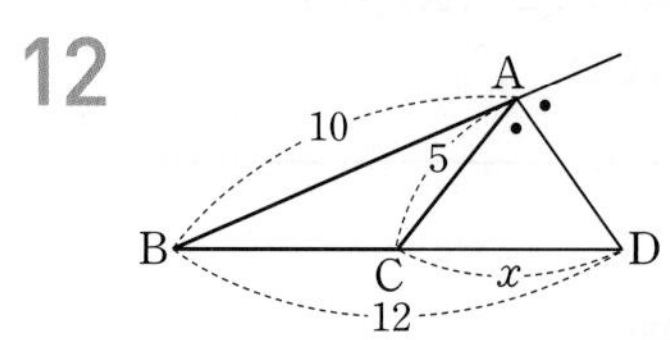

13

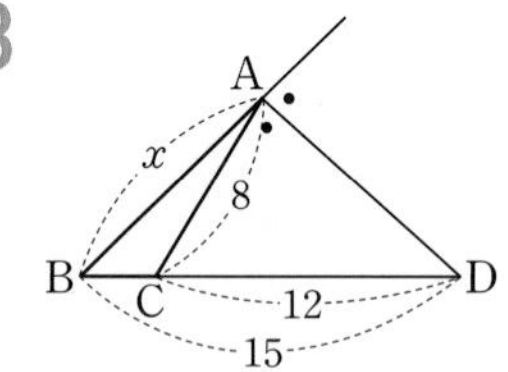

14

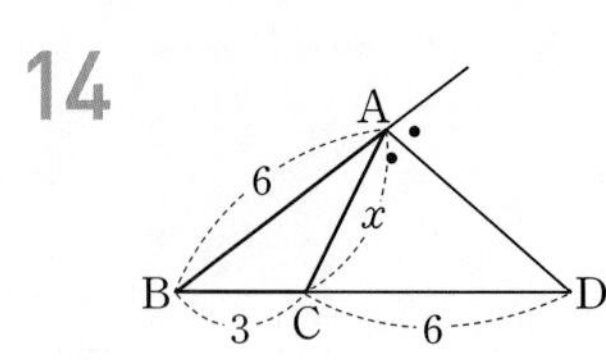

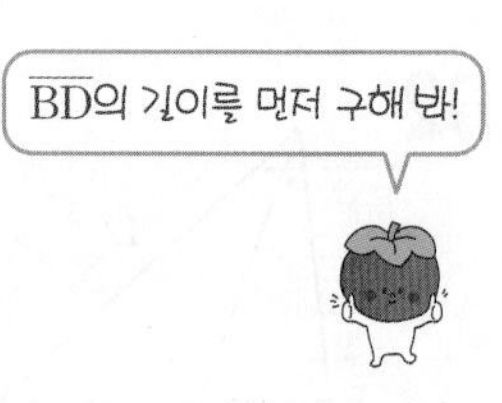

▶ 정답 및 풀이 35쪽

평행선 사이의 선분의 길이의 비

세 개의 평행선이 다른 두 직선과 만나서 생긴 선분의 길이의 비는 같다.

→ $l /\!/ m /\!/ n$이면 $a : b = a' : b'$

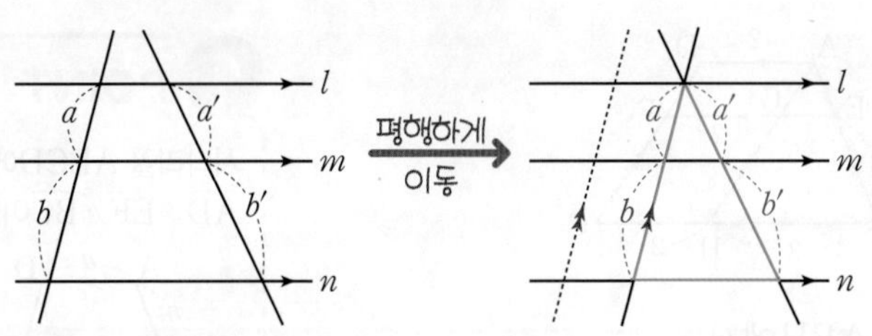

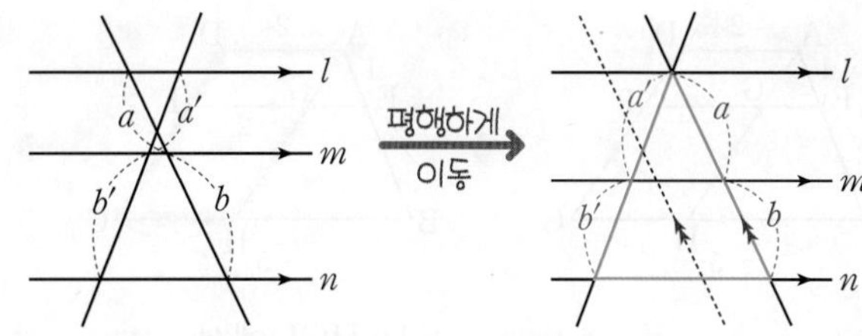

POINT

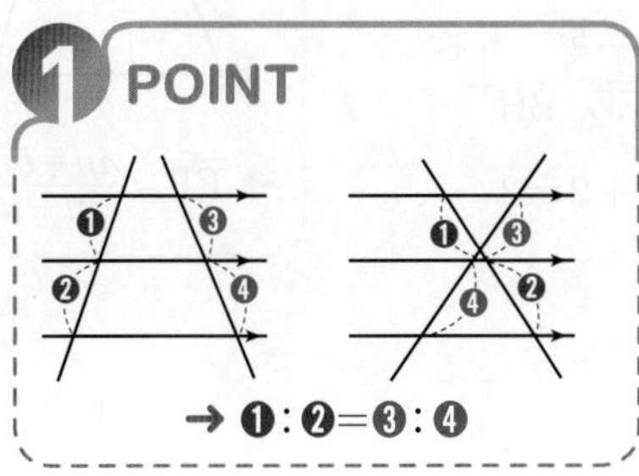

→ ❶ : ❷ = ❸ : ❹

실수 Check

세 평행선에 의해 나누어지는 선분의 길이의 비임에 주의한다.

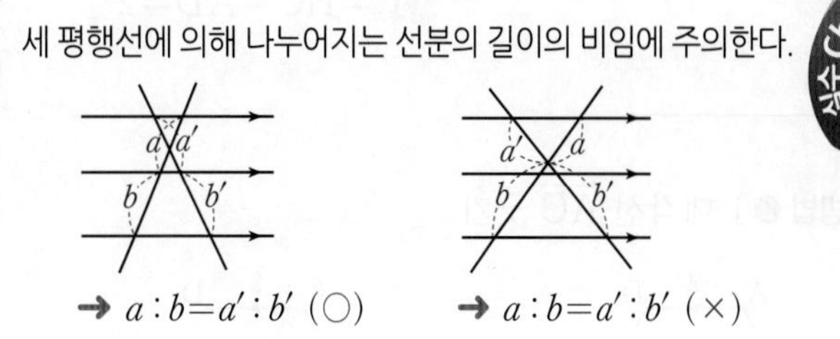

→ $a : b = a' : b'$ (○)　　→ $a : b = a' : b'$ (×)

다음 그림에서 $l /\!/ m /\!/ n$일 때, x의 값을 구하시오.

01 따라해

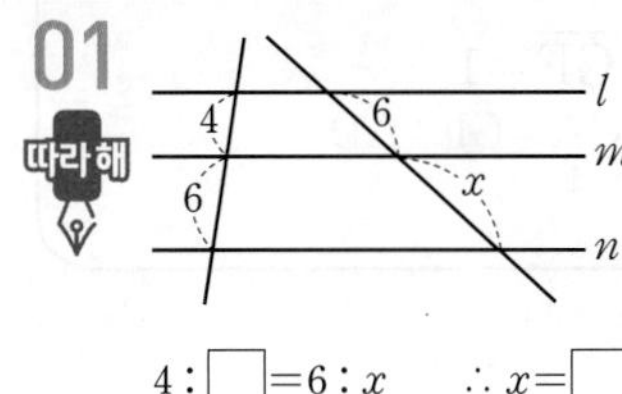

$4 : \square = 6 : x$　　$\therefore x = \square$

02

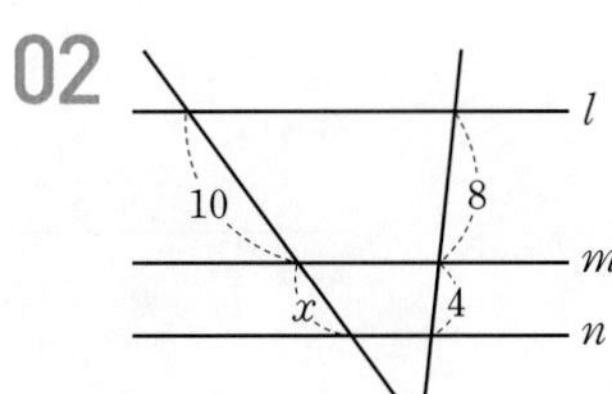

03

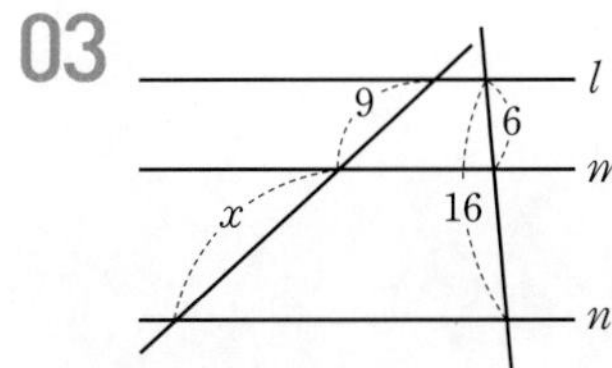

04 따라해

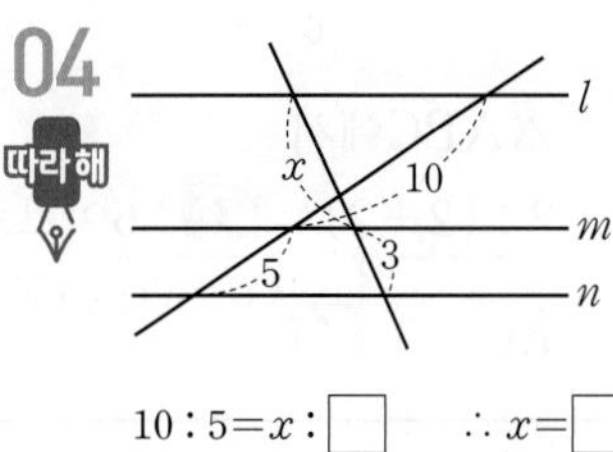

$10 : 5 = x : \square$　　$\therefore x = \square$

05

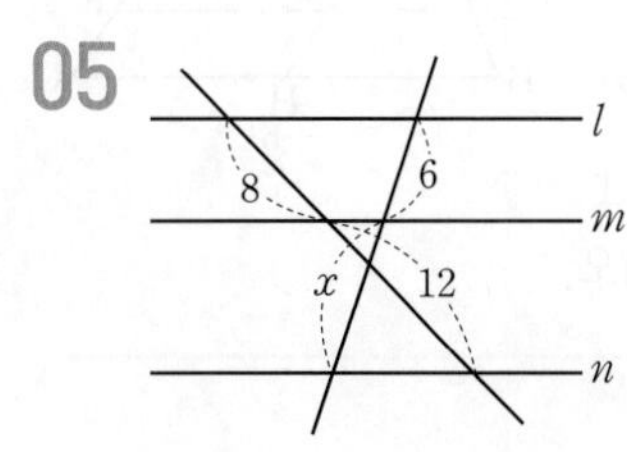

06

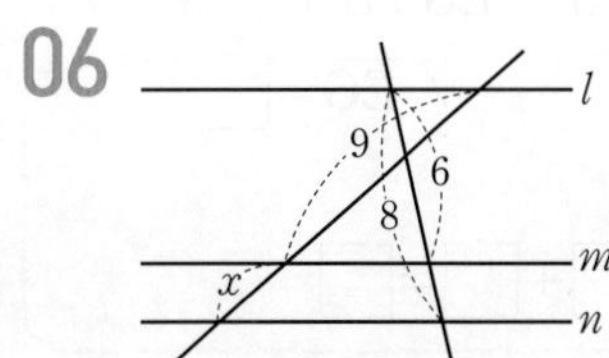

사다리꼴에서 평행선과 선분의 길이의 비

다음 그림에서 $\overline{AD}/\!/\overline{EF}/\!/\overline{BC}$일 때, $\overline{EF}$의 길이를 구해 보자.

[방법 ❶] $\overline{CD}$와 평행한 $\overline{AH}$ 긋기

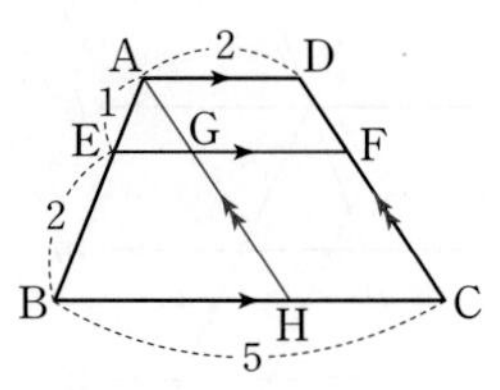

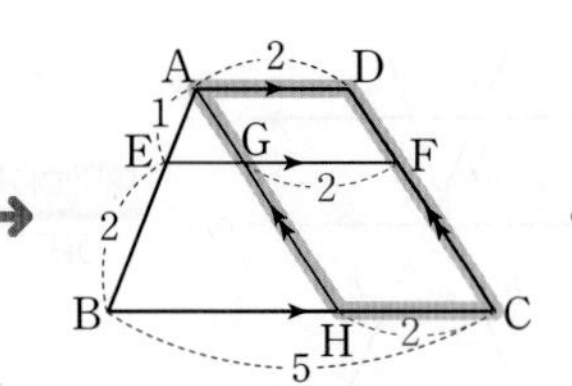

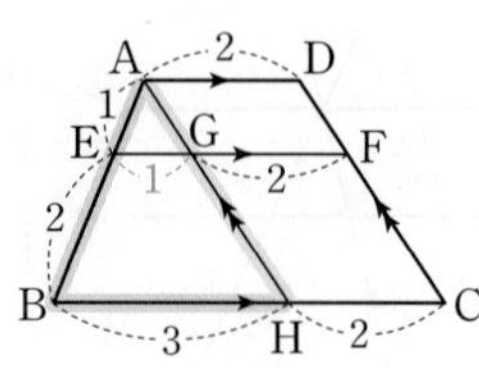

□AHCD에서
$\overline{GF}=\overline{HC}=\overline{AD}=2$

△ABH에서
$1:(1+2)=\overline{EG}:3$이므로 ↳ $\overline{AE}:\overline{AB}=\overline{EG}:\overline{BH}$
$\overline{EG}=1$
$\therefore \overline{EF}=\overline{EG}+\overline{GF}=1+2=3$

[방법 ❷] 대각선 $\overline{AC}$ 긋기

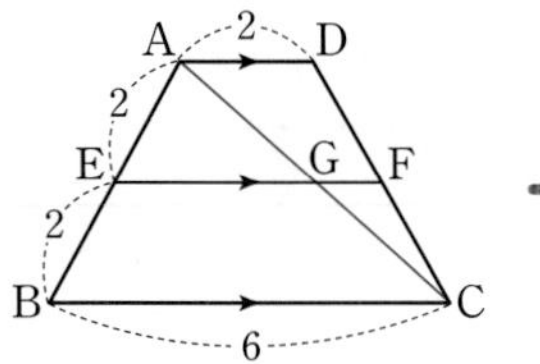

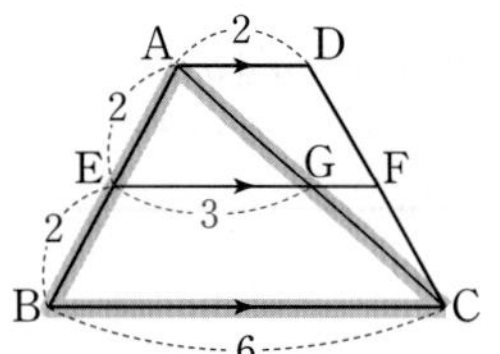

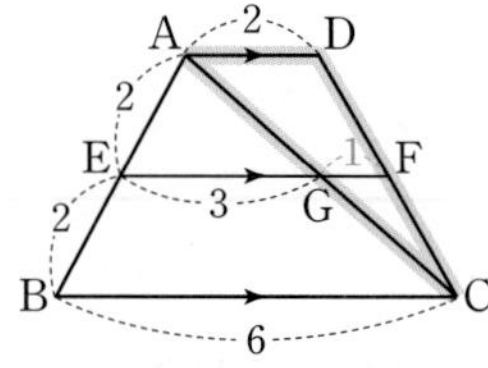

△ABC에서
$2:(2+2)=\overline{EG}:6$이므로 ↳ $\overline{AE}:\overline{AB}=\overline{EG}:\overline{BC}$
$\overline{EG}=3$

△CAD에서
$2:(2+2)=\overline{GF}:2$이므로 $\overline{GF}=1$ ↳ $\overline{CG}:\overline{CA}=\overline{GF}:\overline{AD}$
$\therefore \overline{EF}=\overline{EG}+\overline{GF}=3+1=4$

평행선을 이용하여 선분의 길이 구하기

01 오른쪽 그림과 같은 사다리꼴 ABCD에서 $\overline{AD}/\!/\overline{EF}/\!/\overline{BC}$, $\overline{AH}/\!/\overline{DC}$일 때, $\overline{EF}$의 길이를 구하려고 한다. □ 안에 알맞은 수를 써넣으시오.

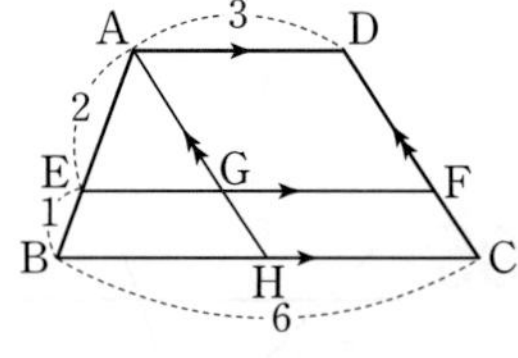

❶ $\overline{BH}$의 길이 구하기
□AGFD, □AHCD는 모두 평행사변형이므로
$\overline{GF}=\overline{HC}=\overline{AD}=$□
$\therefore \overline{BH}=\overline{BC}-\overline{HC}=6-$□$=$□

❷ $\overline{EG}$의 길이 구하기
△ABH에서 $\overline{AE}:\overline{AB}=\overline{EG}:\overline{BH}$이므로
$2:(2+1)=\overline{EG}:$□ $\therefore \overline{EG}=$□

❸ $\overline{EF}$의 길이 구하기
$\overline{EF}=\overline{EG}+\overline{GF}=$□$+$□$=$□

다음 그림과 같은 사다리꼴 ABCD에서 $\overline{AD}/\!/\overline{EF}/\!/\overline{BC}$일 때, $\overline{EF}$의 길이를 구하시오.

02

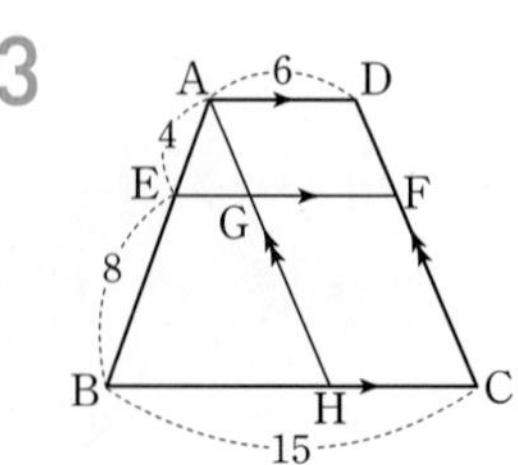

03

04

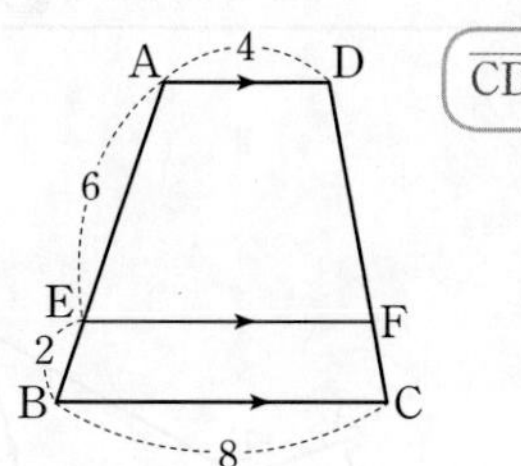

CD와 평행한 선분을 그어 보자!

05

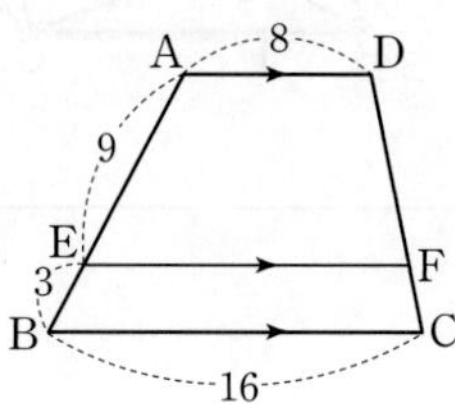

대각선을 이용하여 선분의 길이 구하기

06 다음 그림과 같은 사다리꼴 ABCD에서 $\overline{AD}/\!/\overline{EF}/\!/\overline{BC}$일 때, $\overline{EF}$의 길이를 구하려고 한다. □ 안에 알맞은 수를 써넣으시오.

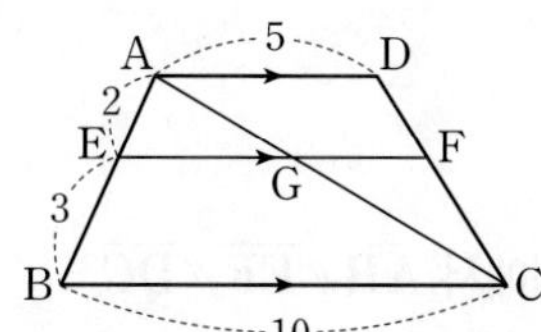

❶ $\overline{EG}$의 길이 구하기

△ABC에서 $\overline{AE}:\overline{AB}=\overline{EG}:\overline{BC}$이므로

$2:(2+3)=\overline{EG}:$□ $\therefore \overline{EG}=$□

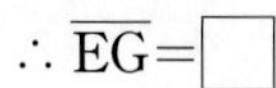

❷ $\overline{GF}$의 길이 구하기

△CAD에서 $\overline{CG}:\overline{CA}=\overline{GF}:\overline{AD}$이고

$\overline{CG}:\overline{CA}=\overline{BE}:\overline{BA}=3:(3+$□$)=3:$□

이므로 $3:$□$=\overline{GF}:5$ $\therefore \overline{GF}=$□

❸ $\overline{EF}$의 길이 구하기

$\overline{EF}=\overline{EG}+\overline{GF}=$□$+$□$=$□

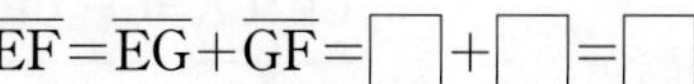

다음 그림과 같은 사다리꼴 ABCD에서 $\overline{AD}/\!/\overline{EF}/\!/\overline{BC}$일 때, $\overline{EF}$의 길이를 구하시오.

07

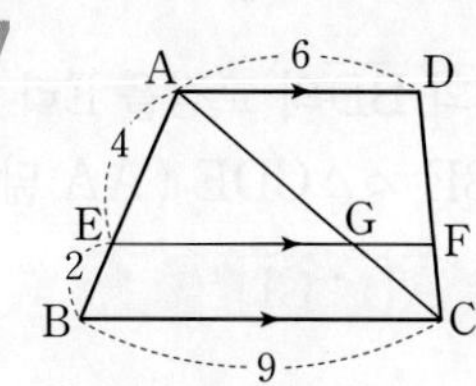

08

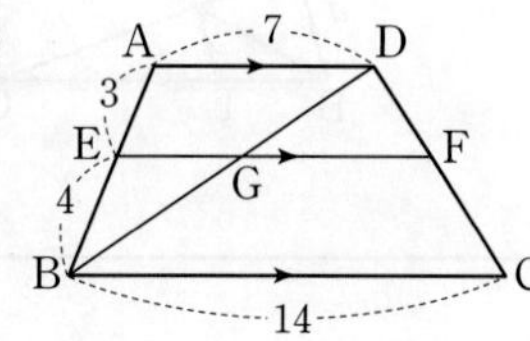

09

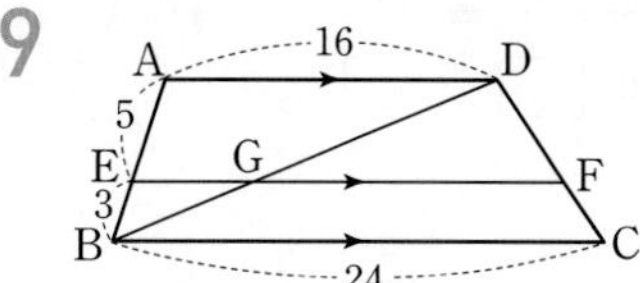

10

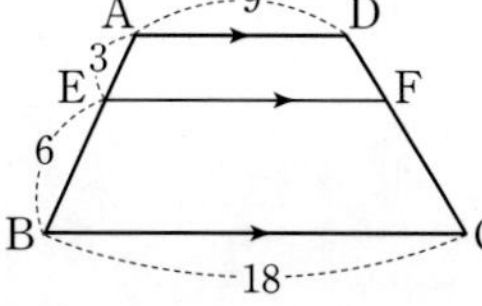

대각선을 그어 보자!

11

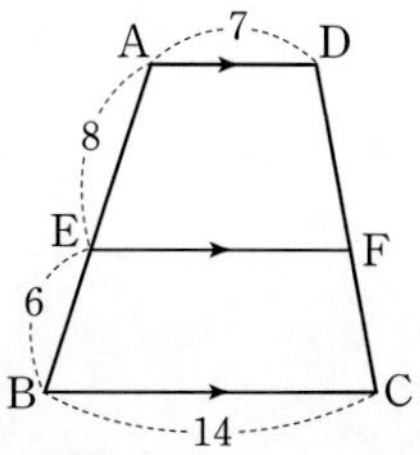

A 7 D, 8, E, F, 6, B 14 C

평행선과 선분의 길이의 비의 응용

$\triangle$ABC와 $\triangle$DBC에서 $\overline{AC}$와 $\overline{BD}$의 교점을 E라 하고 $\overline{AB} /\!/ \overline{EF} /\!/ \overline{DC}$일 때, $\overline{AB}=a$, $\overline{DC}=b$이면 $\triangle ABE \backsim \triangle CDE$ (AA 닮음)이므로

$\overline{BE} : \overline{DE} = \overline{AE} : \overline{CE} = \overline{AB} : \overline{CD} = a : b$

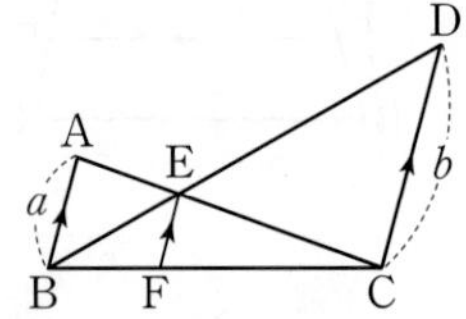

위의 그림에서 $\overline{EF}$의 길이를 구해 보자.

[방법 ❶] $\triangle BFE \backsim \triangle BCD$ (AA 닮음) 이용

$\triangle$BCD에서

$\overline{BE} : \overline{BD} = \overline{EF} : \overline{DC}$이므로 ($\overline{BD} = \overline{BE}+\overline{ED}$)

$a : (a+b) = \overline{EF} : b$

$\therefore \overline{EF} = \dfrac{ab}{a+b}$

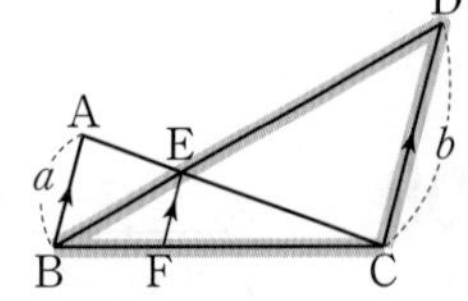

[방법 ❷] $\triangle CEF \backsim \triangle CAB$ (AA 닮음) 이용

$\triangle$CAB에서

$\overline{CE} : \overline{CA} = \overline{EF} : \overline{AB}$이므로 ($\overline{CA} = \overline{CE}+\overline{EA}$)

$b : (a+b) = \overline{EF} : a$

$\therefore \overline{EF} = \dfrac{ab}{a+b}$

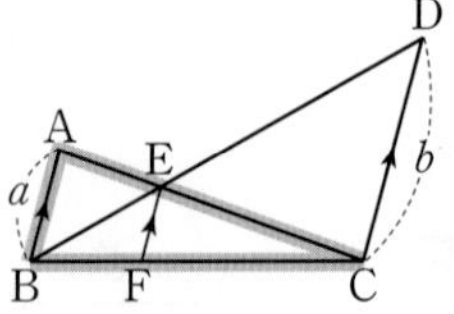

오른쪽 그림에서 $\overline{AB} /\!/ \overline{EF} /\!/ \overline{DC}$일 때, 다음을 구하시오.

01 $\overline{BE} : \overline{DE}$

$\overline{BE} : \overline{DE} = \overline{AB} : \overline{CD} = 10 : \square = 2 : \square$

02 $\overline{EF}$의 길이

$\triangle$BCD에서 $\overline{BE} : \overline{BD} = \overline{EF} : \overline{DC}$이므로

$2 : (2+\square) = \overline{EF} : 15 \qquad \therefore \overline{EF} = \square$

오른쪽 그림에서 $\overline{AB} /\!/ \overline{EF} /\!/ \overline{DC}$일 때, 다음을 구하시오.

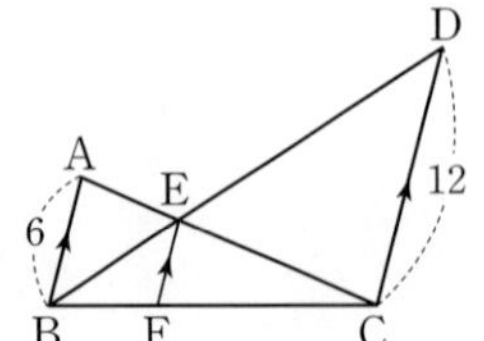

03 $\overline{AE} : \overline{CE}$

04 $\overline{EF}$의 길이

오른쪽 그림에서 $\overline{AB} /\!/ \overline{EF} /\!/ \overline{DC}$일 때, 다음을 구하시오.

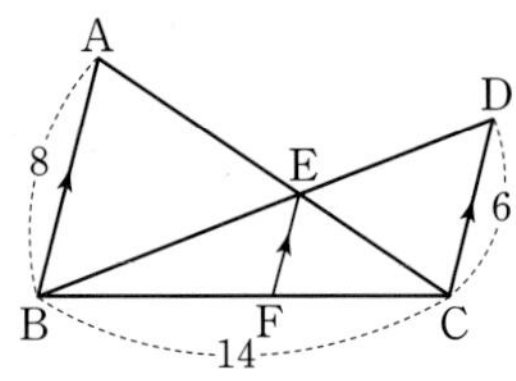

05 $\overline{BE} : \overline{DE}$

06 $\overline{BF}$의 길이

$\triangle$BCD에서 $\overline{BE} : \overline{BD} = \overline{BF} : \overline{BC}$이므로

$4 : (4+\square) = \overline{BF} : 14 \qquad \therefore \overline{BF} = \square$

오른쪽 그림에서 $\overline{AB} /\!/ \overline{EF} /\!/ \overline{DC}$일 때, 다음을 구하시오.

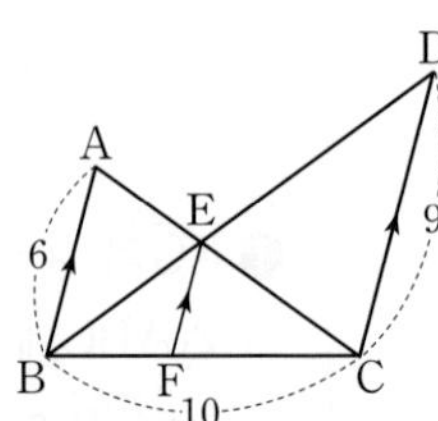

07 $\overline{AE} : \overline{CE}$

08 $\overline{CF}$의 길이

$\triangle$CAB에서 $\overline{CE} : \overline{CA} = \overline{CF} : \overline{CB}$야!

▶ 정답 및 풀이 37쪽

[01 ~ 04] 다음 그림에서 $\overline{BC} /\!/ \overline{DE}$일 때, x의 값을 구하시오.

01
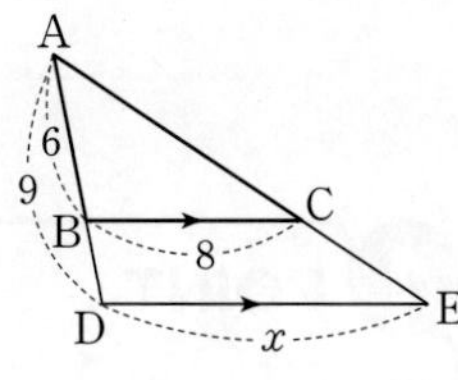

02
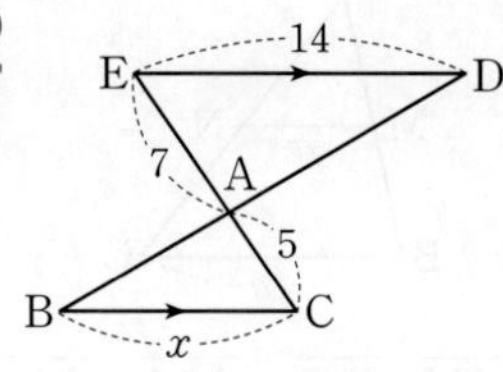

03
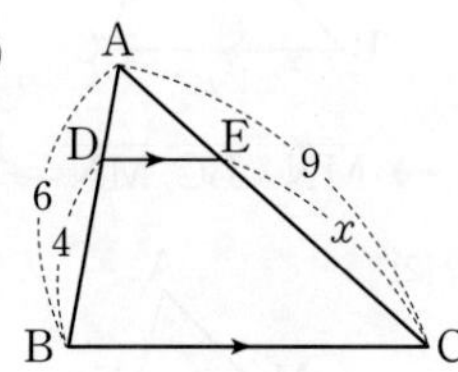

04
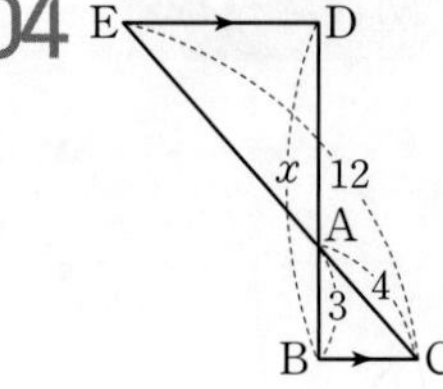

[05 ~ 06] 다음 그림에서 $\overline{BC} /\!/ \overline{DE}$인 것에는 ○표, 아닌 것에는 ×표를 하시오.

05
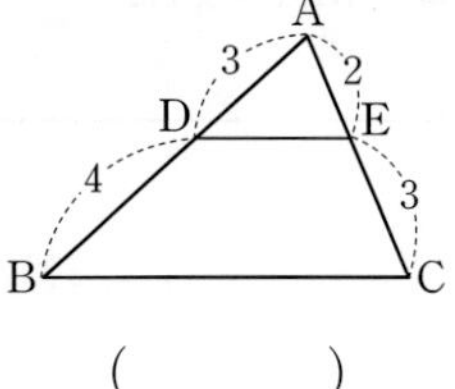

(　　　)

06
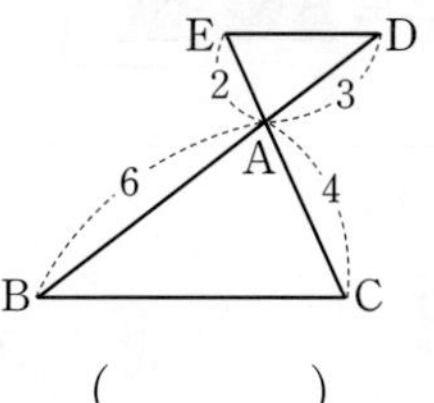

(　　　)

[07 ~ 08] 다음 그림과 같은 △ABC에서 $\overline{AD}$가 ∠A의 이등분선일 때, x의 값을 구하시오.

07
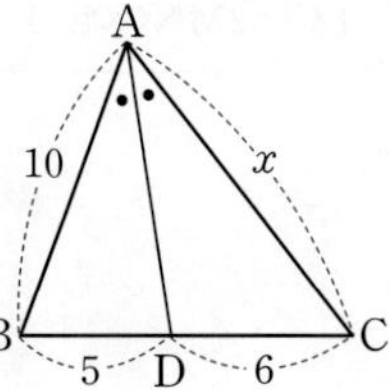

08
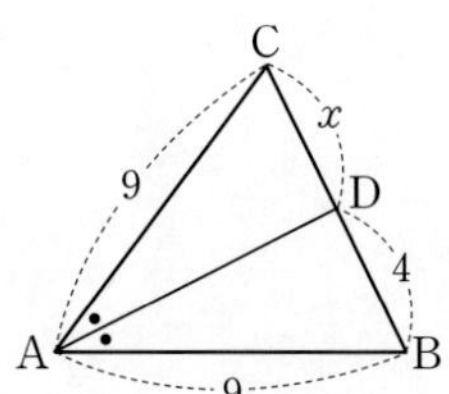

[09 ~ 10] 다음 그림과 같은 △ABC에서 $\overline{AD}$가 ∠A의 외각의 이등분선일 때, x의 값을 구하시오.

09
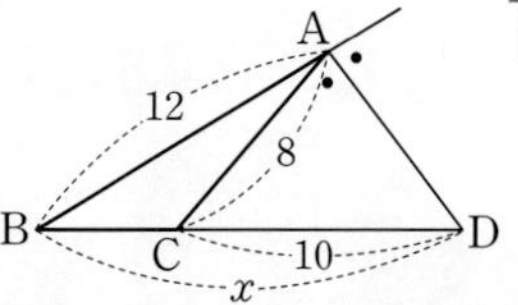

10
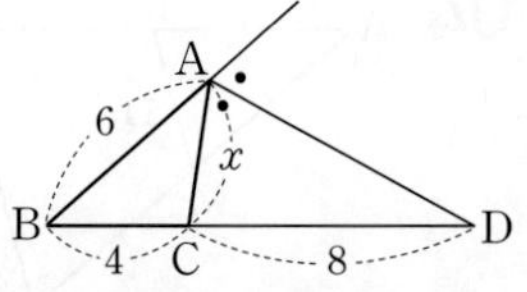

[11 ~ 12] 다음 그림에서 $l /\!/ m /\!/ n$일 때, x의 값을 구하시오.

11 12
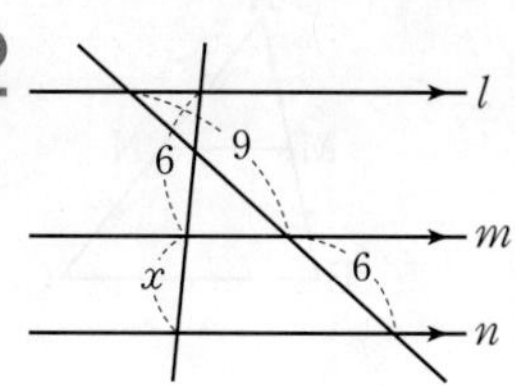

13 오른쪽 그림과 같은 사다리꼴 ABCD에서 $\overline{AD} /\!/ \overline{EF} /\!/ \overline{BC}$, $\overline{AH} /\!/ \overline{DC}$일 때, x의 값을 구하시오.

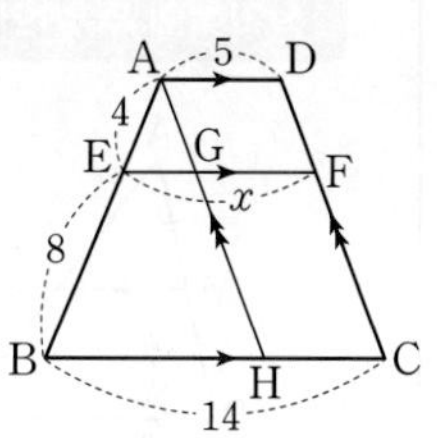

14 오른쪽 그림과 같은 사다리꼴 ABCD에서 $\overline{AD} /\!/ \overline{EF} /\!/ \overline{BC}$일 때, x의 값을 구하시오.

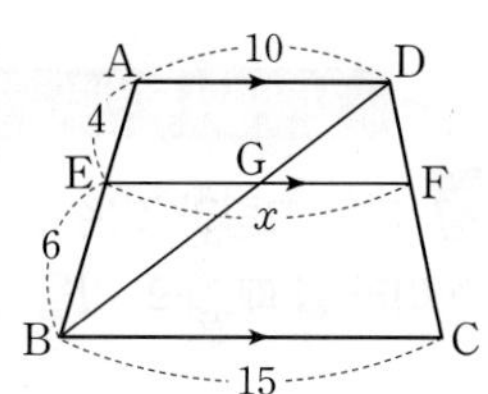

[15 ~ 16] 다음 그림에서 $\overline{AB} /\!/ \overline{EF} /\!/ \overline{DC}$일 때, x의 값을 구하시오.

15
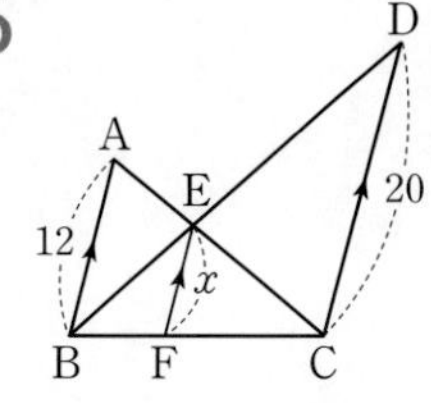

16
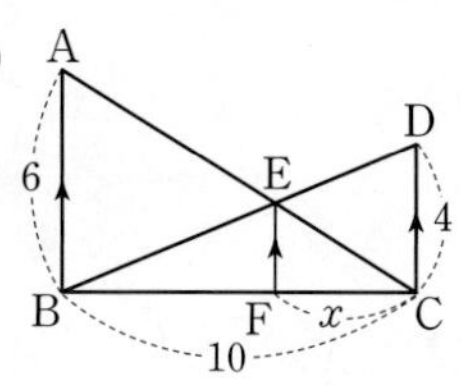

한 번 더
연산테스트는
부록 11쪽에서

맞힌 개수　　개/16개

▶ 정답 및 풀이 37쪽

삼각형의 두 변의 중점을 연결한 선분의 성질

삼각형의 두 변의 중점을 연결한 선분의 성질 (1)

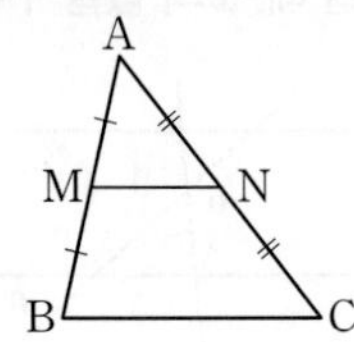

→

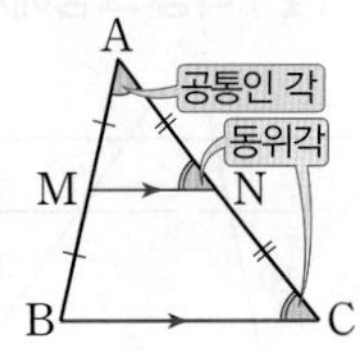

→

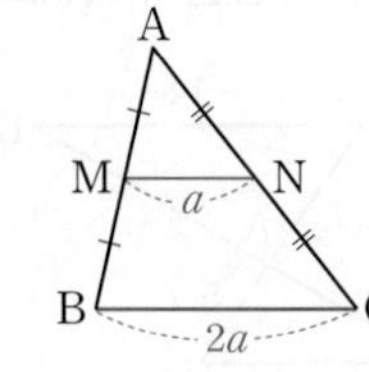

△ABC에서
$\overline{AM}=\overline{MB}$, $\overline{AN}=\overline{NC}$

△AMN ∽ △ABC
(SAS 닮음)이므로
∠ANM=∠ACB
∴ $\overline{MN} /\!/ \overline{BC}$

$\overline{MN}:\overline{BC}=\overline{AM}:\overline{AB}$
$=1:2$
이므로 $\overline{MN}=\frac{1}{2}\overline{BC}$

삼각형의 두 변의 중점을 연결한 선분의 성질 (2)

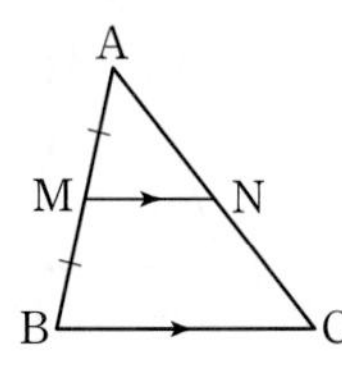

→

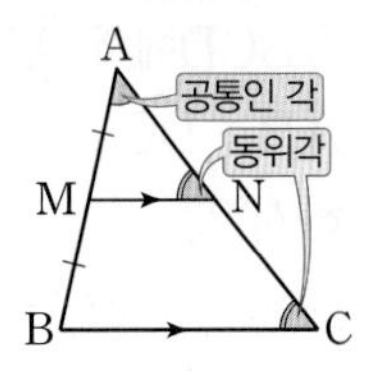

→

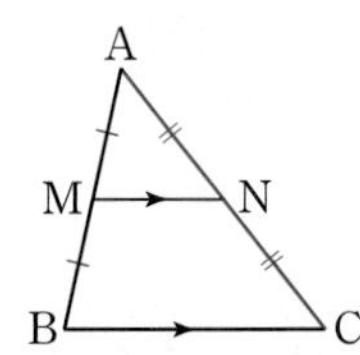

△ABC에서
$\overline{AM}=\overline{MB}$, $\overline{MN} /\!/ \overline{BC}$

△AMN ∽ △ABC
(AA 닮음)

$\overline{AN}:\overline{AC}=\overline{AM}:\overline{AB}=1:2$
이므로 $\overline{AN}=\overline{NC}$ → 이때 (1)에 의해 $\overline{MN}=\frac{1}{2}\overline{BC}$

1 POINT

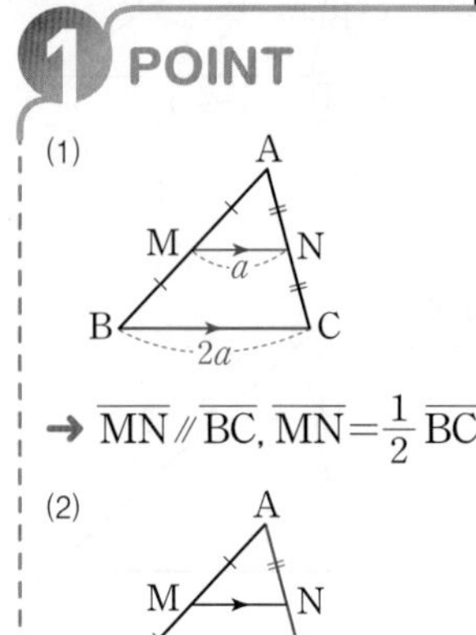

→ $\overline{MN} /\!/ \overline{BC}$, $\overline{MN}=\frac{1}{2}\overline{BC}$

(2)

→ $\overline{AN}=\overline{NC}$

삼각형의 두 변의 중점을 연결한 선분의 성질 (1)

다음 그림과 같은 △ABC에서 $\overline{AB}$, $\overline{AC}$의 중점을 각각 M, N이라 할 때, x의 값을 구하시오.

01

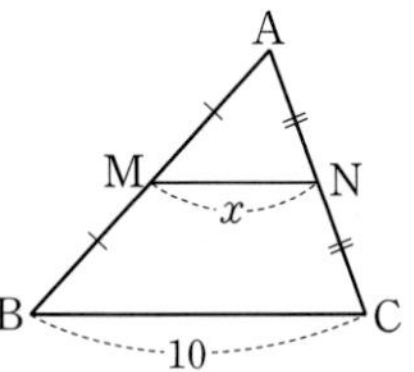

$\overline{MN}=\frac{1}{2}\overline{BC}$이므로 $x=\frac{1}{2}\times\square=\square$

02

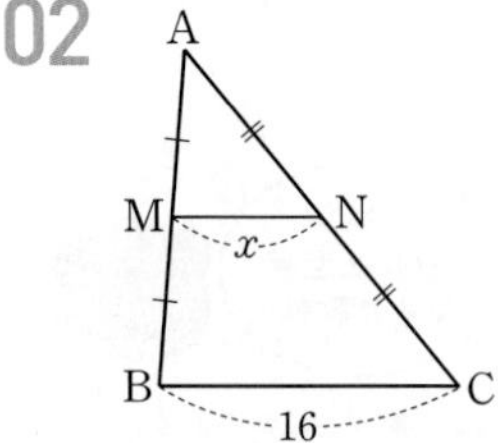

03

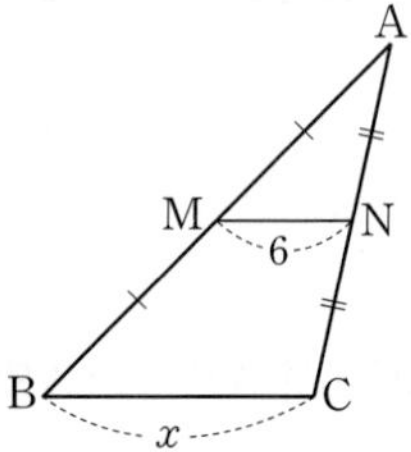

04

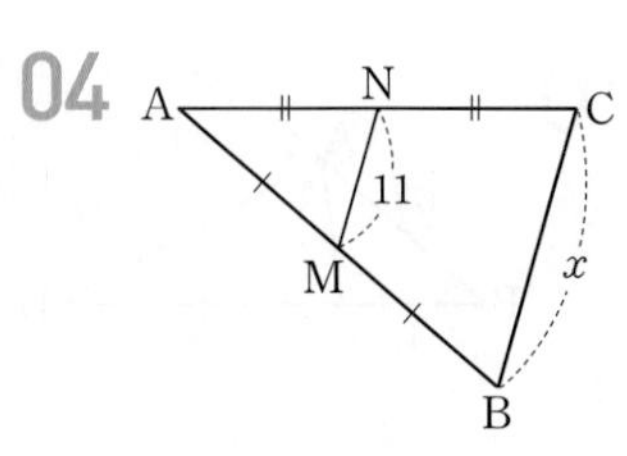

삼각형의 두 변의 중점을 연결한 선분의 성질 (2)

 다음 그림과 같은 $\triangle ABC$에서 점 M은 $\overline{AB}$의 중점이고 $\overline{MN} /\!/ \overline{BC}$일 때, x의 값을 구하시오.

05 따라해

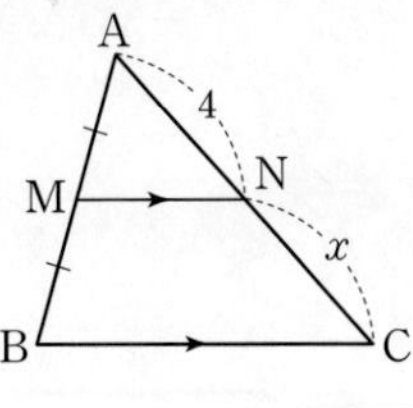

$\overline{AN}=\overline{NC}$이므로 $x=\square$

06

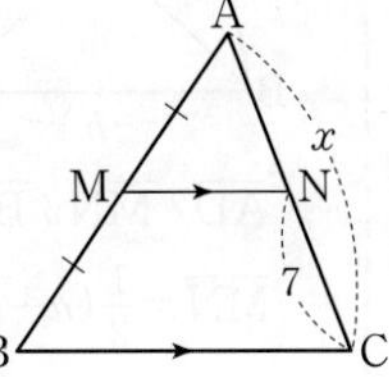

07

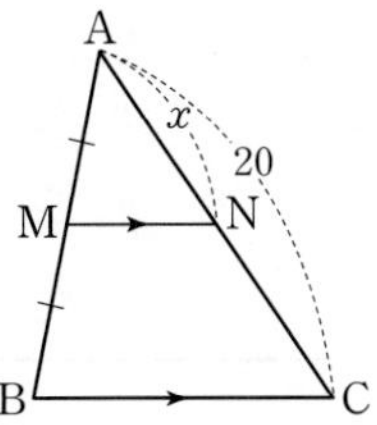

08

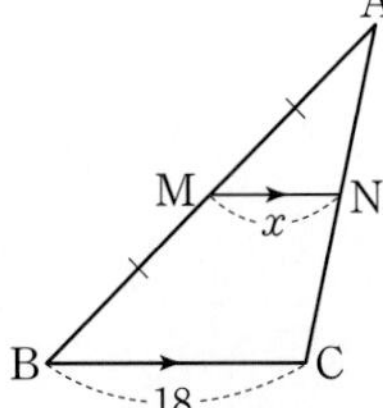

$\triangle ABC$에서 $\overline{AN}=\overline{NC}$,
$\overline{MN}=\frac{1}{2}\overline{BC}$야!

다음 그림과 같은 $\triangle ABC$에서 점 M은 $\overline{AB}$의 중점이고 $\overline{MN} /\!/ \overline{BC}$일 때, x, y의 값을 각각 구하시오.

09

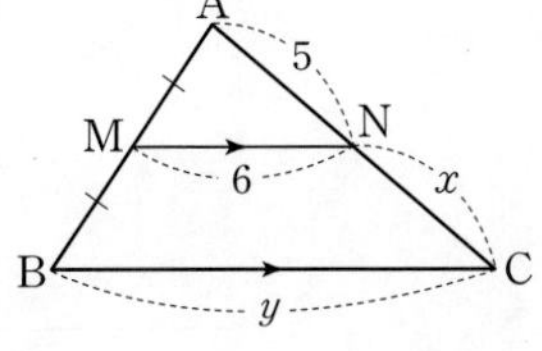

10

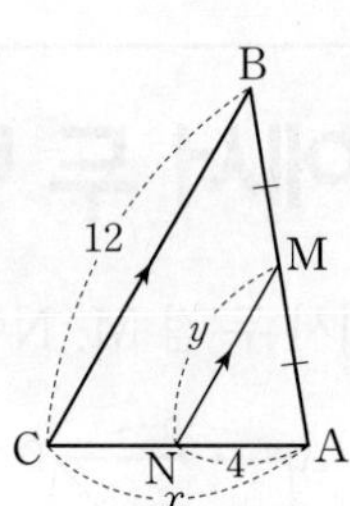

각 변의 중점을 연결하여 만든 도형

다음 그림과 같은 $\triangle ABC$에서 $\overline{AB}$, $\overline{BC}$, $\overline{CA}$의 중점을 각각 D, E, F라 할 때, 다음을 구하시오.

11 따라해

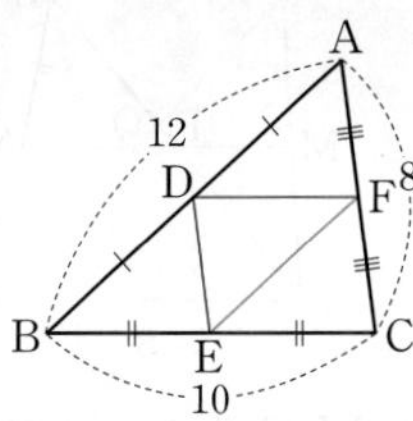

→ ($\triangle DEF$의 둘레의 길이) =

$\overline{DE}=\frac{1}{2}\overline{AC}=\frac{1}{2}\times 8=\square$

$\overline{EF}=\frac{1}{2}\overline{AB}=\frac{1}{2}\times\square=\square$

$\overline{DF}=\frac{1}{2}\square=\frac{1}{2}\times 10=\square$

$\therefore$ ($\triangle DEF$의 둘레의 길이)$=\square+\square+\square=\square$

12

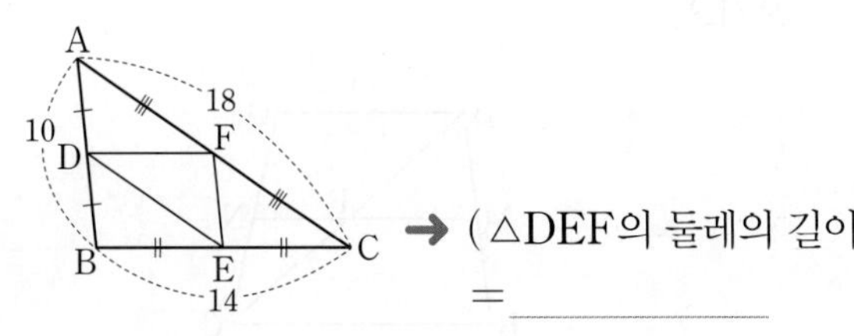

→ ($\triangle DEF$의 둘레의 길이) =

13

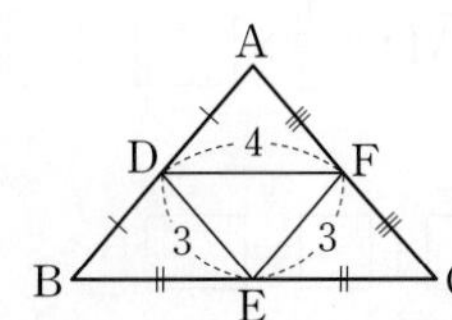

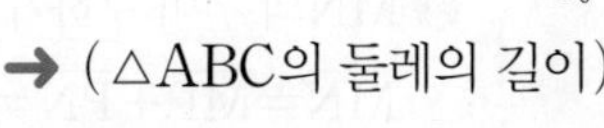

$\overline{AB}=2\overline{EF}$, $\overline{BC}=2\overline{DF}$,
$\overline{AC}=2\overline{DE}$야!

→ ($\triangle ABC$의 둘레의 길이) =

09 VISUAL 연산 사다리꼴에서 두 변의 중점을 연결한 선분의 성질

$\overline{AD}/\!/\overline{BC}$인 사다리꼴 ABCD에서 두 점 M, N이 각각 $\overline{AB}$, $\overline{DC}$의 중점일 때

(1)

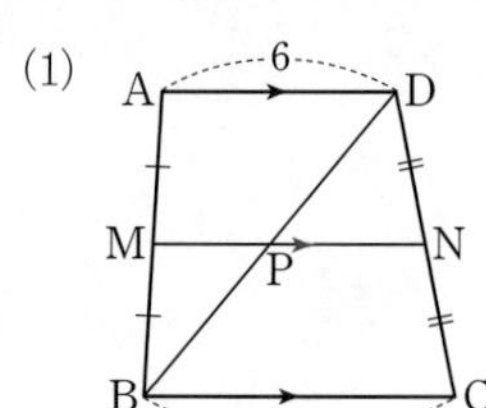

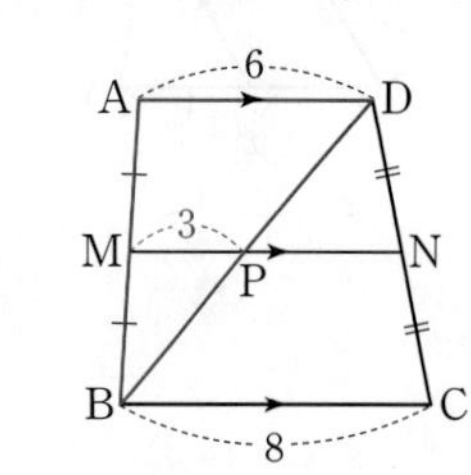

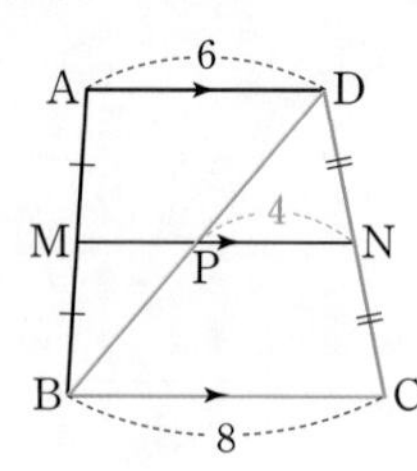

$\overline{AD}/\!/\overline{BC}$, $\overline{AM}=\overline{MB}$, $\overline{DN}=\overline{NC}$이므로 $\overline{AD}/\!/\overline{MN}/\!/\overline{BC}$

△BDA에서 $\overline{MP}=\frac{1}{2}\overline{AD}=\frac{1}{2}\times6=3$

△DBC에서 $\overline{PN}=\frac{1}{2}\overline{BC}=\frac{1}{2}\times8=4$

$\therefore \overline{MN}=\overline{MP}+\overline{PN}=3+4=7$

(2)

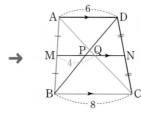

$\overline{AD}/\!/\overline{BC}$, $\overline{AM}=\overline{MB}$, $\overline{DN}=\overline{NC}$이므로 $\overline{AD}/\!/\overline{MN}/\!/\overline{BC}$

△ABC에서 $\overline{MQ}=\frac{1}{2}\overline{BC}=\frac{1}{2}\times8=4$

△BDA에서 $\overline{MP}=\frac{1}{2}\overline{AD}=\frac{1}{2}\times6=3$

$\therefore \overline{PQ}=\overline{MQ}-\overline{MP}=4-3=1$

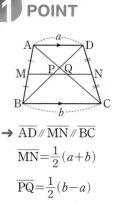

1 POINT

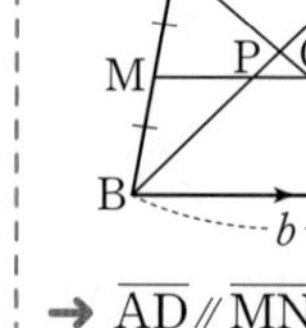

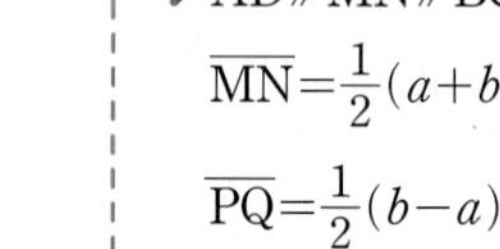

→ $\overline{AD}/\!/\overline{MN}/\!/\overline{BC}$

$\overline{MN}=\frac{1}{2}(a+b)$

$\overline{PQ}=\frac{1}{2}(b-a)$

(단, $b>a$)

사다리꼴에서 두 변의 중점을 연결한 선분의 성질 (1)

01 다음 그림과 같이 $\overline{AD}/\!/\overline{BC}$인 사다리꼴 ABCD에서 $\overline{AB}$, $\overline{DC}$의 중점을 각각 M, N이라 할 때, $\overline{MN}$의 길이를 구하려고 한다. □ 안에 알맞은 수를 써넣으시오.

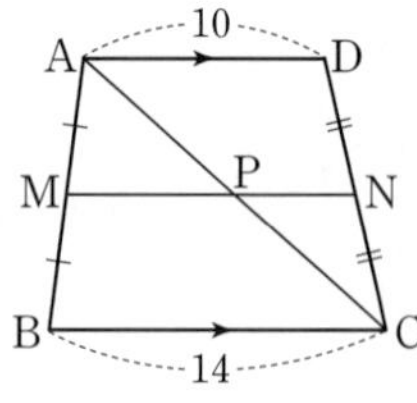

❶ $\overline{MP}$의 길이 구하기

△ABC에서 $\overline{MP}=\frac{1}{2}\overline{BC}=\frac{1}{2}\times$□=□

❷ $\overline{PN}$의 길이 구하기

△CAD에서 $\overline{PN}=\frac{1}{2}\overline{AD}=\frac{1}{2}\times$□=□

❸ $\overline{MN}$의 길이 구하기

$\overline{MN}=\overline{MP}+\overline{PN}$=□+□=□

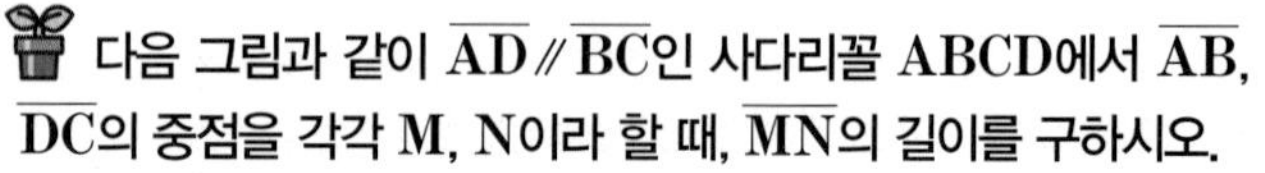

다음 그림과 같이 $\overline{AD}/\!/\overline{BC}$인 사다리꼴 ABCD에서 $\overline{AB}$, $\overline{DC}$의 중점을 각각 M, N이라 할 때, $\overline{MN}$의 길이를 구하시오.

02

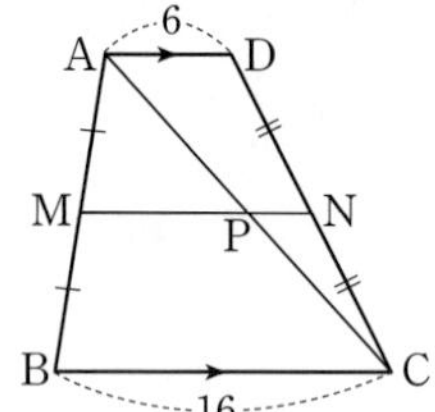

03

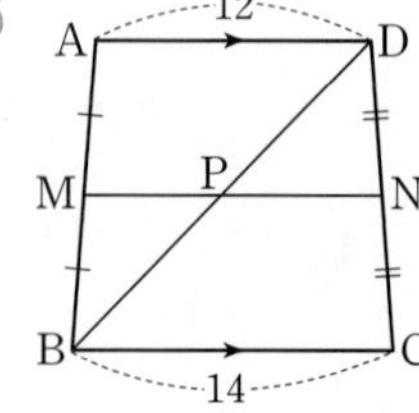

04

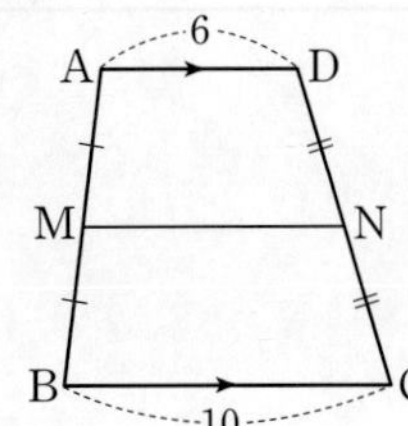

보조선을 그어 두 개의 삼각형을 만들어 봐.

05

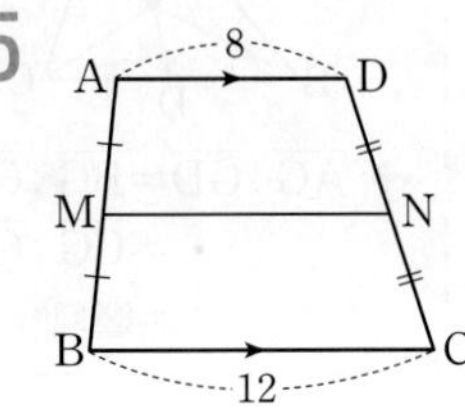

사다리꼴에서 두 변의 중점을 연결한 선분의 성질 (2)

06 다음 그림과 같이 $\overline{AD} /\!/ \overline{BC}$인 사다리꼴 ABCD에서 $\overline{AB}$, $\overline{DC}$의 중점을 각각 M, N이라 할 때, $\overline{PQ}$의 길이를 구하려고 한다. □ 안에 알맞은 수를 써넣으시오.

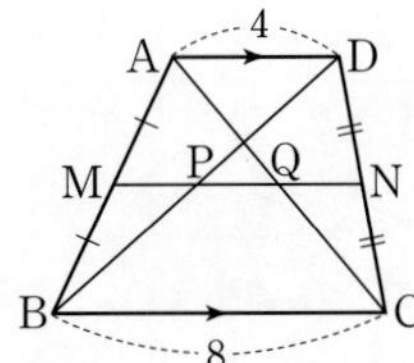

❶ $\overline{MQ}$의 길이 구하기

△ABC에서 $\overline{MQ}=\frac{1}{2}\overline{BC}=\frac{1}{2}\times\square=\square$

❷ $\overline{MP}$의 길이 구하기

△BDA에서 $\overline{MP}=\frac{1}{2}\overline{AD}=\frac{1}{2}\times\square=\square$

❸ $\overline{PQ}$의 길이 구하기

$\overline{PQ}=\overline{MQ}-\overline{MP}=\square-\square=\square$

다음 그림과 같이 $\overline{AD} /\!/ \overline{BC}$인 사다리꼴 ABCD에서 $\overline{AB}$, $\overline{DC}$의 중점을 각각 M, N이라 할 때, $\overline{PQ}$의 길이를 구하시오.

07

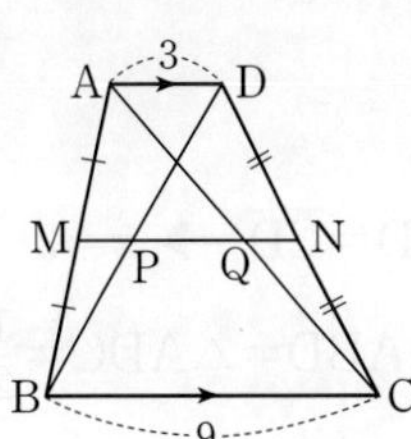

08

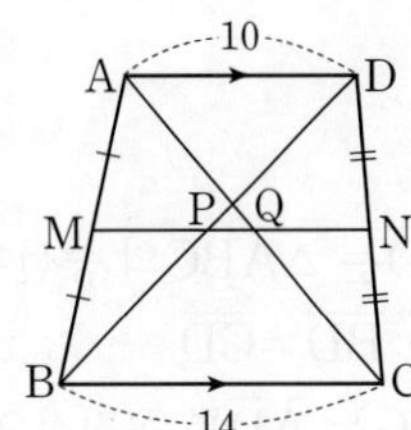

다음 그림과 같이 $\overline{AD} /\!/ \overline{BC}$인 사다리꼴 ABCD에서 $\overline{AB}$, $\overline{DC}$의 중점을 각각 M, N이라 할 때, x의 값을 구하시오.

09

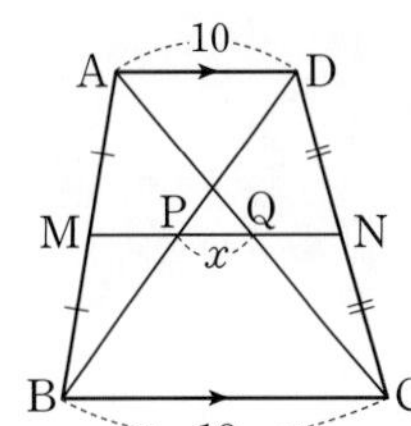

10

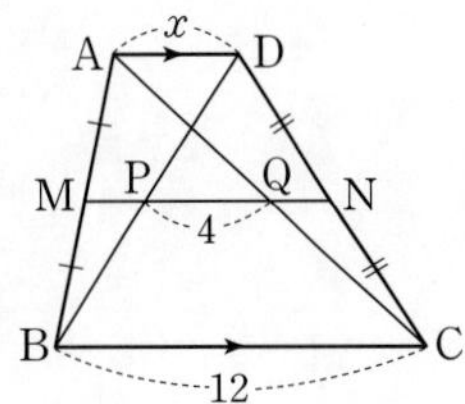

11

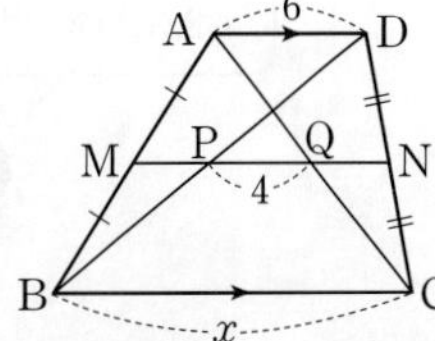

▶ 정답 및 풀이 39쪽

삼각형의 중선과 무게중심

삼각형의 중선

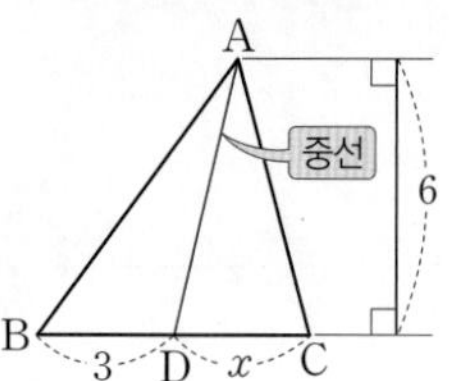

중선은 삼각형에서 한 꼭짓점과 그 대변의 중점을 이은 선분이야.

- $\overline{BD}=\overline{CD}$ → $x=3$
- $\triangle ABD=\triangle ADC=\frac{1}{2}\times3\times6=9$

$\frac{1}{2}\triangle ABC=\frac{1}{2}\times\left(\frac{1}{2}\times6\times6\right)=9$

→ $\triangle ABD=\triangle ADC=\frac{1}{2}\triangle ABC$

→ 삼각형의 중선은 그 삼각형의 넓이를 이등분한다.

삼각형의 무게중심

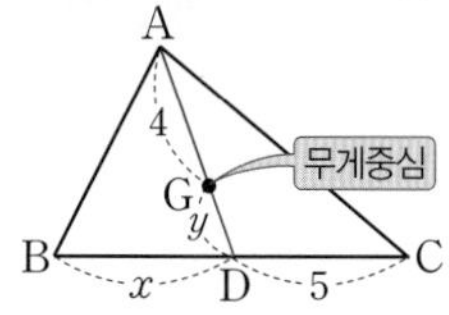

- $\overline{AD}$는 $\triangle ABC$의 중선이다.

→ $\overline{BD}=\overline{CD}$ $\therefore x=5$

- 점 G는 $\overline{AD}$를 꼭짓점으로부터 2 : 1로 나눈다.

→ $4:y=2:1$ $\therefore y=2$

무게중심은 삼각형의 세 중선의 교점이야.

1 POINT

점 G가 $\triangle ABC$의 무게중심

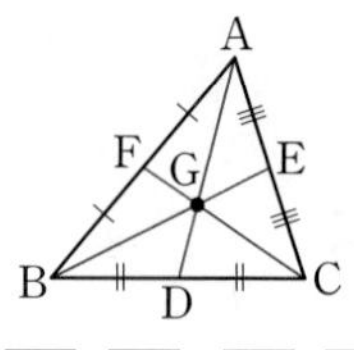

→ $\overline{AG}:\overline{GD}=\overline{BG}:\overline{GE}$
$=\overline{CG}:\overline{GF}$
$=2:1$

삼각형의 중선

다음 그림에서 $\overline{AD}$가 $\triangle ABC$의 중선일 때, 색칠한 부분의 넓이를 구하시오.

01 $\triangle ABC=28\text{ cm}^2$

따라해

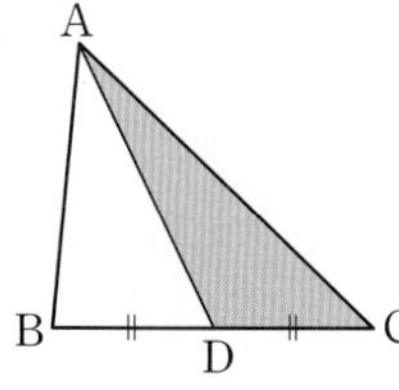

$\triangle ADC=\square\triangle ABC=\square\times28=\square(\text{cm}^2)$

02 $\triangle ABD=15\text{ cm}^2$

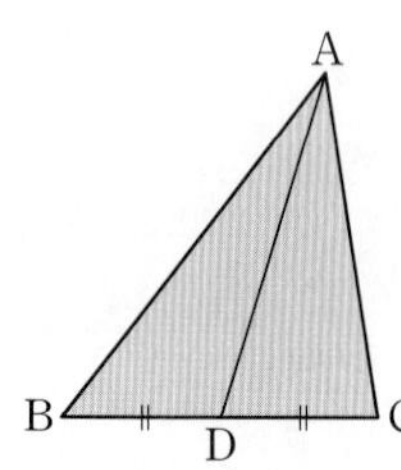

$\triangle ABC$
$=2\triangle ABD$
$=2\triangle ADC$야!

삼각형의 무게중심

다음 그림에서 점 G가 $\triangle ABC$의 무게중심일 때, x의 값을 구하시오.

03

따라해

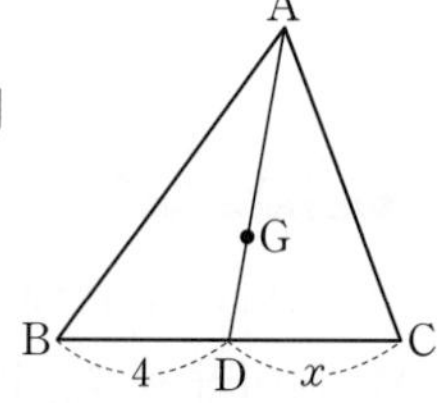

$\overline{AD}$는 $\triangle ABC$의 중선이므로

$\overline{BD}=\square$ $\therefore x=\square$

04

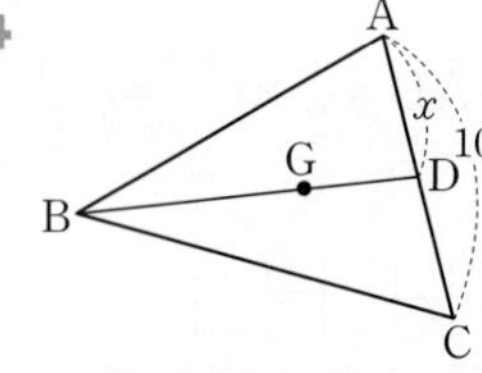

$\overline{AD}=\overline{CD}$야!

05

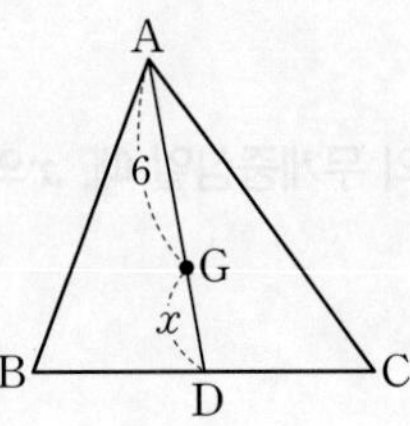

$\overline{AG}:\overline{GD}=\square:1$이므로

$6:x=\square:1\quad \therefore x=\square$

06

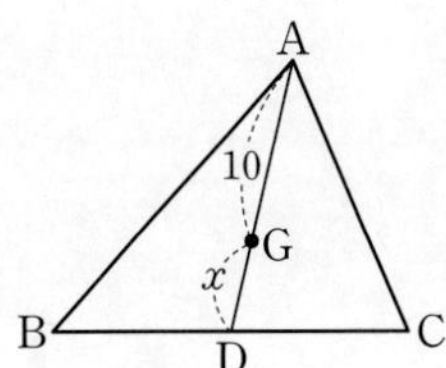

07

A, C, G, x, 4, D, B

08

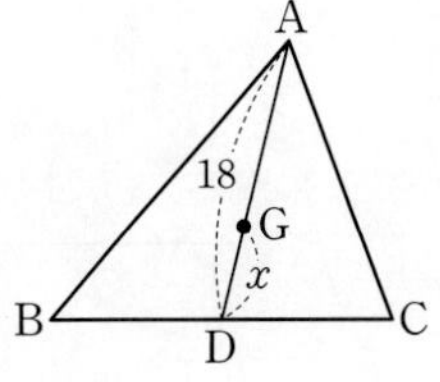

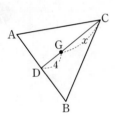

$\overline{GD}=\frac{1}{3}\overline{AD}$야!

09

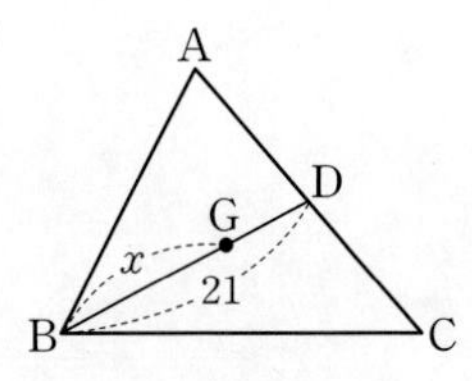

다음 그림에서 점 G가 $\triangle ABC$의 무게중심일 때, x, y의 값을 각각 구하시오.

10

따라해

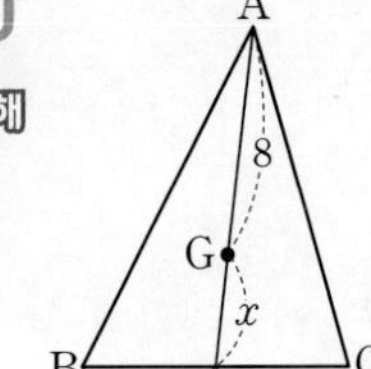

$\overline{AG}:\overline{GD}=\square:1$이므로 $8:x=\square:1$

$\therefore x=\square$

$\overline{BD}=\overline{CD}$이므로 $y=\square$

11

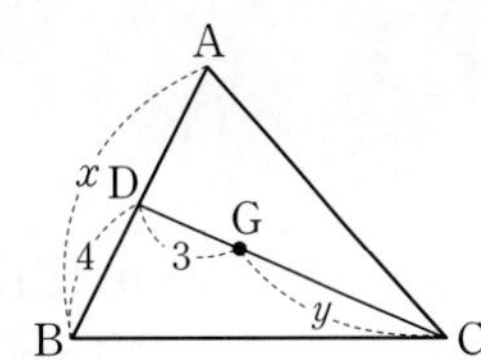

12

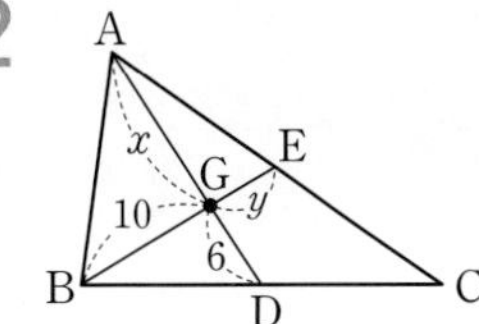

13

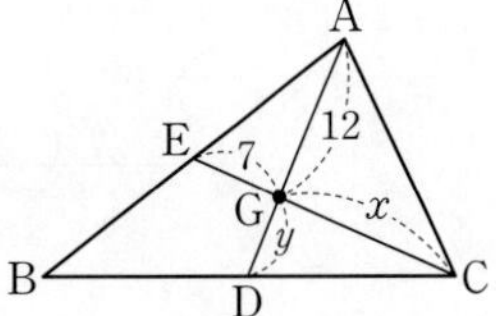

14

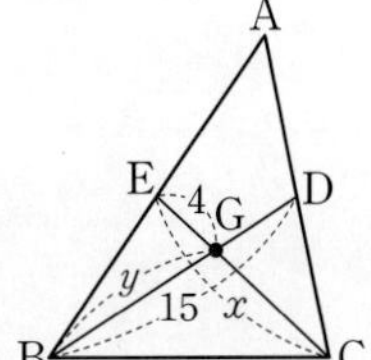

 다음 그림에서 점 G는 △ABC의 무게중심이고 점 G′은 △GBC의 무게중심일 때, x의 값을 구하시오.

15 따라해

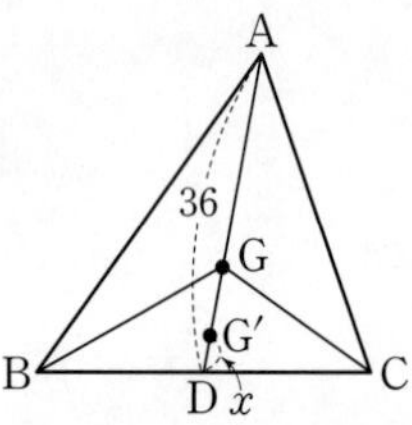

점 G는 △ABC의 무게중심이므로

$\overline{GD}=\frac{1}{3}\overline{AD}=\frac{1}{3}\times\square=\square$

점 G′은 △GBC의 무게중심이므로

$x=\frac{1}{3}\overline{GD}=\frac{1}{3}\times\square=\square$

16

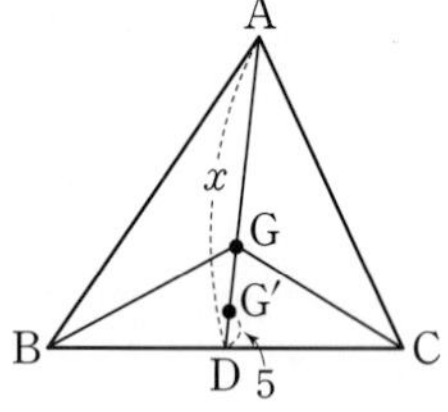

17

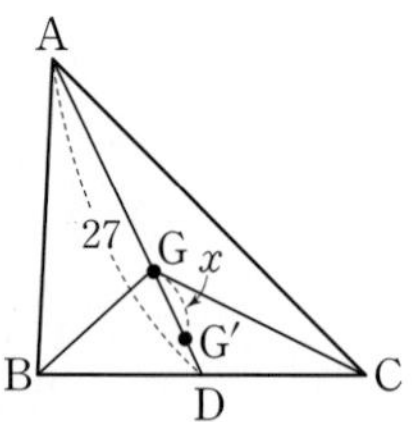

18

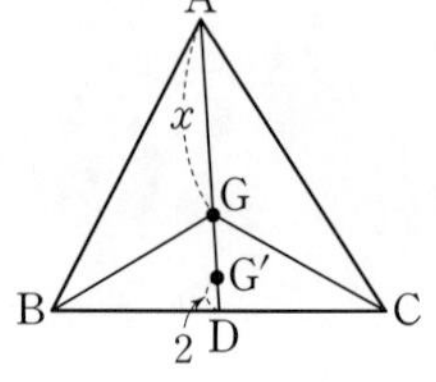

삼각형의 무게중심의 응용

다음 그림에서 점 G가 △ABC의 무게중심일 때, x의 값을 구하시오.

19 따라해

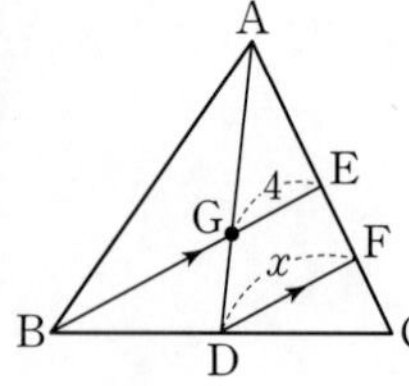

점 G는 △ABC의 무게중심이므로

$\overline{BE}=\square\overline{GE}=\square\times4=\square$

△CBE에서 $\overline{CD}=\overline{DB}$이고 $\overline{DF}/\!/\overline{BE}$이므로

$x=\frac{1}{2}\overline{BE}=\frac{1}{2}\times\square=\square$

20

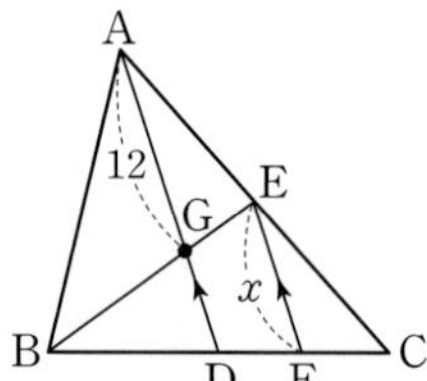

21

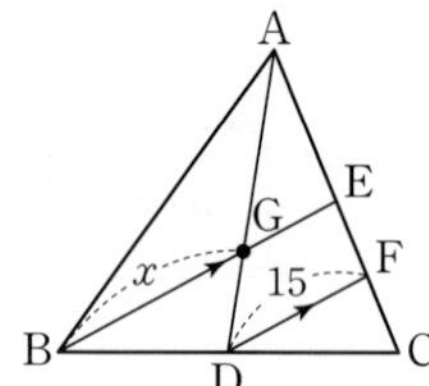

22

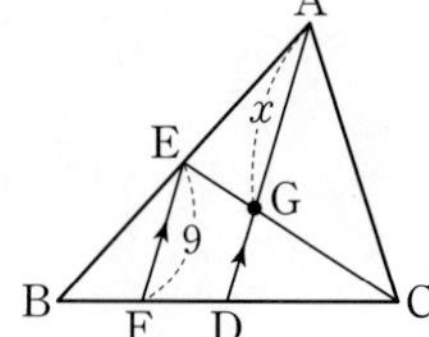

삼각형의 무게중심과 넓이

점 G가 △ABC의 무게중심일 때

(1) △ABC에서 세 중선에 의하여 나누어지는 6개의 삼각형의 넓이는 모두 같다.
→ $\overline{AD}$, $\overline{BE}$, $\overline{CF}$

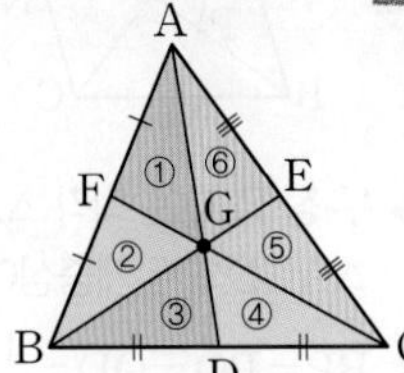

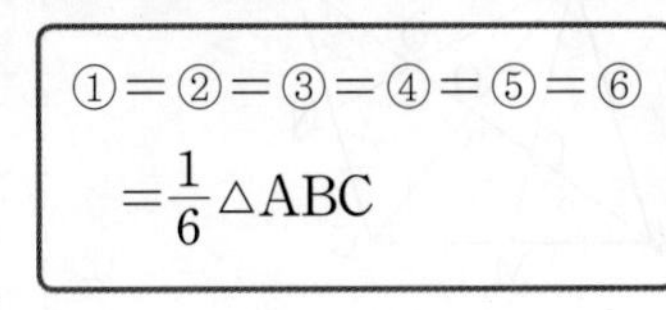

①=②=③=④=⑤=⑥ $=\frac{1}{6}$△ABC

(2) △ABC의 무게중심과 세 꼭짓점을 이어서 생기는 3개의 삼각형의 넓이는 모두 같다.

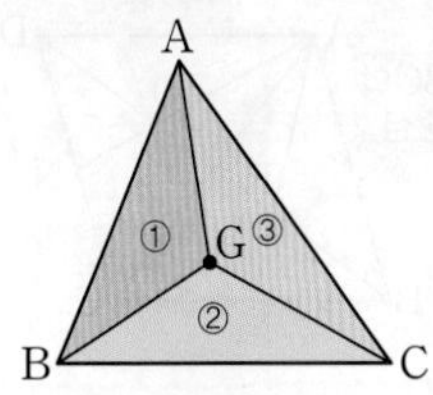

①=②=③$=\frac{1}{3}$△ABC

실수 Check: 각각의 넓이는 같지만 합동은 아님에 주의한다.

다음 그림에서 점 G는 △ABC의 무게중심이고 △ABC의 넓이가 36 cm^2일 때, 색칠한 부분의 넓이를 구하시오.

01 따라해

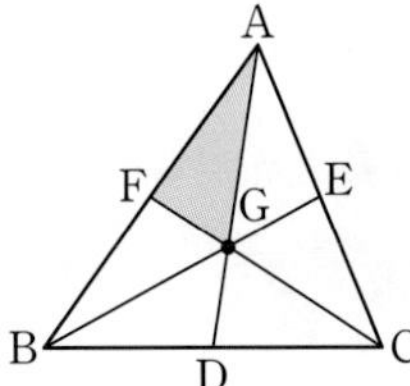

△GAF=□△ABC=□×36=□(cm^2)

02

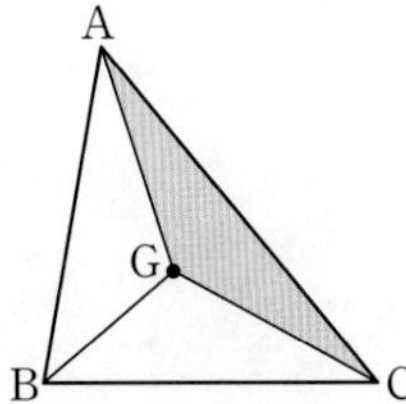

03

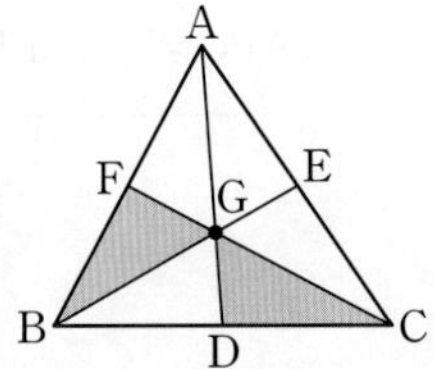

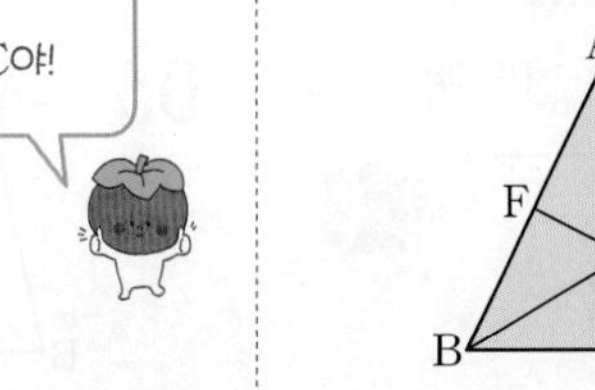

다음 그림에서 점 G가 △ABC의 무게중심일 때, △ABC의 넓이를 구하시오.

04 △GEA=5 cm^2

따라해

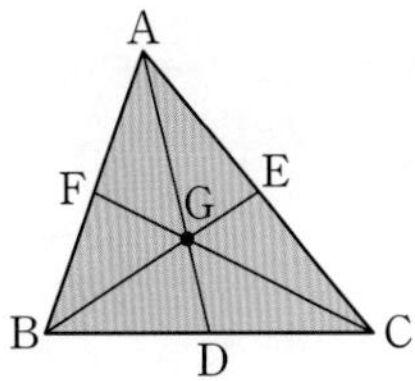

△ABC=□△GEA=□×5=□(cm^2)

05 △GBC=9 cm^2

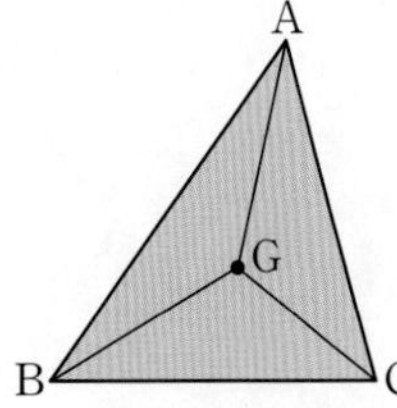

06 □FBDG=14 cm^2

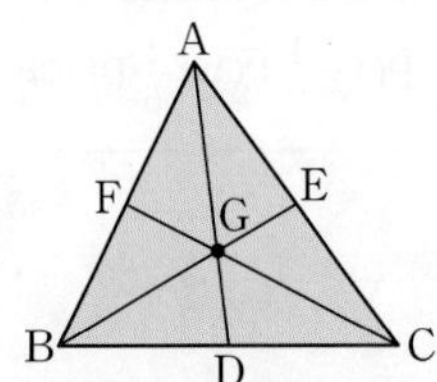

▶ 정답 및 풀이 40쪽

12 VISUAL 연산

평행사변형에서 삼각형의 무게중심의 응용

다음 그림과 같은 평행사변형 ABCD에서 $\overline{BC}$, $\overline{CD}$의 중점을 각각 M, N이라 할 때, $\overline{PQ}$의 길이를 구해 보자. (단, 점 O는 두 대각선의 교점이다.)

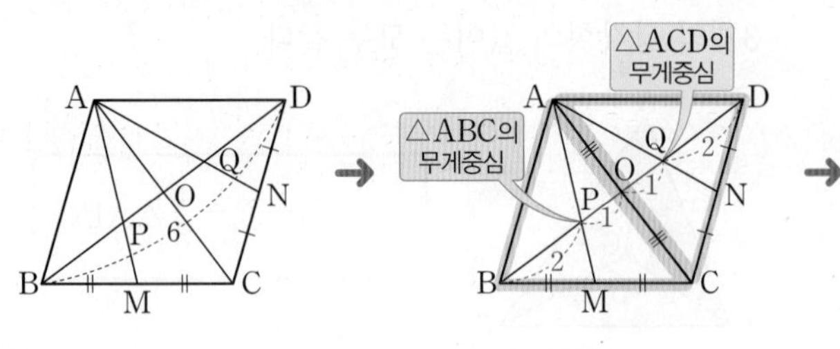

$\overline{BP}:\overline{PO}=2:1$
$\overline{DQ}:\overline{QO}=2:1$

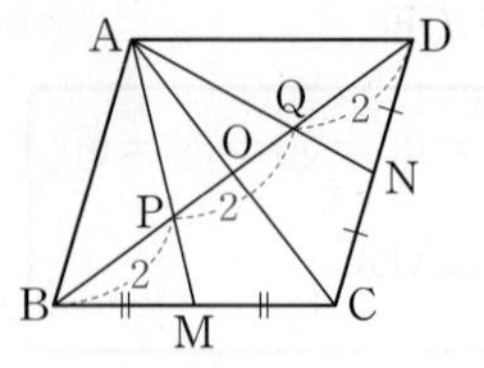

$\overline{BP}=\overline{PQ}=\overline{QD}$이므로
$\overline{PQ}=\frac{1}{3}\overline{BD}=\frac{1}{3}\times6=2$

POINT

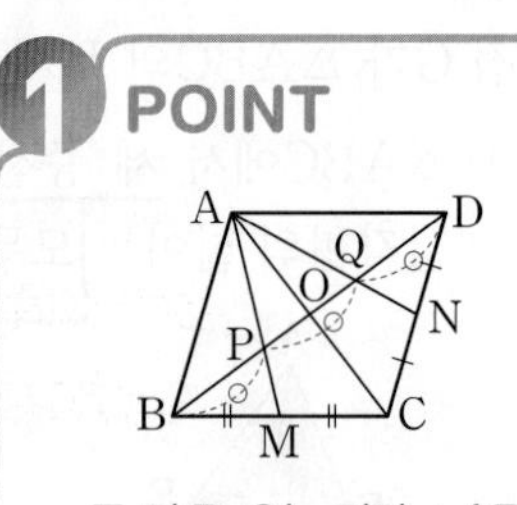

→ 두 점 P, Q는 각각 △ABC와 △ACD의 무게중심이다.
→ $\overline{BP}=\overline{PQ}=\overline{QD}=\frac{1}{3}\overline{BD}$

다음 그림과 같은 평행사변형 ABCD에서 $\overline{BC}$, $\overline{CD}$의 중점을 각각 M, N이라 할 때, x의 값을 구하시오.
(단, 점 O는 두 대각선의 교점이다.)

01 따라해

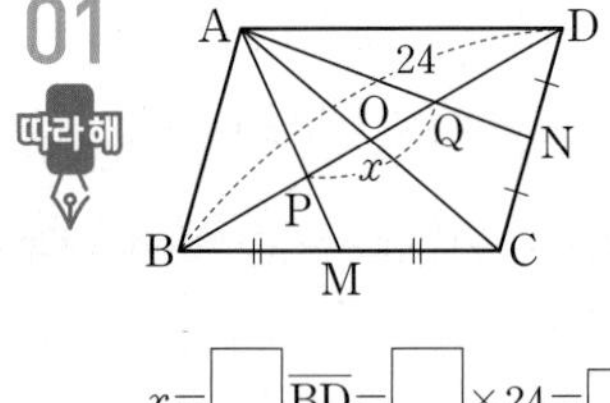

$x=\square\overline{BD}=\square\times24=\square$

02

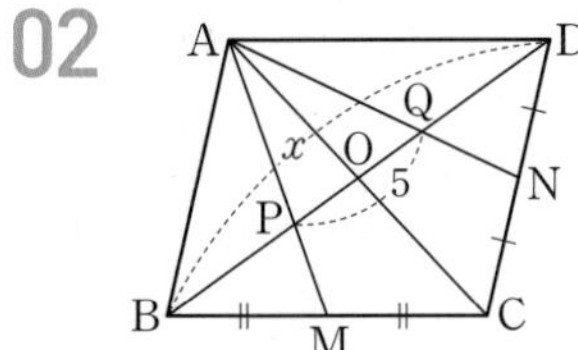

03

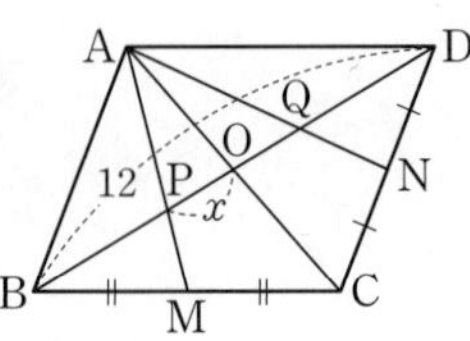

다음 그림과 같은 평행사변형 ABCD에서 $\overline{BC}$, $\overline{CD}$의 중점을 각각 M, N이라 하자. □ABCD의 넓이가 60 cm²일 때, 색칠한 부분의 넓이를 구하시오. (단, 점 O는 두 대각선의 교점이다.)

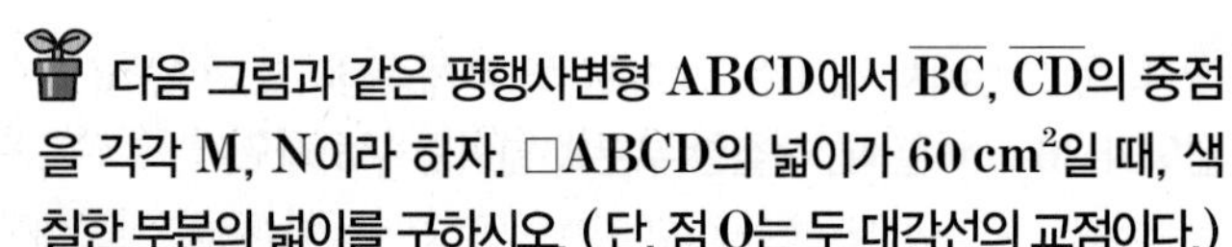

04 따라해

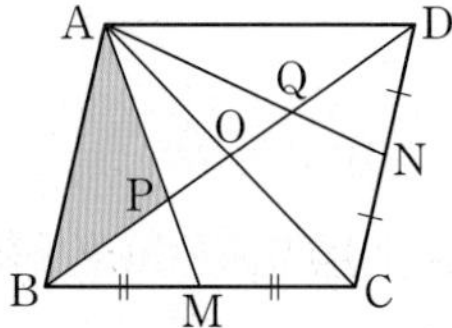

$\triangle ABC=\square\square ABCD=\square\times60=\square(cm^2)$
점 P는 △ABC의 무게중심이므로
$\triangle ABP=\frac{1}{3}\triangle ABC=\frac{1}{3}\times\square=\square(cm^2)$

05

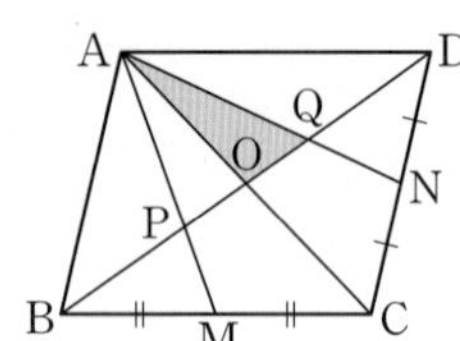

06

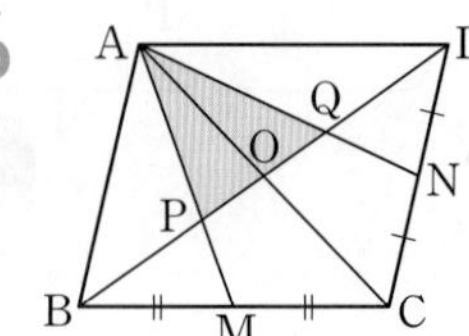

연산 능력 UP!

10분 연산 TEST

▶ 정답 및 풀이 40쪽

[01 ~ 02] 다음 그림과 같은 $\triangle ABC$에서 $\overline{AB}$, $\overline{AC}$의 중점을 각각 M, N이라 할 때, x의 값을 구하시오.

01

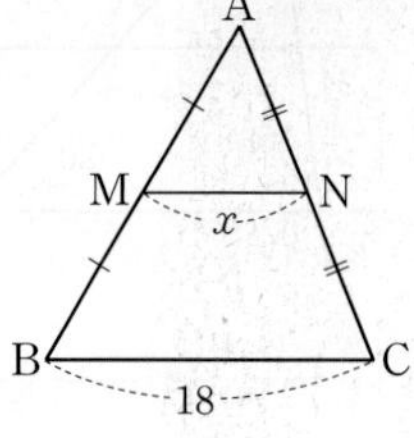

02

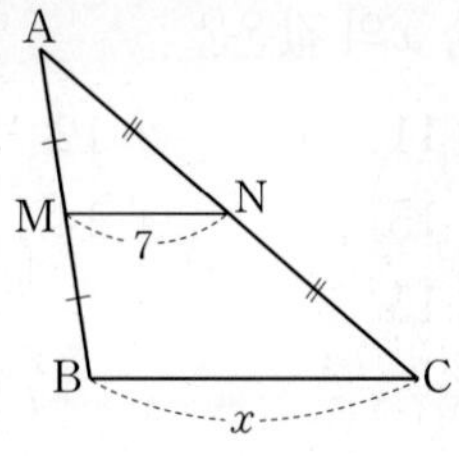

[03 ~ 04] 다음 그림과 같은 $\triangle ABC$에서 점 M은 $\overline{AB}$의 중점이고 $\overline{MN} /\!/ \overline{BC}$일 때, x의 값을 구하시오.

03

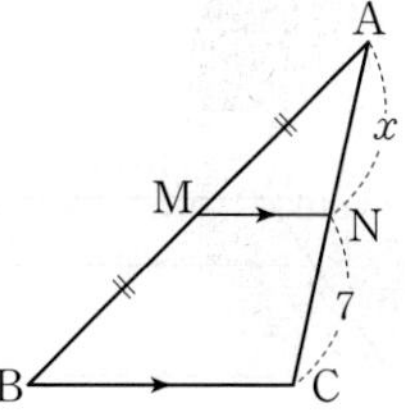

04

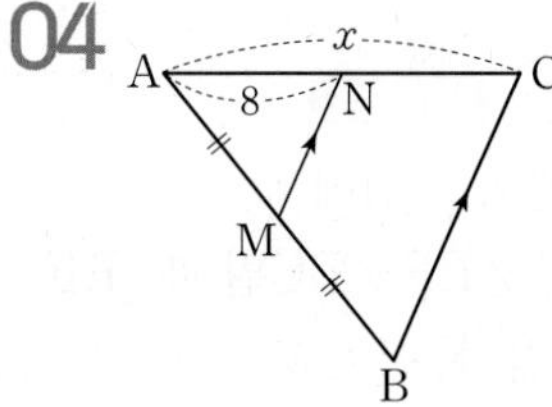

[05 ~ 08] 다음 그림과 같이 $\overline{AD} /\!/ \overline{BC}$인 사다리꼴 ABCD에서 $\overline{AB}$, $\overline{DC}$의 중점을 각각 M, N이라 할 때, x의 값을 구하시오.

05

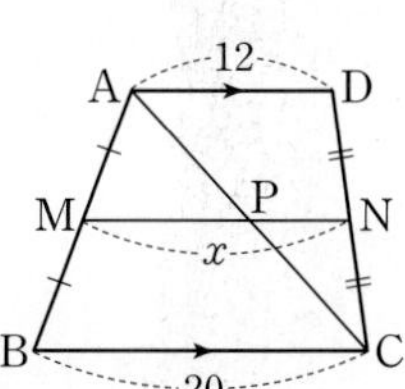

06

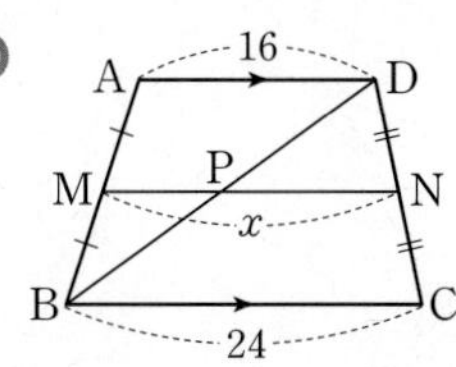

07

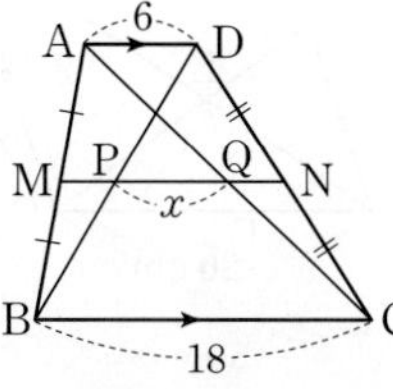

08

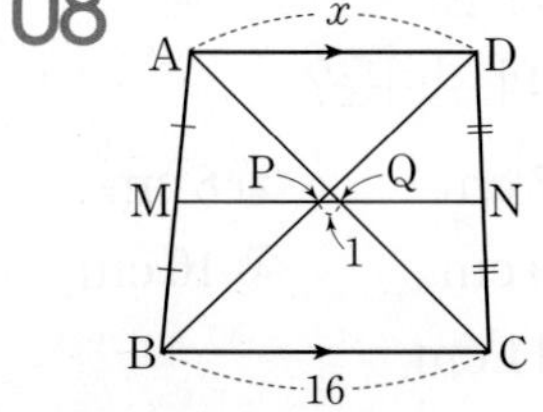

[09 ~ 10] 다음 그림에서 점 G가 $\triangle ABC$의 무게중심일 때, x, y의 값을 각각 구하시오.

09

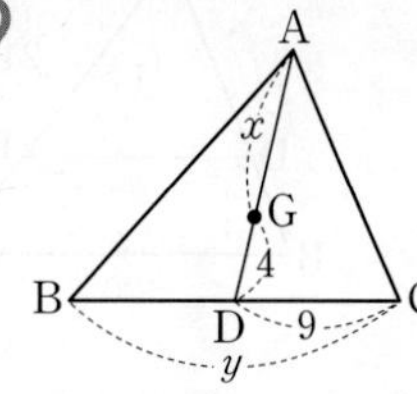

10

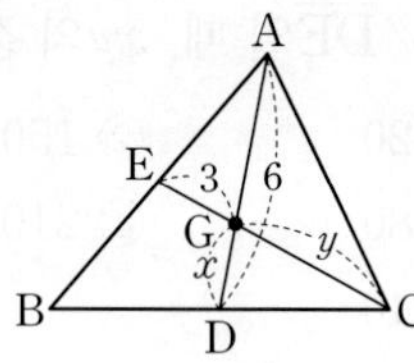

[11 ~ 12] 다음 그림에서 점 G는 $\triangle ABC$의 무게중심이고 $\triangle ABC$의 넓이가 $54\ cm^2$일 때, 색칠한 부분의 넓이를 구하시오.

11

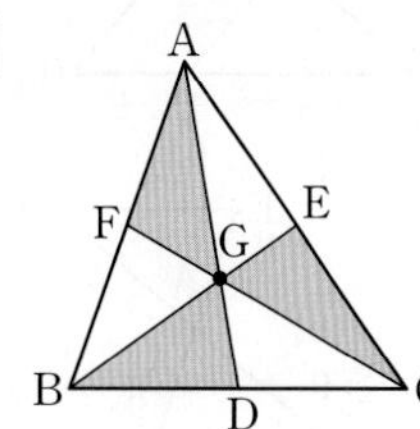

12

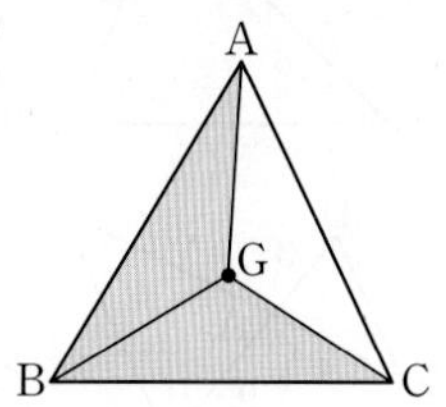

[13 ~ 14] 다음 그림과 같은 평행사변형 ABCD에서 $\overline{BC}$, $\overline{CD}$의 중점을 각각 M, N이라 할 때, x의 값을 구하시오.

(단, 점 O는 두 대각선의 교점이다.)

13

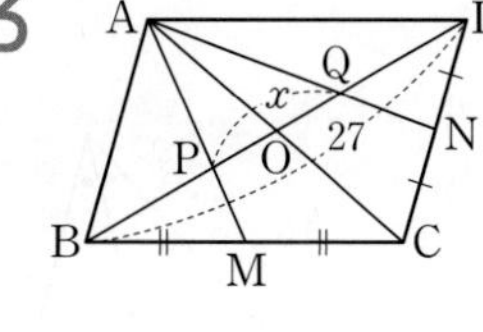

14

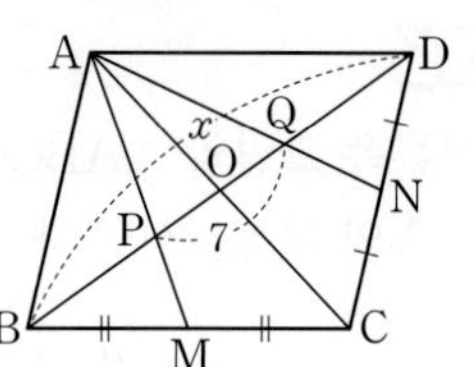

맞힌 개수 　　개 / 14개

학교 시험 미리보기!

학교 시험 PREVIEW

01

오른쪽 그림의 $\triangle ABC$에서 $\overline{BC} /\!/ \overline{DE}$일 때, xy의 값은?

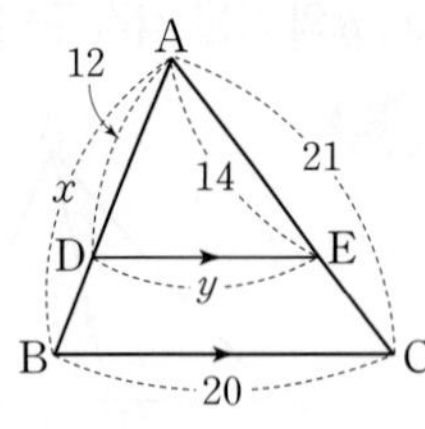

① 120 ② 150
③ 180 ④ 210
⑤ 240

02

다음 그림에서 $\overline{BC} /\!/ \overline{DE}$가 아닌 것은?

①
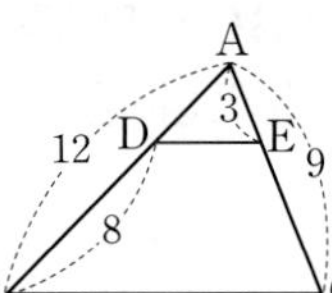

②
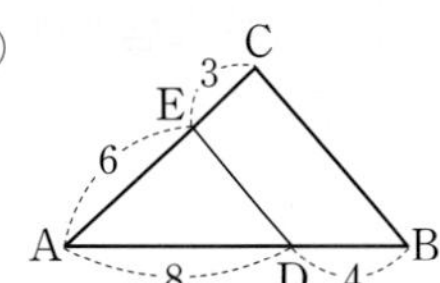

③
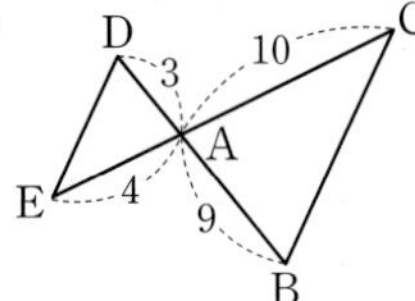

④
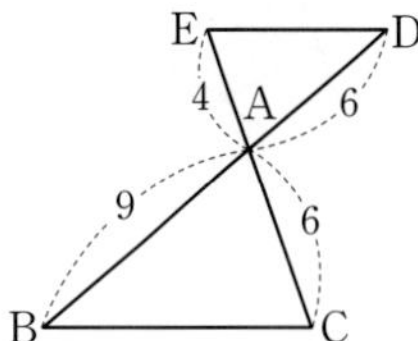

⑤
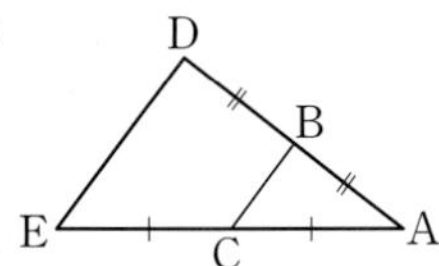

03

오른쪽 그림의 $\triangle ABC$에서 $\overline{AD}$가 $\angle A$의 이등분선일 때, x의 값은?

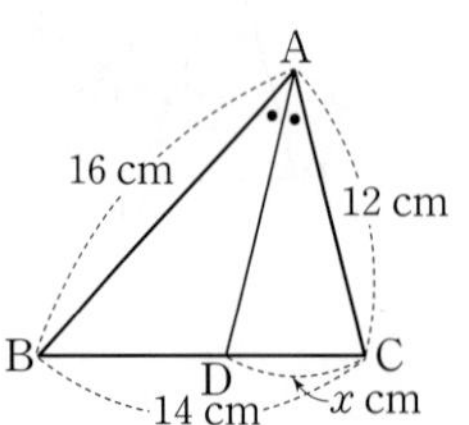

① 5 ② $\frac{11}{2}$
③ 6 ④ $\frac{13}{2}$
⑤ 7

04

오른쪽 그림에서 $l /\!/ m /\!/ n$일 때, x의 값은?

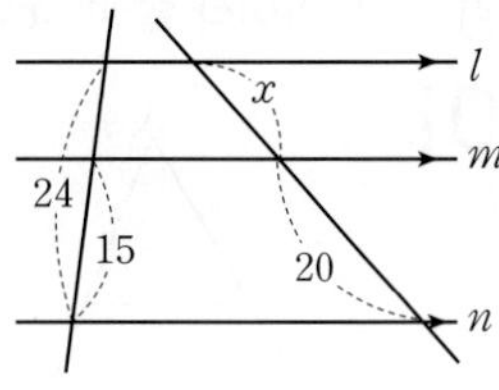

① 11 ② 12
③ 13 ④ 14
⑤ 15

05 

오른쪽 그림에서 $\overline{AD} /\!/ \overline{EF} /\!/ \overline{BC}$일 때, $\overline{EF}$의 길이는?

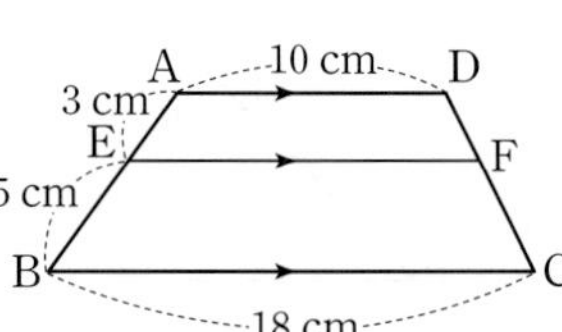

① $\frac{23}{2}$ cm ② 12 cm
③ $\frac{25}{2}$ cm ④ 13 cm
⑤ $\frac{27}{2}$ cm

06

오른쪽 그림에서 $\overline{AB} /\!/ \overline{EF} /\!/ \overline{DC}$일 때, $\overline{BF}$의 길이는?

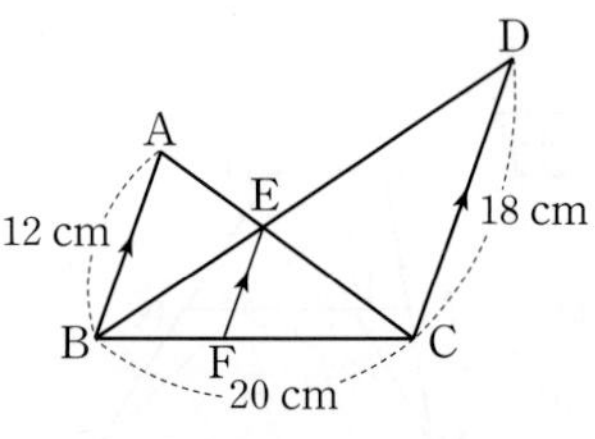

① 7 cm ② 8 cm
③ 9 cm ④ 10 cm
⑤ 11 cm

▶ 정답 및 풀이 41쪽

07

오른쪽 그림의 $\triangle ABC$에서 점 D는 $\overline{AB}$의 중점이고 $\overline{DE} /\!/ \overline{BC}$일 때, $x+y$의 값은?

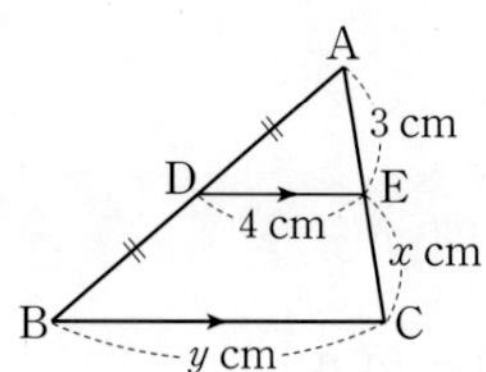

① 11 ② 12
③ 13 ④ 14
⑤ 15

08

오른쪽 그림의 $\triangle ABC$에서 세 점 D, E, F가 각각 $\overline{AB}$, $\overline{BC}$, $\overline{CA}$의 중점일 때, $\triangle DEF$의 둘레의 길이는?

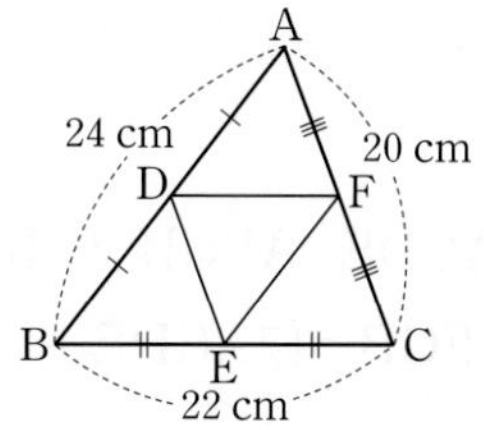

① 30 cm ② 31 cm
③ 32 cm ④ 33 cm
⑤ 34 cm

09

오른쪽 그림에서 점 G가 $\triangle ABC$의 무게중심일 때, $x-y$의 값은?

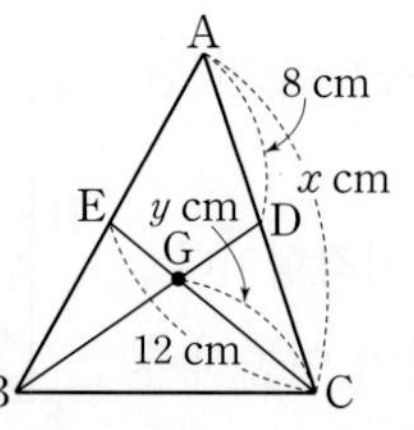

① 6 ② 7
③ 8 ④ 9
⑤ 10

10

오른쪽 그림에서 점 G는 $\triangle ABC$의 무게중심이고 $\triangle ABC$의 넓이가 $48\,cm^2$일 때, $\square AEGD$의 넓이는?

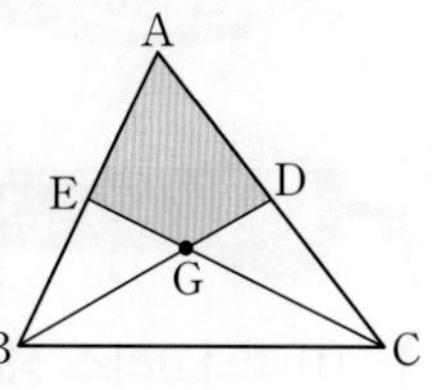

① $8\,cm^2$ ② $12\,cm^2$
③ $16\,cm^2$ ④ $20\,cm^2$
⑤ $24\,cm^2$

11 실수 주의

오른쪽 그림과 같은 평행사변형 ABCD에서 점 E는 $\overline{AD}$의 중점이고 $\triangle ABF = 6\,cm^2$일 때, $\square ABCD$의 넓이는?

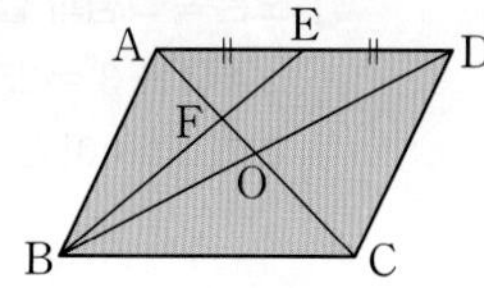

(단, 점 O는 두 대각선의 교점이다.)

① $30\,cm^2$ ② $36\,cm^2$ ③ $42\,cm^2$
④ $48\,cm^2$ ⑤ $54\,cm^2$

12 서술형

오른쪽 그림과 같이 $\overline{AD} /\!/ \overline{BC}$인 사다리꼴 ABCD에서 $\overline{AB}$, $\overline{DC}$의 중점을 각각 M, N이라 할 때, $\overline{PQ}$의 길이를 구하시오.

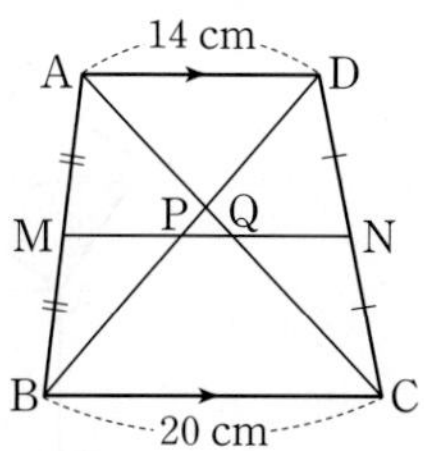

채점 기준 1 $\overline{MQ}$의 길이 구하기

채점 기준 2 $\overline{MP}$의 길이 구하기

채점 기준 3 $\overline{PQ}$의 길이 구하기

III-3 피타고라스 정리

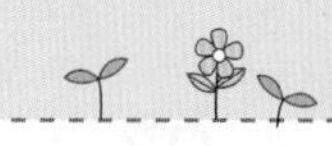

01 피타고라스 정리

(1) **피타고라스 정리 :** 직각삼각형에서 직각을 낀 두 변의 길이를 각각 a, b라 하고, 빗변의 길이를 c라 하면

$a^2+b^2=c^2$ → 직각삼각형에서 직각을 낀 두 변의 길이의 제곱의 합은 빗변의 길이의 제곱과 같다.

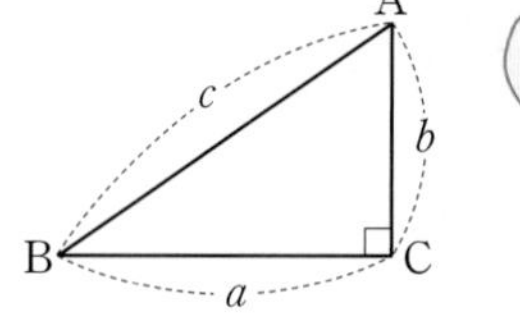

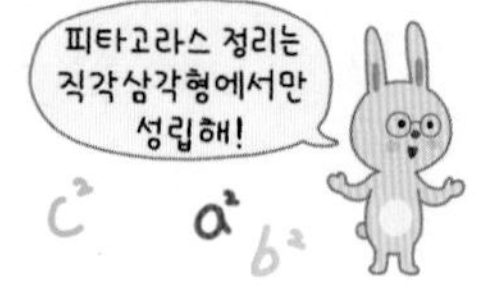

참고 a, b, c는 변의 길이이므로 항상 양수이다.

(2) **직각삼각형의 변의 길이**

직각삼각형에서 두 변의 길이를 알면 피타고라스 정리를 이용하여 나머지 한 변의 길이를 알 수 있다.

예 오른쪽 그림과 같은 직각삼각형에서
$x^2=4^2+3^2=25$
이때 $x>0$이고 제곱하여 25가 되는 양수는 5이므로 $x=5$

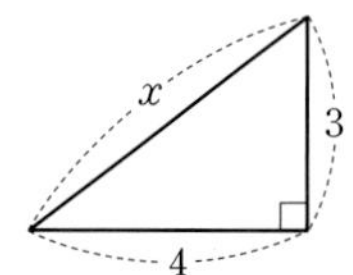

02 피타고라스 정리의 이해

(1) **유클리드의 방법**

직각삼각형 ABC의 각 변을 한 변으로 하는 정사각형 ACDE, AFGB, BHIC를 그리면
□ACDE=□AFKJ, □BHIC=□JKGB이므로 □AFGB=□ACDE+□BHIC
→ $\overline{AB}^2=\overline{AC}^2+\overline{BC}^2$ → $c^2=a^2+b^2$

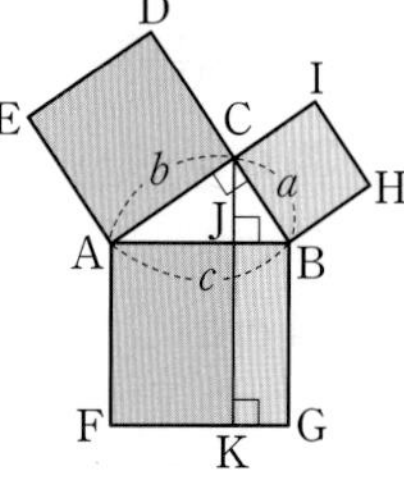

참고 직각삼각형 ABC의 각 변을 한 변으로 하는 정사각형을 그리면

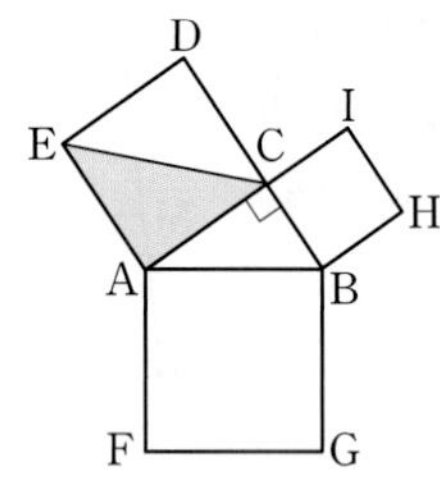

→ (i)

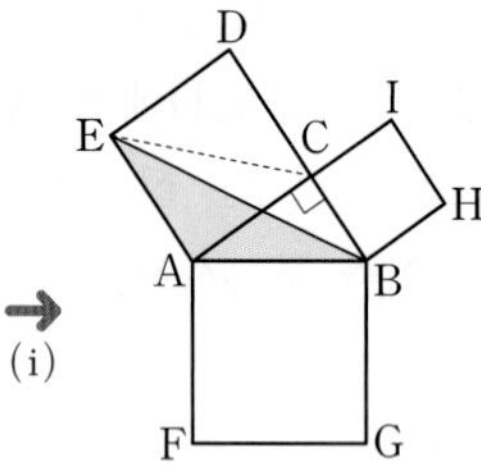

→ (ii)

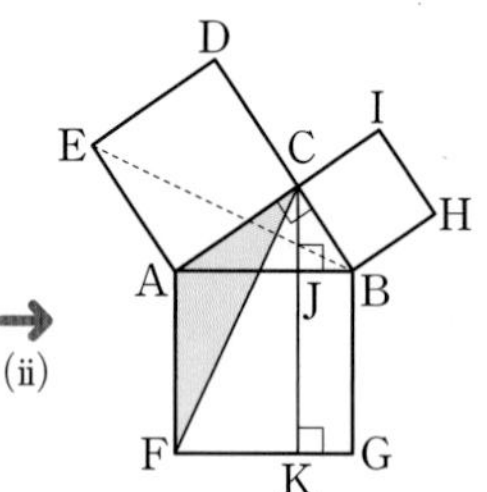

→ (iii)

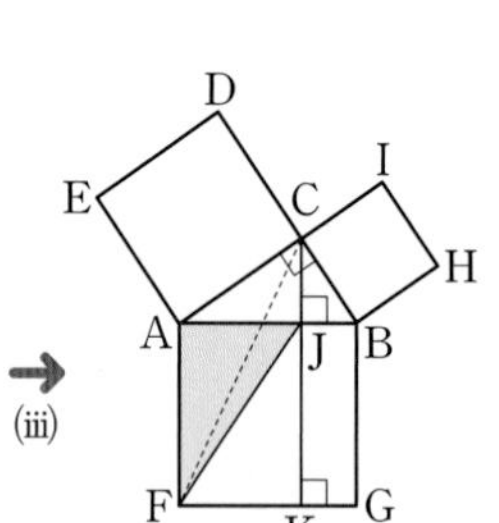

(i) $\overline{AE}$ // $\overline{BC}$이므로 △ACE=△ABE
(ii) △ABE≡△AFC (SAS 합동)이므로 △ABE=△AFC
(iii) $\overline{AF}$ // $\overline{CK}$이므로 △AFC=△AFJ ∴ □ACDE=□AFKJ
마찬가지 방법으로 □BHIC=□JKGB
따라서 □AFGB=□ACDE+□BHIC이므로 $\overline{AB}^2=\overline{AC}^2+\overline{BC}^2$

(2) **피타고라스의 방법**

직각삼각형 ABC와 이와 합동인 직각삼각형 3개를 이용하여 한 변의 길이가 $a+b$인 정사각형을 만들면

① [그림 1]에서 사각형 AGHB는 한 변의 길이가 c인 정사각형이다.

② [그림 1]의 직각삼각형 ①, ②, ③, ④를 [그림 2]와 같이 이동시키면 사각형 AGHB의 넓이는 한 변의 길이가 각각 a, b인 두 정사각형의 넓이의 합과 같다. → $a^2+b^2=c^2$

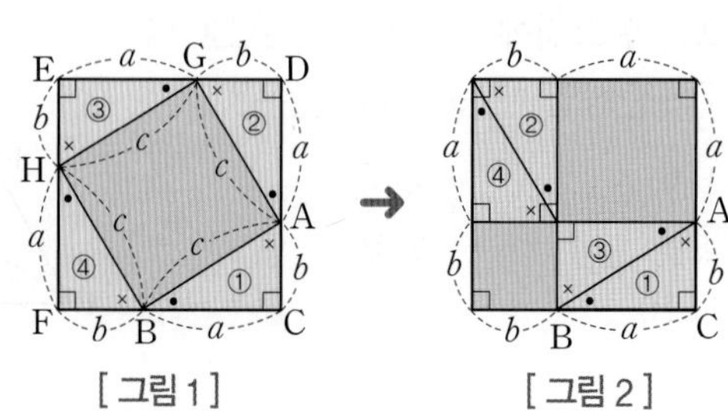

[그림 1] [그림 2]

03 직각삼각형이 되는 조건

세 변의 길이가 각각 a, b, c인 △ABC에서

$$a^2+b^2=c^2$$

이면 이 삼각형은 빗변의 길이가 c인 직각삼각형이다.

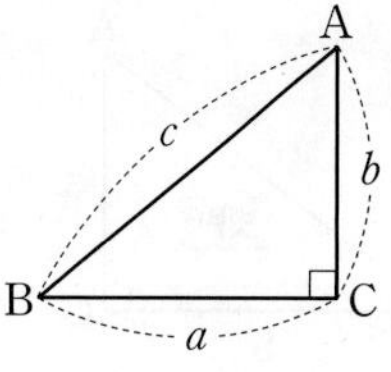

참고 세 변 중 가장 긴 변의 길이의 제곱이 나머지 두 변의 길이의 제곱의 합과 같으면 이 삼각형은 직각삼각형이다.

04 피타고라스 정리의 활용

(1) 직각삼각형의 닮음과 피타고라스 정리의 성질

∠A=90°인 직각삼각형 ABC에서 $\overline{AD}\perp\overline{BC}$일 때

① $a^2=b^2+c^2$ ← 피타고라스 정리

② $c^2=ax$, $b^2=ay$, $h^2=xy$ ← 직각삼각형의 닮음 이용

③ $bc=ah$ ← 직각삼각형의 넓이 이용

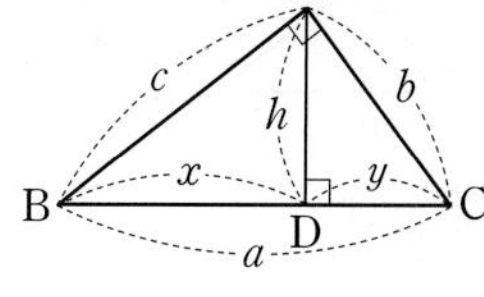

(2) 피타고라스 정리를 이용한 직각삼각형의 성질

∠A=90°인 직각삼각형 ABC에서 두 점 D, E가 각각 $\overline{AB}$, $\overline{AC}$ 위에 있을 때,

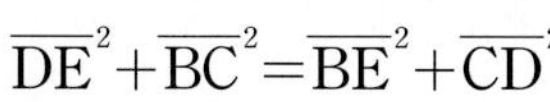

$$\overline{DE}^2+\overline{BC}^2=\overline{BE}^2+\overline{CD}^2$$

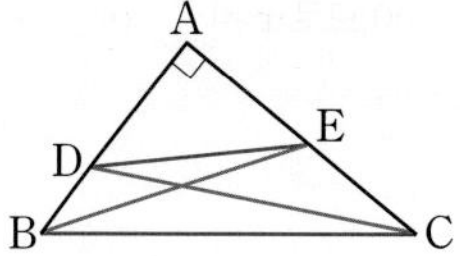

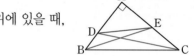

(3) 두 대각선이 직교하는 사각형의 성질

사각형 ABCD에서 두 대각선이 직교할 때,

$$\overline{AB}^2+\overline{CD}^2=\overline{AD}^2+\overline{BC}^2$$ → 사각형의 두 대변의 길이의 제곱의 합은 서로 같다.

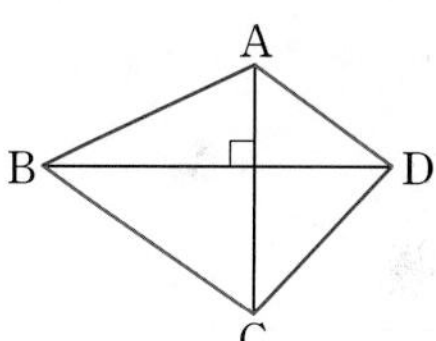

(4) 피타고라스 정리를 이용한 직사각형의 성질

직사각형 ABCD의 내부에 있는 임의의 점 P에 대하여

$$\overline{AP}^2+\overline{CP}^2=\overline{BP}^2+\overline{DP}^2$$

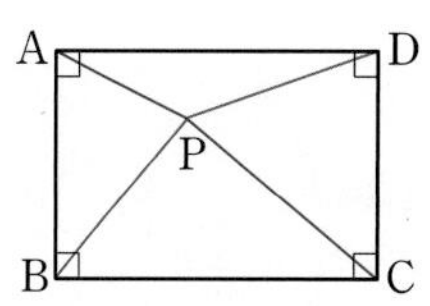

05 직각삼각형의 세 반원 사이의 관계

(1) 직각삼각형의 세 반원 사이의 관계

직각삼각형 ABC에서 직각을 낀 두 변을 지름으로 하는 반원의 넓이를 각각 S_1, S_2, 빗변을 지름으로 하는 반원의 넓이를 S_3이라 할 때,

$$S_3=S_1+S_2$$

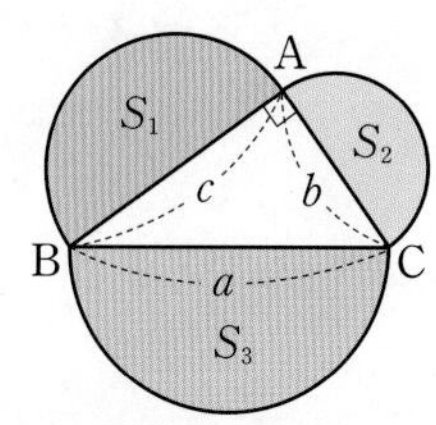

(2) 히포크라테스의 원의 넓이

직각삼각형 ABC의 각 변을 지름으로 하는 반원에서

$$(\text{색칠한 부분의 넓이})=\triangle ABC=\frac{1}{2}bc$$

→ 히포크라테스의 원의 넓이라 한다.

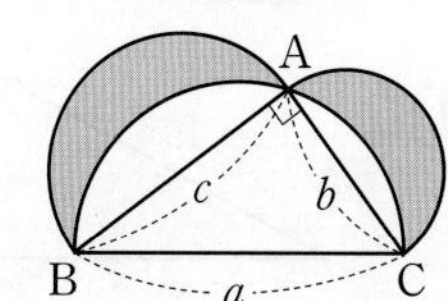

▶ 정답 및 풀이 42쪽

피타고라스 정리

피타고라스 정리 : 직각삼각형에서 직각을 낀 두 변의 길이를 각각 a, b라 하고, 빗변의 길이를 c라 하면 $a^2+b^2=c^2$이 성립한다.

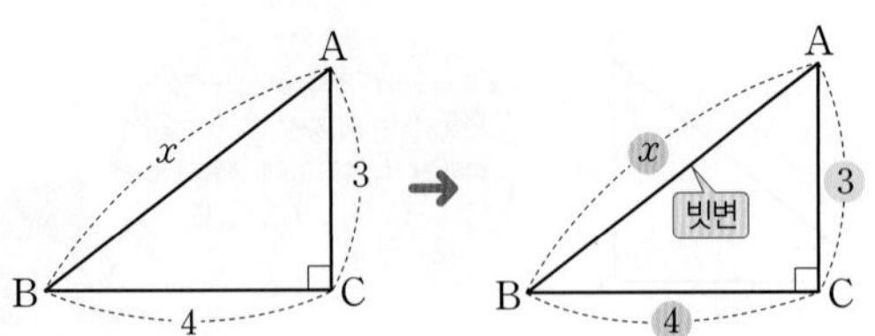

피타고라스 정리에 의하여

$x^2=4^2+3^2=25$

이때 $x>0$이므로 $x=5$

→ 변의 길이는 항상 양수이다.

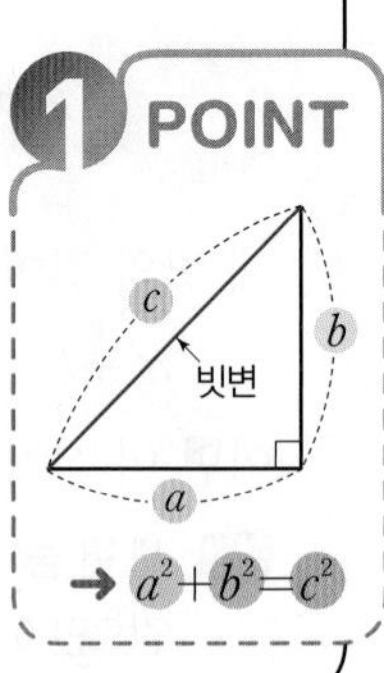

다음 직각삼각형에서 x의 값을 구하시오.

01 따라해

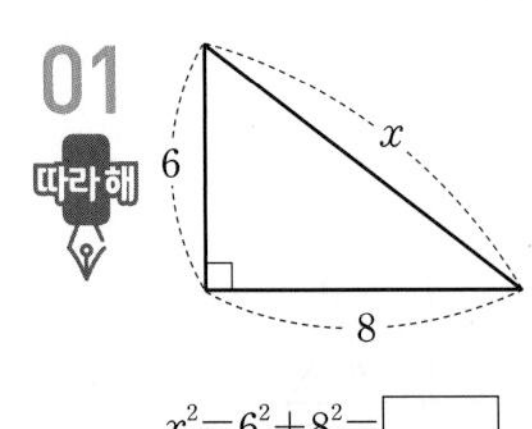

$x^2=6^2+8^2=$ ☐

→ 피타고라스 정리

이때 $x>0$이므로 $x=$ ☐

02

(x, 5, 12)

03

(9, 12, x)

04

(15, 8, x)

05 따라해

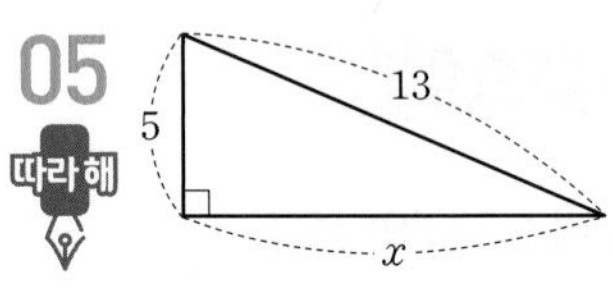

$13^2=5^2+x^2$이므로 $x^2=$ ☐

→ 피타고라스 정리

이때 $x>0$이므로 $x=$ ☐

06

(5, x, 3)

다음 직사각형 ABCD의 대각선의 길이를 구하시오.

07

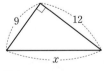

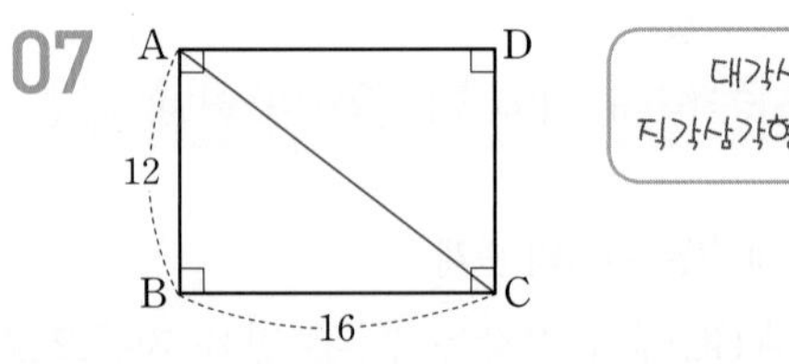

08

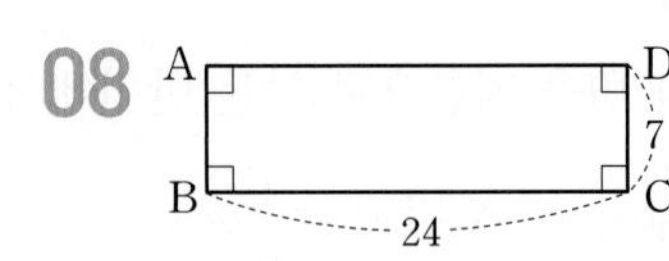

삼각형에서 피타고라스 정리 이용하기 (1)

 다음 그림에서 x, y의 값을 각각 구하시오.

09 따라해

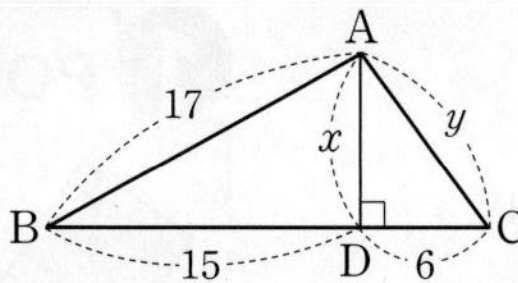

❶ x의 값 구하기

$\triangle$ABD에서

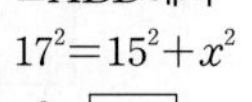
$17^2=15^2+x^2$

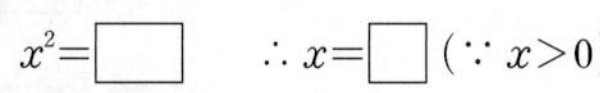
$x^2=\square$ $\therefore x=\square$ $(\because x>0)$

❷ y의 값 구하기

$\triangle$ADC에서

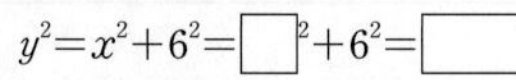
$y^2=x^2+6^2=\square^2+6^2=\square$

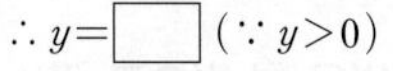
$\therefore y=\square$ $(\because y>0)$

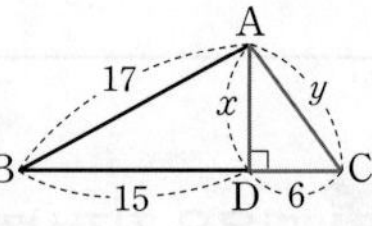

먼저 두 변의 길이가 주어진 직각삼각형을 찾아서 피타고라스 정리를 이용하여 나머지 한 변의 길이를 구해.

10

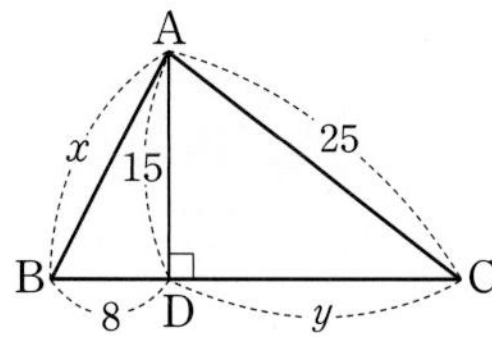

11

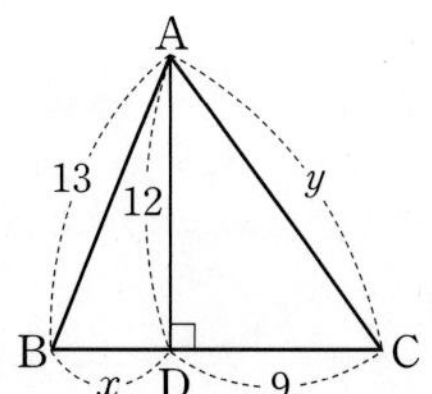

12

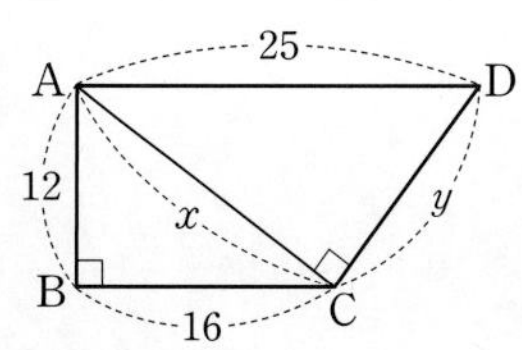

삼각형에서 피타고라스 정리 이용하기 (2)

다음 그림에서 x, y의 값을 각각 구하시오.

13 따라해

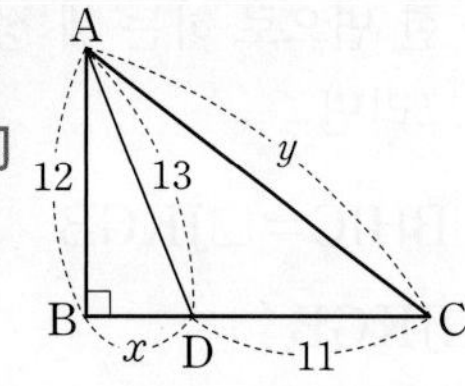

❶ x의 값 구하기

$\triangle$ABD에서

$13^2=12^2+x^2$

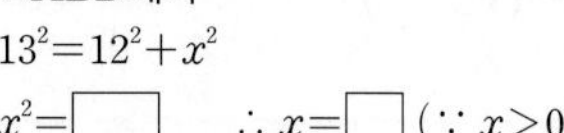
$x^2=\square$ $\therefore x=\square$ $(\because x>0)$

❷ y의 값 구하기

$\triangle$ABC에서

$y^2=12^2+(5+11)^2=\square$

$\therefore y=\square$ $(\because y>0)$

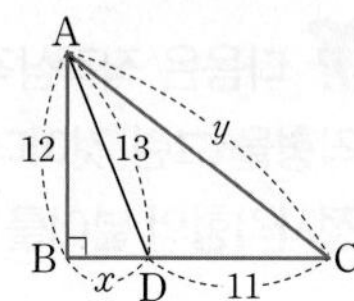

14

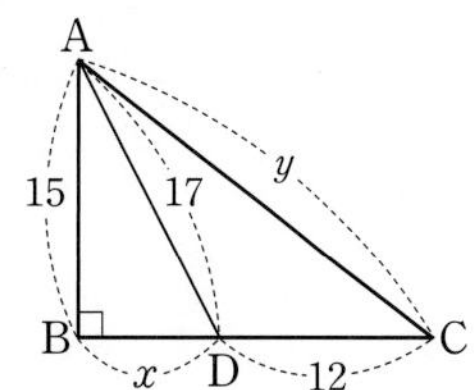

15

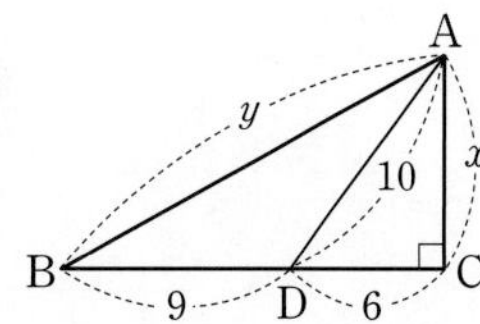

16

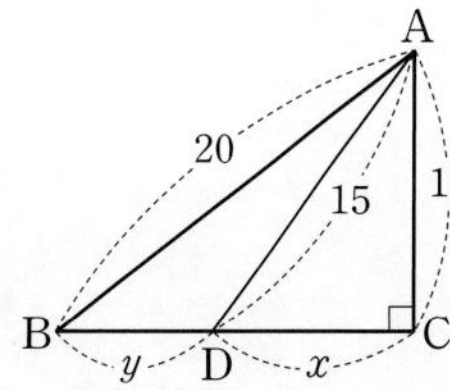

y의 값을 구하려면 $\overline{BC}$의 길이를 알아야 해!

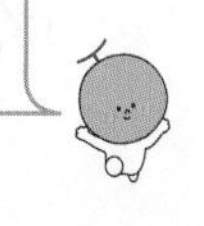

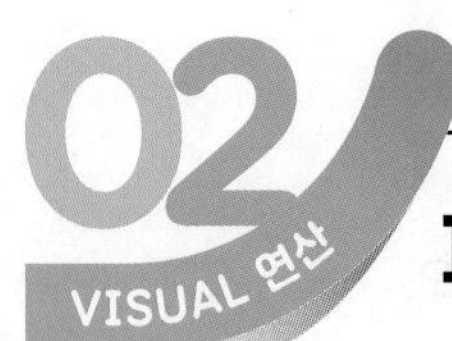

▶ 정답 및 풀이 42쪽

피타고라스 정리의 이해 (1) - 유클리드의 방법

직각삼각형 ABC의 각 변을 한 변으로 하는 세 정사각형 ACDE, AFGB, BHIC를 그리면

❶ □ACDE=□AFKJ, □BHIC=□JKGB

❷ □AFGB=□AFKJ+□JKGB
=□ACDE+□BHIC

→ $\overline{AB}^2=\overline{AC}^2+\overline{BC}^2$

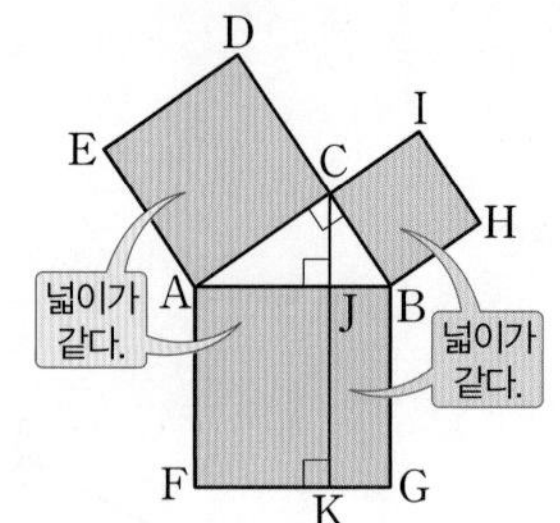

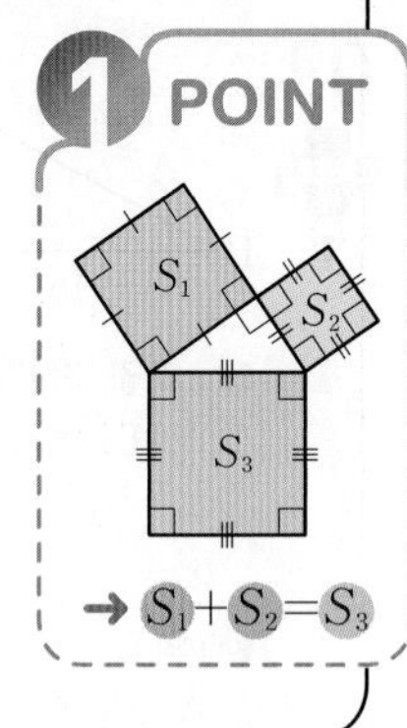

다음은 직각삼각형 ABC의 각 변을 한 변으로 하는 세 정사각형을 그린 것이다. 두 정사각형의 넓이가 주어졌을 때, 색칠한 정사각형의 넓이를 구하시오.

01 따라해

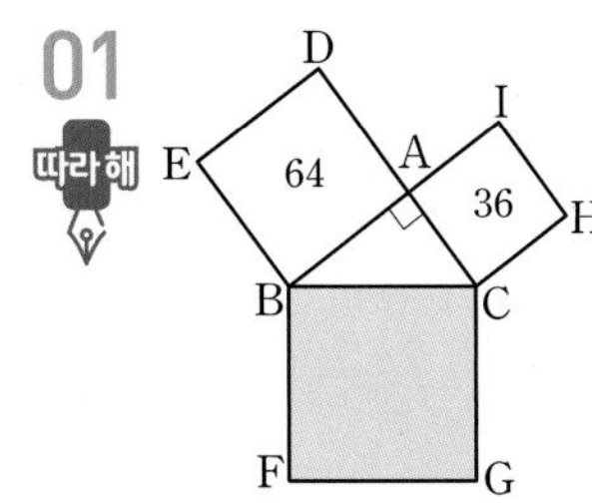

□BFGC=□ADEB+□ACHI
=64+☐=☐

02

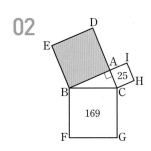

E, D, A, I, 25, H, B, C, 169, F, G

03

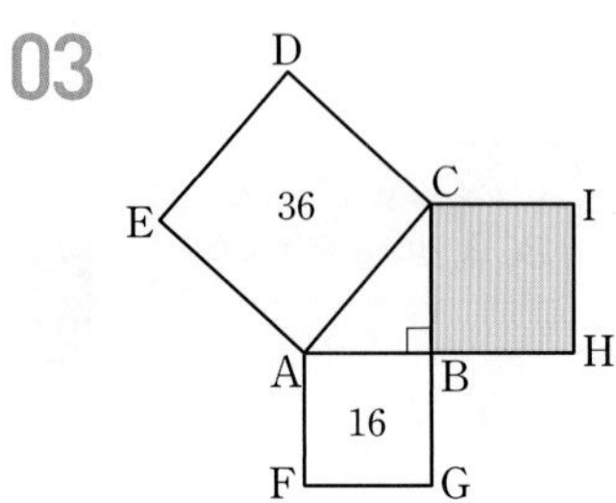

다음은 직각삼각형 ABC의 각 변을 한 변으로 하는 세 정사각형을 그린 것이다. 색칠한 부분의 넓이를 구하시오.

04 따라해

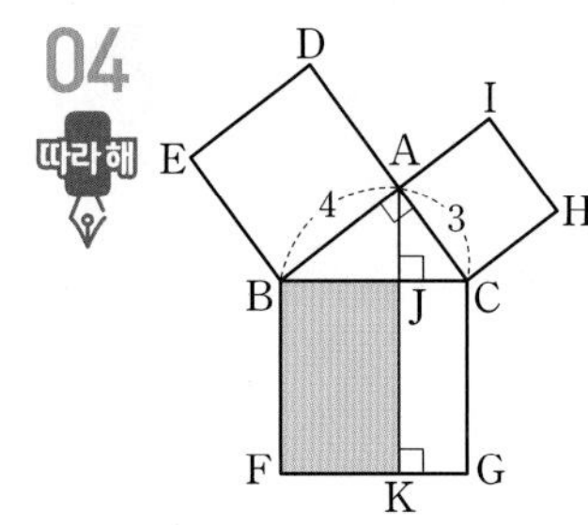

□BFKJ=□ADEB=$\overline{AB}^2$=☐

05

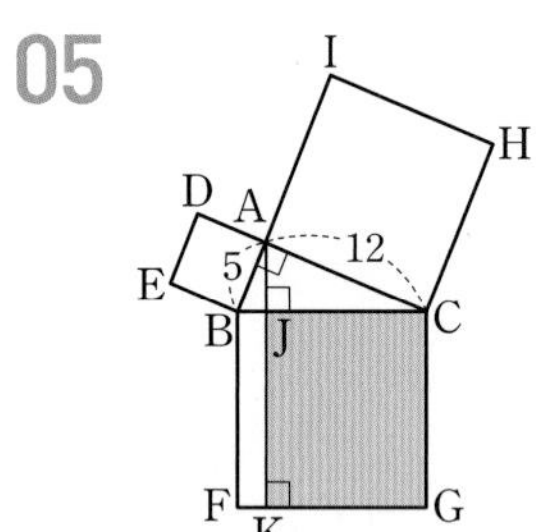

06

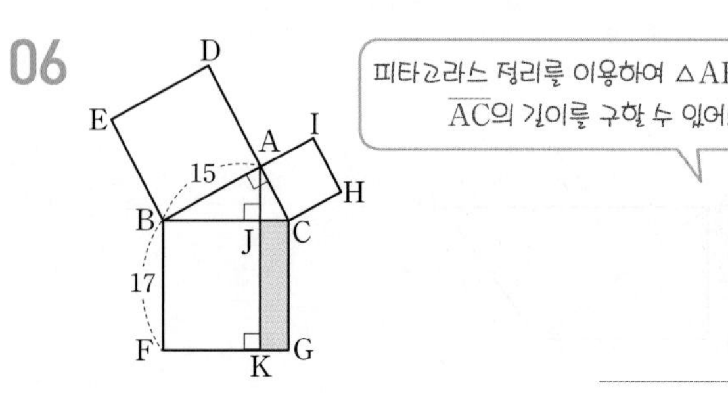

피타고라스 정리의 이해 (2)-피타고라스의 방법

직각삼각형 ABC와 합동인 직각삼각형 3개를 이용하여 한 변의 길이가 $a+b$인 정사각형을 만들면

❶ [그림 1]에서 □AGHB$=c^2$

❷ [그림 2]와 같이 이동시키면 □AGHB의 넓이는 한 변의 길이가 각각 a, b인 두 정사각형의 넓이의 합과 같다.

➜ $c^2=a^2+b^2$

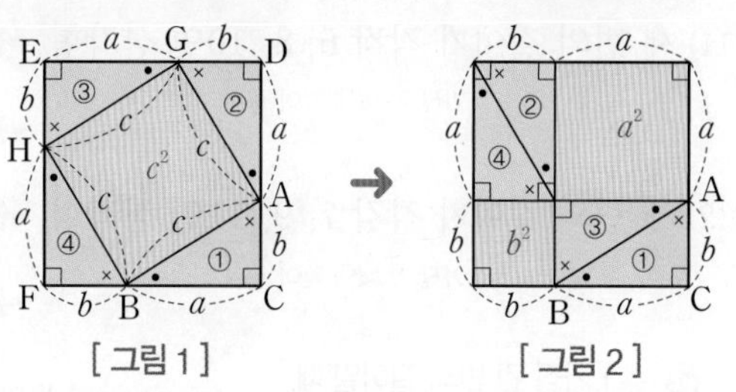

[그림 1] [그림 2]

다음 그림에서 □ABCD는 정사각형이고 4개의 직각삼각형은 모두 합동일 때, □EFGH의 넓이를 구하시오.

01 따라해

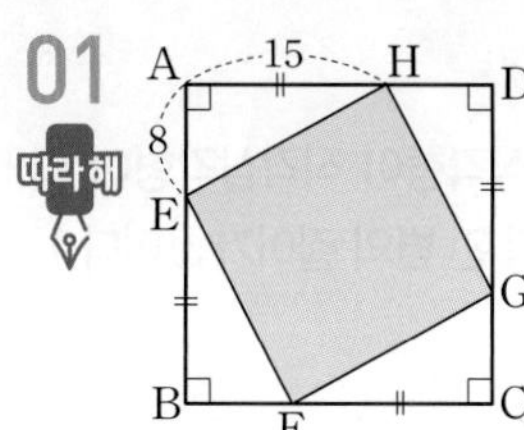

△AEH에서

$\overline{EH}^2=\overline{AH}^2+\overline{AE}^2=\square^2+8^2=\square$

$\therefore \overline{EH}=\square$ ($\because \overline{EH}>0$)

이때 □EFGH는 한 변의 길이가 $\overline{EH}$인 정사각형이므로

□EFGH$=\overline{EH}^2=\square$

02

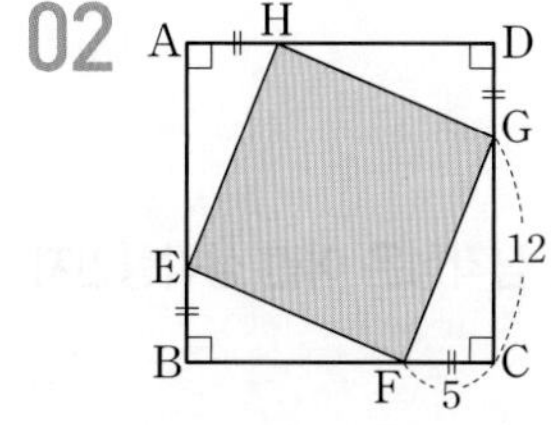

03

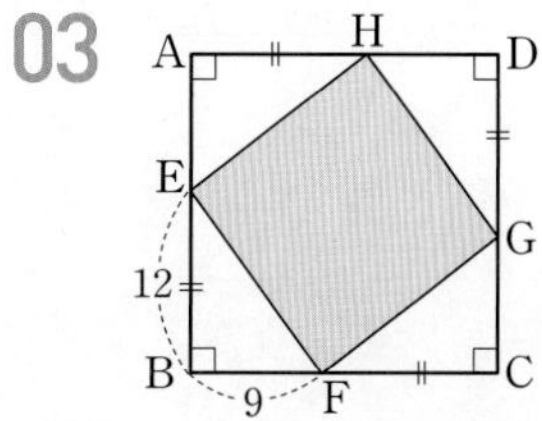

다음 그림에서 □ABCD는 정사각형이고 4개의 직각삼각형은 모두 합동이다. □EFGH의 넓이가 주어졌을 때, x의 값을 구하시오.

04 따라해

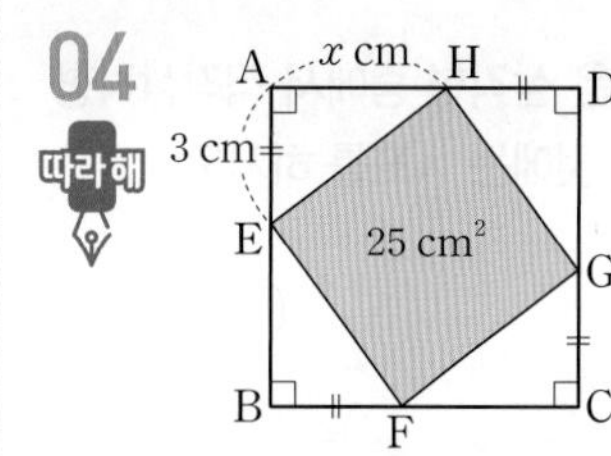

□EFGH는 한 변의 길이가 $\overline{EH}$인 정사각형이므로

□EFGH$=\overline{EH}^2=\square$ (cm^2)

△AEH에서

$x^2=\overline{EH}^2-\overline{AE}^2=\square-3^2=\square$ $\therefore x=\square$ ($\because x>0$)

05

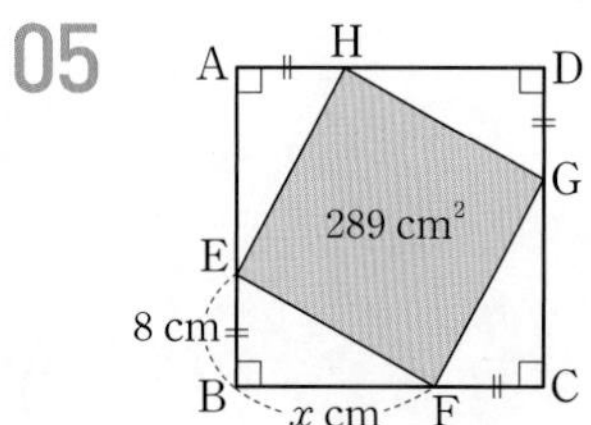

06

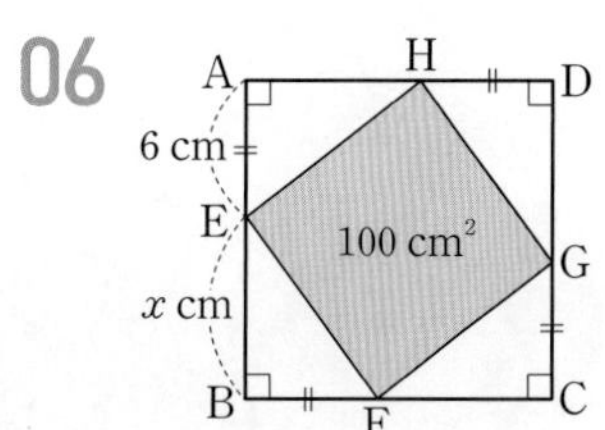

직각삼각형이 되는 조건

(1) 세 변의 길이가 각각 6, 8, 10인 삼각형 ➜ $10^2=6^2+8^2$

가장 긴 변의 길이

➜ 빗변의 길이가 10인 직각삼각형이다.

(2) 세 변의 길이가 각각 7, 9, 11인 삼각형 ➜ $11^2\neq7^2+9^2$

가장 긴 변의 길이

➜ 직각삼각형이 아니다.

참고 c가 가장 긴 변의 길이일 때,

① $a^2+b^2>c^2$ ➜ 예각삼각형

② $a^2+b^2=c^2$ ➜ 직각삼각형

③ $a^2+b^2<c^2$ ➜ 둔각삼각형

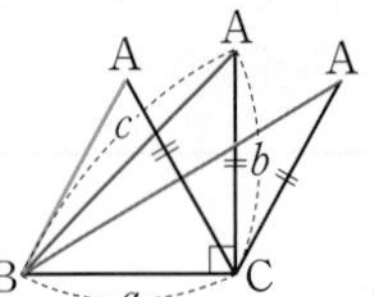

세 변의 길이가 각각 a, b, c인 삼각형에서 $c^2=a^2+b^2$ 이면 빗변의 길이가 c인 직각삼각형이다.

실수 Check

가장 긴 변의 길이를 찾아 나머지 두 변의 길이의 제곱의 합과 비교한다.

세 변의 길이가 각각 다음과 같은 삼각형 중에서 직각삼각형인 것에는 ○표, 직각삼각형이 아닌 것에는 ×표를 하시오.

01 2, 2, 3 ( )

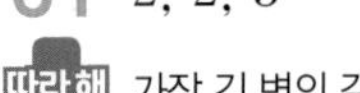

가장 긴 변의 길이 ➜ □

3^2 ○ 2^2+2^2 ➜ (직각삼각형이다, 직각삼각형이 아니다).

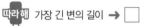

(가장 긴 변의 길이)^2=(나머지 두 변의 길이의 제곱의 합)이 성립하면 직각삼각형이야.

02 5, 12, 13 ( )

03 6, 10, 14 ( )

04 9, 12, 18 ( )

05 8, 15, 17 ( )

세 변의 길이가 각각 다음과 같은 삼각형이 직각삼각형이 되도록 하는 x의 값을 구하시오. (단, 가장 긴 변의 길이가 x이다.)

06 7, 24, x ______

07 9, 12, x ______

08 12, 16, x ______

세 변의 길이가 각각 다음과 같은 삼각형은 어떤 삼각형인지 말하시오.

09 3, 4, 5 ______

10 5, 7, 11 ______

11 6, 7, 8 ______

▶ 정답 및 풀이 43쪽

삼각형에서 피타고라스 정리의 활용

직각삼각형의 닮음을 이용한 성질

(1) 직각삼각형의 닮음 이용

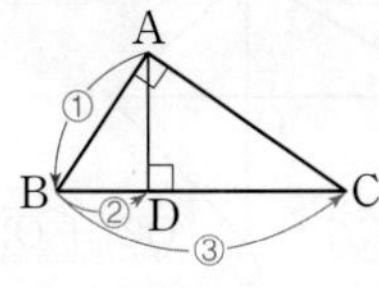
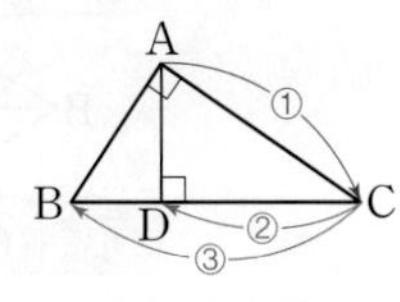
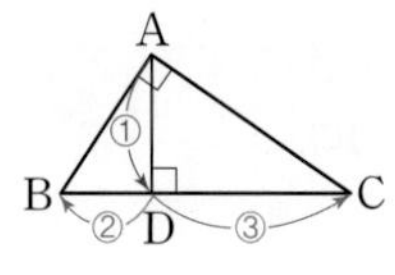

→ ①²=②×③

(2) 직각삼각형의 넓이 이용

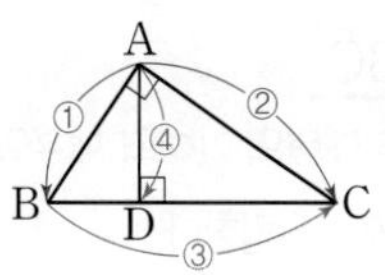

→ ①×②=③×④

피타고라스 정리를 이용한 직각삼각형의 성질

$\angle A=90^\circ$인 직각삼각형 ABC에서 두 점 D, E가 각각 $\overline{AB}$, $\overline{AC}$ 위에 있을 때,

$\overline{DE}^2+\overline{BC}^2=(\overline{AD}^2+\overline{AE}^2)+(\overline{AB}^2+\overline{AC}^2)$ → △ADE와 △ABC

$=(\overline{AB}^2+\overline{AE}^2)+(\overline{AD}^2+\overline{AC}^2)$ → △ABE와 △ADC

$=\overline{BE}^2+\overline{CD}^2$

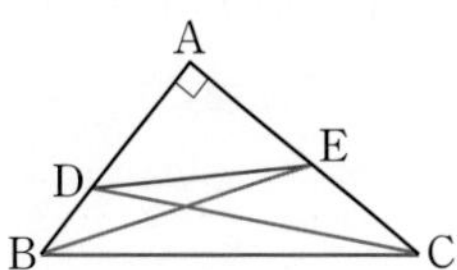

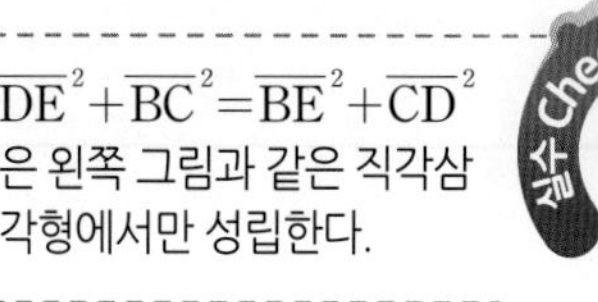

$\overline{DE}^2+\overline{BC}^2=\overline{BE}^2+\overline{CD}^2$은 왼쪽 그림과 같은 직각삼각형에서만 성립한다.

직각삼각형의 닮음을 이용한 성질

다음 그림과 같이 $\angle A=90^\circ$인 직각삼각형 ABC에서 x의 값을 구하시오.

01 따라해

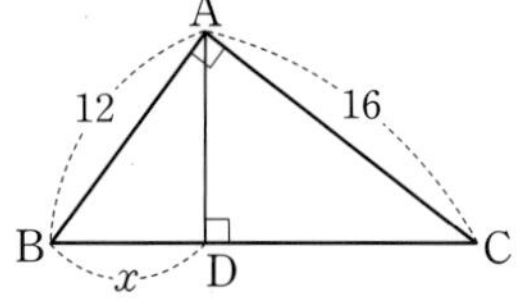

△ABC에서 $\overline{BC}^2=12^2+\square^2=\square$

$\therefore \overline{BC}=\square$ ($\because \overline{BC}>0$)

$\overline{AB}^2=\overline{BD}\times\overline{BC}$이므로

$12^2=x\times\square$　　$\therefore x=\square$

02

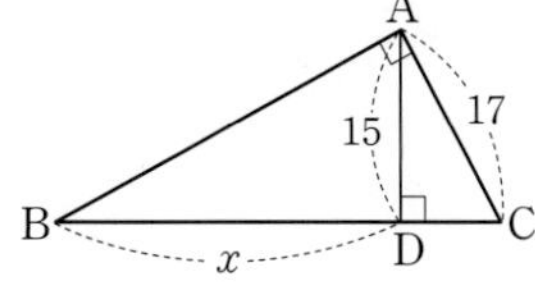

03

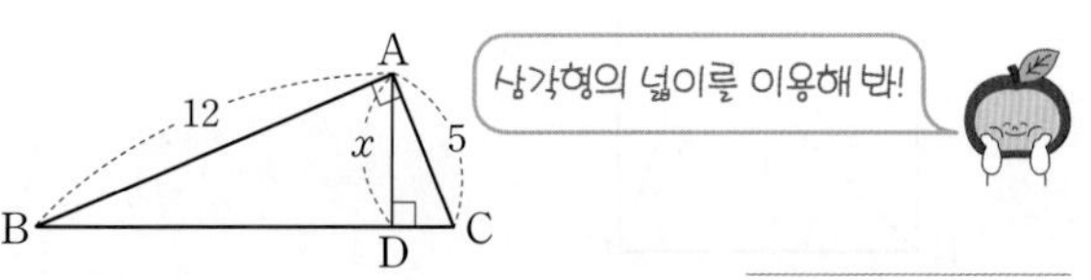

피타고라스 정리를 이용한 직각삼각형의 성질

아래 그림과 같은 직각삼각형 ABC에서 다음 값을 구하시오.

04 $\overline{DE}^2+\overline{BC}^2$ 따라해

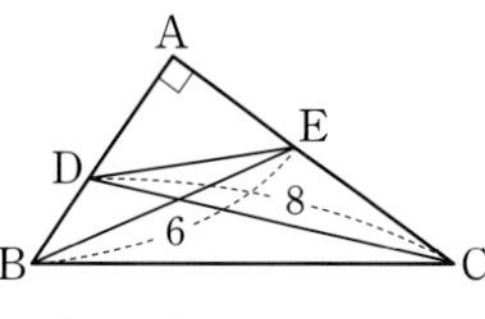

$\overline{DE}^2+\overline{BC}^2=6^2+\square^2=\square$

05 $\overline{AE}^2+\overline{BD}^2$

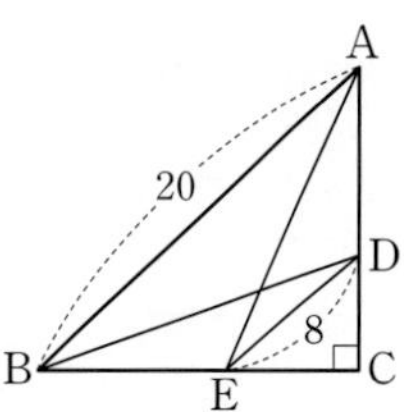

06 $\overline{BC}^2$

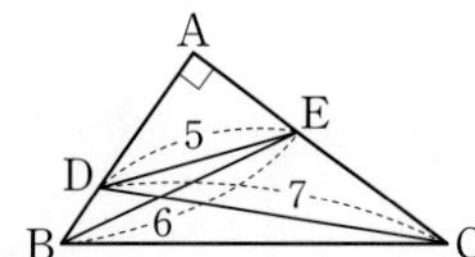

▶ 정답 및 풀이 43쪽

06 사각형에서 피타고라스 정리의 활용

두 대각선이 직교하는 사각형의 성질

사각형 ABCD에서 두 대각선이 직교할 때,

$\overline{AB}^2+\overline{CD}^2=\overline{AD}^2+\overline{BC}^2$

→ 사각형의 두 대변의 길이의 제곱의 합은 서로 같다.

주의 두 대각선이 직교하는 경우에만 성립한다.

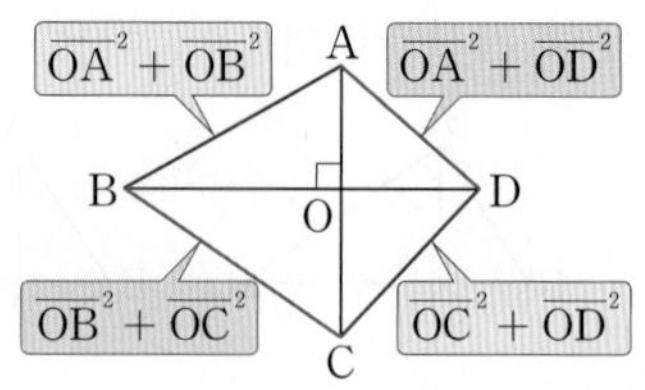

피타고라스 정리를 이용한 직사각형의 성질

직사각형 ABCD의 내부에 있는 임의의 점 P에 대하여

$\overline{AP}^2+\overline{CP}^2=\overline{BP}^2+\overline{DP}^2$

주의 직사각형에서만 성립한다.

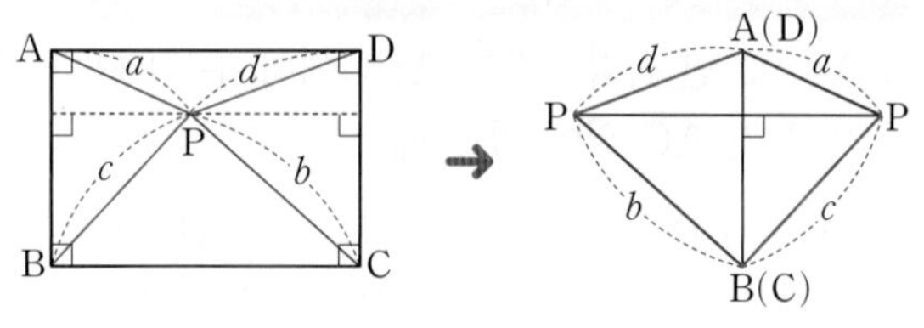

두 대각선이 직교하는 사각형의 성질

다음 그림과 같은 □ABCD에서 $\overline{AC}\perp\overline{BD}$일 때, x^2의 값을 구하시오.

01 따라해

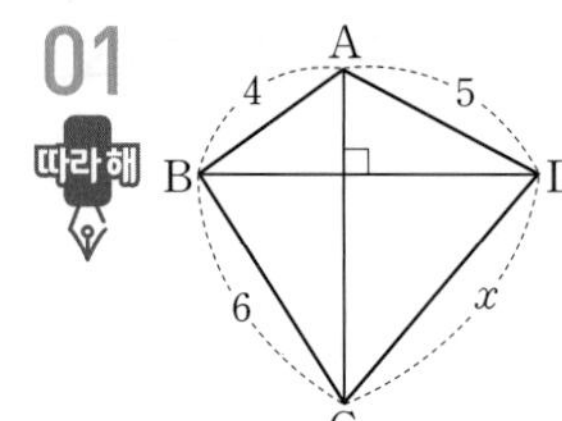

$\square^2+\overline{CD}^2=\overline{AD}^2+\square^2$이므로

$\square^2+x^2=5^2+\square^2 \quad \therefore x^2=\square$

02

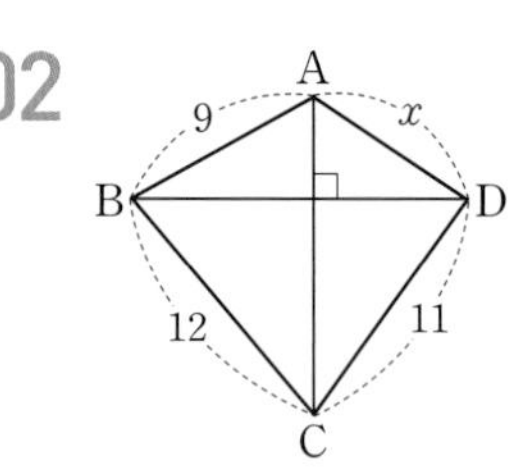

03

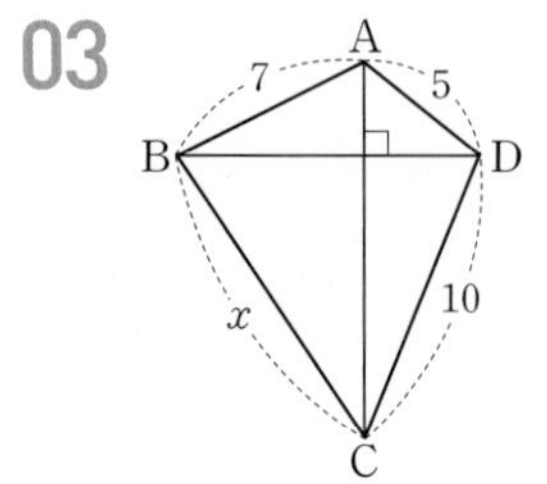

피타고라스 정리를 이용한 직사각형의 성질

다음 그림과 같이 직사각형 ABCD의 내부에 한 점 P가 있을 때, x^2의 값을 구하시오.

04 따라해

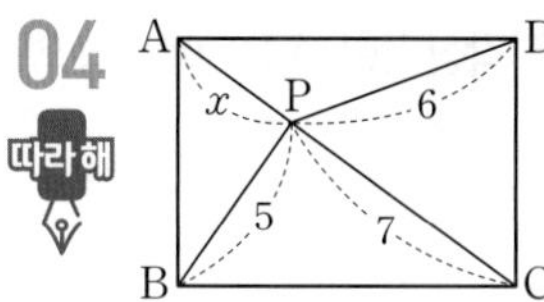

$\overline{AP}^2+\square^2=\square^2+\overline{DP}^2$이므로

$x^2+\square^2=\square^2+6^2 \quad \therefore x^2=\square$

05

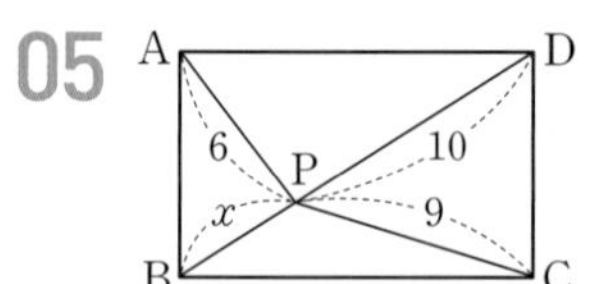

06

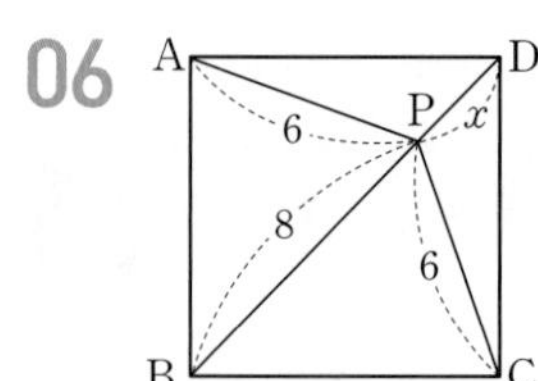

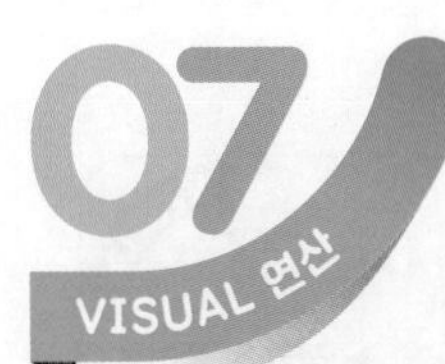

직각삼각형의 세 반원 사이의 관계

직각삼각형의 세 반원 사이의 관계

직각삼각형 ABC에서 직각을 낀 두 변을 지름으로 하는 반원의 넓이를 각각 S_1, S_2, 빗변을 지름으로 하는 반원의 넓이를 S_3이라 할 때,

$S_3=S_1+S_2$

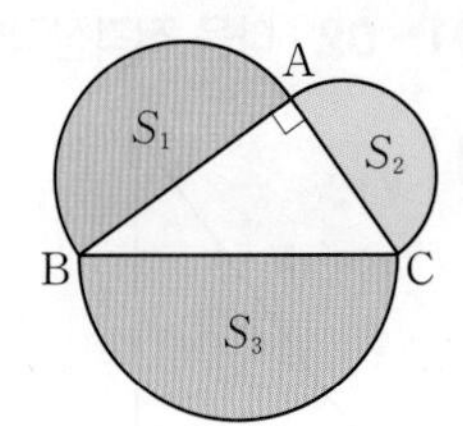

히포크라테스의 원의 넓이

직각삼각형 ABC의 각 변을 지름으로 하는 반원에서

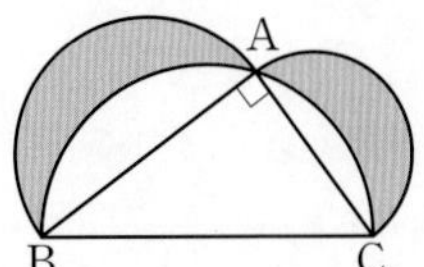

=
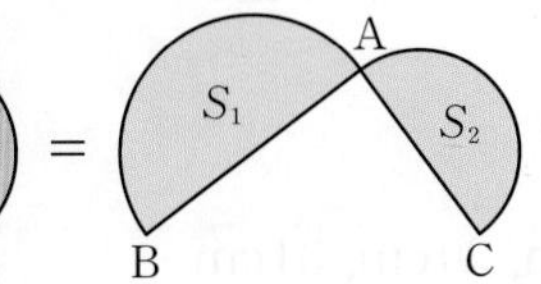

+
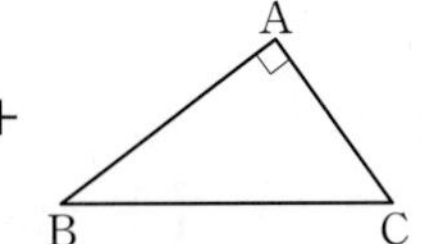

−
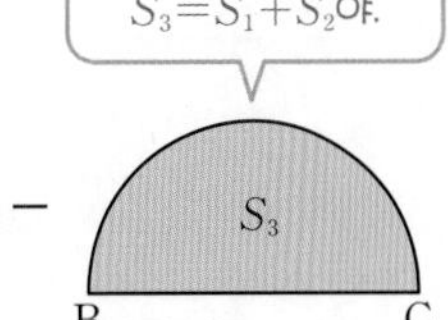

=
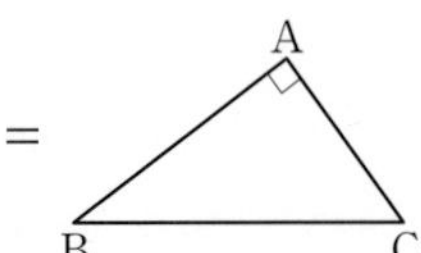

→ (색칠한 부분의 넓이)$=\triangle$ABC

직각삼각형의 세 반원 사이의 관계

다음은 직각삼각형 ABC의 각 변을 지름으로 하는 세 반원을 그린 것이다. 색칠한 부분의 넓이를 구하시오.

01

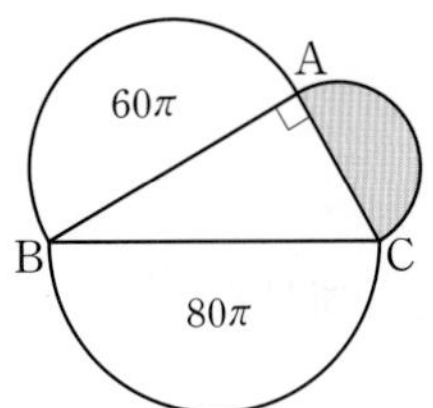

(색칠한 부분의 넓이)$=\square-60\pi=\square$

02

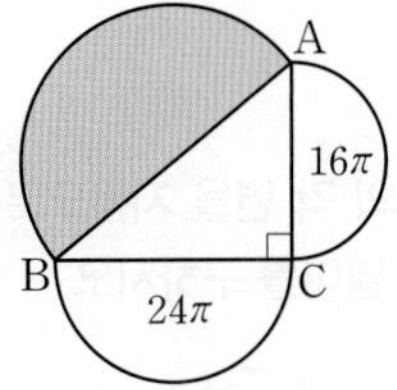

03

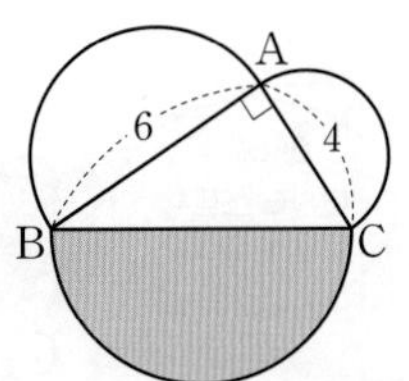

반지름의 길이가 주어진 반원의 넓이를 먼저 구해 봐!

히포크라테스의 원의 넓이

다음은 직각삼각형 ABC의 각 변을 지름으로 하는 세 반원을 그린 것이다. 색칠한 부분의 넓이를 구하시오.

04

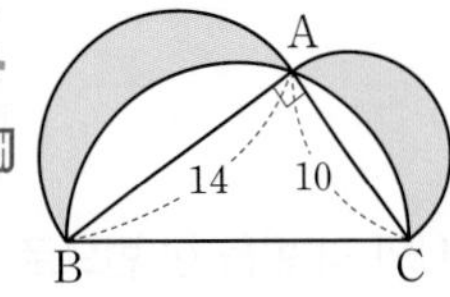

(색칠한 부분의 넓이)$=\triangle\text{ABC}=\frac{1}{2}\times14\times\square=\square$

05

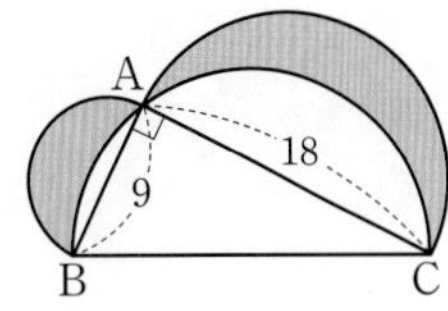

06

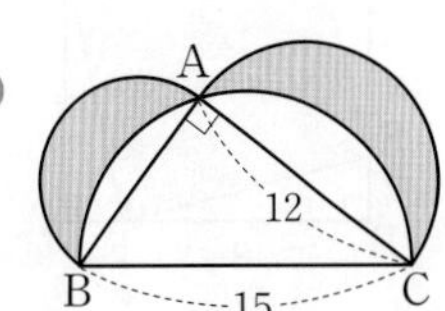

피타고라스 정리를 이용하여 $\overline{\text{AB}}$의 길이를 먼저 구해 봐!

연산 능력 UP! 10분 연산 TEST

▶ 정답 및 풀이 43쪽

[01 ~ 02] 다음 직각삼각형에서 x의 값을 구하시오.

01

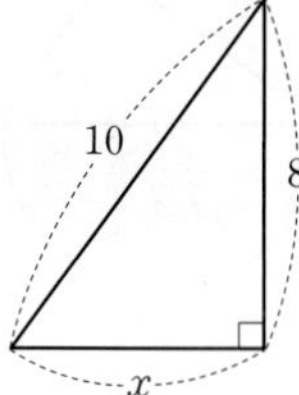

02

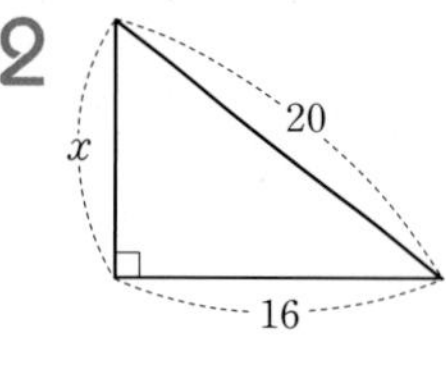

[03 ~ 04] 다음 그림에서 x, y의 값을 각각 구하시오.

03

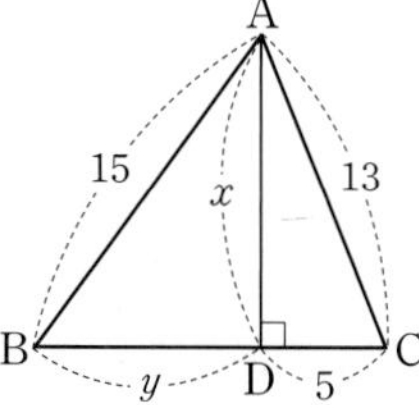

04

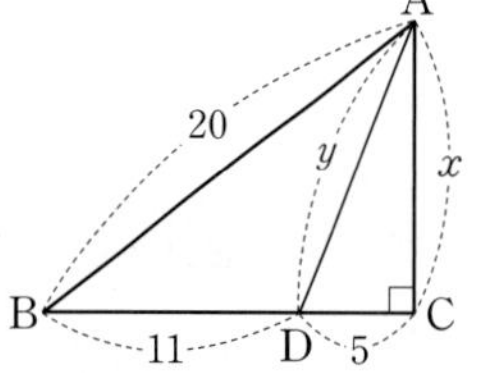

[05 ~ 06] 다음은 직각삼각형 ABC의 각 변을 한 변으로 하는 세 정사각형을 그린 것이다. 색칠한 부분의 넓이를 구하시오.

05

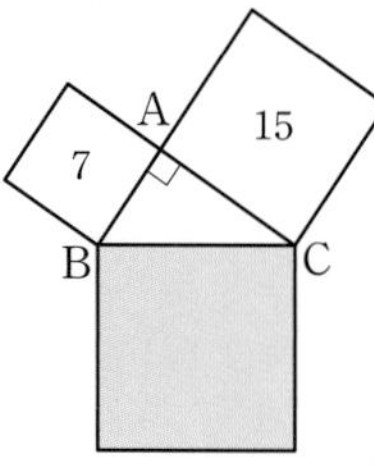

06

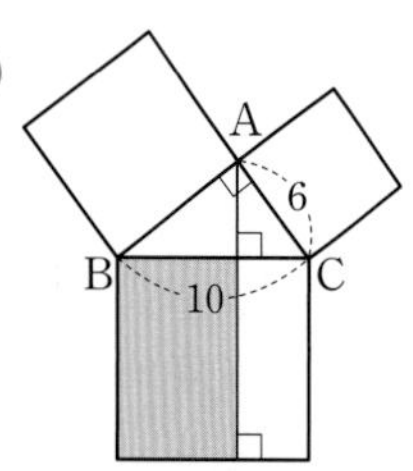

[07 ~ 08] 다음 그림에서 □ABCD는 정사각형이고 4개의 직각삼각형은 모두 합동일 때, □EFGH의 넓이를 구하시오.

07

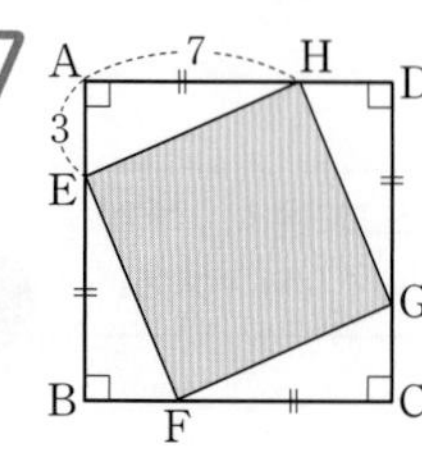

08

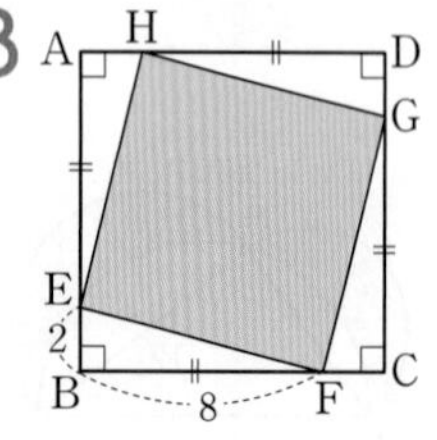

[09 ~ 11] 세 변의 길이가 각각 다음과 같은 삼각형 중에서 직각삼각형인 것에는 ○표, 직각삼각형이 아닌 것에는 ×표를 하시오.

09 6 cm, 8 cm, 11 cm ( )

10 9 cm, 12 cm, 15 cm ( )

11 16 cm, 30 cm, 34 cm ( )

[12 ~ 13] 다음 그림에서 x, y의 값을 각각 구하시오.

12

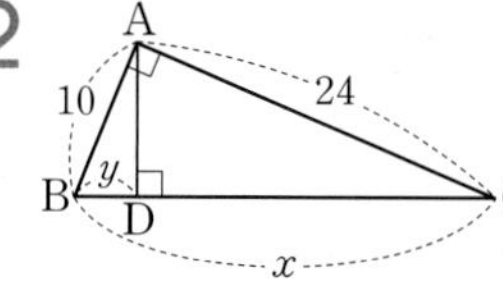

13

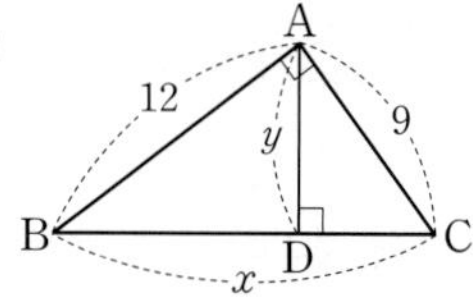

[14 ~ 15] 다음 그림에서 x^2의 값을 구하시오.

14

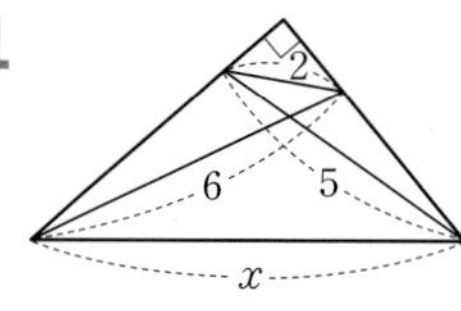

15

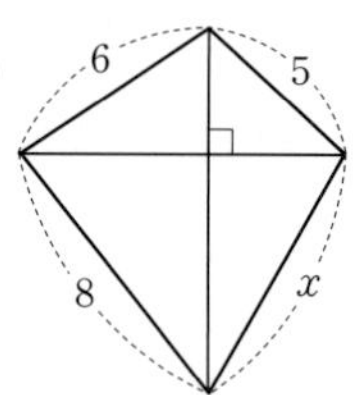

[16 ~ 17] 다음은 직각삼각형 ABC의 각 변을 지름으로 하는 세 반원을 그린 것이다. 색칠한 부분의 넓이를 구하시오.

16

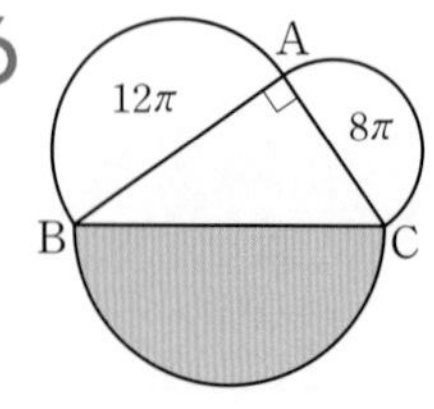

17

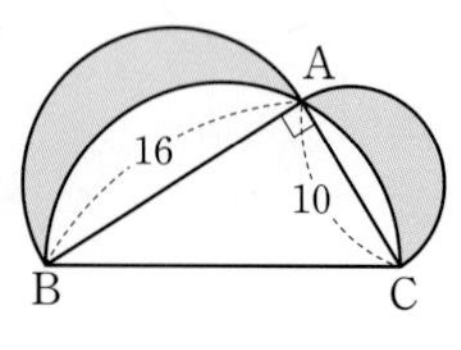

한 번 더 연산테스트는 부록 13쪽에서

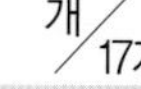

맞힌 개수 개/17개

▶ 정답 및 풀이 44 쪽

01

오른쪽 그림과 같은 직각삼각형 ABC의 넓이는?

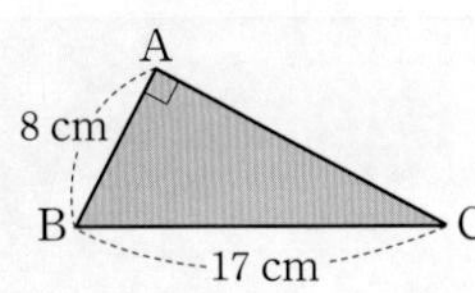

① 60 cm^2 ② 64 cm^2
③ 68 cm^2 ④ 72 cm^2
⑤ 76 cm^2

02 80% 출제율

오른쪽 그림에서 $x+y$의 값은?

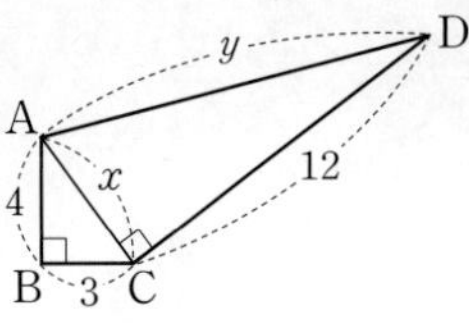

① 17 ② 18
③ 19 ④ 20
⑤ 21

03

오른쪽 그림에서 $\overline{AD}\perp\overline{BC}$이고, $\overline{AD}=12$, $\overline{CD}=16$일 때, $\overline{AB}$의 길이는?

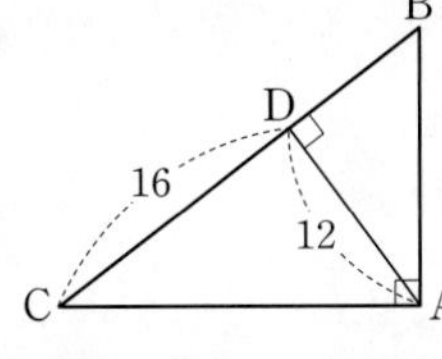

① 6 ② 8
③ 10 ④ 15
⑤ 17

04

세 변의 길이가 각각 6, 8, x인 삼각형에 대하여 다음 중 옳은 것을 모두 고르면? (정답 2개)

① $x=3$이면 예각삼각형이다.
② $x=4$이면 예각삼각형이다.
③ $x=6$이면 예각삼각형이다.
④ $x=10$이면 둔각삼각형이다.
⑤ $x=11$이면 둔각삼각형이다.

05

오른쪽 그림의 □ABCD에서 $\overline{AC}\perp\overline{BD}$일 때, $\overline{BC}$의 길이는?

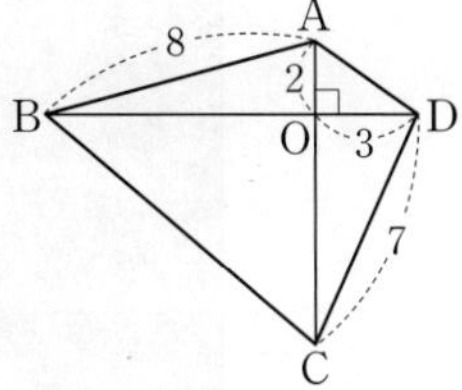

① 8 ② 9
③ 10 ④ 11
⑤ 12

06 실수 주의

오른쪽 그림과 같이 $\angle A=90°$, $\overline{BC}=20\text{ cm}$인 직각삼각형 ABC의 각 변을 지름으로 하는 세 반원의 넓이를 각각 S_1, S_2, S_3이라 할 때, $S_1+S_2+S_3$의 값은?

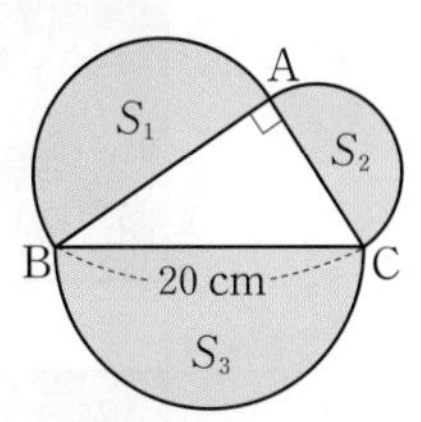

① $20\pi\text{ cm}^2$ ② $40\pi\text{ cm}^2$ ③ $60\pi\text{ cm}^2$
④ $80\pi\text{ cm}^2$ ⑤ $100\pi\text{ cm}^2$

07 서술형

오른쪽 그림과 같이 $\angle A=90°$인 직각삼각형 ABC에서 $\overline{AB}$, $\overline{AC}$의 중점을 각각 D, E라 하자. $\overline{BC}=8$일 때, $\overline{BE}^2+\overline{CD}^2$의 값을 구하시오.

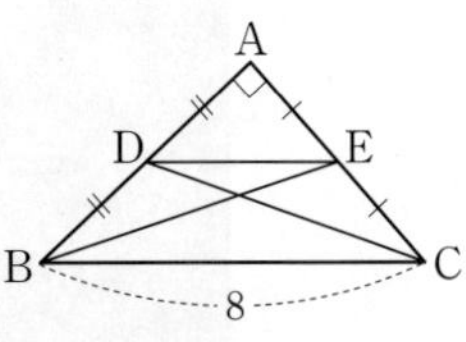

채점 기준 1 $\overline{DE}$의 길이 구하기

채점 기준 2 $\overline{BE}^2+\overline{CD}^2$의 값 구하기

다른 부분은 모두 12곳이야!

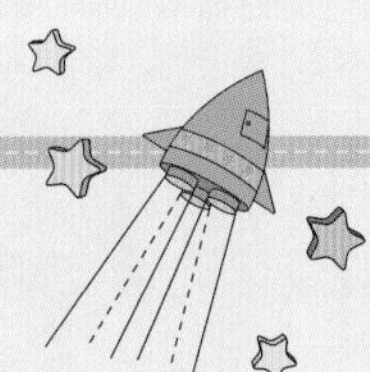

IV

확률

사건이 일어날 가능성을 수로 나타낸 확률은
현대 정보화 사회의 불확실성을 이해하는 중요한
도구이에요. 다양한 자료를 수집, 정리, 해석하고,
확률을 이해함으로써 미래를 예측하고 합리적인
의사 결정을 하는 민주 시민으로서의
기본 소양을 기를 수 있지요.

IV-1 경우의 수

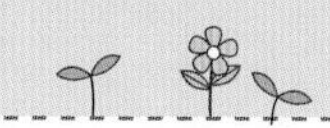

01 사건과 경우의 수

(1) **사건 :** 같은 조건에서 반복할 수 있는 실험이나 관찰의 결과

예 한 개의 동전을 던질 때, 앞면이 나온다.

(2) **경우의 수 :** 어떤 사건이 일어나는 경우의 가짓수

예 한 개의 동전을 던질 때, 일어나는 모든 경우의 수는 앞면, 뒷면의 2가지이다.

주의 경우의 수를 구할 때는 모든 경우를 중복되지 않게, 빠짐없이 구해야 한다.

02 사건 A 또는 사건 B가 일어나는 경우의 수

두 사건 A, B가 동시에 일어나지 않을 때,

사건 A가 일어나는 경우의 수가 m이고, 사건 B가 일어나는 경우의 수가 n이면

(사건 A **또는** 사건 B가 일어나는 경우의 수)$=m+n$

'또는', '~이거나'와 같은 표현이 있으면 두 사건이 일어나는 경우의 수를 더한다.

참고 두 사건 A, B가 동시에 일어나지 않는다는 것은 사건 A가 일어나면 사건 B가 일어날 수 없고, 사건 B가 일어나면 사건 A가 일어날 수 없다는 뜻이다.

예 한 개의 주사위를 던질 때, 3 이하 또는 5 이상의 눈이 나오는 경우의 수를 구해 보자.

3 이하의 눈이 나오는 경우 : 1, 2, 3의 3가지
5 이상의 눈이 나오는 경우 : 5, 6의 2가지
(두 사건이 동시에 일어나지 않는다.)

→ 3 이하 또는 5 이상의 눈이 나오는 경우의 수 : $3+2=5$

03 사건 A와 사건 B가 동시에 일어나는 경우의 수

사건 A가 일어나는 경우의 수가 m이고, 그 각각에 대하여 사건 B가 일어나는 경우의 수가 n이면

(사건 A와 사건 B가 **동시에** 일어나는 경우의 수)$=m\times n$

'동시에', '~와', '~이고', '~하고 나서'와 같은 표현이 있으면 각 사건이 일어나는 경우의 수를 곱한다.

참고 두 사건 A, B가 동시에 일어난다는 것은 사건 A도 일어나고 사건 B도 일어난다는 뜻이다.

예 서로 다른 연필 3자루와 서로 다른 색연필 2자루 중에서 연필과 색연필을 각각 한 자루씩 고르는 경우의 수를 구해 보자.

연필을 한 자루 고르는 경우 : 3가지
색연필을 한 자루 고르는 경우 : 2가지
(두 사건이 동시에 일어난다.)

→ 연필과 색연필을 각각 한 자루씩 고르는 경우의 수 : $3\times 2=6$

04 한 줄로 세우는 경우의 수

(1) 한 줄로 세우는 경우의 수

① n명을 한 줄로 세우는 경우의 수 ➜ $n\times(n-1)\times(n-2)\times\cdots\times2\times1$

② n명 중에서 2명을 뽑아 한 줄로 세우는 경우의 수 ➜ $n\times(n-1)$

③ n명 중에서 3명을 뽑아 한 줄로 세우는 경우의 수 ➜ $n\times(n-1)\times(n-2)$

(2) 이웃하여 한 줄로 세우는 경우의 수

❶ 이웃하는 것을 하나로 묶어서 한 줄로 세우는 경우의 수를 구한다.

❷ 묶음 안에서 자리를 바꾸는 경우의 수를 구한다.

❸ ❶에서 구한 경우의 수와 ❷에서 구한 경우의 수를 곱한다.

➜ (이웃하는 것을 하나로 묶어 한 줄로 세우는 경우의 수)×(묶음 안에서 자리를 바꾸는 경우의 수)

→ 묶음 안에서 한 줄로 세우는 경우의 수

05 자연수를 만드는 경우의 수

(1) 0을 포함하지 않는 경우

0이 아닌 서로 다른 한 자리의 숫자가 각각 하나씩 적힌 n장의 카드 중에서

① 2장을 뽑아 만들 수 있는 두 자리의 자연수의 개수 ➜ $n\times(n-1)$

② 3장을 뽑아 만들 수 있는 세 자리의 자연수의 개수 ➜ $n\times(n-1)\times(n-2)$

(2) 0을 포함하는 경우

0을 포함한 서로 다른 한 자리의 숫자가 각각 하나씩 적힌 n장의 카드 중에서

① 2장을 뽑아 만들 수 있는 두 자리의 자연수의 개수 ➜ $(n-1)\times(n-1)$

→ 맨 앞자리에 0이 올 수 없으므로 0을 뺀 $(n-1)$개

② 3장을 뽑아 만들 수 있는 세 자리의 자연수의 개수 ➜ $(n-1)\times(n-1)\times(n-2)$

06 대표를 뽑는 경우의 수

(1) 자격이 다른 대표를 뽑는 경우

① n명 중에서 자격이 다른 대표 2명을 뽑는 경우의 수 ➜ $n\times(n-1)$

② n명 중에서 자격이 다른 대표 3명을 뽑는 경우의 수 ➜ $n\times(n-1)\times(n-2)$

(2) 자격이 같은 대표를 뽑는 경우

① n명 중에서 자격이 같은 대표 2명을 뽑는 경우의 수 ➜ $\dfrac{n\times(n-1)}{2}$

(A, B), (B, A)가 서로 같은 경우이므로 2로 나눈다.

② n명 중에서 자격이 같은 대표 3명을 뽑는 경우의 수 ➜ $\dfrac{n\times(n-1)\times(n-2)}{6}$

(A, B, C), (A, C, B), (B, A, C), (B, C, A), (C, A, B), (C, B, A)가 모두 같은 경우이므로 6으로 나눈다.

▶ 정답 및 풀이 45쪽

사건과 경우의 수

(1) **사건** : 같은 조건에서 반복할 수 있는 실험이나 관찰의 결과
(2) **경우의 수** : 어떤 사건이 일어나는 경우의 가짓수

한 개의 주사위를 던질 때

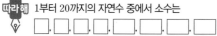

사건	경우	경우의 수
짝수의 눈이 나온다.	⚁ ⚃ ⚅	3
3보다 작은 수의 눈이 나온다.	⚀ ⚁	2
일어날 수 있는 모든 경우	⚀ ⚁ ⚂ ⚃ ⚄ ⚅	6

경우의 수를 중복되지 않게 빠짐없이 구하려면 순서를 정하여 그에 따라 구해. 또, 복잡한 경우의 수는 그림이나 표를 그리면 쉽게 구할 수 있어!

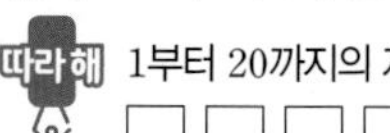

1부터 20까지의 자연수가 각각 하나씩 적힌 20장의 카드가 있다. 이 중에서 한 장을 뽑을 때, 다음 사건이 일어나는 경우의 수를 구하시오.

01 소수가 적힌 카드가 나온다. ______

따라해 1부터 20까지의 자연수 중에서 소수는
□, □, □, □, □, □, □, □
따라서 소수가 적힌 카드가 나오는 경우의 수는 □이다.

소수는 1보다 큰 자연수 중 약수가 1과 자기자신뿐인 수야.

02 15보다 큰 수가 적힌 카드가 나온다. ______

03 짝수가 적힌 카드가 나온다. ______

04 4의 배수가 적힌 카드가 나온다. ______

05 20의 약수가 적힌 카드가 나온다. ______

주사위에 대한 경우의 수

한 개의 주사위를 던질 때, 다음 사건이 일어나는 경우의 수를 구하시오.

06 홀수의 눈이 나온다. ______

따라해 눈의 수가 홀수인 경우는 □, □, □이므로 홀수의 눈이 나오는 경우의 수는 □이다.

07 4보다 큰 수의 눈이 나온다. ______

08 2보다 크고 6보다 작은 수의 눈이 나온다. ______

09 3의 배수의 눈이 나온다. ______

10 6의 약수의 눈이 나온다. ______

서로 다른 두 개의 주사위를 동시에 던질 때, 다음 물음에 답하시오.

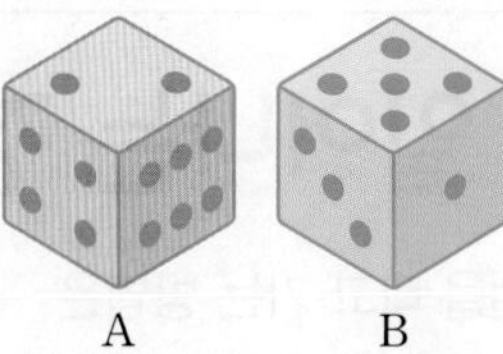

11 아래 표를 완성하시오.

A \ B	⚀	⚁	⚂	⚃	⚄	⚅
⚀	(1, 1)	(1, 2)				
⚁	(2, 1)					
⚂						
⚃						
⚄						
⚅						

12 일어날 수 있는 모든 경우의 수를 구하시오. ________

13 두 눈의 수가 같은 경우의 수를 구하시오. ________

위의 표에서 순서쌍 (a, b) 중 $a=b$인 것을 찾아봐.

14 두 눈의 수의 합이 6인 경우의 수를 구하시오. ________

15 두 눈의 수의 차가 4인 경우의 수를 구하시오. ________

16 두 눈의 수의 곱이 12인 경우의 수를 구하시오. ________

동전에 대한 경우의 수

서로 다른 두 개의 동전을 동시에 던질 때, 다음을 구하시오.

17 일어날 수 있는 모든 경우의 수 ________

모든 경우를 순서쌍으로 나타내면

(앞면, 앞면), (앞면, ☐), (뒷면, ☐), (뒷면, 뒷면)

따라서 일어날 수 있는 모든 경우의 수는 ☐이다.

18 앞면이 한 개만 나오는 경우의 수 ________

19 뒷면이 2개 나오는 경우의 수 ________

20 서로 같은 면이 나오는 경우의 수 ________

돈을 지불하는 경우의 수

100원짜리, 50원짜리, 10원짜리 동전이 각각 5개씩 있을 때, 다음 금액을 거스름돈 없이 지불하는 경우의 수를 구하시오.

21 500원 ________

500원을 지불하는 방법을 표로 나타내 보면

100원(개)	5	4	4	3	3	2
50원(개)	0		1	4		
10원(개)	0		5	0		

따라서 구하는 경우의 수는 ☐이다.

돈을 지불하는 경우의 수를 구할 때는 표나 순서쌍을 이용하면 편리해!

22 200원 ________

▶ 정답 및 풀이 45쪽

사건 A 또는 사건 B가 일어나는 경우의 수

학교에서 도서관까지 버스를 타고 가는 방법은 3가지, 지하철을 타고 가는 방법은 2가지가 있을 때, 학교에서 도서관까지 버스 또는 지하철을 타고 가는 경우의 수를 구해 보자.

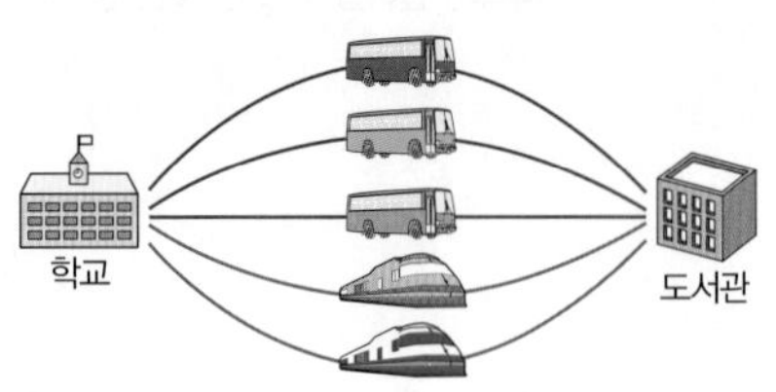

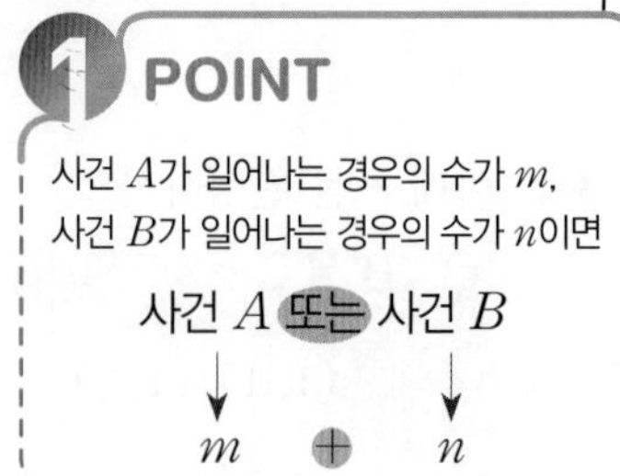

POINT
사건 A가 일어나는 경우의 수가 m,
사건 B가 일어나는 경우의 수가 n이면
사건 A 또는 사건 B
m + n

❶ 버스를 타고 가는 경우의 수 → 3
❷ 지하철을 타고 가는 경우의 수 → 2 (동시에 선택할 수 없다.)
❸ 버스 또는 지하철을 타고 가는 경우의 수 → 3+2=5

실수 Check: 두 사건 A, B가 동시에 일어나지 않을 때만 각 사건의 경우의 수를 더해서 구할 수 있다.

교통수단을 선택하는 경우

서울에서 경주까지 버스를 타고 가는 방법은 5가지, 기차를 타고 가는 방법은 3가지가 있다. 다음을 구하시오.

01 서울에서 경주까지 버스를 타고 가는 경우의 수

02 서울에서 경주까지 기차를 타고 가는 경우의 수

03 서울에서 경주까지 버스 또는 기차를 타고 가는 경우의 수
└ 버스와 기차를 동시에 타고 갈 수 없다.

다음 물음에 답하시오.

04 집에서 서점까지 버스를 타고 가는 방법은 4가지, 지하철을 타고 가는 방법은 2가지가 있다. 집에서 서점까지 버스 또는 지하철을 타고 가는 경우의 수를 구하시오.

05 선재가 할머니 댁에 가는데 기차를 타고 가는 방법은 3가지, 고속버스를 타고 가는 방법은 4가지가 있다. 선재가 할머니 댁까지 기차 또는 고속버스를 타고 가는 경우의 수를 구하시오.

물건을 선택하는 경우

다음을 구하시오.

06 (따라해) 서로 다른 종류의 색연필 4자루와 서로 다른 종류의 볼펜 2자루가 있을 때, 색연필 또는 볼펜 중에서 한 자루를 고르는 경우의 수

❶ 색연필을 한 자루 고르는 경우의 수는 □
❷ 볼펜을 한 자루 고르는 경우의 수는 □
❸ 색연필 또는 볼펜을 한 자루 고르는 경우의 수는 □+□=□ (색연필, 볼펜)

07 수학 문제집 7종류, 영어 문제집 6종류가 있을 때, 수학 문제집 또는 영어 문제집 중에서 한 가지를 고르는 경우의 수

08 사탕 5종류, 초콜릿 6종류가 있을 때, 사탕 또는 초콜릿 중에서 한 가지를 고르는 경우의 수

09 김밥 4종류, 면 5종류가 있을 때, 이 중에서 메뉴 한 가지를 고르는 경우의 수

10 티셔츠 7종류, 남방 8종류가 있을 때, 이 중에서 상의 한 가지를 고르는 경우의 수

카드를 뽑는 경우

1부터 10까지의 자연수가 각각 하나씩 적힌 10장의 카드 중에서 한 장을 뽑을 때, 다음을 구하시오.

11 3보다 작은 수 또는 9보다 큰 수가 적힌 카드가 나오는 경우의 수

따라해

❶ 3보다 작은 수가 적힌 카드가 나오는 경우는
□, □의 □가지

❷ 9보다 큰 수가 적힌 카드가 나오는 경우는
□의 □가지

❸ 3보다 작은 수 또는 9보다 큰 수가 적힌 카드가 나오는 경우의 수는
□+□=□

12 4 이하의 수 또는 7 이상의 수가 적힌 카드가 나오는 경우의 수

13 3의 배수 또는 5의 배수가 적힌 카드가 나오는 경우의 수

14 4의 배수 또는 10의 약수가 적힌 카드가 나오는 경우의 수

15 짝수 또는 9의 약수가 적힌 카드가 나오는 경우의 수

주사위를 던지는 경우

서로 다른 두 개의 주사위를 동시에 던질 때, 다음을 구하시오.

16 두 눈의 수의 합이 3 또는 4인 경우의 수

따라해

❶ 두 눈의 수의 합이 3인 경우는
(1, □), (2, □)의 □가지

❷ 두 눈의 수의 합이 4인 경우는
(1, □), (2, □), (3, □)의 □가지

❸ 두 눈의 수의 합이 3 또는 4인 경우의 수는
□+□=□

17 두 눈의 수의 합이 6 또는 9인 경우의 수

18 두 눈의 수의 차가 4 또는 5인 경우의 수

19 두 눈의 수의 합이 10보다 큰 경우의 수

두 눈의 수의 합이 10보다 큰 경우는 눈의 수의 합이 11 또는 12인 경우야.

20 두 눈의 수의 합이 5의 배수인 경우

▶ 정답 및 풀이 46쪽

사건 A와 사건 B가 동시에 일어나는 경우의 수

학교에서 도서관까지 가는 길은 2가지, 도서관에서 집까지 가는 길은 3가지가 있을 때, 학교에서 도서관을 거쳐 집까지 가는 경우의 수를 구해 보자.

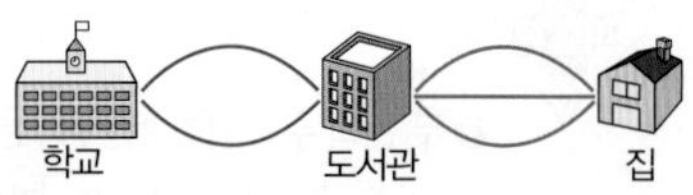

❶ 학교에서 도서관까지 가는 경우의 수 ➜ 2
❷ 도서관에서 집까지 가는 경우의 수 ➜ 3
(각각 하나씩 동시에 선택한다.)
❸ 학교에서 도서관을 거쳐(→ 동시에) 집까지 가는 경우의 수 ➜ $2\times3=6$

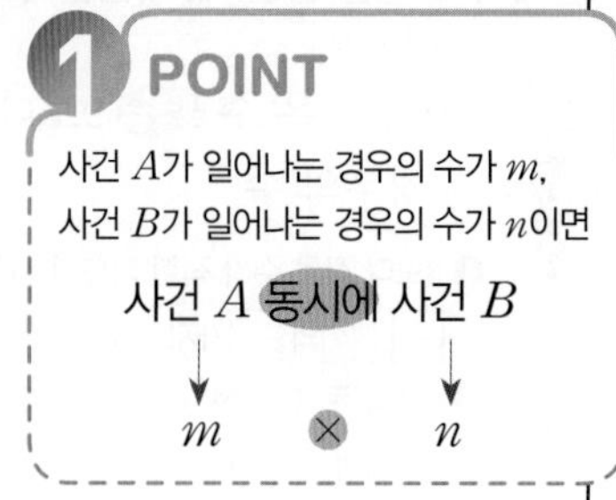

POINT
사건 A가 일어나는 경우의 수가 m,
사건 B가 일어나는 경우의 수가 n이면
사건 A 동시에 사건 B
m ⊗ n

길을 선택하는 경우

A 지점에서 B 지점까지 가는 길은 5가지, B 지점에서 C 지점까지 가는 길은 3가지가 있다. 다음을 구하시오.
(단, 같은 곳을 두 번 이상 지나지 않는다.)

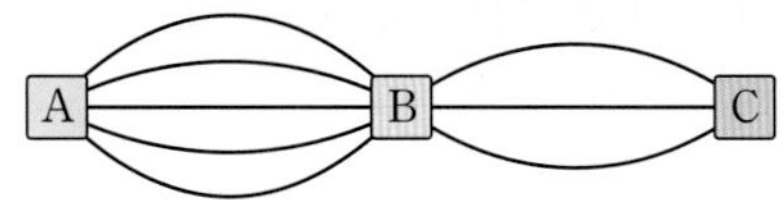

01 A 지점에서 B 지점까지 가는 경우의 수

02 B 지점에서 C 지점까지 가는 경우의 수

03 A 지점에서 B 지점을 거쳐 C 지점까지 가는 경우의 수
(→ A 지점에서 B 지점으로 간 후, B 지점에서 C 지점으로 간다.)

다음 물음에 답하시오.

04 집에서 서점까지 가는 길은 2가지, 서점에서 학원까지 가는 길은 4가지가 있을 때, 집에서 서점을 거쳐 학원까지 가는 경우의 수를 구하시오.
(단, 같은 곳을 두 번 이상 지나지 않는다.)

05 오른쪽 그림과 같은 전시실을 관람하려고 할 때, A 전시실에서 B 전시실을 거쳐 C 전시실로 가는 경우의 수를 구하시오.
(단, 같은 곳을 두 번 이상 지나지 않는다.)

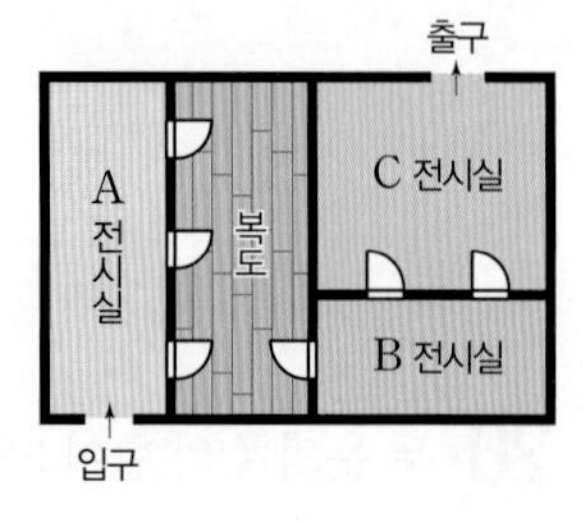

물건을 선택하는 경우

다음을 구하시오.

06 (따라해) 3개의 자음 ㄱ, ㄴ, ㄷ과 2개의 모음 ㅏ, ㅑ 중에서 자음과 모음을 각각 한 개씩 골라 짝 지어 만들 수 있는 글자의 개수

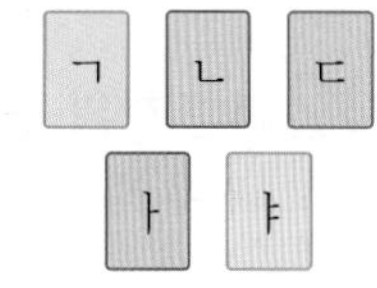

❶ 자음을 고르는 경우의 수는 ☐
❷ 모음을 고르는 경우의 수는 ☐
❸ 만들 수 있는 글자의 개수는 ☐(자음) ⊗ ☐(모음) = ☐

07 셔츠 3종류와 바지 3종류가 있을 때, 셔츠와 바지를 각각 한 가지씩 고르는 경우의 수

08 샌드위치 5종류와 음료 6종류가 있을 때, 샌드위치와 음료를 각각 한 가지씩 고르는 경우의 수

09 장갑 3종류와 목도리 4종류가 있을 때, 장갑과 목도리를 각각 한 가지씩 고르는 경우의 수

10 양말 6켤레와 신발 4켤레가 있을 때, 양말과 신발을 각각 한 켤레씩 고르는 경우의 수

동전, 주사위를 던지는 경우

다음 시행에서 일어날 수 있는 모든 경우의 수를 구하시오.

11 10원짜리 동전 한 개, 50원짜리 동전 한 개를 동시에 던질 때

따라해

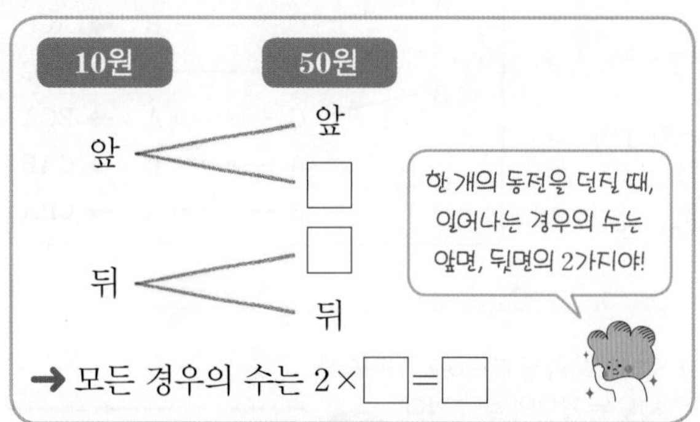

12 동전 한 개와 주사위 한 개를 동시에 던질 때

➜ 2×□=□

동전 주사위

13 서로 다른 두 개의 주사위를 동시에 던질 때

➜ 6×□=□

↳ 한 개의 주사위를 던질 때, 일어나는 경우의 수는 6

동전 한 개와 주사위 한 개를 동시에 던질 때, 다음을 구하시오.

14 동전은 앞면이 나오고, 주사위는 짝수의 눈이 나오는 경우의 수 ______

따라해

❶ 동전의 앞면이 나오는 경우는 □가지

❷ 주사위가 짝수의 눈이 나오는 경우는 2, □, □의 □가지

❸ 동전은 앞면이 나오고, 주사위는 짝수의 눈이 나오는 경우의 수는

1×□=□

앞면 짝수

15 동전은 뒷면이 나오고, 주사위는 소수의 눈이 나오는 경우의 수 ______

16 동전은 앞면이 나오고, 주사위는 3의 배수의 눈이 나오는 경우의 수 ______

A, B 두 개의 주사위를 동시에 던질 때, 다음을 구하시오.

17 A 주사위와 B 주사위 모두 소수의 눈이 나오는 경우의 수 ______

18 A 주사위는 2 이하의 수의 눈이 나오고, B 주사위는 4보다 큰 수의 눈이 나오는 경우의 수 ______

19 A 주사위는 짝수의 눈이 나오고, B 주사위는 홀수의 눈이 나오는 경우의 수 ______

한 개의 주사위를 두 번 던질 때, 다음을 구하시오.

20 두 번 모두 홀수의 눈이 나오는 경우의 수 ______

21 첫 번째는 짝수의 눈이 나오고, 두 번째는 소수의 눈이 나오는 경우의 수 ______

22 첫 번째는 6의 약수의 눈이 나오고, 두 번째는 5보다 큰 수의 눈이 나오는 경우의 수 ______

▶ 정답 및 풀이 47쪽

한 줄로 세우는 경우의 수

n명을 한 줄로 세우는 경우의 수

A, B, C 3명을 한 줄로 세우는 경우의 수는
❶ 첫 번째 자리에는 A, B, C의 3명 중 1명
❷ 두 번째 자리에는 첫 번째의 사람을 제외한 2명 중 1명
❸ 세 번째 자리에는 첫 번째, 두 번째의 사람을 제외한 나머지 1명
➜ 따라서 3명을 한 줄로 세우는 경우의 수는 $3\times2\times1=6$
(3명 중 1명 / 첫 번째의 사람을 제외한 2명 중 1명 / 나머지 1명)

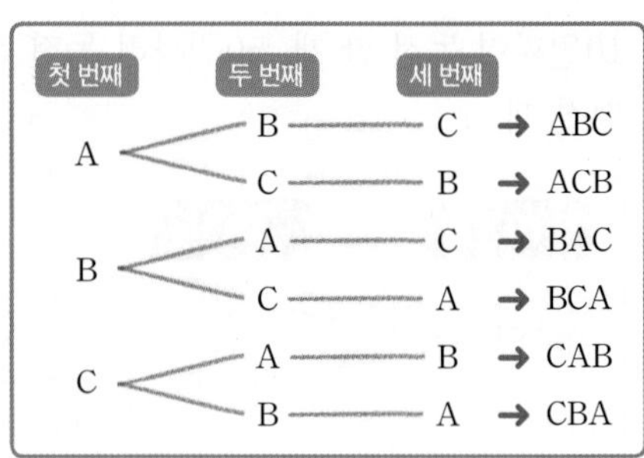

특정한 사람의 자리를 고정하여 한 줄로 세우는 경우의 수 ➜ 위치가 정해진 사람을 제외하고 나머지를 한 줄로 세우는 경우의 수와 같다.

A, B, C 3명을 한 줄로 세울 때, A가 맨 앞에 서는 경우의 수
➜ A B C 또는 A C B ➜ $2\times1=2$
(첫 번째의 사람을 제외한 2명 중 1명 / 나머지 1명)

1 POINT
n명을 한 줄로 세우는 경우의 수
➜ $n\times(n-1)\times(n-2)\times\cdots\times2\times1$

다음을 구하시오.

01 A, B, C, D 4명을 한 줄로 세우는 경우의 수 ______

❶ 첫 번째 자리에 올 수 있는 사람은 A, B, C, D의 4명
❷ 두 번째 자리에 올 수 있는 사람은 □명 ← 1명을 뽑고 남은 사람 수
❸ 세 번째 자리에 올 수 있는 사람은 □명
❹ 마지막에 올 수 있는 사람은 □명
❺ 구하는 경우의 수는 $4\times□\times□\times□=□$

02 5명의 학생을 한 줄로 세우는 경우의 수 ______

03 학생 4명 중 2명을 뽑아 한 줄로 세우는 경우의 수 ______

❶ 첫 번째 자리에 올 수 있는 학생은 □명
❷ 두 번째 자리에 올 수 있는 학생은 □명
❸ 구하는 경우의 수는 $4\times□=□$

04 5명의 학생 중 3명을 뽑아 한 줄로 세우는 경우의 수 ______

특정한 사람의 자리를 고정하는 경우

A, B, C, D, E 5명을 한 줄로 세울 때, 다음을 구하시오.

05 A가 맨 앞에 서는 경우의 수

따라해 ➜ $4\times□\times□\times□=□$

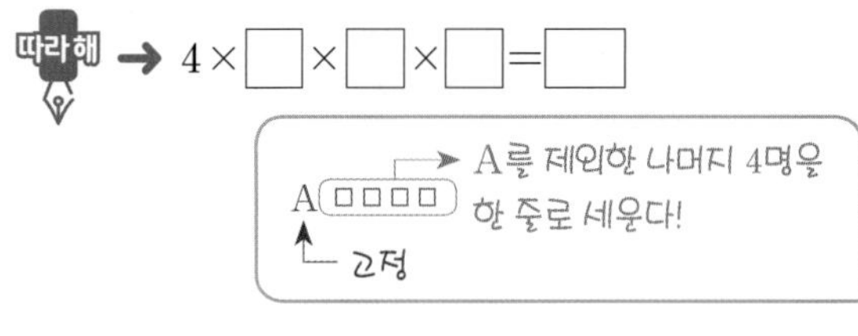

A(□□□□) → A를 제외한 나머지 4명을 한 줄로 세운다!
고정

06 B가 맨 뒤에 서는 경우의 수 ______

07 A가 가운데에 서는 경우의 수 ______

08 A가 맨 앞에, B가 맨 뒤에 서는 경우의 수 ______

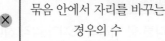

▶ 정답 및 풀이 47쪽

이웃하여 한 줄로 세우는 경우의 수

한 줄로 세울 때, 이웃하여 세우는 경우의 수	=	이웃하는 것을 하나로 묶어서 한 줄로 세우는 경우의 수	×	묶음 안에서 자리를 바꾸는 경우의 수

→ 묶음 안에서 한 줄로 세우는 경우의 수와 같다.

A, B, C 3명을 한 줄로 세울 때, A, B가 이웃하여 한 줄로 서는 경우의 수는

❶ A, B를 하나로 묶어 A, B, C를 한 줄로 세우는 경우의 수는 $2\times1=2$

❷ A, B가 자리를 바꾸는 경우의 수는 $2\times1=2$

❸ A, B가 이웃하여 한 줄로 서는 경우의 수는 ❶, ❷를 동시에 만족시켜야 하므로 구하는 경우의 수는 $2\times2=4$

참고 A, B가 이웃한다는 것은 A, B와 B, A의 2가지 경우를 의미한다.

묶음 안에서 자리를 바꾸는 것을 잊지 않도록 주의한다.

A, B, C, D 4명을 한 줄로 세울 때, 다음을 구하시오.

01 A, B가 이웃하여 서는 경우의 수 ______

따라해
❶ A, B를 하나로 묶어 A, B, C, D를 한 줄로 세우는 경우의 수는 $3\times\square\times\square=\square$
❷ A, B가 자리를 바꾸는 경우의 수는 $2\times\square=\square$
❸ 구하는 경우의 수는 $\square\times\square=\square$

02 B, C가 이웃하여 서는 경우의 수 ______

03 A, B, C가 이웃하여 서는 경우의 수 ______

❶ A, B, C를 하나로 묶어 A, B, C, D를 한 줄로 세우는 경우의 수는 $2\times\square=\square$
❷ A, B, C가 자리를 바꾸는 경우의 수는 $3\times\square\times\square=\square$
❸ 구하는 경우의 수는 $\square\times\square=\square$

A, B, C가 자리를 바꾸는 경우의 수는 3명을 한 줄로 세우는 경우의 수와 같아.

04 B, C, D가 이웃하여 서는 경우의 수 ______

남학생 2명, 여학생 3명을 한 줄로 세울 때, 다음을 구하시오.

05 남학생끼리 이웃하여 서는 경우의 수 ______

06 여학생끼리 이웃하여 서는 경우의 수 ______

07 남학생은 남학생끼리, 여학생은 여학생끼리 이웃하여 서는 경우의 수 ______

▶ 정답 및 풀이 47쪽

자연수를 만드는 경우의 수

0을 포함하지 않는 경우

0이 아닌 서로 다른 한 자리의 숫자가 각각 하나씩 적힌 n장의 카드 중에서 3장을 뽑아 만들 수 있는 세 자리의 자연수의 개수를 구해 보자.

백의 자리		십의 자리		일의 자리
n	×	$(n-1)$	×	$(n-2)$
n장 중에서 1장을 뽑는 경우의 수		백의 자리의 숫자를 제외한 $(n-1)$장 중에서 1장을 뽑는 경우의 수		백의 자리, 십의 자리의 숫자를 제외한 $(n-2)$장 중에서 1장을 뽑는 경우의 수

0을 포함하는 경우

0을 포함한 서로 다른 한 자리의 숫자가 각각 하나씩 적힌 n장의 카드 중에서 3장을 뽑아 만들 수 있는 세 자리의 자연수의 개수를 구해 보자.

백의 자리		십의 자리		일의 자리
$(n-1)$	×	$(n-1)$	×	$(n-2)$
0을 제외한 $(n-1)$장 중에서 1장을 뽑는 경우의 수		0은 포함하고, 백의 자리의 숫자를 제외한 $(n-1)$장 중에서 1장을 뽑는 경우의 수		백의 자리, 십의 자리의 숫자를 제외한 $(n-2)$장 중에서 1장을 뽑는 경우의 수

맨 앞자리에는 0이 올 수 없어!

0을 포함하지 않는 경우

1, 2, 3, 4의 숫자가 각각 하나씩 적힌 4장의 카드가 있을 때, 다음을 구하시오.

01 2장을 뽑아 만들 수 있는 두 자리의 자연수의 개수

따라해

❶ 십의 자리에 올 수 있는 숫자는 1, 2, 3, 4의 ☐가지

❷ 일의 자리에 올 수 있는 숫자는 십의 자리에 온 숫자를 제외한 ☐가지

❸ 만들 수 있는 두 자리의 자연수의 개수는 ☐×☐=☐

02 3장을 뽑아 만들 수 있는 세 자리의 자연수의 개수

03 2장을 뽑아 만들 수 있는 두 자리의 홀수의 개수

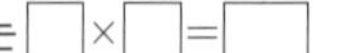

(→ 홀수: 일의 자리의 숫자가 홀수)

따라해

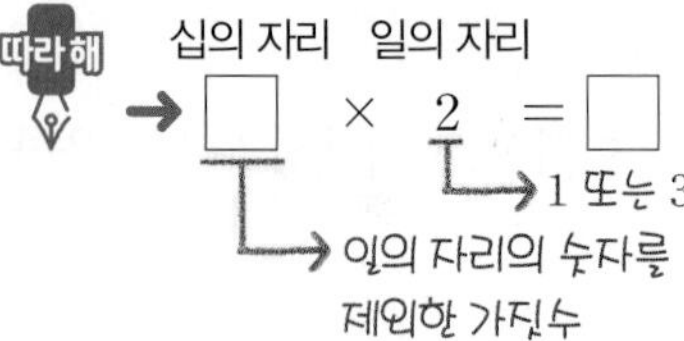

1, 2, 3, 4, 5의 숫자가 각각 하나씩 적힌 5장의 카드가 있을 때, 다음을 구하시오.

04 2장을 뽑아 만들 수 있는 두 자리의 자연수의 개수

05 3장을 뽑아 만들 수 있는 세 자리의 자연수의 개수

06 2장을 뽑아 만들 수 있는 두 자리의 짝수의 개수

07 2장을 뽑아 만들 수 있는 두 자리의 자연수 중 40보다 큰 자연수의 개수

십의 자리에 올 수 있는 숫자의 개수를 먼저 정하자!

0을 포함하는 경우

0, 1, 2, 3의 숫자가 각각 하나씩 적힌 4장의 카드가 있을 때, 다음을 구하시오.

08 2장을 뽑아 만들 수 있는 두 자리의 자연수의 개수

따라해

❶ 십의 자리에 올 수 있는 숫자는 0을 제외한 1, 2, 3의 □가지

❷ 일의 자리에 올 수 있는 숫자는 십의 자리에 온 숫자를 제외한 □가지

❸ 만들 수 있는 두 자리의 자연수의 개수는 □×□=□

09 3장을 뽑아 만들 수 있는 세 자리의 자연수의 개수

10 2장을 뽑아 만들 수 있는 두 자리의 홀수의 개수

11 2장을 뽑아 만들 수 있는 두 자리의 자연수 중 20 이상의 자연수의 개수

12 2장을 뽑아 만들 수 있는 두 자리의 자연수 중 30 미만의 자연수의 개수

0, 1, 2, 3, 4의 숫자가 각각 하나씩 적힌 5장의 카드가 있을 때, 다음을 구하시오.

13 2장을 뽑아 만들 수 있는 두 자리의 자연수의 개수

14 3장을 뽑아 만들 수 있는 세 자리의 자연수의 개수

15 2장을 뽑아 만들 수 있는 두 자리의 홀수의 개수

16 2장을 뽑아 만들 수 있는 두 자리의 짝수의 개수

일의 자리에 올 수 있는 숫자를 찾은 다음, 각 경우에 십의 자리에 올 수 있는 숫자의 가짓수를 찾아봐.

17 2장을 뽑아 만들 수 있는 두 자리의 자연수 중 30 이하의 자연수의 개수

▶ 정답 및 풀이 49쪽

07 VISUAL 연산 대표를 뽑는 경우의 수

자격이 다른 대표를 뽑는 경우 → 뽑는 순서와 관계가 있다.

A, B, C 3명 중에서 회장 1명, 부회장 1명을 뽑는 경우의 수를 구해 보자.

A < B, C　　B < A, C　　C < A, B

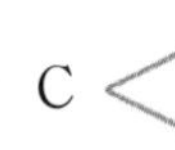

→ $3\times2=6$

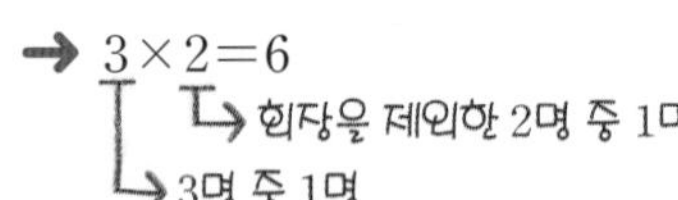

자격이 같은 대표를 뽑는 경우 → 뽑는 순서와 관계가 없다.

A, B, C 3명 중에서 대표 2명을 뽑는 경우의 수를 구해 보자.

A < B, C　　B < A, C　　C < A, B

→ $\frac{3\times2}{2}=3$

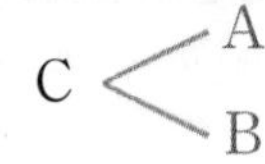

↳ (A, B)를 대표로 뽑는 것과 (B, A)를 대표로 뽑는 것이 같으므로 중복된 횟수만큼 나누어 준다.

A, B, C, D, E 5명의 학생 중에서 다음과 같이 대표를 뽑을 때, 경우의 수를 구하시오.

01 회장 1명, 부회장 1명 ______

따라해

❶ 회장이 될 수 있는 학생은 ☐명

❷ 부회장이 될 수 있는 학생은 회장을 제외한 ☐명

❸ 구하는 경우의 수는 ☐×☐=☐

02 회장 1명, 부회장 1명, 총무 1명 ______

03 대표 3명 ______

따라해 5명 중에서 자격이 같은 대표 3명을 뽑는 경우의 수이므로

$\frac{5\times\square\times\square}{\square}=\square$

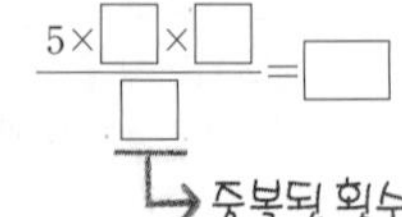

자격이 같은 대표 3명을 뽑을 때, (A, B, C), (A, C, B), (B, A, C), (B, C, A), (C, A, B), (C, B, A)는 모두 같은 경우야.

04 대표 2명 ______

남학생 3명, 여학생 4명 중에서 다음과 같이 대표를 뽑을 때, 경우의 수를 구하시오.

05 회장 1명, 부회장 1명 ______

06 회장 1명, 부회장 1명, 총무 1명 ______

07 대표 2명 ______

08 대표 3명 ______

09 남학생 대표 1명, 여학생 대표 1명 ______

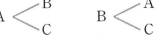

↑ 성별이 다르다. ↑

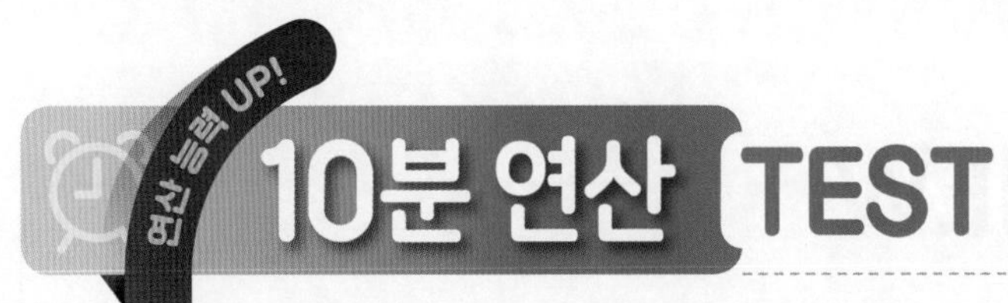

▶ 정답 및 풀이 49쪽

[01~02] 각 면에 1부터 12까지의 자연수가 각각 하나씩 적힌 정십이면체 모양의 주사위를 던질 때, 다음 사건이 일어나는 경우의 수를 구하시오.

01 3의 배수가 나온다.

02 2보다 크고 10보다 작은 수가 나온다.

03 오른쪽 그림과 같은 메뉴에서 3000원 이상 5000원 미만인 음식을 하나 주문할 때, 주문할 수 있는 경우의 수를 구하시오.

메뉴	
잔치국수	3500원
라면	3000원
된장찌개	5000원
김치찌개	6000원
동태찌개	6000원
오징어볶음	6000원
제육볶음	6000원
떡국	4000원

04 준서의 책꽂이에는 서로 다른 소설책 7권과 서로 다른 만화책 2권이 꽂혀 있다. 이 중에서 소설책 또는 만화책을 한 권 꺼내는 경우의 수를 구하시오.

05 1부터 20까지의 자연수가 각각 하나씩 적힌 20장의 카드 중에서 한 장을 뽑을 때, 소수 또는 6의 배수가 적힌 카드가 나오는 경우의 수를 구하시오.

06 어느 햄버거 가게에 음료수 4종류와 햄버거 6종류가 있을 때, 음료수와 햄버거를 각각 한 가지씩 주문하는 경우의 수를 구하시오.

07 서로 다른 동전 2개와 주사위 1개를 동시에 던질 때, 일어날 수 있는 모든 경우의 수를 구하시오.

[08~10] A, B, C, D, E, F 6명의 학생이 있을 때, 다음을 구하시오.

08 6명 중에서 3명을 뽑아 한 줄로 세우는 경우의 수

09 6명을 한 줄로 세울 때, C가 맨 앞에 서는 경우의 수

10 6명을 한 줄로 세울 때, E와 F가 이웃하여 서는 경우의 수

11 1부터 5까지의 숫자가 각각 하나씩 적힌 5장의 카드 중에서 2장을 뽑아 두 자리의 자연수를 만들 때, 30 이상인 자연수의 개수를 구하시오.

12 0, 1, 2, 3, 4, 5의 숫자가 각각 하나씩 적힌 6장의 카드 중에서 3장을 뽑아 만들 수 있는 세 자리의 자연수의 개수를 구하시오.

[13~14] 남학생 3명과 여학생 2명 중에서 다음과 같이 대표를 뽑을 때, 경우의 수를 구하시오.

13 회장 1명, 부회장 1명

14 대표 2명

한 번 더
연산테스트는
부록 14쪽에서

맞힌 개수 개/14개

학교 시험 미리보기!

학교 시험 PREVIEW

01

서로 다른 두 개의 주사위를 동시에 던질 때, 나오는 두 눈의 수의 차가 3인 경우의 수는?

① 3 ② 4 ③ 5
④ 6 ⑤ 7

02

x, y가 자연수일 때, $x+y=5$를 만족시키는 순서쌍 (x, y)의 개수는?

① 3 ② 4 ③ 5
④ 6 ⑤ 7

03

주현이가 문구점에서 500원짜리 볼펜 1자루를 사려고 한다. 50원짜리 동전 4개와 100원짜리 동전 5개를 가지고 있을 때, 볼펜 값을 거스름돈 없이 지불하는 경우의 수는?

① 2 ② 3 ③ 4
④ 5 ⑤ 6

04

가윤이네 집에서 영화관까지 가는 버스 노선은 4가지, 지하철 노선은 2가지가 있다. 가윤이네 집에서 영화관까지 버스 또는 지하철을 타고 가는 경우의 수는?

① 2 ② 3 ③ 4
④ 5 ⑤ 6

05 85% 출제율

주머니에 1부터 15까지의 수가 각각 하나씩 적힌 15개의 공이 들어 있다. 이 주머니에서 한 개의 공을 꺼낼 때, 5의 배수 또는 7의 배수가 적힌 공이 나오는 경우의 수는?

① 2 ② 4 ③ 5
④ 7 ⑤ 10

06

A, B, C 세 마을을 연결하는 도로가 오른쪽 그림과 같을 때, A 마을에서 B 마을을 거쳐 C 마을까지 가는 경우의 수는?

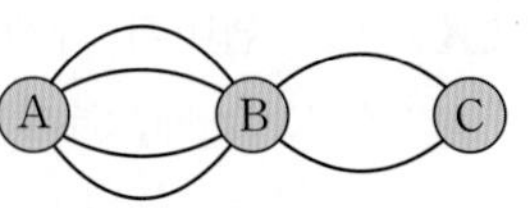

(단, 같은 곳을 두 번 이상 지나지 않는다.)

① 5 ② 6 ③ 7
④ 8 ⑤ 9

▶ 정답 및 풀이 50쪽

07

한 개의 주사위를 두 번 던질 때, 첫 번째는 3의 배수의 눈이 나오고, 두 번째는 2의 배수의 눈이 나오는 경우의 수는?

① 2 ② 3 ③ 4
④ 5 ⑤ 6

08

A, B 두 명이 가위바위보를 한 번 할 때, 일어날 수 있는 모든 경우의 수는?

① 3 ② 6 ③ 9
④ 12 ⑤ 15

09 80% 출제율

A, B, C, D, E 5명을 한 줄로 세울 때, A가 맨 앞 또는 맨 뒤에 오는 경우의 수는?

① 24 ② 48 ③ 52
④ 60 ⑤ 120

10 실수 주의

0, 1, 2, 3, 4, 5의 숫자가 각각 하나씩 적힌 6장의 카드 중에서 3장을 뽑아 만들 수 있는 세 자리의 짝수의 개수는?

① 24 ② 32 ③ 48
④ 52 ⑤ 56

11

남학생 3명과 여학생 2명 중에서 회장 1명과 부회장 2명을 뽑는 경우의 수는?

① 6 ② 12 ③ 24
④ 30 ⑤ 36

12 서술형

미경이는 오른쪽 그림과 같이 5개의 등산로가 있는 산을 등산하려고 한다. 내려올 때는 올라갈 때와 다른 길을 택하려고 할 때, 미경이가 택할 수 있는 등산로의 코스는 모두 몇 가지인지 구하시오.

채점 기준 1 올라가는 길의 경우의 수 구하기

채점 기준 2 내려오는 길의 경우의 수 구하기

채점 기준 3 택할 수 있는 등산로 코스의 경우의 수 구하기

IV-2 확률

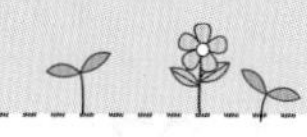

01 확률의 뜻

(1) 확률

같은 조건에서 실험이나 관찰을 여러 번 반복할 때, 어떤 사건이 일어나는 상대도수가 일정한 값에 가까워지면 이 일정한 값은 일어나는 모든 경우의 수에 대한 어떤 사건이 일어나는 경우의 수의 비율과 같다. 이 비율을 그 사건이 일어날 **확률**이라 한다.

$(\text{상대도수}) = \dfrac{(\text{그 계급의 도수})}{(\text{전체 도수})}$

(2) 사건 A가 일어날 확률

어떤 실험이나 관찰에서 각 경우가 일어날 가능성이 같다고 할 때, 일어날 수 있는 모든 경우의 수를 n, 사건 A가 일어나는 경우의 수를 a라 하면 사건 A가 일어날 확률 p는

$$p = \frac{(\text{사건 } A\text{가 일어나는 경우의 수})}{(\text{모든 경우의 수})} = \frac{a}{n}$$

예 1부터 10까지의 자연수가 각각 하나씩 적힌 10장의 카드 중에서 한 장을 뽑을 때,

$(\text{3의 배수가 적힌 카드가 나올 확률}) = \dfrac{(\text{3의 배수가 적힌 카드가 나오는 경우의 수})}{(\text{모든 경우의 수})} = \dfrac{3}{10}$

└→ 3, 6, 9

02 확률의 성질

(1) 어떤 사건 A가 일어날 확률을 p라 하면 $0 \le p \le 1$이다.
(2) 반드시 일어나는 사건의 확률은 1이다.
(3) 절대로 일어나지 않는 사건의 확률은 0이다.

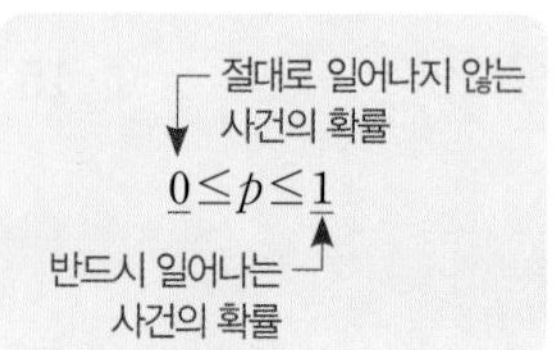

예 한 개의 주사위를 던질 때,

(1) 홀수의 눈이 나올 확률은 $\dfrac{3}{6} = \dfrac{1}{2}$

(2) 6 이하의 눈이 나올 확률은 $\dfrac{6}{6} = 1$

(3) 7의 눈이 나올 확률은 $\dfrac{0}{6} = 0$

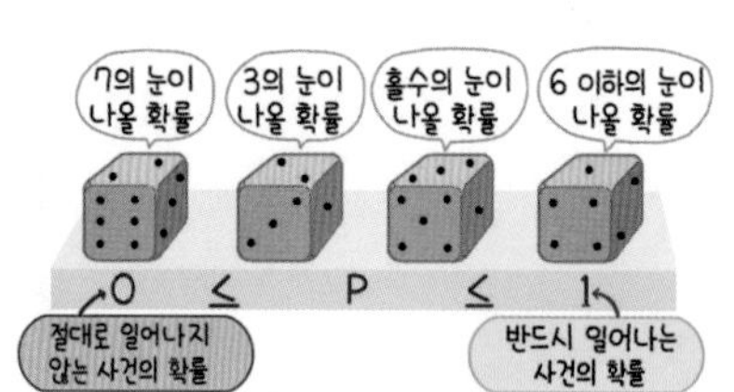

확률이 음수이거나 1보다 큰 경우는 없어.

참고 확률을 백분율(%)로 바꾸어 생각하면
$p=1$이면 일어날 가능성이 100 %이고, $p=0$이면 일어날 가능성이 0 %이다.

03 어떤 사건이 일어나지 않을 확률

사건 A가 일어날 확률을 p라 하면

$(\text{사건 } A\text{가 일어나지 않을 확률}) = 1 - p$ → '적어도', '~ 않을', '~ 못할' 등의 표현이 있으면 어떤 사건이 일어나지 않을 확률을 이용한다.

예 내일 비가 올 확률이 $\dfrac{1}{8}$일 때, 내일 비가 오지 않을 확률은

$1 - (\text{내일 비가 올 확률}) = 1 - \dfrac{1}{8} = \dfrac{7}{8}$

참고 ① 사건 A가 일어날 확률을 p, 사건 A가 일어나지 않을 확률을 q라 하면 $p+q=1$
② (적어도 하나는 A일 확률) $= 1 - $(모두 A가 아닐 확률)

04 사건 A 또는 사건 B가 일어날 확률

동일한 실험이나 관찰에서 사건 A와 사건 B가 동시에 일어나지 않을 때,
사건 A가 일어날 확률을 p, 사건 B가 일어날 확률을 q라 하면

(사건 A **또는** 사건 B가 일어날 확률)=(사건 A가 일어날 확률)+(사건 B가 일어날 확률)

$=p+q$ ⟶ 확률의 덧셈

예 한 개의 주사위를 던질 때, 2 이하 또는 5 이상의 눈이 나올 확률을 구해 보자.

2 이하의 눈이 나올 확률 : $\frac{2}{6}=\frac{1}{3}$

5 이상의 눈이 나올 확률 : $\frac{2}{6}=\frac{1}{3}$

➜ 2 이하 또는 5 이상의 눈이 나올 확률 : $\frac{1}{3}+\frac{1}{3}=\frac{2}{3}$

05 사건 A와 사건 B가 동시에 일어날 확률

사건 A와 사건 B가 서로 영향을 끼치지 않을 때,
사건 A가 일어날 확률을 p, 사건 B가 일어날 확률을 q라 하면

(사건 A와 사건 B가 **동시에** 일어날 확률)=(사건 A가 일어날 확률)×(사건 B가 일어날 확률)

$=p\times q$ ⟶ 확률의 곱셈

예 동전 한 개와 주사위 한 개를 동시에 던질 때, 동전은 뒷면이 나오고, 주사위는 3의 배수의 눈이 나올 확률을 구해 보자.

동전의 뒷면이 나올 확률 : $\frac{1}{2}$

주사위에서 3의 배수의 눈이 나올 확률 : $\frac{2}{6}=\frac{1}{3}$

➜ 동전은 뒷면이 나오고, 주사위는 3의 배수의 눈이 나올 확률 : $\frac{1}{2}\times\frac{1}{3}=\frac{1}{6}$

06 연속하여 뽑는 경우의 확률

(1) 뽑은 것을 다시 넣고 뽑는 경우의 확률

처음에 뽑은 것을 다시 뽑을 수 있으므로 처음에 일어난 사건이 나중 사건에 영향을 주지 않는다.

➜ (처음에 사건 A가 일어날 확률)=(나중에 사건 A가 일어날 확률)

(2) 뽑은 것을 다시 넣지 않고 뽑는 경우의 확률

처음에 뽑은 것을 다시 뽑을 수 없으므로 처음에 일어난 사건이 나중 사건에 영향을 준다.

➜ (처음에 사건 A가 일어날 확률)≠(나중에 사건 A가 일어날 확률)

참고 (1) 뽑은 것을 다시 넣는 경우

➜ (처음에 뽑을 때의 전체 개수)=(나중에 뽑을 때의 전체 개수)

(2) 뽑은 것을 다시 넣지 않는 경우

➜ (처음에 뽑을 때의 전체 개수)≠(나중에 뽑을 때의 전체 개수)

꺼낸 것을 다시 넣으면…
처음이랑 같다.

꺼낸 것을 다시 넣지 않으면…
빨간 공을 꺼냈는지 파란 공을 꺼냈는지에 따라 다르다.

확률

어떤 실험이나 관찰에서 각 경우가 일어날 가능성이 같다고 할 때,

$p=\dfrac{a}{n}$ ← 사건 A가 일어나는 경우의 수 / ← 일어날 수 있는 모든 경우의 수

↑ 사건 A가 일어날 확률

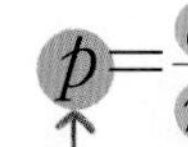

같은 조건에서 실험이나 관찰을 여러 번 반복할 때, 어떤 사건이 일어나는 상대도수가 가까워지는 일정한 값을 **확률**이라 해.

한 개의 주사위를 던질 때, 짝수의 눈이 나올 확률을 구해 보자. (→ 사건: 짝수의 눈이 나올)

모든 경우	짝수의 눈이 나오는 경우	짝수의 눈이 나올 확률
⚀ ⚁ ⚂ ⚃ ⚄ ⚅의 6가지	⚁ ⚃ ⚅의 3가지	$\frac{3}{6}=\frac{1}{2}$

공 뽑기에 대한 확률

주머니 속에 모양과 크기가 같은 빨간 공 3개, 노란 공 1개, 파란 공 4개가 들어 있다. 이 주머니에서 한 개의 공을 꺼낼 때, 다음을 구하시오.

01 빨간 공이 나올 확률 ________

따라해
❶ 모든 경우의 수는
□+□+□=□
❷ 빨간 공이 나오는 경우의 수는 □
❸ 빨간 공이 나올 확률은 □

02 노란 공이 나올 확률 ________

03 파란 공이 나올 확률 ________

카드 뽑기에 대한 확률

1부터 20까지의 자연수가 각각 하나씩 적힌 20장의 카드가 있다. 이 중에서 한 장을 뽑을 때, 다음을 구하시오.

04 5의 배수가 적힌 카드가 나올 확률 ________

따라해
❶ 모든 경우의 수는 □
❷ 5의 배수가 적힌 카드가 나오는 경우는
□, □, □, □의 □가지
❸ 5의 배수가 적힌 카드가 나올 확률은 □

05 짝수가 적힌 카드가 나올 확률 ________

06 20의 약수가 적힌 카드가 나올 확률 ________

07 소수가 적힌 카드가 나올 확률 ________

1, 2, 3, 4, 5의 숫자가 각각 하나씩 적힌 5장의 카드가 있다. 이 중에서 2장의 카드를 동시에 뽑아 두 자리의 자연수를 만들 때, 다음을 구하시오.

08 두 자리의 자연수가 20 이하일 확률 ______

09 두 자리의 자연수가 홀수일 확률 ______

주사위 던지기에 대한 확률

서로 다른 두 개의 주사위를 동시에 던질 때, 다음을 구하시오.

10 두 눈의 수의 합이 8일 확률 ______

따라해
❶ 모든 경우의 수는 □×□=□
❷ 두 눈의 수의 합이 8인 경우는
(2, 6), (3, □), (4, □), (5, □), (6, □)의 □가지
❸ 두 눈의 수의 합이 8일 확률은 □

11 두 눈의 수가 같을 확률 ______

12 두 눈의 수의 차가 3일 확률 ______

13 두 눈의 수의 곱이 6일 확률 ______

동전 던지기에 대한 확률

서로 다른 두 개의 동전을 동시에 던질 때, 다음을 구하시오.

14 모두 앞면이 나올 확률 ______

따라해
❶ 모든 경우의 수는 2×□=□
❷ 모두 앞면이 나오는 경우는 (앞면, □)의 □가지
❸ 모두 앞면이 나올 확률은 □

15 서로 다른 면이 나올 확률 ______

서로 다른 세 개의 동전을 동시에 던질 때, 다음을 구하시오.

16 앞면이 1개 나올 확률 ______

따라해
❶ 모든 경우의 수는 2×□×□=□
❷ 앞면이 1개 나오는 경우는
(앞면, 뒷면, □), (뒷면, 앞면, □), (뒷면, □, 앞면)
의 □가지
❸ 앞면이 1개 나올 확률은 □

17 앞면이 2개 나올 확률 ______

18 모두 뒷면이 나올 확률 ______

19 모두 같은 면이 나올 확률 ______

▶ 정답 및 풀이 51쪽

확률의 성질

모양과 크기가 같은 빨간 공 10개, 파란 공 10개가 들어 있는 주머니에서 한 개의 공을 꺼낼 때,

(1) 빨간 공이 나올 확률 ➜ $\frac{10}{20}=\frac{1}{2}$ ← 0보다 크고 1보다 작다.

(2) 빨간 공 또는 파란 공이 나올 확률 ➜ $\frac{20}{20}=1$ ← 반드시 일어나는 사건의 확률

(3) 검은 공이 나올 확률 ➜ $\frac{0}{20}=0$ ← 절대로 일어나지 않는 사건의 확률

어떤 사건 A가 일어날 확률을 p라 하면

$0 \le p \le 1$

절대로 일어나지 않는 사건의 확률 / 반드시 일어나는 사건의 확률

어떤 사건이 일어날 확률은 0보다 작거나 1보다 클 수 없다.

20개의 제비가 들어 있는 상자 안에 당첨 제비가 다음과 같이 들어 있다. 이 상자에서 한 개의 제비를 뽑을 때, 당첨 제비를 뽑을 확률을 구하시오.

01 당첨 제비가 5개인 경우 ______

따라해
❶ 모든 경우의 수는 20
❷ 당첨 제비를 뽑는 경우의 수는 □
❸ 당첨 제비를 뽑을 확률은 $\frac{\square}{20}=\square$

02 당첨 제비가 하나도 없는 경우 ______

03 20개 모두 당첨 제비인 경우 ______

서로 다른 두 개의 주사위를 동시에 던질 때, 다음을 구하시오.

04 두 눈의 수의 차가 4일 확률 ______

05 두 눈의 수의 합이 1일 확률 ______

06 두 눈의 수의 합이 12 이하일 확률 ______

다음을 구하시오.

07 모양과 크기가 같은 파란 공이 10개 들어 있는 주머니에서 한 개의 공을 꺼낼 때, 파란 공이 나올 확률 ______

08 한 개의 주사위를 던질 때, 6보다 큰 수의 눈이 나올 확률 ______

09 한 개의 동전을 던질 때, 앞면 또는 뒷면이 나올 확률 ______

10 사과 맛 사탕 5개, 딸기 맛 사탕 4개가 들어 있는 바구니에서 한 개의 사탕을 꺼낼 때, 포도 맛 사탕이 나올 확률 ______

11 1부터 9까지의 자연수가 각각 하나씩 적힌 9장의 카드 중에서 한 장을 뽑을 때, 한 자리의 자연수가 적힌 카드가 나올 확률 ______

▶ 정답 및 풀이 52쪽

어떤 사건이 일어나지 않을 확률

어떤 사건이 일어나지 않을 확률

내일 비가 올 확률이 $\frac{3}{5}$ ➜ (내일 비가 올 확률)+(내일 비가 오지 않을 확률)=1

➜ (내일 비가 오지 않을 확률)$=1-\frac{3}{5}=\frac{2}{5}$

참고 사건 A가 일어날 확률을 p, 사건 A가 일어나지 않을 확률을 q라 하면 $p+q=1$

적어도 ~일 확률

→ 어떤 사건이 일어나지 않을 확률을 이용한다.

한 개의 주사위를 두 번 던질 때,
적어도 하나는 홀수의 눈이 나올 확률 ➜ 1−(모두 짝수의 눈이 나올 확률)

↳ 모든 경우의 수는 $6\times6=36$
모두 짝수의 눈이 나오는 경우의 수는 $3\times3=9$이므로
그 확률은 $\frac{9}{36}=\frac{1}{4}$

➜ $1-\frac{1}{4}=\frac{3}{4}$

POINT

- (사건 A가 일어나지 않을 확률) =1−(사건 A가 일어날 확률)
- (적어도 하나는 A일 확률) =1−(모두 A가 아닐 확률)

어떤 사건이 일어나지 않을 확률

다음을 구하시오.

01 서로 다른 두 개의 주사위를 동시에 던질 때, 두 눈의 수의 합이 9가 아닐 확률 ________

따라해

(두 눈의 수의 합이 9가 아닐 확률)
=1−(두 눈의 수의 합이 □일 확률)
=1−□=□

02 준우가 시험에 합격할 확률이 $\frac{3}{4}$일 때, 불합격할 확률 ________

03 자유투 성공률이 60 %인 기범이가 자유투를 한 번 할 때, 실패할 확률 ________

배분율을 분수로 나타내 봐.

04 불량품이 6개 포함된 제품 50개 중에서 한 개를 택할 때, 합격품이 나올 확률 ________

불량품이 나올 확률을 먼저 구해 봐.

적어도 ~일 확률

다음을 구하시오.

05 서로 다른 두 개의 동전을 동시에 던질 때, 적어도 한 개는 뒷면이 나올 확률 ________

따라해

❶ 모든 경우의 수는 □×□=□
❷ 모두 앞면이 나오는 경우는 (앞면, □)의 □가지이므로
(모두 앞면이 나올 확률)=□
❸ (적어도 한 개는 뒷면이 나올 확률)
=1−(모두 앞면이 나올 확률)=1−□=□

06 ○, ×를 표시하는 3개의 문제에 임의로 ○, × 중 하나를 표시할 때, 적어도 한 문제는 맞힐 확률 ________

07 서로 다른 두 개의 주사위를 동시에 던질 때, 적어도 한 개는 짝수의 눈이 나올 확률 ________

08 남학생 2명과 여학생 2명 중에서 2명의 대표를 뽑을 때, 적어도 한 명은 여학생이 뽑힐 확률 ________

▶ 정답 및 풀이 52쪽

사건 A 또는 사건 B가 일어날 확률

한 개의 주사위를 던질 때, 2 이하 또는 4 이상의 눈이 나올 확률을 구해 보자.

사건	일어나는 경우	일어날 확률
2 이하의 눈이 나온다.	1, 2의 2가지	$\frac{2}{6}=\frac{1}{3}$
4 이상의 눈이 나온다.	4, 5, 6의 3가지	$\frac{3}{6}=\frac{1}{2}$

또는 ← 확률의 덧셈!

→ (2 이하 또는 4 이상의 눈이 나올 확률)
=(2 이하의 눈이 나올 확률)+(4 이상의 눈이 나올 확률)
$=\frac{2}{6}+\frac{3}{6}=\frac{5}{6}$

POINT
두 사건 A, B에 대하여
(A 또는 B일 확률)
=(A일 확률)+(B일 확률)

확률의 덧셈에서는 각 사건의 확률을 미리 약분하지 않고 더한 후에 약분하면 계산이 더 편리해.

주머니 속에 모양과 크기가 같은 흰 공 3개, 파란 공 7개, 검은 공 5개가 들어 있다. 이 주머니에서 한 개의 공을 꺼낼 때, 다음을 구하시오.

01 흰 공이 나올 확률 ______

02 파란 공이 나올 확률 ______

03 흰 공 또는 파란 공이 나올 확률 ______

다음을 구하시오.

04 1부터 10까지의 자연수가 각각 하나씩 적힌 10장의 카드 중에서 한 장을 뽑을 때, 3의 배수 또는 5의 배수가 적힌 카드가 나올 확률 ______

05 각 면에 1부터 12까지의 자연수가 각각 하나씩 적힌 정십이면체 모양의 주사위를 한 번 던질 때, 소수 또는 4의 배수가 나올 확률

______

06 서로 다른 두 개의 주사위를 동시에 던질 때, 두 눈의 수의 합이 6 또는 9일 확률 ______

07 어느 반 학생들의 혈액형을 조사하였더니 다음 표와 같았다. 이 중에서 한 명을 임의로 선택할 때, 그 학생의 혈액형이 A형 또는 B형일 확률

혈액형	A형	B형	O형	AB형
학생 수(명)	13	12	8	2

______

08 오른쪽 그림과 같은 어느 해 9월 달력의 날짜 중에서 하루를 임의로 선택할 때, 선택한 요일이 수요일 또는 금요일일 확률

______

09 A, B, C, D 4명의 학생을 한 줄로 세울 때, A 또는 B가 맨 앞에 설 확률 ______

▶ 정답 및 풀이 53쪽

사건 A와 사건 B가 동시에 일어날 확률

한 개의 주사위를 두 번 던질 때, 첫 번째는 짝수의 눈이 나오고, 두 번째는 3의 배수의 눈이 나올 확률을 구해 보자.

사건	일어나는 경우	일어날 확률
첫 번째는 짝수의 눈이 나온다.	2, 4, 6의 3가지	$\frac{3}{6}=\frac{1}{2}$
두 번째는 3의 배수의 눈이 나온다.	3, 6의 2가지	$\frac{2}{6}=\frac{1}{3}$

그리고(동시에)
확률의 곱셈!

➜ (첫 번째는 짝수의 눈이 나오고 두 번째는 3의 배수의 눈이 나올 확률)

=(첫 번째는 짝수의 눈이 나올 확률)×(두 번째는 3의 배수의 눈이 나올 확률)

$=\frac{1}{2}\times\frac{1}{3}=\frac{1}{6}$

1 POINT

두 사건 A, B에 대하여

(A이고 B일 확률)

=(A일 확률)×(B일 확률)

다음을 구하시오.

01 명중률이 각각 $\frac{3}{5}$, $\frac{5}{6}$인 두 사격 선수 A, B가 각각 한 발씩 쏘았을 때, 두 선수 모두 명중시킬 확률

따라해

➜ □×□=□

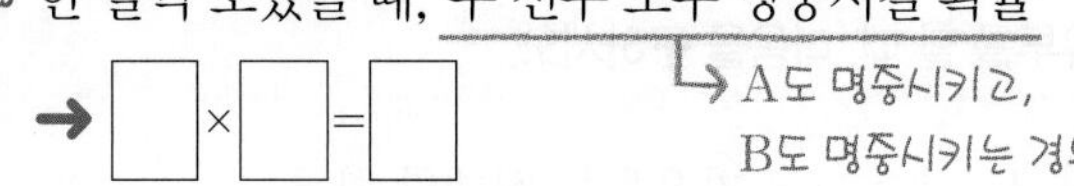

02 토요일에 비가 올 확률이 $\frac{3}{10}$, 일요일에 비가 올 확률이 $\frac{7}{10}$일 때, 토요일과 일요일에 연속으로 비가 올 확률

03 주연이가 두 문제 A, B를 맞힐 확률이 각각 $\frac{1}{2}$, $\frac{4}{5}$일 때, 주연이가 두 문제를 모두 맞힐 확률

04 안타를 칠 확률이 $\frac{3}{5}$인 야구 선수가 타석에 두 번 설 때, 두 번 모두 안타를 칠 확률

동전 한 개와 주사위 한 개를 동시에 던질 때, 다음을 구하시오.

05 동전의 뒷면이 나올 확률

06 주사위에서 소수의 눈이 나올 확률

07 동전은 뒷면이 나오고, 주사위는 소수의 눈이 나올 확률

다음을 구하시오.

08 한 개의 주사위를 2번 던질 때, 모두 5 이상의 눈이 나올 확률

09 A 주머니에는 모양과 크기가 같은 흰 공 2개, 검은 공 3개가 들어 있고, B 주머니에는 모양과 크기가 같은 흰 공 5개, 검은 공 3개가 들어 있다. 두 주머니에서 공을 각각 한 개씩 꺼낼 때, A 주머니에서는 흰 공이 나오고, B 주머니에서는 검은 공이 나올 확률

확률의 덧셈과 곱셈

A 주머니에는 모양과 크기가 같은 흰 공 2개, 검은 공 1개가 들어 있고, B 주머니에는 모양과 크기가 같은 흰 공 3개, 검은 공 2개가 들어 있다. 두 주머니에서 공을 각각 한 개씩 꺼낼 때, 다음을 구하시오.

10 두 주머니에서 모두 흰 공이 나올 확률

→ □×□=□

11 두 주머니에서 모두 검은 공이 나올 확률

→ □×□=□

12 두 주머니에서 서로 같은 색의 공이 나올 확률

↳ 모두 흰 공이 나오거나 모두 검은 공이 나오는 경우

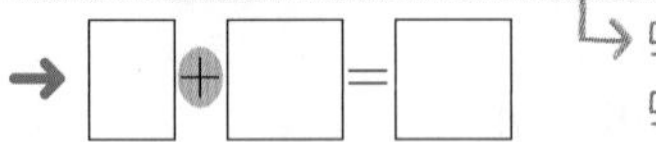

모두 흰 공 또는 모두 검은 공이 나오는 경우는 동시에 일어날 수 없으므로 두 확률을 더해야 해!

혜진이와 성욱이가 약속 장소에 나올 확률이 각각 $\frac{3}{10}$, $\frac{4}{5}$일 때, 다음을 구하시오.

13 혜진이만 약속 장소에 나올 확률 ________

혜진이만 나올 확률은 혜진이는 나오고, 성욱이는 나오지 않을 확률과 같아.

14 성욱이만 약속 장소에 나올 확률 ________

15 두 사람 중 한 사람만 약속 장소에 나올 확률 ________

↳ 혜진이만 약속 장소에 나오거나 성욱이만 약속 장소에 나오는 경우

두 사건 중 적어도 하나가 일어날 확률

서로 다른 두 개의 동전을 동시에 던질 때, 다음을 구하시오.

16 두 개의 동전 모두 뒷면이 나올 확률

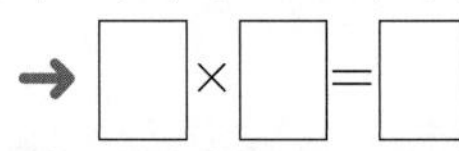

17 적어도 한 개의 동전은 앞면이 나올 확률

→ 1−(두 개의 동전 모두 뒷면이 나올 확률)

$=1-$□$=$□

자유투 성공률이 각각 $\frac{5}{6}$, $\frac{3}{4}$인 두 농구 선수가 각각 한 번씩 자유투를 할 때, 다음을 구하시오.

18 두 선수 모두 자유투를 실패할 확률 ________

19 적어도 한 선수는 자유투를 성공할 확률 ________

어떤 시험에서 A, B 두 사람이 합격할 확률이 각각 $\frac{1}{2}$, $\frac{2}{3}$일 때, 다음을 구하시오.

20 두 사람 모두 불합격할 확률 ________

21 적어도 한 명은 합격할 확률 ________

연속하여 뽑는 경우의 확률

모양과 크기가 같은 빨간 공 2개와 파란 공 3개가 들어 있는 주머니에서 연속하여 두 개의 공을 꺼낼 때, 두 공 모두 빨간 공이 나올 확률을 구해 보자.

꺼낸 공을 다시 넣는 경우

첫 번째 

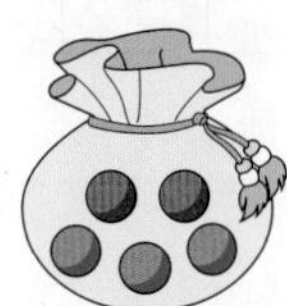

→ 처음과 나중의 조건이 같다.

(빨간 공이 나올 확률) (빨간 공이 나올 확률)

$=\frac{2}{5}$ ← 처음과 나중의 빨간 공의 개수가 같다. → $=\frac{2}{5}$

← 처음과 나중의 전체 공의 개수가 같다. →

따라서 구하는 확률은 $\frac{2}{5}\times\frac{2}{5}=\frac{4}{25}$

꺼낸 공을 다시 넣지 않는 경우

첫 번째 

→ 처음과 나중의 조건이 다르다.

(빨간 공이 나올 확률) (빨간 공이 나올 확률)

$=\frac{2}{5}$ ← 처음과 나중의 빨간 공의 개수가 다르다. → $=\frac{1}{4}$

← 처음과 나중의 전체 공의 개수가 다르다. →

따라서 구하는 확률은 $\frac{2}{5}\times\frac{1}{4}=\frac{1}{10}$

꺼낸 것을 다시 넣는 경우

주머니 속에 모양과 크기가 같은 검은 공 5개, 흰 공 2개가 들어 있다. 이 주머니에서 한 개의 공을 꺼내 확인하고 넣은 후 다시 한 개의 공을 꺼낼 때, 다음을 구하시오.

01 두 번 모두 검은 공이 나올 확률 ____________

❶ 첫 번째에 검은 공이 나올 확률은 ☐

❷ 두 번째에 검은 공이 나올 확률은 ☐

❸ 두 번 모두 검은 공이 나올 확률은 ☐ × ☐ = ☐

02 두 번 모두 흰 공이 나올 확률 ____________

03 첫 번째에 흰 공이 나오고, 두 번째에 검은 공이 나올 확률 ____________

10개의 제비 중 3개의 당첨 제비가 들어 있는 주머니에서 A가 한 개의 제비를 뽑아 확인하고 넣은 후 B가 다시 한 개의 제비를 뽑을 때, 다음을 구하시오.

04 A, B 모두 당첨될 확률 ____________

❶ A가 당첨 제비를 뽑을 확률은 ☐

❷ B가 당첨 제비를 뽑을 확률은 ☐

❸ A, B 모두 당첨될 확률은 ☐ × ☐ = ☐

05 A는 당첨되고, B는 당첨되지 않을 확률 ____________

06 A는 당첨되지 않고, B는 당첨될 확률 ____________

07 A, B 모두 당첨되지 않을 확률 ____________

꺼낸 것을 다시 넣지 않는 경우

주머니 속에 모양과 크기가 같은 검은 공 5개, 흰 공 2개가 들어 있다. 이 주머니에서 한 개의 공을 꺼내 확인하고 다시 한 개의 공을 꺼낼 때, 다음을 구하시오.
(단, 꺼낸 공은 다시 넣지 않는다.)

08 두 번 모두 검은 공이 나올 확률 ______

따라해
❶ 첫 번째에 검은 공이 나올 확률은 □
❷ 두 번째에 검은 공이 나올 확률은 □
처음과 나중의 조건이 다르다.
❸ 두 번 모두 검은 공이 나올 확률은 □ × □ = □

09 두 번 모두 흰 공이 나올 확률 ______

10 첫 번째에 흰 공이 나오고, 두 번째에 검은 공이 나올 확률 ______

11 첫 번째에 검은 공이 나오고, 두 번째에 흰 공이 나올 확률 ______

12 적어도 한 번은 검은 공이 나올 확률 ______

10개의 제비 중 3개의 당첨 제비가 들어 있는 주머니에서 A가 한 개의 제비를 뽑아 확인하고 B가 다시 한 개의 제비를 뽑을 때, 다음을 구하시오. (단, 뽑은 제비는 다시 넣지 않는다.)

13 A, B 모두 당첨될 확률 ______

따라해
❶ A가 당첨 제비를 뽑을 확률은 □
❷ B가 당첨 제비를 뽑을 확률은 □
❸ A, B 모두 당첨될 확률은 □ × □ = □

14 A는 당첨되고, B는 당첨되지 않을 확률 ______

15 A는 당첨되지 않고, B는 당첨될 확률 ______

16 A, B 모두 당첨되지 않을 확률 ______

17 적어도 한 명은 당첨될 확률 ______

▶ 정답 및 풀이 54쪽

[01 ~ 06] 다음을 구하시오.

01 모양과 크기가 같은 검은 구슬 4개와 흰 구슬 8개가 들어 있는 주머니에서 한 개의 구슬을 꺼낼 때, 검은 구슬이 나올 확률

02 1부터 10까지의 자연수가 각각 하나씩 적힌 10장의 카드 중에서 한 장을 뽑을 때, 12의 약수가 적힌 카드가 나올 확률

03 A, B, C, D 4명을 한 줄로 세울 때, A와 C가 이웃하여 설 확률

04 흰 바둑돌 10개가 들어 있는 주머니에서 한 개의 바둑돌을 꺼낼 때, 흰 바둑돌이 나올 확률

05 한 개의 주사위를 던질 때, 0의 눈이 나올 확률

06 내일 비가 올 확률이 $\frac{3}{10}$일 때, 내일 비가 오지 않을 확률

[07 ~ 08] 서로 다른 두 개의 주사위를 동시에 던질 때, 다음을 구하시오.

07 두 눈의 수의 합이 6이 아닐 확률

08 서로 다른 수의 눈이 나올 확률

09 1부터 15까지의 자연수가 각각 하나씩 적힌 15장의 카드 중에서 한 장을 뽑을 때, 4의 배수 또는 5의 배수가 적힌 카드가 나올 확률을 구하시오.

10 안타를 칠 확률이 각각 $\frac{1}{3}$, $\frac{3}{5}$인 두 야구 선수가 타석에 한 번씩 설 때, 두 선수 모두 안타를 칠 확률을 구하시오.

[11 ~ 13] A, B 두 사람이 어떤 수학 문제를 풀 확률이 각각 $\frac{2}{3}$, $\frac{1}{4}$일 때, 다음을 구하시오.

11 A, B 모두 문제를 풀지 못할 확률

12 한 사람만 문제를 풀 확률

13 적어도 한 사람은 문제를 풀 확률

[14 ~ 15] 20개의 제비 중 4개의 당첨 제비가 들어 있는 주머니에서 연속하여 두 개의 제비를 뽑을 때, 다음 각 경우에 대하여 두 번째만 당첨 제비를 뽑을 확률을 구하시오.

14 처음 뽑은 제비를 다시 넣을 때

15 처음 뽑은 제비를 다시 넣지 않을 때

맞힌 개수 개/15개

학교 시험 미리보기!

학교 시험 PREVIEW

01

10원짜리, 50원짜리, 100원짜리 동전이 각각 1개씩 있다. 세 개의 동전을 동시에 던질 때, 모두 뒷면이 나올 확률은?

① $\frac{1}{9}$ ② $\frac{1}{8}$ ③ $\frac{1}{4}$
④ $\frac{1}{3}$ ⑤ $\frac{1}{2}$

02

1, 2, 3, 4의 숫자가 각각 하나씩 적힌 4장의 카드가 있다. 이 중에서 2장을 뽑아 두 자리의 자연수를 만들 때, 홀수일 확률은?

① $\frac{1}{16}$ ② $\frac{1}{12}$ ③ $\frac{1}{6}$
④ $\frac{1}{4}$ ⑤ $\frac{1}{2}$

03 85% 출제율

사건 A가 일어날 확률을 p라 할 때, 다음 중 옳지 않은 것은?

① $0<p<1$
② $p=\frac{(\text{사건 } A\text{가 일어나는 경우의 수})}{(\text{모든 경우의 수})}$
③ 사건 A가 반드시 일어나면 $p=1$이다.
④ 사건 A가 절대로 일어나지 않으면 $p=0$이다.
⑤ 사건 A가 일어나지 않을 확률은 $1-p$이다.

04

다음 중 확률이 나머지 넷과 다른 하나는?

① 한 개의 주사위를 던질 때, 7의 배수의 눈이 나올 확률
② 흰 공이 2개 들어 있는 주머니에서 한 개의 공을 꺼낼 때, 파란 공이 나올 확률
③ 1, 3, 5, 7의 숫자가 각각 하나씩 적힌 4장의 카드 중에서 한 장을 뽑을 때, 짝수가 적힌 카드가 나올 확률
④ 서로 다른 두 개의 동전을 동시에 던질 때, 모두 뒷면이 나올 확률
⑤ 서로 다른 두 개의 주사위를 동시에 던질 때, 두 눈의 수의 합이 1일 확률

05

각 면에 1부터 20까지의 자연수가 각각 하나씩 적힌 정이십면체 모양의 주사위가 있다. 이 주사위를 한 번 던질 때, 소수가 나오지 않을 확률은?

① $\frac{1}{20}$ ② $\frac{1}{10}$ ③ $\frac{1}{5}$
④ $\frac{3}{5}$ ⑤ $\frac{7}{10}$

06 실수 주의

규범이와 준식이가 가위바위보를 한 번 할 때, 승부가 날 확률은?

① $\frac{1}{27}$ ② $\frac{1}{9}$ ③ $\frac{1}{6}$
④ $\frac{1}{3}$ ⑤ $\frac{2}{3}$

▶ 정답 및 풀이 55쪽

07

0, 1, 2, 3, 4, 5의 숫자가 각각 하나씩 적힌 6장의 카드 중에서 2장을 뽑아 두 자리의 자연수를 만들 때, 그 수가 20 이하 또는 40 이상일 확률은?

① $\frac{16}{25}$ ② $\frac{7}{10}$ ③ $\frac{4}{5}$
④ $\frac{21}{25}$ ⑤ $\frac{9}{10}$

08

다음 그림과 같이 6등분, 8등분된 두 원판 A, B가 있다. 이 두 원판을 각각 돌릴 때, 원판 A의 바늘은 3의 배수, 원판 B의 바늘은 6의 약수를 가리킬 확률은?
(단, 바늘이 경계선에 멈추는 경우는 생각하지 않는다.)

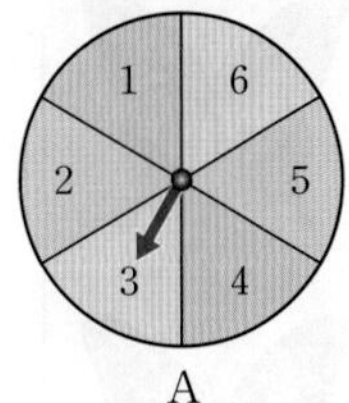

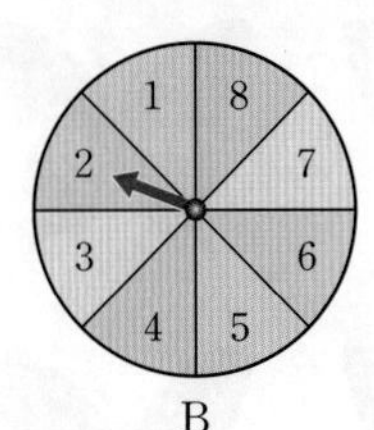

① $\frac{1}{12}$ ② $\frac{1}{7}$ ③ $\frac{1}{6}$
④ $\frac{2}{3}$ ⑤ $\frac{3}{4}$

09

어느 시험에서 성민이가 합격할 확률은 $\frac{4}{5}$이고, 경진이가 합격할 확률은 $\frac{3}{4}$일 때, 이 시험에서 한 명만 합격할 확률은?

① $\frac{1}{4}$ ② $\frac{1}{5}$ ③ $\frac{1}{20}$
④ $\frac{7}{20}$ ⑤ $\frac{3}{5}$

10

8개의 제비 중 2개의 당첨 제비가 들어 있는 주머니에서 경수가 한 개의 제비를 뽑아 확인하고 넣은 후 민정이가 다시 한 개의 제비를 뽑을 때, 경수와 민정이가 모두 당첨 제비를 뽑을 확률은?

① $\frac{1}{4}$ ② $\frac{1}{8}$ ③ $\frac{1}{12}$
④ $\frac{1}{16}$ ⑤ $\frac{1}{28}$

11 80% 출제율

딸기 맛 사탕이 3개, 포도 맛 사탕이 5개, 사과 맛 사탕이 2개 들어 있는 상자에서 명진이와 우찬이가 차례대로 사탕을 한 개씩 꺼낼 때, 두 명 모두 포도 맛 사탕이 나올 확률은? (단, 꺼낸 사탕은 다시 넣지 않는다.)

① $\frac{1}{9}$ ② $\frac{1}{6}$ ③ $\frac{2}{9}$
④ $\frac{1}{3}$ ⑤ $\frac{2}{3}$

12 서술형

남학생 4명, 여학생 3명 중에서 대표 2명을 뽑을 때, 적어도 한 명은 남학생이 뽑힐 확률을 구하시오.

채점 기준 1 모든 경우의 수 구하기

채점 기준 2 2명 모두 여학생이 뽑힐 확률 구하기

채점 기준 3 적어도 한 명은 남학생이 뽑힐 확률 구하기

모양이 다른 그림 하나를 찾아봐.

수매씽
MATHING
개념
연산

내신을 위한 강력한 한 권!

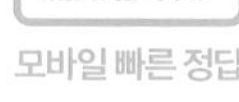

수매씽 개념 연산

정답 및 풀이

중학 수학 2·2

동아출판

모바일 빠른 정답

QR 코드를 찍으면 정답 및 풀이를
쉽고 빠르게 확인할 수 있습니다.

정답 및 풀이

중학 수학 2-2

빠른 정답 ······ 2

상세한 풀이 ······ 11

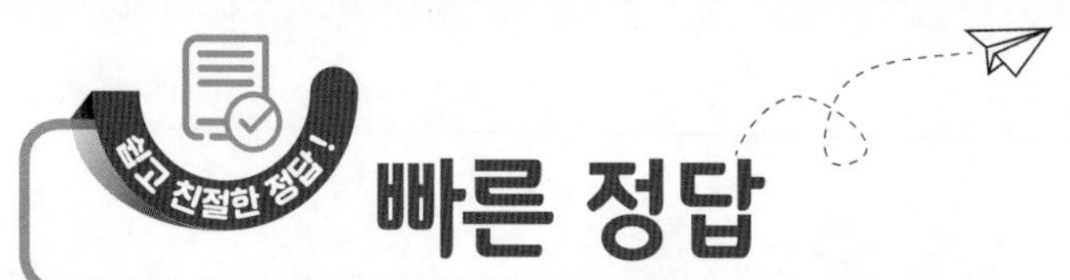

I 삼각형의 성질

1. 삼각형의 성질

01 이등변삼각형의 성질 7쪽~9쪽

01 3
02 5
03 70° 풀 밑각, B, 70
04 55°
05 50° 풀 C, 180, 180, 50
06 60°
07 50°
08 90°
09 55° 풀 125, 55, 55
10 40°
11 5 풀 $\overline{AD}$, $\overline{CD}$, 5
12 9
13 90 풀 $\overline{AD}$, 수직, 90
14 60
15 25
16 50
17 65° 풀 $\frac{1}{2}$, 65, C, 65
18 40°
19 75° 풀 40, 70, 70, 35, 35, 75
20 90°
21 50° 풀 B, 40, 40, 80, 80, 50
22 65°
23 105° 풀 B, 35, 35, 70, 70, 70, 105
24 90°

02 이등변삼각형이 되는 조건 10쪽~11쪽

01 10 풀 75, $\overline{AB}$, 10
02 7
03 13
04 4 풀 30, C, $\overline{AB}$, 4
05 9
06 8
07 4
08 5 풀 5, 35, C, $\overline{DB}$, 5
09 7
10 6
11 5
12 8 풀 DBC, DBC, $\overline{AB}$, 8
13 10
14 4

03 삼각형의 합동 조건 12쪽

01 $\overline{DE}$, $\overline{AC}$, SSS
02 $\overline{BC}$, E, SAS
03 $\overline{AC}$, D, C, ASA
04 △ABC≡△CDA, SSS 합동 풀 $\overline{DA}$, $\overline{AC}$, SSS
05 △ABC≡△EDC, SAS 합동
06 △ABC≡△CDA, ASA 합동

04 직각삼각형의 합동 조건 13쪽

01 90, D, △DEF, RHA
02 90, $\overline{FD}$, △EFD, RHS
03 △ABC≡△EFD, RHA 합동
04 5 풀 $\overline{FE}$, 5
05 9
06 60

05 직각삼각형의 합동 조건의 활용-RHA 합동 14쪽

01 4 풀 90, $\overline{CA}$, ECA, $\overline{DA}$, 4
02 5
03 10
04 10 cm^2 풀 $\overline{EC}$, 5, 5, 10
05 3 cm^2
06 72 cm^2

06 직각삼각형의 합동 조건의 활용-RHS 합동 15쪽

01 65° 풀 90, $\overline{AD}$, BAE, 25, 25, 65
02 70°
03 30°
04 25°
05 44° 풀 2, 44, 44, 46, 46, 44
06 30°

07 각의 이등분선의 성질 16쪽

01 3
02 12
03 1
04 30°
05 65°
06 15°

10분 연산 TEST 17쪽

01 80°
02 36°
03 35°
04 25°
05 6
06 8
07 7 cm
08 △ABC≡△EFD, RHA 합동
09 20 cm
10 34°
11 65°

학교 시험 PREVIEW 18쪽~19쪽

01 ④
02 ③
03 ④
04 ①
05 ④
06 ④
07 ③
08 ①
09 ④
10 ③
11 ④
12 50 cm^2

2. 삼각형의 외심과 내심

01 삼각형의 외심 22쪽~23쪽

01 ○
02 ×
03 ○
04 ×
05 ○
06 7 풀 수직이등분선, 7
07 10
08 9
09 30° 풀 이등변, 180, 30
10 28°
11 130°
12 40°
13 4 풀 $\overline{OB}$, 4
14 16
15 50 풀 $\overline{OC}$, 25, 25, 50, 50
16 110

02 삼각형의 외심의 활용 24쪽~25쪽

01 25° 풀 90, 25
02 40°
03 45°
04 20°
05 30°
06 30°
07 70° 풀 2, 2, 70
08 104°
09 65° 풀 $\frac{1}{2}$, $\frac{1}{2}$, 65
10 77°
11 90°
12 124°
13 50° 풀 40, 100, 100, 50
14 70°

10분 연산 TEST 26쪽

01 8
02 3
03 5
04 8
05 140
06 50
07 10
08 60
09 15°
10 25°
11 100°
12 62°
13 150°
14 110°
15 55°
16 65°

03 삼각형의 내심 27쪽~28쪽

01 ×
02 ○
03 ×
04 ○
05 ○
06 20° 풀 이등분선, ICB, 20
07 32°
08 28°
09 30° 풀 IAB, BAC, 60, 30
10 70°
11 25° 풀 25, 25, 25
12 35°
13 3
14 6
15 10 풀 IAF, $\overline{AF}$, 10
16 5

04 삼각형의 내심의 활용 29쪽~30쪽

01 40° 🅗 90, 40
02 35°
03 27°
04 30°
05 20°
06 68°
07 123° 🅗 $\frac{1}{2}$, $\frac{1}{2}$, 123
08 115°
09 40° 🅗 110, 40
10 70°
11 122°
12 28°
13 20° 🅗 80, 130, 130, 20
14 35°

05 삼각형의 내심과 내접원 31쪽

01 84 cm^2 🅗 15, 84
02 150 cm^2
03 22 cm 🅗 2, 22, 22
04 32 cm
05 2 cm 🅗 6, 24, 8, 12, 12, 24, 2
06 3 cm

06 삼각형의 외심과 내심 32쪽

01 $\angle x=68°$, $\angle y=107°$
🅗 34, 68, 90, 90, 34, 107
02 $\angle x=104°$, $\angle y=116°$
03 130°
04 140°
05 110°

10분 연산 TEST 33쪽

01 35
02 33
03 46
04 4
05 6
06 9
07 20°
08 30°
09 125°
10 50°
11 110°
12 18°
13 1 cm
14 $\angle x=160°$, $\angle y=130°$

학교 시험 PREVIEW 34쪽~35쪽

01 ④
02 ③
03 ③
04 ⑤
05 ③
06 ④
07 ③
08 ③
09 ②
10 ③
11 ⑤
12 $4\pi\ \text{cm}^2$

II 사각형의 성질

1. 평행사변형

01 평행사변형의 뜻 39쪽

01 $\angle x=50°$, $\angle y=30°$ 🅗 50, 30
02 $\angle x=35°$, $\angle y=55°$
03 $\angle x=30°$, $\angle y=25°$
04 100° 🅗 20, 20, 100
05 90°
06 95°

02 평행사변형의 성질 40쪽~41쪽

01 $x=6$, $y=5$ 🅗 6, 5
02 $x=8$, $y=12$
03 $x=5$, $y=5$
04 $x=3$, $y=6$
05 $\angle x=100°$, $\angle y=80°$ 🅗 100, 80
06 $\angle x=45°$, $\angle y=80°$
07 $\angle x=60°$, $\angle y=120°$ 🅗 60, 180, 180, 60, 120
08 $\angle x=125°$, $\angle y=55°$
09 $\angle x=45°$, $\angle y=45°$
10 $\angle x=20°$, $\angle y=130°$
11 $\angle x=50°$, $\angle y=75°$
12 $x=2$, $y=5$ 🅗 2, 5
13 $x=8$, $y=6$
14 $x=6$, $y=10$
15 $x=5$, $y=5$

03 평행사변형의 성질의 응용 42쪽~43쪽

01 5 🅗 $\overline{BE}$, 이등변, 10, 15, 10, 5
02 4
03 3
04 3 🅗 $\overline{DE}$, 이등변, 11, 8, 11, 3
05 4
06 4 🅗 엇각, ASA, 4
07 8
08 22
09 60° 🅗 2, 2, 60, 60
10 45°
11 72°
12 80°

10분 연산 TEST 44쪽

01 ○
02 ○
03 ×
04 ○
05 ×
06 45°
07 95°
08 $x=105$, $y=3$
09 $x=9$, $y=70$
10 $x=55$, $y=80$
11 $x=35$, $y=105$
12 $x=14$, $y=10$
13 $x=8$, $y=9$
14 1
15 3
16 5
17 12

04 평행사변형이 되는 조건 45쪽~47쪽

01 $\overline{BC}$
02 $\overline{DC}$
03 $\angle ABC$
04 $\overline{OA}$
05 $\overline{DC}$
06 $x=65$, $y=30$ 🅗 65, 65, 30, 30
07 $x=40$, $y=35$
08 $x=5$, $y=9$ 🅗 10, 5, 12, 9
09 $x=22$, $y=6$
10 $x=80$, $y=100$ 🅗 80, 80, 80, 100, 100
11 $x=60$, $y=120$
12 $x=6$, $y=5$ 🅗 12, 6, 10, 5
13 $x=14$, $y=2$
14 $x=20$, $y=6$ 🅗 40, 40, 20, 5, 6
15 $x=15$, $y=4$
16 ○, ㄷ 🅗 110, 대각, 평행사변형
17 ×
18 ○, ㄹ
19 ×
20 ○
21 ×
22 ○
23 ×
24 ○
25 ×
26 ○

05 새로운 사각형이 평행사변형이 되는 조건 48쪽

01 $\overline{NC}$, $\overline{NC}$, 평행, 길이
02 $\overline{OD}$, $\overline{OF}$, 이등분
03 $\angle EDF$, $\angle BFD$, 대각
04 $\angle C$, $\angle D$, $\angle C$, $\overline{CF}$, SAS, $\angle D$, $\overline{DG}$, SAS, $\overline{HG}$, 대변

06 평행사변형과 넓이 49쪽~50쪽

01 18 cm^2
🅗 $\frac{1}{2}$, $\frac{1}{2}$, 18
02 18 cm^2
03 9 cm^2
04 9 cm^2
05 18 cm^2
06 (가) 10 (나) 8 (다) 5 (라) 7
07 30 cm^2
08 30 cm^2
09 60 cm^2
10 25 cm^2
🅗 $\frac{1}{2}$, $\frac{1}{2}$, 25
11 25 cm^2
12 16 cm^2
13 20 cm^2
14 23 cm^2
15 16 cm^2

10분 연산 TEST 51쪽

01 $x=10$, $y=6$
02 $x=3$, $y=10$
03 $\angle x=25°$, $\angle y=105°$
04 $\angle x=108°$, $\angle y=36°$
05 $x=5$, $y=4$
06 $x=3$, $y=22$
07 $x=35$, $y=5$
08 $x=50$, $y=12$
09 ○
10 ×
11 ○
12 ×
13 24 cm^2
14 12 cm^2
15 30 cm^2
16 30 cm^2

학교 시험 PREVIEW 52쪽~53쪽

01 ②
02 ④
03 ②
04 ②
05 ①
06 ④
07 ⑤
08 ②
09 ③
10 ④
11 ⑤
12 24 cm^2

2. 여러 가지 사각형

01 직사각형 56쪽~57쪽

01 $x=4$, $y=6$
02 $x=90$, $y=35$
03 $x=10$, $y=20$
04 $x=4$, $y=50$
05 $x=60$, $y=120$
06 $x=35$, $y=110$
07 ○
08 ×
09 ×
10 ○
11 ○
12 ○
13 ×
14 90 직각
15 B, D 직사각형
16 5 대각선
17 3

02 마름모 58쪽~59쪽

01 $x=8$, $y=8$
02 $x=70$, $y=40$
03 $x=40$, $y=100$
04 $x=6$, $y=18$
05 $x=90$, $y=25$
06 $x=70$, $y=20$
07 ○
08 ○
09 ×
10 ×
11 ○
12 ×
13 ○
14 4 마름모
15 40
16 90 수직
17 40

03 정사각형 60쪽~61쪽

01 $x=9$, $y=90$
02 $x=6$, $y=90$
03 $x=14$, $y=45$
04 $x=45$, $y=5$
05 $x=45$, $y=75$
06 ○
07 ×
08 ○
09 ×
10 10
11 90
12 ○
13 ×
14 ×
15 ○
16 90
17 6
18 ×
19 ×
20 ○
21 ○
22 ×

04 등변사다리꼴 62쪽~63쪽

01 $\angle DCB$
02 $\overline{DC}$
03 $\overline{BD}$
04 $\angle CDA$
05 $\angle OCB$
06 $\overline{OD}$
07 70
08 4
09 10
10 13
11 65
12 55° 25, 25, 55, 55
13 40°
14 60°
15 2 6, $\overline{CF}$, 6, 2
16 9
17 11
5, 120, 60, 60, 60, 6, 5, 6, 11
18 21

10분 연산 TEST 64쪽

01 $x=4$, $y=6$
02 $x=30$, $y=60$
03 A
04 $\overline{BD}$
05 $x=7$, $y=35$
06 $x=40$, $y=40$
07 $\overline{AD}$
08 ⊥
09 $x=18$, $y=90$
10 $x=45$, $y=5$
11 90
12 90
13 $x=6$, $y=75$
14 $x=15$, $y=80$
15 $x=60$, $y=120$
16 $x=3$, $y=1$

05 여러 가지 사각형 사이의 관계 65쪽~66쪽

01 ㄱ
02 ㄷ, ㅂ
03 ㄹ, ㅁ
04 ㄹ, ㅁ
05 ㄷ, ㅂ
06 직사각형
07 마름모
08 직사각형
09 마름모
10 직사각형
11 정사각형
12 정사각형
13 정사각형
14 마름모
15 정사각형
16 ○
17 ○
18 ×
19 ×
20 ㄱ, ㄴ, ㄷ, ㅁ
21 ㄷ, ㅁ
22 ㄴ, ㄹ, ㅁ

06 평행선과 넓이 67쪽~68쪽

01 △ABC ABC
02 △ACD
03 △ABO
04 20 cm^2 30, 30, 20
05 12 cm^2
06 49 cm^2
07 △AED AED
08 △ABE
09 31 cm^2 16, 16, 31
10 28 cm^2
11 10 cm^2 30, 10
12 18 cm^2
13 3 cm^2 12, 12, 3
14 4 cm^2

10분 연산 TEST 69쪽

01 ㄱ
02 ㄷ, ㅁ
03 ㄴ, ㄹ
04 ㄴ, ㄹ
05 ㄷ, ㅁ
06 ×
07 ○
08 ×
09 ○
10 ○
11 10 cm^2
12 49 cm^2
13 △AFD
14 □ABCD
15 21 cm^2
16 24 cm^2
17 20 cm^2
18 12 cm^2

학교 시험 PREVIEW 70쪽~71쪽

01 ⑤
02 ④
03 ②
04 ①, ③
05 ②
06 ④
07 ③
08 ⑤
09 ①, ③
10 ④
11 ④
12 70°

Ⅲ 도형의 닮음과 피타고라스 정리

1. 도형의 닮음

01 닮은 도형 76쪽

01 점 F F
02 점 E
03 $\overline{EF}$ $\overline{EF}$
04 $\overline{DF}$
05 $\angle D$
06 점 F
07 $\overline{EH}$
08 $\angle G$
09 ×
10 ○
11 ×

02 닮음의 성질 77쪽~78쪽

01 2 : 3 🔑 $\overline{DE}$, $\overline{DE}$, 6, 3
02 12 cm
03 30°
04 3 : 5
05 15 cm
06 110°
07 95°
08 10 cm 🔑 5, 10
09 16 cm
10 7 cm
11 면 GJLI
12 3 : 2 🔑 $\overline{GI}$, 6, 2
13 4 cm
14 4 : 5
15 15 cm
16 8 cm
17 5 : 3
18 3 cm

03 닮은 두 평면도형에서의 비 79쪽

01 3 : 4
02 3 : 4
03 9 : 16
04 24 cm
🔑 3, 24, 24
05 2 : 3
06 2 : 3
07 4 : 9
08 16 cm^2

04 닮은 두 입체도형에서의 비 80쪽

01 2 : 3
02 4 : 9
03 4 : 9
04 8 : 27
05 225 cm^2
🔑 4, 225, 225
06 3 : 4
07 3 : 4
08 9 : 16
09 27 : 64
10 54π cm^3

10분 연산 TEST 81쪽

01 $\overline{FG}$
02 3 : 2
03 6 cm
04 125°
05 면 IJNM
06 5 : 4
07 5
08 12
09 3 : 4
10 3 : 4
11 9 : 16
12 128 cm^2
13 2 : 5
14 4 : 25
15 8 : 125
16 16 cm^3

05 삼각형의 닮음 조건 82쪽~83쪽

01 2, 2, 8, 2, △DFE, SSS
02 40, ∠E, 60, △FDE, AA
03 3, $\overline{ED}$, 6, 2, ∠E, △FED, SAS
04 95, 35, ∠D, 95, △EDF, AA
05 △MNO ∽ △BAC, SAS 닮음
🔑 2, △BAC, SAS
06 △PQR ∽ △IGH, SSS 닮음
07 △STU ∽ △EDF, AA 닮음
08 △ABC ∽ △ADE, AA 닮음
🔑 ∠A, ∠E, △ADE, AA
09 △ABC ∽ △EBD, SAS 닮음
10 △ABC ∽ △DAC, SSS 닮음
11 △ABC ∽ △CDE, AA 닮음

06 삼각형의 닮음 조건의 응용 84쪽~85쪽

01 (위에서부터) 6, 4, 5
02 6, 1, 5, 1, ∠B, △EBD, SAS
03 8 🔑 2, 2, 8
04 △CBD
05 5
06 △ADB
07 8
08 8
09 16
10 (위에서부터) 2, 3
11 ∠B, △EBD, AA
12 9 🔑 $\overline{EB}$, 2, 9
13 △DAC
14 16
15 △ACD
16 4
17 6
18 4

07 직각삼각형의 닮음 86쪽

01 2 🔑 $\overline{BC}$, $8x$, 2
02 $\frac{25}{3}$
03 $\frac{16}{5}$
04 6
05 4
06 9

08 실생활에서 닮음의 활용 87쪽~88쪽

01 $\overline{BE}$, $\overline{BE}$, 1, 4
02 4, 4, 4.8, 4.8
03 △ADE, 1 : 3
04 4.5 m
05 5 m
06 6.4 m
07 1000, 100000, 100000, 10000
08 10000, 120000, 1.2
09 1500, 150000, 10000, 15
10 $\frac{1}{2500}$
11 0.15 km
12 200 cm
13 2 km
14 800 m
15 10 cm
16 19 cm

10분 연산 TEST 89쪽

01 △ABC ∽ △NOM, AA 닮음
02 △ABC ∽ △EDC, SAS 닮음
03 9
04 △ABC ∽ △AED, AA 닮음
05 3
06 4
07 25
08 6
09 △DEF, 1 : 5
10 8 m

학교 시험 PREVIEW 90쪽~91쪽

01 ④
02 ①, ④
03 ⑤
04 ④
05 ④
06 ③
07 ②
08 ⑤
09 ③
10 ⑤
11 ⑤
12 24

2. 닮음의 활용

01 삼각형에서 평행선과 선분의 길이의 비 (1) 94쪽

01 6 🔑 9, 6
02 15
03 9
04 12
05 4 🔑 6, 4
06 10

02 삼각형에서 평행선과 선분의 길이의 비 (2) 95쪽

01 6 🔑 12, 6
02 6
03 16 🔑 7, 16
04 3
05 18 🔑 4, 18
06 8

03 삼각형에서 평행선 찾기 96쪽

01 ○ 풀 5, 5, 평행하다
02 ×
03 ○
04 × 풀 2, 7, 평행하지 않다
05 ×
06 ○

04 삼각형의 각의 이등분선 97쪽~98쪽

01 4 풀 $\overline{BD}$, 3, 4
02 6
03 5
04 9
05 $\overline{AC}$, 9, 3
06 $\overline{BD}$, 2
07 2, 2, 15
08 5 : 4
09 5 : 4
10 20 cm^2
11 14 풀 $\overline{CD}$, 8, 14
12 6
13 10
14 4

05 평행선 사이의 선분의 길이의 비 99쪽

01 9 풀 6, 9
02 5
03 15
04 6 풀 3, 6
05 9
06 3

06 사다리꼴에서 평행선과 선분의 길이의 비 100쪽~101쪽

01 3, 3, 3, 3, 2, 2, 3, 5
02 7
03 9
04 7
05 14
06 10, 4, 2, 5, 5, 3, 4, 3, 7
07 8
08 10
09 21
10 12
11 11

07 평행선과 선분의 길이의 비의 응용 102쪽

01 2 : 3 풀 15, 3
02 6 풀 3, 6
03 1 : 2
04 4
05 4 : 3
06 8 풀 3, 8
07 2 : 3
08 6

10분 연산 TEST 103쪽

01 12
02 10
03 6
04 9
05 ×
06 ○
07 12
08 4
09 15
10 4
11 6
12 4
13 8
14 12
15 $\frac{15}{2}$
16 4

08 삼각형의 두 변의 중점을 연결한 선분의 성질 104쪽~105쪽

01 5 풀 10, 5
02 8
03 12
04 22
05 4 풀 4
06 14
07 10
08 9
09 $x=5$, $y=12$
10 $x=8$, $y=6$
11 15 풀 4, 12, 6, $\overline{BC}$, 5, 4, 6, 5, 15
12 21
13 20

09 사다리꼴에서 두 변의 중점을 연결한 선분의 성질 106쪽~107쪽

01 14, 7, 10, 5, 7, 5, 12
02 11
03 13
04 8
05 10
06 8, 4, 4, 2, 4, 2, 2
07 3
08 2
09 4
10 4
11 14

10 삼각형의 중선과 무게중심 108쪽~110쪽

01 14 cm^2 풀 $\frac{1}{2}$, $\frac{1}{2}$, 14
02 30 cm^2
03 4 풀 $\overline{CD}$, 4
04 5
05 3 풀 2, 2, 3
06 5
07 8
08 6
09 14
10 $x=4$, $y=5$ 풀 2, 2, 4, 5
11 $x=8$, $y=6$
12 $x=12$, $y=5$
13 $x=14$, $y=6$
14 $x=12$, $y=10$
15 4 풀 36, 12, 12, 4
16 45
17 6
18 12
19 6 풀 3, 3, 12, 12, 6
20 9
21 20
22 12

11 삼각형의 무게중심과 넓이 111쪽

01 6 cm^2 풀 $\frac{1}{6}$, $\frac{1}{6}$, 6
02 12 cm^2
03 12 cm^2
04 30 cm^2 풀 6, 6, 30
05 27 cm^2
06 42 cm^2

12 평행사변형에서 삼각형의 무게중심의 응용 112쪽

01 8 풀 $\frac{1}{3}$, $\frac{1}{3}$, 8
02 15
03 2
04 10 cm^2 풀 $\frac{1}{2}$, $\frac{1}{2}$, 30, 30, 10
05 5 cm^2
06 10 cm^2

10분 연산 TEST 113쪽

01 9
02 14
03 7
04 16
05 16
06 20
07 6
08 14
09 $x=8$, $y=18$
10 $x=2$, $y=6$
11 27 cm^2
12 36 cm^2
13 9
14 21

학교 시험 PREVIEW 114쪽~115쪽

01 ⑤
02 ③
03 ③
04 ②
05 ④
06 ②
07 ①
08 ④
09 ③
10 ③
11 ②
12 3 cm

3. 피타고라스 정리

01 피타고라스 정리 118쪽~119쪽

01 10 100, 10
02 13
03 15
04 17
05 12 144, 12
06 4
07 20
08 25
09 $x=8$, $y=10$ ❶ 64, 8 ❷ 8, 100, 10
10 $x=17$, $y=20$
11 $x=5$, $y=15$
12 $x=20$, $y=15$
13 $x=5$, $y=20$ ❶ 25, 5 ❷ 400, 20
14 $x=8$, $y=25$
15 $x=8$, $y=17$
16 $x=9$, $y=7$

02 피타고라스 정리의 이해 (1)-유클리드의 방법 120쪽

01 100 36, 100
02 144
03 20
04 16 16
05 144
06 64

03 피타고라스 정리의 이해 (2)-피타고라스의 방법 121쪽

01 289 15, 289, 17, 289
02 169
03 225
04 4 25, 25, 16, 4
05 15
06 8

04 직각삼각형이 되는 조건 122쪽

01 × 3, ≠, 직각삼각형이 아니다
02 ○
03 ×
04 ×
05 ○
06 25
07 15
08 20
09 직각삼각형
10 둔각삼각형
11 예각삼각형

05 삼각형에서 피타고라스 정리의 활용 123쪽

01 $\frac{36}{5}$ 16, 400, 20, 20, $\frac{36}{5}$
02 $\frac{225}{8}$
03 $\frac{60}{13}$
04 100 8, 100
05 464
06 60

06 사각형에서 피타고라스 정리의 활용 124쪽

01 45 $\overline{AB}$, $\overline{BC}$, 4, 6, 45
02 58
03 124
04 12 $\overline{CP}$, $\overline{BP}$, 7, 5, 12
05 17
06 8

07 직각삼각형의 세 반원 사이의 관계 125쪽

01 20π 80π, 20π
02 40π
03 $\frac{13}{2}\pi$
04 70 10, 70
05 81
06 54

10분 연산 TEST 126쪽

01 6
02 12
03 $x=12$, $y=9$
04 $x=12$, $y=13$
05 22
06 64
07 58
08 68
09 ×
10 ○
11 ○
12 $x=26$, $y=\frac{50}{13}$
13 $x=15$, $y=\frac{36}{5}$
14 57
15 53
16 20π
17 80

학교 시험 PREVIEW 127쪽

01 ①
02 ②
03 ④
04 ③, ⑤
05 ③
06 ⑤
07 80

Ⅳ 확률

1. 경우의 수

01 사건과 경우의 수 132쪽~133쪽

01 8 2, 3, 5, 7, 11, 13, 17, 19, 8
02 5
03 10
04 5
05 6
06 3 1, 3, 5, 3
07 2
08 3
09 2
10 4
11

A \ B	⚀	⚁	⚂	⚃	⚄	⚅
⚀	(1, 1)	(1, 2)	(1, 3)	(1, 4)	(1, 5)	(1, 6)
⚁	(2, 1)	(2, 2)	(2, 3)	(2, 4)	(2, 5)	(2, 6)
⚂	(3, 1)	(3, 2)	(3, 3)	(3, 4)	(3, 5)	(3, 6)
⚃	(4, 1)	(4, 2)	(4, 3)	(4, 4)	(4, 5)	(4, 6)
⚄	(5, 1)	(5, 2)	(5, 3)	(5, 4)	(5, 5)	(5, 6)
⚅	(6, 1)	(6, 2)	(6, 3)	(6, 4)	(6, 5)	(6, 6)

12 36
13 6
14 5
15 4
16 4
17 4 뒷면, 앞면, 4
18 2
19 1
20 2
21 6

100원(개)	5	4	4	3	3	2
50원(개)	0	2	1	4	3	5
10원(개)	0	0	5	0	5	5

, 6

22 5

02 사건 A 또는 사건 B가 일어나는 경우의 수 134쪽~135쪽

01 5
02 3
03 8
04 6
05 7
06 6 ❶ 4 ❷ 2 ❸ 4, 2, 6

07 13
08 11
09 9
10 15
11 3 ❶ 1, 2, 2 ❷ 10, 1 ❸ 2, 1, 3
12 8
13 5
14 6
15 8
16 5 ❶ 2, 1, 2 ❷ 3, 2, 1, 3 ❸ 2, 3, 5
17 9
18 6
19 3
20 7

03 사건 A와 사건 B가 동시에 일어나는 경우의 수 136쪽~137쪽

01 5
02 3
03 15
04 8
05 6
06 6
❶ 3 ❷ 2
❸ 3, 2, 6
07 9
08 30
09 12
10 24
11 뒤, 앞, 2, 4
12 6, 12
13 6, 36
14 3
❶ 1 ❷ 4, 6, 3
❸ 3, 3
15 3
16 2
17 9
18 4
19 9
20 9
21 9
22 4

04 한 줄로 세우는 경우의 수 138쪽

01 24 ❷ 3 ❸ 2 ❹ 1 ❺ 3, 2, 1, 24
02 120
03 12 ❶ 4 ❷ 3 ❸ 3, 12
04 60
05 3, 2, 1, 24
06 24
07 24
08 6

05 이웃하여 한 줄로 세우는 경우의 수 139쪽

01 12 ❶ 2, 1, 6 ❷ 1, 2 ❸ 6, 2, 12
02 12
03 12 ❶ 1, 2 ❷ 2, 1, 6 ❸ 2, 6, 12
04 12
05 48
06 36
07 24

06 자연수를 만드는 경우의 수 140쪽~141쪽

01 12 ❶ 4 ❷ 3 ❸ 4, 3, 12
02 24
03 3, 6
04 20
05 60
06 8
07 8
08 9 ❶ 3 ❷ 3 ❸ 3, 3, 9
09 18
10 4
11 6
12 6
13 16
14 48
15 6
16 10
17 9

07 대표를 뽑는 경우의 수 142쪽

01 20 ❶ 5 ❷ 4 ❸ 5, 4, 20
02 60
03 10 4, 3, 6, 10
04 10
05 42
06 210
07 21
08 35
09 12

10분 연산 TEST 143쪽

01 4
02 7
03 3
04 9
05 11
06 24
07 24
08 120
09 120
10 240
11 12
12 100
13 20
14 10

학교 시험 PREVIEW 144쪽~145쪽

01 ④
02 ②
03 ②
04 ⑤
05 ③
06 ④
07 ⑤
08 ③
09 ②
10 ④
11 ④
12 20가지

2. 확률

01 확률 148쪽~149쪽

01 $\frac{3}{8}$
❶ 3, 1, 4, 8 ❷ 3 ❸ $\frac{3}{8}$
02 $\frac{1}{8}$
03 $\frac{1}{2}$
04 $\frac{1}{5}$
❶ 20 ❷ 5, 10, 15, 20, 4 ❸ $\frac{1}{5}$
05 $\frac{1}{2}$
06 $\frac{3}{10}$
07 $\frac{2}{5}$
08 $\frac{1}{5}$
09 $\frac{3}{5}$
10 $\frac{5}{36}$
❶ 6, 6, 36 ❷ 5, 4, 3, 2, 5 ❸ $\frac{5}{36}$
11 $\frac{1}{6}$
12 $\frac{1}{6}$
13 $\frac{1}{9}$
14 $\frac{1}{4}$
❶ 2, 4 ❷ 앞면, 1 ❸ $\frac{1}{4}$
15 $\frac{1}{2}$
16 $\frac{3}{8}$
❶ 2, 2, 8 ❷ 뒷면, 뒷면, 뒷면, 3 ❸ $\frac{3}{8}$
17 $\frac{3}{8}$
18 $\frac{1}{8}$
19 $\frac{1}{4}$

02 확률의 성질 150쪽

01 $\frac{1}{4}$ ❷ 5 ❸ 5, $\frac{1}{4}$
02 0
03 1
04 $\frac{1}{9}$
05 0
06 1
07 1
08 0
09 1
10 0
11 1

03 어떤 사건이 일어나지 않을 확률 151쪽

01 $\frac{8}{9}$ 9, $\frac{1}{9}$, $\frac{8}{9}$

02 $\frac{1}{4}$
03 $\frac{2}{5}$
04 $\frac{22}{25}$
05 $\frac{3}{4}$ 🔑 ❶ 2, 2, 4 ❷ 앞면, 1, $\frac{1}{4}$ ❸ $\frac{1}{4}$, $\frac{3}{4}$
06 $\frac{7}{8}$
07 $\frac{3}{4}$
08 $\frac{5}{6}$

04 사건 A 또는 사건 B가 일어날 확률 152쪽

01 $\frac{1}{5}$
02 $\frac{7}{15}$
03 $\frac{2}{3}$
04 $\frac{1}{2}$
05 $\frac{2}{3}$
06 $\frac{1}{4}$
07 $\frac{5}{7}$
08 $\frac{3}{10}$
09 $\frac{1}{2}$

05 사건 A와 사건 B가 동시에 일어날 확률 153쪽~154쪽

01 $\frac{3}{5}$, $\frac{5}{6}$, $\frac{1}{2}$
02 $\frac{21}{100}$
03 $\frac{2}{5}$
04 $\frac{9}{25}$
05 $\frac{1}{2}$
06 $\frac{1}{2}$
07 $\frac{1}{4}$
08 $\frac{1}{9}$
09 $\frac{3}{20}$
10 $\frac{2}{3}$, $\frac{3}{5}$, $\frac{2}{5}$
11 $\frac{1}{3}$, $\frac{2}{5}$, $\frac{2}{15}$
12 $\frac{2}{5}$, $\frac{2}{15}$, $\frac{8}{15}$
13 $\frac{3}{50}$
14 $\frac{14}{25}$
15 $\frac{31}{50}$
16 $\frac{1}{2}$, $\frac{1}{2}$, $\frac{1}{4}$
17 $\frac{1}{4}$, $\frac{3}{4}$
18 $\frac{1}{24}$
19 $\frac{23}{24}$
20 $\frac{1}{6}$
21 $\frac{5}{6}$

06 연속하여 뽑는 경우의 확률 155쪽~156쪽

01 $\frac{25}{49}$ 🔑 ❶ $\frac{5}{7}$ ❷ $\frac{5}{7}$ ❸ $\frac{5}{7}$, $\frac{5}{7}$, $\frac{25}{49}$
02 $\frac{4}{49}$
03 $\frac{10}{49}$
04 $\frac{9}{100}$ 🔑 ❶ $\frac{3}{10}$ ❷ $\frac{3}{10}$ ❸ $\frac{3}{10}$, $\frac{3}{10}$, $\frac{9}{100}$
05 $\frac{21}{100}$
06 $\frac{21}{100}$
07 $\frac{49}{100}$
08 $\frac{10}{21}$ 🔑 ❶ $\frac{5}{7}$ ❷ $\frac{2}{3}$ ❸ $\frac{5}{7}$, $\frac{2}{3}$, $\frac{10}{21}$
09 $\frac{1}{21}$
10 $\frac{5}{21}$
11 $\frac{5}{21}$
12 $\frac{20}{21}$
13 $\frac{1}{15}$ 🔑 ❶ $\frac{3}{10}$ ❷ $\frac{2}{9}$ ❸ $\frac{3}{10}$, $\frac{2}{9}$, $\frac{1}{15}$
14 $\frac{7}{30}$
15 $\frac{7}{30}$
16 $\frac{7}{15}$
17 $\frac{8}{15}$

10분 연산 TEST 157쪽

01 $\frac{1}{3}$
02 $\frac{1}{2}$
03 $\frac{1}{2}$
04 1
05 0
06 $\frac{7}{10}$
07 $\frac{31}{36}$
08 $\frac{5}{6}$
09 $\frac{2}{5}$
10 $\frac{1}{5}$
11 $\frac{1}{4}$
12 $\frac{7}{12}$
13 $\frac{3}{4}$
14 $\frac{4}{25}$
15 $\frac{16}{95}$

학교 시험 PREVIEW 158쪽~159쪽

01 ②
02 ⑤
03 ①
04 ④
05 ④
06 ⑤
07 ①
08 ③
09 ④
10 ④
11 ③
12 $\frac{6}{7}$

Memo

Memo

정답 및 풀이

I 삼각형의 성질

1. 삼각형의 성질

01 VISUAL 연산 이등변삼각형의 성질

7쪽~9쪽

01 3　02 5　03 70° 밑각, B, 70　04 55°
05 50° C, 180, 180, 50　06 60°　07 50°
08 90°　09 55° 125, 55, 55　10 40°
11 5 $\overline{AD}$, $\overline{CD}$, 5　12 9　13 90 $\overline{AD}$, 수직, 90
14 60　15 25　16 50　17 65° $\frac{1}{2}$, 65, C, 65
18 40°　19 75° 40, 70, 70, 35, 35, 75　20 90°
21 50° B, 40, 40, 80, 80, 50　22 65°
23 105° B, 35, 35, 70, 70, 70, 105　24 90°

02 $\overline{AB}=\overline{AC}=5\text{ cm}$　$\therefore x=5$

04 $\triangle ABC$가 $\overline{AB}=\overline{AC}$인 이등변삼각형이므로 $\angle B=\angle C$
$\therefore \angle x=55^\circ$

06 $\triangle ABC$가 $\overline{AB}=\overline{AC}$인 이등변삼각형이므로 $\angle B=\angle C$
$\therefore \angle x=\frac{1}{2}\times(180^\circ-60^\circ)=60^\circ$

07 $\triangle ABC$가 $\overline{AB}=\overline{AC}$인 이등변삼각형이므로 $\angle B=\angle C$
$\therefore \angle x=180^\circ-2\times65^\circ=50^\circ$

08 $\triangle ABC$가 $\overline{AB}=\overline{AC}$인 이등변삼각형이므로 $\angle B=\angle C$
$\therefore \angle x=180^\circ-2\times45^\circ=90^\circ$

10 $\angle ABC=180^\circ-110^\circ=70^\circ$
$\triangle ABC$가 $\overline{AB}=\overline{AC}$인 이등변삼각형이므로
$\angle C=\angle ABC=70^\circ$
$\therefore \angle x=180^\circ-2\times70^\circ=40^\circ$

12 $\overline{CD}=\frac{1}{2}\overline{BC}=\frac{1}{2}\times18=9(\text{cm})$　$\therefore x=9$

14 $\angle CAD=\angle BAD=30^\circ$이고 $\angle ADC=90^\circ$이므로
$\triangle ADC$에서
$\angle C=180^\circ-(30^\circ+90^\circ)=60^\circ$　$\therefore x=60$

15 $\angle CAD=\angle BAD=25^\circ$　$\therefore x=25$

16 $\angle BAD=\angle CAD=40^\circ$
$\triangle ABD$에서
$\angle B=180^\circ-(40^\circ+90^\circ)=50^\circ$　$\therefore x=50$

18 $\triangle CDB$에서 $\overline{CD}=\overline{CB}$이므로 $\angle B=\angle CDB=70^\circ$
$\triangle ABC$에서 $\overline{AB}=\overline{AC}$이므로 $\angle x=180^\circ-2\times70^\circ=40^\circ$

20 $\triangle ABC$에서 $\overline{AB}=\overline{AC}$이므로 $\angle ABC=\angle C=60^\circ$
$\therefore \angle DBC=\frac{1}{2}\times60^\circ=30^\circ$
$\triangle DBC$에서 $\angle x=30^\circ+60^\circ=90^\circ$

22 $\triangle ADC$에서 $\overline{DA}=\overline{DC}$이므로 $\angle DAC=\angle C=25^\circ$
$\therefore \angle ADB=25^\circ+25^\circ=50^\circ$
$\triangle ABD$에서 $\overline{DA}=\overline{DB}$이므로
$\angle x=\frac{1}{2}\times(180^\circ-50^\circ)=65^\circ$

24 $\angle CDA=180^\circ-120^\circ=60^\circ$
$\triangle DCA$에서 $\overline{CA}=\overline{CD}$이므로 $\angle A=\angle CDA=60^\circ$
$\triangle DBC$에서 $\overline{DB}=\overline{DC}$이므로
$\angle B=\frac{1}{2}\times(180^\circ-120^\circ)=30^\circ$
$\triangle ABC$에서 $\angle x=30^\circ+60^\circ=90^\circ$

02 VISUAL 연산 이등변삼각형이 되는 조건

10쪽~11쪽

01 10 75, $\overline{AB}$, 10　02 7　03 13
04 4 30, C, $\overline{AB}$, 4　05 9　06 8　07 4
08 5 5, 35, C, $\overline{DB}$, 5　09 7　10 6　11 5
12 8 DBC, DBC, $\overline{AB}$, 8　13 10　14 4

02 $\triangle ABC$에서 $\angle B=\angle C=40^\circ$이므로
$\overline{AB}=\overline{AC}=7\text{ cm}$　$\therefore x=7$

03 $\triangle ABC$에서 $\angle A=\angle C=70^\circ$이므로
$\overline{BC}=\overline{BA}=13\text{ cm}$　$\therefore x=13$

05 $\angle B=180^\circ-(65^\circ+50^\circ)=65^\circ$
이때 $\triangle ABC$에서 $\angle A=\angle B$이므로
$\overline{BC}=\overline{AC}=9\text{ cm}$　$\therefore x=9$

06 $\angle ACB=180°-135°=45°$
이때 $\triangle ABC$에서 $\angle B=\angle C$이므로
$\overline{AC}=\overline{AB}=8\,cm$　　$\therefore x=8$

07 $\triangle ABC$에서 $\angle BAC=48°-24°=24°$
따라서 $\angle A=\angle C$이므로 $\overline{BC}=\overline{AB}=4\,cm$　　$\therefore x=4$

09 $\triangle DAC$에서 $\angle A=\angle DCA$이므로 $\overline{DC}=\overline{DA}=7\,cm$
$\triangle ABC$에서 $\angle DCB=180°-(50°+50°+40°)=40°$
$\triangle DBC$에서 $\angle B=\angle DCB$이므로
$\overline{DB}=\overline{DC}=7\,cm$　　$\therefore x=7$

10 $\triangle ABD$에서 $\angle ADC=30°+30°=60°$
$\triangle ACD$에서 $\angle C=\angle ADC$이므로 $\overline{AD}=\overline{AC}=6\,cm$
$\triangle ABD$에서 $\angle DAB=\angle B$이므로
$\overline{DB}=\overline{DA}=6\,cm$　　$\therefore x=6$

11 $\triangle ADC$에서 $\angle DAC=\angle C$이므로 $\overline{DA}=\overline{DC}=5\,cm$
$\angle ADB=35°+35°=70°$이므로
$\triangle ABD$에서 $\angle B=\angle ADB$
$\therefore \overline{AB}=\overline{AD}=5\,cm$　　$\therefore x=5$

13 $\angle ABC=\angle DBC$ (접은 각)
$\overline{AC}\,/\!/\,\overline{BD}$이므로 $\angle ACB=\angle DBC$ (엇각)
$\therefore \angle ABC=\angle ACB$
즉, $\triangle ABC$는 이등변삼각형이므로
$\overline{AB}=\overline{AC}=10\,cm$　　$\therefore x=10$

14 $\angle BAC=\angle DAC$ (접은 각)
$\overline{AD}\,/\!/\,\overline{BC}$이므로 $\angle BCA=\angle DAC$ (엇각)
$\therefore \angle BAC=\angle BCA$
즉, $\triangle ABC$는 이등변삼각형이므로
$\overline{BC}=\overline{BA}=4\,cm$　　$\therefore x=4$

03 VISUAL 연산 삼각형의 합동 조건 12쪽

01 $\overline{DE}$, $\overline{AC}$, SSS　　**02** $\overline{BC}$, E, SAS
03 $\overline{AC}$, D, C, ASA
04 $\triangle ABC\equiv\triangle CDA$, SSS 합동 🅥 $\overline{DA}$, $\overline{AC}$, SSS
05 $\triangle ABC\equiv\triangle EDC$, SAS 합동
06 $\triangle ABC\equiv\triangle CDA$, ASA 합동

05 $\triangle ABC$와 $\triangle EDC$에서
$\overline{AC}=\overline{EC}$, $\overline{BC}=\overline{DC}$, $\angle ACB=\angle ECD$ (맞꼭지각)
$\therefore \triangle ABC\equiv\triangle EDC$ (SAS 합동)

06 $\triangle ABC$와 $\triangle CDA$에서
$\angle BAC=\angle DCA$ (엇각), $\angle ACB=\angle CAD$ (엇각),
$\overline{AC}$는 공통
$\therefore \triangle ABC\equiv\triangle CDA$ (ASA 합동)

04 VISUAL 연산 직각삼각형의 합동 조건 13쪽

01 90, D, $\triangle DEF$, RHA
02 90, $\overline{FD}$, $\triangle EFD$, RHS
03 $\triangle ABC\equiv\triangle EFD$, RHA 합동　　**04** 5 🅥 $\overline{FE}$, 5
05 9　　**06** 60

03 $\angle B=\angle F=90°$, $\overline{AC}=\overline{ED}$, $\angle C=\angle D=40°$이므로
$\triangle ABC\equiv\triangle EFD$ (RHA 합동)

05 $\triangle ABC\equiv\triangle EFD$ (RHS 합동)이므로
$\overline{DF}=\overline{CB}=9\,cm$　　$\therefore x=9$

06 $\triangle ABC\equiv\triangle EFD$ (RHS 합동)이므로
$\angle F=\angle B=180°-(30°+90°)=60°$　　$\therefore x=60$

05 VISUAL 연산 직각삼각형의 합동 조건의 활용 - RHA 합동 14쪽

01 4 🅥 90, $\overline{CA}$, ECA, $\overline{DA}$, 4　　**02** 5　　**03** 10
04 10 cm^2 🅥 $\overline{EC}$, 5, 5, 10　　**05** 3 cm^2　　**06** 72 cm^2

02 $\triangle ADB\equiv\triangle CEA$ (RHA 합동)이므로
$\overline{DB}=\overline{EA}=5\,cm$　　$\therefore x=5$

03 $\triangle ADB\equiv\triangle BEC$ (RHA 합동)이므로
$\overline{DB}=\overline{EC}=4\,cm$, $\overline{BE}=\overline{AD}=6\,cm$
$\therefore \overline{DE}=\overline{DB}+\overline{BE}=4+6=10\,(cm)$
$\therefore x=10$

05 $\triangle ADB\equiv\triangle BEC$ (RHA 합동)이므로
$\overline{BE}=\overline{AD}=2\,cm$
$\therefore$ ($\triangle BEC$의 넓이)$=\frac{1}{2}\times 2\times 3=3\,(cm^2)$

06 $\triangle ADB\equiv\triangle BEC$ (RHA 합동)이므로
$\overline{DB}=\overline{EC}=5\,cm$, $\overline{BE}=\overline{AD}=7\,cm$
$\therefore \overline{DE}=\overline{DB}+\overline{BE}=5+7=12\,(cm)$
$\therefore$ (사각형 ADEC의 넓이)$=\frac{1}{2}\times(7+5)\times 12$
$=72\,(cm^2)$

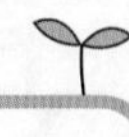

06 VISUAL연산 직각삼각형의 합동 조건의 활용-RHS 합동 15쪽

01 65° ❶ 90, $\overline{AD}$, BAE, 25, 25, 65　02 70°　03 30°
04 25°　05 44° ❶ 2, 44, 44, 46, 46, 44　06 30°

02 △BDE≡△BCE (RHS 합동)이므로
$\angle EBC=\angle EBD=20°$
△EBC에서 $\angle x=180°-(20°+90°)=70°$

03 △ADE≡△ACE (RHS 합동)이므로
$\angle DAE=\angle CAE$
$\therefore \angle BAC=2\angle CAE=2\times 30°=60°$
△ABC에서 $\angle x=180°-(60°+90°)=30°$

04 △ABE≡△ADE (RHS 합동)이므로
$\angle BAE=\angle DAE$
△ABC에서 $\angle BAC=180°-(90°+40°)=50°$
$\therefore \angle x=\frac{1}{2}\angle BAC=\frac{1}{2}\times 50°=25°$

06 △CBE≡△CDE (RHS 합동)이므로
$\angle BCE=\angle DCE$
$\therefore \angle ACB=2\angle DCE=2\times 15°=30°$
△ABC에서 $\angle A=180°-(90°+30°)=60°$
△AED에서 $\angle x=180°-(60°+90°)=30°$

07 VISUAL연산 각의 이등분선의 성질 16쪽

01 3　02 12　03 1　04 30°　05 65°
06 15°

01 $\angle AOP=\angle BOP$이면 $\overline{PA}=\overline{PB}$이므로 $x=3$

02 △AOP≡△BOP (RHA 합동)이므로
$\overline{OB}=\overline{OA}=12$ cm　$\therefore x=12$

03 △AOP≡△BOP (RHA 합동)이므로
$\overline{OA}=\overline{OB}=4$ cm
$\therefore \overline{AC}=\overline{OC}-\overline{OA}=5-4=1$(cm)
$\therefore x=1$

04 $\overline{PA}=\overline{PB}$이면 $\angle AOP=\angle BOP$이므로 $\angle x=30°$

05 $\overline{PA}=\overline{PB}$이면 $\angle BOP=\angle AOP=25°$이므로
△BOP에서 $\angle x=180°-(25°+90°)=65°$

06 △COB에서 $\angle COB=180°-(60°+90°)=30°$
$\overline{PA}=\overline{PB}$이면 $\angle AOP=\angle BOP$이므로
$\angle x=\frac{1}{2}\angle COB=\frac{1}{2}\times 30°=15°$

연산 실력 UP! 10분 연산 TEST 17쪽

01 80°　02 36°　03 35°　04 25°　05 6
06 8　07 7 cm　08 △ABC≡△EFD, RHA 합동
09 20 cm　10 34°　11 65°

01 △ABC가 $\overline{AB}=\overline{AC}$인 이등변삼각형이므로 $\angle B=\angle C$
$\therefore \angle x=\frac{1}{2}\times(180°-20°)=80°$

02 △ABC가 $\overline{AB}=\overline{AC}$인 이등변삼각형이므로
$\angle B=\angle C=72°$
$\therefore \angle x=180°-2\times 72°=36°$

03 △ABC가 $\overline{AB}=\overline{AC}$인 이등변삼각형이므로
$\angle C=\angle B=55°$
$\therefore \angle x=180°-(90°+55°)=35°$

04 △ADC에서 $\angle CAD=180°-(65°+90°)=25°$
$\angle BAD=\angle CAD$이므로 $\angle x=\angle CAD=25°$

05 △ABC에서 $\angle B=\angle C=62°$이므로
$\overline{AC}=\overline{AB}=6$ cm　$\therefore x=6$

06 △ADC에서 $\angle DAC=\angle C$이므로 $\overline{DA}=\overline{DC}=8$ cm
$\angle ADB=25°+25°=50°$이므로
△ABD에서 $\angle B=\angle ADB$
$\therefore \overline{AB}=\overline{AD}=8$ cm　$\therefore x=8$

07 $\angle BAC=\angle DAC$ (접은 각)
$\overline{AD}\,/\!/\,\overline{BC}$이므로 $\angle BCA=\angle DAC$ (엇각)
$\therefore \angle BAC=\angle BCA$
즉, △ABC는 이등변삼각형이므로
$\overline{AB}=\overline{CB}=7$ cm

08 $\angle B=\angle F=90°$, $\overline{AC}=\overline{ED}=6$ cm,

$\angle A=\angle E=55°$이므로
$\triangle ABC \equiv \triangle EFD$ (RHA 합동)

09 $\triangle ADB \equiv \triangle CEA$ (RHA 합동)이므로
$\overline{DE}=\overline{DA}+\overline{AE}=\overline{EC}+\overline{BD}=8+12=20$(cm)

10 $\triangle ABD \equiv \triangle AED$ (RHS 합동)이므로
$\angle EAD=\angle BAD$
$\therefore \angle BAC=2\angle BAD=2\times 28°=56°$
$\triangle ABC$에서 $\angle x=180°-(56°+90°)=34°$

11 $\overline{EC}=\overline{ED}$이면 $\angle CBE=\angle DBE$이므로
$\angle CBE=\angle DBE=\frac{1}{2}\angle ABC=\frac{1}{2}\times 50°=25°$
$\triangle BCE$에서 $\angle x=180°-(25°+90°)=65°$

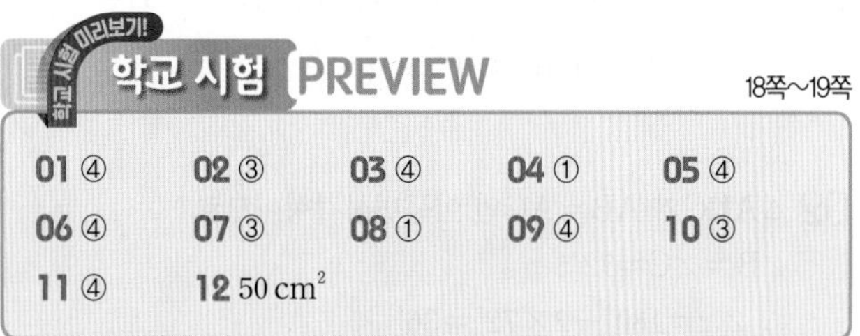

18쪽~19쪽

01 ④	02 ③	03 ④	04 ①	05 ④
06 ④	07 ③	08 ①	09 ④	10 ③
11 ④	12 50 cm^2			

01 $\triangle ABC$가 $\overline{AB}=\overline{AC}$인 이등변삼각형이므로 $\angle B=\angle C$
$\therefore \angle x=\frac{1}{2}\times(180°-50°)=65°$

02 $\angle ACB=180°-105°=75°$
$\triangle ABC$가 $\overline{AB}=\overline{AC}$인 이등변삼각형이므로
$\angle B=\angle ACB$
$\therefore \angle x=180°-2\times 75°=30°$

03 $\overline{BD}=\overline{CD}=6$ cm에서 $x=6$
$\angle ADB=90°$에서 $y=90$
$\therefore x+y=6+90=96$

04 $\angle B=\angle C$이므로 $\triangle ABC$는 $\overline{AB}=\overline{AC}$인 이등변삼각형이다.
이때 $\overline{AD}\perp\overline{BC}$이므로 $\overline{AD}$는 $\overline{BC}$를 수직이등분한다.
$\therefore \overline{BD}=\frac{1}{2}\overline{BC}=\frac{1}{2}\times 10=5$(cm)

05 $\angle ABC=\angle DBC$ (접은 각)
$\overline{AC}/\!/\overline{BD}$이므로 $\angle ACB=\angle DBC$ (엇각)
$\therefore \angle ABC=\angle ACB$
즉, $\triangle ABC$는 이등변삼각형이므로
$\overline{AB}=\overline{AC}=17$ cm

06 ④ 직각삼각형의 빗변의 길이와 다른 한 변의 길이가 각각 같으므로 RHS 합동이다.

07 $\triangle ACM$과 $\triangle BDM$에서
$\angle ACM=\angle BDM=90°$, $\overline{AM}=\overline{BM}$,
$\angle AMC=\angle BMD$ (맞꼭지각)
이므로 $\triangle ACM \equiv \triangle BDM$ (RHA 합동)
$\therefore \overline{BD}=\overline{AC}=4$ cm

08 ① RHS 합동 ② RHA 합동 ③ SAS 합동
④, ⑤ ASA 합동

09 $\triangle ABD$와 $\triangle AED$에서
$\angle B=\angle AED=90°$, $\overline{AD}$는 공통, $\overline{AB}=\overline{AE}$
이므로 $\triangle ABD \equiv \triangle AED$ (RHS 합동)
즉, $\angle BAD=\angle EAD$이므로 $\triangle ABC$에서
$\angle BAC=180°-(90°+36°)=54°$
$\therefore \angle x=\frac{1}{2}\angle BAC=\frac{1}{2}\times 54°=27°$

10 $\triangle BED$와 $\triangle BEC$에서
$\angle BDE=\angle C=90°$, $\overline{BE}$는 공통, $\angle DBE=\angle CBE$
이므로 $\triangle BED \equiv \triangle BEC$ (RHA 합동)
따라서 $\overline{BD}=\overline{BC}=8$ cm이므로
$\overline{AD}=\overline{AB}-\overline{BD}=12-8=4$(cm)

11 $\triangle POQ$와 $\triangle POR$에서
$\angle PQO=\angle PRO=90°$, $\overline{OP}$는 공통, $\overline{PQ}=\overline{PR}$
이므로 $\triangle POQ \equiv \triangle POR$ (RHS 합동)
$\therefore \overline{OQ}=\overline{OR}$, $\angle OPQ=\angle OPR$, $\angle POQ=\angle POR$
④ $2\angle QOR=\angle QPR$인지 알 수 없다.

12 서술형
$\triangle ADB$와 $\triangle BEC$에서
$\angle D=\angle E=90°$, $\overline{AB}=\overline{BC}$,
$\angle BAD=90°-\angle ABD=\angle CBE$
$\therefore \triangle ADB \equiv \triangle BEC$ (RHA 합동) ······❶
$\overline{DB}=\overline{EC}=4$ cm, $\overline{BE}=\overline{AD}=6$ cm이므로
$\overline{DE}=\overline{DB}+\overline{BE}=4+6=10$(cm) ······❷
$\therefore$ (사각형 ADEC의 넓이)$=\frac{1}{2}\times(6+4)\times 10$
$=50(\text{cm}^2)$ ······❸

채점 기준	배점
❶ 합동인 두 삼각형 찾기	50 %
❷ $\overline{DE}$의 길이 구하기	30 %
❸ 사각형 ADEC의 넓이 구하기	20 %

2. 삼각형의 외심과 내심

01 삼각형의 외심

VISUAL 연산 22쪽~23쪽

01 ○	02 ×	03 ○	04 ×	05 ○
06 7 🅗 수직이등분선, 7	07 10	08 9		
09 30° 🅗 이등변, 180, 30	10 28°	11 130°	12 40°	
13 4 🅗 $\overline{OB}$, 4	14 16			
15 50 🅗 $\overline{OC}$, 25, 25, 50, 50	16 110			

05 $\triangle$OBC에서 $\overline{OB}=\overline{OC}$이므로
$\angle OBE=\angle OCE$

07 $\overline{AD}=\overline{BD}$이므로 $\overline{AB}=2\overline{AD}=2\times 5=10\,(\text{cm})$
$\therefore x=10$

08 $\overline{OC}=\overline{OB}=9$ cm $\quad \therefore x=9$

10 $\overline{OB}=\overline{OC}$이므로 $\angle x=\angle OBC=28°$

11 $\triangle$OBC는 $\overline{OB}=\overline{OC}$인 이등변삼각형이므로
$\angle x=180°-2\times 25°=130°$

12 $\triangle$OCA는 $\overline{OA}=\overline{OC}$인 이등변삼각형이므로
$\angle x=\frac{1}{2}\times(180°-100°)=40°$

14 점 O가 직각삼각형 ABC의 외심이므로
$\overline{OA}=\overline{OB}=\overline{OC}$
따라서 $\overline{AB}=2\overline{OC}=2\times 8=16\,(\text{cm})$이므로 $x=16$

16 점 O가 직각삼각형 ABC의 외심이므로
$\triangle$OBC는 $\overline{OB}=\overline{OC}$인 이등변삼각형이다.
$\angle OBC=\angle C=55°$이므로
$\angle AOB=55°+55°=110° \quad \therefore x=110$

02 삼각형의 외심의 활용

VISUAL 연산 24쪽~25쪽

01 25° 🅗 90, 25	02 40°	03 45°	04 20°
05 30°	06 30°	07 70° 🅗 2, 2, 70	08 104°
09 65° 🅗 $\frac{1}{2}$, $\frac{1}{2}$, 65	10 77°	11 90°	12 124°
13 50° 🅗 40, 100, 100, 50	14 70°		

02 $40°+\angle x+10°=90° \quad \therefore \angle x=40°$

03 $20°+25°+\angle x=90° \quad \therefore \angle x=45°$

04 $30°+40°+\angle x=90° \quad \therefore \angle x=20°$

05 $\angle x+24°+36°=90° \quad \therefore \angle x=30°$

06 $\angle OAB=\angle OBA=26°$이므로
$\angle OAC=60°-26°=34°$
$26°+\angle x+34°=90° \quad \therefore \angle x=30°$

08 $\angle x=2\angle B=2\times 52°=104°$

10 $\angle x=\frac{1}{2}\angle AOB=\frac{1}{2}\times 154°=77°$

11 $\angle BAC=20°+25°=45°$이므로
$\angle x=2\angle BAC=2\times 45°=90°$

12 $\angle OAC=\angle OCA=32°$이므로
$\angle BAC=30°+32°=62°$
$\therefore \angle x=2\angle BAC=2\times 62°=124°$

14 $\triangle$OCA는 $\overline{OA}=\overline{OC}$인 이등변삼각형이므로
$\angle AOC=180°-2\times 20°=140°$
$\therefore \angle x=\frac{1}{2}\angle AOC=\frac{1}{2}\times 140°=70°$

연산 능력 UP! 10분 연산 TEST

26쪽

01 8	02 3	03 5	04 8	05 140
06 50	07 10	08 60	09 15°	10 25°
11 100°	12 62°	13 150°	14 110°	15 55°
16 65°				

01 $\overline{BC}=2\overline{BD}=2\times 4=8\,(\text{cm}) \quad \therefore x=8$

02 $\overline{CD}=\frac{1}{2}\overline{AC}=\frac{1}{2}\times 6=3(\text{cm}) \quad \therefore x=3$

03 $\overline{OB}=\overline{OA}=5$ cm $\quad \therefore x=5$

04 $\overline{OC}=\overline{OB}=8$ cm $\quad \therefore x=8$

05 $\triangle$OBC는 $\overline{OB}=\overline{OC}$인 이등변삼각형이므로
$\angle BOC=180°-2\times 20°=140° \quad \therefore x=140$

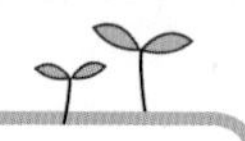

06 $\triangle$OBA는 $\overline{OA}=\overline{OB}$인 이등변삼각형이므로

$\angle OBA=\frac{1}{2}\times(180^\circ-80^\circ)=50^\circ \quad \therefore x=50$

07 점 O가 직각삼각형 ABC의 외심이므로 $\overline{OA}=\overline{OB}=\overline{OC}$

$\therefore \overline{AO}=\frac{1}{2}\overline{BC}=\frac{1}{2}\times 20=10(\text{cm}) \quad \therefore x=10$

08 점 O가 직각삼각형 ABC의 외심이므로

$\triangle$OAB는 $\overline{OA}=\overline{OB}$인 이등변삼각형이다.

$\angle OAB=\angle OBA=30^\circ$이므로

$\angle BOC=30^\circ+30^\circ=60^\circ \quad \therefore x=60$

09 $35^\circ+\angle x+40^\circ=90^\circ \quad \therefore \angle x=15^\circ$

10 $\angle x+23^\circ+42^\circ=90^\circ \quad \therefore \angle x=25^\circ$

11 $\angle x=2\angle A=2\times 50^\circ=100^\circ$

12 $\angle x=\frac{1}{2}\angle AOC=\frac{1}{2}\times 124^\circ=62^\circ$

13 $\angle BAC=40^\circ+35^\circ=75^\circ$이므로

$\angle x=2\angle BAC=2\times 75^\circ=150^\circ$

14 $\angle OAB=\angle OBA=20^\circ$이므로

$\angle BAC=20^\circ+35^\circ=55^\circ$

$\therefore \angle x=2\angle BAC=2\times 55^\circ=110^\circ$

15 $\triangle$OBC는 $\overline{OB}=\overline{OC}$인 이등변삼각형이므로

$\angle BOC=180^\circ-2\times 35^\circ=110^\circ$

$\therefore \angle x=\frac{1}{2}\angle BOC=\frac{1}{2}\times 110^\circ=55^\circ$

16 $\triangle$OAB는 $\overline{OA}=\overline{OB}$인 이등변삼각형이므로

$\angle AOB=180^\circ-2\times 25^\circ=130^\circ$

$\therefore \angle x=\frac{1}{2}\angle AOB=\frac{1}{2}\times 130^\circ=65^\circ$

03 VISUAL 연산 삼각형의 내심

27쪽~28쪽

01 × 02 ○ 03 × 04 ○ 05 ○

06 20° 이등분선, ICB, 20 07 32° 08 28°

09 30° IAB, BAC, 60, 30 10 70°

11 25° 25, 25, 25 12 35° 13 3 14 6

15 10 IAF, $\overline{AF}$, 10 16 5

05 $\triangle$IBD와 $\triangle$IBE에서

$\angle IDB=\angle IEB=90^\circ$, $\overline{IB}$는 공통, $\angle IBD=\angle IBE$

이므로 $\triangle IBD\equiv\triangle IBE$ (RHA 합동)

07 $\angle IAB=\angle IAC$이므로 $\angle x=32^\circ$

08 $\angle IBA=\angle IBC$이므로 $\angle x=28^\circ$

10 $\angle IBA=\angle IBC=35^\circ$이므로

$\angle x=2\angle IBC=2\times 35^\circ=70^\circ$

12 $\angle IAC=\angle IAB=30^\circ$, $\angle ICA=\angle ICB=\angle x$이므로

$\triangle$ICA에서

$\angle x=180^\circ-(115^\circ+30^\circ)=35^\circ$

13 $\overline{IE}=\overline{IF}=3$ cm $\quad \therefore x=3$

14 $\overline{ID}=\overline{IE}=6$ cm $\quad \therefore x=6$

16 $\triangle IBE\equiv\triangle IBD$ (RHA 합동)이므로

$\overline{BE}=\overline{BD} \quad \therefore x=5$

04 VISUAL 연산 삼각형의 내심의 활용

29쪽~30쪽

01 40° 90, 40 02 35° 03 27° 04 30°

05 20° 06 68° 07 123° $\frac{1}{2}$, $\frac{1}{2}$, 123 08 115°

09 40° 110, 40 10 70° 11 122° 12 28°

13 20° 80, 130, 130, 20 14 35°

02 $\angle x+30^\circ+25^\circ=90^\circ \quad \therefore \angle x=35^\circ$

03 $35^\circ+28^\circ+\angle x=90^\circ \quad \therefore \angle x=27^\circ$

04 $\angle IAB=\frac{1}{2}\angle BAC=\frac{1}{2}\times 70^\circ=35^\circ$이므로

$35^\circ+\angle x+25^\circ=90^\circ \quad \therefore \angle x=30^\circ$

05 $\angle ICA=\frac{1}{2}\angle ACB=\frac{1}{2}\times 80^\circ=40^\circ$이므로

$\angle x+30^\circ+40^\circ=90^\circ \quad \therefore \angle x=20^\circ$

06 $22^\circ+\angle IBC+34^\circ=90^\circ$이므로 $\angle IBC=34^\circ$

$\therefore \angle x=2\times 34^\circ=68^\circ$

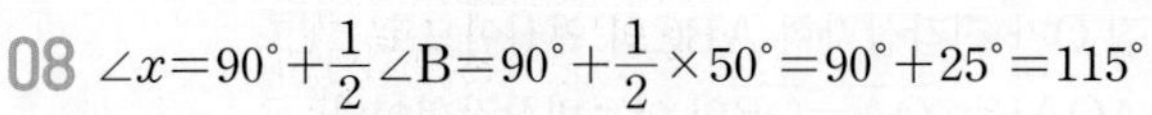

08 $\angle x=90^\circ+\frac{1}{2}\angle B=90^\circ+\frac{1}{2}\times50^\circ=90^\circ+25^\circ=115^\circ$

10 $90^\circ+\frac{1}{2}\angle x=125^\circ$이므로 $\frac{1}{2}\angle x=35^\circ$ $\therefore\ \angle x=70^\circ$

11 $\angle x=90^\circ+\frac{1}{2}\angle BAC=90^\circ+\angle IAC$
$=90^\circ+32^\circ=122^\circ$

12 $90^\circ+\frac{1}{2}\angle BAC=118^\circ$이므로
$90^\circ+\angle x=118^\circ$ $\therefore\ \angle x=28^\circ$

14 $\angle BIC=90^\circ+\frac{1}{2}\angle A=90^\circ+\frac{1}{2}\times58^\circ$
$=90^\circ+29^\circ=119^\circ$
$\triangle IBC$에서 $\angle ICB=180^\circ-(119^\circ+26^\circ)=35^\circ$
$\therefore\ \angle x=\angle ICB=35^\circ$

다른 풀이

오른쪽 그림과 같이 $\overline{AI}$를 그으면

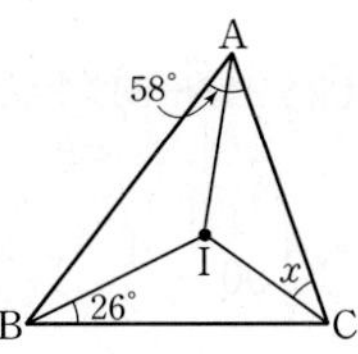

$\angle IAB=\frac{1}{2}\angle BAC=\frac{1}{2}\times58^\circ$
$=29^\circ$
이므로 $29^\circ+26^\circ+\angle x=90^\circ$
$\therefore\ \angle x=35^\circ$

05 VISUAL연산 삼각형의 내심과 내접원

31쪽

01 84 cm² 🅗 15, 84　02 150 cm²　03 22 cm 🅗 2, 22, 22
04 32 cm　05 2 cm 🅗 6, 24, 8, 12, 12, 24, 2　06 3 cm

02 $\triangle ABC=\frac{1}{2}\times5\times(15+25+20)=150\,(cm^2)$

04 $\triangle ABC=\frac{1}{2}\times3\times(\overline{AB}+\overline{BC}+\overline{CA})=48\,(cm^2)$
$\therefore\ \overline{AB}+\overline{BC}+\overline{CA}=32\,(cm)$

06 $\triangle ABC=\frac{1}{2}\times8\times15=60\,(cm^2)$
$\triangle ABC$의 내접원의 반지름의 길이를 r cm라 하면
$\frac{1}{2}\times r\times(8+17+15)=60$
$20r=60$ $\therefore\ r=3$
따라서 내접원의 반지름의 길이는 3 cm이다.

06 VISUAL연산 삼각형의 외심과 내심

32쪽

01 $\angle x=68^\circ$, $\angle y=107^\circ$ 🅗 34, 68, 90, 90, 34, 107
02 $\angle x=104^\circ$, $\angle y=116^\circ$　03 130°　04 140°
05 110°

02 점 O가 $\triangle ABC$의 외심이므로
$\angle x=2\angle A=2\times52^\circ=104^\circ$
점 I가 $\triangle ABC$의 내심이므로
$\angle y=90^\circ+\frac{1}{2}\angle A=90^\circ+\frac{1}{2}\times52^\circ$
$=90^\circ+26^\circ=116^\circ$

03 점 O가 $\triangle ABC$의 외심이므로
$\angle A=\frac{1}{2}\angle BOC=\frac{1}{2}\times160^\circ=80^\circ$
점 I가 $\triangle ABC$의 내심이므로
$\angle x=90^\circ+\frac{1}{2}\angle A=90^\circ+\frac{1}{2}\times80^\circ$
$=90^\circ+40^\circ=130^\circ$

04 점 I가 $\triangle ABC$의 내심이므로
$90^\circ+\frac{1}{2}\angle A=125^\circ$, $\frac{1}{2}\angle A=35^\circ$ $\therefore\ \angle A=70^\circ$
점 O가 $\triangle ABC$의 외심이므로
$\angle x=2\angle A=2\times70^\circ=140^\circ$

05 점 O가 $\triangle ABC$의 외심이므로
$\angle A=\frac{1}{2}\angle BOC=\frac{1}{2}\times80^\circ=40^\circ$
점 I가 $\triangle ABC$의 내심이므로
$\angle x=90^\circ+\frac{1}{2}\angle A=90^\circ+\frac{1}{2}\times40^\circ$
$=90^\circ+20^\circ=110^\circ$

연산 능력 UP! 10분 연산 TEST

33쪽

01 35	02 33	03 46	04 4	05 6
06 9	07 20°	08 30°	09 125°	10 50°
11 110°	12 18°	13 1 cm	14 $\angle x=160^\circ$, $\angle y=130^\circ$	

01 $\angle ICB=\angle ICA=35^\circ$ $\therefore\ x=35$

02 $\angle IBA=\angle IBC=33^\circ$ $\therefore\ x=33$

03 $\angle IAB=\angle IAC=x^\circ$, $\angle IBA=\angle IBC=26^\circ$이므로
$\triangle IAB$에서 $x=180-(108+26)=46$

04 $\overline{IE}=\overline{ID}=4$ cm $\therefore\ x=4$

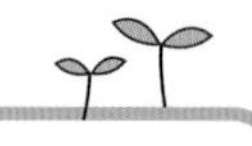

05 $\overline{IE}=\overline{ID}=6\text{ cm}$ $\quad\therefore x=6$

06 $\triangle IAF\equiv\triangle IAD$ (RHA 합동)이므로
$\overline{AF}=\overline{AD}$ $\quad\therefore x=9$

07 $\angle x+30^\circ+40^\circ=90^\circ$ $\quad\therefore \angle x=20^\circ$

08 $25^\circ+35^\circ+\angle x=90^\circ$ $\quad\therefore \angle x=30^\circ$

09 $\angle x=90^\circ+\frac{1}{2}\angle A=90^\circ+\frac{1}{2}\times 70^\circ=90^\circ+35^\circ=125^\circ$

10 $90^\circ+\frac{1}{2}\angle x=115^\circ$이므로 $\frac{1}{2}\angle x=25^\circ$ $\quad\therefore \angle x=50^\circ$

11 $\angle x=90^\circ+\frac{1}{2}\angle BAC=90^\circ+\angle IAB=90^\circ+20^\circ=110^\circ$

12 $90^\circ+\frac{1}{2}\angle BAC=108^\circ$이므로
$90^\circ+\angle x=108^\circ$ $\quad\therefore \angle x=18^\circ$

13 $\triangle ABC=\frac{1}{2}\times 4\times 3=6(\text{cm}^2)$
$\triangle ABC$의 내접원의 반지름의 길이를 r cm라 하면
$\frac{1}{2}\times r\times(3+4+5)=6$
$6r=6$ $\quad\therefore r=1$
따라서 내접원의 반지름의 길이는 1 cm이다.

14 점 O가 $\triangle ABC$의 외심이므로
$\angle x=2\angle A=2\times 80^\circ=160^\circ$
점 I가 $\triangle ABC$의 내심이므로
$\angle y=90^\circ+\frac{1}{2}\angle A=90^\circ+\frac{1}{2}\times 80^\circ$
$=90^\circ+40^\circ=130^\circ$

학교 시험 미리보기! 학교 시험 PREVIEW

34쪽~35쪽

01 ④	02 ③	03 ③	04 ⑤	05 ③
06 ④	07 ③	08 ③	09 ②	10 ③
11 ⑤	12 $4\pi\text{ cm}^2$			

01 ④ $\triangle AOD$와 $\triangle BOD$에서
$\angle ODA=\angle ODB=90^\circ$, $\overline{AD}=\overline{BD}$, $\overline{OD}$는 공통
$\therefore \triangle AOD\equiv\triangle BOD$ (SAS 합동)

02 ① 직각삼각형의 외심은 빗변의 중점이다.
②, ⑤ 삼각형의 내부에 있다.

03 점 O가 직각삼각형 ABC의 외심이므로
$\triangle OAB$는 $\overline{OA}=\overline{OB}$인 이등변삼각형이다.
$\angle OAB=\angle B=30^\circ$이므로
$\angle x=30^\circ+30^\circ=60^\circ$

04 $\angle x+25^\circ+36^\circ=90^\circ$ $\quad\therefore \angle x=29^\circ$

05 $\angle AOC=2\angle B=2\times 56^\circ=112^\circ$
$\triangle OCA$는 $\overline{OA}=\overline{OC}$인 이등변삼각형이므로
$\angle x=\frac{1}{2}\times(180^\circ-112^\circ)=34^\circ$

06 ③, ⑤ 삼각형의 외심이다.
④ 세 내각의 이등분선의 교점이므로 삼각형의 내심이다.

07 ㄱ. $\overline{AF}=\overline{AD}$, $\overline{CF}=\overline{CE}$
ㄹ. $\triangle BIE\equiv\triangle BID$ (RHA 합동),
$\triangle CIE\equiv\triangle CIF$ (RHA 합동)
따라서 옳은 것은 ㄴ, ㄷ이다.

08 $24^\circ+31^\circ+\angle x=90^\circ$ $\quad\therefore \angle x=35^\circ$

09 $90^\circ+\frac{1}{2}\angle BAC=120^\circ$이므로
$90^\circ+\angle x=120^\circ$ $\quad\therefore \angle x=30^\circ$

10 $\triangle ABC$의 내접원의 반지름의 길이를 r cm라 하면
$\frac{1}{2}\times r\times(10+12+10)=48$, $16r=48$ $\quad\therefore r=3$
따라서 내접원의 반지름의 길이는 3 cm이다.

11 점 O가 $\triangle ABC$의 외심이므로
$\angle A=\frac{1}{2}\angle BOC=\frac{1}{2}\times 72^\circ=36^\circ$
$\therefore \angle BIC=90^\circ+\frac{1}{2}\angle A=90^\circ+\frac{1}{2}\times 36^\circ=108^\circ$

12 서술형
$\triangle ABC=\frac{1}{2}\times 12\times 5=30(\text{cm}^2)$
$\triangle ABC$의 내접원의 반지름의 길이를 r cm라 하면
$\frac{1}{2}\times r\times(13+12+5)=30$
$15r=30$ $\quad\therefore r=2$
즉, 내접원의 반지름의 길이는 2 cm이다. ……❶
따라서 $\triangle ABC$의 내접원의 넓이는
$\pi\times 2^2=4\pi(\text{cm}^2)$ ……❷

채점 기준	배점
❶ $\triangle ABC$의 내접원의 반지름의 길이 구하기	50 %
❷ $\triangle ABC$의 내접원의 넓이 구하기	50 %

Ⅱ 사각형의 성질

1. 평행사변형

01 평행사변형의 뜻 (VISUAL 연산) 39쪽

01 $\angle x=50°$, $\angle y=30°$ ⓑ 50, 30　02 $\angle x=35°$, $\angle y=55°$
03 $\angle x=30°$, $\angle y=25°$　04 100° ⓑ 20, 20, 100　05 90°
06 95°

02 $\overline{AD}/\!/\overline{BC}$이므로
$\angle x=\angle BCA=35°$ (엇각)
$\angle y=\angle ADB=55°$ (엇각)

03 $\overline{AB}/\!/\overline{DC}$이므로 $\angle x=\angle CDB=30°$ (엇각)
$\overline{AD}/\!/\overline{BC}$이므로 $\angle y=\angle ADB=25°$ (엇각)

05 $\overline{AB}/\!/\overline{DC}$이므로 $\angle DCA=\angle BAC=30°$ (엇각)
△OCD에서 $\angle x=180°-(30°+60°)=90°$

06 $\overline{AD}/\!/\overline{BC}$이므로 $\angle ADB=\angle CBD=70°$ (엇각)
△AOD에서 외각의 성질에 의하여
$\angle x=25°+70°=95°$

02 평행사변형의 성질 (VISUAL 연산) 40쪽~41쪽

01 $x=6$, $y=5$ ⓑ 6, 5　02 $x=8$, $y=12$
03 $x=5$, $y=5$　04 $x=3$, $y=6$
05 $\angle x=100°$, $\angle y=80°$ ⓑ 100, 80
06 $\angle x=45°$, $\angle y=80°$
07 $\angle x=60°$, $\angle y=120°$ ⓑ 60, 180, 180, 60, 120
08 $\angle x=125°$, $\angle y=55°$　09 $\angle x=45°$, $\angle y=45°$
10 $\angle x=20°$, $\angle y=130°$　11 $\angle x=50°$, $\angle y=75°$
12 $x=2$, $y=5$ ⓑ 2, 5　13 $x=8$, $y=6$
14 $x=6$, $y=10$　15 $x=5$, $y=5$

02 $\overline{AD}=\overline{BC}$이므로 $x=\overline{BC}=8$
$\overline{AB}=\overline{DC}$이므로 $y=\overline{AB}=12$

03 $\overline{AB}=\overline{DC}$이므로 $6=x+1$　$\therefore x=5$
$\overline{AD}=\overline{BC}$이므로 $10=2y$　$\therefore y=5$

04 $\overline{AB}=\overline{DC}$이므로 $3x=9$　$\therefore x=3$
$\overline{AD}=\overline{BC}$이므로 $2y-1=11$　$\therefore y=6$

06 $\angle A=\angle C$이므로 $2\angle x+30°=120°$　$\therefore \angle x=45°$
$\angle B=\angle D$이므로 $\angle y-20°=60°$　$\therefore \angle y=80°$

08 $\angle A=\angle C$이므로 $\angle x=125°$
$\angle A+\angle D=180°$이므로 $125°+\angle y=180°$
$\therefore \angle y=180°-125°=55°$

09 $\angle BCD+\angle D=180°$이므로
$(60°+75°)+\angle x=180°$　$\therefore \angle x=180°-135°=45°$
$\angle B=\angle D$이므로 $\angle y=45°$

10 $\overline{AD}/\!/\overline{BC}$이므로 $\angle x=\angle ADB=20°$ (엇각)
$\angle ABC+\angle C=180°$이므로
$(30°+20°)+\angle y=180°$　$\therefore \angle y=180°-50°=130°$

11 $\overline{AD}/\!/\overline{BC}$이므로 $\angle x=\angle DAC=50°$ (엇각)
$\angle B+\angle BCD=180°$이므로
$\angle y+(50°+55°)=180°$　$\therefore \angle y=180°-105°=75°$

13 $\overline{OA}=\overline{OC}$이므로 $x=8$
$\overline{OB}=\overline{OD}$이므로 $y=6$

14 $\overline{AC}=2\overline{OA}$이므로 $x=2\times3=6$
$\overline{BD}=2\overline{OB}$이므로 $y=2\times5=10$

15 $\overline{OA}=\overline{OC}$이므로 $10=2x$　$\therefore x=5$
$\overline{OB}=\overline{OD}$이므로 $16=3y+1$　$\therefore y=5$

03 평행사변형의 성질의 응용 (VISUAL 연산) 42쪽~43쪽

01 5 ⓑ $\overline{BE}$, 이등변, 10, 15, 10, 5　02 4　03 3
04 3 ⓑ $\overline{DE}$, 이등변, 11, 8, 11, 3　05 4
06 4 ⓑ 엇각, ASA, 4　07 8　08 22
09 60° ⓑ 2, 2, 60, 60　10 45°　11 72°　12 80°

02 $\angle DAE=\angle AEB$ (엇각)이므로
△BAE는 $\overline{BA}=\overline{BE}$인 이등변삼각형이다.
$\overline{BC}=\overline{AD}=8$이므로
$\overline{BE}=\overline{BC}-\overline{EC}=8-4=4$
$\therefore x=\overline{BE}=4$

03 $\angle ADE=\angle DEC$ (엇각)이므로
△CDE는 $\overline{CD}=\overline{CE}$인 이등변삼각형이다.
따라서 $\overline{CE}=\overline{CD}=7$이고 $\overline{BC}=\overline{AD}=10$이므로
$x=\overline{BC}-\overline{EC}=10-7=3$

05 $\angle AED = \angle CDE$ (엇각)이므로
$\triangle AED$는 $\overline{AD} = \overline{AE}$인 이등변삼각형이다.
따라서 $\overline{AE} = \overline{AD} = 9$이고 $\overline{AB} = \overline{DC} = 5$이므로
$x = \overline{AE} - \overline{AB} = 9 - 5 = 4$

07 $\triangle ABE$와 $\triangle DFE$에서
$\overline{AE} = \overline{DE}$, $\angle BAE = \angle FDE$ (엇각),
$\angle AEB = \angle DEF$ (맞꼭지각)
이므로 $\triangle ABE \equiv \triangle DFE$ (ASA 합동)
$\overline{AB} = \overline{DC} = 8$이므로 $x = \overline{AB} = 8$

08 $\triangle ABE$와 $\triangle FCE$에서
$\overline{BE} = \overline{CE}$, $\angle ABE = \angle FCE$ (엇각),
$\angle AEB = \angle FEC$ (맞꼭지각)
이므로 $\triangle ABE \equiv \triangle FCE$ (ASA 합동)
$\overline{CF} = \overline{BA} = 11$, $\overline{DC} = \overline{AB} = 11$이므로
$x = \overline{DC} + \overline{CF} = 11 + 11 = 22$

10 $\angle B : \angle C = 1 : 3$이므로 $\angle C = 3\angle B$
$\angle B + \angle C = 180°$이므로
$\angle B + 3\angle B = 180°$ $\quad \therefore \angle B = 45°$
$\therefore \angle x = \angle B = 45°$

11 $\angle A : \angle B = 3 : 2$이므로 $2\angle A = 3\angle B$
$\therefore \angle A = \frac{3}{2}\angle B$
$\angle A + \angle B = 180°$이므로
$\frac{3}{2}\angle B + \angle B = 180°$ $\quad \therefore \angle B = 72°$
$\therefore \angle x = \angle B = 72°$

12 $\angle A : \angle B = 4 : 5$이므로
$5\angle A = 4\angle B$ $\quad \therefore \angle B = \frac{5}{4}\angle A$
$\angle A + \angle B = 180°$이므로
$\angle A + \frac{5}{4}\angle A = 180°$ $\quad \therefore \angle A = 80°$
$\therefore \angle x = \angle A = 80°$

연산 능력 UP! 10분 연산 TEST

44쪽

01 ○	**02** ○	**03** ×	**04** ○	**05** ×
06 $45°$	**07** $95°$	**08** $x=105$, $y=3$		
09 $x=9$, $y=70$		**10** $x=55$, $y=80$		
11 $x=35$, $y=105$		**12** $x=14$, $y=10$		
13 $x=8$, $y=9$		**14** 1	**15** 3	**16** 5
17 12				

06 $\overline{AB} /\!/ \overline{DC}$이므로 $\angle x = \angle ABD = 45°$ (엇각)

07 $\overline{AD} /\!/ \overline{BC}$이므로 $\angle DAC = \angle BCA = 50°$ (엇각)
$\triangle AOD$에서 $\angle x = 180° - (50° + 35°) = 95°$

08 $\angle A = \angle C$이므로 $x = 105$, $y = \overline{AB} = 3$

09 $\overline{AB} = \overline{DC}$이므로 $x - 1 = 8$ $\quad \therefore x = 9$
$\angle C + \angle D = 180°$이므로 $\angle C = 180° - 110° = 70°$
$\therefore y = 70$

10 $\overline{AB} /\!/ \overline{DC}$이므로
$\angle DCA = \angle BAC = 55°$ (엇각) $\quad \therefore x = 55$
$\angle BCD + \angle D = 180°$이므로
$(45° + 55°) + \angle D = 180°$
$\angle D = 180° - 100° = 80°$ $\quad \therefore y = 80$

11 $\overline{AD} /\!/ \overline{BC}$이므로
$\angle DBC = \angle BDA = 35°$ (엇각) $\quad \therefore x = 35$
$\angle ABC + \angle C = 180°$이므로
$(40° + 35°) + \angle C = 180°$
$\angle C = 180° - 75° = 105°$ $\quad \therefore y = 105$

12 $\overline{AC} = 2\overline{OA}$이므로 $x = 2 \times 7 = 14$
$\overline{OB} = \overline{OD}$이므로 $y = 10$

13 $\overline{OA} = \overline{OC}$이므로 $x = 8$
$\overline{OB} = \frac{1}{2}\overline{BD}$이므로 $y = \frac{1}{2} \times 18 = 9$

14 $\angle DAE = \angle AEB$ (엇각)이므로
$\triangle BAE$는 $\overline{BA} = \overline{BE}$인 이등변삼각형이다.
따라서 $\overline{BE} = \overline{AB} = \overline{DC} = 4$이고 $\overline{BC} = \overline{AD} = 5$이므로
$x = \overline{BC} - \overline{BE} = 5 - 4 = 1$

15 $\angle DEA = \angle BAE$ (엇각)이므로
$\triangle DAE$는 $\overline{DA} = \overline{DE}$인 이등변삼각형이다.
따라서 $\overline{DE} = \overline{DA} = 13$이고 $\overline{DC} = \overline{AB} = 10$이므로
$x = \overline{DE} - \overline{DC} = 13 - 10 = 3$

16 $\triangle ABE \equiv \triangle FCE$ (ASA 합동)이므로
$\overline{AB} = \overline{FC} = x$
$\overline{AB} = \overline{DC} = 5$이므로 $x = 5$

17 $\triangle ABE \equiv \triangle DFE$ (ASA 합동)이므로
$\overline{DF} = \overline{AB} = 6$
$\overline{DC} = \overline{AB} = 6$이므로 $x = \overline{FD} + \overline{DC} = 6 + 6 = 12$

04 VISUAL 연산 평행사변형이 되는 조건 45쪽~47쪽

01 $\overline{BC}$ 02 $\overline{DC}$ 03 $\angle ABC$ 04 $\overline{OA}$ 05 $\overline{DC}$
06 $x=65$, $y=30$ 🅗 65, 65, 30, 30 07 $x=40$, $y=35$
08 $x=5$, $y=9$ 🅗 10, 5, 12, 9 09 $x=22$, $y=6$
10 $x=80$, $y=100$ 🅗 80, 80, 80, 100, 100
11 $x=60$, $y=120$ 12 $x=6$, $y=5$ 🅗 12, 6, 10, 5
13 $x=14$, $y=2$ 14 $x=20$, $y=6$ 🅗 40, 40, 20, 5, 6
15 $x=15$, $y=4$ 16 ○, ㄷ 🅗 110, 대각, 평행사변형
17 × 18 ○, ㄹ 19 × 20 ○ 21 ×
22 ○ 23 × 24 ○ 25 × 26 ○

07 $\overline{AB}/\!/\overline{DC}$이어야 하므로
$\angle BAC=\angle DCA=40^\circ$ (엇각) $\therefore x=40$
$\overline{AD}/\!/\overline{BC}$이어야 하므로
$\angle BCA=\angle DAC=35^\circ$ (엇각) $\therefore y=35$

09 $\overline{AB}=\overline{DC}$이어야 하므로 $17=x-5$ $\therefore x=22$
$\overline{AD}=\overline{BC}$이어야 하므로 $3y=18$ $\therefore y=6$

11 $\angle A=\angle C$, $\angle B=\angle D$이어야 하므로
$\angle A=\angle C=60^\circ$ $\therefore x=60$
$\angle B+\angle C=180^\circ$에서 $\angle B=180^\circ-60^\circ=120^\circ$
$\therefore y=120$

13 $\overline{OA}=\overline{OC}$이어야 하므로 $x=2\times7=14$
$\overline{OB}=\overline{OD}$이어야 하므로 $3y=6$ $\therefore y=2$

15 $\overline{AB}/\!/\overline{DC}$이어야 하므로
$\angle ABD=\angle CDB=60^\circ$ (엇각) $\therefore x=\frac{1}{4}\times60=15$
$\overline{AB}=\overline{DC}$이어야 하므로 $12=3y$ $\therefore y=4$

17 $\overline{AB}\neq\overline{DC}$, $\overline{AD}\neq\overline{BC}$이므로
두 쌍의 대변의 길이가 각각 같지 않다.
따라서 □ABCD는 평행사변형이 아니다.

18 $\overline{OC}=\overline{AC}-\overline{OA}=6-3=3$이므로
$\overline{OA}=\overline{OC}=3$, $\overline{OB}=\overline{OD}=4$
따라서 □ABCD는 두 대각선이 서로 다른 것을 이등분하므로 평행사변형이다. (ㄹ)

19 $\overline{AB}=\overline{DC}=9$이고,
$\angle C+\angle D=55^\circ+125^\circ=180^\circ$이므로 $\overline{AD}/\!/\overline{BC}$
따라서 □ABCD는 한 쌍의 대변이 평행하고, 다른 한 쌍의 대변의 길이가 같으므로 평행사변형이 아닌 경우도 있다.

21 $\angle DAB\neq\angle BCD$이므로 대각의 크기가 같지 않다.
따라서 □ABCD는 평행사변형이 아니다.

23 $\overline{OA}\neq\overline{OC}$, $\overline{OB}\neq\overline{OD}$이므로
두 대각선이 서로 다른 것을 이등분하지 않는다.
따라서 □ABCD는 평행사변형이 아니다.

25 한 쌍의 대변이 평행하고, 다른 한 쌍의 대변의 길이가 같으므로 □ABCD는 평행사변형이 아닌 경우도 있다.

05 VISUAL 연산 새로운 사각형이 평행사변형이 되는 조건 48쪽

01 $\overline{NC}$, $\overline{NC}$, 평행, 길이 02 $\overline{OD}$, $\overline{OF}$, 이등분
03 $\angle EDF$, $\angle BFD$, 대각
04 $\angle C$, $\angle D$, $\angle C$, $\overline{CF}$, SAS, $\angle D$, $\overline{DG}$, SAS, $\overline{HG}$, 대변

06 VISUAL 연산 평행사변형과 넓이 49쪽~50쪽

01 18 cm² 🅗 $\frac{1}{2}$, $\frac{1}{2}$, 18 02 18 cm² 03 9 cm² 04 9 cm²
05 18 cm² 06 (가) 10 (나) 8 (다) 5 (라) 7 07 30 cm²
08 30 cm² 09 60 cm² 10 25 cm² 🅗 $\frac{1}{2}$, $\frac{1}{2}$, 25 11 25 cm²
12 16 cm² 13 20 cm² 14 23 cm² 15 16 cm²

02 $\triangle ABD=\frac{1}{2}\square ABCD=\frac{1}{2}\times36=18\,(\text{cm}^2)$

03 $\triangle AOD=\frac{1}{4}\square ABCD=\frac{1}{4}\times36=9\,(\text{cm}^2)$

04 $\triangle ABO=\frac{1}{4}\square ABCD=\frac{1}{4}\times36=9\,(\text{cm}^2)$

05 $\triangle AOD+\triangle OBC=\frac{1}{2}\square ABCD=\frac{1}{2}\times36=18\,(\text{cm}^2)$

11 $\triangle PAD+\triangle PBC=\frac{1}{2}\square ABCD=\frac{1}{2}\times50=25\,(\text{cm}^2)$

12 $\square ABCD=2\triangle ABD=2\times8=16\,(\text{cm}^2)$

13 $\square ABCD=4\triangle OBC=4\times5=20\,(\text{cm}^2)$

14 $\triangle PAD+\triangle PBC=\triangle PAB+\triangle PCD$
$=10+13=23\,(cm^2)$

15 $\triangle PAD+\triangle PBC=\frac{1}{2}\square ABCD$이므로
$14+\triangle PBC=\frac{1}{2}\times 60$
$\therefore \triangle PBC=30-14=16\,(cm^2)$

10분 연산 TEST

51쪽

01 $x=10,\ y=6$ **02** $x=3,\ y=10$
03 $\angle x=25°,\ \angle y=105°$ **04** $\angle x=108°,\ \angle y=36°$
05 $x=5,\ y=4$ **06** $x=3,\ y=22$
07 $x=35,\ y=5$ **08** $x=50,\ y=12$ **09** ○
10 × **11** ○ **12** × **13** $24\,cm^2$ **14** $12\,cm^2$
15 $30\,cm^2$ **16** $30\,cm^2$

01 $\overline{AB}=\overline{DC}$이어야 하므로 $8=x-2$ $\therefore x=10$
$\overline{AD}=\overline{BC}$이어야 하므로 $2y=12$ $\therefore y=6$

02 $\overline{AB}=\overline{DC}$이어야 하므로 $4x=12$ $\therefore x=3$
$\overline{AD}=\overline{BC}$이어야 하므로 $y+5=15$ $\therefore y=10$

03 $\angle A=\angle C,\ \angle B=\angle D$이어야 하므로
$3\angle x=75°$ $\therefore \angle x=25°$
$\angle C+\angle D=180°$에서 $\angle y=180°-75°=105°$

04 $\angle A=\angle C,\ \angle B=\angle D$이어야 하므로 $\angle x=108°$
$\angle C+\angle D=180°$에서
$2\angle y=180°-108°=72°$ $\therefore \angle y=36°$

05 $\overline{OA}=\overline{OC}$이어야 하므로 $x=\frac{1}{2}\times 10=5$
$\overline{OB}=\overline{OD}$이어야 하므로 $2y=8$ $\therefore y=4$

06 $\overline{OA}=\overline{OC}$이어야 하므로 $3x=9$ $\therefore x=3$
$\overline{OB}=\overline{OD}$이어야 하므로 $11=\frac{1}{2}y$ $\therefore y=22$

07 $\overline{AD}/\!/\overline{BC}$이어야 하므로
$\angle CBD=\angle ADB=35°$ (엇각) $\therefore x=35$
$\overline{AD}=\overline{BC}$이어야 하므로 $2y=10$ $\therefore y=5$

08 $\overline{AB}/\!/\overline{DC}$이어야 하므로
$\angle BAC=\angle DCA=50°$ (엇각) $\therefore x=50$
$\overline{AB}=\overline{DC}$이어야 하므로 $y+3=15$ $\therefore y=12$

09 두 쌍의 대변이 각각 평행하므로 □ABCD는 평행사변형이다.

10 한 쌍의 대변이 평행하고, 다른 한 쌍의 대변의 길이가 같으므로 □ABCD는 평행사변형이 아닌 경우도 있다.

11 $\overline{OD}=\overline{BD}-\overline{OB}=16-8=8$이므로
$\overline{OA}=\overline{OC}=5,\ \overline{OB}=\overline{OD}=8$
따라서 □ABCD는 두 대각선이 서로 다른 것을 이등분하므로 평행사변형이다.

12 $\angle B=360°-(115°+115°+60°)=70°$
따라서 □ABCD는 한 쌍의 대각의 크기가 같지 않으므로 평행사변형이 아니다.

13 $\triangle ACD=\frac{1}{2}\square ABCD=\frac{1}{2}\times 48=24\,(cm^2)$

14 $\triangle OBC=\frac{1}{4}\square ABCD=\frac{1}{4}\times 48=12\,(cm^2)$

15 $\triangle PAB+\triangle PCD=\frac{1}{2}\square ABCD=\frac{1}{2}\times 60=30\,(cm^2)$

16 $\triangle PAD+\triangle PBC=\frac{1}{2}\square ABCD=\frac{1}{2}\times 60=30\,(cm^2)$

학교 시험 PREVIEW

52쪽~53쪽

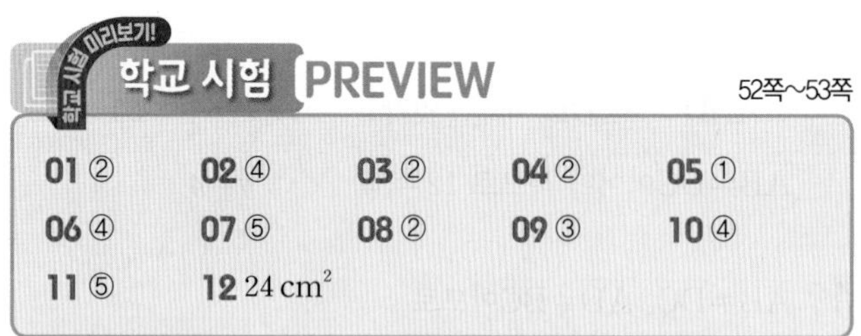

01 ② **02** ④ **03** ② **04** ② **05** ①
06 ④ **07** ⑤ **08** ② **09** ③ **10** ④
11 ⑤ **12** $24\,cm^2$

01 $\overline{AB}/\!/\overline{DC}$이므로 $\angle BAC=\angle DCA=50°$ (엇각)
$\triangle OAB$에서 외각의 성질에 의하여
$\angle AOD=50°+45°=95°$

02 $\overline{DC}=\overline{AB}=4\,cm,\ \overline{AD}=\overline{BC}=6\,cm$이므로
□ABCD의 둘레의 길이는
$2\times(4+6)=20\,(cm)$

03 $\angle x=\angle B=70°$
$\triangle ACD$에서 $\angle y=180°-(50°+70°)=60°$
$\therefore \angle x-\angle y=70°-60°=10°$

04 $\overline{OA}=\overline{OC}$이므로 $x=2\times3=6$

$\overline{OB}=\overline{OD}$이므로 $y=\frac{1}{2}\times8=4$

$\therefore x-y=6-4=2$

05 $\angle AEB=\angle EBC$ (엇각)이므로 $\triangle ABE$는 $\overline{AB}=\overline{AE}$인 이등변삼각형이다.

따라서 $\overline{AE}=\overline{AB}=6$ cm이고 $\overline{AD}=\overline{BC}=10$ cm이므로

$\overline{ED}=\overline{AD}-\overline{AE}=10-6=4$ (cm)

06 $\angle A:\angle B=3:7$이므로 $7\angle A=3\angle B$ $\quad\therefore \angle A=\frac{3}{7}\angle B$

$\angle A+\angle B=180°$이므로 $\frac{3}{7}\angle B+\angle B=180°$

$\therefore \angle B=126°$

$\therefore \angle D=\angle B=126°$

07 ⑤ 두 대각선이 서로 다른 것을 이등분하지 않으므로 평행사변형이 아니다.

08 ② 사각형의 네 내각의 크기의 합은 360°이므로

$\angle ADC=360°-(130°+50°+130°)=50°$

즉, $\angle BAD=\angle BCD$, $\angle ABC=\angle ADC$이므로

□ABCD는 두 쌍의 대각의 크기가 각각 같다.

따라서 □ABCD는 평행사변형이다.

09 $\overline{AB}=\overline{CD}$이어야 하므로 $2x+1=3x-5$ $\quad\therefore x=6$

$\therefore \overline{AB}=2x+1=2\times6+1=13$ (cm)

10 □ABCD가 평행사변형이므로 $\overline{OA}=\overline{OC}$, $\overline{OB}=\overline{OD}$

$\therefore \overline{OE}=\overline{OG}$, $\overline{OF}=\overline{OH}$

따라서 □EFGH는 두 대각선이 서로 다른 것을 이등분하므로 평행사변형이다.

11 □ABCD$=4\triangle OAB=4\times20=80$ (cm^2)

12 서술형

□ABCD$=\overline{BC}\times\overline{DH}=10\times8=80$ (cm^2) ……❶

$\triangle PAB+\triangle PCD=\frac{1}{2}$□ABCD

$=\frac{1}{2}\times80=40$ (cm^2) ……❷

이때 $\triangle PCD=16$ cm^{2}이므로 $\triangle PAB+16=40$

$\therefore \triangle PAB=40-16=24$ (cm^2) ……❸

채점 기준	배점
❶ □ABCD의 넓이 구하기	30 %
❷ △PAB+△PCD의 넓이 구하기	30 %
❸ △PAB의 넓이 구하기	40 %

2. 여러 가지 사각형

01 직사각형 (VISUAL 연산)

56쪽~57쪽

01 $x=4$, $y=6$ **02** $x=90$, $y=35$
03 $x=10$, $y=20$ **04** $x=4$, $y=50$
05 $x=60$, $y=120$ **06** $x=35$, $y=110$ **07** ○
08 × **09** × **10** ○ **11** ○ **12** ○
13 × **14** 90 ❸ 직각 **15** B, D ❸ 직사각형
16 5 ❸ 대각선 **17** 3

01 $\overline{AB}=\overline{DC}$이므로 $x=4$

$\overline{AD}=\overline{BC}$이므로 $y=6$

02 직사각형의 네 내각은 모두 직각이므로

$\angle B=90°$ $\quad\therefore x=90$

$\triangle ACD$에서 $\angle D=90°$이므로

$\angle DAC=180°-(90°+55°)=35°$

$\therefore y=35$

03 $\overline{AO}=\overline{BO}$이므로 $x=10$

$\overline{AC}=2\overline{AO}$이므로 $y=2\times10=20$

04 $\overline{CO}=\overline{BO}=\frac{1}{2}\overline{BD}$이므로 $x=\frac{1}{2}\times8=4$

$\triangle OBC$는 $\overline{OB}=\overline{OC}$인 이등변삼각형이므로

$\angle OBC=\angle OCB=40°$

$\angle ABC=90°$이므로 $\angle ABD=90°-40°=50°$

$\therefore y=50$

05 $\triangle OCD$는 $\overline{OC}=\overline{OD}$인 이등변삼각형이므로

$\angle ODC=\angle OCD=60°$ $\quad\therefore x=60$

$\triangle OCD$에서 외각의 성질에 의하여

$\angle AOD=60°+60°=120°$ $\quad\therefore y=120$

06 $\angle ABC=90°$이므로 $\angle OBC=90°-55°=35°$

$\triangle OBC$는 $\overline{OB}=\overline{OC}$인 이등변삼각형이므로

$\angle OCB=\angle OBC=35°$ $\quad\therefore x=35$

$\triangle OBC$에서 $\angle BOC=180°-2\times35°=110°$

따라서 $\angle AOD=\angle BOC=110°$ (맞꼭지각)이므로

$y=110$

10 $\angle BAD+\angle ABC=180°$에서

$\angle BAD=\angle ABC$이면 $\angle BAD=\angle ABC=90°$

따라서 평행사변형 ABCD는 직사각형이 된다.

12 $\overline{AO}=\overline{CO}$, $\overline{BO}=\overline{DO}$이므로 $\overline{AO}=\overline{BO}$이면
$\overline{AO}=\overline{BO}=\overline{CO}=\overline{DO}$ $\quad \therefore \overline{AC}=\overline{BD}$
따라서 평행사변형 ABCD는 직사각형이 된다.

02 VISUAL연산 마름모

58쪽~59쪽

01 $x=8$, $y=8$ 02 $x=70$, $y=40$
03 $x=40$, $y=100$ 04 $x=6$, $y=18$
05 $x=90$, $y=25$ 06 $x=70$, $y=20$ 07 ○
08 ○   09 ×   10 ×   11 ○   12 ×
13 ○   14 4 ⓥ 마름모   15 40
16 90 ⓥ 수직   17 40

01 $\overline{AB}=\overline{BC}=\overline{CD}=\overline{DA}$이므로 $x=8$, $y=8$

02 $\overline{AB}=\overline{BC}$이므로 $\angle BCA=\angle BAC=70°$ $\quad \therefore x=70$
$\triangle ABC$에서 $\angle B=180°-2\times70°=40°$
$\angle B=\angle D$이므로 $y=40$

03 $\angle ADB=\angle CBD=40°$ (엇각)이므로 $x=40$
$\triangle ABD$는 $\overline{AB}=\overline{AD}$인 이등변삼각형이므로
$\angle ABD=\angle ADB=40°$
따라서 $\angle A=180°-2\times40°=100°$이므로 $y=100$

04 $\overline{AO}=\overline{CO}$이므로 $x=6$
$\overline{BD}=2\overline{BO}$이므로 $y=2\times9=18$

05 마름모의 두 대각선은 서로 다른 것을 수직이등분하므로
$\angle AOD=90°$ $\quad \therefore x=90$
$\triangle CBD$는 $\overline{CB}=\overline{CD}$인 이등변삼각형이므로
$\angle CDB=\angle CBD=25°$ $\quad \therefore y=25$

06 $\triangle COD$에서 $\angle COD=90°$이므로
$\angle OCD=180°-(90°+20°)=70°$ $\quad \therefore x=70$
$\angle ABD=\angle CDB=20°$ (엇각)이고
$\triangle ABD$는 $\overline{AB}=\overline{AD}$인 이등변삼각형이므로
$\angle ADB=\angle ABD=20°$ $\quad \therefore y=20$

09 $\angle ADC+\angle BCD=180°$에서
$\angle ADC=\angle BCD$이면 $\angle ADC=\angle BCD=90°$
따라서 평행사변형 ABCD는 직사각형이 된다.

10 $\overline{AO}=\overline{CO}$, $\overline{BO}=\overline{DO}$이므로 $\overline{BO}=\overline{CO}$이면
$\overline{AO}=\overline{BO}=\overline{CO}=\overline{DO}$ $\quad \therefore \overline{AC}=\overline{BD}$
따라서 평행사변형 ABCD는 직사각형이 된다.

12 $\angle OAB=\angle OBA$이면 $\overline{AO}=\overline{BO}$
이때 $\overline{AO}=\overline{CO}$, $\overline{BO}=\overline{DO}$이므로
$\overline{AO}=\overline{BO}=\overline{CO}=\overline{DO}$ $\quad \therefore \overline{AC}=\overline{BD}$
따라서 평행사변형 ABCD는 직사각형이 된다.

13 $\angle ACB=\angle ACD$이면 $\angle ACB=\angle DAC$ (엇각)이므로
$\angle DAC=\angle DCA$
따라서 $\overline{DA}=\overline{DC}$이므로 평행사변형 ABCD는 마름모가 된다.

15 $\overline{AB}=\overline{AD}$이어야 하므로 $\angle ADB=\angle ABD=40°$

17 $\angle AOB=90°$이어야 하므로 $\triangle OAB$에서
$\angle OAB=180°-(90°+50°)=40°$

03 VISUAL연산 정사각형

60쪽~61쪽

01 $x=9$, $y=90$ 02 $x=6$, $y=90$
03 $x=14$, $y=45$ 04 $x=45$, $y=5$
05 $x=45$, $y=75$ 06 ○   07 ×   08 ○
09 ×   10 10   11 90   12 ○   13 ×
14 ×   15 ○   16 90   17 6   18 ×
19 ×   20 ○   21 ○   22 ×

01 $\overline{AD}=\overline{DC}$이므로 $x=9$
정사각형의 네 내각은 모두 직각이므로
$\angle B=90°$ $\quad \therefore y=90$

02 $\overline{AO}=\overline{BO}$이므로 $x=6$
정사각형의 두 대각선은 서로 다른 것을 수직이등분하므로
$\angle DOC=90°$ $\quad \therefore y=90$

03 $\overline{AC}=\overline{BD}$이므로 $x=14$
$\triangle DBC$에서 $\angle DCB=90°$이고 $\overline{BC}=\overline{CD}$이므로
$\angle BDC=\frac{1}{2}\times(180°-90°)=45°$ $\quad \therefore y=45$

04 $\triangle DAC$에서 $\angle ADC=90°$이고 $\overline{DA}=\overline{DC}$이므로
$\angle DAC=\frac{1}{2}\times(180°-90°)=45°$ $\quad \therefore x=45$
$\overline{AC}=\overline{BD}$이므로 $y=\frac{1}{2}\times10=5$

05 △ABC에서 $\angle ABC=90^\circ$이고 $\overline{AB}=\overline{BC}$이므로
$\angle ACB=\frac{1}{2}\times(180^\circ-90^\circ)=45^\circ$ $\therefore x=45$
△EBC에서 외각의 성질에 의하여
$\angle AEB=30^\circ+45^\circ=75^\circ$ $\therefore y=75$

12 $\angle BAD+\angle ABC=180^\circ$에서
$\angle BAD=\angle ABC$이면 $\angle BAD=\angle ABC=90^\circ$
따라서 마름모 ABCD는 정사각형이 된다.

15 $\overline{AO}=\overline{CO}$, $\overline{BO}=\overline{DO}$이므로 $\overline{AO}=\overline{BO}$이면
$\overline{AO}=\overline{BO}=\overline{CO}=\overline{DO}$ $\therefore \overline{AC}=\overline{BD}$
따라서 마름모 ABCD는 정사각형이 된다.

18 한 내각이 직각이므로 평행사변형 ABCD는 직사각형이 된다.

19 두 대각선이 서로 수직이고 이웃하는 두 변의 길이가 같으므로 평행사변형 ABCD는 마름모가 된다.

20 이웃하는 두 내각의 크기가 같고, 이웃하는 두 변의 길이가 같으므로 평행사변형 ABCD는 정사각형이 된다.

21 두 대각선의 길이가 같고 서로 수직이므로 평행사변형 ABCD는 정사각형이 된다.

22 $\overline{AO}=\overline{CO}$, $\overline{BO}=\overline{DO}$이므로 $\overline{AO}=\overline{DO}$이면
$\overline{AO}=\overline{BO}=\overline{CO}=\overline{DO}$ $\therefore \overline{AC}=\overline{BD}$
따라서 한 내각이 직각이고 두 대각선의 길이가 같으므로 평행사변형 ABCD는 직사각형이 된다.

04 VISUAL 연산 등변사다리꼴

62쪽~63쪽

01 $\angle DCB$ **02** $\overline{DC}$ **03** $\overline{BD}$ **04** $\angle CDA$ **05** $\angle OCB$
06 $\overline{OD}$ **07** 70 **08** 4 **09** 10 **10** 13
11 65 **12** 55° 🅢 25, 25, 55, 55 **13** 40° **14** 60°
15 2 🅢 6, $\overline{CF}$, 6, 2 **16** 9
17 11 🅢 5, 120, 60, 60, 60, 6, 5, 6, 11 **18** 21

01 등변사다리꼴은 아랫변의 양 끝 각의 크기가 같으므로
$\angle ABC=\angle DCB$

02 등변사다리꼴은 평행하지 않은 한 쌍의 대변의 길이가 같으므로 $\overline{AB}=\overline{DC}$

03 등변사다리꼴은 두 대각선의 길이가 같으므로
$\overline{AC}=\overline{BD}$

04 $\angle BAD=180^\circ-\angle ABC$
$=180^\circ-\angle DCB$
$=\angle CDA$

05 $\triangle ABC\equiv\triangle DCB$ (SSS 합동)이므로
$\angle ACB=\angle DBC$
$\therefore \angle OBC=\angle OCB$

06 $\triangle ABD\equiv\triangle DCA$ (SSS 합동)이므로
$\angle ADB=\angle DAC$
따라서 △OAD는 $\overline{OA}=\overline{OD}$인 이등변삼각형이다.

07 $\angle C=\angle B=70^\circ$이므로 $x=70$

08 $\overline{AB}=\overline{DC}$이므로 $x=4$

09 $\overline{AC}=\overline{BD}$이므로 $x=10$

10 $\overline{AC}=\overline{BD}$이므로 $x=5+8=13$

11 $\angle C+\angle D=180^\circ$이므로 $\angle C=180^\circ-115^\circ=65^\circ$
$\therefore x=65$

13 $\overline{AD}/\!/\overline{BC}$이므로 $\angle DBC=\angle ADB=40^\circ$ (엇각)
따라서 $\angle ABC=\angle C$이므로
$\angle x+40^\circ=80^\circ$에서 $\angle x=40^\circ$

14 $\overline{AD}/\!/\overline{BC}$이므로 $\angle ACB=\angle DAC=30^\circ$ (엇각)
이때 △DAC는 $\overline{DA}=\overline{DC}$인 이등변삼각형이므로
$\angle DCA=\angle DAC=30^\circ$
따라서 $\angle DCB=30^\circ+30^\circ=60^\circ$이므로
$\angle x=\angle DCB=60^\circ$

16 오른쪽 그림과 같이 점 A에서 $\overline{BC}$에 내린 수선의 발을 F라 하면
$\overline{EF}=\overline{AD}=x$
$\triangle ABF\equiv\triangle DCE$ (RHA 합동)이므로 $\overline{BF}=\overline{CE}=3$
$\therefore x=\overline{EF}=15-(3+3)=9$

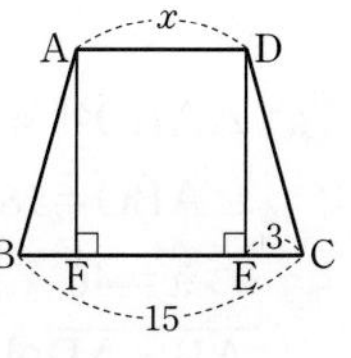

18 오른쪽 그림과 같이 $\overline{DC}$와 평행한 $\overline{AE}$를 그으면 □AECD는 평행사변형이므로 $\overline{EC}=\overline{AD}=9$
□ABCD는 등변사다리꼴이므로
$\angle C=\angle B=60°$
$\overline{AE}/\!/\overline{DC}$이므로 $\angle AEB=\angle C=60°$ (동위각)
즉, △ABE는 정삼각형이므로 $\overline{BE}=\overline{EA}=\overline{AB}=12$
$\therefore x=\overline{BE}+\overline{EC}=12+9=21$

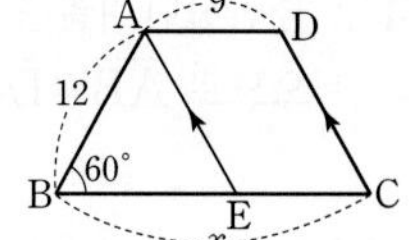

64쪽

01 $x=4$, $y=6$	02 $x=30$, $y=60$	03 A
04 $\overline{BD}$	05 $x=7$, $y=35$	06 $x=40$, $y=40$
07 $\overline{AD}$	08 ⊥	09 $x=18$, $y=90$
10 $x=45$, $y=5$	11 90	12 90
13 $x=6$, $y=75$	14 $x=15$, $y=80$	
15 $x=60$, $y=120$	16 $x=3$, $y=1$	

01 $\overline{AC}=\overline{BD}$이므로 $x=\frac{1}{2}\times 8=4$
$\overline{AD}=\overline{BC}$이므로 $y=6$

02 △OAB는 $\overline{OA}=\overline{OB}$인 이등변삼각형이므로
$\angle OBA=\angle OAB=60°$
$\angle ABC=90°$이므로 $\angle OBC=90°-60°=30°$
$\therefore x=30$
△OBC는 $\overline{OB}=\overline{OC}$인 이등변삼각형이므로
$\angle OCB=\angle OBC=30°$
따라서 △OBC에서 외각의 성질에 의하여
$\angle COD=30°+30°=60°$
$\therefore y=60$

05 $\overline{BC}=\overline{CD}$이므로 $x=7$
$\overline{AB}=\overline{AD}$이므로
$\angle ABD=\frac{1}{2}\times(180°-110°)=35°$
$\therefore y=35$

06 △ABO에서 $\angle AOB=90°$이므로
$\angle ABO=180°-(50°+90°)=40°$
$\therefore x=40$
$\overline{AB}=\overline{AD}$이므로
$\angle ADB=\angle ABD=40°$ $\quad\therefore y=40$

09 $\overline{AC}=\overline{BD}$이므로 $x=2\times 9=18$
정사각형의 두 대각선은 서로 다른 것을 수직이등분하므로
$\angle COD=90°$ $\quad\therefore y=90$

10 △OCD에서 $\angle COD=90°$이고 $\overline{OC}=\overline{OD}$이므로
$\angle OCD=\frac{1}{2}\times(180°-90°)=45°$ $\quad\therefore x=45$
$\overline{AO}=\overline{BO}$이므로 $y=5$

13 $\overline{AB}=\overline{DC}$이므로 $x=6$
$\angle B=\angle C=75°$이므로 $y=75$

14 $\overline{AC}=\overline{BD}$이므로 $x=15$
$\angle DAB+\angle ABC=180°$이므로
$\angle ABC=180°-100°=80°$
$\therefore y=80$

15 $\overline{AD}/\!/\overline{BC}$이므로 $\angle ADB=\angle DBC=30°$ (엇각)
이때 △ABD는 $\overline{AB}=\overline{AD}$인 이등변삼각형이므로
$\angle ABD=\angle ADB=30°$
따라서 $\angle ABC=30°+30°=60°$이므로
$\angle DCB=\angle ABC=60°$ $\quad\therefore x=60$
$\angle A+\angle ABC=180°$이므로 $\angle A=180°-60°=120°$
$\therefore y=120$

16 $\overline{AB}=\overline{DC}$이므로 $x=3$
오른쪽 그림과 같이 점 D에서 $\overline{BC}$에 내린 수선의 발을 F라 하면
$\overline{EF}=\overline{AD}=4$
△ABE≡△DCF (RHA 합동)이므로
$\overline{BE}=\overline{CF}$
$\therefore y=\frac{1}{2}\times(6-4)=1$

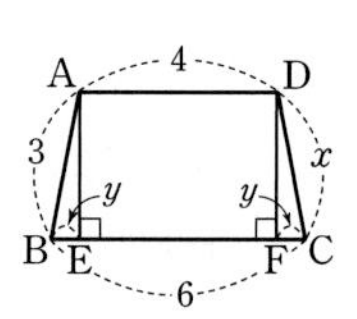

05 여러 가지 사각형 사이의 관계

VISUAL 연산

65쪽~66쪽

01 ㄱ	02 ㄷ, ㅂ	03 ㄹ, ㅁ	04 ㄹ, ㅁ	05 ㄷ, ㅂ
06 직사각형	07 마름모	08 직사각형	09 마름모	10 직사각형
11 정사각형	12 정사각형	13 정사각형	14 마름모	15 정사각형
16 ○	17 ○	18 ×	19 ×	
20 ㄱ, ㄴ, ㄷ, ㅁ		21 ㄷ, ㅁ	22 ㄴ, ㄹ, ㅁ	

06 평행선과 넓이 VISUAL answers 67쪽~68쪽

01 △ABC ⓑ ABC 02 △ACD 03 △ABO
04 20 cm^2 ⓑ 30, 30, 20 05 12 cm^2 06 49 cm^2
07 △AED ⓑ AED 08 △ABE 09 31 cm^2 ⓑ 16, 16, 31
10 28 cm^2 11 10 cm^2 ⓑ 30, 10 12 18 cm^2
13 3 cm^2 ⓑ 12, 12, 3 14 4 cm^2

02 $\overline{AD}/\!/\overline{BC}$이므로 △ABD는 밑변이 $\overline{AD}$로 같은 △ACD와 넓이가 같다.

03 $\overline{AD}/\!/\overline{BC}$이므로 △ABC=△DBC
∴ △DOC=△DBC−△OBC
=△ABC−△OBC=△ABO

05 $\overline{AD}/\!/\overline{BC}$이므로 △ACD=△ABD=$20\text{ cm}^2$
∴ △DOC=△ACD−△AOD
$=20-8=12\,(\text{cm}^2)$

06 △AOB=△ABC−△OBC=△DBC−△OBC
$=28-16=12\,(\text{cm}^2)$
∴ □ABCD=△DBC+△AOB+△AOD
$=28+12+9=49\,(\text{cm}^2)$

08 $\overline{AC}/\!/\overline{DE}$이므로 △ACD=△ACE
∴ □ABCD=△ABC+△ACD=△ABC+△ACE
=△ABE

10 $\overline{AC}/\!/\overline{DE}$이므로 △ACD=△ACE
∴ △ACD=△ACE=△ABE−△ABC
$=50-22=28\,(\text{cm}^2)$

12 △ABC : △ACD=$\overline{BC}$: $\overline{CD}$=3 : 2이므로
△ABC=$\frac{3}{3+2}$△ABD=$\frac{3}{5}\times30=18\,(\text{cm}^2)$

참고 △ABC와 △ACD가 높이가 같고 밑변의 길이의 비가 $m:n$일 때
△ABC : △ACD=$m:n$

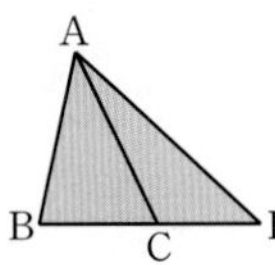

14 △ABD=$\frac{1}{2}$□ABCD=$\frac{1}{2}\times24=12\,(\text{cm}^2)$
△ABE : △AED=$\overline{BE}$: $\overline{ED}$=1 : 2이므로
△ABE=$\frac{1}{1+2}$△ABD=$\frac{1}{3}\times12=4\,(\text{cm}^2)$

연산 능력 UP! 10분 연산 TEST 69쪽

01 ㄱ 02 ㄷ, ㅁ 03 ㄴ, ㄹ 04 ㄴ, ㄹ 05 ㄷ, ㅁ
06 × 07 ○ 08 × 09 ○ 10 ○
11 10 cm^2 12 49 cm^2 13 △AFD 14 □ABCD
15 21 cm^2 16 24 cm^2 17 20 cm^2 18 12 cm^2

11 △DOC=△ACD−△AOD=△ABD−△AOD
$=14-4=10\,(\text{cm}^2)$

12 □ABCD=△ABD+△OBC+△DOC
$=14+25+10=49\,(\text{cm}^2)$

13 $\overline{AC}/\!/\overline{DE}$이므로 △ACD=△ACE
∴ △FCE=△ACE−△ACF
=△ACD−△ACF
=△AFD

14 $\overline{AC}/\!/\overline{DE}$이므로 △ACD=△ACE
∴ △ABE=△ABC+△ACE
=△ABC+△ACD
=□ABCD

15 △ABC : △ACD=$\overline{BC}$: $\overline{CD}$=1 : 1이므로
△ACD=$\frac{1}{1+1}$△ABD
$=\frac{1}{2}\times42=21\,(\text{cm}^2)$

16 △ABC : △ACD=$\overline{BC}$: $\overline{CD}$=4 : 3이므로
△ABC=$\frac{4}{4+3}$△ABD
$=\frac{4}{7}\times42=24\,(\text{cm}^2)$

17 △DBC=$\frac{1}{2}$□ABCD=$\frac{1}{2}\times60=30\,(\text{cm}^2)$
△DBE : △DEC=$\overline{BE}$: $\overline{EC}$=1 : 2이므로
△DEC=$\frac{2}{1+2}$△DBC
$=\frac{2}{3}\times30=20\,(\text{cm}^2)$

18 △ABC=$\frac{1}{2}$□ABCD=$\frac{1}{2}\times60=30\,(\text{cm}^2)$
△ABE : △EBC=$\overline{AE}$: $\overline{EC}$=2 : 3이므로
△ABE=$\frac{2}{2+3}$△ABC
$=\frac{2}{5}\times30=12\,(\text{cm}^2)$

학교 시험 미리보기! 학교 시험 PREVIEW

70쪽~71쪽

01 ⑤	02 ④	03 ②	04 ①, ③	05 ②
06 ④	07 ③	08 ⑤	09 ①, ③	10 ④
11 ④	12 70°			

01 $\overline{OA}=\overline{OC}$이므로 $2x-2=x+1$ $\quad\therefore x=3$
따라서 $\overline{OA}=2\times3-2=4\,(\text{cm})$이고 $\overline{AC}=\overline{BD}$이므로
$\overline{BD}=2\overline{OA}=2\times4=8\,(\text{cm})$

02 ④ 두 대각선이 서로 수직이면 평행사변형 ABCD는 마름모가 된다.

03 $\triangle BAC$는 $\overline{BA}=\overline{BC}$인 이등변삼각형이므로
$\angle BCA=\angle BAC=\angle x$
이때 $\angle BOC=90^\circ$이므로 $\triangle OBC$에서 $\angle x+\angle y=90^\circ$

04 ① 두 대각선이 서로 수직이면 평행사변형 ABCD는 마름모가 된다.
③ 이웃하는 두 변의 길이가 같으면 평행사변형 ABCD는 마름모가 된다.

05 $\overline{OB}=\overline{OC}=\frac{1}{2}\overline{AC}=\frac{1}{2}\times8=4\,(\text{cm})$
$\overline{AC}\perp\overline{BD}$이므로 $\angle BOC=90^\circ$
$\therefore \triangle OBC=\frac{1}{2}\times4\times4=8\,(\text{cm}^2)$

06 ①, ⑤ $\triangle ABD\equiv\triangle DCA$ (SSS 합동)이므로
$\angle ABD=\angle DCA$
또, $\angle ADB=\angle DAC$이므로 $\triangle AOD$는 $\overline{OA}=\overline{OD}$인 이등변삼각형이다.

07 ㄱ. 이웃하는 두 변의 길이가 같고, 한 내각이 직각이면 평행사변형 ABCD는 정사각형이 된다.
ㅁ. 두 대각선의 길이가 같고, 서로 수직으로 만나면 평행사변형 ABCD는 정사각형이 된다.

08 ⑤ 두 대각선의 길이가 같은 평행사변형은 직사각형이다.

09 두 대각선의 길이가 같은 사각형은 직사각형, 정사각형, 등변사다리꼴이다.

10 $\overline{AE}\,/\!/\,\overline{DB}$이므로 $\triangle EBD=\triangle ABD$
$\therefore \triangle EBD=\triangle ABD=\square ABCD-\triangle DBC$
$=38-20=18\,(\text{cm}^2)$

11 $\triangle ACD=\frac{1}{2}\square ABCD=\frac{1}{2}\times56=28\,(\text{cm}^2)$
$\triangle DAE:\triangle DEC=\overline{AE}:\overline{EC}=5:2$이므로
$\triangle DEC=\frac{2}{5+2}\triangle ACD$
$=\frac{2}{7}\times28$
$=8\,(\text{cm}^2)$

12 서술형

$\triangle DAP$와 $\triangle DCP$에서
$\overline{AD}=\overline{CD}$, $\angle ADP=\angle CDP=45^\circ$, $\overline{DP}$는 공통이므로 $\triangle DAP\equiv\triangle DCP$ (SAS 합동) ……❶
$\therefore \angle DCP=\angle DAP=25^\circ$ ……❷
$\triangle DCP$에서 외각의 성질에 의하여
$\angle x=45^\circ+25^\circ=70^\circ$ ……❸

채점 기준	배점
❶ 합동인 두 삼각형 찾기	50 %
❷ $\angle DCP$의 크기 구하기	20 %
❸ $\angle x$의 크기 구하기	30 %

III 도형의 닮음과 피타고라스 정리

1. 도형의 닮음

01 닮은 도형 (VISUAL연산) 76쪽

01 점 F, F		02 점 E	03 $\overline{EF}$, $\overline{EF}$	
04 $\overline{DF}$	05 $\angle D$	06 점 F	07 $\overline{EH}$	08 $\angle G$
09 ×	10 ○	11 ×		

09 오른쪽 그림의 두 직각삼각형은 닮은 도형이 아니다.

11 오른쪽 그림의 두 부채꼴은 닮은 도형이 아니다.

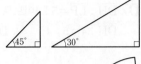

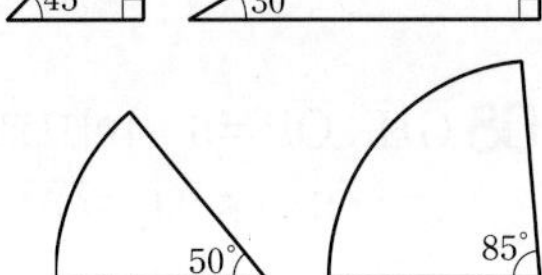

02 닮음의 성질 (VISUAL연산) 77쪽~78쪽

01 2 : 3, $\overline{DE}$, $\overline{DE}$, 6, 3			02 12 cm	03 30°
04 3 : 5	05 15 cm	06 110°	07 95°	
08 10 cm, 5, 10		09 16 cm	10 7 cm	
11 면 GJLI		12 3 : 2, $\overline{GI}$, 6, 2		13 4 cm
14 4 : 5	15 15 cm	16 8 cm	17 5 : 3	18 3 cm

02 $\overline{AC} : \overline{DF} = 2 : 3$이므로
$8 : \overline{DF} = 2 : 3$, $2\overline{DF} = 24$ $\quad \therefore \overline{DF} = 12\,(\text{cm})$

03 $\angle F = \angle C = 30°$

04 $\overline{AD}$의 대응변은 $\overline{EH}$이므로 닮음비는
$\overline{AD} : \overline{EH} = 6 : 10 = 3 : 5$

05 $\overline{BC} : \overline{FG} = 3 : 5$이므로
$9 : \overline{FG} = 3 : 5$, $3\overline{FG} = 45$ $\quad \therefore \overline{FG} = 15\,(\text{cm})$

06 $\angle A = \angle E = 110°$

07 $\angle H = \angle D = 95°$

09 $\overline{AC} : \overline{DF} = 1 : 2$이므로
$8 : \overline{DF} = 1 : 2$ $\quad \therefore \overline{DF} = 16\,(\text{cm})$

10 $\overline{BC} : \overline{EF} = 1 : 2$이므로
$\overline{BC} : 14 = 1 : 2$, $2\overline{BC} = 14$ $\quad \therefore \overline{BC} = 7\,(\text{cm})$

13 $\overline{CF} : \overline{IL} = 3 : 2$이므로
$6 : \overline{IL} = 3 : 2$, $3\overline{IL} = 12$ $\quad \therefore \overline{IL} = 4\,(\text{cm})$

14 $\overline{CG}$에 대응하는 모서리는 $\overline{KO}$이므로 닮음비는
$\overline{CG} : \overline{KO} = 4 : 5$

15 $\overline{FG} : \overline{NO} = 4 : 5$이므로
$12 : \overline{NO} = 4 : 5$, $4\overline{NO} = 60$ $\quad \therefore \overline{NO} = 15\,(\text{cm})$

16 $\overline{GH} : \overline{OP} = 4 : 5$이므로
$\overline{GH} : 10 = 4 : 5$, $5\overline{GH} = 40$ $\quad \therefore \overline{GH} = 8\,(\text{cm})$

17 두 원기둥의 닮음비는 높이의 비와 같으므로
$15 : 9 = 5 : 3$

18 원기둥 (나)의 밑면의 반지름의 길이를 r cm라 하면
$5 : r = 5 : 3$, $5r = 15$ $\quad \therefore r = 3$
따라서 원기둥 (나)의 밑면의 반지름의 길이는 3 cm이다.

03 닮은 두 평면도형에서의 비 (VISUAL연산) 79쪽

01 3 : 4	02 3 : 4	03 9 : 16	04 24 cm, 3, 24, 24
05 2 : 3	06 2 : 3	07 4 : 9	08 16 cm^2

01 $\overline{BC}$의 대응변은 $\overline{EF}$이므로 닮음비는
$\overline{BC} : \overline{EF} = 6 : 8 = 3 : 4$

02 $\triangle ABC$와 $\triangle DEF$의 둘레의 길이의 비는 닮음비와 같으므로 3 : 4이다.

03 $\triangle ABC$와 $\triangle DEF$의 닮음비가 3 : 4이므로 넓이의 비는
$3^2 : 4^2 = 9 : 16$

05 $\overline{AD}$의 대응변은 $\overline{EH}$이므로 닮음비는
$\overline{AD} : \overline{EH} = 4 : 6 = 2 : 3$

06 □ABCD와 □EFGH의 둘레의 길이의 비는 닮음비와 같으므로 2 : 3이다.

07 □ABCD와 □EFGH의 닮음비가 2 : 3이므로 넓이의 비는
$2^2 : 3^2 = 4 : 9$

08 □ABCD의 넓이를 x cm^{2}라 하면
$x : 36 = 4 : 9$, $9x = 144$ $\quad \therefore x = 16$
따라서 □ABCD의 넓이는 16 cm^{2}이다.

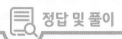

04 닮은 두 입체도형에서의 비

VISUAL연산 80쪽

01 $2:3$ 02 $4:9$ 03 $4:9$ 04 $8:27$
05 $225\,cm^2$ 풀이 4, 225, 225 06 $3:4$ 07 $3:4$
08 $9:16$ 09 $27:64$ 10 $54\pi\,cm^3$

01 두 삼각기둥 ㈎, ㈏의 닮음비는 $6:9=2:3$

02 두 삼각기둥 ㈎, ㈏의 닮음비가 $2:3$이므로 밑넓이의 비는
$2^2:3^2=4:9$

03 두 삼각기둥 ㈎, ㈏의 닮음비가 $2:3$이므로 겉넓이의 비는
$2^2:3^2=4:9$

04 두 삼각기둥 ㈎, ㈏의 닮음비가 $2:3$이므로 부피의 비는
$2^3:3^3=8:27$

06 두 원뿔 ㈎, ㈏의 닮음비는 $12:16=3:4$

07 두 원뿔 ㈎, ㈏의 밑면의 둘레의 길이의 비는 닮음비와 같으므로 $3:4$이다.

08 두 원뿔 ㈎, ㈏의 닮음비가 $3:4$이므로 겉넓이의 비는
$3^2:4^2=9:16$

09 두 원뿔 ㈎, ㈏의 닮음비가 $3:4$이므로 부피의 비는
$3^3:4^3=27:64$

10 원뿔 ㈎의 부피를 $x\,cm^3$라 하면
$x:128\pi=27:64$, $64x=3456\pi$
$\therefore x=54\pi$
따라서 원뿔 ㈎의 부피는 $54\pi\,cm^3$이다.

10분 연산 TEST

연산 능력 UP! 81쪽

01 $\overline{FG}$ 02 $3:2$ 03 6 cm 04 $125°$
05 면 IJNM 06 $5:4$ 07 5 08 12
09 $3:4$ 10 $3:4$ 11 $9:16$ 12 $128\,cm^2$ 13 $2:5$
14 $4:25$ 15 $8:125$ 16 $16\,cm^3$

02 $\overline{BC}$의 대응변은 $\overline{FG}$이므로 닮음비는
$\overline{BC}:\overline{FG}=12:8=3:2$

03 $\overline{DC}:\overline{HG}=3:2$이므로
$9:\overline{HG}=3:2$, $3\overline{HG}=18$
$\therefore \overline{HG}=6(cm)$

04 $\angle E$의 대응각은 $\angle A$이고, 사각형의 내각의 크기의 합은 $360°$이므로
$\angle E=\angle A=360°-(70°+85°+80°)=125°$

06 $\overline{FG}$에 대응하는 모서리는 $\overline{NO}$이므로
$\overline{FG}:\overline{NO}=10:8=5:4$

07 $\overline{DH}:\overline{LP}=5:4$이므로
$\overline{DH}:4=5:4$ $\therefore \overline{DH}=5$

08 $\overline{GH}:\overline{OP}=5:4$이므로
$15:\overline{OP}=5:4$, $5\overline{OP}=60$
$\therefore \overline{OP}=12$

09 $\overline{AC}$의 대응변은 $\overline{DF}$이므로 닮음비는
$\overline{AC}:\overline{DF}=15:20=3:4$

10 $\triangle ABC$와 $\triangle DEF$의 둘레의 길이의 비는 닮음비와 같으므로 $3:4$이다.

11 $\triangle ABC$와 $\triangle DEF$의 닮음비가 $3:4$이므로 넓이의 비는
$3^2:4^2=9:16$

12 $\triangle DEF$의 넓이를 $x\,cm^2$라 하면
$72:x=9:16$, $9x=1152$
$\therefore x=128$
따라서 $\triangle DEF$의 넓이는 $128\,cm^2$이다.

13 $\overline{CD}$에 대응하는 모서리는 $\overline{HI}$이므로 닮음비는
$\overline{CD}:\overline{HI}=4:10=2:5$

14 두 사각뿔 ㈎, ㈏의 닮음비가 $2:5$이므로 겉넓이의 비는
$2^2:5^2=4:25$

15 두 사각뿔 ㈎, ㈏의 닮음비가 $2:5$이므로 부피의 비는
$2^3:5^3=8:125$

16 사각뿔 ㈎의 부피를 $x\,cm^3$라 하면
$x:250=8:125$, $125x=2000$
$\therefore x=16$
따라서 사각뿔 ㈎의 부피는 $16\,cm^3$이다.

05 삼각형의 닮음 조건 82쪽~83쪽

01 2, 2, 8, 2, $\triangle$DFE, SSS
02 40, $\angle$E, 60, $\triangle$FDE, AA
03 3, $\overline{ED}$, 6, 2, $\angle$E, $\triangle$FED, SAS
04 95, 35, $\angle$D, 95, $\triangle$EDF, AA
05 $\triangle$MNO $\backsim$ $\triangle$BAC, SAS 닮음 ❶ 2, $\triangle$BAC, SAS
06 $\triangle$PQR $\backsim$ $\triangle$IGH, SSS 닮음
07 $\triangle$STU $\backsim$ $\triangle$EDF, AA 닮음
08 $\triangle$ABC $\backsim$ $\triangle$ADE, AA 닮음 ❶ $\angle$A, $\angle$E, $\triangle$ADE, AA
09 $\triangle$ABC $\backsim$ $\triangle$EBD, SAS 닮음
10 $\triangle$ABC $\backsim$ $\triangle$DAC, SSS 닮음
11 $\triangle$ABC $\backsim$ $\triangle$CDE, AA 닮음

06 $\triangle$PQR와 $\triangle$IGH에서
$\overline{PQ}:\overline{IG}=6:4=3:2$
$\overline{QR}:\overline{GH}=12:8=3:2$
$\overline{RP}:\overline{HI}=9:6=3:2$
$\therefore$ $\triangle$PQR $\backsim$ $\triangle$IGH (SSS 닮음)

07 $\triangle$STU에서
$\angle S=180^\circ-(60^\circ+70^\circ)=50^\circ$
$\triangle$STU와 $\triangle$EDF에서
$\angle T=\angle D=60^\circ$, $\angle S=\angle E=50^\circ$
$\therefore$ $\triangle$STU $\backsim$ $\triangle$EDF (AA 닮음)

09 $\triangle$ABC와 $\triangle$EBD에서
$\overline{AB}:\overline{EB}=3:9=1:3$
$\overline{BC}:\overline{BD}=4:12=1:3$
$\angle ABC=\angle EBD$ (맞꼭지각)
$\therefore$ $\triangle$ABC $\backsim$ $\triangle$EBD (SAS 닮음)

10 $\triangle$ABC와 $\triangle$DAC에서
$\overline{AB}:\overline{DA}=6:3=2:1$
$\overline{BC}:\overline{AC}=8:4=2:1$
$\overline{CA}:\overline{CD}=4:2=2:1$
$\therefore$ $\triangle$ABC $\backsim$ $\triangle$DAC (SSS 닮음)

11 $\triangle$ABC와 $\triangle$CDE에서
$\overline{AB}\,/\!/\,\overline{CD}$이므로
$\angle BAC=\angle DCE$ (엇각)
$\overline{BC}\,/\!/\,\overline{DE}$이므로
$\angle ACB=\angle CED$ (엇각)
$\therefore$ $\triangle$ABC $\backsim$ $\triangle$CDE (AA 닮음)

06 삼각형의 닮음 조건의 응용 84쪽~85쪽

01 (위에서부터) 6, 4, 5　02 6, 1, 5, 1, $\angle$B, $\triangle$EBD, SAS
03 8 ❶ 2, 2, 8　04 $\triangle$CBD　05 5　06 $\triangle$ADB
07 8　08 8　09 16　10 (위에서부터) 2, 3
11 $\angle$B, $\triangle$EBD, AA　12 9 ❶ $\overline{EB}$, 2, 9　13 $\triangle$DAC
14 16　15 $\triangle$ACD　16 4　17 6　18 4

04 $\triangle$ABC와 $\triangle$CBD에서
$\overline{AB}:\overline{CB}=12:6=2:1$
$\overline{BC}:\overline{BD}=6:3=2:1$
$\angle$B는 공통
$\therefore$ $\triangle$ABC $\backsim$ $\triangle$CBD (SAS 닮음)

05 $\overline{AC}:\overline{CD}=2:1$이므로
$10:\overline{CD}=2:1$, $2\overline{CD}=10$
$\therefore$ $\overline{CD}=5$

06 $\triangle$ABC와 $\triangle$ADB에서
$\overline{AB}:\overline{AD}=6:4=3:2$
$\overline{AC}:\overline{AB}=9:6=3:2$
$\angle$A는 공통
$\therefore$ $\triangle$ABC $\backsim$ $\triangle$ADB (SAS 닮음)

07 $\overline{CB}:\overline{BD}=3:2$이므로
$12:\overline{BD}=3:2$, $3\overline{BD}=24$
$\therefore$ $\overline{BD}=8$

08 $\triangle$ABC와 $\triangle$DBA에서
$\overline{AB}:\overline{DB}=12:9=4:3$
$\overline{BC}:\overline{BA}=16:12=4:3$
$\angle$B는 공통
따라서 $\triangle$ABC $\backsim$ $\triangle$DBA (SAS 닮음)이고,
닮음비는 $4:3$이므로 $\overline{AC}:\overline{DA}=4:3$
$x:6=4:3$, $3x=24$　$\therefore x=8$

09 $\triangle$ABC와 $\triangle$ACD에서
$\overline{AB}:\overline{AC}=18:12=3:2$
$\overline{AC}:\overline{AD}=12:8=3:2$
$\angle$A는 공통
따라서 $\triangle$ABC $\backsim$ $\triangle$ACD (SAS 닮음)이고,
닮음비는 $3:2$이므로 $\overline{BC}:\overline{CD}=3:2$
$24:x=3:2$, $3x=48$　$\therefore x=16$

13 $\triangle$ABC와 $\triangle$DAC에서
$\angle ABC=\angle DAC$, $\angle$C는 공통
$\therefore$ $\triangle$ABC $\backsim$ $\triangle$DAC (AA 닮음)

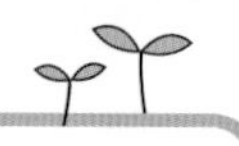

14 $\overline{AC}:\overline{DC}=\overline{BC}:\overline{AC}$이므로
$12:9=\overline{BC}:12$, $9\overline{BC}=144$
$\therefore \overline{BC}=16$

15 △ABC와 △ACD에서
∠ABC=∠ACD, ∠A는 공통
∴ △ABC ∽ △ACD (AA 닮음)

16 $\overline{AB}:\overline{AC}=\overline{AC}:\overline{AD}$이므로
$9:6=6:\overline{AD}$, $9\overline{AD}=36$ $\therefore \overline{AD}=4$

17 △ABC와 △EBD에서
∠BCA=∠BDE, ∠B는 공통
따라서 △ABC ∽ △EBD (AA 닮음)이고,
닮음비는 $\overline{BC}:\overline{BD}=16:8=2:1$이므로
$\overline{AB}:\overline{EB}=2:1$, $12:x=2:1$
$2x=12$ $\therefore x=6$

18 △ABC와 △ACD에서
∠ABC=∠ACD, ∠A는 공통
따라서 △ABC ∽ △ACD (AA 닮음)이고,
닮음비는 $\overline{AB}:\overline{AC}=9:6=3:2$이므로
$\overline{AC}:\overline{AD}=3:2$, $6:x=3:2$
$3x=12$ $\therefore x=4$

07 직각삼각형의 닮음 VISUAL연산 86쪽

01 2 ⓐ $\overline{BC}$, $8x$, 2 02 $\frac{25}{3}$ 03 $\frac{16}{5}$ 04 6
05 4 06 9

02 $\overline{AB}^2=\overline{BD}\times\overline{BC}$이므로
$5^2=3x$, $3x=25$ $\therefore x=\frac{25}{3}$

03 $\overline{AC}^2=\overline{CD}\times\overline{CB}$이므로
$4^2=5x$, $5x=16$ $\therefore x=\frac{16}{5}$

04 $\overline{AC}^2=\overline{CD}\times\overline{CB}$이므로
$x^2=4\times(4+5)=4\times9=36$
$\therefore x=6$ ($\because x>0$)

05 $\overline{AD}^2=\overline{BD}\times\overline{CD}$이므로
$6^2=9x$, $9x=36$ $\therefore x=4$

06 $\overline{AD}^2=\overline{BD}\times\overline{CD}$이므로
$12^2=16x$, $16x=144$ $\therefore x=9$

08 실생활에서 닮음의 활용 VISUAL연산 87쪽~88쪽

01 $\overline{BE}$, $\overline{BE}$, 1, 4 02 4, 4, 4.8, 4.8
03 △ADE, 1 : 3 04 4.5 m 05 5 m 06 6.4 m
07 1000, 100000, 100000, 10000
08 10000, 120000, 1.2 09 1500, 150000, 10000, 15
10 $\frac{1}{2500}$ 11 0.15 km 12 200 cm
13 2 km 14 800 m 15 10 cm 16 19 cm

03 △ABC ∽ △ADE (AA 닮음)이고,
△ABC와 △ADE의 닮음비는
$\overline{AB}:\overline{AD}=2:(2+4)=1:3$

04 $\overline{BC}:\overline{DE}=1:3$이므로
$1.5:\overline{DE}=1:3$ $\therefore \overline{DE}=4.5$(m)
따라서 건물의 높이는 4.5 m이다.

05 △ABC ∽ △DEF (AA 닮음)이고
△ABC와 △DEF의 닮음비는
$\overline{BC}:\overline{EF}=6:1.2=5:1$이므로
$\overline{AB}:\overline{DE}=5:1$, $\overline{AB}:1=5:1$
$\therefore \overline{AB}=5$(m)
따라서 나무의 높이는 5 m이다.

06 △ABC ∽ △DEC (AA 닮음)이고
△ABC와 △DEC의 닮음비는
$\overline{BC}:\overline{EC}=10:2.5=4:1$이므로
$\overline{AB}:\overline{DE}=4:1$, $\overline{AB}:1.6=4:1$
$\therefore \overline{AB}=6.4$(m)
따라서 가로등의 높이는 6.4 m이다.

10 100 m=10000 cm이므로
(축척)$=\frac{4}{10000}=\frac{1}{2500}$

11 (실제 거리)$=6\div\frac{1}{2500}=15000$(cm)
$=0.15$(km)

12 5 km=5000 m=500000 cm이므로
(지도에서의 거리)$=500000\times\frac{1}{2500}=200$(cm)

13 (실제 거리)$=10\div\frac{1}{20000}=200000$(cm)
$=2$(km)

14 (실제 거리)$=4\div\frac{1}{20000}=80000$(cm)
$=800$(m)

15 2 km$=$2000 m$=$200000 cm이므로
(지도에서의 거리)$=200000\times\frac{1}{20000}=10$(cm)

16 3.8 km$=$3800 m$=$380000 cm이므로
(지도에서의 거리)$=380000\times\frac{1}{20000}=19$(cm)

89쪽

01 △ABC∽△NOM, AA 닮음
02 △ABC∽△EDC, SAS 닮음 **03** 9
04 △ABC∽△AED, AA 닮음 **05** 3 **06** 4
07 25 **08** 6 **09** △DEF, 1 : 5 **10** 8 m

01 △ABC에서
$\angle C=180^\circ-(90^\circ+30^\circ)=60^\circ$
△ABC와 △NOM에서
$\angle A=\angle N=90^\circ$, $\angle C=\angle M=60^\circ$
∴ △ABC∽△NOM (AA 닮음)

02 △ABC와 △EDC에서
$\overline{AC}:\overline{EC}=12:4=3:1$, $\overline{BC}:\overline{DC}=18:6=3:1$
∠C는 공통
∴ △ABC∽△EDC (SAS 닮음)

03 $\overline{AB}:\overline{ED}=3:1$이므로 $x:3=3:1$ ∴ $x=9$

04 △ABC와 △AED에서
∠ABC=∠AED, ∠A는 공통
∴ △ABC∽△AED (AA 닮음)

05 $\overline{AB}:\overline{AE}=\overline{AC}:\overline{AD}$이므로
$10:5=(5+x):4$, $5(5+x)=40$
$25+5x=40$, $5x=15$ ∴ $x=3$

06 $\overline{AB}^2=\overline{BD}\times\overline{BC}$이므로
$x^2=2\times(2+6)=2\times8=16$ ∴ $x=4$ ($\because x>0$)

07 $\overline{AC}^2=\overline{CD}\times\overline{CB}$이므로
$15^2=9x$, $9x=225$ ∴ $x=25$

08 $\overline{AD}^2=\overline{BD}\times\overline{CD}$이므로
$x^2=4\times9=36$ ∴ $x=6$ ($\because x>0$)

09 △ABC∽△DEF (AA 닮음)이고
△ABC와 △DEF의 닮음비는
$\overline{BC}:\overline{EF}=2:10=1:5$

10 $\overline{AC}:\overline{DF}=1:5$이므로
$1.6:\overline{DF}=1:5$ ∴ $\overline{DF}=8$(m)
따라서 탑의 높이는 8 m이다.

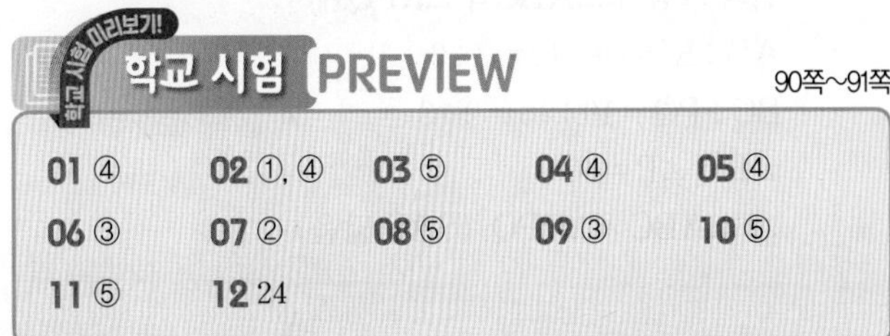
학교 시험 미리보기! 학교 시험 PREVIEW 90쪽~91쪽

01 ④ **02** ①, ④ **03** ⑤ **04** ④ **05** ④
06 ③ **07** ② **08** ⑤ **09** ③ **10** ⑤
11 ⑤ **12** 24

01 ④ 오른쪽 그림의 두 마름모는 닮은 도형이 아니다.

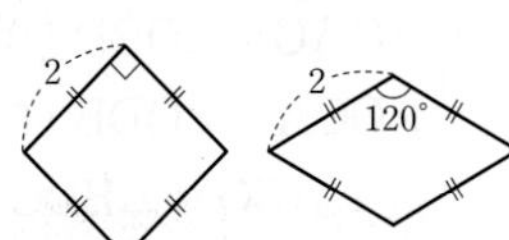

02 ② $\angle C=\angle F=35^\circ$이므로 $\angle B=180^\circ-(75^\circ+35^\circ)=70^\circ$
③ $\overline{AC}$의 대응변은 $\overline{DF}$이다.
④ $\overline{AB}:\overline{DE}=\overline{BC}:\overline{EF}=9:6=3:2$
⑤ $\overline{AC}$와 $\overline{DF}$의 길이는 알 수 없다.

03 ⑤ □BEDA∽□HKJG

04 두 사면체의 닮음비는 $\overline{CD}:\overline{GH}=6:8=3:4$
$\overline{AD}:\overline{EH}=3:4$이므로
$x:12=3:4$, $4x=36$ ∴ $x=9$
$\overline{AB}:\overline{EF}=3:4$이므로
$5:y=3:4$, $3y=20$ ∴ $y=\frac{20}{3}$
∴ $xy=9\times\frac{20}{3}=60$

05 □ABCD와 □EFGH의 닮음비가 2 : 5이므로 넓이의 비는
$2^2:5^2=4:25$
□EFGH의 넓이를 x cm^{2}라 하면
$16:x=4:25$, $4x=400$ ∴ $x=100$
따라서 □EFGH의 넓이는 100 cm^{2}이다.

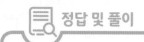

06 두 캔 ㈎, ㈏의 닮음비가 3 : 4이므로 부피의 비는
$3^3 : 4^3 = 27 : 64$
캔 ㈎의 부피를 $x\,\text{cm}^3$라 하면
$x : 512 = 27 : 64$, $64x = 13824$ $\therefore x = 216$
따라서 캔 ㈎의 부피는 $216\,\text{cm}^3$이다.

07 $(\text{실제 거리}) = 15 \div \frac{1}{20000} = 15 \times 20000$
$= 300000\,(\text{cm}) = 3000\,(\text{m}) = 3\,(\text{km})$

08 ⑤

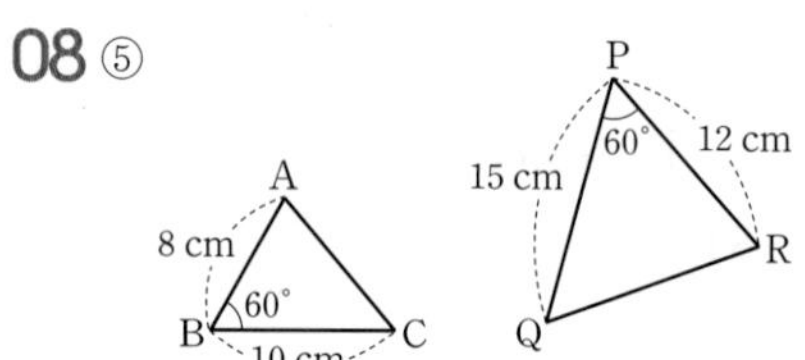

위의 그림의 △ABC와 △RPQ에서
$\overline{AB} : \overline{RP} = 8 : 12 = 2 : 3$
$\overline{BC} : \overline{PQ} = 10 : 15 = 2 : 3$
$\angle B = \angle P = 60^\circ$
$\therefore \triangle ABC \backsim \triangle RPQ$ (SAS 닮음)

09 △ACO와 △BDO에서 $\overline{AC} /\!/ \overline{BD}$이므로
$\angle OAC = \angle OBD$ (엇각)
$\angle OCA = \angle ODB$ (엇각)
$\therefore \triangle ACO \backsim \triangle BDO$ (AA 닮음)
$\overline{AO} : \overline{BO} = \overline{AC} : \overline{BD}$이므로
$3 : 5 = 6 : \overline{BD}$, $3\overline{BD} = 30$ $\therefore \overline{BD} = 10\,(\text{cm})$

10 △ABC와 △EDC에서
$\overline{AC} : \overline{EC} = 10 : 5 = 2 : 1$, $\overline{BC} : \overline{DC} = 12 : 6 = 2 : 1$
∠C는 공통
$\therefore \triangle ABC \backsim \triangle EDC$ (SAS 닮음)
$\overline{AB} : \overline{ED} = 2 : 1$이므로
$\overline{AB} : 4 = 2 : 1$ $\therefore \overline{AB} = 8\,(\text{cm})$

11 ⑤ $\overline{AB}^2 = \overline{BH} \times \overline{BC}$, $\overline{AH}^2 = \overline{HB} \times \overline{HC}$

12 서술형
$\overline{AD}^2 = \overline{DB} \times \overline{DC}$이므로 $12^2 = 16x$
$16x = 144$ $\therefore x = 9$ ······❶
$\overline{AB}^2 = \overline{BD} \times \overline{BC}$이므로 $y^2 = 9 \times (9+16) = 225$
$\therefore y = 15$ ($\because y > 0$) ······❷
$\therefore x + y = 9 + 15 = 24$ ······❸

채점 기준	배점
❶ x의 값 구하기	40 %
❷ y의 값 구하기	40 %
❸ $x+y$의 값 구하기	20 %

2. 닮음의 활용

01 VISUAL연산 삼각형에서 평행선과 선분의 길이의 비 (1) 94쪽

01 6 ⓗ 9, 6 02 15 03 9 04 12
05 4 ⓗ 6, 4 06 10

02 $\overline{AB} : \overline{AD} = \overline{AC} : \overline{AE}$이므로
$4 : 10 = 6 : x$, 즉 $2 : 5 = 6 : x$
$2x = 30$ $\therefore x = 15$

03 $\overline{AC} : \overline{AE} = \overline{BC} : \overline{DE}$이므로
$12 : x = 8 : 6$, 즉 $12 : x = 4 : 3$
$4x = 36$ $\therefore x = 9$

04 $\overline{AB} : \overline{AD} = \overline{BC} : \overline{DE}$이므로
$16 : 20 = x : 15$, 즉 $4 : 5 = x : 15$
$5x = 60$ $\therefore x = 12$

06 $\overline{AC} : \overline{AE} = \overline{BC} : \overline{DE}$이므로
$6 : 5 = 12 : x$, $6x = 60$ $\therefore x = 10$

02 VISUAL연산 삼각형에서 평행선과 선분의 길이의 비 (2) 95쪽

01 6 ⓗ 12, 6 02 6 03 16 ⓗ 7, 16
04 3 05 18 ⓗ 4, 18 06 8

02 $\overline{AD} : \overline{DB} = \overline{AE} : \overline{EC}$이므로
$x : 9 = 4 : 6$, 즉 $x : 9 = 2 : 3$
$3x = 18$ $\therefore x = 6$

04 $\overline{AD} : \overline{DB} = \overline{AE} : \overline{EC}$이므로
$9 : x = 15 : 5$, 즉 $9 : x = 3 : 1$
$3x = 9$ $\therefore x = 3$

06 $\overline{AD} : \overline{DB} = \overline{AE} : \overline{EC}$이므로
$6 : 9 = x : 12$, 즉 $2 : 3 = x : 12$
$3x = 24$ $\therefore x = 8$

03 VISUAL연산 삼각형에서 평행선 찾기 96쪽

01 ○ ⓗ 5, 5, 평행하다 02 × 03 ○
04 × ⓗ 2, 7, 평행하지 않다 05 × 06 ○

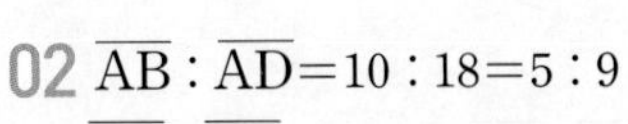

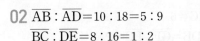

02 $\overline{AB}:\overline{AD}=10:18=5:9$
$\overline{BC}:\overline{DE}=8:16=1:2$
$\therefore \overline{AB}:\overline{AD}\neq\overline{BC}:\overline{DE}$
따라서 $\overline{BC}$와 $\overline{DE}$는 평행하지 않다.

03 $\overline{AC}:\overline{AE}=8:6=4:3$
$\overline{BC}:\overline{DE}=12:9=4:3$
$\therefore \overline{AC}:\overline{AE}=\overline{BC}:\overline{DE}$
따라서 $\overline{BC}/\!/\overline{DE}$이다.

05 $\overline{AD}:\overline{DB}=27:9=3:1$
$\overline{AE}:\overline{EC}=35:12$
$\therefore \overline{AD}:\overline{DB}\neq\overline{AE}:\overline{EC}$
따라서 $\overline{BC}$와 $\overline{DE}$는 평행하지 않다.

06 $\overline{AD}:\overline{DB}=4:10=2:5$
$\overline{AE}:\overline{EC}=6:15=2:5$
$\therefore \overline{AD}:\overline{DB}=\overline{AE}:\overline{EC}$
따라서 $\overline{BC}/\!/\overline{DE}$이다.

04 VISUAL연산 삼각형의 각의 이등분선 97쪽~98쪽

01 4 ◉ $\overline{BD}$, 3, 4　02 6　03 5　04 9
05 $\overline{AC}$, 9, 3　06 $\overline{BD}$, 2　07 2, 2, 15　08 5 : 4
09 5 : 4　10 20 cm^2　11 14 ◉ $\overline{CD}$, 8, 14　12 6
13 10　14 4

02 $\overline{AB}:\overline{AC}=\overline{BD}:\overline{CD}$이므로
$8:12=4:x$, 즉 $2:3=4:x$
$2x=12 \quad \therefore x=6$

03 $\overline{AB}:\overline{AC}=\overline{BD}:\overline{CD}$이므로
$15:12=x:4$, 즉 $5:4=x:4 \quad \therefore x=5$

04 $\overline{AB}:\overline{AC}=\overline{BD}:\overline{CD}$이므로
$x:12=(14-8):8$, 즉 $x:12=6:8$
$x:12=3:4$, $4x=36 \quad \therefore x=9$

08 $\overline{BD}:\overline{CD}=\overline{AB}:\overline{AC}=10:8=5:4$

09 $\triangle ABD:\triangle ACD=\overline{BD}:\overline{CD}=5:4$

10 $\triangle ABD:\triangle ACD=5:4$이므로
$\triangle ABD:16=5:4$, $4\triangle ABD=80$
$\therefore \triangle ABD=20(cm^2)$

12 $\overline{AB}:\overline{AC}=\overline{BD}:\overline{CD}$이므로
$10:5=12:x$, 즉 $2:1=12:x$
$2x=12 \quad \therefore x=6$

13 $\overline{AB}:\overline{AC}=\overline{BD}:\overline{CD}$이므로
$x:8=15:12$, 즉 $x:8=5:4$
$4x=40 \quad \therefore x=10$

14 $\overline{AB}:\overline{AC}=\overline{BD}:\overline{CD}$이므로
$6:x=(3+6):6$, 즉 $6:x=9:6$
$6:x=3:2$, $3x=12 \quad \therefore x=4$

05 VISUAL연산 평행선 사이의 선분의 길이의 비 99쪽

01 9 ◉ 6, 9　02 5　03 15
04 6 ◉ 3, 6　05 9　06 3

02 $10:x=8:4$, 즉 $10:x=2:1$
$2x=10 \quad \therefore x=5$

03 $9:x=6:(16-6)$, 즉 $9:x=6:10$
$9:x=3:5$, $3x=45 \quad \therefore x=15$

05 $6:x=8:12$, 즉 $6:x=2:3$
$2x=18 \quad \therefore x=9$

06 $9:x=6:(8-6)$, 즉 $9:x=6:2$
$9:x=3:1$, $3x=9 \quad \therefore x=3$

06 VISUAL연산 사다리꼴에서 평행선과 선분의 길이의 비 100쪽~101쪽

01 3, 3, 3, 3, 2, 2, 3, 5　02 7　03 9　04 7
05 14　06 10, 4, 2, 5, 5, 3, 4, 3, 7　07 8
08 10　09 21　10 12　11 11

02 □AHCD에서 $\overline{HC}=\overline{AD}=4$이므로
$\overline{BH}=\overline{BC}-\overline{HC}=9-4=5$
$\triangle ABH$에서 $\overline{AE}:\overline{AB}=\overline{EG}:\overline{BH}$이므로
$3:(3+2)=\overline{EG}:5$, 즉 $3:5=\overline{EG}:5$
$\therefore \overline{EG}=3$
□AGFD에서 $\overline{GF}=\overline{AD}=4$이므로
$\overline{EF}=\overline{EG}+\overline{GF}=3+4=7$

03 □AHCD에서 $\overline{HC}=\overline{AD}=6$이므로

$\overline{BH}=\overline{BC}-\overline{HC}=15-6=9$
$\triangle$ABH에서 $\overline{AE}:\overline{AB}=\overline{EG}:\overline{BH}$이므로
$4:(4+8)=\overline{EG}:9$, 즉 $4:12=\overline{EG}:9$
$1:3=\overline{EG}:9$, $3\overline{EG}=9$
$\therefore \overline{EG}=3$
□AGFD에서 $\overline{GF}=\overline{AD}=6$이므로
$\overline{EF}=\overline{EG}+\overline{GF}=3+6=9$

04 오른쪽 그림과 같이 $\overline{DC}$와 평행한 $\overline{AH}$를 긋고 $\overline{AH}$와 $\overline{EF}$의 교점을 G라 하면 □AHCD에서 $\overline{HC}=\overline{AD}=4$이므로 $\overline{BH}=\overline{BC}-\overline{HC}=8-4=4$
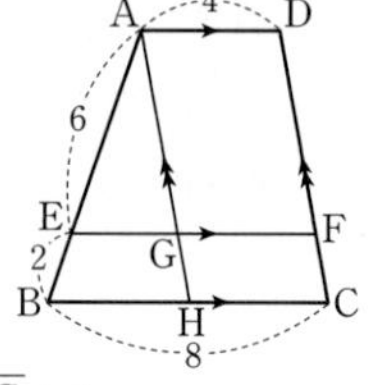

$\triangle$ABH에서 $\overline{AE}:\overline{AB}=\overline{EG}:\overline{BH}$이므로 $6:(6+2)=\overline{EG}:4$, 즉 $6:8=\overline{EG}:4$
$3:4=\overline{EG}:4$, $4\overline{EG}=12$ $\quad\therefore \overline{EG}=3$
□AGFD에서 $\overline{GF}=\overline{AD}=4$이므로
$\overline{EF}=\overline{EG}+\overline{GF}=3+4=7$

05 오른쪽 그림과 같이 $\overline{DC}$와 평행한 $\overline{AH}$를 긋고 $\overline{AH}$와 $\overline{EF}$의 교점을 G라 하면 □AHCD에서
$\overline{HC}=\overline{AD}=8$이므로
$\overline{BH}=\overline{BC}-\overline{HC}=16-8=8$
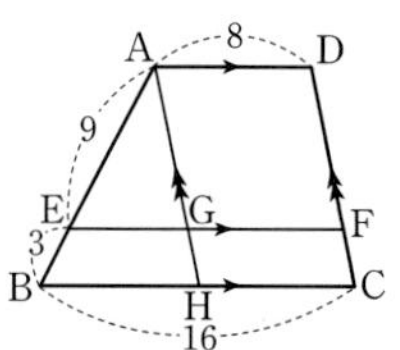

$\triangle$ABH에서 $\overline{AE}:\overline{AB}=\overline{EG}:\overline{BH}$이므로
$9:(9+3)=\overline{EG}:8$, 즉 $9:12=\overline{EG}:8$
$3:4=\overline{EG}:8$, $4\overline{EG}=24$ $\quad\therefore \overline{EG}=6$
□AGFD에서 $\overline{GF}=\overline{AD}=8$이므로
$\overline{EF}=\overline{EG}+\overline{GF}=6+8=14$

07 $\triangle$ABC에서 $\overline{AE}:\overline{AB}=\overline{EG}:\overline{BC}$이므로
$4:(4+2)=\overline{EG}:9$, 즉 $4:6=\overline{EG}:9$
$2:3=\overline{EG}:9$, $3\overline{EG}=18$ $\quad\therefore \overline{EG}=6$
$\triangle$CAD에서 $\overline{CG}:\overline{CA}=\overline{GF}:\overline{AD}$이므로
$2:(2+4)=\overline{GF}:6$, 즉 $2:6=\overline{GF}:6$
$1:3=\overline{GF}:6$, $3\overline{GF}=6$ $\quad\therefore \overline{GF}=2$
$\therefore \overline{EF}=\overline{EG}+\overline{GF}=6+2=8$

08 $\triangle$BDA에서 $\overline{BE}:\overline{BA}=\overline{EG}:\overline{AD}$이므로
$4:(4+3)=\overline{EG}:7$, 즉 $4:7=\overline{EG}:7$
$7\overline{EG}=28$ $\quad\therefore \overline{EG}=4$
$\triangle$DBC에서 $\overline{DG}:\overline{DB}=\overline{GF}:\overline{BC}$이므로
$3:(3+4)=\overline{GF}:14$, 즉 $3:7=\overline{GF}:14$
$7\overline{GF}=42$ $\quad\therefore \overline{GF}=6$
$\therefore \overline{EF}=\overline{EG}+\overline{GF}=4+6=10$

09 $\triangle$BDA에서 $\overline{BE}:\overline{BA}=\overline{EG}:\overline{AD}$이므로
$3:(3+5)=\overline{EG}:16$, 즉 $3:8=\overline{EG}:16$
$8\overline{EG}=48$ $\quad\therefore \overline{EG}=6$
$\triangle$DBC에서 $\overline{DG}:\overline{DB}=\overline{GF}:\overline{BC}$이므로
$5:(5+3)=\overline{GF}:24$, 즉 $5:8=\overline{GF}:24$
$8\overline{GF}=120$ $\quad\therefore \overline{GF}=15$
$\therefore \overline{EF}=\overline{EG}+\overline{GF}=6+15=21$

10 오른쪽 그림과 같이 $\overline{AC}$를 긋고 $\overline{AC}$와 $\overline{EF}$의 교점을 G라 하면 $\triangle$ABC에서
$\overline{AE}:\overline{AB}=\overline{EG}:\overline{BC}$이므로
$3:(3+6)=\overline{EG}:18$, 즉 $3:9=\overline{EG}:18$
$1:3=\overline{EG}:18$, $3\overline{EG}=18$ $\quad\therefore \overline{EG}=6$
$\triangle$CAD에서 $\overline{CG}:\overline{CA}=\overline{GF}:\overline{AD}$이므로
$6:(6+3)=\overline{GF}:9$, 즉 $6:9=\overline{GF}:9$
$2:3=\overline{GF}:9$, $3\overline{GF}=18$ $\quad\therefore \overline{GF}=6$
$\therefore \overline{EF}=\overline{EG}+\overline{GF}=6+6=12$

11 오른쪽 그림과 같이 $\overline{AC}$를 긋고 $\overline{AC}$와 $\overline{EF}$의 교점을 G라 하면 $\triangle$ABC에서 $\overline{AE}:\overline{AB}=\overline{EG}:\overline{BC}$이므로
$8:(8+6)=\overline{EG}:14$
즉, $8:14=\overline{EG}:14$
$4:7=\overline{EG}:14$, $7\overline{EG}=56$ $\quad\therefore \overline{EG}=8$
$\triangle$CAD에서 $\overline{CG}:\overline{CA}=\overline{GF}:\overline{AD}$이므로
$6:(6+8)=\overline{GF}:7$, 즉 $6:14=\overline{GF}:7$
$3:7=\overline{GF}:7$ $\quad\therefore \overline{GF}=3$
$\therefore \overline{EF}=\overline{EG}+\overline{GF}=8+3=11$

07 VISUAL연산 평행선과 선분의 길이의 비의 응용

102쪽

01 2 : 3 15, 3 **02** 6 3, 6 **03** 1 : 2
04 4 **05** 4 : 3 **06** 8 3, 8 **07** 2 : 3
08 6

03 $\overline{AE}:\overline{CE}=\overline{AB}:\overline{CD}=6:12=1:2$

04 $\triangle$CAB에서 $\overline{CE}:\overline{CA}=\overline{EF}:\overline{AB}$이므로
$2:(2+1)=\overline{EF}:6$, 즉 $2:3=\overline{EF}:6$
$3\overline{EF}=12$ $\quad\therefore \overline{EF}=4$

05 $\overline{BE}:\overline{DE}=\overline{AB}:\overline{CD}=8:6=4:3$

07 $\overline{AE}:\overline{CE}=\overline{AB}:\overline{CD}=6:9=2:3$

08 $\triangle$CAB에서 $\overline{CE}:\overline{CA}=\overline{CF}:\overline{CB}$이므로
$3:(3+2)=\overline{CF}:10$, 즉 $3:5=\overline{CF}:10$
$5\overline{CF}=30$ $\quad\therefore \overline{CF}=6$

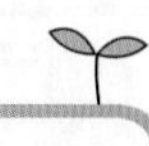

10분 연산 TEST

103쪽

01 12 02 10 03 6 04 9 05 ×
06 ○ 07 12 08 4 09 15 10 4
11 6 12 4 13 8 14 12 15 $\frac{15}{2}$
16 4

01 $\overline{AB}:\overline{AD}=\overline{BC}:\overline{DE}$이므로
$6:9=8:x$, 즉 $2:3=8:x$, $2x=24$ $\quad\therefore x=12$

02 $\overline{AC}:\overline{AE}=\overline{BC}:\overline{DE}$이므로
$5:7=x:14$, $7x=70$ $\quad\therefore x=10$

03 $\overline{AB}:\overline{DB}=\overline{AC}:\overline{EC}$이므로
$6:4=9:x$, 즉 $3:2=9:x$, $3x=18$ $\quad\therefore x=6$

04 $\overline{AB}:\overline{BD}=\overline{AC}:\overline{CE}$이므로
$3:x=4:12$, 즉 $3:x=1:3$ $\quad\therefore x=9$

05 $\overline{AD}:\overline{DB}=3:4$, $\overline{AE}:\overline{EC}=2:3$
$\therefore \overline{AD}:\overline{DB}\neq\overline{AE}:\overline{EC}$
따라서 $\overline{BC}$와 $\overline{DE}$는 평행하지 않다.

06 $\overline{AB}:\overline{AD}=6:3=2:1$, $\overline{AC}:\overline{AE}=4:2=2:1$
$\therefore \overline{AB}:\overline{AD}=\overline{AC}:\overline{AE}$
따라서 $\overline{BC}\,/\!/\,\overline{DE}$이다.

07 $\overline{AB}:\overline{AC}=\overline{BD}:\overline{CD}$이므로
$10:x=5:6$, $5x=60$ $\quad\therefore x=12$

08 $\overline{AB}:\overline{AC}=\overline{BD}:\overline{CD}$이므로
$9:9=4:x$, 즉 $1:1=4:x$ $\quad\therefore x=4$

09 $\overline{AB}:\overline{AC}=\overline{BD}:\overline{CD}$이므로
$12:8=x:10$, 즉 $3:2=x:10$, $2x=30$ $\quad\therefore x=15$

10 $\overline{AB}:\overline{AC}=\overline{BD}:\overline{CD}$이므로
$6:x=(4+8):8$, 즉 $6:x=12:8$
$6:x=3:2$, $3x=12$ $\quad\therefore x=4$

11 $5:10=x:12$, 즉 $1:2=x:12$
$2x=12$ $\quad\therefore x=6$

12 $6:x=9:6$, 즉 $6:x=3:2$
$3x=12$ $\quad\therefore x=4$

13 □AHCD에서 $\overline{HC}=\overline{AD}=5$이므로
$\overline{BH}=\overline{BC}-\overline{HC}=14-5=9$
△ABH에서 $\overline{AE}:\overline{AB}=\overline{EG}:\overline{BH}$이므로
$4:(4+8)=\overline{EG}:9$, 즉 $4:12=\overline{EG}:9$
$1:3=\overline{EG}:9$, $3\overline{EG}=9$ $\quad\therefore \overline{EG}=3$
□AGFD에서 $\overline{GF}=\overline{AD}=5$이므로
$x=\overline{EG}+\overline{GF}=3+5=8$

14 △BDA에서 $\overline{BE}:\overline{BA}=\overline{EG}:\overline{AD}$이므로
$6:(6+4)=\overline{EG}:10$, 즉 $6:10=\overline{EG}:10$
$3:5=\overline{EG}:10$, $5\overline{EG}=30$ $\quad\therefore \overline{EG}=6$
△DBC에서 $\overline{DG}:\overline{DB}=\overline{GF}:\overline{BC}$이므로
$4:(4+6)=\overline{GF}:15$, 즉 $4:10=\overline{GF}:15$
$2:5=\overline{GF}:15$, $5\overline{GF}=30$ $\quad\therefore \overline{GF}=6$
$\therefore x=\overline{EG}+\overline{GF}=6+6=12$

15 $\overline{BE}:\overline{DE}=\overline{AB}:\overline{CD}=12:20=3:5$
△BCD에서 $\overline{BE}:\overline{BD}=\overline{EF}:\overline{DC}$이므로
$3:(3+5)=x:20$, 즉 $3:8=x:20$
$8x=60$ $\quad\therefore x=\frac{15}{2}$

16 $\overline{AE}:\overline{CE}=\overline{AB}:\overline{CD}=6:4=3:2$
△CAB에서 $\overline{CE}:\overline{CA}=\overline{CF}:\overline{CB}$이므로
$2:(2+3)=x:10$, 즉 $2:5=x:10$
$5x=20$ $\quad\therefore x=4$

08 VISUAL 연산 삼각형의 두 변의 중점을 연결한 선분의 성질

104쪽~105쪽

01 5 / 10, 5 02 8 03 12 04 22
05 4 / 4 06 14 07 10 08 9
09 $x=5$, $y=12$ 10 $x=8$, $y=6$
11 15 / 4, 12, 6, $\overline{BC}$, 5, 4, 6, 5, 15 12 21 13 20

02 $\overline{MN}=\frac{1}{2}\overline{BC}$이므로 $x=\frac{1}{2}\times16=8$

03 $\overline{BC}=2\overline{MN}$이므로 $x=2\times6=12$

04 $\overline{BC}=2\overline{MN}$이므로 $x=2\times11=22$

06 $\overline{AN}=\overline{NC}$이므로 $x=2\times7=14$

07 $\overline{AN}=\overline{NC}$이므로 $x=\frac{1}{2}\times20=10$

08 $\overline{AN}=\overline{NC}$이므로 $\overline{MN}=\frac{1}{2}\overline{BC}$ $\quad\therefore x=\frac{1}{2}\times18=9$

09 $\overline{AN}=\overline{NC}$이므로 $x=5$

$\overline{BC}=2\overline{MN}$이므로 $y=2\times6=12$

10 $\overline{AN}=\overline{NC}$이므로 $x=2\times4=8$

$\overline{MN}=\frac{1}{2}\overline{BC}$이므로 $y=\frac{1}{2}\times12=6$

12 ($\triangle DEF$의 둘레의 길이)

$=\overline{DE}+\overline{EF}+\overline{DF}=\frac{1}{2}\overline{AC}+\frac{1}{2}\overline{AB}+\frac{1}{2}\overline{BC}$

$=\frac{1}{2}\times18+\frac{1}{2}\times10+\frac{1}{2}\times14=9+5+7=21$

13 ($\triangle ABC$의 둘레의 길이)

$=\overline{AB}+\overline{BC}+\overline{CA}=2\overline{EF}+2\overline{DF}+2\overline{DE}$

$=2\times3+2\times4+2\times3=6+8+6=20$

09 VISUAL 연산 사다리꼴에서 두 변의 중점을 연결한 선분의 성질 106쪽~107쪽

01 14, 7, 10, 5, 7, 5, 12	**02** 11	**03** 13	**04** 8
05 10	**06** 8, 4, 4, 2, 4, 2, 2	**07** 3	**08** 2
09 4	**10** 4	**11** 14	

02 $\triangle ABC$에서 $\overline{MP}=\frac{1}{2}\overline{BC}=\frac{1}{2}\times16=8$

$\triangle CAD$에서 $\overline{PN}=\frac{1}{2}\overline{AD}=\frac{1}{2}\times6=3$

$\therefore\ \overline{MN}=\overline{MP}+\overline{PN}=8+3=11$

다른 풀이

$\overline{MN}=\frac{1}{2}\times(6+16)=11$

03 $\triangle BDA$에서 $\overline{MP}=\frac{1}{2}\overline{AD}=\frac{1}{2}\times12=6$

$\triangle DBC$에서 $\overline{PN}=\frac{1}{2}\overline{BC}=\frac{1}{2}\times14=7$

$\therefore\ \overline{MN}=\overline{MP}+\overline{PN}=6+7=13$

다른 풀이

$\overline{MN}=\overline{MP}+\overline{PN}=\frac{1}{2}\times(12+14)=13$

04 오른쪽 그림과 같이 $\overline{AC}$를 긋고 $\overline{AC}$와 $\overline{MN}$의 교점을 P라 하면

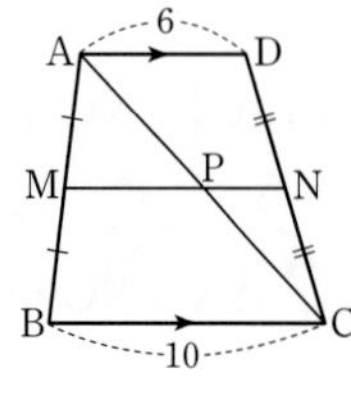

$\triangle ABC$에서

$\overline{MP}=\frac{1}{2}\overline{BC}=\frac{1}{2}\times10=5$

$\triangle CAD$에서 $\overline{PN}=\frac{1}{2}\overline{AD}=\frac{1}{2}\times6=3$

$\therefore\ \overline{MN}=\overline{MP}+\overline{PN}=5+3=8$

다른 풀이

$\overline{MN}=\frac{1}{2}\times(6+10)=8$

05 오른쪽 그림과 같이 $\overline{BD}$를 긋고 $\overline{BD}$와 $\overline{MN}$의 교점을 P라 하면

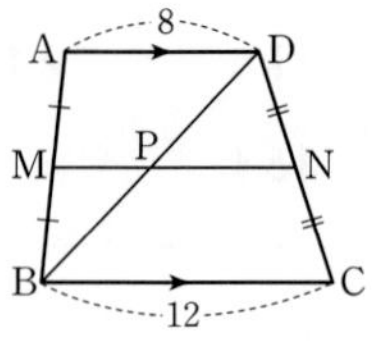

$\triangle BDA$에서

$\overline{MP}=\frac{1}{2}\overline{AD}=\frac{1}{2}\times8=4$

$\triangle DBC$에서

$\overline{PN}=\frac{1}{2}\overline{BC}=\frac{1}{2}\times12=6$

$\therefore\ \overline{MN}=\overline{MP}+\overline{PN}=4+6=10$

다른 풀이

$\overline{MN}=\frac{1}{2}\times(8+12)=10$

07 $\triangle ABC$에서 $\overline{MQ}=\frac{1}{2}\overline{BC}=\frac{1}{2}\times9=\frac{9}{2}$

$\triangle BDA$에서 $\overline{MP}=\frac{1}{2}\overline{AD}=\frac{1}{2}\times3=\frac{3}{2}$

$\therefore\ \overline{PQ}=\overline{MQ}-\overline{MP}=\frac{9}{2}-\frac{3}{2}=3$

다른 풀이

$\overline{PQ}=\frac{1}{2}\times(9-3)=3$

08 $\triangle ABC$에서 $\overline{MQ}=\frac{1}{2}\overline{BC}=\frac{1}{2}\times14=7$

$\triangle BDA$에서 $\overline{MP}=\frac{1}{2}\overline{AD}=\frac{1}{2}\times10=5$

$\therefore\ \overline{PQ}=\overline{MQ}-\overline{MP}=7-5=2$

다른 풀이

$\overline{PQ}=\frac{1}{2}\times(14-10)=2$

09 $\triangle ABC$에서 $\overline{MQ}=\frac{1}{2}\overline{BC}=\frac{1}{2}\times18=9$

$\triangle BDA$에서 $\overline{MP}=\frac{1}{2}\overline{AD}=\frac{1}{2}\times10=5$

$\overline{PQ}=\overline{MQ}-\overline{MP}=9-5=4$이므로 $x=4$

10 $\triangle ABC$에서 $\overline{MQ}=\frac{1}{2}\overline{BC}=\frac{1}{2}\times12=6$

$\therefore\ \overline{MP}=\overline{MQ}-\overline{PQ}=6-4=2$

$\triangle BDA$에서 $\overline{AD}=2\overline{MP}$

$\therefore\ x=2\times2=4$

11 $\triangle BDA$에서 $\overline{MP}=\frac{1}{2}\overline{AD}=\frac{1}{2}\times6=3$

$\therefore\ \overline{MQ}=\overline{MP}+\overline{PQ}=3+4=7$

$\triangle ABC$에서 $\overline{BC}=2\overline{MQ}$ $\quad\therefore\ x=2\times7=14$

10 VISUAL연산 삼각형의 중선과 무게중심

108쪽~110쪽

01 14 cm^2 ❶ $\frac{1}{2}$, $\frac{1}{2}$, 14　02 30 cm^2
03 4 ❶ $\overline{CD}$, 4　04 5　05 3 ❶ 2, 2, 3
06 5　07 8　08 6　09 14
10 $x=4$, $y=5$ ❶ 2, 2, 4, 5　11 $x=8$, $y=6$
12 $x=12$, $y=5$　13 $x=14$, $y=6$
14 $x=12$, $y=10$　15 4 ❶ 36, 12, 12, 4　16 45
17 6　18 12　19 6 ❶ 3, 3, 12, 12, 6　20 9
21 20　22 12

02 $\triangle ABC=2\triangle ABD=2\times 15=30\,(cm^2)$

04 $\overline{BD}$는 $\triangle ABC$의 중선이므로 $\overline{AD}=\overline{CD}$
$\therefore x=\frac{1}{2}\times 10=5$

06 $\overline{AG}:\overline{GD}=2:1$이므로
$10:x=2:1$, $2x=10$　$\therefore x=5$

07 $\overline{CG}:\overline{GD}=2:1$이므로 $x:4=2:1$　$\therefore x=8$

08 $\overline{AG}:\overline{GD}=2:1$이므로 $x=\frac{1}{3}\overline{AD}=\frac{1}{3}\times 18=6$

09 $\overline{BD}:\overline{BG}=3:2$이므로 $x=\frac{2}{3}\overline{BD}=\frac{2}{3}\times 21=14$

11 $\overline{BD}=\overline{AD}$이므로 $x=2\times 4=8$
$\overline{CG}:\overline{GD}=2:1$이므로 $y:3=2:1$　$\therefore y=6$

12 $\overline{AG}:\overline{GD}=2:1$이므로 $x:6=2:1$　$\therefore x=12$
$\overline{BG}:\overline{GE}=2:1$이므로
$10:y=2:1$, $2y=10$　$\therefore y=5$

13 $\overline{CG}:\overline{GE}=2:1$이므로 $x:7=2:1$　$\therefore x=14$
$\overline{AG}:\overline{GD}=2:1$이므로
$12:y=2:1$, $2y=12$　$\therefore y=6$

14 $\overline{CE}:\overline{GE}=3:1$이므로 $x=3\overline{GE}=3\times 4=12$
$\overline{BD}:\overline{BG}=3:2$이므로 $y=\frac{2}{3}\overline{BD}=\frac{2}{3}\times 15=10$

16 점 G′은 $\triangle GBC$의 무게중심이므로
$\overline{GD}=3\overline{G'D}=3\times 5=15$
점 G는 $\triangle ABC$의 무게중심이므로
$x=3\overline{GD}=3\times 15=45$

17 점 G는 $\triangle ABC$의 무게중심이므로
$\overline{GD}=\frac{1}{3}\overline{AD}=\frac{1}{3}\times 27=9$
점 G′은 $\triangle GBC$의 무게중심이므로
$x=\frac{2}{3}\overline{GD}=\frac{2}{3}\times 9=6$

18 점 G′은 $\triangle GBC$의 무게중심이므로
$\overline{GD}=3\overline{G'D}=3\times 2=6$
점 G는 $\triangle ABC$의 무게중심이므로
$x=2\overline{GD}=2\times 6=12$

20 점 G는 $\triangle ABC$의 무게중심이므로
$\overline{AD}=\frac{3}{2}\overline{AG}=\frac{3}{2}\times 12=18$
$\triangle CAD$에서 $\overline{CE}=\overline{EA}$이고 $\overline{EF}\,/\!/\,\overline{AD}$이므로
$x=\frac{1}{2}\overline{AD}=\frac{1}{2}\times 18=9$

21 $\triangle CEB$에서 $\overline{CD}=\overline{DB}$이고 $\overline{DF}\,/\!/\,\overline{BE}$이므로
$\overline{BE}=2\overline{DF}=2\times 15=30$
점 G는 $\triangle ABC$의 무게중심이므로
$x=\frac{2}{3}\overline{BE}=\frac{2}{3}\times 30=20$

22 $\triangle BDA$에서 $\overline{BE}=\overline{EA}$이고 $\overline{EF}\,/\!/\,\overline{AD}$이므로
$\overline{AD}=2\overline{EF}=2\times 9=18$
점 G는 $\triangle ABC$의 무게중심이므로
$x=\frac{2}{3}\overline{AD}=\frac{2}{3}\times 18=12$

11 VISUAL연산 삼각형의 무게중심과 넓이

111쪽

01 6 cm^2 ❶ $\frac{1}{6}$, $\frac{1}{6}$, 6　02 12 cm^2　03 12 cm^2
04 30 cm^2 ❶ 6, 6, 30　05 27 cm^2　06 42 cm^2

02 $\triangle GCA=\frac{1}{3}\triangle ABC=\frac{1}{3}\times 36=12\,(cm^2)$

03 $\triangle GFB+\triangle GDC=\frac{1}{6}\triangle ABC+\frac{1}{6}\triangle ABC$
$=\frac{1}{3}\triangle ABC=\frac{1}{3}\times 36=12\,(cm^2)$

05 $\triangle ABC=3\triangle GBC=3\times 9=27\,(cm^2)$

06 $\triangle GFB=\triangle GBD=\frac{1}{2}\square FBDG=\frac{1}{2}\times 14=7\,(cm^2)$
$\therefore \triangle ABC=6\triangle GFB=6\times 7=42\,(cm^2)$

12 평행사변형에서 삼각형의 무게중심의 응용 112쪽

01 8 ✎ $\frac{1}{3}$, $\frac{1}{3}$, 8　02 15　03 2
04 10 cm^2 ✎ $\frac{1}{2}$, $\frac{1}{2}$, 30, 30, 10　05 5 cm^2　06 10 cm^2

02 $x=3\overline{PQ}=3\times5=15$

03 $x=\frac{1}{2}\overline{PQ}=\frac{1}{2}\times\frac{1}{3}\overline{BD}=\frac{1}{6}\overline{BD}=\frac{1}{6}\times12=2$

05 $\triangle ACD=\frac{1}{2}\square ABCD=\frac{1}{2}\times60=30\,(cm^2)$
점 Q는 △ACD의 무게중심이므로
$\triangle AOQ=\frac{1}{6}\triangle ACD=\frac{1}{6}\times30=5\,(cm^2)$

06 $\triangle ABD=\frac{1}{2}\square ABCD=\frac{1}{2}\times60=30\,(cm^2)$
$\overline{BP}=\overline{PQ}=\overline{QD}$이므로
$\triangle APQ=\frac{1}{3}\triangle ABD=\frac{1}{3}\times30=10\,(cm^2)$

10분 연산 TEST 113쪽

01 9　02 14　03 7　04 16　05 16
06 20　07 6　08 14　09 $x=8$, $y=18$
10 $x=2$, $y=6$　11 27 cm^2　12 36 cm^2　13 9
14 21

01 $\overline{MN}=\frac{1}{2}\overline{BC}$이므로 $x=\frac{1}{2}\times18=9$

02 $\overline{BC}=2\overline{MN}$이므로 $x=2\times7=14$

03 $\overline{AN}=\overline{NC}$이므로 $x=7$

04 $\overline{AN}=\overline{NC}$이므로 $x=2\times8=16$

05 △ABC에서 $\overline{MP}=\frac{1}{2}\overline{BC}=\frac{1}{2}\times20=10$
△CDA에서 $\overline{PN}=\frac{1}{2}\overline{AD}=\frac{1}{2}\times12=6$
$\therefore x=\overline{MP}+\overline{PN}=10+6=16$
다른 풀이
$x=\frac{1}{2}\times(12+20)=16$

06 △BDA에서 $\overline{MP}=\frac{1}{2}\overline{AD}=\frac{1}{2}\times16=8$
△DBC에서 $\overline{PN}=\frac{1}{2}\overline{BC}=\frac{1}{2}\times24=12$
$\therefore x=\overline{MP}+\overline{PN}=8+12=20$
다른 풀이
$x=\frac{1}{2}\times(16+24)=20$

07 △ABC에서 $\overline{MQ}=\frac{1}{2}\overline{BC}=\frac{1}{2}\times18=9$
△BDA에서 $\overline{MP}=\frac{1}{2}\overline{AD}=\frac{1}{2}\times6=3$
$\therefore x=\overline{MQ}-\overline{MP}=9-3=6$
다른 풀이
$x=\frac{1}{2}\times(18-6)=6$

08 △ABC에서 $\overline{MQ}=\frac{1}{2}\overline{BC}=\frac{1}{2}\times16=8$
$\therefore \overline{MP}=\overline{MQ}-\overline{PQ}=8-1=7$
△BDA에서 $\overline{AD}=2\overline{MP}$
$\therefore x=2\times7=14$

09 $\overline{AG}:\overline{GD}=2:1$이므로
$x:4=2:1$　$\therefore x=8$
$\overline{BD}=\overline{DC}$이므로 $y=2\times9=18$

10 $\overline{AD}:\overline{GD}=3:1$이므로 $x=\frac{1}{3}\overline{AD}=\frac{1}{3}\times6=2$
$\overline{CG}:\overline{GE}=2:1$이므로 $y:3=2:1$　$\therefore y=6$

11 $\triangle GAF+\triangle GBD+\triangle GCE$
$=3\times\frac{1}{6}\triangle ABC=\frac{1}{2}\triangle ABC$
$=\frac{1}{2}\times54=27\,(cm^2)$

12 $\triangle GAB+\triangle GBC$
$=2\times\frac{1}{3}\triangle ABC=\frac{2}{3}\triangle ABC$
$=\frac{2}{3}\times54=36\,(cm^2)$

13 $x=\frac{1}{3}\overline{BD}=\frac{1}{3}\times27=9$

14 $x=3\overline{PQ}=3\times7=21$

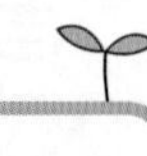

학교 시험 PREVIEW

114쪽~115쪽

01 ⑤	02 ③	03 ③	04 ②	05 ④
06 ②	07 ①	08 ④	09 ③	10 ③
11 ②	12 3 cm			

01 $\overline{AB}:\overline{AD}=\overline{AC}:\overline{AE}$이므로
$x:12=21:14$, 즉 $x:12=3:2$
$2x=36 \quad \therefore x=18$
$\overline{AE}:\overline{AC}=\overline{DE}:\overline{BC}$이므로
$14:21=y:20$, 즉 $2:3=y:20$
$3y=40 \quad \therefore y=\frac{40}{3}$
$\therefore xy=18\times\frac{40}{3}=240$

02 ① $\overline{AD}:\overline{AB}=(12-8):12=4:12=1:3$
$\overline{AE}:\overline{AC}=3:9=1:3$
$\therefore \overline{AD}:\overline{AB}=\overline{AE}:\overline{AC}$
따라서 $\overline{BC}/\!/\overline{DE}$이다.
② $\overline{AE}:\overline{EC}=6:3=2:1$, $\overline{AD}:\overline{DB}=8:4=2:1$
$\therefore \overline{AE}:\overline{EC}=\overline{AD}:\overline{DB}$
따라서 $\overline{BC}/\!/\overline{DE}$이다.
③ $\overline{AB}:\overline{AD}=9:3=3:1$, $\overline{AC}:\overline{AE}=10:4=5:2$
$\therefore \overline{AB}:\overline{AD}\neq\overline{AC}:\overline{AE}$
따라서 $\overline{BC}$와 $\overline{DE}$는 평행하지 않다.
④ $\overline{AC}:\overline{AE}=6:4=3:2$, $\overline{AB}:\overline{AD}=9:6=3:2$
$\therefore \overline{AC}:\overline{AE}=\overline{AB}:\overline{AD}$
따라서 $\overline{BC}/\!/\overline{DE}$이다.
⑤ $\overline{AB}=\overline{BD}$, $\overline{AC}=\overline{CE}$이므로 $\overline{BC}/\!/\overline{DE}$이다.

03 $\overline{AB}:\overline{AC}=\overline{BD}:\overline{CD}$이므로
$16:12=(14-x):x$, 즉 $4:3=(14-x):x$
$4x=42-3x$, $7x=42 \quad \therefore x=6$

04 $(24-15):15=x:20$, 즉 $9:15=x:20$
$3:5=x:20$, $5x=60 \quad \therefore x=12$

05 오른쪽 그림과 같이 $\overline{DC}/\!/\overline{AH}$인 $\overline{AH}$를 긋고 $\overline{AH}$와 $\overline{EF}$의 교점을 G라 하면

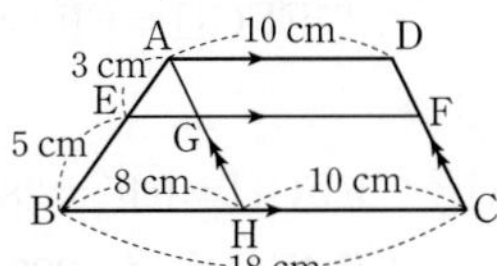

□AHCD에서
$\overline{HC}=\overline{AD}=10$ cm이므로
$\overline{BH}=\overline{BC}-\overline{HC}=18-10=8$ (cm)
△ABH에서 $\overline{AE}:\overline{AB}=\overline{EG}:\overline{BH}$이므로
$3:(3+5)=\overline{EG}:8$, 즉 $3:8=\overline{EG}:8 \quad \therefore \overline{EG}=3$ (cm)
$\therefore \overline{EF}=\overline{EG}+\overline{GF}=3+10=13$ (cm)

06 $\overline{BE}:\overline{DE}=\overline{AB}:\overline{CD}=12:18=2:3$
△BCD에서 $\overline{BF}:\overline{BC}=\overline{BE}:\overline{BD}$이므로
$\overline{BF}:20=2:(2+3)$, 즉 $\overline{BF}:20=2:5$
$5\overline{BF}=40 \quad \therefore \overline{BF}=8$ (cm)

07 $\overline{AE}=\overline{EC}$이므로 $x=3$
$\overline{BC}=2\overline{DE}$이므로 $y=2\times4=8$
$\therefore x+y=3+8=11$

08 (△DEF의 둘레의 길이)$=\overline{DE}+\overline{EF}+\overline{FD}$
$=\frac{1}{2}\overline{AC}+\frac{1}{2}\overline{AB}+\frac{1}{2}\overline{BC}$
$=\frac{1}{2}\times20+\frac{1}{2}\times24+\frac{1}{2}\times22$
$=10+12+11=33$ (cm)

09 $\overline{AD}=\overline{CD}$이므로 $x=2\times8=16$
$\overline{CG}:\overline{CE}=2:3$이므로 $y=\frac{2}{3}\overline{CE}=\frac{2}{3}\times12=8$
$\therefore x-y=16-8=8$

10 오른쪽 그림과 같이 $\overline{AF}$를 그으면

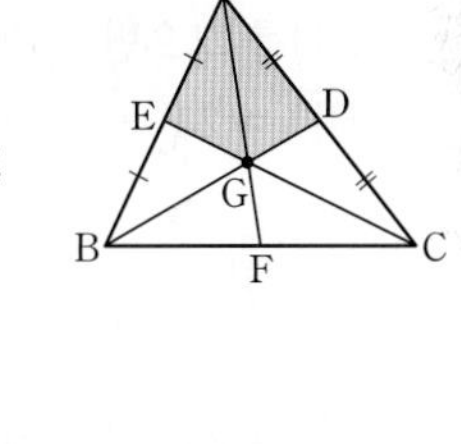

□AEGD=△GAE+△GDA
$=\frac{1}{6}$△ABC$+\frac{1}{6}$△ABC
$=\frac{1}{3}$△ABC
$=\frac{1}{3}\times48=16$ (cm^2)

11 점 F는 △ABD의 무게중심이므로
△ABF$=\frac{2}{3}$△ABO$=\frac{2}{3}\times\frac{1}{2}$△ABD
$=\frac{1}{3}$△ABD$=\frac{1}{3}\times\frac{1}{2}$□ABCD$=\frac{1}{6}$□ABCD
∴ □ABCD=6△ABF=6×6=36 (cm^2)

12 서술형

△ABC에서 $\overline{MQ}=\frac{1}{2}\overline{BC}=\frac{1}{2}\times20=10$ (cm) ……❶
△BDA에서 $\overline{MP}=\frac{1}{2}\overline{AD}=\frac{1}{2}\times14=7$ (cm) ……❷
$\therefore \overline{PQ}=\overline{MQ}-\overline{MP}=10-7=3$ (cm) ……❸

채점 기준	배점
❶ $\overline{MQ}$의 길이 구하기	40 %
❷ $\overline{MP}$의 길이 구하기	40 %
❸ $\overline{PQ}$의 길이 구하기	20 %

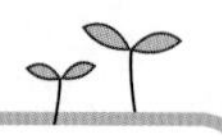

3. 피타고라스 정리

01 VISUAL 연산 피타고라스 정리 118쪽~119쪽

01 10 ⓗ 100, 10 02 13 03 15 04 17
05 12 ⓗ 144, 12 06 4 07 20 08 25
09 $x=8$, $y=10$ ⓗ ❶ 64, 8 ❷ 8, 100, 10
10 $x=17$, $y=20$ 11 $x=5$, $y=15$
12 $x=20$, $y=15$ 13 $x=5$, $y=20$ ⓗ ❶ 25, 5 ❷ 400, 20
14 $x=8$, $y=25$ 15 $x=8$, $y=17$
16 $x=9$, $y=7$

02 $x^2=12^2+5^2=169$ $\therefore x=13$ ($\because x>0$)

03 $x^2=12^2+9^2=225$ $\therefore x=15$ ($\because x>0$)

04 $x^2=8^2+15^2=289$ $\therefore x=17$ ($\because x>0$)

06 $5^2=3^2+x^2$, $x^2=16$ $\therefore x=4$ ($\because x>0$)

07 $\overline{AC}$를 그으면 $\triangle ABC$에서
$\overline{AC}^2=12^2+16^2=400$ $\therefore \overline{AC}=20$ ($\because \overline{AC}>0$)

08 $\overline{BD}$를 그으면 $\triangle BCD$에서
$\overline{BD}^2=24^2+7^2=625$ $\therefore \overline{BD}=25$ ($\because \overline{BD}>0$)

10 $\triangle ABD$에서 $x^2=8^2+15^2=289$ $\therefore x=17$ ($\because x>0$)
$\triangle ADC$에서 $25^2=15^2+y^2$, $y^2=400$
$\therefore y=20$ ($\because y>0$)

11 $\triangle ABD$에서 $13^2=x^2+12^2$, $x^2=25$ $\therefore x=5$ ($\because x>0$)
$\triangle ADC$에서 $y^2=12^2+9^2=225$ $\therefore y=15$ ($\because y>0$)

12 $\triangle ABC$에서 $x^2=12^2+16^2=400$ $\therefore x=20$ ($\because x>0$)
$\triangle ACD$에서 $25^2=20^2+y^2$
$y^2=225$ $\therefore y=15$ ($\because y>0$)

14 $\triangle ABD$에서 $17^2=15^2+x^2$, $x^2=64$
$\therefore x=8$ ($\because x>0$)
$\triangle ABC$에서 $y^2=15^2+(8+12)^2=625$
$\therefore y=25$ ($\because y>0$)

15 $\triangle ADC$에서 $10^2=6^2+x^2$
$x^2=64$ $\therefore x=8$ ($\because x>0$)
$\triangle ABC$에서 $y^2=(9+6)^2+8^2=289$
$\therefore y=17$ ($\because y>0$)

16 $\triangle ADC$에서 $15^2=x^2+12^2$
$x^2=81$ $\therefore x=9$ ($\because x>0$)
$\triangle ABC$에서 $20^2=\overline{BC}^2+12^2$
$\overline{BC}^2=256$ $\therefore \overline{BC}=16$ ($\because \overline{BC}>0$)
$\therefore y=\overline{BC}-x=16-9=7$

02 VISUAL 연산 피타고라스 정리의 이해 (1)-유클리드의 방법 120쪽

01 100 ⓗ 36, 100 02 144 03 20 04 16 ⓗ 16
05 144 06 64

02 $\square ADEB+\square ACHI=\square BFGC$이므로
$\square ADEB+25=169$ $\therefore \square ADEB=144$

03 $\square AFGB+\square BHIC=\square ACDE$이므로
$16+\square BHIC=36$ $\therefore \square BHIC=20$

05 $\square JKGC=\square ACHI=\overline{AC}^2=144$

06 $\triangle ABC$에서 $17^2=\overline{AC}^2+15^2$
$\overline{AC}^2=64$ $\therefore \overline{AC}=8$ ($\because \overline{AC}>0$)
$\therefore \square JKGC=\square ACHI=8^2=64$

03 VISUAL 연산 피타고라스 정리의 이해 (2)-피타고라스의 방법 121쪽

01 289 ⓗ 15, 289, 17, 289 02 169 03 225
04 4 ⓗ 25, 25, 16, 4 05 15 06 8

02 $\triangle CGF$에서 $\overline{FG}^2=5^2+12^2=169$
$\therefore \overline{FG}=13$ ($\because \overline{FG}>0$)
$\therefore \square EFGH=\overline{FG}^2=169$

03 $\triangle EBF$에서 $\overline{EF}^2=12^2+9^2=225$
$\therefore \overline{EF}=15$ ($\because \overline{EF}>0$)
$\therefore \square EFGH=\overline{EF}^2=225$

05 $\square EFGH=\overline{EF}^2=289\,(\text{cm}^2)$
$\triangle EBF$에서 $x^2=289-8^2=225$ $\therefore x=15$ ($\because x>0$)

06 $\square EFGH=\overline{EF}^2=100\,(\text{cm}^2)$
$\overline{BF}=\overline{AE}=6$ cm이므로
$\triangle EBF$에서 $x^2=100-6^2=64$ $\therefore x=8$ ($\because x>0$)

04 직각삼각형이 되는 조건 (VISUAL 연산) 122쪽

01 × 3, ≠, 직각삼각형이 아니다 02 ○ 03 ×
04 × 05 ○ 06 25 07 15 08 20
09 직각삼각형 10 둔각삼각형
11 예각삼각형

02 $13^2=5^2+12^2$이므로 직각삼각형이다.

03 $14^2\neq6^2+10^2$이므로 직각삼각형이 아니다.

04 $18^2\neq9^2+12^2$이므로 직각삼각형이 아니다.

05 $17^2=8^2+15^2$이므로 직각삼각형이다.

06 $x^2=7^2+24^2$이어야 하므로
$x^2=625$ $\quad\therefore x=25\ (\because x>0)$

07 $x^2=9^2+12^2$이어야 하므로
$x^2=225$ $\quad\therefore x=15\ (\because x>0)$

08 $x^2=12^2+16^2$이어야 하므로
$x^2=400$ $\quad\therefore x=20\ (\because x>0)$

09 $3^2+4^2=5^2$이므로 직각삼각형이다.

10 $5^2+7^2<11^2$이므로 둔각삼각형이다.

11 $6^2+7^2>8^2$이므로 예각삼각형이다.

05 삼각형에서 피타고라스 정리의 활용 (VISUAL 연산) 123쪽

01 $\frac{36}{5}$ 16, 400, 20, 20, $\frac{36}{5}$ 02 $\frac{225}{8}$ 03 $\frac{60}{13}$
04 100 8, 100 05 464 06 60

02 $\triangle$ADC에서 $17^2=15^2+\overline{DC}^2$
$\overline{DC}^2=64$ $\quad\therefore \overline{DC}=8\ (\because \overline{DC}>0)$
$\overline{AD}^2=\overline{BD}\times\overline{CD}$이므로 $15^2=x\times8$ $\quad\therefore x=\frac{225}{8}$

03 $\triangle$ABC에서
$\overline{BC}^2=12^2+5^2=169$ $\quad\therefore \overline{BC}=13\ (\because \overline{BC}>0)$
$\overline{AB}\times\overline{AC}=\overline{BC}\times\overline{AD}$이므로
$12\times5=13\times x$ $\quad\therefore x=\frac{60}{13}$

05 $\overline{AE}^2+\overline{BD}^2=\overline{AB}^2+\overline{DE}^2=20^2+8^2=464$

06 $\overline{DE}^2+\overline{BC}^2=\overline{BE}^2+\overline{CD}^2$이므로
$5^2+\overline{BC}^2=6^2+7^2$ $\quad\therefore \overline{BC}^2=60$

06 사각형에서 피타고라스 정리의 활용 (VISUAL 연산) 124쪽

01 45 $\overline{AB}$, $\overline{BC}$, 4, 6, 45 02 58 03 124
04 12 $\overline{CP}$, $\overline{BP}$, 7, 5, 12 05 17 06 8

02 $9^2+11^2=x^2+12^2$ $\quad\therefore x^2=58$

03 $7^2+10^2=5^2+x^2$ $\quad\therefore x^2=124$

05 $6^2+9^2=x^2+10^2$ $\quad\therefore x^2=17$

06 $6^2+6^2=8^2+x^2$ $\quad\therefore x^2=8$

07 직각삼각형의 세 반원 사이의 관계 (VISUAL 연산) 125쪽

01 20π 80π, 20π 02 40π 03 $\frac{13}{2}\pi$
04 70 10, 70 05 81 06 54

02 (색칠한 부분의 넓이)$=24\pi+16\pi=40\pi$

03 지름의 길이가 6인 반원의 넓이는 $\frac{1}{2}\times\pi\times3^2=\frac{9}{2}\pi$
지름의 길이가 4인 반원의 넓이는 $\frac{1}{2}\times\pi\times2^2=2\pi$
$\therefore$ (색칠한 부분의 넓이)$=\frac{9}{2}\pi+2\pi=\frac{13}{2}\pi$

05 (색칠한 부분의 넓이)$=\triangle ABC=\frac{1}{2}\times9\times18=81$

06 $\overline{AB}^2+12^2=15^2$ $\quad\therefore \overline{AB}=9\ (\because \overline{AB}>0)$
$\therefore$ (색칠한 부분의 넓이)$=\triangle ABC=\frac{1}{2}\times9\times12=54$

연산 능력 UP! 10분 연산 TEST 126쪽

01 6 02 12 03 $x=12$, $y=9$
04 $x=12$, $y=13$ 05 22 06 64 07 58
08 68 09 × 10 ○ 11 ○
12 $x=26$, $y=\frac{50}{13}$ 13 $x=15$, $y=\frac{36}{5}$ 14 57
15 53 16 20π 17 80

01 $x^2+8^2=10^2$, $x^2=36$ $\therefore x=6\ (\because x>0)$

02 $x^2+16^2=20^2$, $x^2=144$ $\therefore x=12\ (\because x>0)$

03 $\triangle$ADC에서 $x^2+5^2=13^2$
$x^2=144$ $\therefore x=12\ (\because x>0)$
$\triangle$ABD에서 $y^2+12^2=15^2$
$y^2=81$ $\therefore y=9\ (\because y>0)$

04 $\triangle$ABC에서 $(11+5)^2+x^2=20^2$
$x^2=144$ $\therefore x=12\ (\because x>0)$
$\triangle$ADC에서 $y^2=5^2+12^2=169$
$\therefore y=13\ (\because y>0)$

05 (색칠한 부분의 넓이)$=7+15=22$

06 $\triangle$ABC에서 $\overline{AB}^2+6^2=10^2$, $\overline{AB}^2=64$
$\therefore \overline{AB}=8\ (\because \overline{AB}>0)$
$\therefore$ (색칠한 부분의 넓이)$=8^2=64$

07 $\triangle$AEH에서 $\overline{EH}^2=3^2+7^2=58$
$\therefore \square EFGH=\overline{EH}^2=58$

08 $\triangle$BFE에서 $\overline{EF}^2=2^2+8^2=68$
$\therefore \square EFGH=\overline{EF}^2=68$

09 $11^2\neq6^2+8^2$이므로 직각삼각형이 아니다.

10 $15^2=9^2+12^2$이므로 직각삼각형이다.

11 $34^2=16^2+30^2$이므로 직각삼각형이다.

12 $\triangle$ABC에서 $x^2=10^2+24^2=676$
$\therefore x=26\ (\because x>0)$
$\overline{AB}^2=\overline{BD}\times\overline{BC}$이므로
$10^2=y\times26$ $\therefore y=\frac{50}{13}$

13 $\triangle$ABC에서 $x^2=9^2+12^2=225$ $\therefore x=15\ (\because x>0)$
$\overline{AB}\times\overline{AC}=\overline{BC}\times\overline{AD}$이므로
$12\times9=15\times y$ $\therefore y=\frac{36}{5}$

14 $2^2+x^2=6^2+5^2$ $\therefore x^2=57$

15 $6^2+x^2=5^2+8^2$ $\therefore x^2=53$

16 (색칠한 부분의 넓이)$=12\pi+8\pi=20\pi$

17 (색칠한 부분의 넓이)$=\triangle ABC=\frac{1}{2}\times16\times10=80$

학교 시험 미리보기!
학교 시험 PREVIEW
127쪽
01 ① 02 ② 03 ④ 04 ③, ⑤ 05 ③
06 ⑤ 07 80

01 $17^2=\overline{AC}^2+8^2$, $\overline{AC}^2=225$
$\therefore \overline{AC}=15\,(\text{cm})\ (\because \overline{AC}>0)$
$\therefore \triangle ABC=\frac{1}{2}\times8\times15=60\,(\text{cm}^2)$

02 $\triangle$ABC에서 $x^2=4^2+3^2=25$ $\therefore x=5\ (\because x>0)$
$\triangle$ACD에서 $y^2=5^2+12^2=169$ $\therefore y=13\ (\because y>0)$
$\therefore x+y=5+13=18$

03 $\overline{AD}^2=\overline{BD}\times\overline{CD}$이므로 $12^2=\overline{BD}\times16$
$\therefore \overline{BD}=9$
$\triangle$ABD에서 $\overline{AB}^2=9^2+12^2=225$
$\therefore \overline{AB}=15\ (\because \overline{AB}>0)$

04 ① $3^2+6^2<8^2$이므로 둔각삼각형이다.
② $4^2+6^2<8^2$이므로 둔각삼각형이다.
③ $6^2+6^2>8^2$이므로 예각삼각형이다.
④ $6^2+8^2=10^2$이므로 직각삼각형이다.
⑤ $6^2+8^2<11^2$이므로 둔각삼각형이다.

05 $\triangle$AOD에서 $\overline{AD}^2=2^2+3^2=13$
$\overline{AB}^2+\overline{CD}^2=\overline{AD}^2+\overline{BC}^2$이므로
$8^2+7^2=13+\overline{BC}^2$, $\overline{BC}^2=100$ $\therefore \overline{BC}=10\ (\because \overline{BC}>0)$

06 $S_3=\frac{1}{2}\times\pi\times10^2=50\pi\,(\text{cm}^2)$
$S_1+S_2=S_3$이므로
$S_1+S_2+S_3=2S_3=2\times50\pi=100\pi\,(\text{cm}^2)$

07 서술형
삼각형의 중점을 연결한 선분의 성질에 의하여
$\overline{DE}=\frac{1}{2}\overline{BC}=\frac{1}{2}\times8=4$ ……❶
$\therefore \overline{BE}^2+\overline{CD}^2=\overline{DE}^2+\overline{BC}^2=4^2+8^2=80$ ……❷

채점 기준	배점
❶ $\overline{DE}$의 길이 구하기	50 %
❷ $\overline{BE}^2+\overline{CD}^2$의 값 구하기	50 %

IV 확률

1. 경우의 수

01 사건과 경우의 수 132쪽~133쪽

01 8 ⓦ 2, 3, 5, 7, 11, 13, 17, 19, 8　02 5　03 10
04 5　05 6　06 3 ⓦ 1, 3, 5, 3　07 2
08 3　09 2　10 4
11

A \ B	⚀	⚁	⚂	⚃	⚄	⚅
⚀	(1, 1)	(1, 2)	(1, 3)	(1, 4)	(1, 5)	(1, 6)
⚁	(2, 1)	(2, 2)	(2, 3)	(2, 4)	(2, 5)	(2, 6)
⚂	(3, 1)	(3, 2)	(3, 3)	(3, 4)	(3, 5)	(3, 6)
⚃	(4, 1)	(4, 2)	(4, 3)	(4, 4)	(4, 5)	(4, 6)
⚄	(5, 1)	(5, 2)	(5, 3)	(5, 4)	(5, 5)	(5, 6)
⚅	(6, 1)	(6, 2)	(6, 3)	(6, 4)	(6, 5)	(6, 6)

12 36　13 6　14 5　15 4　16 4
17 4 ⓦ 뒷면, 앞면, 4　18 2　19 1　20 2
21 6 ⓦ

100원(개)	5	4	4	3	3	2
50원(개)	0	2	1	4	3	5
10원(개)	0	0	5	0	5	5

, 6

22 5

02 15보다 큰 수는 16, 17, 18, 19, 20이므로 구하는 경우의 수는 5이다.

03 짝수는 2, 4, 6, 8, 10, 12, 14, 16, 18, 20이므로 구하는 경우의 수는 10이다.

04 4의 배수는 4, 8, 12, 16, 20이므로 구하는 경우의 수는 5이다.

05 20의 약수는 1, 2, 4, 5, 10, 20이므로 구하는 경우의 수는 6이다.

07 눈의 수가 4보다 큰 경우는 5, 6이므로 구하는 경우의 수는 2이다.

08 눈의 수가 2보다 크고 6보다 작은 경우는 3, 4, 5이므로 구하는 경우의 수는 3이다.

09 눈의 수가 3의 배수인 경우는 3, 6이므로 구하는 경우의 수는 2이다.

10 눈의 수가 6의 약수인 경우는 1, 2, 3, 6이므로 구하는 경우의 수는 4이다.

13 두 눈의 수가 같은 경우는
(1, 1), (2, 2), (3, 3), (4, 4), (5, 5), (6, 6)
이므로 구하는 경우의 수는 6이다.

14 두 눈의 수의 합이 6인 경우는
(1, 5), (2, 4), (3, 3), (4, 2), (5, 1)
이므로 구하는 경우의 수는 5이다.

15 두 눈의 수의 차가 4인 경우는
(1, 5), (2, 6), (5, 1), (6, 2)
이므로 구하는 경우의 수는 4이다.

16 두 눈의 수의 곱이 12인 경우는
(2, 6), (3, 4), (4, 3), (6, 2)
이므로 구하는 경우의 수는 4이다.

18 앞면이 한 개만 나오는 경우는 (앞면, 뒷면), (뒷면, 앞면)이므로 구하는 경우의 수는 2이다.

19 뒷면이 2개 나오는 경우는 (뒷면, 뒷면)이므로 구하는 경우의 수는 1이다.

20 서로 같은 면이 나오는 경우는 (앞면, 앞면), (뒷면, 뒷면)이므로 구하는 경우의 수는 2이다.

22 200원을 지불하는 방법을 표로 나타내 보면

100원(개)	2	1	1	0	0
50원(개)	0	2	1	4	3
10원(개)	0	0	5	0	5

따라서 구하는 경우의 수는 5이다.

02 사건 A 또는 사건 B가 일어나는 경우의 수 134쪽~135쪽

01 5　02 3　03 8　04 6　05 7
06 6 ⓦ ❶ 4 ❷ 2 ❸ 4, 2, 6　07 13　08 11
09 9　10 15　11 3 ⓦ ❶ 1, 2, 2 ❷ 10, 1 ❸ 2, 1, 3
12 8　13 5　14 6　15 8
16 5 ⓦ ❶ 2, 1, 2 ❷ 3, 2, 1, 3 ❸ 2, 3, 5　17 9
18 6　19 3　20 7

03 $5+3=8$

04 $4+2=6$

05 3+4=7

07 7+6=13

08 5+6=11

09 4+5=9

10 7+8=15

12 4 이하의 수가 적힌 카드가 나오는 경우는 1, 2, 3, 4의 4가지
7 이상의 수가 적힌 카드가 나오는 경우는 7, 8, 9, 10의 4가지
따라서 구하는 경우의 수는 4+4=8

13 3의 배수가 적힌 카드가 나오는 경우는 3, 6, 9의 3가지
5의 배수가 적힌 카드가 나오는 경우는 5, 10의 2가지
따라서 구하는 경우의 수는 3+2=5

14 4의 배수가 적힌 카드가 나오는 경우는 4, 8의 2가지
10의 약수가 적힌 카드가 나오는 경우는 1, 2, 5, 10의 4가지
따라서 구하는 경우의 수는 2+4=6

15 짝수가 적힌 카드가 나오는 경우는 2, 4, 6, 8, 10의 5가지
9의 약수가 적힌 카드가 나오는 경우는 1, 3, 9의 3가지
따라서 구하는 경우의 수는 5+3=8

17 두 눈의 수의 합이 6인 경우는
(1, 5), (2, 4), (3, 3), (4, 2), (5, 1)의 5가지
두 눈의 수의 합이 9인 경우는
(3, 6), (4, 5), (5, 4), (6, 3)의 4가지
따라서 구하는 경우의 수는 5+4=9

18 두 눈의 수의 차가 4인 경우는
(1, 5), (2, 6), (5, 1), (6, 2)의 4가지
두 눈의 수의 차가 5인 경우는
(1, 6), (6, 1)의 2가지
따라서 구하는 경우의 수는 4+2=6

19 두 눈의 수의 합이 11인 경우는
(5, 6), (6, 5)의 2가지
두 눈의 수의 합이 12인 경우는
(6, 6)의 1가지
따라서 구하는 경우의 수는 2+1=3

20 두 눈의 수의 합이 5인 경우는
(1, 4), (2, 3), (3, 2), (4, 1)의 4가지
두 눈의 수의 합이 10인 경우는
(4, 6), (5, 5), (6, 4)의 3가지
따라서 구하는 경우의 수는 4+3=7

03 VISUAL연산 사건 A와 사건 B가 동시에 일어나는 경우의 수 136쪽~137쪽

01 5 02 3 03 15 04 8 05 6
06 6 ❶ 3 ❷ 2 ❸ 3, 2, 6 07 9 08 30
09 12 10 24 11 뒤, 앞, 2, 4 12 6, 12
13 6, 36 14 3 ❶ 1 ❷ 4, 6, 3 ❸ 3, 3 15 3
16 2 17 9 18 4 19 9 20 9
21 9 22 4

03 5×3=15

04 2×4=8

05 3×2=6

07 3×3=9

08 5×6=30

09 3×4=12

10 6×4=24

15 동전의 뒷면이 나오는 경우는 1가지
주사위가 소수의 눈이 나오는 경우는 2, 3, 5의 3가지
따라서 구하는 경우의 수는 1×3=3

16 동전의 앞면이 나오는 경우는 1가지
주사위가 3의 배수의 눈이 나오는 경우는 3, 6의 2가지
따라서 구하는 경우의 수는 1×2=2

17 A 주사위에서 소수의 눈이 나오는 경우는 2, 3, 5의 3가지
B 주사위에서 소수의 눈이 나오는 경우는 2, 3, 5의 3가지
따라서 구하는 경우의 수는 3×3=9

18 A 주사위에서 2 이하의 수의 눈이 나오는 경우는
1, 2의 2가지
B 주사위에서 4보다 큰 수의 눈이 나오는 경우는
5, 6의 2가지
따라서 구하는 경우의 수는 2×2=4

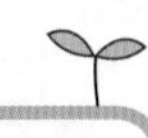

19 A 주사위에서 짝수의 눈이 나오는 경우는 2, 4, 6의 3가지
B 주사위에서 홀수의 눈이 나오는 경우는 1, 3, 5의 3가지
따라서 구하는 경우의 수는 $3\times3=9$

20 홀수의 눈이 나오는 경우는 1, 3, 5의 3가지이므로
구하는 경우의 수는 $3\times3=9$

21 짝수의 눈이 나오는 경우는 2, 4, 6의 3가지
소수의 눈이 나오는 경우는 2, 3, 5의 3가지
따라서 구하는 경우의 수는 $3\times3=9$

22 6의 약수의 눈이 나오는 경우는 1, 2, 3, 6의 4가지
5보다 큰 수의 눈이 나오는 경우는 6의 1가지
따라서 구하는 경우의 수는 $4\times1=4$

04 VISUAL연산 한 줄로 세우는 경우의 수 138쪽

01 24 ❷ 3 ❸ 2 ❹ 1 ❺ 3, 2, 1, 24 **02** 120
03 12 ❶ 4 ❷ 3 ❸ 3, 12 **04** 60
05 3, 2, 1, 24 **06** 24 **07** 24 **08** 6

02 $5\times4\times3\times2\times1=120$

04 $5\times4\times3=60$

06 B를 제외한 나머지 4명을 한 줄로 세우고, B가 맨 뒤에 서면 되므로 구하는 경우의 수는 $4\times3\times2\times1=24$

07 A를 제외한 나머지 4명을 한 줄로 세우고, A가 가운데에 서면 되므로 구하는 경우의 수는 $4\times3\times2\times1=24$

08 A와 B를 제외한 나머지 3명을 한 줄로 세우고, A가 맨 앞에, B가 맨 뒤에 서면 되므로 구하는 경우의 수는
$3\times2\times1=6$

05 VISUAL연산 이웃하여 한 줄로 세우는 경우의 수 139쪽

01 12 ❶ 2, 1, 6 ❷ 1, 2 ❸ 6, 2, 12 **02** 12
03 12 ❶ 1, 2 ❷ 2, 1, 6 ❸ 2, 6, 12 **04** 12 **05** 48
06 36 **07** 24

02 B, C를 하나로 묶어 A, (B, C), D를 한 줄로 세우는 경우의 수는
$3\times2\times1=6$
B, C가 자리를 바꾸는 경우의 수는 $2\times1=2$
따라서 구하는 경우의 수는 $6\times2=12$

04 B, C, D를 하나로 묶어 A, (B, C, D)를 한 줄로 세우는 경우의 수는
$2\times1=2$
B, C, D가 자리를 바꾸는 경우의 수는 $3\times2\times1=6$
따라서 구하는 경우의 수는 $2\times6=12$

05 남학생 2명을 하나로 묶어 4명을 한 줄로 세우는 경우의 수는
$4\times3\times2\times1=24$
남학생끼리 자리를 바꾸는 경우의 수는 $2\times1=2$
따라서 구하는 경우의 수는 $24\times2=48$

06 여학생 3명을 하나로 묶어 3명을 한 줄로 세우는 경우의 수는
$3\times2\times1=6$
여학생끼리 자리를 바꾸는 경우의 수는
$3\times2\times1=6$
따라서 구하는 경우의 수는 $6\times6=36$

07 남학생 2명과 여학생 3명을 각각 하나로 묶어 2명을 한 줄로 세우는 경우의 수는
$2\times1=2$
남학생끼리 자리를 바꾸는 경우의 수는 $2\times1=2$
여학생끼리 자리를 바꾸는 경우의 수는 $3\times2\times1=6$
따라서 구하는 경우의 수는 $2\times2\times6=24$

06 VISUAL연산 자연수를 만드는 경우의 수 140쪽~141쪽

01 12 ❶ 4 ❷ 3 ❸ 4, 3, 12 **02** 24 **03** 3, 6
04 20 **05** 60 **06** 8 **07** 8
08 9 ❶ 3 ❷ 3 ❸ 3, 3, 9 **09** 18 **10** 4
11 6 **12** 6 **13** 16 **14** 48 **15** 6
16 10 **17** 9

02 백의 자리에 올 수 있는 숫자는 1, 2, 3, 4의 4가지
십의 자리에 올 수 있는 숫자는 백의 자리에 온 숫자를 제외한 3가지
일의 자리에 올 수 있는 숫자는 백의 자리, 십의 자리에 온 숫자를 제외한 2가지
따라서 만들 수 있는 세 자리의 자연수의 개수는
$4\times3\times2=24$

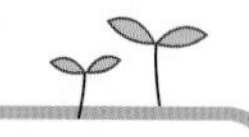

04 십의 자리에 올 수 있는 숫자는 1, 2, 3, 4, 5의 5가지
일의 자리에 올 수 있는 숫자는 십의 자리에 온 숫자를 제외한 4가지
따라서 만들 수 있는 두 자리의 자연수의 개수는
$5\times4=20$

05 백의 자리에 올 수 있는 숫자는 1, 2, 3, 4, 5의 5가지
십의 자리에 올 수 있는 숫자는 백의 자리에 온 숫자를 제외한 4가지
일의 자리에 올 수 있는 숫자는 백의 자리, 십의 자리에 온 숫자를 제외한 3가지
따라서 만들 수 있는 세 자리의 자연수의 개수는
$5\times4\times3=60$

06 일의 자리에 올 수 있는 숫자는 2, 4의 2가지
십의 자리에 올 수 있는 숫자는 일의 자리에 온 숫자를 제외한 4가지
따라서 만들 수 있는 두 자리의 짝수의 개수는
$2\times4=8$

07 십의 자리에 올 수 있는 숫자는 4, 5의 2가지
일의 자리에 올 수 있는 숫자는 십의 자리에 온 숫자를 제외한 4가지
따라서 만들 수 있는 40보다 큰 자연수의 개수는
$2\times4=8$

09 백의 자리에 올 수 있는 숫자는 0을 제외한 1, 2, 3의 3가지
십의 자리에 올 수 있는 숫자는 백의 자리에 온 숫자를 제외한 3가지
일의 자리에 올 수 있는 숫자는 백의 자리, 십의 자리에 온 숫자를 제외한 2가지
따라서 만들 수 있는 세 자리의 자연수의 개수는
$3\times3\times2=18$

10 일의 자리에 올 수 있는 숫자는 1, 3의 2가지
십의 자리에 올 수 있는 숫자는 일의 자리에 온 숫자와 0을 제외한 2가지
따라서 만들 수 있는 홀수의 개수는
$2\times2=4$

11 십의 자리에 올 수 있는 숫자는 2, 3의 2가지
일의 자리에 올 수 있는 숫자는 십의 자리에 온 숫자를 제외한 3가지
따라서 만들 수 있는 20 이상의 자연수의 개수는
$2\times3=6$

12 십의 자리에 올 수 있는 숫자는 1, 2의 2가지
일의 자리에 올 수 있는 숫자는 십의 자리에 온 숫자를 제외한 3가지
따라서 만들 수 있는 30 미만의 자연수의 개수는
$2\times3=6$

13 십의 자리에 올 수 있는 숫자는 0을 제외한 1, 2, 3, 4의 4가지
일의 자리에 올 수 있는 숫자는 십의 자리에 온 숫자를 제외한 4가지
따라서 만들 수 있는 두 자리의 자연수의 개수는
$4\times4=16$

14 백의 자리에 올 수 있는 숫자는 0을 제외한 1, 2, 3, 4의 4가지
십의 자리에 올 수 있는 숫자는 백의 자리에 온 숫자를 제외한 4가지
일의 자리에 올 수 있는 숫자는 백의 자리, 십의 자리에 온 숫자를 제외한 3가지
따라서 만들 수 있는 세 자리의 자연수의 개수는
$4\times4\times3=48$

15 일의 자리에 올 수 있는 숫자는 1, 3의 2가지
십의 자리에 올 수 있는 숫자는 일의 자리에 온 숫자와 0을 제외한 3가지
따라서 만들 수 있는 두 자리의 홀수의 개수는
$2\times3=6$

16 일의 자리에 올 수 있는 숫자는 0, 2, 4의 3가지이므로
(i) □0인 경우
십의 자리에 올 수 있는 숫자는 0을 제외한 4가지
(ii) □2인 경우
십의 자리에 올 수 있는 숫자는 0, 2를 제외한 3가지
(iii) □4인 경우
십의 자리에 올 수 있는 숫자는 0, 4를 제외한 3가지
(i), (ii), (iii)에서 만들 수 있는 두 자리의 짝수의 개수는
$4+3+3=10$

17 십의 자리에 올 수 있는 숫자는 1, 2, 3의 3가지이므로
(i) 1□인 경우
일의 자리에 올 수 있는 숫자는 1을 제외한 4가지
(ii) 2□인 경우
일의 자리에 올 수 있는 숫자는 2를 제외한 4가지
(iii) 3□인 경우
일의 자리에 올 수 있는 숫자는 0의 1가지
(i), (ii), (iii)에서 만들 수 있는 30 이하의 자연수의 개수는
$4+4+1=9$

07 대표를 뽑는 경우의 수

VISUAL 연산 142쪽

01 20 ◎ ❶ 5 ❷ 4 ❸ 5, 4, 20　02 60
03 10 ◎ 4, 3, 6, 10　04 10　05 42　06 210
07 21　08 35　09 12

02 회장이 될 수 있는 학생은 5명
부회장이 될 수 있는 학생은 회장을 제외한 4명
총무가 될 수 있는 학생은 회장, 부회장을 제외한 3명
따라서 구하는 경우의 수는 $5\times4\times3=60$

04 5명 중에서 자격이 같은 대표 2명을 뽑는 경우의 수는
$\frac{5\times4}{2}=10$

05 회장이 될 수 있는 학생은 7명
부회장이 될 수 있는 학생은 회장을 제외한 6명
따라서 구하는 경우의 수는 $7\times6=42$

06 회장이 될 수 있는 학생은 7명
부회장이 될 수 있는 학생은 회장을 제외한 6명
총무가 될 수 있는 학생은 회장, 부회장을 제외한 5명
따라서 구하는 경우의 수는 $7\times6\times5=210$

07 7명 중에서 자격이 같은 대표 2명을 뽑는 경우의 수는
$\frac{7\times6}{2}=21$

08 7명 중에서 자격이 같은 대표 3명을 뽑는 경우의 수는
$\frac{7\times6\times5}{6}=35$

09 남학생 중에서 대표 1명을 뽑는 경우의 수는 3
여학생 중에서 대표 1명을 뽑는 경우의 수는 4
따라서 구하는 경우의 수는 $3\times4=12$

연산 능력 UP! 10분 연산 TEST

143쪽

01 4	02 7	03 3	04 9	05 11
06 24	07 24	08 120	09 120	10 240
11 12	12 100	13 20	14 10	

01 3의 배수는 3, 6, 9, 12이므로 구하는 경우의 수는 4이다.

02 2보다 크고 10보다 작은 수는 3, 4, 5, 6, 7, 8, 9이므로 구하는 경우의 수는 7이다.

03 3000원 이상 5000원 미만인 음식은 잔치국수, 라면, 떡국이므로 구하는 경우의 수는 3이다.

04 소설책을 꺼내는 경우의 수는 7이고, 만화책을 꺼내는 경우의 수는 2이므로 구하는 경우의 수는 $7+2=9$

05 소수가 적힌 카드가 나오는 경우는 2, 3, 5, 7, 11, 13, 17, 19의 8가지
6의 배수가 적힌 카드가 나오는 경우는 6, 12, 18의 3가지
따라서 구하는 경우의 수는 $8+3=11$

06 $4\times6=24$

07 $2\times2\times6=24$

08 $6\times5\times4=120$

09 C를 제외한 나머지 5명을 한 줄로 세우는 경우와 같으므로
$5\times4\times3\times2\times1=120$

10 E, F를 하나로 묶어 A, B, C, D, (E, F)를 한 줄로 세우는 경우의 수는
$5\times4\times3\times2\times1=120$
E, F가 자리를 바꾸는 경우의 수는 $2\times1=2$
따라서 구하는 경우의 수는 $120\times2=240$

11 십의 자리에 올 수 있는 숫자는 3, 4, 5의 3가지
일의 자리에 올 수 있는 숫자는 십의 자리에 온 숫자를 제외한 4가지
따라서 만들 수 있는 30 이상인 자연수의 개수는
$3\times4=12$

12 백의 자리에 올 수 있는 숫자는 0을 제외한 1, 2, 3, 4, 5의 5가지
십의 자리에 올 수 있는 숫자는 백의 자리에 온 숫자를 제외한 5가지
일의 자리에 올 수 있는 숫자는 백의 자리, 십의 자리에 온 숫자를 제외한 4가지
따라서 만들 수 있는 세 자리의 자연수의 개수는
$5\times5\times4=100$

13 회장이 될 수 있는 학생은 5명
부회장이 될 수 있는 학생은 회장을 제외한 4명
따라서 구하는 경우의 수는 $5\times4=20$

14 5명 중에서 자격이 같은 대표 2명을 뽑는 경우의 수는
$\frac{5\times4}{2}=10$

학교 시험 미리보기! **학교 시험 PREVIEW** 144쪽~145쪽

01 ④	**02** ②	**03** ②	**04** ⑤	**05** ③
06 ④	**07** ⑤	**08** ③	**09** ②	**10** ④
11 ④	**12** 20가지			

01 두 눈의 수의 차가 3인 경우는
(1, 4), (2, 5), (3, 6), (4, 1), (5, 2), (6, 3)
이므로 구하는 경우의 수는 6이다.

02 $x+y=5$를 만족시키는 순서쌍 (x, y)는
(1, 4), (2, 3), (3, 2), (4, 1)의 4개이다.

03

100원(개)	5	4	3
50원(개)	0	2	4

따라서 구하는 경우의 수는 3이다.

04 $4+2=6$

05 5의 배수가 적힌 공이 나오는 경우는 5, 10, 15의 3가지
7의 배수가 적힌 공이 나오는 경우는 7, 14의 2가지
따라서 구하는 경우의 수는 $3+2=5$

06 A 마을에서 B 마을까지 가는 경우의 수는 4
B 마을에서 C 마을까지 가는 경우의 수는 2
따라서 A 마을에서 B 마을을 거쳐 C 마을까지 가는 경우의 수는 $4\times2=8$

07 3의 배수의 눈이 나오는 경우는 3, 6의 2가지
2의 배수의 눈이 나오는 경우는 2, 4, 6의 3가지
따라서 구하는 경우의 수는 $2\times3=6$

08 한 사람이 낼 수 있는 경우는 가위, 바위, 보의 3가지이므로 2명이 가위바위보를 한 번 할 때, 일어날 수 있는 모든 경우의 수는 $3\times3=9$

09 A가 맨 앞에 오는 경우의 수는
A□□□□이므로 $4\times3\times2\times1=24$
A가 맨 뒤에 오는 경우의 수는
□□□□A이므로 $4\times3\times2\times1=24$
따라서 구하는 경우의 수는 $24+24=48$

10 일의 자리에 올 수 있는 숫자는 0, 2, 4의 3가지이므로
(i) □□0인 경우 : $5\times4=20$(가지)
(ii) □□2인 경우 : $4\times4=16$(가지)
(iii) □□4인 경우 : $4\times4=16$(가지)
(i), (ii), (iii)에서 만들 수 있는 세 자리의 짝수의 개수는
$20+16+16=52$

11 회장 1명을 뽑는 경우의 수는 5
회장 1명을 제외한 4명 중에서 부회장 2명을 뽑는 경우의 수는 $\frac{4\times3}{2}=6$
따라서 구하는 경우의 수는 $5\times6=30$

12 서술형
올라가는 길은 5가지이다. ……❶
내려올 때는 올라갈 때와 다른 길을 택해야 하므로
내려오는 길은 올라가는 길을 제외한
$5-1=4$(가지) ……❷
따라서 미경이가 택할 수 있는 등산로의 코스는
$5\times4=20$(가지) ……❸

채점 기준	배점
❶ 올라가는 길의 경우의 수 구하기	30 %
❷ 내려오는 길의 경우의 수 구하기	30 %
❸ 택할 수 있는 등산로 코스의 경우의 수 구하기	40 %

2. 확률

01 확률 (VISUAL 연산)

148쪽~149쪽

01 $\frac{3}{8}$ ❶ 3, 1, 4, 8 ❷ 3 ❸ $\frac{3}{8}$　02 $\frac{1}{8}$　03 $\frac{1}{2}$

04 $\frac{1}{5}$ ❶ 20 ❷ 5, 10, 15, 20, 4 ❸ $\frac{1}{5}$　05 $\frac{1}{2}$

06 $\frac{3}{10}$　07 $\frac{2}{5}$　08 $\frac{1}{5}$　09 $\frac{3}{5}$

10 $\frac{5}{36}$ ❶ 6, 6, 36 ❷ 5, 4, 3, 2, 5 ❸ $\frac{5}{36}$　11 $\frac{1}{6}$

12 $\frac{1}{6}$　13 $\frac{1}{9}$　14 $\frac{1}{4}$ ❶ 2, 4 ❷ 앞면, 1 ❸ $\frac{1}{4}$

15 $\frac{1}{2}$　16 $\frac{3}{8}$ ❶ 2, 2, 8 ❷ 뒷면, 뒷면, 뒷면, 3 ❸ $\frac{3}{8}$

17 $\frac{3}{8}$　18 $\frac{1}{8}$　19 $\frac{1}{4}$

05 모든 경우의 수는 20
짝수가 적힌 카드가 나오는 경우는
2, 4, 6, 8, 10, 12, 14, 16, 18, 20의 10가지
따라서 구하는 확률은 $\frac{10}{20}=\frac{1}{2}$

06 모든 경우의 수는 20
20의 약수가 적힌 카드가 나오는 경우는
1, 2, 4, 5, 10, 20의 6가지
따라서 구하는 확률은 $\frac{6}{20}=\frac{3}{10}$

07 모든 경우의 수는 20
소수가 적힌 카드가 나오는 경우는
2, 3, 5, 7, 11, 13, 17, 19의 8가지
따라서 구하는 확률은 $\frac{8}{20}=\frac{2}{5}$

08 모든 경우의 수는 $5\times4=20$
두 자리의 자연수가 20 이하인 경우는
12, 13, 14, 15의 4가지
따라서 구하는 확률은 $\frac{4}{20}=\frac{1}{5}$

09 모든 경우의 수는 $5\times4=20$
두 자리의 자연수가 홀수인 경우의 수는
$4\times3=12$
따라서 구하는 확률은 $\frac{12}{20}=\frac{3}{5}$

참고 두 자리의 자연수가 홀수인 경우는 일의 자리의 숫자가 1 또는 3 또는 5인 경우이다.

11 모든 경우의 수는 $6\times6=36$
두 눈의 수가 같은 경우는
(1, 1), (2, 2), (3, 3), (4, 4), (5, 5), (6, 6)의 6가지
따라서 구하는 확률은 $\frac{6}{36}=\frac{1}{6}$

12 모든 경우의 수는 $6\times6=36$
두 눈의 수의 차가 3인 경우는
(1, 4), (2, 5), (3, 6), (4, 1), (5, 2), (6, 3)의 6가지
따라서 구하는 확률은 $\frac{6}{36}=\frac{1}{6}$

13 모든 경우의 수는 $6\times6=36$
두 눈의 수의 곱이 6인 경우는
(1, 6), (2, 3), (3, 2), (6, 1)의 4가지
따라서 구하는 확률은 $\frac{4}{36}=\frac{1}{9}$

15 모든 경우의 수는 $2\times2=4$
서로 다른 면이 나오는 경우는
(앞면, 뒷면), (뒷면, 앞면)의 2가지
따라서 구하는 확률은 $\frac{2}{4}=\frac{1}{2}$

17 모든 경우의 수는 $2\times2\times2=8$
앞면이 2개 나오는 경우는 (앞면, 앞면, 뒷면),
(앞면, 뒷면, 앞면), (뒷면, 앞면, 앞면)의 3가지
따라서 구하는 확률은 $\frac{3}{8}$

18 모든 경우의 수는 $2\times2\times2=8$
모두 뒷면이 나오는 경우는 (뒷면, 뒷면, 뒷면)의 1가지
따라서 구하는 확률은 $\frac{1}{8}$

19 모든 경우의 수는 $2\times2\times2=8$
모두 같은 면이 나오는 경우는
(앞면, 앞면, 앞면), (뒷면, 뒷면, 뒷면)의 2가지
따라서 구하는 확률은 $\frac{2}{8}=\frac{1}{4}$

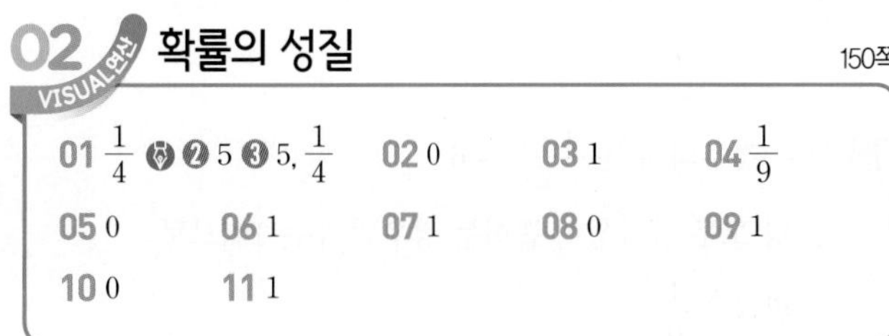

02 확률의 성질 (VISUAL 연산)

150쪽

01 $\frac{1}{4}$ ❷ 5 ❸ 5, $\frac{1}{4}$　02 0　03 1　04 $\frac{1}{9}$

05 0　06 1　07 1　08 0　09 1

10 0　11 1

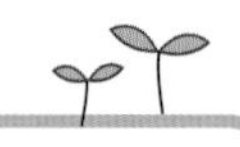

04 모든 경우의 수는 $6\times6=36$
두 눈의 수의 차가 4인 경우는
(1, 5), (2, 6), (5, 1), (6, 2)의 4가지
따라서 구하는 확률은 $\frac{4}{36}=\frac{1}{9}$

05 두 눈의 수의 합이 1인 경우는 없으므로 구하는 확률은 0이다.
참고 두 눈의 수의 합은 2 이상 12 이하이다.

06 두 눈의 수의 합은 모두 12 이하이므로 구하는 확률은 1이다.

03 VISUAL 연산 어떤 사건이 일어나지 않을 확률 151쪽

01 $\frac{8}{9}$ 풀 9, $\frac{1}{9}$, $\frac{8}{9}$ 02 $\frac{1}{4}$ 03 $\frac{2}{5}$ 04 $\frac{22}{25}$
05 $\frac{3}{4}$ 풀 ❶ 2, 2, 4 ❷ 앞면, 1, $\frac{1}{4}$ ❸ $\frac{1}{4}$, $\frac{3}{4}$ 06 $\frac{7}{8}$
07 $\frac{3}{4}$ 08 $\frac{5}{6}$

03 기범이가 자유투를 할 때, 성공할 확률은 60 %, 즉
$\frac{60}{100}=\frac{3}{5}$
따라서 자유투를 할 때, 실패할 확률은 $1-\frac{3}{5}=\frac{2}{5}$

04 불량품이 나올 확률은 $\frac{6}{50}=\frac{3}{25}$
따라서 합격품이 나올 확률은 $1-\frac{3}{25}=\frac{22}{25}$

06 모든 경우의 수는 $2\times2\times2=8$
세 문제를 모두 틀리는 경우의 수는 1이므로 그 확률은 $\frac{1}{8}$
따라서 적어도 한 문제는 맞힐 확률은 $1-\frac{1}{8}=\frac{7}{8}$

07 모든 경우의 수는 $6\times6=36$
두 개 모두 홀수의 눈이 나오는 경우의 수는 $3\times3=9$
이므로 그 확률은 $\frac{9}{36}=\frac{1}{4}$
따라서 적어도 한 개는 짝수의 눈이 나올 확률은 $1-\frac{1}{4}=\frac{3}{4}$

08 모든 경우의 수는 $\frac{4\times3}{2}=6$
두 명 모두 남학생이 뽑히는 경우의 수는 1이므로
그 확률은 $\frac{1}{6}$
따라서 적어도 한 명은 여학생이 뽑힐 확률은
$1-\frac{1}{6}=\frac{5}{6}$

04 VISUAL 연산 사건 A 또는 사건 B가 일어날 확률 152쪽

01 $\frac{1}{5}$ 02 $\frac{7}{15}$ 03 $\frac{2}{3}$ 04 $\frac{1}{2}$ 05 $\frac{2}{3}$
06 $\frac{1}{4}$ 07 $\frac{5}{7}$ 08 $\frac{3}{10}$ 09 $\frac{1}{2}$

04 모든 경우의 수는 10
3의 배수가 적힌 카드가 나오는 경우는 3, 6, 9의 3가지이므로 그 확률은 $\frac{3}{10}$
5의 배수가 적힌 카드가 나오는 경우는 5, 10의 2가지이므로 그 확률은 $\frac{2}{10}=\frac{1}{5}$
따라서 구하는 확률은 $\frac{3}{10}+\frac{2}{10}=\frac{5}{10}=\frac{1}{2}$

05 모든 경우의 수는 12
소수가 나오는 경우는 2, 3, 5, 7, 11의 5가지이므로 그 확률은 $\frac{5}{12}$
4의 배수가 나오는 경우는 4, 8, 12의 3가지이므로 그 확률은 $\frac{3}{12}=\frac{1}{4}$
따라서 구하는 확률은 $\frac{5}{12}+\frac{3}{12}=\frac{8}{12}=\frac{2}{3}$

06 모든 경우의 수는 $6\times6=36$
두 눈의 수의 합이 6인 경우는 (1, 5), (2, 4), (3, 3), (4, 2), (5, 1)의 5가지이므로 그 확률은 $\frac{5}{36}$
두 눈의 수의 합이 9인 경우는 (3, 6), (4, 5), (5, 4), (6, 3)의 4가지이므로 그 확률은 $\frac{4}{36}=\frac{1}{9}$
따라서 구하는 확률은 $\frac{5}{36}+\frac{4}{36}=\frac{9}{36}=\frac{1}{4}$

07 전체 학생 수는 $13+12+8+2=35$(명)이므로
혈액형이 A형일 확률은 $\frac{13}{35}$, 혈액형이 B형일 확률은 $\frac{12}{35}$
따라서 구하는 확률은 $\frac{13}{35}+\frac{12}{35}=\frac{25}{35}=\frac{5}{7}$

08 전체 날수는 30일이고 이 중에서 수요일이 5번, 금요일이 4번 있으므로

선택한 날이 수요일일 확률은 $\frac{5}{30}=\frac{1}{6}$

선택한 날이 금요일일 확률은 $\frac{4}{30}=\frac{2}{15}$

따라서 구하는 확률은 $\frac{5}{30}+\frac{4}{30}=\frac{9}{30}=\frac{3}{10}$

09 모든 경우의 수는 $4\times3\times2\times1=24$

A가 맨 앞에 서는 경우의 수는 $3\times2\times1=6$이므로 그 확률은 $\frac{6}{24}=\frac{1}{4}$

B가 맨 앞에 서는 경우의 수는 $3\times2\times1=6$이므로 그 확률은 $\frac{6}{24}=\frac{1}{4}$

따라서 구하는 확률은 $\frac{1}{4}+\frac{1}{4}=\frac{1}{2}$

05 사건 A와 사건 B가 동시에 일어날 확률 153쪽~154쪽

VISUAL 연산

01 $\frac{3}{5}$, $\frac{5}{6}$, $\frac{1}{2}$	02 $\frac{21}{100}$	03 $\frac{2}{5}$	04 $\frac{9}{25}$
05 $\frac{1}{2}$ 06 $\frac{1}{2}$	07 $\frac{1}{4}$	08 $\frac{1}{9}$	09 $\frac{3}{20}$
10 $\frac{2}{3}$, $\frac{3}{5}$, $\frac{2}{5}$	11 $\frac{1}{3}$, $\frac{2}{5}$, $\frac{2}{15}$		
12 $\frac{2}{5}$, $\frac{2}{15}$, $\frac{8}{15}$	13 $\frac{3}{50}$	14 $\frac{14}{25}$	15 $\frac{31}{50}$
16 $\frac{1}{2}$, $\frac{1}{2}$, $\frac{1}{4}$	17 $\frac{1}{4}$, $\frac{3}{4}$	18 $\frac{1}{24}$	19 $\frac{23}{24}$
20 $\frac{1}{6}$ 21 $\frac{5}{6}$			

02 $\frac{3}{10}\times\frac{7}{10}=\frac{21}{100}$

03 $\frac{1}{2}\times\frac{4}{5}=\frac{2}{5}$

04 $\frac{3}{5}\times\frac{3}{5}=\frac{9}{25}$

06 주사위에서 소수의 눈이 나오는 경우는 2, 3, 5의 3가지이므로 그 확률은 $\frac{3}{6}=\frac{1}{2}$

07 $\frac{1}{2}\times\frac{1}{2}=\frac{1}{4}$

08 첫 번째에 5 이상의 눈이 나오는 경우는 5, 6의 2가지이므로 그 확률은 $\frac{2}{6}=\frac{1}{3}$

두 번째에 5 이상의 눈이 나올 확률도 $\frac{1}{3}$

따라서 구하는 확률은 $\frac{1}{3}\times\frac{1}{3}=\frac{1}{9}$

09 A 주머니에서 흰 공이 나올 확률은 $\frac{2}{5}$

B 주머니에서 검은 공이 나올 확률은 $\frac{3}{8}$

따라서 구하는 확률은 $\frac{2}{5}\times\frac{3}{8}=\frac{3}{20}$

13 성욱이가 약속 장소에 나오지 않을 확률은

$1-\frac{4}{5}=\frac{1}{5}$

따라서 혜진이만 약속 장소에 나올 확률은

$\frac{3}{10}\times\frac{1}{5}=\frac{3}{50}$

14 혜진이가 약속 장소에 나오지 않을 확률은

$1-\frac{3}{10}=\frac{7}{10}$

따라서 성욱이만 약속 장소에 나올 확률은

$\frac{4}{5}\times\frac{7}{10}=\frac{14}{25}$

15 $\frac{3}{50}+\frac{14}{25}=\frac{31}{50}$

18 두 선수가 자유투를 실패할 확률은 각각

$1-\frac{5}{6}=\frac{1}{6}$, $1-\frac{3}{4}=\frac{1}{4}$

따라서 두 선수 모두 자유투를 실패할 확률은

$\frac{1}{6}\times\frac{1}{4}=\frac{1}{24}$

19 적어도 한 선수는 자유투를 성공할 확률은

$1-$(두 선수 모두 실패할 확률)$=1-\frac{1}{24}=\frac{23}{24}$

20 A, B가 불합격할 확률은 각각

$1-\frac{1}{2}=\frac{1}{2}$, $1-\frac{2}{3}=\frac{1}{3}$

따라서 A, B 두 사람 모두 불합격할 확률은

$\frac{1}{2}\times\frac{1}{3}=\frac{1}{6}$

21 적어도 한 명은 합격할 확률은

$1-$(A, B 모두 불합격할 확률)$=1-\frac{1}{6}=\frac{5}{6}$

06 연속하여 뽑는 경우의 확률

155쪽~156쪽

01 $\frac{25}{49}$ ❶ $\frac{5}{7}$ ❷ $\frac{5}{7}$ ❸ $\frac{5}{7}$, $\frac{5}{7}$, $\frac{25}{49}$ 02 $\frac{4}{49}$ 03 $\frac{10}{49}$
04 $\frac{9}{100}$ ❶ $\frac{3}{10}$ ❷ $\frac{3}{10}$ ❸ $\frac{3}{10}$, $\frac{3}{10}$, $\frac{9}{100}$ 05 $\frac{21}{100}$
06 $\frac{21}{100}$ 07 $\frac{49}{100}$ 08 $\frac{10}{21}$ ❶ $\frac{5}{7}$ ❷ $\frac{2}{3}$ ❸ $\frac{5}{7}$, $\frac{2}{3}$, $\frac{10}{21}$
09 $\frac{1}{21}$ 10 $\frac{5}{21}$ 11 $\frac{5}{21}$ 12 $\frac{20}{21}$
13 $\frac{1}{15}$ ❶ $\frac{3}{10}$ ❷ $\frac{2}{9}$ ❸ $\frac{3}{10}$, $\frac{2}{9}$, $\frac{1}{15}$ 14 $\frac{7}{30}$
15 $\frac{7}{30}$ 16 $\frac{7}{15}$ 17 $\frac{8}{15}$

02 첫 번째에 흰 공이 나올 확률은 $\frac{2}{7}$
두 번째에 흰 공이 나올 확률은 $\frac{2}{7}$
따라서 구하는 확률은 $\frac{2}{7}\times\frac{2}{7}=\frac{4}{49}$

03 첫 번째에 흰 공이 나올 확률은 $\frac{2}{7}$
두 번째에 검은 공이 나올 확률은 $\frac{5}{7}$
따라서 구하는 확률은 $\frac{2}{7}\times\frac{5}{7}=\frac{10}{49}$

05 A가 당첨 제비를 뽑을 확률은 $\frac{3}{10}$
B가 당첨 제비를 뽑지 않을 확률은 $\frac{7}{10}$
따라서 구하는 확률은 $\frac{3}{10}\times\frac{7}{10}=\frac{21}{100}$

06 A가 당첨 제비를 뽑지 않을 확률은 $\frac{7}{10}$
B가 당첨 제비를 뽑을 확률은 $\frac{3}{10}$
따라서 구하는 확률은 $\frac{7}{10}\times\frac{3}{10}=\frac{21}{100}$

07 A가 당첨 제비를 뽑지 않을 확률은 $\frac{7}{10}$
B가 당첨 제비를 뽑지 않을 확률은 $\frac{7}{10}$
따라서 구하는 확률은 $\frac{7}{10}\times\frac{7}{10}=\frac{49}{100}$

09 첫 번째에 흰 공이 나올 확률은 $\frac{2}{7}$
두 번째에 흰 공이 나올 확률은 $\frac{1}{6}$
따라서 구하는 확률은 $\frac{2}{7}\times\frac{1}{6}=\frac{1}{21}$

10 첫 번째에 흰 공이 나올 확률은 $\frac{2}{7}$
두 번째에 검은 공이 나올 확률은 $\frac{5}{6}$
따라서 구하는 확률은 $\frac{2}{7}\times\frac{5}{6}=\frac{5}{21}$

11 첫 번째에 검은 공이 나올 확률은 $\frac{5}{7}$
두 번째에 흰 공이 나올 확률은 $\frac{2}{6}=\frac{1}{3}$
따라서 구하는 확률은 $\frac{5}{7}\times\frac{1}{3}=\frac{5}{21}$

12 적어도 한 번은 검은 공이 나올 확률은
1−(두 번 모두 흰 공이 나올 확률)
$=1-\frac{1}{21}=\frac{20}{21}$

14 A가 당첨 제비를 뽑을 확률은 $\frac{3}{10}$
B가 당첨 제비를 뽑지 않을 확률은 $\frac{7}{9}$
따라서 구하는 확률은 $\frac{3}{10}\times\frac{7}{9}=\frac{7}{30}$

15 A가 당첨 제비를 뽑지 않을 확률은 $\frac{7}{10}$
B가 당첨 제비를 뽑을 확률은 $\frac{3}{9}=\frac{1}{3}$
따라서 구하는 확률은 $\frac{7}{10}\times\frac{1}{3}=\frac{7}{30}$

16 A가 당첨 제비를 뽑지 않을 확률은 $\frac{7}{10}$
B가 당첨 제비를 뽑지 않을 확률은 $\frac{6}{9}=\frac{2}{3}$
따라서 구하는 확률은 $\frac{7}{10}\times\frac{2}{3}=\frac{7}{15}$

17 적어도 한 명은 당첨될 확률은
1−(A, B 모두 당첨되지 않을 확률)
$=1-\frac{7}{15}=\frac{8}{15}$

연산 능력 UP! 10분 연산 TEST

157쪽

01 $\frac{1}{3}$ 02 $\frac{1}{2}$ 03 $\frac{1}{2}$ 04 1 05 0
06 $\frac{7}{10}$ 07 $\frac{31}{36}$ 08 $\frac{5}{6}$ 09 $\frac{2}{5}$ 10 $\frac{1}{5}$
11 $\frac{1}{4}$ 12 $\frac{7}{12}$ 13 $\frac{3}{4}$ 14 $\frac{4}{25}$ 15 $\frac{16}{95}$

01 모든 경우의 수는 $4+8=12$
검은 구슬이 나오는 경우의 수는 4
따라서 구하는 확률은 $\frac{4}{12}=\frac{1}{3}$

02 모든 경우의 수는 10
12의 약수가 나오는 경우는 1, 2, 3, 4, 6의 5가지
따라서 구하는 확률은 $\frac{5}{10}=\frac{1}{2}$

03 모든 경우의 수는 $4\times3\times2\times1=24$
A와 C를 하나로 묶어 3명을 한 줄로 세우는 경우의 수는
$3\times2\times1=6$
A, C가 자리를 바꾸는 경우의 수는 $2\times1=2$
따라서 A, C가 이웃하여 서는 경우의 수는 $6\times2=12$이므로
그 확률은 $\frac{12}{24}=\frac{1}{2}$

06 $1-\frac{3}{10}=\frac{7}{10}$

07 모든 경우의 수는 $6\times6=36$
두 눈의 수의 합이 6인 경우는
(1, 5), (2, 4), (3, 3), (4, 2), (5, 1)의 5가지이므로
그 확률은 $\frac{5}{36}$
따라서 두 눈의 수의 합이 6이 아닐 확률은
$1-$(두 눈의 수의 합이 6일 확률)
$=1-\frac{5}{36}=\frac{31}{36}$

08 서로 같은 수의 눈이 나오는 경우는
(1, 1), (2, 2), (3, 3), (4, 4), (5, 5), (6, 6)의 6가지
이므로 그 확률은 $\frac{6}{36}=\frac{1}{6}$
따라서 서로 다른 수의 눈이 나올 확률은
$1-$(서로 같은 수의 눈이 나올 확률)
$=1-\frac{1}{6}=\frac{5}{6}$

09 모든 경우의 수는 15
4의 배수가 적힌 카드가 나오는 경우는 4, 8, 12의 3가지이
므로 그 확률은 $\frac{3}{15}=\frac{1}{5}$
5의 배수가 적힌 카드가 나오는 경우는 5, 10, 15의 3가지
이므로 그 확률은 $\frac{3}{15}=\frac{1}{5}$
따라서 구하는 확률은 $\frac{1}{5}+\frac{1}{5}=\frac{2}{5}$

10 $\frac{1}{3}\times\frac{3}{5}=\frac{1}{5}$

11 A, B가 문제를 풀지 못할 확률은 각각
$1-\frac{2}{3}=\frac{1}{3}$, $1-\frac{1}{4}=\frac{3}{4}$
따라서 구하는 확률은 $\frac{1}{3}\times\frac{3}{4}=\frac{1}{4}$

12 A는 문제를 풀고, B는 문제를 풀지 못할 확률은
$\frac{2}{3}\times\left(1-\frac{1}{4}\right)=\frac{2}{3}\times\frac{3}{4}=\frac{1}{2}$
A는 문제를 풀지 못하고, B는 문제를 풀 확률은
$\left(1-\frac{2}{3}\right)\times\frac{1}{4}=\frac{1}{3}\times\frac{1}{4}=\frac{1}{12}$
따라서 구하는 확률은 $\frac{1}{2}+\frac{1}{12}=\frac{7}{12}$

13 적어도 한 사람은 문제를 풀 확률은
$1-$(A, B 모두 문제를 풀지 못할 확률)
$=1-\frac{1}{4}=\frac{3}{4}$

14 첫 번째에 당첨 제비를 뽑지 않을 확률은 $\frac{16}{20}=\frac{4}{5}$
두 번째에 당첨 제비를 뽑을 확률은 $\frac{4}{20}=\frac{1}{5}$
따라서 구하는 확률은 $\frac{4}{5}\times\frac{1}{5}=\frac{4}{25}$

15 첫 번째에 당첨 제비를 뽑지 않을 확률은 $\frac{16}{20}=\frac{4}{5}$
두 번째에 당첨 제비를 뽑을 확률은 $\frac{4}{19}$
따라서 구하는 확률은 $\frac{4}{5}\times\frac{4}{19}=\frac{16}{95}$

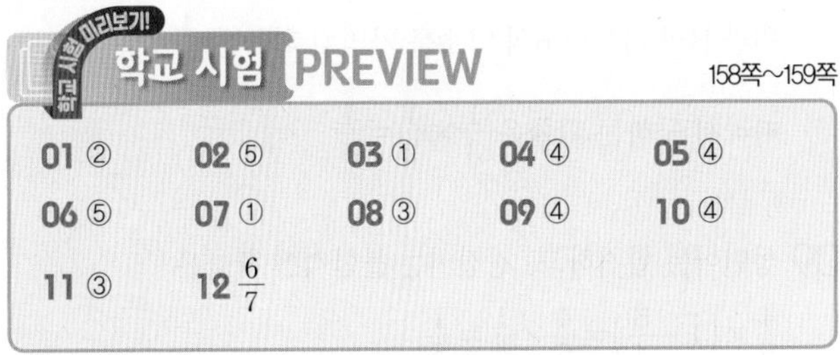

158쪽~159쪽

01 ②	02 ⑤	03 ①	04 ④	05 ④
06 ⑤	07 ①	08 ③	09 ④	10 ④
11 ③	12 $\frac{6}{7}$			

01 모든 경우의 수는 $2\times2\times2=8$
모두 뒷면이 나오는 경우는 (뒷면, 뒷면, 뒷면)의 1가지
따라서 구하는 확률은 $\frac{1}{8}$

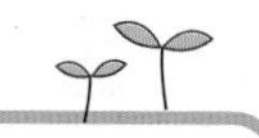

02 모든 경우의 수는 $4\times3=12$
두 자리의 자연수가 홀수인 경우의 수는 $3\times2=6$
따라서 구하는 확률은 $\frac{6}{12}=\frac{1}{2}$

03 ① $0\le p\le1$

04 ①, ②, ③, ⑤ 절대로 일어나지 않는 사건이므로 확률은 0이다.
④ 모든 경우의 수는 $2\times2=4$이고, 모두 뒷면이 나오는 경우는 (뒷면, 뒷면)의 1가지이므로 그 확률은 $\frac{1}{4}$

05 모든 경우의 수는 20
소수가 나오는 경우는 2, 3, 5, 7, 11, 13, 17, 19의 8가지이므로 그 확률은 $\frac{8}{20}=\frac{2}{5}$
따라서 소수가 나오지 않을 확률은 $1-\frac{2}{5}=\frac{3}{5}$

06 모든 경우의 수는 $3\times3=9$
비기는 경우는 (가위, 가위), (바위, 바위), (보, 보)의 3가지이므로 그 확률은 $\frac{3}{9}=\frac{1}{3}$
따라서 승부가 날 확률은 $1-\frac{1}{3}=\frac{2}{3}$

07 모든 경우의 수는 $5\times5=25$
20 이하의 자연수인 경우는 10, 12, 13, 14, 15, 20의 6가지이므로 그 확률은 $\frac{6}{25}$
40 이상의 자연수인 경우는 40, 41, 42, 43, 45, 50, 51, 52, 53, 54의 10가지이므로 그 확률은 $\frac{10}{25}=\frac{2}{5}$
따라서 구하는 확률은 $\frac{6}{25}+\frac{2}{5}=\frac{16}{25}$

08 원판 A의 바늘이 3의 배수를 가리킬 확률은 $\frac{2}{6}=\frac{1}{3}$
원판 B의 바늘이 6의 약수를 가리킬 확률은 $\frac{4}{8}=\frac{1}{2}$
따라서 구하는 확률은 $\frac{1}{3}\times\frac{1}{2}=\frac{1}{6}$

09 성민이는 합격하고, 경진이는 불합격할 확률은
$\frac{4}{5}\times\left(1-\frac{3}{4}\right)=\frac{4}{5}\times\frac{1}{4}=\frac{1}{5}$
성민이는 불합격하고, 경진이는 합격할 확률은
$\left(1-\frac{4}{5}\right)\times\frac{3}{4}=\frac{1}{5}\times\frac{3}{4}=\frac{3}{20}$
따라서 구하는 확률은 $\frac{1}{5}+\frac{3}{20}=\frac{7}{20}$

10 경수가 당첨 제비를 뽑을 확률은 $\frac{2}{8}=\frac{1}{4}$
민정이가 당첨 제비를 뽑을 확률은 $\frac{2}{8}=\frac{1}{4}$
따라서 구하는 확률은 $\frac{1}{4}\times\frac{1}{4}=\frac{1}{16}$

11 명진이가 포도 맛 사탕을 꺼낼 확률은 $\frac{5}{10}=\frac{1}{2}$
우찬이가 포도 맛 사탕을 꺼낼 확률은 $\frac{4}{9}$
따라서 구하는 확률은 $\frac{1}{2}\times\frac{4}{9}=\frac{2}{9}$

12 서술형
7명 중에서 대표 2명을 뽑는 경우의 수는
$\frac{7\times6}{2}=21$ ······❶
여학생 3명 중에서 대표 2명을 뽑는 경우의 수는
$\frac{3\times2}{2}=3$이므로 그 확률은 $\frac{3}{21}=\frac{1}{7}$ ······❷
따라서 적어도 한 명은 남학생이 뽑힐 확률은
$1-$(모두 여학생이 뽑힐 확률)
$=1-\frac{1}{7}=\frac{6}{7}$ ······❸

채점 기준	배점
❶ 모든 경우의 수 구하기	30 %
❷ 2명 모두 여학생이 뽑힐 확률 구하기	30 %
❸ 적어도 한 명은 남학생이 뽑힐 확률 구하기	40 %

수매씽
MATHING
개념
연산